Fig. 1.

Fig. 2.

Fig. 3.

Wissenschaftler können die Politik verändern und so die Welt verbessern

Es ist noch gar nicht lange her. Noch vor weniger als fünfzig Jahren besaßen selbst Wissenschaftler nur rudimentäres Wissen über die Ozeane und Meere. Ihre Erkenntnisse tauschten sie unter ihresgleichen aus, selbst befreundete Disziplinen wurden kaum wahrgenommen, nicht mit eigenen kombiniert, und der Austausch fand in Konferenzen und Fachpublikationen statt. Es war die Zeit der Elfenbeintürme, des bewusst von der Gesellschaft, den Medien und der Politik isolierten akademischen Betriebs.

Heute ist alles anders. Die Erkenntnisse über die Ozeane sind enorm gewachsen, die einzelnen Wissenschaftsdisziplinen sind verwoben und werden nicht mehr isoliert betrachtet. Und die Möglichkeiten des inhaltlichen Austausches sind vielfältig. Das System der Ozeane wird als komplexes Ökosystem begriffen und teilweise schon verstanden, und die gesellschaftliche Position und Rolle der Wissenschaftler hat sich grundlegend geändert.

Vor ungefähr zehn Jahren wurden diese Veränderungen manifest. Der Stern-Report im Jahre 2006 und vor allem der IPCC-Report der Vereinten Nationen im Jahr 2007 belegten dies eindrucksvoll. Der Begriff „Klimawandel" fand sozusagen über Nacht innerhalb der Gesellschaft Widerhall, und es wurde ein Bewusstsein im Umgang mit unserem Planeten für die Zukunft geschaffen. Trotz – oder gerade wegen – der diskutierten Inhalte und Folgen des IPCC-Berichts ist die Wissenschaftsgemeinde aufgerufen, diese begonnene Sensibilisierung der Öffentlichkeit für die Bedeutung und die Probleme des maritimen Ökosystems weiterzuführen.

Veränderungen und Entwicklungen in unserem Verhalten sind immer dann schwer zu erreichen, wenn diese nicht sofort erkennbare Vorteile für unser Leben erbringen. Doch die Natur, das marine Ökosystem insbesondere, zeigt nur einen sehr langsam und nicht einfach erkennbaren Wandel. Auch Maßnahmen, die diesen Wandel umkehren oder auch nur verlangsamen, sind kaum medial darzustellen. Doch leider sind unsere politischen Strukturen reaktiv und opportunistisch ausgelegt und reagieren dementsprechend nur auf Druck. Dieser muss vom Souverän ausgehen. Doch auch das Individuum darin folgt vor allem populären Sichtweisen und Erkenntnissen. Den schon weit vorangeschrittenen Veränderungen des marinen Ökosystems jedoch – mit all seinen Folgen –, ist nur mit Maßnahmen zu begegnen, die mit Einschränkungen an Konsum und vor allem wirtschaftlichen Entwicklungen verbunden sind.

Alldem können nur die Wissenschaftler begegnen. Aber auch nur, wenn sie willens und in der Lage sind, ihre Erkenntnisse so darzustellen, dass die Medien diese verbreiten können oder sie im Schulsystem nachhaltig die Kinder und Jugendlichen prägen. Dann sind die Voraussetzungen geschaffen, über den gebildeten Souverän Druck auf die Politik auszuüben.

Dieses Buch ist geradezu prädestiniert, dies zu schaffen. Aus meiner eigenen, jahrzehntelangen Erfahrung weiß ich, dass es möglich und vor allem notwendig ist, Erkenntnisse von Wissenschaftlern so in Publikationen umzusetzen, dass diese den beschriebenen Effekt hervorrufen.

Das Wissen über unsere Ozeane wird größer und komplexer. Wir müssen mit solchen Werken dafür Sorge tragen, dass dies auch zu nachhaltigen Konsequenzen für unseren blauen Planeten führt.

Nikolaus Gelpke
mare-Verlag
Hamburg

Leben mit dem Meer

Das Konzept für ein meeresbiologisches Lesebuch entstand vor zwanzig Jahren auf einer langen Expedition des Forschungsschiffs *Polarstern* ins antarktische Weddellmeer. Wie Irmtraut Hempel im Prolog schildert, war es Brauch, dass die Wissenschaftler in Abendvorträgen ihren Kollegen und Kolleginnen anderer Fachrichtung ihre Arbeitsgebiete vorstellten. Daraus entstand, mit finanzieller Unterstützung des Alfred-Wegener-Instituts, die *Biologie der Polarmeere*, versehen mit einem Vorwort von Helmut Schmidt über die Bringschuld der Wissenschaft. Das Buch war schnell vergriffen, es folgte eine revidierte englische Ausgabe, als nächstes dann die *Faszination Meeresforschung*. Dieses ökologische Lesebuch brachte Beispiele aus allen Zonen und Tiefenstufen der Weltmeere, es fand viel Interesse und Zustimmung bei Schülern, Lehrern und Studierenden. Nun liegt die zweite Auflage vor, in neuem Gewand und handlicher als die erste. Sie zeigt u. a. die großen Fortschritte und Themenverschiebungen in der biologischen Meeresforschung im vergangenen Jahrzehnt.

Warum brauchen wir Meeresforschung und warum brauchen wir Bücher wie dieses? Nur ein kleiner Teil des Planeten Erde ist durch den Menschen besiedelt, der Rest ist Meer oder Wüste. Das Meer gibt uns Nahrung, es reguliert das Klima und die globalen Stoffkreisläufe. Diese Funktionen zu verstehen, zu schützen und zu erhalten, ist die große Aufgabe der Meereswissenschaften. In Anbetracht der riesigen Weiten des Meeres ist internationale Zusammenarbeit unabdingbar. Dies wurde schon immer in den Meereswissenschaften gelebt und sollte Grundlage für zukünftige friedliche *Ocean Goverance* sein.

In Zukunft wird sich die Nutzung des Meeres weiter ausdehnen, jedoch sind wir uns über mögliche negative Auswirkungen nicht immer im Klaren. Dies betrifft vor allem die Auswirkungen auf die Lebewesen im Meer, deren vielfältige Verflechtungen mit der physiko-chemischen Umwelt und innerhalb des

Nahrungsnetzes enorm komplex sind. Mikroalgen sind die Grundnahrung für viele Meerestiere, sie liefern Sauerstoff, binden Kohlendioxid und sind damit auch für die Balance der chemischen Zusammensetzung der Atmosphäre wichtig. Was passiert aber, wenn sich durch Ozeanversauerung die Mikroalgengemeinschaft in ihrer Zusammensetzung verschiebt? Ändern sich dadurch das Nahrungsnetz und auch die chemische Balance? Wir beobachten zurzeit eine starke Abnahme der Meereisbedeckung im arktischen Ozean. Das hat große Auswirkungen auf die Austauschprozesse zwischen Ozean und Atmosphäre und auch auf die Organismen, die an das Leben im und mit dem Eis angepasst sind. Wie wird sich die biologische Vielfalt im arktischen Ozean verändern?

Das Meer bietet immer noch wunderbare Überraschungen in der Vielfalt des Lebens. Wir kennen noch lange nicht alle Organismen des Meeres, geschweige denn ihre Lebensweisen und Lebensansprüche. Die Biodiversität des Ozeans ist eine riesige, für den Menschen nützliche Schatzkammer, die wir schützen müssen. Aber nicht nur das – wir brauchen das Meer auch als Quelle der Regeneration und Inspiration.

Die Meeresforschung bildet die Grundlage für die verantwortungsvolle Nutzung der Ressourcen und „Dienstleistungen" des Meeres. Um die Bedeutung des Meeres für die Menschheit zu verdeutlichen, hat die Bundesregierung das Jahr 2016/17 zum „Jahr des Ozeans" ausgerufen. Ich freue mich, dass die zweite Auflage der *Faszination Meeresforschung* rechtzeitig zum Jahr des Ozeans erscheint. Junge und ältere Meeresforscher und Meeresforscherinnen aus verschiedenen Instituten berichten nicht nur über ihre Entdeckungen, sie liefern auch Beiträge zur Frage nach einem weisen Umgang mit dem Meer. Ich danke dem Herausgeberteam und den mehr als 60 Autoren für dieses gelungene Lesebuch und wünsche den Lesern Wissensgewinn und viel Freude bei der Lektüre.

Karin Lochte

Karin Lochte
Alfred-Wegener-Institut,
Helmholtz-Zentrum für Polar- und Meeresforschung

Vorwort

Nach einem Jahrzehnt erscheint die zweite Auflage des Buches *Faszination Meeresforschung – ein ökologisches Lesebuch* in neuem Format und in einem anderen Verlag. Die Texte wurden im Lichte neuer Forschungsergebnisse aktualisiert, und neue Kapitel zu wichtigen Themen wurden hinzugefügt, beispielsweise zum Thema Klimawandel. Die Neuauflage sollte trotz der thematischen Erweiterung schlanker und handlicher als ihre Vorgängerin werden. Daher mussten einzelne Kapitel aus der Erstauflage wegfallen und andere kräftig gekürzt werden.

Die meisten Bücher des Verlags Springer Spektrum erscheinen heute bei der Neuauflage parallel als e-Version, in der auch Einzelkapitel separat zugänglich sind. Das gilt auch für unser Buch.

Fast alle angefragten Autorinnen und Autoren waren bereit, ihr Kapitel in einem engen Zeitrahmen gründlich zu überarbeiten, mit vielen neuen Abbildungen zu versehen und die Listen der weiterführenden Literatur und Internetlinks zu aktualisieren, oft gemeinsam mit jungen Koautorinnen und Koautoren. Ähnlich schnell und effizient arbeiteten die „neuen" Autorinnen und Autoren.

Den Anstoß zur zweiten Auflage hatte Ende 2014 Linda Falkenberg in der Nachfolge des Hauschild-Verlags gegeben. Merlet Behncke-Braunbeck hat uns wenig später zur Realisierung im Springer-Verlag ermutigt. Die technische Durchführung lag verlagsseitig vor allem in den kompetenten Händen von Martina Mechler. Beiden sind wir dankbar für ihre große Unterstützung und für ihre Bereitschaft, auf unsere, dem Charakter des Lesebuchs geschuldeten, Sonderwünsche einzugehen. Dankbar hervorheben möchten wir das vorzügliche Lektorat durch Regine Zimmerschied. Irmtraut Hempel hat die Erstellung dieser Neuauflage beratend begleitet.

Kai Bischof, Wilhelm Hagen, Gotthilf Hempel   Bremen, Frühjahr 2016

Der Fangzahn (*Anoplogaster* spec.) ist ein kleiner Tiefseefisch (max. 15 cm). (Foto: Uwe Piatkowski, GEOMAR)

Ein Erratum ist verfügbar unter: https://doi.org/10.1007/978-3-662-49714-2_49

Prolog

Irmtraut Hempel und Gotthilf Hempel

Auf unseren Polarexpeditionen mit dem Forschungsschiff *Polarstern* in den 1980er Jahren war es Brauch, dass abends im Kinosaal eine Veranstaltung stattfand, auf der Wissenschaftler der verschiedenen Arbeitsgruppen den Expeditionsteilnehmern der anderen Fachgebiete von ihren Arbeiten an Bord, von ihren Erfolgen, aber auch von Fehlschlägen berichteten. Zur Teilnahme war auch die Schiffsbesatzung eingeladen. Wer Interesse hatte, konnte erfahren, wozu die verschiedenen Geräte eingesetzt werden, warum z. B. Dauerstationen wichtig sind, auf denen das Schiff stunden- und tagelang auf gleicher Position gehalten werden muss.

Die Vortragenden waren gefordert, einem überwiegend fachfremden Publikum – vom Kapitän bis zum Bootsmann und vom Professor bis zum Studenten – die Fragestellung ihres Forschungsthemas verständlich zu vermitteln. Schon auf See entstand der Gedanke, diesen bunten Strauß von aktuellen Forschungsthemen, angereichert mit informativen und schönen Bildern, in einem Buch mit dem Titel *Biologie der Polarmeere* zu veröffentlichen.

Die Form eines Lesebuchs bot sich an, denn laut *Großer Brockhaus* von 1983 ist ein Lesebuch eine „literarische Sammlung, zusammengestellt unter einer bestimmten Zielsetzung". Unser Lesebuch enthält eine Auswahl von wissenschaftlichen Texten zur Studienhilfe und zur Einführung in ein Sachgebiet.

Unsere weit gespannten „Lesegüter" sind für eine breite Leserschaft bestimmt. Kompliziert erscheinende Forschungsthemen und Methoden sollten daher in leicht verständlicher Sprache und in gut lesbarer Form vorgestellt werden. Dies war für die meist jungen Wissenschaftler ungewohnt, denn fachwissenschaftliche Artikel werden normalerweise nach einem anderen, nüchternen Schema und in englischer Sprache verfasst.

Die *Biologie der Polarmeere* (1995) war ein großer Erfolg, besonders bei Studenten der Meeresbiologie, aber auch bei Lehrern. Zehn Jahre später, als das

Buch längst vergriffen und der Verlag in Jena aufgelöst war, entschlossen wir uns zu einer englischsprachigen Neuauflage, die 2009 im NW-Verlag in Bremerhaven erschien. Auch sie ist inzwischen vergriffen. Aber schon vorher begannen wir, Beiträge für ein zweites, breiter angelegtes Lesebuch zu sammeln, das über die Polarmeere hinaus die meeresbiologische Forschung in allen Klimazonen behandeln sollte. Daraus wurde die *Faszination Meeresforschung*, liebevoll und aufwendig produziert von Friedrich Steinmeier im Hauschild-Verlag in Bremen (2006). Auch dieses Lesebuch fand viele Liebhaber und war nach wenigen Jahren vergriffen. Die Nachfrage nach einer Neuauflage überdauerte den Hauschild-Verlag.

In den zehn Jahren seit Erscheinen der ersten Auflage der *Faszination Meeresforschung* hat sich die meeresbiologische Forschung auf vielen Feldern kräftig weiterentwickelt:

- Die Expansion der marinen Geowissenschaften in Kiel und Bremen führte zu einer Intensivierung der Tiefseeforschung unter Verwendung neuer Beobachtungs-, Mess- und Sammelsysteme. Davon hat auch die meeresbiologische Forschung profitiert.
- Gewaltige Fortschritte hat die marine Mikrobiologie an und in den Meeresböden vom Wattenmeer bis in die Tiefseegräben und in der Wassersäule gemacht.
- Die aktuellen und potenziellen Auswirkungen des Klimawandels auf Meeresorganismen und marine Ökosysteme wurden zum meistzitierten Leitthema der meeresökologischen Forschung.
- Die Biodiversitätsforschung profitierte von der marinen Volkszählung „Census of Marine Life" und von den rapiden Fortschritten der inzwischen hochentwickelten molekulargenetischen Analysetechniken.
- Die Marikultur von Fischen, Krebsen, Muscheln und Algen hat im vergangenen Jahrzehnt einen gewaltigen Aufschwung erfahren.
- Neue Systeme der Gewinnung, Weitergabe, Verarbeitung und Vernetzung großer Datenmengen prägen inzwischen die Arbeit vieler Meeresbiologen.

In der Neuauflage haben wir uns bemüht, diesen aktuellen Entwicklungen Rechnung zu tragen. Dafür mussten neue Autorinnen und Autoren gesucht und gewonnen werden. Dabei halfen uns Anregungen aus den „meeresökologischen Dämmerschoppen" in Bremen. Bei diesen regelmäßigen Treffen diskutieren Wissenschaftlerinnen und Wissenschaftler aller Altersgruppen und diverser Disziplinen meeresökologische Themen.

Das Buch ist in sieben Themen gegliedert mit insgesamt 48 Kapiteln:

In Teil I bis Teil III werden die großen Lebensräume der Ozeane und ihre Lebensgemeinschaften dargestellt: zuerst die Physik und Chemie der Wassermassen mit ihrer räumlichen Struktur und Dynamik, dann die Gemeinschaften des driftenden Planktons und der schnellen Schwimmer, d. h. des Nektons, wie Tintenfische, Fische, Schildkröten, Vögel und Wale. Über den Meeresboden des offenen Ozeans, die Vielfalt seiner Bewohner und die im Benthal ablaufenden Lebensprozesse wissen wir heute viel mehr als vor zehn Jahren.

Teil IV ist den Schelfmeeren und ihren Küsten gewidmet. Hier sind die Lebensgemeinschaften des freien Wassers und des Meeresbodens so eng miteinander verknüpft, dass die Übergänge fließend sind, z. B. im Korallenriff, im Wattenmeer oder in der Mangrove. Die Vielfalt der Einwirkungen des Menschen auf die küstennahen Meeresräume und ihre Lebensgemeinschaften ist tabellarisch aufgeführt.

Den meeresbiologischen Auswirkungen des Klimawandels, d. h. vor allem Erwärmung und Versauerung des Weltmeeres, ist in der Neuauflage ein eigener Teil (V) gewidmet. Dort werden die vielfältigen biologischen Reaktionen auf allen Skalen von der Zelle bis zur Lebensgemeinschaft behandelt, und es wird gezeigt, wie Abwandern und Anpassen an räumliche, physiologische und ökologische Grenzen stoßen.

Der massivste Eingriff des Menschen in die marinen Ökosysteme ist immer noch die Fischerei. Teil VI betrachtet aus verschiedenen Perspektiven die Weltfischerei und den Walfang sowie die Marikultur von Fischen, Algen und marinen Wirbellosen.

Teil VII gibt einen Überblick über moderne Arbeitsgeräte und Methoden der Meeresbiologen und beschreibt die meeresbiologische Forschungslandschaft in Deutschland. Auf eine Darstellung des Studiums der Meeresbiologie wurde in dieser Auflage verzichtet, weil sich Studierende, Schülerinnen und Schüler heutzutage zielgerichtet im Internet darüber orientieren können, bevor sie dann konkret Kontakt zu den marin orientierten Universitäten (Oldenburg, Bremen, Hamburg, Kiel, Rostock) aufnehmen. Der Epilog beschließt das Buch mit einer Rückschau auf die behandelten Themenfelder und einem Ausblick auf die Zukunft meeresbiologischer Forschung.

Und nun wünschen wir unseren Leserinnen und Lesern viel Vergnügen und Inspiration beim Studieren der vielen „Lesegüter".

Die Portugiesische Galeere (*Physalia physalis*), eine Staatsqualle, segelt mit Hilfe ihrer Gasblase an der Wasseroberfläche und nutzt ihre bis 50 m langen, giftigen Tentakeln zum Beutefang. (Foto: Katharina Kreissig)

Inhaltsverzeichnis

Forschungsschiff *Maria. S. Merian* im Sargassomeer, April 2015. (Foto: Kristina Koch, Universität Bremen)

Verzeichnis der Boxen

Teil I

Der größte Lebensraum: Das Pelagial

Wilhelm Hagen

Im Gegensatz zu terrestrischen und auch zu benthischen Lebensräumen mit ihrer eher flächigen Ausdehnung ist das Pelagial durch eine enorme vertikale Dimension gekennzeichnet, die sich von der Oberfläche bis in über 10.000 m Tiefe erstrecken kann und überall mehr oder weniger pulsierendes Leben aufweist. Damit umfasst das marine Pelagial ein riesiges Biovolumen und den mit Abstand größten Lebensraum unseres Planeten, der trotz seiner vordergründigen Einförmigkeit eine faszinierende Vielfalt von Lebewesen hervorgebracht hat, mit sehr speziellen Anpassungen an ihr jeweiliges Habitat – von der Meeresoberfläche bis ins tiefste Abyssal, von den Polarmeeren bis in die Tropen.

Welche physikalischen und chemischen Faktoren bestimmen die Umwelt dieser Organismen? Welche Meeresströmungen sind für die Verbreitung des Planktons wichtig? Wie funktionieren die marinen Stoffkreisläufe, vor allem beim Kohlenstoff, und wie steht das Meer im biogeochemischen Austausch mit der Atmosphäre? Wir lernen die wichtigsten, zum Teil bizarren Lebensformen des Planktons (Mikroalgen, Medusen, Krebse etc.) und des Nektons (Fische, Meeresschildkröten, Wale etc.) kennen, gehen auf eine Expedition vom Nord- zum Südpolarmeer und studieren dabei typische pelagische Ökosysteme. Wir verweilen insbesondere in der eisbedeckten Arktis und den hochproduktiven Auftriebsgebieten mit ihren ökologischen Besonderheiten und verdeutlichen am Beispiel der Antarktis die intensive Kopplung der Produktionsprozesse des Pelagials mit dem Benthal (Stichwort „biologische Pumpe").

Damit bietet der erste Teil dieses Buchs eine Einführung in den Lebensraum des offenen Ozeans, mit Schwerpunkt auf abiotischen und biotischen Prozessen im Pelagial und seinen wichtigsten Habitaten und Bewohnern.

Sonnenuntergang in der Sargassosee. (Foto: Wilhelm Hagen, BreMarE, Universität Bremen)

1

Die physikalische Umwelt „Meer"

Ursula Schauer, Gerd Rohardt und Eberhard Fahrbach[†]

Der physikalische Rahmen der Ökosysteme

Das Leben im Meer entfaltet sich entsprechend den physikalischen Rahmenbedingungen. Sieht man vom menschlichen Einfluss ab, so sind es neben den biologischen die physikalischen Gegebenheiten, die das Überleben und Verhalten einzelner Arten und damit den Aufbau und die Funktion eines Ökosystems bestimmen. Die physikalischen Bedingungen unterliegen ständigen Veränderungen, die natürliche Ursachen haben, aber zunehmend auch vom Menschen ausgelöst werden. Die Reaktion der Organismen auf Veränderung ist ein wesentlicher Antrieb der Evolution.

Im engeren Sinne sind die physikalischen Rahmenbedingungen im Ozean bestimmt durch die Temperatur, den Druck und die Bewegungen des Wassers. Im Ozean gelöste Stoffe, die unter dem Begriff „Salzgehalt" zusammengefasst werden, sind eigentlich chemische Zutaten. Da sie aber zusammen mit der Temperatur und dem Druck die Dichte des Wassers bestimmen, sind sie ebenfalls für die physikalische Beschreibung relevant: Temperatur und Salzgehalt sind für die größten Bewegungsskalen im Ozean verantwortlich – die weltumspannenden Umwälzbewegungen, die deshalb thermohaline Zirkulation genannt werden.

Viele marine Organismen haben sich an einen bestimmten Temperaturbereich sowie an die entsprechenden Druck- und Salzgehaltsverhältnisse angepasst.

Prof. Dr. Ursula Schauer (✉)
Alfred-Wegener-Institut, Helmholtz-Zentrum für Polar- und Meeresforschung
Am Handelshafen 12, 27570 Bremerhaven, Deutschland
E-Mail: Ursula.Schauer@awi.de

G. Hempel et al. (Hrsg.), *Faszination Meeresforschung*,
https://doi.org/10.1007/978-3-662-49714-2_1

Darüber hinaus brauchen Pflanzen CO_2 und Licht, Tiere und manche Bakterien brauchen Sauerstoff; der pH-Wert beeinflusst z. B. die Löslichkeit von Kalkschalen. Ändern sich die Umweltbedingungen, etwa durch Erwärmung des Wassers oder durch Vermehrung von Schadstoffen, so sind die Lebewesen gezwungen, darauf zu reagieren, indem sie ihren Lebensraum verlagern oder sich anpassen. Gelingt dies nicht, sind sie in ihrer Existenz gefährdet.

Bis auf den Druck, der hauptsächlich durch die Tiefe festgelegt ist, werden alle diese Eigenschaften und Substanzen durch Wasserbewegungen ständig verlagert. Nährstoffe, die das Phytoplankton in den obersten Schichten verbraucht hat, müssen durch Wasserbewegungen wieder ersetzt werden, z. B. durch Auftrieb aus tieferen Schichten, wo Nährstoffe durch bakterielle Remineralisierung von abgesunkenen Partikeln produziert wurden. Der Abwärtstransport von gelösten Stoffen und Partikeln durch die großräumige thermohaline Zirkulation ist für Benthosorganismen lebenswichtig, da sie nur auf diese Weise am Meeresboden mit Sauerstoff und zusätzlichen Nahrungspartikeln versorgt werden. Auch Lebewesen können sich mit der Wasserbewegung transportieren lassen und so ihren Lebensraum wechseln. Das gilt besonders für das Plankton, das zu keiner wesentlichen Eigenbewegung fähig ist.

Welche Temperatur und welcher Salzgehalt herrschen wo? Wie schnell wird etwas von hier nach dort transportiert? Wie schnell und wie stark ändert sich das? Auf solche Fragen der Biologen geben Ozeanografen Antworten.

Dichteänderung: Oben bleiben oder absinken?

Die Temperatur und der Salzgehalt, und damit die Dichte, werden dem Ozean im Wesentlichen an der Meeresoberfläche aufgeprägt. Nimmt die Dichte z. B. durch Abkühlung zu, so sinkt Wasser in die Tiefe und verbleibt dort womöglich für sehr lange Zeit. Nimmt die Dichte durch Erwärmung von oben ab, so wird der Dichteunterschied zum darunterliegenden Wasser verstärkt und das leichtere Wasser samt seinen Inhalten wird im Oberflächenwasser quasi festgehalten.

Durch den Tages- und Jahresgang der Sonnenstrahlung entsteht in den oberflächennahen Schichten ein Tages- und Jahresgang der Temperatur. Niederschläge, Schmelzen von Meereis und Flusseinträge setzen den Salzgehalt herab; Verdunstung und Gefrieren bewirken das Gegenteil. Diese Vorgänge haben natürlich eine ausgeprägte regionale Verteilung, z. B. in den regenreichen, warmen Tropen, den verdunstungsreichen Subtropen oder den kalten Polargebieten.

Da Wasser elektromagnetische Strahlung wie Licht und Wärme stark absorbiert, ist der Effekt der solaren Einstrahlung auf die oberste dünne Schicht der Ozeane beschränkt. Auch im klaren Wasser, d. h. in nährstoff- und daher planktonarmen Bereichen des offenen Ozeans, kann das Licht nur bis ca. 200 m eindringen; in den darunterliegenden, oftmals mehrere Kilometer mächtigen Schichten des Ozeans ist es stockdunkel. In küstennahen Gewässern, die durch den Eintrag von Schwebstoffen aus Flüssen sehr trübe sein können, kann die Lichtzufuhr auf ein paar Meter beschränkt sein.

Da aus dem weiten Spektrum der elektromagnetischen Strahlung nur der schmale Bereich des sichtbaren Lichtes am tiefsten in das Wasser eindringt, hat sich das Phytoplankton diesen Bereich als Energiequelle auserkoren.

Durch die Dichtereduzierung aus Erwärmung und/oder Verringerung des Salzgehalts an der Wasseroberfläche nimmt der Dichteunterschied bzw. die Stabilität der Wassersäule zu. Es wird damit schwieriger, durch turbulente Bewegungen nährstoffreiches Wasser aus den tieferen Schichten in Oberflächennähe zu bringen, wo nach einer Planktonblüte die Nährstoffe aufgezehrt sind. Turbulenz entsteht durch brechende Wellen oder die Scherung winderzeugter Strömungen. Der vertikale Transport durch Turbulenz schafft nicht nur Nährstoffe nach oben, sondern im Gegenzug auch Wärme nach unten – meist behindert durch eine mehr oder weniger starke Dichteschichtung.

Salzreiches Wasser ist dichter als salzarmes. Die Dichte steigt also nicht nur bei Abkühlung, sondern auch bei Verdunstung (z. B. besonders in den Subtropen) und bei Eisbildung in den Polargebieten. Sobald die Dichte an der Oberfläche höher ist als in den Schichten darunter, setzt thermohaline Vertikalkonvektion ein: Schweres Wasser sinkt ab und leichteres Wasser aus der Schicht darunter steigt auf. Ähnlich wie die winderzeugten Turbulenzen sorgt diese Konvektionsbewegung für die Durchmischung und Homogenisierung der Deckschicht oder aber der Wassersäule bis in mehrere Kilometer Tiefe. Die größten Oberflächendichten und die größten Konvektionstiefen findet man in den kalten, relativ salzreichen subpolaren Zonen.

In den mittleren Breiten ist im Sommer die erwärmte und durch den Wind homogenisierte Deckschicht etwa 30 m dick; im Herbst und Winter wird diese Schichtung durch die Temperaturabnahme – und damit Dichtezunahme – bis mehrere Hundert Meter Tiefe konvektiv durchmischt. Im Einzelnen hängt die Mächtigkeit der durchmischten Schicht vom Jahresgang des Wärmeumsatzes, von der Vertikalgeschwindigkeit (resultierend aus der Divergenz der Strömungen) und von der Stärke des turbulenten Austauschs und damit vom Wind ab.

In den flachen Schelfmeeren entsteht neben der winderzeugten Turbulenz in der oberflächennahen Deckschicht zusätzlich Turbulenz durch Reibung am Boden. Hier spielen die Gezeitenströme eine große Rolle, die in den Schelfmeeren wegen der geringen Wassertiefe besonders stark sind. Neben Turbulenz in der Deckschicht gibt es hier auch Turbulenz am Meeresboden, was z. B. in Teilen der Nordsee dazu führt, dass die gesamte Wassersäule bis zum Boden homogen durchmischt ist. Wenn die Gezeitenströme schwach sind und zusätzlich der Salzgehalt mit der Tiefe stark zunimmt und die Dichteschichtung stabilisiert, wie

z. B. in der Ostsee oder in den weiten arktischen Schelfmeeren, dann erreicht der Jahresgang der Temperatur den Boden nicht.

Eine starke vertikale Schichtung der Dichte hält auch Plankton in einer bestimmten Wassertiefe. Selbst absinkende Teilchen werden aufgehalten, wenn sie nicht schwer genug sind, um den Dichtesprung zu überwinden. Diese sogenannten Sprungschichten können dann als Schichten erhöhter Wassertrübung sichtbar werden. Durch die Abnahme der Schichtung oder die Zunahme der Turbulenz kann in der Nähe der Oberfläche lebendes Phytoplankton aber in dunklere Tiefen verlagert werden. An der Wasseroberfläche können auch horizontale Temperaturgradienten entstehen, die sich in der Tiefe fortsetzen und damit Dichtefronten bilden. Entlang solcher Fronten kann das Wasser aufsteigen oder absinken – mit entsprechenden Folgen für die Versorgung der Organismen. Mit horizontalen Dichtegradienten sind jedoch auch Strömungen verbunden, die umso stärker sind, je stärker die Dichtegradienten sind.

In polaren und subpolaren Meeren kann die konvektive Durchmischung mehrere Tausend Meter tief reichen, wie z. B. in der Grönlandsee oder der Labradorsee. Die starke Auskühlung im Winter bringt das Wasser bis an den Gefrierpunkt, der bei einem Salzgehalt von 34,5 bei −1,9 °C liegt, denn das gelöste Salz senkt den Gefrierpunkt ab. Erreicht das Wasser den Gefrierpunkt, so formt sich Meereis, das weniger Salz in seiner Kristallstruktur aufnehmen kann als Meerwasser. Daher bleibt das Salz im Meerwasser zurück und führt zu einem weiteren Dichteanstieg.

Auch in den Schelfmeeren des Weddellmeeres im südlichen Atlantik bilden sich große Mengen sehr kalten und salzreichen Wassers, das entlang dem Kontinentalabhang in die Tiefsee sinkt. Dieses Antarktische Bodenwasser breitet sich nach Norden aus und füllt das tiefste Stockwerk des Weltmeeres (Abb. 1.1). Darüber schichtet sich aus dem Norden kommend – etwas wärmer und daher nicht ganz so schwer – das Nordatlantische Tiefenwasser ein.

Die Bedeutung der Polarmeere für das Weltmeer wird verdeutlicht durch dessen Durchschnittstemperatur, die bei nur 3,8 °C liegt; selbst am Äquator beträgt die mittlere Temperatur der ganzen Wassersäule nur 4,9 °C. Die Kaltwassersphären der drei Ozeane mit Temperaturen unter 10 °C nehmen etwa 75 % des Volumens des Ozeans ein. Darüber liegt die Warmwassersphäre, die etwa drei Viertel der Oberfläche des Weltmeeres bedeckt. In den polaren und subpolaren Regionen reicht die Kaltwassersphäre bis an die Meeresoberfläche. Die Versorgung der Tiefseeorganismen mit Sauerstoff hängt damit von der in diesen Gebieten stattfindenden Tiefen- und Bodenwasserbildung ab.

Schließlich bringen aber die globalen Meeresströmungen auch dieses abgesunkene kalte Wasser wieder an die Oberfläche. Hypothetisch benötigt ein Wasserpaket, das im Nordatlantik durch Abkühlung von der Oberfläche absinkt, 1000 Jahre, bis es wieder seinen Ursprung erreicht.

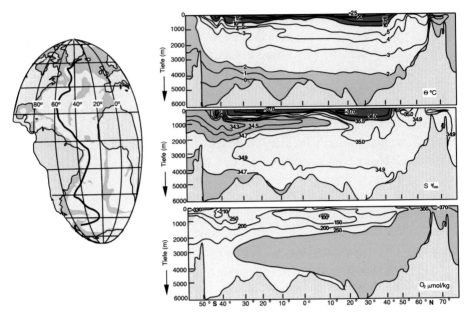

Abb. 1.1 Vertikalschnitte der Temperatur, des Salzgehalts und des gelösten Sauerstoffs durch den westlichen Atlantischen Ozean. In der Karte (*links*) ist die Lage des Schnittes als *dicke Linie* angegeben. Antarktisches Bodenwasser mit Temperaturen unter 2 °C bildet die tiefste Schicht. Nordatlantisches Tiefenwasser, sichtbar als Sauerstoffmaximum, liegt darüber

Zunehmende Anforderungen an Messmethoden

Nansen-Schöpfer und Kippthermometer haben die grundlegenden Kenntnisse über Wassermassen und Schichtungsverhältnisse geliefert und wurden noch bis in die 1990er Jahre eingesetzt. Jetzt haben sie ihren Platz im Museum gefunden. Heute messen elektronische Sonden mit sehr hoher vertikaler Auflösung und Genauigkeit Druck, Temperatur und elektrische Leitfähigkeit. Aus diesen Größen können Salzgehalt und Dichte berechnet werden. Die CTD-Sonde (die Abkürzung steht für *conductivity, temperature* und *depth*) wird mit einer Winde an einem elektrischen Kabel gefiert (Abb. 1.2) und kann bis zu einer Wassertiefe von ca. 6500 m eingesetzt werden. In dieser Tiefe muss das Gehäuse für die Elektronik einem Druck von 650 bar standhalten. Entscheidend ist aber, dass der filigrane Temperaturfühler und die Leitfähigkeitsmesszelle an der Oberfläche und in 6500 m Tiefe mit gleicher Präzision messen. Dabei wird für Temperatur und Salzgehalt eine Genauigkeit bis zur vierten Nachkommastelle erreicht. Der Einfluss von Klimaveränderungen auf den Ozean kann damit nachgewiesen werden. Neben den Sensoren für die physikalischen Größen sind für die CTD-

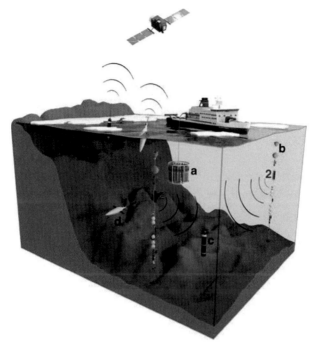

Abb. 1.2 Schematische Darstellung der typischen ozeanografischen Messsysteme, die vom Schiff aus (**a** CTD/Wasserschöpfer), als verankerte Systeme (**b**), als mit der Strömung driftende (**c** ARGO-Floats) oder ferngesteuerte Geräte (**d** Gleiter) eingesetzt werden. **1** Floats und Gleiter senden die Messdaten über Satelliten an eine Landstation. **2** Die Drift der Floats wird unter Wasser mithilfe von Schallsignalen bestimmt

Sonde seit den letzten Jahren auch Sensoren verfügbar, die z. B. Sauerstoff, Nitrat, Trübung, Fluoreszenz (Chlorophyll) oder die Planktonkonzentration erfassen.

Durch Messungen mit von Schiffen gefierten CTD-Sonden allein kann die erforderliche Datenabdeckung nicht erreicht werden. Mit dem ARGO-Programm, das jährlich mindestens 3000 Driftsonden in den Ozeanen betreibt, wurde ein deutlicher Fortschritt erreicht. Diese autonomen ARGO-Floats treiben mit der Strömung für zehn Tage in einer bestimmten Tiefe. Danach sinken sie auf 2000 m, steigen unmittelbar danach zur Oberfläche auf und messen dabei Temperatur und Salzgehalt. Nach Erreichen der Oberfläche werden die Daten über Satellit abgesetzt und das Float (Abb. 1.2) sinkt wieder in seine Parktiefe ab. Dieser Zehn-Tage-Zyklus wiederholt sich, bis die Batterie des Floats nach zwei bis fünf Jahren leer ist. Auch Floats werden mit zusätzlichen Sensoren bestückt, um so langfristig ein engeres Netz biologisch relevanter Daten zu gewinnen. Wegweisend sorgt ARGO dafür, dass allen Forschern Daten von so guter Qualität zur Verfügung stehen, dass sie weltweit vergleichbar sind und damit Veränderungen im größten Lebensraum erkennbar werden.

Vom Winde bewegt – Golfstrom und Co.

Streicht der Wind über die Wasseroberfläche, so überträgt er seinen Impuls auf die oberflächennahen Wasserteilchen, und die obersten Meter Wasser bewegen sich. Diese Bewegung der obersten Schicht kann zu einer Neigung der Meeresoberfläche und damit zu horizontalen Druckunterschieden führen. Die Meeresoberfläche wird z. B. geneigt, wenn der Wind das Wasser gegen die Küste treibt und dort der Meeresspiegel und damit der Druck auf untere Wasserschichten durch den Stau ansteigen. Das Wasser hat dann die Tendenz vom hohen zum tiefen Druck wieder zurückzufließen. Meeresspiegelneigungen entstehen auch durch räumliche Unterschiede des Windes, wodurch das Wasser auseinander- oder zusammengetrieben wird. So entstehen an der Meeresoberfläche Täler und Hügel. Die sich so ergebenden Druckgefälle (Gradienten) rufen Wasserbewegungen hervor.

All diesen Bewegungen ist die Drehung der Erde um die eigene Achse überlagert (die einer Bewegung der Erdoberfläche und aller Objekte, die sich darauf befinden, mit mehreren Hundert Stundenkilometern relativ zur Erdachse entspricht). Das führt dazu, dass unsere Strömungen (die wir ja relativ zur Erdoberfläche beschreiben) auf der Nordhemisphäre im Uhrzeigersinn nach rechts und auf der südlichen Hemisphäre gegen den Uhrzeigersinn nach links abgelenkt werden. Diese ständige Richtungsänderung wird als Wirkung einer „Scheinkraft", der Corioliskraft, beschrieben.

Wenn die Kräfte durch den Druckgradienten und die Corioliskraft im Gleichgewicht sind, strömt das Wasser nicht vom hohen zum tiefen Druck, sondern z. B. um ein Gebiet mit hohem Druck (einen Hügel in der Meeresoberfläche) herum.

Auch die durch Reibung durch den Wind verursachte Bewegung an der Oberfläche wird durch die Corioliskraft abgelenkt: Das Wasser fließt nicht in Richtung des Windes, sondern auf der Nordhalbkugel um 45° nach rechts, auf der Südhalbkugel nach links abweichend. Daraus entstehende Konvergenzen bzw. Divergenzen werden (z. B. im Inneren der Wirbel) durch Auftriebs- bzw. Absinkbewegungen ausgeglichen.

Die Meeresströmungen sind nicht nur durch den Wind, die Corioliskraft und interne Reibung, sondern auch durch die Form der Küsten und des Meeresbodens beeinflusst. So ist z. B. die Meeresoberfläche zwischen dem Westwindgürtel der mittleren Breiten und den Passaten der Subtropen in allen Ozeanen aufgewölbt, was zu den großen subtropischen Wirbeln führt. Durch die Schichtung im Wasser können die Druckgradienten in der Tiefe denen an der Oberfläche entgegengerichtet sein – dann entstehen Unterströme in entgegengesetzter Richtung. Die Passatwinde treiben das Oberflächenwasser nach Westen, wo es von den Kontinenten aufgehalten und polwärts nach Norden bzw. Süden abgelenkt

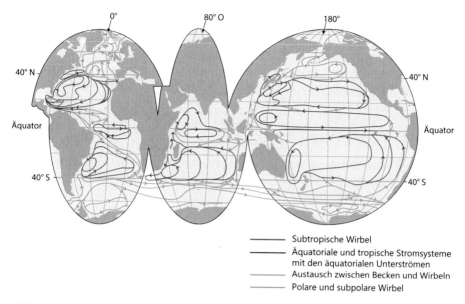

— Subtropische Wirbel
— Äquatoriale und tropische Stromsysteme
  mit den äquatorialen Unterströmen
— Austausch zwischen Becken und Wirbeln
— Polare und subpolare Wirbel

Abb. 1.3 Schematische Darstellung der Meeresströmungen an der Oberfläche. Die Strömungen schließen sich in den einzelnen Becken zu großräumigen Wirbeln (*rot* und *blau*) zusammen, die miteinander verbunden sind (*grün* und *lila*)

wird. Durch die Abhängigkeit der Corioliskraft von der geografischen Breite (die Corioliskraft ist am Äquator gleich null und steigt zu den Polen an) bilden sich an den Westseiten der Ozeane stark konzentrierte Randströme (Floridastrom, Golfstrom, Brasilstrom, Agulhasstrom, Kuroshio, Ostaustralstrom), die weiter polwärts in Wirbel zerfallen und in breite, stark variable, ostwärts setzende Strömungen übergehen (Abb. 1.3).

Im Nordatlantik strömt der Golfstrom nach dem Verlassen der Karibik entlang dem amerikanischen Kontinent nach Nordosten und löst sich bei Cape Hatteras von der Küste. Hier treffen die warmen subtropischen Wassermassen auf das kalte Wasser des Labradorstroms. Als Nordatlantischer Strom überqueren die Golfstromausläufer mit inzwischen abgekühltem und durch Niederschläge verdünntem Wasser den Nordatlantik. Im östlichen Atlantik spaltet sich die Strömung auf und der nach Süden fließende Kanarenstrom vereinigt sich schließlich mit den Nordäquatorialströmungen. Durch diesen Kreislauf von Oberflächenströmen entsteht im zentralen Nordatlantik ein gigantischer im Uhrzeigersinn rotierender subtropischer Wirbel, in dessen Mitte die ruhige Sargassosee liegt.

Die nördlichen Ausläufer des Nordatlantischen Stroms führen zwischen Grönland und Schottland verhältnismäßig warmes und salzreiches Wasser nordwärts. Das Wasser zirkuliert in einem Randstrom an der Schelfkante entgegen dem Uhrzeigersinn unter zunehmender Abkühlung und Verdünnung durch das Europäische Nordmeer und dann auch durch den eisbedeckten Arktischen Ozean. Im Europäischen Nordmeer kühlen diese Wassermassen stark ab und sinken. Die Versorgung des Arktischen Ozeans mit dem warmen Wasser aus dem Atlantik wird als eine Erklärung für die Abnahme der Eisdecke diskutiert. Die Arktis sammelt riesige Mengen an Süßwasser an der Oberfläche an, da ca. 11 % des globalen kontinentalen Flusswassers in die Arktis mündet. Dazu kommt der destillierende Effekt von Eisbildung und Schmelze, der weiteres Süßwasser an der Oberfläche konzentriert. Mit dem zirkumarktischen Randstrom fließt auch dieses Süßwasser aus der Arktis durch die Framstraße und die Passagen des Kanadischen Archipels an der Oberfläche in den Atlantik. Das in der Arktis und im Europäischen Nordmeer durch Abkühlung und Salzausstoß beim Gefrieren schwerer gewordene Wasser strömt als mächtige Bodenströmung über den Grönland-Schottland-Rücken und bildet zusammen mit Wasser der Labradorsee das Nordatlantische Tiefenwasser, das sich in der globalen thermohalinen Zirkulation (Abb. 1.1) weltweit verteilt.

Wo küstenparallele Winde – wieder unter dem ablenkenden Einfluss der Corioliskraft – Wasser von der Küste drängen (z. B. in den Subtropen), steigt Wasser aus tieferen Schichten an die Oberfläche (Auftrieb). Dieses Wasser ist kalt und bringt dem Phytoplankton enorme Mengen Nährstoffe in die lichtdurchflutete Deckschicht. Die dadurch angefachte hohe Produktivität setzt sich durch die gesamte Nahrungskette bis zu Fischen, Meeressäugern und Vögeln fort. So wird der physikalische Prozess Auftrieb zu einem wichtigen Wirtschaftsfaktor, an dessen Vorhersage die Menschen in den Anrainerstaaten an den Westküsten Südamerikas und Afrikas dringend interessiert sind (Kap. 7).

In den Subtropen wehen nahezu ständig die Nordost- und Südostpassate mit ihren heftigen tropischen Gewittern. Die Konvergenz der beiden Windsysteme ist allerdings nicht am Äquator, sondern durch die asymmetrische Nord-Süd-Verteilung der Ozeane und Kontinente etwas nach Norden verschoben. Aus der Verbindung von asymmetrischen Windsystemen und dem Vorzeichenwechsel der Corioliskraft am Äquator entstehen das stark gebänderte äquatoriale Stromsystem mit Gegen- und Unterströmen und der äquatoriale Auftrieb, der entlang dem Äquator eine Zunge kalten Wassers hervorbringt. In diesem System treten im Rahmen des El-Niño-Phänomens gewaltige Veränderungen auf (Kap. 7).

Auf der Südhalbkugel gibt es im Bereich der Westwinde keine Landbarrieren. Dadurch kann sich der Antarktische Zirkumpolarstrom ausbilden, der den antarktischen Kontinent umrundet. Bei der kontinuierlichen Anfachung durch den Wind würde der Zirkumpolarstrom ins Unendliche anwachsen – aber mesoskalige Wirbel und die internen Druckgradienten an untermeerischen Rücken führen die durch den Wind hineingepumpte Energie wieder ab. Zwischen dem warmen Wasser der Subtropen und dem kalten Wasser in der Antarktis bilden sich starke Temperaturunterschiede, die Subantarktische Front und die

Polarfront. Mit diesen Fronten sind meridionale Druckgradienten und damit eine zonale Strömung (s. o. Balance zwischen Druckgradient und Corioliskraft) verknüpft. Vertikalbewegungen und Überschiebungen an den Fronten führen zu hoher biologischer Aktivität. Südlich des Antarktischen Zirkumpolarstroms werden durch das Zusammenspiel von Westwinden und den kontinentalen Ostwinden die subpolaren Wirbel angetrieben, und so fließt vor dem antarktischen Kontinent der Antarktische Küstenstrom nach Westen.

Stete Bewegung – von turbulenter Vermischung bis zu ozeanweiten Stromsystemen

Wasserbewegungen finden in einem breiten räumlichen und zeitlichen Spektrum statt. Die kleinen dreidimensionalen Wirbel im Zentimeter- und Meterbereich – turbulente Bewegungen – haben wir bereits als wichtigen Faktor für die Deckschicht kennengelernt. Das obere Ende der Skala bilden Meeresströmungen, die Wasser mitsamt seinen Bestandteilen durch den gesamten Ozean oder auch von einem Ozean in den anderen transportieren. Die starken Absinkbewegungen in den polaren und subpolaren Gebieten, die für die Sauerstoffanreicherung des gesamten Weltozeans sorgen, wurden ebenfalls bereits beschrieben. Dazwischen liegen Bewegungen im Bereich von wenigen bis Tausenden von Kilometern, die als horizontale Wirbel die großen Meeresströmungssysteme bilden oder die als Wirbel und Mäander diesen Strömungen überlagert sind.

Wellen sind Bewegungen mit periodischen Veränderungen. Die Wasserteilchen bewegen sich hier nur in einem kleinen Gebiet, aber die Energie breitet sich über große Entfernungen aus. Seegang an der Meeresoberfläche kann Energie aus einem Sturmgebiet an windstille Strände bringen. Es gibt aber auch interne Wellen, die sich an starken Dichtegradienten bilden. Wellen können sehr großräumig sein, z. B. die sogenannten Kelvin- und Rossby-Wellen, die die Strömung in einem gesamten Ozeanbecken erfassen und eine wichtige Rolle beim El-Niño-Zyklus im äquatorialen Ozean spielen.

Ein Teilchen oder Lebewesen erfährt die Überlagerung aller Bewegungsprozesse an seinem jeweiligen Aufenthaltsort. Betrachtet man die augenblickliche Bewegung, so ist diese durch die zufällige Natur der Turbulenz kaum vorherzusagen. Betrachtet man die Bewegung über längere Zeiträume, so entspricht sie meist in Richtung und Geschwindigkeit den Meeresströmungen. Diese wurden aus Beobachtungen von vielen Schiffen über viele Jahre hinweg berechnet und stellen daher den Mittelwert über einen längeren Zeitraum dar, von dem die momentane Bewegung stark abweichen kann.

Wie misst man Meeresströmungen?

Aufgrund ihrer starken zeitlichen und räumlichen Variabilität sind Transporte von Meeresströmungen nur mit sehr großem Aufwand zu messen. Hierzu werden Systeme eingesetzt, die als Verankerungen bezeichnet werden.

Eine Verankerung (Abb. 1.2) besteht neben den Messgeräten aus einem Ankergewicht, einem Seil, das bis nahe unter die Meeresoberfläche reicht und dort von einem Auftriebskörper straff gespannt wird. An dem Seil sind Messgeräte in unterschiedlichen Tiefen befestigt, die dort stündlich die Strömung, die Temperatur und den Salzgehalt messen und speichern. Die Energieversorgung erfolgt mittels einer langlebigen Batterie, die eine Einsatzdauer von bis zu drei Jahren ermöglicht. Biologen beteiligen sich an diesen Systemen und befestigen an den Verankerungen riesige, zur Oberfläche geöffnete Trichter, sogenannte Sinkstofffallen, um absinkende Partikel aufzufangen. Seit Kurzem sind an Verankerungen auch „Horchstationen" installiert, die z. B. charakteristische Laute von Walen und anderen Meeressäugern aufzeichnen und Aufschluss über deren Präsenz und Wanderungen geben können.

Den Wissenschaftlern, die Verankerungen einsetzen, wird viel Geduld abverlangt, denn sie gelangen an die gewonnenen Daten erst mit dem Ende der Einsatzzeit, wenn die Verankerung aufgenommen wird. Beim Einsatz in eisbedeckten Polargebieten wird die Geduld auf eine noch größere Probe gestellt. Um eine Verankerung zu bergen, muss nämlich das Ankergewicht abgetrennt werden, sodass die Auftriebskörper mit den Messgeräten zur Oberfläche aufsteigen können. Zu diesem Zweck wurde bereits bei der Auslegung ein spezielles Gerät – Auslöser genannt – als Verbindung zum Ankergewicht installiert. Das Schiff sendet ein kodiertes akustisches Signal an den Auslöser, der sich dann vom Ankergewicht trennt. Die Messkette schwimmt zur Oberfläche auf. Trifft der Auftriebskörper nicht auf offenes Wasser, sondern bleibt unter Eisschollen hängen, beginnt die sprichwörtliche Suche nach der Nadel im Heuhaufen (Abb. 1.4). Aus diesem Grund sind Verankerungen, die in Polargebieten eingesetzt werden, heutzutage außerdem mit sehr aufwendigen Geräten bestückt, die allein dem Zweck einer genauen Ortung der Messgeräte dienen. So ist der Erfolg bei diesen Unternehmungen u. a. auch dem seemännischen Geschick der gesamten Crew zu verdanken – und dieses Teamwork von Crew und Wissenschaft ist eine der vielen Facetten der „Faszination Meeresforschung".

Abb. 1.4 Die „glückliche" Bergung einer Verankerung im Eis. Hier tauchten die Auftriebskugeln in einer Rinne auf. Darunter hängen die Messgeräte und der Auslöser an einem 4000 m langen Seil. Die Besatzung hat gerade mit einem Wurfanker das Seil gefasst, das dann an Bord genommen und über eine Winde eingeholt wird. Die Wissenschaftler warten schon gespannt auf Daten der zurückliegenden zwei Jahre. (Foto: Friederike Rohardt)

Weiterführende Literatur

Dietrich G, Kalle K, Krauss W, Siedler G (1992) Allgemeine Meereskunde. Eine Einführung in die Ozeanographie. 3. neubearb. Aufl. Bornträger, Berlin
Lemke P, Neuhoff von S (2014) Der gefrorene Ozean. Koehler, Hamburg
Pond S, Pickard G (2003) Introductory Dynamical Oceanography, 3. Aufl. Butterworth-Heinemann, Amsterdam
Stewart RH (2008) Introduction to Physical Oceanography. Department of Oceanography, Texas A & M Univ

2

Der marine Kohlenstoffkreislauf

Arne Körtzinger

Leser eines ökologischen Lesebuchs erwarten zu Recht faszinierende Einblicke in das „Leben im Meer" – etwa in die schwindelerregende Vielfalt mariner Organismen, ihre geradezu unglaubliche Anpassungsfähigkeit an extreme Lebensräume, ihre genialen Verteidigungsstrategien oder gar ihre angsteinflößenden Beutefangtechniken. Biogeochemiker hingegen betrachten marine Biota aus einem völlig anderen Blickwinkel. Für sie reduziert sich die immense Bandbreite des Lebens im Meer auf einige wenige chemische Kenngrößen, etwa die Größe eines Kohlenstoffreservoirs in Gigatonnen (Gt) C (1 Gt = 1 Mrd. t = 10^{15} g = 1 pg). Diese Betrachtungsweise, die lebende und tote Organismen vom Bakterium bis zum Blauwal unterscheidungslos unter dem wenig inspirierten Kürzel POM (*particulate organic matter*) führt, hält der Faszination des ökologischen Details nicht stand. Und doch liegt diesem biogeochemischen Ansatz der Reduzierung auf Stoffflüsse und Reservoirgrößen eine oft nicht minder große Ehrfurcht vor den Leistungen mariner Organismen zugrunde. Von diesen Leistungen soll im Folgenden am Beispiel des Kohlenstoffkreislaufs berichtet werden.

Lassen wir uns also einmal auf eine biogeochemische Betrachtung ein (Abb. 2.1). Im Gegensatz zu den terrestrischen Ökosystemen, deren Pflanzenbiomasse von ca. 450–650 Gt C überwiegend in Form von Bäumen vorliegt, enthalten marine Biota mit etwa 3 Gt C vergleichsweise sehr wenig Kohlenstoff. Diese Tatsache strapaziert das Vorstellungsvermögen vielleicht noch relativ

Prof. Dr. Arne Körtzinger (✉)
GEOMAR, Helmholtz-Zentrum für Ozeanforschung
Düsternbrooker Weg 20, 24148 Kiel, Deutschland
E-Mail: akoertzinger@geomar.de

15

© Springer-Verlag GmbH Deutschland 2020
G. Hempel et al. (Hrsg.), *Faszination Meeresforschung*,
https://doi.org/10.1007/978-3-662-49714-2_2

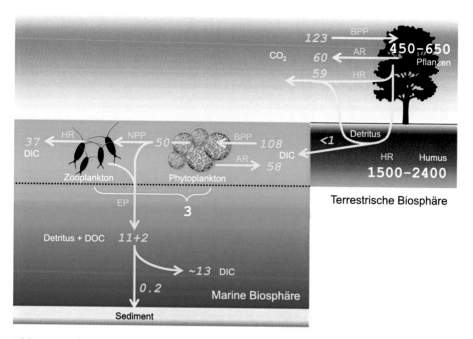

Abb. 2.1 Schematische Darstellung biologischer Kohlenstoffreservoire (in Gt C, *weiße Zahlen*; 1 Gt = 10^{15} g) und ihrer Austauschflüsse (in Gt C a^{-1}, *gelbe Zahlen*) an Land und im Ozean. *DIC* gelöster anorganischer Kohlenstoff, *DOC* gelöster organischer Kohlenstoff, *BPP* Bruttoprimärproduktion, *NPP* Nettoprimärproduktion, *AR* autotrophe Respiration, *HR* heterotrophe Respiration, *EP* Exportproduktion. (Körtzinger 2010, nach IPCC 2013)

wenig, denkt man etwa an tropische Regen- oder boreale Nadelwälder auf der einen und an kristallklares, blaues Meerwasser mit mikroskopisch kleinen Algen auf der anderen Seite. Umso überraschender ist es zu erfahren, dass marine Primärproduzenten (Phytoplankton) mit jährlich ca. 108 Gt C nahezu genauso viel Kohlenstoff photosynthetisch fixieren (BPP = Bruttoprimärproduktion) wie die etwa 200-fach größere Landbiomasse (123 Gt C a^{-1}). Dieser Sachverhalt belegt die, bezogen auf die Biomasse, sehr viel höhere Photosyntheseleistung des marinen Phytoplanktons. Einzellige Algen mit ihren hohen Teilungsraten sind gewissermaßen biochemische Hochgeschwindigkeitsreaktoren im Vergleich zu den viel langsamer wachsenden Bäumen. Sie müssen daher trotz ihrer so viel kleineren Biomasse den Vergleich mit der terrestrischen Biosphäre nicht scheuen. So steht die marine Nettoprimärproduktion (NPP = BPP minus autotrophe Respiration AR) mit 50 Gt C a^{-1} der NPP der Landpflanzen (63 Gt C a^{-1}) nur wenig nach. Auch das Schicksal dieses jährlich im Milliarden-Tonnen-Maßstab fixierten Kohlenstoffs ist in beiden Biosphären ein ähnliches: Herbivore Heterotrophe – dies sind an Land Pflanzenfresser (Kühe, Antilopen etc.), im Meer

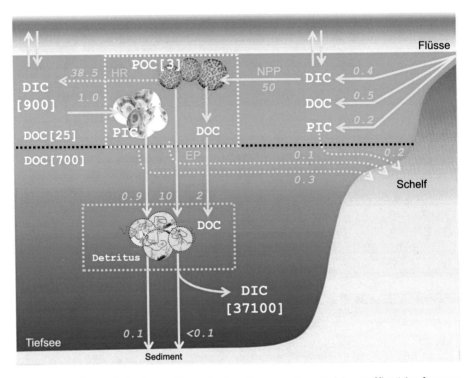

Abb. 2.2 Schematische Darstellung des heutigen marinen Kohlenstoffkreislaufs unter besonderer Berücksichtigung biologisch relevanter Kohlenstoffreservoire (in Gt C, *weiße Zahlen*) und -austauschflüsse (in Gt C a^{-1}, *gelbe Zahlen*). *PIC* partikulärer anorganischer Kohlenstoff, *POC* partikulärer organischer Kohlenstoff, ansonsten siehe Abb. 2.1. (Nach Field und Raupach 2004)

vor allem Zooplankter (Ruderfußkrebse, Leuchtgarnelen etc.) sowie in beiden Biosphären Mikroorganismen – konsumieren und veratmen den Löwenanteil dieser Pflanzenproduktion. Nur ein Bruchteil wird hingegen dem System über refraktäre, d. h. abbauresistente, Humusanteile (<0,1 Pg C a^{-1}) und die organische Fraktion mariner Sedimente (<0,2 Pg C a^{-1}) auf Zeitskalen von Jahrtausenden bis Jahrmillionen entzogen.

Der marine Kohlenstoffkreislauf bedarf einer genaueren Betrachtung (Abb. 2.2). Das Vorhandensein eines marinen CO_2-Systems (Box 2.1) ist der Grund für die hohe Konzentration von gelöstem anorganischen Kohlenstoff (ca. 2 mmol L^{-1}), die den Ozean mit 8000 Gt C zum bei Weitem größten Kohlenstoffreservoir[1] macht. Kohlenstoff ist daher für marine Primärproduzenten stets ausreichend verfügbar und wirkt (außer in sehr speziellen Situationen) nie

---

[1] Gemeint sind diejenigen Kohlenstoffreservoire, die sich auf Zeitskalen von Jahrhunderten bis Jahrtausenden mit der Atmosphäre austauschen. Die sehr viel größeren und zugleich sehr viel langsamer austauschenden geologischen Reservoire werden daher nicht betrachtet.

limitierend für den Aufbau von Biomasse. Es sind daher meist die Konzentrationen der Makronährstoffe Nitrat, Phosphat und Silikat, die zusammen mit der Verfügbarkeit von Licht die biologische Produktivität in der ozeanischen Deckschicht bestimmen. Makronährstoffe sind im lichtdurchfluteten Oberflächenozean in sehr unterschiedlichem Maße verfügbar, wobei das Spektrum von den nährstoffarmen Subtropenwirbeln („ozeanischen Wüsten") zu gut gedüngten Regionen etwa in Schelfmeeren reicht, deren anthropogen bedingte Ausbreitung zunehmend ein Problem im Küstenraum darstellt. In bestimmten Regionen können zusätzlich auch Mikronährstoffe, vor allem Eisen, eine limitierende Rolle spielen.

Der biologische Aufbau von partikulärer organischer Substanz (POC) aus gelöstem anorganischen Kohlenstoff (DIC) durch photosynthetisch aktive Organismen (Algen) ist Start- und Angelpunkt des biologischen Kohlenstoffkreislaufs im Ozean. Im Mittel gehen etwa 25 % der Nettoprimärproduktion (NPP) in partikulärer (POC) und gelöster Form (DOC) der produktiven Deckschicht über den Export in die Tiefe verloren, stehen also den Konsumenten (HR) im Oberflächenozean nicht mehr zur Verfügung. Dieser Export von biogenem Kohlenstoff (EP) erhält einen vertikalen DIC-Gradienten im Ozean aufrecht, der andernfalls durch die ozeanische Zirkulation weitgehend ausgeglichen würde. Man spricht daher auch von der biologischen Pumpe, die Kohlenstoff entgegen dem bestehenden Konzentrationsgradienten von niedrigen zu hohen DIC-Konzentrationen befördert. Dieser Prozess, der jedes Jahr etwa 12 Mrd. t Kohlenstoff (= 12 Gt C) in die Tiefen des Weltozeans verfrachtet und so über Zeiträume von Jahrzehnten bis Jahrhunderten dem Kontakt mit der Atmosphäre entzieht, ist von außerordentlicher Bedeutung, stellt er doch die Nahrungsquelle für pelagische und benthische Ökosysteme im Ozeaninneren, d. h. unterhalb der lichtdurchfluteten, produktiven Deckschicht, dar.

Box 2.1: Das marine CO_2-System

Arne Körtzinger

Kohlendioxid (CO_2) löst sich wie alle Gase im Meerwasser. Da erscheint der Begriff „marines CO_2-System" geradezu wichtigtuerisch. Nun, jede CO_2-haltige Limonade gibt die Antwort – sie schmeckt sauer. Chemisch betrachtet verbirgt sich hinter dem sauren Geschmack die Reaktion von CO_2 mit Wasser unter der Bildung von Kohlensäure, einer zweibasigen Säure, die in folgenden beiden Stufen dissoziiert:

$$CO_2 + H_2O \rightarrow HCO_3^- + H^+$$
$$HCO_3^- \rightarrow CO_3^{2-} + H^+$$

Neben dem physikalisch gelösten CO_2 liegen im Meerwasser also auch die Formen HCO_3^- (Hydrogenkarbonat), CO_3^{2-} (Karbonat) und H^+ vor. Die Konzentration der H$^+$-Ionen – man spricht auch vom pH-Wert – und die Verhältnisse, in denen CO_2, HCO_3^- und CO_3^{2-} vorliegen, bedingen einander. Entsprechend dem typischen pH-Bereich von Meerwasser, der etwa bei 7,8–8,4 liegt, hat HCO_3^- den größten Anteil (ca. 90 %), gefolgt von CO_3^{2-} (ca. 10 %). Das gelöste CO_2 selbst umfasst weniger als 1 %. Diese Verhältnisse (auch Speziation genannt) sorgen dafür, dass Meerwasser außerordentlich gut gepuffert ist, sich sein pH-Wert bei Zufuhr von Säure oder Base also sehr wenig ändert. Damit unterscheidet sich das Meerwasser sehr deutlich von Süßgewässern, denen ein solches Puffersystem fehlt (Stichwort saure Seen). Wer im Meer lebt, muss sich also nicht auf größere pH-Schwankungen einstellen.

Die Verhältnisse im marinen CO_2-System sorgen aber nicht nur für die hohe Pufferkapazität von Meerwasser. Sie sind auch der Grund für die gewaltige Größe des marinen Kohlenstoffspeichers. So enthält der (vorindustrielle) Ozean in Form von HCO_3^-, CO_3^{2-} und CO_2 etwa 65-mal so viel Kohlenstoff (39.000 Gt C = 10^{15} g C) wie die gesamte Atmosphäre (600 Gt C als CO_2). Auch die terrestrische Biosphäre, also sämtliche Landpflanzen und Humusschichten unseres Planeten, enthält in ihrer Biomasse nur etwa 5 % des im Ozean gelösten anorganischen Kohlenstoffs. Der Ozean ist also gewissermaßen der Gigant unter den Kohlenstoffspeichern, wenn man die Erdkruste nicht berücksichtigt. Dies hat zur Folge, dass der Ozean zumindest über Zeiträume von Jahrhunderten bis Jahrtausenden den atmosphärischen CO_2-Gehalt bestimmt. Das Meer spielt dank seiner hohen Aufnahmekapazität somit auch im anthropogen gestörten Kohlenstoffkreislauf eine wichtige Rolle. Ohne den Ozean wäre der in der Atmosphäre beobachtete CO_2-Anstieg um gut 60 % größer und das Klimaproblem damit um einiges brisanter.

Viele Phytoplanktonarten umgeben sich mit einem Panzer, einer anorganischen Hartschale. Ist diese, wie im Fall der Kalkalgen (Coccolithophoriden), aus Kalziumkarbonat (Calcit) aufgebaut, nimmt sie ebenfalls Einfluss auf den marinen Kohlenstoffkreislauf. Ähnlich wie die Bildung partikulärer organischer Substanz (POC) entzieht auch der Aufbau von Kalkschalen (PIC) der lichtdurchfluteten Deckschicht gelösten anorganischen Kohlenstoff (DOC). In Analogie zum organischen Material kommt es dadurch zusätzlich zu einem Export von biogenem Kalk aus der Deckschicht in das Innere des Ozeans, wo der Kalk weitgehend aufgelöst und damit dem gelösten Kohlenstoffinventar (DIC) wieder zugeführt wird. Bei genauerer Betrachtung kann die biologische Pumpe folglich in einen organischen und einen anorganischen Anteil unterteilt werden. Beide Prozesse tragen zur Aufrechterhaltung des vertikalen DIC-Gradienten bei. Dennoch ist eine getrennte Betrachtung sinnvoll. Während der Aufbau organischer Substanz dem Meerwasser physikalisch gelöstes CO_2 entzieht und damit sowohl zu einem Anstieg des pH-Werts als auch zur Aufnahme von CO_2 aus der Atmosphäre führt, hat die Abscheidung von Kalk einen gegenläufigen Effekt: Der Entzug von Karbonationen (CO_3^{2-}) führt im Meerwasser ebenfalls zu einer Verschiebung der chemischen Gleichgewichte, in deren Folge allerdings die Konzentration an physikalisch gelöstem CO_2 ansteigt, was zur Abgabe von CO_2 an die Atmosphäre führt. Der Einfluss der Primärproduktion auf den Sättigungsgrad des Oberflächenwassers bezüglich atmosphärischem CO_2 und somit auf den Nettoaustausch von CO_2 zwischen Ozean und Atmosphäre ist folglich ein Resultat zweier gegenläufiger Prozesse. Daher ist nicht allein die Quantität des produzierten organischen Materials von Interesse, sondern auch seine Qualität (Kieselalgen – Kalkalgen).

Es ist leicht einsichtig, dass die Bildungs- und Abbauprozesse der biologischen Pumpe in vielfältiger und komplizierter Weise von den physikalischen, chemischen und ökologischen Rahmenbedingungen abhängen. So steht für die Primärproduktion die Verfügbarkeit von Licht sowie Makro- (N, P, Si) und Mikronährstoffen (z. B. Fe, Cu, Zn, Co) an erster Stelle, während der Abbau organischer Substanz neben der Zusammensetzung des organischen Materials besonders von der Temperatur sowie dem Vorhandensein von Sauerstoff beeinflusst wird. Für den Auf- und Abbau von Calcitschalen ist hingegen der Sättigungsgrad des Meerwassers bezüglich dieses Minerals von Bedeutung. So begünstigt der typischerweise zwei- bis sechsfach übersättigte Oberflächenozean generell die Abscheidung von Kalk, während der unterhalb einer bestimmten Tiefe (Lysokline) kalkuntersättigte Ozean umgekehrt die Auflösung des aus dem Oberflächenozean exportierten Kalks fördert.

Zusätzlich zu diesen internen Prozessen im marinen Kohlenstoffkreislauf gibt es eine Reihe von wichtigen Austauschflüssen von Kohlenstoff über die Grenzflächen des Ozeans. Dazu zählen vor allem der Gasaustausch von CO_2 mit der Atmosphäre, der Export von organischem und anorganischem Kohlenstoff in das Sediment sowohl der Schelfe als auch der Tiefsee sowie der Eintrag von gelöstem und partikulärem organischen und anorganischen Kohlenstoff über Flüsse (und Grundwässer). Diese Austauschflüsse sind naturgemäß punktuell (Flusseinträge) bzw. regional sehr variabel. Befindet sich der marine Kohlenstoffkreislauf in seiner Gesamtheit in einem Fließgleichgewicht (Steady State), so ergibt sich, dass die Summe über sämtliche Grenzflächenflüsse von Kohlenstoff gleich null sein muss. Die Differenz zwischen Kohlenstoffimport über Flüsse und -export in das Sediment sollte in einem vorindustriellen Steady State folglich durch Ausgasen von CO_2 in die Atmosphäre kompensiert worden sein.

Die in Abb. 2.1 und 2.2 dargestellten quantitativen Eigenschaften biologisch relevanter Komponenten des globalen und marinen Kohlenstoffkreislaufs entsprechen unserem besten Kenntnisstand. Dennoch sind die dort wiedergegebenen Zahlen mit unterschiedlichen und zum Teil erheblichen Fehlern und Unsicherheiten behaftet. Zudem repräsentieren sie eine global „gemittelte Biologie", die jedem Meeresbiologen die Nackenhaare sträuben lässt. Reale marine Ökosysteme und Lebensgemeinschaften weichen zum Teil sehr erheblich von diesem mittleren Bild ab. So kann die Exportproduktion, die im Steady State der Differenz zwischen Nettoprimärproduktion (NPP) und heterotropher

Respiration (HR) entsprechen muss, einen sehr unterschiedlichen Anteil der neuen – also durch externe (allochthone) Nährstoffzufuhr getriebenen – Produktion ausmachen. Dabei reicht das Spektrum von exportdominierten Systemen zu regenerierenden Systemen, die sich aufgrund ihrer konstant schlechten Nährstoffversorgung einen nennenswerten Export nicht „leisten" können und Nährstoffe effizient zwischen Produzenten und Konsumenten rezirkulieren. Ähnlich sind die relativen Beiträge kalzifizierender und nicht kalzifizierender Primärproduzenten in weiten Grenzen variabel, was für ein gegebenes Nährstoffpotenzial zu unterschiedlichen integralen Effekten für den CO_2-Fluss zwischen Atmosphäre und Ozean führt, d. h. zu einem Wechsel zwischen Ausgasen in die Atmosphäre und CO_2-Aufnahme aus der Atmosphäre in den Ozean. Es kann weiterhin kaum überraschen, dass angesichts der vielen teilweise gegenläufigen physikalischen und chemischen Steuergrößen eine erhebliche Variabilität auf allen Zeitskalen existiert. Dabei sind insbesondere interannuelle, aber auch dekadische Schwankungen von Bedeutung und Interesse. Selbst ein vorindustrielles Fließgleichgewicht kann daher nur über dekadische oder sogar längere Zeitskalen wirksam gewesen sein.

Das Wissen um die Existenz des globalen Wandels gehört inzwischen zum Allgemeingut, das uns über die Medien in immer mehr Facetten vermittelt wird. In der Tat ist die gegenwärtige Epoche wohl mit Recht als „Anthropozän" (das vom Menschen geprägte Erdzeitalter) bezeichnet worden, mehren sich doch fast täglich Belege für Trends in den Klimadaten. Auch wenn der Nachweis eines kausalen Zusammenhangs mit menschlichen Aktivitäten im Einzelfall schwer zu führen ist, steht er insgesamt heute nicht mehr infrage. Völlig außer Frage steht, dass die vielfältigen vom globalen Wandel getriebenen Änderungen physikalischer, chemischer und ökologischer Rahmenbedingungen (Tab. 2.1) einen qualitativen und quantitativen Einfluss auf das marine Ökosystem haben werden. Diesen Einfluss hinsichtlich seines Rückkopplungspotenzials und damit seiner Klimarelevanz zu verstehen und vorhersagen zu können, wird eine der Schlüsselaufgaben der marinen Biogeochemie sein. Zum Abschluss dieses Kapitels möchte ich daher wichtige Einflussfaktoren und denkbare Rückkopplungsmechanismen behandeln.

Die Konsequenzen des globalen Wandels für das marine Ökosystem sind nicht weniger komplex als das Ökosystem selbst. Die Reduktion auf eine einfache Kausalitätskette ist aufgrund der vielfältigen, teilweise synergistischen bzw. antagonistischen Wechselwirkungen daher selten angebracht. Dennoch lassen sich einige typische Reaktionen der marinen Biosphäre aufgrund von Experimentalbefunden, Beobachtungen oder Modellrechnungen identifizieren und zumindest in ihrer Richtung abschätzen (Tab. 2.2). Um die Komplexität der Materie zu illustrieren, sollen zwei Antriebsfaktoren abschließend etwas näher betrachtet

Tab. 2.1 Beispiele für Veränderungen physikalischer, chemischer und ökologischer Rahmenbedingungen, die im Zuge des globalen Wandels bereits beobachtet werden bzw. zu erwarten sind. Ebenfalls angedeutet ist, soweit bekannt, die dokumentierte bzw. erwartete Richtung dieser Veränderungen: *Erhöhung* (+), *Erniedrigung* (–)

Physikalisch	Temperatur (+), Salzgehalt (+/–) → Dichteschichtung der Wassersäule (+)
	Windantrieb (+)
	Eisbedeckung (–), Saisonalität der Eisbedeckung (+)
Chemisch	Speziation des CO_2-Systems: $[CO_3^{2-}]$ (–), $[CO_2\,(aq)]$ (+), $[HCO_3^-]$ (++)
	Säuregrad von Meerwasser (+) = pH-Wert (–)
	Nährstoffeintrag über Atmosphäre, Flüsse, Sedimente (+)
	Natürliche und anthropogene Sauerstoffarmut (+)
Ökologisch	Fischereidruck (+), Verschwinden von Spitzenräubern (+)
	Verlagerung von Verbreitungsgebieten, Veränderung der Ökosystemstrukturen und -interaktionen, Veränderungen der Phänologie etc.

Tab. 2.2 Beispiele für die in marinen Ökosystemen bei Änderungen im physikalischen und chemischen Antrieb zu erwartenden Effekte inklusive der (hypothetischen) Kausalkette (+ *zunehmend*, – *abnehmend*) sowie der Rückkopplungseffekte auf den Klimawandel (+ *verstärkend*, – *kompensierend*)

Antriebsänderung	Kausalkette	Rückkopplungseffekt auf Klima
Dichteschichtung (+)	Vertikaler Nährstoffeintrag in ozeanische Deckschicht (–) → Primärproduktion (–)	+
Dichteschichtung (+)	Effizienz der Nährstoffnutzung (+) → Primärproduktion (+)	–
Turbulenz der Atmosphäre (+)	Atmosphärischer Eintrag von Fe und P über Staub (+) → Intensität der biologischen Pumpe (+)	–
NO_x-Emissionen (+)	Atmosphärische Deposition von NO_x (+) → Intensität der biologischen Pumpe (+)	–
pH-Wert (–), $[CO_3^{2-}]$ (–)	Biokalzifikation (–) → CO_2-Fluss in Atmosphäre (–)	–
pH-Wert (–), $[CO_3^{2-}]$ (–)	Biokalzifikation (–) → Kalk-Ballasteffekt für Partikelexport (–) → biologische Pumpe (–)	+
Temperatur	Unterschiedliche Temperaturabhängigkeit von Primärproduktion (+) und Respiration (++)	+ (?)

werden. Dabei ist hervorzuheben, dass diese Betrachtung zunächst monokausal ist und das Potenzial synergistischen bzw. antagonistischen Zusammenwirkens anthropogener Stressoren überhaupt noch nicht berücksichtigt:

1. *pH-Wert:* Das marine CO_2-System (Box 2.1) stellt einen effektiven pH-Puffer dar. Meerwasser zeigt daher nur geringe pH-Schwankungen (7,8–8,4 im Oberflächenwasser, Median ca. 8,1), und marine Organismen und Ökosysteme hatten wenig Bedarf, sich evolutionär an stark variable pH-Regime anzupassen. Allerdings führt die ozeanische Aufnahme von anthropogenem CO_2 in Höhe von gegenwärtig ca. 2,3 Gt C a^{-1} zu einer merklichen Ansäuerung („Kohlensäure") des Oberflächenozeans. Der kumulative anthropogene pH-Effekt seit Beginn der industriellen Revolution liegt bei gut 0,1 pH-Einheiten und hat damit die Größenordnung der pH-Änderungen zwischen Glazial und Interglazial erreicht (Abb. 2.3). Die für das Ende des 21. Jahrhunderts unter bestimmten Annahmen prognostizierten atmosphärischen CO_2-Konzentrationen (RCP 6.0; IPCC 2013) würden zu einer Absenkung des pH-Werts gegenüber dem vorindustriellen Zustand von ca. 0,3 bis 0,4 Einheiten führen, was aufgrund der logarithmischen pH-Skala mehr als einer Verdopplung der Wasserstoffionenkonzentration (H^+) entspricht. Eine derartige Ansäuerung des Oberflächenozeans hat zumindest in den letzten 420.000 Jahren, vermutlich aber sogar mehr als 20 Mio. Jahren nicht stattgefunden.

Der kontinuierliche Anstieg der CO_2(aq)-Konzentrationen im Oberflächenozean kann in vielfältiger Weise Einfluss auf Organismen haben. So führt die parallele Abnahme der CO_3^{2-}-Konzentration zu einer Abnahme der Kalkübersättigung im Oberflächenozean. Damit werden die chemischen Rahmenbedingungen für Kalzifikation weniger günstig, und negative Auswirkungen auf marine Kalkbildner sind zu erwarten. Diese Effekte sind im Falle von Korallen, einigen Kalkalgen, aber auch Mollusken und Stachelhäutern bereits nachgewiesen. Andererseits gibt es auch Hinweise, dass Seegras- und gewisse Phytoplanktonarten von der Ozeanversauerung profitieren könnten. Auch für die Stimulation der Stickstofffixierung einiger Cyanobakterien bei sinkendem pH-Wert gibt es Belege. Damit ist die Liste denkbarer pH-sensitiver Prozesse in marinen Ökosystemen aber noch lange nicht abgeschlossen. So ist bekannt, dass Enzymaktivitäten pH-abhängig sind. Änderungen im pH-Milieu könnten daher den Energieaufwand mariner Organismen zur Aufrechterhaltung eines physiologisch günstigen pH-Werts verändern und damit ihre Nettoproduktivität beeinflussen. Auch über die pH-Sensitivität chemischer Eigenschaften sind Wechselwirkungen denkbar. Die pH-Abhängigkeit von Adsorptionsvorgängen oder der chemischen Speziation einiger Elemente etwa könnte die Konzentrationen von Spurenmetallen verändern und so positive (Mikronährstoffe) oder auch negative (toxische) Auswirkungen auf die biologische Produktivität entfalten. Ohne diese Betrachtung weiter zu vertiefen, sollte erkennbar geworden sein, dass der pH-Wert als chemische Kernvariable auf sehr unterschiedliche Weise auf marine Organismen Einfluss nimmt und auf diesem Weg Rückkopplungseffekte in der marinen Biosphäre zu erwarten, aber schwer abzuschätzen sind.

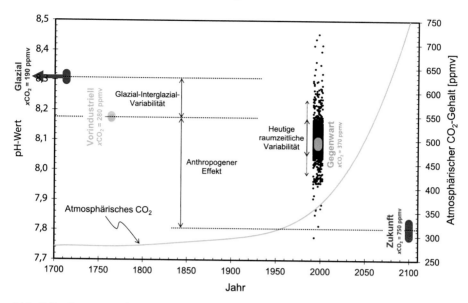

Abb. 2.3 Gegenwärtige pH-Werte im Oberflächenwasser des Weltozeans (*schwarze Punkte*). Die Mehrheit der 3000 Datenpunkte liegt in einem relativ engen pH-Bereich um 8,1 ± 0,1 (Median ± Standardabweichung). Ebenfalls dargestellt ist das typische pH-Niveau im glazialen, vorindustriellen, aktuellen und zukünftigen (Jahr 2100) Oberflächenozean, wie es sich aus einer einfachen Gleichgewichtsberechnung für den beobachteten bzw. vorhergesagten atmosphärischen CO_2-Gehalt (*blaue Linie*) ergibt. *DIC* gelöster anorganischer Kohlenstoff, *SST* Meeresoberflächentemperatur. (Körtzinger 2010)

2. *Temperatur:* Die bereits beobachtete und sich in Zukunft verstärkende globale Temperaturerhöhung wird sämtliche biochemischen Vorgänge beschleunigen. Dieser Effekt kommt im Q_{10}-Faktor zum Ausdruck, der die relative Zunahme der Reaktionsgeschwindigkeit einer Reaktion für eine Temperaturerhöhung von 10 °C beschreibt. Man könnte vermuten, dass der Temperatureffekt zwar den Durchsatz von Materie durch die biogeochemischen Kreisläufe beschleunigen, aber nicht zwangsläufig zu Nettoeffekten führen sollte. Letztere werden jedoch wahrscheinlich, wenn man die unterschiedlichen Q_{10}-Faktoren von Produktion und Respiration, d. h. den Faktor der Beschleunigung der jeweiligen Reaktion bei einer Temperaturerhöhung um 10 °C, vergleicht. So sind Photosynthese und Phytoplanktonwachstum deutlich weniger temperaturempfindlich ($1 < Q_{10} < 2$) als bakterielle heterotrophe Prozesse ($2 < Q_{10} < 3$). Steigende Temperaturen sollten folglich die Produktion von organischer Substanz weniger stark beschleunigen als ihren Konsum. Eine Verschiebung dieser Autotrophie-Heterotrophie-Bilanz könnte daher sehr wohl zu Veränderungen der biologischen Pumpe führen. Eine quantitative Abschätzung wird jedoch dadurch erschwert, dass (neue) Produktion und Respiration von organischem

Material in verschiedenen Horizonten des Ozeans stattfinden (Deckschicht und Mesopelagial), wodurch hydrodynamische Aspekte der vertikalen Durchmischung und Diffusion ins Spiel kommen, die ihrerseits ebenfalls dem globalen Wandel unterliegen. Zudem verbirgt sich hinter den Gesamtprozessen Primärproduktion und Respiration eine Vielzahl von komplexen und zum Teil wenig verstandenen Prozessen.

Weiterführende Literatur

Emerson SR, Hedges JI (2008) Chemical Oceanography and the Marine Carbon Cycle. Univ Press, Cambridge, UK

Field CB, Raupach MR (Hrsg) (2004) The Global Carbon Cycle. Island Press, Wash

Körtzinger A (2010) Der globale Kohlenstoffkreislauf im Anthropozän – Betrachtung aus meereschemischer Perspektive. Chem Unserer Zeit 44:118–129

Quéré Le C et al (2015) Global Carbon Budget 2014. Earth Syst Sci Data 7:47–85

Stocker TF, Qin D, Plattner G-K, Tignor M, Allen SK, Boschung J, Nauels A, Xia Y, Bex V, Midgley PM (Hrsg) (2013) The Physical Science Basis. Contribution of Working Group I to the Fifth Assessment Report of the Intergovernmental Panel on Climate Change. IPCC 2013: Climate Change. Cambridge Univ Press, Cambridge, UK und NY, USA

Zeebe RE, Wolf-Gladrow D (2001) CO_2 in Seawater: Equilibrium, Kinetics, Isotopes. Elsevier Oceanogr Ser, Amsterdam

Mit dem Multinetz (Fa. Hydrobios, Kiel) können mit einem Hol verschiedene Tiefenstufen getrennt befischt werden, indem beim Hieven des Gerätes nacheinander bis zu neun Planktonnetze geöffnet und geschlossen werden. (Foto: Wilhelm Hagen, Universität Bremen)

3

Leben im Pelagial

Sigrid Schiel[†], Astrid Cornils und Barbara Niehoff

Das Pelagial (griechisch *pelagos* = Meer) bezeichnet den gesamten Lebensraum des freien Wassers von der Oberfläche bis zum Meeresboden. Es ist der Lebensraum mit dem weitaus größten „Biovolumen" auf unserem Planeten. Im Pelagial können sich die Lebewesen in den drei Dimensionen frei bewegen – bei einer maximalen vertikalen Ausdehnung von >10 km –, während auf dem Land die Insekten, Vögel und Fledermäuse diese Bewegungsfreiheit meist nur bis in wenige Hundert Meter Höhe nutzen und die übrigen Landtiere sich in Bodennähe bewegen. Das dichtere Medium Meerwasser trägt pelagische Organismen viel besser als Luft und trug zu einer großen Formenvielfalt bei. Diese Diversität reicht von sehr zarten, durchsichtigen Lebewesen wie den Medusen, Pfeilwürmern (Chaetognathen) und Salpen bis hin zu den riesigen Walen, die aufgrund ihrer enormen Körpermasse an Land gar nicht lebensfähig wären.

Die Lebewesen im Pelagial

Die Bewohner des Pelagials werden anhand ihrer Schwimmleistung in Plankton (griechisch: das Treibende) und Nekton (griechisch: das Schwimmende) unterteilt. Der Kieler Meeresbiologe Victor Hensen hat 1887 das Wort „Plankton" geprägt. Es steht als Sammelbegriff für alle im Wasser treibenden Organismen,

Dr. Astrid Cornils (✉)
Alfred-Wegener-Institut, Helmholtz-Zentrum für Polar- und Meeresforschung
Am Handelshafen 12, 27570 Bremerhaven, Deutschland
E-Mail: Astrid.Cornils@awi.de

© Springer-Verlag GmbH Deutschland 2020
G. Hempel et al. (Hrsg.), *Faszination Meeresforschung*,
https://doi.org/10.1007/978-3-662-49714-2_3

deren Eigenbewegung so gering ist, dass sie mit den Bewegungen des Wassers verdriftet werden. Somit hängt ihre regionale Verbreitung von den Meeresströmungen ab. Das Plankton wird in Virio-, Bakterio- und Mykoplankton (Viren, Bakterien und Pilze) sowie in Phyto- und Zooplankton unterteilt. Zum Phytoplankton zählen alle pflanzlichen, autotrophen Organismen. Der Begriff „Zooplankton" bezeichnet alle heterotrophen Lebewesen, also solche Organismen, die sich von partikulärer organischer Substanz ernähren. Die meisten Zooplankter durchlaufen den gesamten Lebenszyklus im Pelagial; sie gehören zum Holoplankton (Kap. 10). Andere Organismen verbringen dagegen nur einen Teil ihres Lebens, meist die Jugendphase, im Plankton; sie werden als Meroplankton bezeichnet. Viele Benthostiere z. B. haben pelagische Larven, die später zum Bodenleben übergehen. So können sich sessile Arten neue Lebensräume erschließen und den Genfluss zwischen räumlich getrennten Populationen gewährleisten. Die Eier und Larven vieler als Jungfische und Adulte zum Nekton gehörenden Fischarten werden dem Ichthyoplankton zugeordnet (Kap. 15).

Im marinen Zooplankton findet man Vertreter fast aller Stämme der wirbellosen Tiere. Wirbeltiere sind hier nicht vertreten, mit Ausnahme der Fischbrut (Ichthyoplankton). Die Größe der meisten Planktonorganismen liegt im Bereich von Mikrometern bis Zentimetern (Abb. 3.1), doch Quallen können auch einen Durchmesser von mehreren Metern erreichen (Megaplankton).

Als Nekton bezeichnet man pelagische Tiere, die gegen Meeresströmungen schwimmen können. Zum Nekton gehören nur wenige Taxa, und zwar – bis auf Tintenfische (Cephalopoda) – nur Wirbeltiere (Fische, Reptilien, Vögel, Säuger). Auch im Nekton ist die Größenspanne sehr groß und reicht von wenige Zentimeter langen Tintenfischen bis zum Blauwal mit maximal 34 m Körperlänge. Unter den Tintenfischen (Kap. 13) sind die zehnarmigen Kalmare überwiegend pelagisch. Sie kommen über einen großen Tiefenbereich von mehreren Tausend Metern vor. Ihr schlanker Körper ist torpedoförmig, die Schale fehlt ganz oder ist stark reduziert und liegt im Körperinneren (Ausnahme Perlboot, *Nautilus*). Ein kräftiger Muskelmantel umschließt den Körper. Viele Kalmare, wie z. B. *Loligo* und *Illex*, leben in Schwärmen.

Wie die Cephalopoden bevölkern auch Meeresfische alle pelagischen Lebensräume bis in die Tiefsee und können in riesigen Schwärmen vorkommen. Sie sind sehr artenreich und zeigen eine außerordentliche Vielfalt in Körperform und Größe.

Amphibien (Frösche und Lurche) fehlen im Meer. Zu den wenigen Reptilien des marinen Nektons zählen die Meeresschildkröten (Kap. 14) und Seeschlangen. Fast alle Seeschlangen gehören der Familie der Elapidae (Giftnattern) an (Ausnahme Warzenschlangen) und sind daher eng mit den Kobras und Mam-

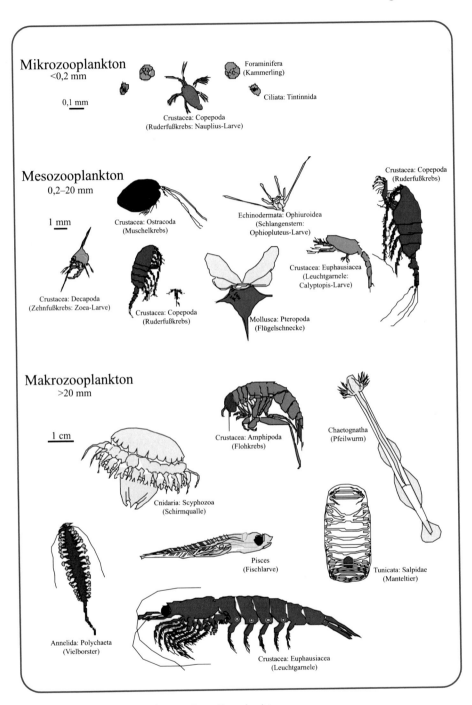

Abb. 3.1 Größenklassen des marinen Zooplanktons

bas verwandt. Seeschlangen sind in den tropischen Regionen des Indopazifiks zu Hause. Mit Ausnahme der weit verbreiteten, ozeanischen Plättchen-Seeschlange (*Pelamis platurus*) leben Seeschlangen in Küstennähe. Sie sind sehr gut an das Leben im Meer angepasst und unterscheiden sich deutlich von ihren terrestrischen Verwandten. Das auffälligste Merkmal ist der seitlich abgeflachte Schwanz, mit dem die Schlangen im Wasser manövrieren. Unter der Zunge liegt eine Drüse, die der Ausscheidung von überschüssigem Salz dient. Der rechte Lungenflügel ist stark vergrößert und reicht bis in die Schwanzspitze der Tiere. Teile der Lunge dienen als hydrostatisches Organ (Auftrieb). Seeschlangen können bis zu 2 h lang und bis zu 180 m tief tauchen. Sie ernähren sich vor allem von Fischen und sind zum Teil ausgeprägte Nahrungsspezialisten. Sie sind friedfertig, ihr Gift (Neurotoxin) ist jedoch extrem wirkungsvoll und gehört zu den stärksten Schlangengiften. Bis auf die Gattung der *Laticauda*-Plattschwänze, die ihre Eier an Land ablegt und sich dort auch außerhalb der Paarungs- und Eiablagezeit relativ häufig ausruht, gebären Seeschlangen im Meer lebendige Junge.

Auch einige andere Reptilien werden zum Nekton gerechnet, obwohl sie nur einen relativ geringen Teil ihrer Zeit im Meer verbringen. Die Meerechsen der Galapagosinseln z. B. leben in der Küstenzone. Diese Tiere sind, wie ihre Verwandten an Land, Vegetarier und ernähren sich von Meeresalgen, die sie schwimmend und tauchend von den Felswänden abweiden. Das über 6 m (bis maximal 8 m) lange Leistenkrokodil (*Crocodylus porosus*) im Indopazifik und das über 6 m lange Spitzkrokodil (*Crocodylus acutus*) der Karibik schwimmen regelmäßig aus den Flüssen ins Meer und gehen dort auf Nahrungssuche.

Unter den Vögeln können die Pinguine dem Nekton zugeordnet werden. Sie sind flugunfähig, dafür aber hervorragende Schwimmer (Kap. 17). Die Robben und Wale (Kap. 18 und 40) sind die wichtigsten Vertreter der Meeressäuger. Außerdem leben in subtropischen und tropischen Küstenmeeren Seekühe (Sirenia), die sich nur von Pflanzen wie Seegras und Makroalgen ernähren. Sie sind wie die Meeresschildkröten in ihrer Existenz stark bedroht.

Die Regionen des Pelagials

Die große Komplexität der Ozeane macht eine Einteilung des Pelagials in verschiedene Systeme und Provinzen schwierig. Die Trennung des Pelagials in einen küstennahen (neritischen) und küstenfernen (ozeanischen) Bereich geht auf den Jenaer Zoologen Ernst Haeckel zurück. Der neritische Bereich umfasst alle Schelfgebiete bis zum Kontinentalhang einschließlich der Randmeere (z. B. Nordsee, Ostsee) und ist selten tiefer als 200 m. Nur in der Antarktis liegt der Schelf bis zu 500 m tief (aufgrund der enormen Eismassen, die auf dem Kontinent lasten). Der neritische Bereich erstreckt sich also vom Festland bis zum offenen Ozean und wird daher von beiden beeinflusst. Hier schwanken die Umweltbedingungen (Temperatur, Salzgehalt, Licht, Nährstoffkonzentrationen und Wasserbewegungen durch Gezeiten und Sturm) stärker als in küstenfernen Gebieten.

Der ozeanische Bereich umfasst alle Wassermassen jenseits des Kontinentalhangs. Horizontal lassen sich die ozeanischen Bereiche anhand ihrer Oberflächentemperatur in verschiedene Provinzen unterteilen. Diese Unterteilungen reflektieren die Verbreitungmuster der Zooplankter und vieler Fischarten. Auch vertikal werden die mächtigen ozeanischen Wassermassen gegliedert, und jedes Stockwerk ist durch bestimmte Gemeinschaften pelagischer Organismen charakterisiert.

Das Leben in Stockwerken

Das Epipelagial reicht von der Oberfläche bis in eine Tiefe von maximal 200 m. In diesem Teil, der euphotischen Zone, ist ausreichend Licht für Photosynthese vorhanden (Kap. 9). Daher ist das Epipelagial der produktivste Bereich der Ozeane. Phytoplankton, Zooplankton, Fische und Säuger kommen hier in hohen Abundanzen und großer Artenvielfalt vor. Das äußerst komplexe Nahrungsnetz umfasst herbivore, omnivore und karnivore Arten und alle Trophiestufen. Licht und Temperatur unterliegen im Epipelagial jahreszeitlichen Schwankungen, die besonders in den gemäßigten und hohen Breiten ausgeprägt sind. Temperatur und Lichtintensität nehmen mit zunehmender Tiefe ab, und damit einhergehend verändern sich die Umweltbedingungen für die dort lebenden Tiere (Box 3.1).

Box 3.1: Licht im Meer

Sigrid Schiel[†] und Barbara Niehoff

Die meisten Meeresbewohner brauchen Licht! Die Photosynthese der Algen, die die Nahrungsgrundlage in pelagischen Ökosystemen bilden, ist direkt vom Licht und damit auch von den optischen Eigenschaften des Seewassers abhängig. Licht übt aber auch einen unmittelbaren Einfluss auf die Verhaltensweisen vieler mariner Organismen aus. Es ist vielfach verantwortlich für die Orientierung der Tiere und Pflanzen in der Wassersäule, bestimmt die täglichen Vertikalwanderungen und erlaubt es visuell jagenden Tieren, ihre Beute zu erkennen. Verglichen mit den lichtarmen oder gar lichtlosen Zonen in den tieferen Wasserschichten der Ozeane ist der lichtdurchflutete Bereich an der Oberfläche mit nur etwa 6 % der gesamten Wassermenge des Weltmeeres allerdings sehr klein.

Reflexion

Schon an der Wasseroberfläche wird ein Teil der auf das Wasser treffenden Sonnenstrahlen reflektiert. Das Ausmaß der Reflexion hängt dabei vom Einfallswinkel der Strahlen und damit vom Stand der Sonne ab. Die Menge an Sonnenenergie, die vom Wasser aufgenommen wird, schwankt also mit der Tages- und Jahreszeit und mit der geografischen Lage, aber auch mit dem Ausmaß der Wellenbewegungen. An Sommertagen ist sie von den Tropen bis zu den Polargebieten nahezu gleich, da in den Polargebieten der geringere Einfallswinkel durch die lange Hellphase der Polartage im Sommer ausgeglichen wird. In den gemäßigten und den polaren Breiten steht die Sonne im Winter aber allenfalls nur kurz und niedrig am Himmel, sodass die Einstrahlung gering ist. In den Tropen ändert sich die Strahlung im Jahresgang hingegen nicht wesentlich, und insgesamt nimmt die Menge der jährlichen Einstrahlung in das Meerwasser zum Äquator hin zu.

Attenuation

Die nicht reflektierte Strahlung dringt bei gleichzeitiger Brechung ins Meer ein und verliert mit zunehmender Wassertiefe an Intensität. Diese Abschwächung (Attenuation) wird durch Streuung und Absorption durch Wassermoleküle, gelöste Stoffe (z. B. CO_2, NaCl), Schwebstoffe und Planktonorganismen verursacht. Wie tief das Licht ins Meerwasser eindringen kann, hängt daher stark von der Menge und Qualität der suspendierten Partikel ab. Besonders Gelbstoffe (Huminstoffe), gelöste organische Substanzen und im Phytoplankton enthaltene Pigmente, z. B. Chlorophyll, erhöhen die Attenuation. Die Tiefenstufe, in der die Photosyntheserate der Algen unter deren Respirationrate sinkt und damit keine Nettoproduktion mehr stattfindet, wird als Kompensationstiefe bezeichnet. Sie liegt in trüben, küstennahen Gewässern bereits wenige Meter unter der Meeresoberfläche, im klaren Wasser der winterlichen Antarktis hingegen bis zu 100 m tief. Unterhalb von ungefähr 600–1000 m herrscht totale Finsternis.

Spektrale Eigenschaften

Auch die spektralen Eigenschaften des Lichts ändern sich im Wasser. Im Meerwasser werden die verschiedenen Wellenlängen des Sonnenlichtspektrums unterschiedlich stark gefiltert. Bereits dicht unter der Wasseroberfläche in etwa 2–3 m Tiefe werden die langwelligen Infrarotstrahlen und die kurzwelligen ultravioletten Strahlen absorbiert, während der blaugrüne Anteil tiefer eindringt (Abb. 3.2). Die unterschiedlichen Absorptionstiefen der einzelnen Spektralbereiche sind für die Färbung des Wassers mitverantwortlich. Blau ist die Farbe des klaren Meerwassers, arm an Nähr- und Trübstoffen, die „Wüstenfarbe des Meeres". Eine hohe Konzentration von Gelbstoffen, wie sie häufig vor Flussmündungen anzutreffen ist, färbt das Meer gelblich, eine Phytoplanktonblüte, die reich an Chlorophyll ist, dagegen grün.

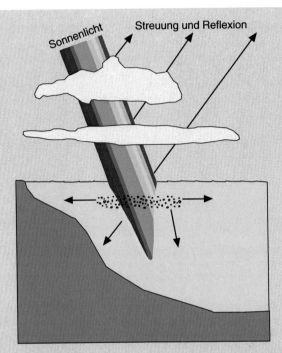

Abb. 3.2 Die unterschiedliche Eindringtiefe der einzelnen Spektralbereiche des ins Meer einfallenden Lichts. (Modifiziert nach Sumich und Morrissey 2004)

Die optischen Eigenschaften des Meerwassers sind auch für den Wärmehaushalt der Ozeane wichtig, da die absorbierte Strahlung in Wärme umgewandelt und im Meerwasser gespeichert wird. Damit ändert sich die Wassertemperatur, was nicht nur die Hydrografie (Strömungen, Wasserschichtung) maßgeblich beeinflusst (Kap. 1), sondern auch die Verteilung und das Verhalten der Meeresorganismen bestimmt.

Im Epipelagial bilden die obersten Zentimeter der Wassersäule, also die Grenzschicht zwischen Luft und Wasser, einen besonderen Lebensraum. Organismen, die hier leben, werden unter dem Begriff „Neuston" zusammengefasst. Einige dieser zumeist kleinen Lebewesen (u. a. Bakterien, Algen, Protozoen, Crustaceen) sind auf diesen Bereich spezialisiert. Im Neuston tropischer Gewässer ist z. B. *Sapphirina*, auch „Goldplättchen" genannt, ein typischer Vertreter der Copepoden. Andere Arten wiederum besiedeln diese Schicht nur zeitweilig, z. B. während ihrer täglichen Vertikalwanderung oder in bestimmten Lebensstadien (Fischeier). Bei einigen Tieren ragen Teile ihres Körpers aus dem Wasser in die Luft. Diese relativ großen Tiere bilden das Pleuston. Bei einigen Medusenarten, z. B. der Portugiesischen Galeere (*Physalia*) oder der Segelqualle (*Velella*), bildet der Schirm segelförmige Fortsätze aus, mit deren Hilfe sich die Tiere vom Wind verdriften lassen. Die Veilchen- oder Floßschnecke *Janthina* produziert kleine, mit Luft gefüllte Bläschen, die sich zu einem floßähnlichen Gebilde zusammenfügen. Ein weiterer Vertreter in dieser Grenzschicht ist die Nacktschnecke *Glaucus*, deren Körper Luftblasen enthält.

Das nächste Stockwerk von 200–1000 m Tiefe wird als Mesopelagial bezeichnet und liegt zwischen der lichtdurchfluteten Oberflächenschicht und der Zone der ewigen Dunkelheit. Dieser „halbdunkle" Tiefenbereich (*twilight zone*) wird auch dysphotisch genannt; hier ist die Biolumineszenz am stärksten ausgeprägt (Box 3.2). Die meisten Tiere des Mesopelagials besitzen große, lichtempfindliche Augen, um Nahrung und Räuber in dem schwachen Licht erkennen zu können. Mangels Phytoplankton ernähren sich die Tiere im Mesopelagial entweder räuberisch, oder sie sind detritivor, fressen also abgestorbenes, vielfach mit Bakterien besetztes Material, das aus der produktiven Oberflächenschicht nach unten rieselt. Viele Tierarten, z. B. Tintenfische und Leuchtsardinen, wandern jedoch nachts im Schutz der Dunkelheit zum Fressen in die produktive Oberflächenschicht (s. unten).

Box 3.2: Biolumineszenz mariner Organismen
Sigrid Schiel[†]

Biolumineszenz ist ein weit verbreitetes Phänomen im Meer. Die meisten biolumineszenten Arten leben im Mesopelagial (200–1000 m), also in der Dämmerlichtzone (*twilight zone*). Sowohl zur Oberfläche als auch zur Tiefsee hin nehmen diese Zahlen ab.

Biolumineszenz tritt auf bei Bakterien, die entweder frei im Meerwasser oder in Symbiose mit Tieren leben, bei Dinoflagellaten (z. B. bei *Noctiluca scintillans*, dem „Meeresleuchten"), sowie bei vielen Wirbellosen (z. B. Cnidarier, Ctenophoren, Copepoden, Ostracoden, Euphausiaceen, Tunicaten, Tintenfische). Innerhalb der Wirbeltiere können nur die Fische Licht erzeugen.

Das Leuchten entsteht durch einen chemischen Vorgang, bei dem Energie in Form von Licht freigesetzt wird. Die Reaktionskomponenten sind generell ein Licht produzierendes Substrat, das Luciferin, und ein Enzym, die Luciferase, sowie molekularer Sauerstoff.

Die Lichtproduktion der Tiere beruht prinzipiell auf zwei Methoden: einige Tiefseefische, Tintenfische und Tunicaten (Feuerwalzen) beherbergen in ihren Leuchtorganen Leuchtbakterien und produzieren mit deren Hilfe Licht, dessen Intensität sie über die Sauerstoffzufuhr regulieren können. Die meisten wirbellosen Meerestiere, aber auch einige Fische, produzieren dagegen selbst in besonderen Zellkomplexen die entsprechenden Reaktionskomponenten.

Die biologischen Funktionen der Leuchterscheinungen sind sehr vielseitig, sie können z. B. zur Kommunikation (Schwarmkoordination, Sexualpartnerfindung), zum Nahrungserwerb und zum Schutz vor Feinden dienen.

Informationen im Internet
- biolum.eemb.ucsb.edu – The Bioluminescence Web Page.

Unterhalb von 1000 m Tiefe liegt die aphotische Zone. Die physikalischen Umweltfaktoren wie Licht, Temperatur und Salzgehalt sind in der Tiefsee sehr konstant. Nur wenige Tiere besiedeln diesen Lebensraum, der in Bathypelagial (1000–5000 m) und Abyssopelagial (>5000 m) unterteilt wird. Im Laufe der Evolution haben sich die Bewohner stark an die dort herrschenden Bedingungen – Dunkelheit, Kälte, Druck und Nahrungsknappheit – angepasst. Die meisten Tiere der Tiefsee sind klein, bis auf einige ungewöhnlich große Krebse, Fische und Tintenfische („Abyssalgigantismus"). Ihre Stoffwechselraten sind extrem niedrig, weshalb sie nur sehr langsam wachsen. Die Tiere der Tiefe sind stark spezialisierte Jäger oder „Restefresser". Viele Tiefseefische haben nur kleine Augen, da das Sehen in der Dunkelheit nicht von Bedeutung ist; ihre Mäuler hingegen sind riesig und tragen große Zähne. Ihr Darmtrakt hat ein extrem großes Fassungsvermögen. Auch die Tiefseebewohner ernähren sich, wenn auch indirekt, von der Primärproduktion in der Oberflächenschicht, denn die dort produzierte Materie sinkt bis hierhin ab. Dies können z. B. Kotballen sein oder organische Substanzen, die in geringeren Tiefen in größere, schneller sinkende Partikel (Aggregate oder *marine snow*) umgewandelt wurden (Kap. 6). Gelegentlich erreichen auch größere Tierkadaver die tiefen Wasserschichten, wo sie von den verschiedenen Organismen aufgezehrt werden. Die Tiere der Tiefsee müssen also einerseits in der Lage sein, lange Hungerperioden zu überdauern, andererseits müssen sie auf einen plötzlichen Nahrungsschub schnell reagieren können.

Tageszeitliche Rhythmen

Tagesperiodische Wanderungen sind im offenen Ozean über alle Tiefen stark ausgeprägt. Viele Phytoplankter halten sich morgens dicht unter der Oberfläche auf. Bei zunehmender Sonneneinstrahlung sinken sie in tiefere Schichten ab und steigen erst in der Abenddämmerung wieder an die Oberfläche. Viele Zooplankter machen diese kleinräumigen Wanderungen mit, andere hingegen steigen und sinken über Strecken von mehreren Hundert Metern. Damit wandern die Tiere in Tiefen weit unterhalb der euphotischen Zone und müssen starke Veränderungen in ihrer Umwelt (Licht, Temperatur, Salzgehalt, Druck, Sauerstoff) aushalten. So verbringen Euphausiaceen (Leuchtgarnelen) und Myctophiden (Leuchtsardinen) die Tagesstunden in dichten Schwärmen in 200–800 m Tiefe, wo sie als Echostreuschicht (*deep scattering layer*) im Echolot deutlich sichtbar sind. Nachts hingegen wandern sie in die oberflächennahen Schichten. Eine „innere Uhr", die vom Lichtwechsel nachgestellt wird, steuert Wanderungen und Stoffwechsel der Planktonorganismen.

Trotz erheblichen Energieaufwands bringen die täglichen Vertikalwanderungen vielfältige Vorteile. Das Phytoplankton befindet sich nur zu den Zeiten in

Oberflächennähe, wenn die Lichtintensität für die Photosynthese optimal ist, aber noch keine Schädigung durch UV-Strahlung auftritt. Die Tiere wandern auf der Suche nach ergiebigen Futterquellen nachts zur Oberfläche. Gleichzeitig dient die tägliche Vertikalwanderung aber auch der Räubervermeidung, da die Tiere tagsüber in tieferen Wasserschichten und nachts im Epipelagial wegen der Dunkelheit vor visuell jagenden Feinden gut geschützt sind.

Bei der Wanderung in größere Tiefen transportieren die Tiere Material, das sie in oberen Wasserschichten gefressen haben, und scheiden es als Kotballen in tieferen Zonen aus. Damit führt die Vertikalwanderung zu einem schnellen und effektiven Transfer biogener Energie vom Epipelagial in größere Tiefen und stellt einen wichtigen Teil der biologischen Pumpe dar. Schon vor etwa 50 Jahren hat der russische Meeresbiologe M. E. Vinogradov die Vertikalwanderungen über die gesamte Wassersäule als *ladder of migration* beschrieben und mit dem aktiven Transport organischen Materials in die Tiefe in Verbindung gebracht (Kap. 6).

Jahreszeitliche Rhythmen

Viele Tiere, insbesondere in hohen Breiten und Auftriebsgebieten, unternehmen saisonale Vertikalwanderungen, die integraler Teil ihres Lebenszyklus sind (ontogenetische Migration). Typische Vertreter des Zooplanktons, die diese Strategie verfolgen, sind die großen, relativ langlebigen *Calanus*-Arten (Copepoda) (Abb. 3.3 und Kap. 4). Diese Tiere wandern – wenn im Spätsommer das Nahrungsangebot an der Oberfläche knapp wird und ihre Energiereserven

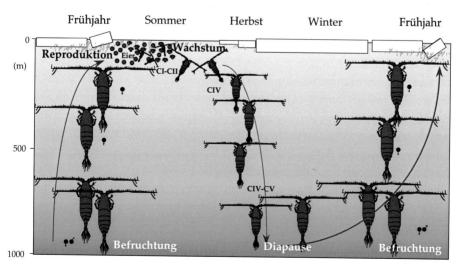

Abb. 3.3   Lebenszyklus des antarktischen Copepoden *Calanoides acutus* mit saisonaler, ontogenetischer Vertikalwanderung

Saisonalität

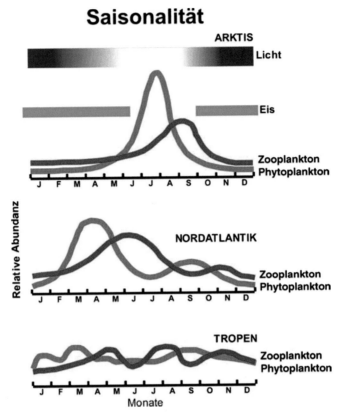

Abb. 3.4 Vergleich der saisonalen Entwicklung der Phyto- und Zooplanktonbestände in der Arktis, im Nordatlantik und in den Tropen. (Modifiziert nach Parsons)

aufgefüllt sind – mehrere Hundert Meter in die Tiefe, um dort in einem Ruhestadium (Diapause) zu überwintern. Damit kann zum einen die nahrungsarme Winterzeit überdauert werden, zum anderen gehen die Tiere in diesen Tiefen ihren Räubern aus dem Weg bzw. werden in der Dunkelheit nicht entdeckt. Erst im darauffolgenden Frühjahr steigen die Copepoden wieder zur Oberfläche auf, um dort während der Phytoplanktonblüte zu fressen und sich fortzupflanzen. Mit Ausnahme der Auftriebsgebiete fehlen saisonale Migrationsbewegungen in den Tropen, wo die Lichteinstrahlung konstant ist, die Nährstoffe limitiert sind und daher die Primärproduktion das ganze Jahr über niedrig ist (Abb. 3.4).

Eine Vertikalwanderung über weite Tiefenbereiche führt häufig dazu, dass die Tiere in den einzelnen Stockwerken in unterschiedliche Richtungen driften, da sich übereinanderliegende Strömungen oftmals in ihrer Richtung und Geschwindigkeit unterscheiden. Die planktonischen Vertikalwanderer können sich diese gegenläufigen Strömungen zunutze machen, um den Verbleib in ihrem Hauptverbreitungsgebiet zu sichern.

Im Epi- und Mesopelagial können sich verändernde äußere Faktoren, wie z. B. Licht, die tages- und jahresperiodischen Vertikalwanderungen auslösen und deren Richtung bestimmen. Es ist allerdings unwahrscheinlich, dass Tiere in Tiefen unterhalb 1000 m den Tag-Nacht- oder den saisonalen Rhythmus des Lichts wahrnehmen können. Vermutlich steuert hier eine Art „innere Uhr", die mit den physiologischen Zyklen der Organismen gekoppelt ist, die Vertikalwanderung.

Viele Vertreter des Nektons müssen jahreszeitlich bedingte, oft sehr ausgedehnte saisonale Horizontalwanderungen unternehmen, wenn ihre Laich- und Fressgebiete weit auseinander liegen. Die planktonfressenden Bartenwale bringen ihre Jungen im Winter in den wärmeren Meeresgebieten zur Welt und suchen in den Sommermonaten die eiskalten, produktiven Polarmeere mit ihren riesigen Copepoden- und Krillbeständen auf. Da das Planktonangebot in den Tropen und Subtropen gering ist, müssen die Wale in der Fortpflanzungszeit von ihren Fettreserven zehren, die sie sich in den Sommermonaten angefressen haben.

Die Wanderungen können auch einen Wechsel zwischen Meer- und Süßwasser beinhalten. Wandern adulte Tiere aus dem Meer ins Süßwasser, um dort zu laichen, wird die Wanderung als anadrom bezeichnet. So wachsen Lachse und Störe im Meer heran und wandern nach dem Erreichen der Geschlechtsreife zum Laichen in ihren Geburtsfluss. Das Auffinden der Flüsse erfolgt mithilfe des Geruchssinns. Die Männchen und Weibchen des Pazifischen Lachses sterben nach dem Ablaichen. Der Atlantische Lachs dagegen wandert nach dem Ablaichen zurück ins Meer – und unternimmt mehrmals im Laufe seines Lebens diese Wanderung.

Der umgekehrte Vorgang – die Fische wachsen im Süßwasser heran und suchen zum Ablaichen das Meer auf – wird als katadrome Wanderung bezeichnet. Sie ist sehr viel seltener als die anadrome Wanderung. Als Beispiel sei der Europäische Aal genannt. Bei eintretender Geschlechtsreife wandert der Aal flussabwärts ins Meer und überquert den Atlantik, um im Sargassomeer zu laichen und dann zu sterben. Die Aallarven (Weidenblattlarve, *Leptocephalus*) driften mit dem Golfstrom an die westeuropäischen Küsten. Hier findet die Metamorphose zu den sogenannten Glasaalen statt, die in die Flüsse aufsteigen, dort mehrere Jahre fressen und wachsen, bis sich der Kreislauf schließt und die Blankaale zum Laichen zurück zu ihrer Geburtstätte, dem Sargassomeer, schwimmen – eine Wanderung, die noch viele ungeklärte Fragen aufwirft.

Interaktionen im Pelagial

Die Pflanzen und Tiere im Pelagial werden nicht nur von ihrer physikalischen und chemischen Umwelt beeinflusst, sondern sie interagieren auch miteinander, z. B. durch Fressen und Gefressenwerden. Im freien Wasser gibt es keine Verstecke wie an Land oder am Meeresboden. Daher sind die meisten Tiere des Pelagials durch spezielle Anpassungen gut vor ihren Feinden geschützt: Die Zooplankter in den lichtdurchfluteten Schichten sind meist durchsichtig, in der lichtarmen Zone nehmen sie die Komplementärfarbe des eindringenden Lichts an. Diese rote Pigmentierung macht sie für Feinde weitgehend unsichtbar. Viele im freien Wasser lebenden Fischarten, wie Hering oder Makrele, sind aufgrund ihres dunklen Rückens von oben gegen die dunkle Tiefsee schlecht auszumachen. Der silbrige Bauch hingegen hebt sich von unten gegen das einstrahlende Licht kaum von der Umgebung ab.

Nahrungsbeziehungen

Früher hat man sich die trophischen Beziehungen im Pelagial als eine Kette vorgestellt, an deren Anfang das Phytoplankton (Primärproduzenten) steht. Dieses wird vom herbivoren Zooplankton (Primärkonsumenten) gefressen, das wiederum von Räubern (Sekundärkonsumenten) erbeutet wird. Am Ende der Kette stehen die großen marinen Wirbeltiere. Das klassische Beispiel ist die dreigliedrige Nahrungskette Kieselalgen – Krill – Bartenwale, Krabbenfresserrobben, Adeliepinguine in der Antarktis. Eine ähnlich einfache Struktur hat das pelagische Nahrungsgefüge im Auftriebsgebiet vor Peru. Hier werden das Phytoplankton und das herbivore Zooplankton von Sardellen (Anchoveta) konsumiert, die die Hauptnahrungsquelle der Guanovögel sind.

Im Laufe der Jahre hat sich aber gezeigt, dass die Beziehungen in den meisten marinen Ökosystemen eher einem komplizierten „Nahrungsnetz" als einer linearen Kette gleichen. So gibt es unter den Zooplanktern Strudler und Filtrierer, die sich nicht nur von Phytoplankton, sondern auch von Mikrozooplankton ernähren und damit sowohl Primär- als auch Sekundärkonsumenten sind. Werden sie von Räubern gefressen, sind diese zugleich Sekundär- und Tertiärkonsumenten. Je mehr trophische Stufen Teil des Nahrungsnetzes sind, umso mehr Energie geht verloren. Der Energieverlust von einer Trophiestufe zur nächsten beträgt zwischen 75 % und 95 %. Lange Zeit wurde außerdem die Bedeutung der mikroskopisch kleinen pelagischen Organismen (z. B. Bakterien, Flagellaten, Ciliaten) für das Nahrungsnetz unterschätzt. Tatsächlich haben diese Organismen einen wesentlichen Anteil am Energietransfer in einem Ökosystem (*microbial loop*) (Kap. 8).

Die Energie im pelagischen Nahrungsnetz fließt – wie auch in terrestrischen oder limnischen Systemen – von den Primärproduzenten zu den höheren Trophiestufen (Kap. 4). Üben die Primärproduzenten als Nahrungsangebot den größten Einfluss aus, d. h. kontrollieren und bestimmen sie die Biomasse und Produktion der Konsumenten, wird dieser Einfluss bottom-up genannt. Üben dagegen die Räuber durch Wegfraß den stärksten Einfluss aus, nennt man dies Top-down-Kontrolle.

In dieses Wechselspiel von Bottom-up- und Top-down-Effekten greift der Mensch gezielt ein. Nährstoffe aus der landwirtschaftlichen Düngung gelangen noch immer in die Meere (Eutrophierung) und fördern so ein unnatürlich starkes Algenwachstum. Auf der anderen Seite werden Arten der höheren Trophiestufen (Fische, Wale) stark dezimiert. Zusätzlich kann es durch die Einwanderung fremder Arten zu massiven Veränderungen in pelagischen Nahrungsnetzen kommen.

Ausblick

Unsere Kenntnisse über die komplexen inter- und intraspezifischen Interaktionen im Pelagial reichen noch nicht aus, um den steigenden Einfluss klimatischer und anthropogener Faktoren auf die pelagischen Ökosysteme abschätzen bzw. modellieren zu können. Eine fundamentale Aufgabe besteht daher darin, die Struktur und Funktion der pelagischen Lebensgemeinschaften aufzuklären. Da die Unterwasserwelt schwer zugänglich ist und ökologische Untersuchungen nur unter erheblichem finanziellen Aufwand durchgeführt werden können, ist dies eine große wissenschaftliche und logistische Herausforderung. Erhaltung und Schutz des pelagischen Lebensraums und seiner Ökosysteme sind jedoch für den Menschen von großer Bedeutung und müssen daher auch in Zukunft einen Schwerpunkt der modernen Meeresforschung bilden.

Weiterführende Literatur

Kaiser MJ, Attrill MJ, Jennings S, Thomas DN, Barnes DKA, Brierley AS, Polunin NVC, Raffaelli DG, Williams PJB (2005) Marine Ecology. Processes, Systems, and Impacts. Univ Press, Oxford

Longhurst AR (2006) Ecological Geography of the Sea, 2. Aufl. Academic Press, San Diego

Miller CB, Wheeler PA (2012) Biological Oceanography, 2. Aufl. Wiley-Blackwell, Oxford

Sommer U (2005) Biologische Meereskunde. Springer, Berlin

Sumich JL, Morrissey JF (2004) Introduction to the Biology of Marine Life. Jones and Barlett Publishers, Sudbury

Vinogradov ME (1955) Vertical migrations of zooplankton and their importance for the nutrition of abyssal pelagic fauna. Trans Inst Oceanol 13:71–76

4

Eine virtuelle Reise durch den Atlantik – Energieflüsse, Nahrungswege und Anpassungspfade

Holger Auel und Wilhelm Hagen

Im Rahmen dieses Kapitels werden wir eine virtuelle Reise um den halben Globus unternehmen, vom Nordpolarmeer über die gemäßigten Breiten des Nordatlantiks und der Nordsee durch die Tropen und das Küstenauftriebsgebiet vor Südwestafrika bis in das antarktische Weddellmeer. Auf dieser Expedition werden wir die unterschiedlichen Umweltbedingungen polarer bis tropischer Meere genauer betrachten und faszinierende Anpassungsstrategien pelagischer Meerestiere an die Herausforderungen ihrer Umwelt kennenlernen. Wir werden für die jeweiligen Lebensräume typische Nahrungsnetze untersuchen und den Weg der Energie von der Primärproduktion durch Mikroalgen bis zu den Großräubern an der Spitze der Nahrungspyramide (Top-Konsumenten) verfolgen.

Arktis

Beginnen wir unsere virtuelle Reise auf 78° Nord in den eisbedeckten Gewässern der Framstraße zwischen Grönland und Spitzbergen. Es ist Anfang August, und der kurze arktische Sommer neigt sich seinem Ende zu. Seit dem Frühjahr ist die Sonne hier nicht mehr untergegangen. Die permanente Sonneneinstrahlung hat die arktische Meereisdecke auf weniger als die Hälfte der maximalen winterlichen Ausdehnung von 14 Mio. km² abschmelzen lassen.

PD Dr. Holger Auel (✉)
BreMarE Bremen Marine Ecology, Universität Bremen
28334 Bremen, Deutschland
E-Mail: hauel@uni-bremen.de

41

© Springer-Verlag GmbH Deutschland 2020
G. Hempel et al. (Hrsg.), *Faszination Meeresforschung*,
https://doi.org/10.1007/978-3-662-49714-2_4

Angetrieben durch das ununterbrochene Tageslicht hat sich im Bereich eisfreier Wasserflächen bei reichlich vorhandenen Nährstoffen eine Sommerblüte des Phytoplanktons, hauptsächlich Kieselalgen (Diatomeen), entwickelt. Zusätzlich haben Eisalgen in den Eisschollen und an deren Unterseite organisches Material produziert. Die durchschnittliche Gesamtprimärproduktion des Phytoplanktons und der Eisalgen in der Arktis beträgt jedoch nur etwa 20 g Kohlenstoff (C) pro m² und Jahr. Sie konzentriert sich an der Eisunterseite und an den Rändern des Packeises, wo sie während des kurzen Sommers von herbivoren, d. h. algenfressenden, Ruderfußkrebsen (Copepoden) genutzt wird. Insbesondere der mit knapp 1 cm Größe für Copepoden „gigantische" *Calanus hyperboreus* kommt hier in enormen Mengen vor und kann vier Fünftel der Biomasse des Zooplanktons stellen. Nach dem Schlüpfen durchlaufen Copepoden elf Larven- und Jugendstadien, bevor sie sich zum erwachsenen Tier häuten (Kap. 10). Ein großer Teil der *Calanus*-Population hat die mit der Nahrung aufgenommene Energie dazu genutzt, bis zum letzten Juvenilstadium, dem fünften Copepoditstadium (CV), heranzuwachsen. Zusätzlich haben die Ruderfußkrebse Nahrungsenergie in Form von Körperfetten (Lipiden) gespeichert. Diese verleihen den Copepoden Auftrieb und erleichtern so das Schweben im Wasser ohne Energie zehrende Ruderbewegungen. Anfang August sind die Ölsäcke der Copepoden prall gefüllt; mehr als die Hälfte der körpereigenen Trockenmasse besteht nun aus Fett, meist Wachsestern. Bevor das Algenwachstum im Herbst und in der Polarnacht zum Erliegen kommt, sinken die *Calanus hyperboreus*-CV-Stadien in große Tiefen von bis zu 3000 m ab (Bathypelagial). Derartige saisonale Vertikalwanderungen sind in den Polarmeeren häufig. Während ihrer Überwinterung nehmen die Copepoden keine Nahrung auf. Die Aktivität ihrer Verdauungsenzyme und ihres gesamten Stoffwechsels ist dann um 90 % reduziert. Dieser extreme Ruhezustand (Diapause) hilft den Copepoden, Energie zu sparen und so den langen arktischen Winter ohne Nahrung zu überstehen.

Zwischen Oktober und März wachen die Tiere langsam aus der Diapause auf. Möglicherweise gesteuert durch eine hormonell geregelte innere Uhr, reifen die Gonaden, und die Tiere bereiten sich auf ihre letzte Häutung zum Erwachsenenstadium vor. Noch in der Tiefe paaren sich die geschlechtsreifen Weibchen mit den sehr kurzlebigen Männchen und beginnen mit der Eiablage. Ein *C. hyperboreus*-Weibchen kann bis zu 400 Eier pro Tag produzieren. Die Energie für die Gonadenreifung und die Eiproduktion stammt ausschließlich aus den körpereigenen Fettreserven. Danach wandern die Weibchen im Frühjahr in das wieder lichtdurchflutete Oberflächenwasser. Auch die lipidreichen Eier von *C. hyperboreus* treiben zur Oberfläche. Aus den Eiern schlüpfen die ersten Larvenstadien, die Nauplien (NI bis NVI). Die Energie für deren Wachstum stammt zunächst aus

Lipidreserven in den Eiern, denn die ersten beiden Nauplius-Stadien dieser Art können noch nicht fressen. Mit der beginnenden Sommerblüte finden die älteren Nauplius-Stadien und die jungen Copepodite ausreichend Phytoplankton in der Oberflächenschicht, außerdem setzt das im Frühjahr abschmelzende Packeis Eisalgen frei. Jetzt zeigt sich auch, warum *C. hyperboreus* bereits im Winter mit der Eiproduktion begonnen hat. Auf diese Weise erscheinen die fressfähigen Stadien der nächsten Generation genau rechtzeitig zum Beginn der Phytoplanktonblüte. So können sie die gesamte Produktionsperiode für ihr Wachstum nutzen. Optimales Timing ist der entscheidende Trick, um als Herbivorer in arktischen Regionen zu gedeihen.

C. hyperboreus ist eine mehrjährige Art, die sich durch langsames Wachstum, lange Lebensdauer und große Körpermasse auszeichnet. Mit der Fähigkeit zu enormer Energiespeicherung und der völligen Entkopplung der Fortpflanzung vom Nahrungsangebot sowie speziellen Überwinterungsstrategien (Diapause, Vertikalwanderung) hat sich diese arktische Schlüsselart erfolgreich an die extreme Saisonalität der Polarmeere angepasst.

Von den Copepoden und anderen Kleinkrebsen ernähren sich die Polardorsche (*Boreogadus saida*). Der Polardorsch (Kap. 16), ein kleiner Verwandter des Kabeljau, ist die einzige in großen Beständen vorkommende Fischart in der Hocharktis und damit bevorzugte Beute vieler Seevögel, Robben, Weiß- und Narwale. Um an der Grenzschicht zwischen Meereis und Ozean (Kryopelagial) zu überleben, haben die Polardorsche spezielle Anpassungen entwickelt. Gegen den Lichtmangel unter der Meereisdecke und während der Polarnacht helfen ihnen ihre relativ großen Augen. Im Gegensatz zum Kabeljau, dessen große Kinnbartel und unterständiges Maul ideal zum Erbeuten von bodenlebenden Tieren geeignet sind, ist das Maul des Polardorschs leicht nach oben gerichtet (oberständig) und seine Barteln reduziert. So lassen sich Flohkrebse (Amphipoden) besser von der Eisunterseite absammeln. Trotzdem ist das Nahrungsangebot für die Polardorsche begrenzt, was zusammen mit den niedrigen Temperaturen ihr Wachstum deutlich bremst. Polardorsche werden selten älter als sieben Jahre und erreichen 25 cm, maximal 40 cm Länge.

Zu den wichtigsten Fressfeinden des Polardorschs gehören die Ringel- und Sattelrobben. Mehrere Millionen Ringelrobben leben ganzjährig in der Hocharktis. Ein dicker Speckmantel schützt diese Warmblüter vor Kälte und stellt einen enormen Energiespeicher dar. Mit ihren Zähnen können sie Atemlöcher selbst durch mehrere Meter dickes Meereis nagen. Sattelrobben sind ebenfalls sehr häufig (mehrere Millionen Individuen), kommen aber nur während des Sommers in die Eisrandzone der Arktis, um sich dort von Fischen und Krebstieren zu ernähren. An der Spitze der arktischen Nahrungspyramide steht der Eisbär (Bestand ca. 25.000), der überwiegend Robben erbeutet.

Nordatlantik und Nordsee

Im Vergleich zur Arktis beginnt die jährliche Produktionsperiode in den borealen und gemäßigten Breiten des Nordatlantiks und der Nordsee deutlich früher und dauert länger. Auf die Frühjahrsblüte des Phytoplanktons folgt nach einer längeren Stagnation während des Sommers eine zweite Planktonblüte im Herbst, wenn die ersten Herbststürme neue Nährstoffe aus tieferen Wasserschichten an die Oberfläche gebracht haben. Insgesamt beträgt die jährliche Primärproduktion im Nordatlantik und in der Nordsee etwa 100–200 g C m^{-2}, also eine Größenordnung mehr als in der Arktis.

Wichtigste Zooplanktonart im offenen Nordatlantik ist *Calanus finmarchicus*. Sie ist deutlich kleiner als *C. hyperboreus*. Auch *C. finmarchicus* führt saisonale Vertikalwanderungen mit winterlicher Ruhephase in großer Tiefe durch. Höhere Temperaturen und die längere jährliche Produktionsphase erlauben aber eine schnellere Entwicklung, sodass mindestens eine Generation, in südlicheren Zonen sogar bis zu drei Generationen pro Jahr nacheinander durchlaufen werden. Es überwintert also nur noch die Generation, die am Ende des Sommers das fünfte Copepoditstadium erreicht.

Der Nordatlantik und die Nordsee gehören zu den wichtigsten Fischereigründen des Weltmeeres. Im Jahre 2013 betrug der Gesamtfang im Nordostatlantik 8,5 Mio. t, 11 % der weltweiten Anlandungen. Pelagische Schwarmfische wie Hering (*Clupea harengus*) und Sprotte (*Sprattus sprattus*) ernähren sich von *Calanus finmarchicus* und anderem Zooplankton und werden ihrerseits von größeren Fischen gefressen. Dazu gehören im Nordatlantik vor allem der Kabeljau (*Gadus morhua*) und der mit ihm verwandte Köhler (*Pollachius virens*), den wir unter dem Handelsnamen Seelachs kennen. Über die Nahrungskette nehmen diese Fische neben Proteinen große Mengen an Lipiden auf, die einen hohen Anteil an essenziellen, mehrfach ungesättigten Fettsäuren enthalten. Diese Omega-3-Fettsäuren sind auch für die gesunde menschliche Ernährung wichtig.

Zwischen den Shetland-Inseln und der norwegischen Küste erreichen wir den Eingang in die Nordsee. Die Meerestiefe nimmt abrupt ab bei der Fahrt über den Kontinentalhang, denn die Nordsee ist ein flaches Schelfmeer mit durchschnittlich 93 m Tiefe. Mit abnehmender Wassertiefe ändert sich auch die Zusammensetzung der Planktongemeinschaften. Der im Nordatlantik dominierende *Calanus finmarchicus* wird abgelöst durch nur 1–2 mm große Ruderfußkrebse der Gattungen *Pseudocalanus*, *Acartia*, *Temora* und *Centropages*. Im Gegensatz zu *Calanus* speichern diese Copepoden kaum Lipide. Sie leben sozusagen von der Hand in den Mund. Die gesamte aus der Nahrung aufgenommene Energie wird direkt für das Wachstum oder die Eiproduktion verwendet. Das große Nahrungsangebot während des langen Sommers ermöglicht ein schnelles Wachstum und mehrere Generationen pro Jahr. Die Überwinterungsstrategien der einzelnen

Arten sind unterschiedlich, aber bei Weitem nicht so komplex wie bei *C. hyperboreus*. Einige Arten überdauern die nahrungsarme Zeit als Copepoditstadium CV, andere als erwachsene Weibchen. *Temora* ist in der Lage, Dauereier zu bilden, die auf den Meeresboden absinken und sich erst weiterentwickeln, wenn die Lebensbedingungen wieder günstiger sind. Die lange Produktionsperiode und das im Vergleich zur Arktis insgesamt reichere Nahrungsangebot fördern also Opportunisten, die sich flexibel an die Erfordernisse ihrer Umwelt anpassen und kurzfristig verfügbare Ressourcen erfolgreich nutzen können.

Tropen

Die Subtropen und Tropen kündigen sich auf unserer Reise an durch Fliegende Fische, die mehr als 50 m weit elegant auf ihren ausgestreckten Brustflossen gleiten und auf diese Weise den meisten Fressfeinden entkommen.

Die ganzjährig starke Sonneneinstrahlung und die hohen Temperaturen erwärmen das Oberflächenwasser in den Tropen auf bis zu 30 °C. Dieses warme Wasser lässt aufgrund seiner geringen Dichte eine stabile, permanente Schichtung der Wassersäule entstehen. Eine ausgeprägte Temperatursprungschicht trennt die warmen und kalten Wassermassen ganzjährig. Wegen des permanenten Nährstoffmangels in der warmen Deckschicht sind das Algenwachstum und die jährliche Primärproduktion trotz des ganzjährig reichlichen Lichtangebots nur gering ($<50\,\mathrm{g\,C\,m^{-2}}$) (Kap. 9). Die winzigen Algen des Pico- und Nanoplanktons ($<20\,\mathrm{\mu m}$) können die geringen Nährstoffkonzentrationen effizienter nutzen als Diatomeen und stellen den größten Teil der geringen Primärproduktion. Bakterien und heterotrophe Einzeller remineralisieren einen großen Teil der organischen Substanz in der Wassersäule (Box 8.1) und tragen so zu einem begrenzten Recycling der Nährstoffe bei. Für herbivores Zooplankton gibt es hier nur wenig zu fressen. Daher spielen Allesfresser (omnivore) und räuberische (karnivore) Zooplanktonorganismen eine größere Rolle als in gemäßigten und polaren Breiten. Gelatinöses Zooplankton, wie Quallen und Salpen, braucht nur wenig Energie zum Schwimmen und hat vergleichsweise niedrige Stoffwechselraten. Es kommt daher mit dem geringen Nahrungsangebot besser aus.

Wo Primärproduktion und Zooplanktonbiomasse niedrig sind, finden auch Fische kaum Nahrung. Größere Räuber, wie pelagische Haie und Seevögel, müssen weite Strecken zurücklegen, um die fleckenhaft verteilten Nahrungsressourcen zu nutzen (Kap. 38 und 17). Hydrodynamisch optimal geformte Körper und spezielle morphologische und physiologische Anpassungen machen Thune, Schwertfische und Marline zu den schnellsten Langstreckenschwimmern mit Spitzengeschwindigkeiten von mehr als 100 km/h.

Benguela-Auftriebsgebiet

Bei etwa 15° südlicher Breite überqueren wir vor Angola an der afrikanischen Westküste eine hydrografische Front. Die Wassertemperatur an der Meeresoberfläche fällt sprunghaft von tropischen 28 °C auf kühle 16 °C ab. Südafrikanische Pelzrobben surfen auf der langen Dünung, und Schwärme von Seevögeln ziehen vorbei. Kaptölpel und Seeschwalben stürzen sich aus großer Höhe kopfüber ins Wasser, um ihren Anteil an der Fischbeute zu erhaschen.

Grund für die hohe Produktivität der Benguela-Region ist der Auftrieb nährstoffreichen Wassers aus größerer Tiefe (Kap. 7). Die ganzjährig gute Lichtversorgung und das nährstoffreiche Auftriebswasser bieten ideale Voraussetzungen für die Entwicklung von Phytoplanktonblüten. Die jährliche Primärproduktion im Küstenauftriebsgebiet ist sehr hoch und kann mehrere 100 bis über 1000 g C m^{-2} betragen.

In der Auftriebsfahne, die langsam verdriftet und sich mit ozeanischem Wasser vermischt, dominieren vor allem große, kettenbildende Kieselalgen (Diatomeen), von denen sich das herbivore Zooplankton ernährt. Im Benguela-Auftriebsgebiet ist das insbesondere der Ruderfußkrebs *Calanoides carinatus*, ein enger Verwandter der nördlichen *Calanus*-Arten. Nach mehreren Tagen bis wenigen Wochen sind die Nährstoffe in der Auftriebsfahne aufgebraucht, und das kühle Auftriebswasser hat sich durch Vermischung mit dem küstenfernen subtropischen Wasser erwärmt. Wenn das Algenwachstum ins Stocken gerät, wandert ein Teil der *Calanoides*-Population im CV-Stadium in größere Tiefen von 400–700 m ab und geht in Diapause. Mit küstenparallelen Tiefenströmungen verdriften die Copepoden entlang des Schelfhangs in andere Gebiete. Bei einem neuen Auftriebsereignis werden die CV-Stadien zusammen mit dem Tiefenwasser wieder an die Oberfläche transportiert, häuten sich und pflanzen sich fort, sodass der Zyklus von Neuem beginnt (Abb. 4.1).

Auftriebsereignisse treten im Benguela-Gebiet etwa alle fünf bis zehn Tage ein. Es gibt jedoch auch Bereiche mit permanentem Auftrieb. Der Rhythmus der Lebenszyklen wird hier also weniger von den Jahreszeiten als von der periodisch oder sporadisch schwankenden Auftriebsaktivität bestimmt. *Calanoides carinatus* meistert diese wechselhaften Umweltbedingungen, indem ständig ein großer Teil der Population als CV-Stadium in Diapause im Tiefenwasser bereitsteht. Aus dieser „Wartestellung" werden neue Auftriebsfahnen schnell besiedelt, und die gesteigerte Primärproduktion kann für die Eiproduktion und das Wachstum der nächsten Generation genutzt werden. Außerdem sichert die Vertikalwanderung der Copepoden im Zusammenspiel mit den unterschiedlichen Strömungsrichtungen in verschiedenen Wassertiefen den Verbleib der Copepoden im Auftriebsgebiet. Ohne das Absinken in große Tiefen würden die Ruderfußkrebse mit dem ablandigen Transport des Oberflächenwassers vom Kontinentalschelf

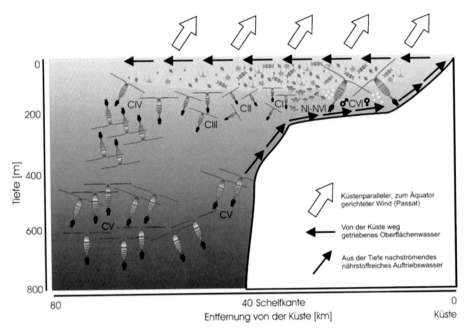

Abb. 4.1 Lebenszyklus des Copepoden *Calanoides carinatus* im Benguela-Auftriebs-gebiet vor Südwestafrika. Durch das Zusammenspiel von Vertikalwanderung, Auftrieb und ablandigem Transport des Oberflächenwassers wird die Art im produktiven Auftriebsgebiet zurückgehalten (Retention) und kann neue Auftriebsfahnen schnell besiedeln

weg in unproduktive Regionen der tropischen Hochsee verdriftet und müssten verhungern. Die Nahrungsketten im Auftriebsgebiet sind relativ kurz, da kleine pelagische Fische wie Sardinen nicht nur Zooplankton fressen, sondern sich auch direkt von den großen Kieselalgen ernähren. So ist der Energietransfer von den Primärproduzenten zu den Fischen besonders effizient. Die größere Energiemenge auf dem Niveau der Fische spiegelt sich in enormen Massen an pelagischen Schwarmfischen wider und bildet die Nahrungsgrundlage für die vielen Seevögel, Robben und Delfine – und für die Fischerei.

Antarktis

Auf Kurs in die südlichsten Regionen begleiten uns elegant dahinsegelnde Wanderalbatrosse und Riesensturmvögel durch die sturmgepeitschten *Furious Fourties* (wütende Vierziger) und *Roaring Fifties* (brüllende Fünfziger). Bei 55° Süd überqueren wir die Polarfront (Antarktische Konvergenz) (Kap. 1), wo subantarktische und antarktische Wassermassen aufeinandertreffen und die Ober-

flächentemperaturen sprunghaft abnehmen. Im September, am Ende des Süd-
winters, hat das Meereis mit 20 Mio. km² seine maximale Ausdehnung erreicht,
fünfmal größer als im Sommermonat Februar. Der antarktische Ringozean liegt
zwischen ca. 55° und 75° Süd und ist damit deutlich weniger polar geprägt als
der Arktische Ozean, der erst nördlich von 75° Nord beginnt. Im Südpolarmeer
sind die saisonalen Unterschiede in der Eisbedeckung viel ausgeprägter als in der
Arktis, das Lichtregime ist dagegen nicht so starken saisonalen Schwankungen
unterworfen. Die Antarktis ist aufgrund von Auftriebsprozessen im Gebiet der
Antarktischen Divergenz (Grenzbereich von Westwinddrift und Ostwinddrift)
ein sehr nährstoffreicher Ozean; dennoch ist die durchschnittliche jährliche Primärproduktion insgesamt mit ca. 10 g C m⁻² ähnlich niedrig wie in der Arktis.
Trotz dieses „antarktischen Paradoxons" beheimatet das Südpolarmeer große
Bestände von algenfressenden Zooplanktern (Copepoden, Krill, Salpen), die
trotz dieser Phytoplanktonarmut gedeihen.

Eine Schlüsselart des Südpolarmeeres ist der Antarktische Krill (*Euphausia
superba*) (Kap. 10 und 35). Der Krill „durchkämmt" im Sommer in riesigen
Schwärmen das antarktische Epipelagial auf der Suche nach Diatomeen, die er
mit seinen zu einem Fangkorb ausgebildeten Vorderextremitäten (Thoracopoden) sehr effizient aus dem Wasser herausfiltert. Der Krill wechselt zum Winter
vom Epipelagial in den Untereislebensraum (Kryopelagial), wo er in der dunklen
Jahreszeit Schutz findet vor seinen vielen Fressfeinden, den Fischen, Robben,
Walen oder Pinguinen. Außerdem nutzt er dort die Algenmasse an der Unterseite des Eises, die er mit seinen Thoracopoden wie mit einem Rechen vom Eis
abkratzt. Weitere Komponenten der raffinierten Überwinterungsstrategien des
Krills beinhalten – neben einer sehr opportunistischen Ernährungsweise – eine
intensive Lipidspeicherung (maximal 40 % der Trockenmasse) und eine Reduktion der Stoffwechselaktivität auf ein Drittel der Sommerraten.

Euphausiaceen und Copepoden dienen wiederum den höheren trophischen
Ebenen als sehr energiereiche Nahrung. Allgemein bekannt ist die sehr kurze,
hocheffiziente „klassische" Nahrungskette Mikroalgen – Krill – Bartenwale. Der
Antarktische Silberfisch (*Pleuragramma antarctica*) (Kap. 16) ist die wichtigste
Fischart im antarktischen Pelagial. Er gehört zu den Notothenioidei, die mit
ca. 90 meist endemischen (nur hier vorkommenden) Arten die Fischfauna in der
Antarktis prägen. Große Lipidsäcke und eine schwache Verknöcherung kompensieren bei *P. antarctica* das Fehlen einer Schwimmblase. Notothenioidei weisen noch eine andere einzigartige physiologische Anpassung auf: eine Reduktion
des Atmungspigments Hämoglobin. Die Weißblutfische (Channichthyidae)
haben im Laufe ihrer Entwicklung die Bildung roter Blutkörperchen sogar völlig
verloren. Ihre Kiemen und Leber erscheinen daher farblos weißlich. Bei diesen
Fischen wird der Sauerstoff nur physikalisch gelöst im gelblich-durchsichtigen
Blut transportiert (je kälter, desto besser). Die Kapazität entspricht nur 5–10 %

der „normalen Rotblutfische". Diese Limitierung wird zum Teil durch andere blutphysiologische Anpassungen (größeres Herzschlagvolumen etc.) kompensiert.

Fische stehen im hochantarktischen Weddellmeer vor allem bei den Weddellrobben (fast 1 Mio. Individuen) auf dem Speiseplan. Dank ungewöhnlicher tauchphysiologischer Anpassungen können sie ihre Beute sogar noch in 700 m Tiefe fangen. Dagegen bevorzugen die mehr als 5 Mio. Krabbenfresserrobben (*nomen est omen*) vor allem Krill als Nahrung. Ihre Backenzähne weisen kräftige Einkerbungen auf, die als eine Art Sieb fungieren und die Leuchtgarnelen im Maul zurückhalten. Die sechs im Südpolarmeer vorkommenden Robbenarten unterscheiden sich deutlich in ihren Nahrungspräferenzen und Verbreitungsschwerpunkten und machen sich daher kaum Konkurrenz.

Echte Überlebenskünstler der Hochantarktis sind die Kaiserpinguine (Kap. 17). Sie ernähren sich ebenfalls von Krill und Fischen, verschmähen aber auch Kalmare nicht. Ihre Beute erwischen diese eleganten „Unterwasserflieger" in großen Tiefen bis 500 m. Kaiserpinguine speichern enorme Fettreserven, um die hohen Belastungen der langen Balz- und Brutperiode im eisigen Winter zu überstehen.

Die großen Bartenwale haben ganz andere, sehr erfolgreiche Lebensstrategien entwickelt. Im Sommer filtern sie riesige Mengen Krill aus dem Wasser. Blauwale können 1 t Krill pro „Schluck" in ihren dehnbaren Kehlbeutel aufnehmen. Mit einer dicken Speckschicht (Blubber) wandern die Wale zurück in die Tropen, wo die Weibchen die Jungen gebären. Hier findet also ein erheblicher Export von Energie aus den Polarmeeren in die Tropen statt, wovon jedoch die Tiere in den wärmeren Regionen kaum profitieren. Nur der Mensch hat diese Ressource lange Zeit intensiv ausgebeutet und mehrere Walarten bis an den Rand der Ausrottung dezimiert (Kap. 40).

Fazit

Während unserer langen Nord-Süd-Reise durch den Atlantik haben wir gelernt, dass Nahrung als Energieträger in den verschiedenen Regionen des Weltmeeres zeitlich und räumlich auf sehr unterschiedliche Weise angeboten wird. Eine kurze Zeit im Schlaraffenland kann durch lange Hungerperioden abgelöst werden, wie in den Polarmeeren, oder das Nahrungsangebot ist dauerhaft begrenzt, wie in den nährstoffarmen Tropen. Die Tiere reagieren darauf mit sehr unterschiedlichen Lebensstrategien: kurze Generationszeiten und hohe Umsatzraten in den Auftriebsgebieten im Gegensatz zu langen Lebenszyklen mit geringem Umsatz in den Polarmeeren. Um die Herausforderungen durch unterschiedliches Nahrungsangebot und Raubdruck in den verschiedenen Meeresregionen zu meistern, haben die Meeresorganismen im Laufe der Jahrmillionen eine Vielzahl von ausgeklügelten und faszinierenden Lebensstrategien entwickelt.

Informationen im Internet

- http://worldoceanreview.com – Maribus (2010, 2013, 2014, 2015) World Ocean Review. 1. Mit den Meeren leben. Ein Bericht über den Zustand der Weltmeere. 2. Mit den Meeren leben. Die Zukunft der Fische – die Fischerei der Zukunft. 3. Mit den Meeren leben. Rohstoffe aus dem Meer – Chancen und Risiken. 4. Mit den Meeren leben. Der nachhaltige Umgang mit unseren Meeren – von der Idee zur Strategie
- http://www.wbgu.de/sondergutachten/sg-2006-die-zukunft-der-meere/ – WBGU (2006) Die Zukunft der Meere – zu warm, zu hoch, zu sauer. Sondergutachten
- http://www.wbgu.de/hauptgutachten/hg-2013-meere/ – WBGU (2013) Welt im Wandel: Menschheitserbe Meer. Hauptgutachten

Weiterführende Literatur

Aschemaier R (2007) Ozeane: Die große Bildenzyklopädie mit über 2000 Fotografien und Karten. Dorling Kindersley Verlag, München
Rahmstorf S, Richardson K (2010) Wie bedroht sind die Ozeane? Biologische und physikalische Aspekte. Dritte Auflage. Fischer Taschenbuch Verlag, Frankfurt/Main
Roberts C (2013) Der Mensch und das Meer: Warum der größte Lebensraum der Erde in Gefahr ist. Deutsche Verlags-Anstalt, München

5

Das Leben im Eispalast: Flora und Fauna des arktischen Meereises

Rolf Gradinger und Bodil Bluhm

Im März 2010 war unser letzter Forschungstag auf dem amerikanischen Eisbrecher *Polar Sea*. Drei Wochen intensiver interdisziplinärer Forschung als Teil des Forschungsprogramms Bering Sea Ecosystem Studies waren damit abgeschlossen. Zahlreiche Meeresforscher hatten insgesamt vier Jahre lang intensiv die Biologie des Beringmeeres studiert, das erstaunlicherweise über Dekaden hinweg relativ unerforscht geblieben war. Dies ist umso bemerkenswerter, als diese Region die wichtigste Fischereiregion der USA ist – Fisch aus dem Beringmeer landet auch in deutschen Tiefkühltruhen als Fischstäbchen und Filets. Da die Klimaänderungen auch vor dem subarktischen Beringmeer nicht haltmachen, wurden zu deren Erfassung von 2007 bis 2010 die Strömungsmuster, Temperaturverteilung, das Leben im Wasser (Plankton) und am Meeresboden (Benthos) detailliert studiert. Unsere Arbeitsgruppe befasste sich mit dem Leben im Meereis. Jeden Winter breitet sich, von Norden her, eine Meereisdecke mit maximal 200.000 km² Ausdehnung über das Beringmeer aus. Wir waren sehr gespannt auf die Ergebnisse unserer Arbeiten, da die Meereisbiologie dieser Region, im Gegensatz zu vielen anderen arktischen und antarktischen Regionen, völlig unbekannt war. Nach Monaten intensiver Arbeit auf See bei klirrender Kälte bis −30 °C und Jahren der Datenauswertung wissen wir nun, dass das Meereis des Beringmeeres einen einzigartigen Lebensraum darstellt, der eng mit den angrenzenden Lebensräumen des Pelagials und Benthals

Prof. Dr. Rolf Gradinger (✉)
Faculty for Biosciences, Fisheries and Economics, Department of Arctic and Marine Biology, University of Tromsø
N-9037 Tromsø, Norwegen
E-Mail: rolf.gradinger@uit.no

© Springer-Verlag GmbH Deutschland 2020
G. Hempel et al. (Hrsg.), *Faszination Meeresforschung*,
https://doi.org/10.1007/978-3-662-49714-2_5

vernetzt ist. Welche Organismen im Eis vorkommen, wo sie genau leben und welche biologischen Besonderheiten sie aufweisen, soll dieses Kapitel illustrieren.

Meereisforschung – ein Abenteuer

Monate extremer Kälte und Dunkelheit im Winter, die Ferne von größeren Häfen und Landstationen und vor allem die Ausdehnung des Meereises machen die Erforschung der arktischen und antarktischen Meeresbiologie zu einem logistisch schwierigen Unterfangen, oft verbunden mit hohen Kosten und harschen Arbeitsbedingungen. Moderne Technik wie torpedoartige autonome Unterwasserfahrzeuge, kleine Drohnen, Hubschrauber und vor allem Eisbrecher erlauben heutzutage den ganzjährigen Zugang zu den Polarregionen, sogar im Winter. Satelliten liefern täglich Daten über die Ausdehnung und Dicke des Meereises, und verankerte Messinstrumente erlauben ganzjährige Untersuchungen der Strömungsverhältnisse, der Ozeantemperatur und des Salzgehalts. Für unser Arbeitsthema Meereisbiologie gibt es aber nach wie vor keinen Ersatz für Arbeiten vor Ort, da Fernerkundungsmethoden für Eisorganismen bisher fehlen. Regionale Studien sind wichtig, da die Artenvielfalt (Diversität) und -häufigkeiten regional in Abhängigkeit von der Ozeanphysik und -chemie sowie der Nähe zum Land stark schwanken. Kompliziert werden solche Untersuchungen noch durch die extreme Saisonalität der biologischen Aktivitäten mit nahezu fehlender Primärproduktion im Winter, gefolgt von einer pulsartigen Sommerblüte, die in nur wenigen Wochen den Nahrungsnachschub für ein ganzes Jahr liefern muss.

Die Eigenschaften des Meereises variieren von Region zu Region. Das küstennahe, landgebundene Festeis driftet nicht mit den Meeresströmungen, während das Packeis jeden Winter die größten Regionen der Arktis und Antarktis bedeckt. Die saisonale Zu-und Abnahme der Eisbedeckung hat sich in den letzten Dekaden, insbesondere in der Arktis, verändert. In der Antarktis blieb der Wechsel zwischen Sommer- (4 Mio. km²) und Wintereisausdehnung (20 Mio. km²) insgesamt nahezu unverändert. In der Arktis dagegen ist die sommerliche Meereisdecke seit 1979 von 7 Mio. km² auf weniger als 4 Mio. km² geschrumpft – ein deutliches Zeichen des globalen Klimawandels (Abb. 5.1). Zum Verständnis der biologischen Konsequenzen dieser dramatischen Veränderungen bedarf es detaillierter Feldstudien zur Biologie des arktischen Meereises und daher biologisch ausgerichtete Expeditionen in die Polargebiete.

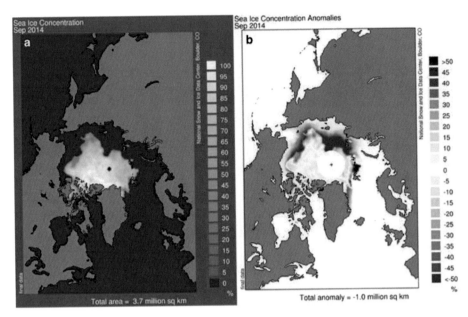

Abb. 5.1 Ausdehnung und langfristige Veränderung (Anomalie) der arktischen Meereisdecke zu Zeiten des Sommerminimums. **a** Im September 2014 war lediglich die arktische Tiefsee noch eisbedeckt, alle küstennahen Regionen dagegen eisfrei. **b** Ein Vergleich der Daten von 2014 mit dem langjährigen Mittel (Anomalie) zeigt deutliche Eisverluste entlang der amerikanischen und russischen Schelfe (*blau*), wohingegen in manchen Regionen (z. B. nordöstlich von Spitzbergen) deutlich mehr Eis vorhanden war. (NSIDC.org)

Lebensraum Meereis

Das Meereis hat in polaren Lebensräumen mannigfaltige Funktionen. Es dient als Rast-, Wander-, und Jagdregion für viele Vögel und Wirbeltiere. Die arktische Ringelrobbe z. B. bringt in Schneehöhlen auf dem Eis ihre Jungen zur Welt. Eisbären wiederum jagen die Ringelrobbe auf dem Meereis, gefolgt vom Polarfuchs auf der Suche nach Resten der Eisbärbeute. Das zumeist einjährige Eis der Antarktis dient als Wurfplatz für Weddellrobben und Brutgebiet für Kaiserpinguine. Verborgen für das menschliche Auge gibt es aber auch Lebensformen innerhalb des Meereises in einem verwobenen Netz von Solekanälen und -taschen, in dem die Lebensbedingungen mit der Temperatur und dem Alter des Eises stark schwanken. Meerwasser gefriert bei einer Temperatur von etwa −1,8 °C, und dabei sammelt sich salzreiche Lauge zwischen den wachsenden Eiskristallen, die aus reinem Süßwasser bestehen. Wegen der niedrigen Temperatur und des erhöhten Salzgehalts ist die Salzlauge (Sole, *brine*) dichter als Meerwasser und sinkt damit langsam aus dem Eis (*gravity drainage*). Durch den Verlust an Sole sinkt im Laufe der Zeit der Gesamtsalzgehalt des Eises und damit auch das Volumen des

Solekanalsystems. Mehrjähriges arktisches Meereis hat einen Gesamtsalzgehalt von unter 5 % und ein Solevolumen von etwa 5 % des Eisvolumens. In einjährigem Eis, wie es z. B. im Beringmeer vorkommt, liegt der Salzgehalt dagegen bei über 10 % und das Volumen bei über 20 %. Es bietet somit einen viel poröseren Lebensraum mit mehr Platz für die Eisorganismen. Je nach Temperatur schwankt auch der Salzgehalt der Sole in den Solekanälen. Sole erreicht in sehr kaltem Eis im Winter Salinitäten über 200. Für normale Meeresorganismen, die an Werte von etwa 30–35 angepasst sind, stellt das einen gewaltigen osmotischen Stress dar. Dies hat im Eiskanalsystem zu einer Selektion zugunsten der Organismen geführt, die an Salzgehaltsschwankungen angepasst sind. Eisalgen und Meereis bewohnende Krebse produzieren z. B. bestimmte Chemikalien (Osmolyte), die es ihnen erlauben schwankende Salzgehalte zu tolerieren. Diese Anpassungen sowie die räumlichen Dimensionen innerhalb des Solekanalsystems grenzen das im Meereis vorkommende Artenspektrum deutlich von dem benachbarten Lebensraum in der Wassersäule ab, sodass es eisspezifische Lebensgemeinschaften sowohl in der Arktis als auch in der Antarktis gibt, die wiederum deutlichen saisonalen Veränderungen unterworfen sind.

Der deutsche Protozoologe Ehrenberg beschrieb als Erster 1851 die Vielfalt der Kleinstlebewesen (Infusorien nannte er sie) im Eis der Arktis. Die Artenvielfalt der Eisflora und -fauna erschließt sich nur unter dem Mikroskop, da sie zumeist weniger als 1 mm groß sind. Um sie zu erforschen, werden Eiskerne aus den Eisschollen gebohrt, um sie dann nach behutsamer Schmelze im Labor mikroskopisch zu untersuchen. Das arktische Projekt des weltweit größten Programms zur Erforschung der marinen Artenvielfalt (Census of Marine Life, 2000–2010) hatte sich dieser Aufgabe gewidmet und u. a. alle bekannten Eisalgenarten der Arktis katalogisiert. Das Ergebnis war erstaunlich, da sich herausstellte, dass über 1000 Arten von mikroskopisch kleinen Einzellern das Meereis bevölkern. Die artenreichste Gruppe von Eismikroalgen, die Kieselalgen (Diatomeen), wurden in allen arktischen Meereisregionen als häufigste Gruppe gefunden, zusammen mit einer Vielzahl von begeißelten Formen, z. B. Cryptophyceen, Euglenophyceen und Dinophyceen. Ein vergleichbares Inventar ist für die Antarktis noch zu erstellen.

Die Häufigkeit der Eisalgen verändert sich im Laufe einer Saison und ist gekoppelt an die Zunahme des Lichts im Frühling. Unter guten Wachstumsbedingungen baut sich in den untersten Zentimetern der arktischen Eisschollen eine sehr hohe Pflanzenbiomasse auf, sogenannte „Algenblüten". Diese Blüten finden in jedem Frühjahr statt und bilden sich innerhalb weniger Wochen. Zur Zeit der Algenblüte ist die Unterseite der Eisschollen verfärbt, statt eisig graublau werden sie dunkelbraunrot oder -orange, da die Eisalgen neben dem Blattgrün auch eine Vielzahl zumeist gelber bis brauner Farbstoffe in ihren Chloroplasten beinhalten. Im dünneren Eis der Antarktis wurden Algenblüten auch an der

Abb. 5.2 Beispiele für Forschungsarbeiten und Tiere im arktischen Meereis. **a** Kanadischer Eisbrecher *Louis S. St-Laurent*, **b** Eisbärfamilie, **c** Juveniler Eispolychaet *Scolelepis squamata* (ca. 0,5 mm Länge), **d** Eis-endemischer Hydropolyp *Sympagohydra tuuli* (Länge ca. 0,4 mm), **e** Taucher bei der Probenahme von Untereisfauna, **f** Fleischfressender Untereisamphipode *Gammarus wilkitzkii* (Länge ca. 6 cm). (Fotos: Rolf Gradinger, Bodil Bluhm, Katrin Iken)

Schneeeisgrenze (Infiltrationsgemeinschaft) und im Inneren der Eisschollen (interne Gemeinschaften) beobachtet. Die dichten Blüten der Eisalgen bilden die Nahrungsgrundlage für die ein- und mehrzelligen Tiere, die im Solenetz oder an der Eis-Wasser-Grenzschicht zeitweise oder ganzjährig vorkommen, wie z. B. Wimpertierchen, Fadenwürmer, Strudelwürmer und Ruderfußkrebse (Abb. 5.2).

Vom flachen Schelf in die arktische Tiefsee – Eis ist nicht gleich Eis

Die flachen küstennahen Regionen der Arktis sind die am besten untersuchten arktischen Bereiche, da sie relativ einfach von Landstationen und im Sommer mit nicht eisverstärkten Schiffen erreicht werden können. Die Schelfe und Küstengewässer sind zum Teil hochproduktiv und gehören, wie z. B. das Barents- und Beringmeer, zu den ertragreichsten Fischereigebieten der Welt. Ein Grund für die hohe Produktivität dieser Regionen ist ihre besondere Hydrografie. Schmelzendes Meereis in der Eisrandzone verringert oberflächennah den Salzgehalt und damit die Dichte des Meerwassers. Dies führt zu einer sehr stabilen Wasserschichtung, sodass die Planktonalgen länger in der lichtdurchfluteten (euphotischen)

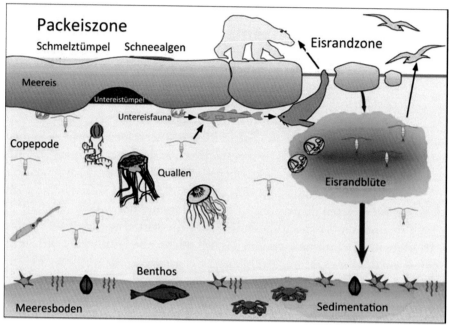

Abb. 5.3 Biologische Interaktionen zwischen Meereisgemeinschaften, Plankton und Benthos. Die Pfeile illustrieren beispielhaft Nahrungsnetzzusammenhänge für das im Eis produzierte organische Material

Zone verbleiben, anstatt tiefer vermischt zu werden, und sich reichlich vermehren können, was die Primärproduktion erhöht (Abb. 5.3). Hohe Produktivität und kurze Nahrungsnetze (Algen – großes Zooplankton – Fische/Wale/Vögel) in den Eisrandzonen sind die Kernmerkmale, die die dichten Ansammlungen von Fischen, Vögeln und Meeressäugern (Walen, Robben) in diesen Regionen erlauben.

Grundsätzlich andere Bedingungen sind in den zentralen, tiefen Becken der Arktis anzutreffen. Die geringe Lichtmenge unter dem zum Teil mehrjährigen Packeis und geringe Nährstoffkonzentrationen (z. B. Nitrat) führen zu extrem niedrigen Produktionsraten des Phytoplanktons und der Eisalgen. Die starke Abnahme der sommerlichen Meereisdecke als Folge des Klimawandels erhöht die verfügbare Lichtmenge für Planktonwachstum und führt damit zu erhöhter Primärproduktion. Der vorhandene Vorrat an Nährstoffen setzt dem Wachstum aber ein oberes Limit. Die detaillierte Erforschung dieser Zusammenhänge erfordert in der zentralen Arktis den Einsatz von Forschungseisbrechern. Selbst diese kommen im arktischen Packeis oft nur wenige Seemeilen pro Stunde voran, wodurch arktische Meeresforschung ein sehr teures Unterfangen ist und pro Tag fünfstellige Eurosummen verschlingt. Dies erklärt, dass selbst im 21. Jahrhundert noch grundlegende Entdeckungen über die biologische Funktion der polaren Eissysteme gemacht werden.

Vom Garten der alaskanischen Inupiat ins tiefe Kanadische Becken – ein Zensus des Lebens im Meereis

Über eine Dekade lang erforschten wir das küstennahe Festeis und das Packeis der zentralen Tiefsee als Beitrag zum Zensus des marinen Lebens (www.coml. org). Unsere alaskanische Studentin Anna Szymanski bearbeitete die nahezu unbekannte Artenvielfalt der Eisalgen im Beringmeer. Dutzende von Proben wurden akribisch mit dem Mikroskop analysiert, und es zeigte sich, dass die Algengemeinschaft von typischen arktischen Arten dominiert wurde, insbesondere von Diatomeen der Gattung *Nitzschia* und *Fragillaria*. Wir wissen heute noch nicht, wie diese Arten den eisfreien, warmen Sommer überstehen. Vermutlich warten sie insbesondere als Ruhestadien auf dem Sediment darauf, im Herbst und Winter durch Stürme wieder in das neu wachsende Eis hineingewirbelt zu werden, um dann im Frühling zu „blühen."

Neben den Arbeiten im Beringmeer waren auch unsere Untersuchungen am Festeis entlang der Küsten Alaskas ein Schwerpunkt. Bei Wassertiefen von weniger als 30 m wird dort schon bei der Eisbildung Sediment eingeschlossen, sodass das Eis grau und schmutzig erscheint. Wir fanden heraus, dass der Schmutz auch viel Licht schluckt und *dirty ice* daher eine kleinere Algenblüte erlaubt als im sauberen Eis. Biologisch sehr spannend waren die Studien zu Wechselwirkungen zwischen Meereishabitat, Plankton und Benthos durch Lebenszyklen einzelner Arten. Um diese Vernetzung anhand von Eiskernproben zu untersuchen, verbrachte unsere Studentin Brenna McConnell viele Wochen in Barrow, Alaska, und fuhr mit dem Motorschlitten im Dunkel der Polarnacht und während der Mitternachtssonne auf dem Meereis. In Barrow, der nördlichsten Siedlung der USA, stellen Enten-, Robben- und Waljagd für die etwa 4000 Einwohner, zumeist Inuit, einen wesentlichen Teil ihrer Nahrungsversorgung und Kultur dar. Sie betrachten das Meer als ihren Garten, da an Land auf Permafrost nur flache Tundra wächst, die außer einer Fülle von Beeren weder Gartenbau noch Viehwirtschaft erlaubt. Brenna untersuchte mittels Eisbohrern, Planktonnetzen und Bodengreifern den Lebenszyklus eines benthischen Wurms (Polychaet), *Scolelepis squamata*, der als erwachsenes Tier in selbst gebauten Röhren im Sediment lebt, sich aber über frei schwebende Eier, Larven und Jungtiere verbreitet.

Wir hatten in früheren Arbeiten festgestellt, dass im Meereis bei Barrow im April bis zu 100.000 juvenile Polychaeten m^{-2} vorkommen, und Brenna erforschte nun, warum dies so ist. In mühseligen Experimenten hielt sie Hunderte dieser Tiere in winzigen Aquarien, nachdem sie diese vorher aus Eiskernproben mit Pipette und Mikroskop aussortiert hatte. Die Ergebnisse waren eindeutig: Während der Eisalgenblüte im April, die genau mit dem Reproduktionszyklus der Tiere übereinstimmt (*match situation*), wuchsen diese Würmer unter Eisbedingungen bis zu 115-mal schneller als Artgenossen im noch unproduktiven

Pelagial. Eine durch den Klimawandel bedingte zu frühe Eisschmelze könnte diesen Prozess entkoppeln – eine Situation, die Biologen als *Mismatch* bezeichnen. Ähnliche biologische Kopplungsprozesse kennt man aus der Antarktis von pelagischen Ruderfußkrebsen (z. B. *Stephos longipes*), deren Jugendstadien ebenfalls saisonal ins Eis einwandern.

Im Bering- und Chukchimeer ist das Wasser mit bis zu 200 m deutlich tiefer als unter dem Festeis in Barrow. Hier fanden wir keine benthischen Lebensstadien im Eis, aber – ebenso wie in Barrow – eine große Vielfalt an Eismeiofauna, wobei je nach Region Fadenwürmer, Rädertierchen, Plattwürmer oder Krebse dominieren können. Die Individuendichten der Festeispolychaeten werden hier in der Regel nicht erreicht. Meistens leben einige Hundert bis einige Tausend dieser Tiere pro Quadratmeter Eis, wobei ein deutlicher Zusammenhang zwischen der Stärke der Eisalgenblüte und der Häufigkeit der Meiofauna besteht. Maximale Häufigkeiten an Eisalgen und Meiofauna fanden wir während der Bering Sea Ecosystem Study im Packeis des Beringmeeres. Die Konzentration der Tiere nahm mit zunehmender geografischer Breite ab, mit geringsten Zahlen in der sehr nährstoffarmen, arktischen Tiefsee, wo auch sehr viel schwächere Eisalgenblüten anzutreffen sind.

Die Zusammensetzung der Meiofauna ist ungenügend untersucht. So entdeckten wir während der Arbeiten im Festeis von Alaska erstmals einen kleinen Hydropolypen im Eissystem. Er wurde von unserem italienischen Kollegen Stefano Piraino als neue Art einer neuen Gattung namens *Sympagohydra tuuli* (Abb. 5.2d) beschrieben. *S. tuuli* ist Eis-endemisch, also nur aus diesem Lebensraum bekannt. Er ist der „Eisbär" des Solekanalsystems, kriecht durch die Kanälchen auf der Suche nach Meiofauna, die er packt und verspeist. Die Mehrzahl der Meiofaunaarten ist herbivor, ernährt sich also von den Eisalgen. Bisher sind weniger als 50 Meiofaunaarten aus dem arktischen Eis bekannt, doch weitere neue Artbeschreibungen sind zu erwarten, insbesondere für taxonomisch bisher wenig bearbeitete Gruppen, wie z. B. die Plattwürmer. Vielleicht tauchen dabei weitere endemische Arten, wie *S. tuuli*, oder Eis-endemische Nematoden auf. Solche Forschungsarbeiten sind dringend nötig, da insbesondere das mehrjährige Packeis der Arktis rasch abnimmt und bis zum Ende dieses Jahrhunderts verschwunden sein wird.

Vor allem im mehrjährigen Packeis der Arktis gibt es endemische Arten aus der Gruppe der Flohkrebse (Amphipoden; Abb. 5.2f). Das Leben an der Unterseite des Eises lässt sich nicht mit Eisbohrern erforschen, da die Pflanzen und Tiere zumeist nur lose mit dem Eis verbunden sind und in geringer Anzahl vorkommen. Daher kommen hier Taucher, Kameras und auch ein großes Untereisnetz zum Einsatz. Im Flachwasser des Festeises fanden wir den gewöhnlich benthischen Amphipoden *Onisimus litoralis*, der periodisch zum Eis wandert und dort Futter sucht. In der arktischen Tiefsee dominieren vier Flohkrebsarten: die herbivore *Apherusa glacialis*, die Allesfresser *Onisimus glacialis* und *Onisimus nanseni* sowie der räuberische *Gammerus wilkitzkii*, der mit 6 cm Körperlänge auch die größte Art darstellt. In der Regel kommen diese Tiere in Häufigkeiten von 10 bis 1000 Individuen m^{-2} Eisunterseite vor, doch der russische Forscher Igor Melnikov berichtete schon 2002 über das völlige Fehlen von Amphipoden unter dem zentralen arktischen Meereis – was war geschehen? Zwei unabhängige Studien von Haakon Hop in Norwegen und unserer Gruppe belegten, dass die verstärkte Sommereisschmelze den Salzgehalt unter dem Eis stark erniedrigt, sodass die Amphipoden den normalen Untereisbereich verlassen und sich in die tiefsten Zonen der Presseisrücken zurückziehen. Diese können bis zu 50 m tief von der Oberfläche hinabragen, bis unterhalb der sommerlichen Schmelzwasserschicht. Vielleicht sind es diese Presseisrücken, die ein Überleben der Amphipoden auch in der Zukunft erlauben werden.

Neben Amphipoden finden sich auch Fische in der Grenzregion von Eis und Wasser. Der nur in der Arktis vorkommende Polardorsch (*Boreogadus saida*) ist ein kleiner Fisch von etwa 25 cm Länge (Kap. 16). Er fungiert im arktischen Nahrungsnetz als zentrales Bindeglied von Zooplankton und Eisamphipoden zu Ringelrobben und Vögeln. Wiederum sind es Spalten zwischen Eisschollen und Presseisrücken, in die sich die Art zurückzieht, hauptsächlich wohl zum Schutz vor Fressfeinden, wie Möwen, Alken und Ringelrobben. Das Leben an der Eisgrenzschicht im Beringmeer war bis zu unseren Studien unbekannt. Gab es dort auch Amphipoden wie im Barentsmeer und der zentralen Arktis?

Antwort darauf fanden wir während unserer Feldarbeiten. Durch Bohrlöcher in den Eisschollen brachten wir ein Videosystem aus, und die Aufnahmen überraschten uns, denn auf keiner einzigen Station fanden wir die sonst so häufig beschriebenen Amphipoden. Stattdessen zeigten die Aufnahmen dichte Schwärme einer anderen Krebsart, der pelagischen Leuchtgarnele *Thysanoessa raschii*, was bisher aus keiner anderen arktischen Region beschrieben war. Die Aufnahmen zeigten, wie Hunderte dieser etwa 25 mm langen Krebse sich kopfüber entlang des Eisbodens bewegten, um dort den reichhaltigen Eisalgenrasen abzuweiden. Dies konnte unsere Kollegin Katrin Iken von der Universität von Alaska in Fairbanks auch durch sogenannte Nahrungsnetzmarker (stabile Isotope) bestätigen. Die Leuchtgarnele zeigt damit die gleiche Ernährungsweise direkt an der Eisunterseite wie die nahe verwandte antarktische Krillart *Euphausia superba*. In beiden Lebensräumen sind Leuchtgarnelen zentrale Bestandteile des Nahrungsnetzes und wichtige Beutetiere z. B. für Meeressäuger. Das völlige Fehlen der Amphipoden im Beringmeer beruht wahrscheinlich auf dem Nadelöhr der Beringstraße, das ein Ausströmen arktischen Meereises in das Beringmeer behindert und damit den Transport der assoziierten Fauna einschränkt.

Meereisgemeinschaften als Teile des arktischen Systems

Auf den ersten Blick erscheint das biologische System im Meereis lebensfeindlich eingekapselt zwischen Eiskristallen. Wie oben belegt, ist diese Vorstellung grundlegend falsch. Vielmehr bilden über 1000 Algenarten und Dutzende Arten von mehrzelligen Tieren im und am Eis ein dynamisches Nahrungsgefüge, das sich von Region zu Region deutlich unterscheidet. Neben den bereits aufgeführten Fortschritten bezüglich der Aufklärung von Zusammensetzung und Lebenszyklen der Arten wurden in der letzten Dekade verstärkt andere Aspekte im System Arktis untersucht. Hierzu zwei Beispiele: Die Kollegen Durbin und Casas erforschten während unserer Beringmeer-Expeditionen die Winterökologie des pelagischen Ruderfußkrebses *Calanus glacialis* mittels genetischer Methoden. Zu ihrer Überraschung zeigten die DNA-Marker, dass die Tiere sich überwiegend von arktischen Eisalgen der Gattung *Fragilaria* und *Fragilariopsis* ernährten. Vermutlich hatten sporadische Wärmeepisoden zu einzelnen Eisschmelzereignissen geführt, wobei Eisalgen ins Wasser freigesetzt wurden und so den Krebsen als Nahrung zur Verfügung standen.

Vielleicht noch überraschender waren die Beobachtungen der Gruppe um Antje Boetius vom Alfred-Wegener-Institut, die dichte Anhäufungen (Aggregate) der typischen langfädigen arktischen Eisalge *Melosira arctica* am Meeresboden in einigen Hundert Metern Tiefe nachwies. Die Aggregate dieser Eisalgenart lieferten einen massiven Schub frischer Nahrung für das Tiefseebenthos und wurden vor allem von Seegurken verspeist. Frühere Studien hatten bereits belegt, dass Eisalgen eine sehr gesunde Nahrungsgrundlage bieten, da sie sehr reich an ungesättigten Fettsäuren sind. Ob dieser schnelle und direkte Export von *M. arctica* zum Benthos in Zukunft vielleicht sogar verstärkt stattfinden wird, wissen wir heute nicht; dafür bedarf es weiterer systematischer Studien zur Diversität und Funktion des arktischen Lebensraums.

Fazit

Eines wird anhand dieser Beispiele deutlich: Das Meereis ist ein integraler Bestandteil des arktischen Systems mit einer Vielzahl von Kopplungsprozessen zu angrenzenden Lebensräumen. Es wird Aufgabe auch der kommenden Generation von Meeresforschern sein, die Veränderungen in der Arktis zu dokumentieren und zu verstehen. Dies ist nicht nur notwendig zum Schutz der Tier- und Pflanzenwelt der marinen Arktis, sondern auch für die vorausschauende schonende Nutzung arktischer Ressourcen sowohl durch die Inuit als auch durch kommerzielle Fischerei oder Öl- und Gasexploration.

Informationen im Internet

- http://arctic.atmos.uiuc.edu/cryosphere/ – Information über Eisausdehnung
- http://www.alaskasealife.org/New/education/VFT/SEA_ICE_MELT_DOWN/SeaIceVFT_Introduction.php – Information über Meereisbiologie des Beringmeeres mit Informationsmaterial für Schullehrer
- http://ocean.si.edu/ocean-news/arctic-lesson-plans-noaa – Information über arktische Meeresbiologie für Schullehrer
- http://www.meereisportal.de/ – Informationen über aktuelle Meereisforschung

Weiterführende Literatur

Bluhm BA, Gradinger R (2008) Regional variability in food availability for Arctic marine mammals. Ecol Applic 18:77–96.

Bluhm BA, Gradinger RR, Schnack-Schiel SB (2009) Sea ice meio- and macrofauna. In: Thomas DN, Dieckmann GS (Hrsg) Sea Ice. Wiley-Blackwell, Oxford, UK

Bluhm BA, Gebruk AV, Gradinger R, Hopcroft RR, Hüttmann F, Kosobokova KN, Sirenko BI, Weslawski JM (2011) Arctic marine biodiversity: An update of species richness and examples of biodiversity change. Oceanogr 24(3):232–248

Grebmeier JM, Bluhm BA, Cooper LW, Danielson S, Arrigo KR, Blanchard AL, Clarke JT et al (2015) Ecosystem characteristics and processes facilitating persistent macrobenthic biomass hotspots and associated benthivory in the Pacific Arctic. Prog Oceanogr. doi:10.1016/j.pocean.2015.05.006

Nelson RJ, Ashjian CA, Bluhm BA, Conlan KE, Gradinger RR, Grebmeier JM, Hill VE et al (2014) Biodiversity and biogeography of the lower trophic taxa of the Pacific Arctic region: sensitivities to climate change. In: Grebmeier JM, Maslowski W (Hrsg) The Pacific Arctic Region. Springer, Niederlande, S 269–336

Petrich C, Eicken H (2009) Growth, structure and properties of sea ice. In: Thomas DN, Dieckmann GS (Hrsg) Sea Ice, 2. Aufl. Wiley-Blackwell, Oxford, UK

Punt AE, Ortiz I, Aydin KY, Hunt GL, Wiese FK (2015) End-to-end modeling as part of an integrated research program in the Bering Sea. Deep-Sea Res Part II: Topical Studies in Oceanography. doi:10.1016/j.dsr2.2015.04.018

Frühes planktisches Stadium des Atlantischen Langarm-Oktopus *Macrotritopus defilippi* (Mantellänge ca. 7 mm). Die erwachsenen Tiere (bis 60 mm Mantellänge) leben auf dem Kontinentalschelf auf sandigen Böden bis in ca. 200 m Tiefe. (Foto: Uwe Piatkowski, GEOMAR)

6

Wechselwirkungen zwischen Meeresboden und Ozean: Die pelago-benthische Kopplung im Südpolarmeer

Ulrich Bathmann

−1 °C, dunkel, zeitlos. Am Meeresboden in 3000 m Tiefe auf endlosen, flachen Weiten ist Nahrung knapp, vereinzelte Tiere fangen vorbeitreibende Partikel. Nur diese Hungerspezialisten haben es geschafft, sich hier dauerhaft anzusiedeln.

Der Meeresboden in der Antarktis, der in den Schelfgebieten direkt am antarktischen Kontinent durchschnittliche Wassertiefen von 500 m erreicht, senkt sich schon nach wenigen Kilometern in Tiefen bis 5000 m (Tiefsee) ab. Wenn die bis zu −40 °C kalten, aus dem Zentrum der Antarktis kommenden katabatischen Winde im Winter über das Meer pfeifen, ist davon am Meeresboden nichts zu spüren; an die konstanten Temperaturverhältnisse von ca. 4 °C haben sich die dort lebenden Organismen im Laufe der Evolution angepasst. Nicht so konstant ist die Versorgung der am Meeresboden siedelnden Organismen mit Nahrung, denn bis in 5000 m Wassertiefe machen sich die unterschiedlich produktiven Jahreszeiten bemerkbar.

Auch in den eisigen Wasserringen um die Antarktis und auf den darunterliegenden Meeresböden basiert das Leben – wie fast überall im Ozean – auf der Energie der Sonne, deren Strahlung die Photosynthese und damit die Neuproduktion organischen Materials ermöglicht. Während die Primärproduktion in lichtdurchfluteten Ozeanschichten vorwiegend während des kurzen antarktischen Sommers stattfindet, ist das Leben der Tiere und Bakterien bis hinunter zum Meeresboden direkt oder indirekt von photosynthetisch produziertem organischen Material abhängig.

Prof. Dr. Ulrich Bathmann (✉)
Leibniz-Institut für Ostseeforschung
Seestraße 15, 18119 Rostock-Warnemünde, Deutschland
E-Mail: ulrich.bathmann@io-warnemuende.de

© Springer-Verlag GmbH Deutschland 2020
G. Hempel et al. (Hrsg.), *Faszination Meeresforschung*,
https://doi.org/10.1007/978-3-662-49714-2_6

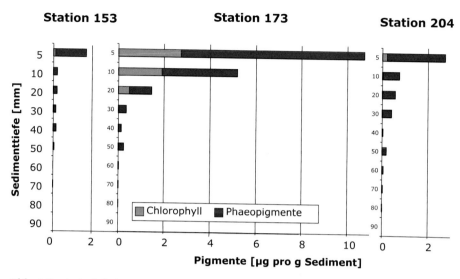

Abb. 6.1 Antarktischer Küstenstrom: Eintragstiefe der Phytoplanktonpigmente ins Sediment. (Bathmann, unveröffentlichte Daten)

Zum Meeresboden gelangt organisches Material auf verschiedenste Art. Wenn sich im Herbst die Wachstumsbedingungen für Planktonalgen aufgrund abnehmender Sonneneinstrahlung oder des Verbrauchs von Mikronährsalzen (z. B. Eisen) verschlechtern, kann es zum Verkleben der Algenzellen oder Algenketten kommen, die dann ihre Schwebfähigkeit einbüßen und in die Ozeantiefen absinken und am Boden ablagern (sedimentieren). Im antarktischen Küstenstrom vor der deutschen Neumayer-Station sank im antarktischen Herbst 1998 innerhalb von zwei Tagen eine komplette Phytoplanktonblüte aus dem Wasser bis zum 500 m tiefer gelegenen Schelfboden und rutschte weiter den Kontinentalabhang hinunter, wo wir mit Unterwasserkameras grünen Planktonfilz zwischen den Tieren des Benthos fotografierten. Messungen des Algenpigments Chlorophyll *a* in Bodenschichten zeigten, dass das frisch abgesunkene Plankton innerhalb von vier Tagen durch die Grabtätigkeit von Tieren des Makro- und Meiobenthos bis zu 7 cm tief ins Sediment eingearbeitet war und dort innerhalb von zehn Tagen abgebaut wurde (Abb. 6.1).

Aber auch im Frühjahr sinkt Planktonmaterial auf den antarktischen Schelf. Zur Eisschmelze 1988 sammelten sich in 250 m Wassertiefe aufgehängten trichterförmigen Fanggefäßen (Sinkstofffallen) zunächst aus dem Meereis ausschmelzende Algen, gefolgt vom Kot durchziehender Krillschwärme. Anschließend sedimentierten nur noch sehr geringe Mengen der Abfallprodukte der hocheffizienten Sommergemeinschaft im Plankton (Abb. 6.2). Im Küstenstrom der Antarktis sind Produktionsprozesse an der Meeresoberfläche, das „Abregnen"

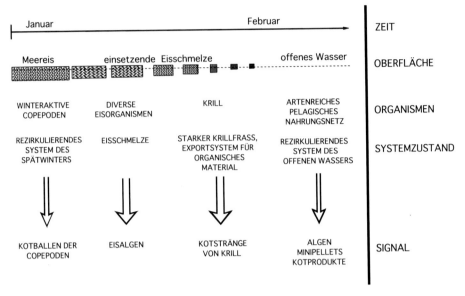

Abb. 6.2 Antarktischer Küstenstrom: Zeitliche Abfolge sinkender Planktonpartikel während einer Frühjahrseisschmelze. (Modifiziert nach Bathmann 1995)

von Planktonpartikeln und die Verwertung von Planktonmaterial am Meeresboden eng gekoppelt.

Nicht nur küstennah über den Schelfen, sondern auch im landfernen Antarktischen Zirkumpolarstrom sinken Planktonblüten innerhalb weniger Tage bis zum Meeresboden in über 4500 m Tiefe. Dieses erstaunliche Ereignis dokumentierte im Südsommer 2004 ein internationales Wissenschaftlerteam auf der *Polarstern*, als es mit seinem Eisendüngungsexperiment die direkte Kopplung von Prozessen an der Ozeanoberfläche mit solchen in der Tiefsee nachwies.

Manchmal sind solche kurzzeitigen Sedimentationsereignisse der einzige Nahrungsschub innerhalb eines Jahres für das Tiefseebenthos. Frisches abgesunkenes Planktonmaterial enthält ausreichend Energie und liefert essenzielle Spurenelemente, sodass Gonadenentwicklung und Eiablage der Benthostiere gesichert sind. Da für das Benthos diese gepulsten Nahrungsschübe unvorhersehbar, aber unerlässlich sind, haben sich Organismentypen entwickelt, die sowohl lange Ruhephasen überdauern als auch ihre metabolischen Aktivitäten wie Wachstum und Fortpflanzung nahezu spontan nach solchen Ereignissen „anschalten" können.

Neben der direkten Sedimentation von Phytoplankton leistet das Zooplankton seinen Beitrag zur Ernährung der Benthosgemeinschaft. Zooplankton ernährt sich von Partikeln im Wasser, zu denen die Phytoplankter, andere Zooplankter, Bruchstücke organischen Materials und mit Bakterien bewachsene, sogenannte marine Aggregate zählen. Diese Aggregate entstehen wiederum auf vielfältige

Weise durch Zusammenklumpen und Verkleben von Algenzellen, Bruchstücken und Ausscheidungsprodukten von Tieren und Pflanzen sowie anorganischen Partikeln mit gelöstem organischen Material. Einige Zooplankter, zu denen kleine Ruderfußkrebse (Copepoden) und Leuchtgarnelen (Euphausiaceen) gehören (Kap. 10), wandern im Tagesverlauf mehrere Hundert Meter auf und ab entlang einer für jede Art typischen Helligkeitsschicht. Diese Zooplankter kommen nachts zum Fressen in die Oberflächenschicht und wandern tagsüber in tiefere Ozeanbereiche, um sich vor Räubern zu verbergen. In tieferen Schichten lebende Zooplankter führen ähnliche Wanderbewegungen durch, sodass fast alle Tiefenschichten im Ozean durch eine „Kette von Wanderern" überbrückt werden (Kap. 3). Alle scheiden absinkendes Kotmaterial aus, das noch einen großen Anteil verwertbarer organischer Substanzen enthält (Abb. 6.3). Wir haben an der Antarktischen Halbinsel und auf dem Schelf vor der britischen Antarktisstation Halley mit trichterförmigen Sinkstofffallen Pulse absinkender und an organischem Inhalt reicher Kotpartikel aufgefangen, deren Sinkraten mehrere Hundert Meter pro Tag betrugen. Absinkender Zooplanktonkot versorgt demnach zumindest zeitweise das Benthos mit Nahrung.

Die bisher skizzierten Prozesse vom Aussinken organischen Materials durch die Wassersäule (das Pelagial) in tiefere Schichten werden unter dem Begriff „biologische Pumpe" zusammengefasst. Die Effektivität der biologischen Pumpe ist über den antarktischen Schelfmeeren deutlich höher als im restlichen Südozean. Dieser vertikale Partikelfluss erreicht im antarktischen Sommer sein Maximum und kommt im Winter fast zum Erliegen.

Neben den eben beschriebenen Prozessen der biologischen Pumpe, also der Abbildung von Vorgängen im Pelagial auf das Benthos, gibt es umgekehrt einige Prozesse am Meeresboden, die sich auf die darüberliegende Wassersäule auswirken. Viele Benthosorganismen sind sessil (festsitzend) oder bewegen sich nur äußerst langsam, sodass ihre geografische Ausbreitung nur durch frühe Entwicklungsstadien (meist Eier oder Larven) bewerkstelligt wird, die mit dem vorbeitreibenden Bodenwasser verfrachtet werden (Kap. 3). Diese Larven werden mit den Ozeanströmungen in weit entfernte Gebiete transportiert. Obwohl die Jugendstadien meroplanktischer Arten nur für wenige Tage oder Wochen treiben, können sich so relativ ortsfeste Tiere nach mehreren Generationen schon über weite Entfernungen verbreitet haben. Meroplankter sind gewissermaßen Grenzgänger zwischen der langsamen Welt am Meeresboden und der sich stetig wandelnden Umgebung in den Meeresströmungen.

Wenn darüber hinwegstreichende Strömungen das Sediment vom Meeresboden aufwirbeln (Resuspension), wird neben anorganischem Sand, Silt- und Tonpartikeln auch organisches Material in die Wassersäule eingebracht. Manche Benthostiere erhöhen diesen Effekt, wenn sie z. B. beim Fressen die stabilisierende organische Schicht an der Oberfläche der Sedimente aufbrechen. Die so erzeugte

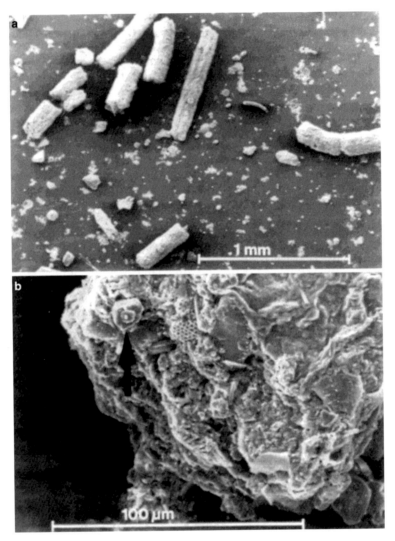

Abb. 6.3 Antarktische Halbinsel: Kotpartikel von Krill in einer Trichterfalle nach Durchzug eines an einer Phytoplanktonblüte weidenden Krillschwarms. (Modifiziert nach Bodungen et al. 1987)

bodennahe Trübungswolke kann bis mehrere Hundert Meter mächtig sein. Sessile Benthostiere haben im Laufe der Evolution Greif- und Filtrationsfortsätze entwickelt, die das verwertbare organische Material aus dieser Trübungszone (Nepheloidschicht) herausfiltrieren. Aber auch die Tiere des Planktons nutzen diese Nahrungsquelle. Die Anzahl von filtrierenden Zooplanktern hat typischerweise in den oberen 100 m der Wassersäule ihr Maximum und nimmt nahezu exponentiell mit der Tiefe ab, steigt aber in der bodennahen Grenzschicht wieder deutlich an. Hierauf haben sich auch die Räuber eingestellt; mit Leuchtorganen ausgerüstete Tiefseefische sind wohl das augenfälligste Beispiel solcher Nahrungsbeziehungen.

Fazit

Was lernen wir aus den Beispielen, wie sie hier aus den Tiefen des Antarktischen Ozeans im Übergangsbereich Wasser-Meeresboden dargestellt wurden? Langlebige Tiergemeinschaften des Schelfsockels, am Kontinentalhang und selbst im Tiefseeboden sind auf vielfältige Weise von Vorgängen im darüber hinwegziehenden Ozeanwasser abhängig. Einige Prozesse am Meeresboden beeinflussen ihrerseits die pelagischen Lebensgemeinschaften. Wir können davon ausgehen, dass Änderungen an der Meeresoberfläche – sei es z. B. durch ansteigende Temperaturen, Änderungen im Säuregrad des Meerwassers, Umschichtungen der Planktonverteilung oder geografische Verschiebungen von Hochproduktionsgebieten – sich bis in Meerestiefen von über 4000 m auswirken. Das bedeutet, dass die Tiefsee nicht nur durch Jahrhunderte andauernde Austauschprozesse mit der Meeresoberfläche verbunden ist. Wechselwirkungen finden innerhalb weniger Tage oder Wochen statt – eine Erkenntnis, deren Konsequenzen sich jetzt deutlich offenbaren.

Weiterführende Literatur

Assmy P et al (2013) Thick-shelled, grazer-protected diatoms decouple ocean carbon and silicon cycle in the iron-limited Antarctic Circumpolar Current. PNAS 110:20633–20638

Bathmann U (1995) Die biologische Pumpe. In: Hempel I, Hempel G (Hrsg) Biologie der Polarmeere Erlebnisse und Ergebnisse. Gustav Fischer, Jena, S 128–137

Bathmann U (2005) Ecological and biogeochemical response of Antarctic ecosystems to iron fertilization and implications on global carbon cycle. Ocean and Polar Res 27:231–235

von Bodungen B, Fischer F, Nöthig E, Wefer G (1987) Sedimentation of krill faeces during spring development of phytoplankton in Bransfield Strait, Antarctica. Mitt Geol Paläont Inst Univ Hambg Scope/unep Sonderband 62:243–257

Brey T (2002) Kalt, lang, langsam – Leben am antarktischen Meeresboden. In: Lange G (Hrsg) Eiskalte Entdeckungen. Delius Klasing Verlag, Bielefeld, S 116–117

Lampitt RS (1996) Snow falls in the ocean. In: Summerhayes CP, Thorpe SA (Hrsg) Oceanography: An illustrated guide. Manson Publ, London, S 96–112

Smetacek V, Bathmann UV, Riebesell U, Strass VH (2002) Experimentelle Meeresforschung: Eisendüngung im Südpolarmeer. S 105–114. In: Hempel G, Hinrichsen F (Hrsg) Der Ozean – Lebensraum und Klimasteuerung. Jahrbuch 2001/2002 der Wittheit zu Bremen. Hauschild, Bremen

Smetacek V et al (2012) Deep carbon export from a Southern Ocean iron-fertilized diatom bloom. Nature 487:312–319

Der Seestern *Protoreaster linckii* in einer Seegraswiese von *Thalassodendron ciliatum* in den flachen Küstengewässern Kenias. (Foto: Dorothea Kohlmeier, Universität Bremen)

Pelikane sind wichtige Fischräuber in Auftriebsgebieten. (Foto: Wilhelm Hagen, Universität Bremen)

7

Auftriebsgebiete und El Niño

Matthias Wolff

Auftrieb, was ist das?

Schon im 16. Jahrhundert wussten die spanischen Seefahrer, dass das Meer vor der kargen Küste Nordchiles und Perus nordwärts in Richtung Äquator strömt. Wer in südliche Richtung segeln musste, war darauf angewiesen, den Januar abzuwarten, der den Beginn des Sommers auf der Südhalbkugel markiert. Denn nur in dieser Zeit flauen die starken Südwinde ab und gelegentlich auftretende Nordwinde ermöglichen es den Schiffen, diese Küste auch südwärts zu besegeln.

Alexander von Humboldt (1769–1859) war der Erste, der bei seiner Südamerikareise 1802/1803 die Wassertemperatur entlang der pazifischen Küste bestimmte und feststellte, dass sie mit 15–16 °C für diese tropischen Breiten (8–12° Süd) sehr niedrig war. Er nahm an, dass das Wasser vor den Stränden Limas aus den kalten Regionen des Südpolarmeeres stammt. Humboldt beobachtete auch, dass es ozeanwärts, außerhalb des kühlen Stroms, 25–26 °C warm war. Seine Entdeckungen führten bald zur Namensgebung des Humboldtstroms. Es sollte aber noch einige Jahrzehnte dauern, bis der Mechanismus, der das kalte Wasser an die Küste bringt, genauer beschrieben wurde.

Der preußische Kapitän Dinklage, der 1874 eine Reise nach Lima durchführte, bezeichnete diesen Vorgang erstmals als Auftrieb und erklärte, dass dabei das Wasser der Meeresoberfläche durch die Windkraft seewärts gedrückt wird

Prof. Dr. Matthias Wolff (✉)
Leibniz-Zentrum für Marine Tropenökologie
Fahrenheitstraße 6, 28359 Bremen, Deutschland
E-Mail: matthias.wolff@zmt-bremen.de

© Springer-Verlag GmbH Deutschland 2020
G. Hempel et al. (Hrsg.), *Faszination Meeresforschung*,
https://doi.org/10.1007/978-3-662-49714-2_7

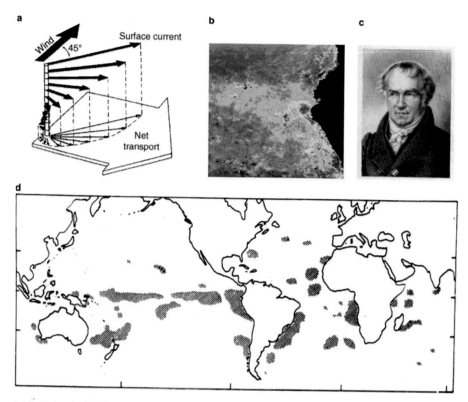

Abb. 7.1 Auftrieb. **a** Ekman-Spirale des Auftriebsvorgangs. Die Corioliskraft der Erddrehung lenkt die Bewegung des windgetriebenen Oberflächenwassers auf der Nordhalbkugel nach rechts und auf der Südhalbkugel nach links ab. An der Oberfläche beträgt diese Ablenkung 45° zum Wind. Mit zunehmender Wassertiefe verringert sich die Geschwindigkeit, und die Richtung ändert sich gemäß einer Spirale; die gesamte unter dem Einfluss von Windschubkraft und Reibung stehende Schicht, deren Dicke je nach Windstärke und geografischer Breite zwischen 40 und 100 m beträgt, wird Ekman-Schicht genannt. Der Nettotransport des Wassers der Ekman-Schicht verläuft 90° zur Windrichtung (Kap. 1). **b** Satellitenkarte mit Auftriebszentren vor Peru; die *gelb* und *rot* eingefärbten Zonen zeigen Areale (50–100 km breit) besonders hoher Primärproduktion; ozeanwärts ist Auftriebswasser auch vor den 1000 km seewärts gelegenen Galapagosinseln feststellbar. **c** Alexander von Humboldt. **d** Position der weltweiten Pottwalfänge im Südwinter zwischen 1729 und 1919. (Townsend 1935, zitiert in Cushing 1982)

und als Kompensation kaltes Wasser aus der Tiefe nachströmt und bis zur Oberfläche gelangt. Dieser Prozess wurde später insbesondere von den Ozeanografen Gunther, Schott, Sverdrup und Wyrtki näher untersucht. Auch beschrieben sie die Rolle der Erddrehung (Corioliskraft) bei der Entstehung des Auftriebs (Abb. 7.1 und Kap. 1). Heute ist bekannt, dass die Struktur des Humboldtstromsystems komplexer ist als seinerzeit angenommen und dass es ozeanische und küstennahe Verzweigungen sowie Gegenströmungen in südlicher Richtung gibt.

Wie der Humboldtstrom im Pazifik, so fließt vor Südwestafrika der Benguelastrom nordwärts. Er speist das weltweit zweitgrößte Küstenauftriebssystem. Auf der Nordhalbkugel ist es der Kalifornienstrom, der ein großes Auftriebsgebiet vor Kalifornien und Oregon antreibt, und der Kanarenstrom wiederum erzeugt Auftrieb vor Nordwestafrika. Auch im Indischen Ozean gibt es Auftriebsgebiete, die hier allerdings durch den jahreszeitlich bedingten Wechsel der Monsunwinde maßgeblich beeinflusst werden. Nur im Sommer, wenn die Winde aus Südost wehen, gibt es starke Auftriebserscheinungen, z. B. vor der somalischen und der südarabischen Küste.

Da die Temperatur der Luft in den Küstenauftriebsgebieten meist höher ist als die des Wassers, bildet sich hier häufig Küstennebel. Die ankommenden Passatwinde sind jedoch sehr trocken, sodass es in diesen Teilen der Erde nur selten regnet und wüstenhafte Verhältnisse die Folge sind (Atacamawüste vor Chile und Peru, die Namib vor Namibia, der Wüstengürtel entlang der Halbinsel von Baja California).

Der Auftrieb kalten, nährstoffreichen Wassers ist nicht nur auf Küstengebiete beschränkt. Auch im offenen Ozean gibt es sogenannte Divergenzzonen, in denen Auftriebswasser an die Oberfläche gelangt. Zu nennen sind hier die Äquatoriale Divergenzzone (besonders ausgeprägt im Pazifischen Ozean) und die Antarktische Divergenzzone. Zahlreiche kleine und oft auch nur über kurze Zeiträume aktive Auftriebsgebiete gibt es auch in anderen Teilen des Weltozeans. Von Weltraumsatelliten aus sind sie anhand ihres chlorophyllhaltigen Wassers bzw. der niedrigen Temperatur gut zu erkennen (Abb. 7.1).

Leben im Auftrieb

Das aufsteigende, kalte und nährstoffreiche Wasser gelangt in die lichtdurchflutete Zone nur langsam (1–5 m/Tag), wodurch die einzelligen Algen häufig für mehrere Tage beste Wachstumsbedingungen vorfinden und große Biomassen produzieren (Kap. 9). Das Auftriebswasser wird dann wie auf einer Walze weiter ozeanwärts transportiert, wodurch ein breiter Gürtel sehr hoher Primärproduktion entsteht (Abb. 7.1b). Typischerweise liegt die Temperatursprungschicht (wo die Temperatur sprunghaft zwischen warmem Oberflächen- und kälterem Tiefenwasser wechselt) in Auftriebsgebieten recht oberflächennah (<50 m), was dazu beiträgt, dass das Phytoplankton in diesem lichtdurchfluteten Oberflächenbereich vergleichsweise lange bleibt und sich vermehren kann.

Das Meer ist hier meist grünlich gefärbt, und die Sichttiefe beträgt nur wenige Meter. Die Gemeinschaft der Phytoplankter wird in der Regel von einzelligen Kieselalgen (Diatomeen) mit hohen Wachstumsraten dominiert. Sind es anfangs kleine Arten mit großem Wachstumspotenzial, verschiebt sich im Laufe der Stabilisierung des Auftriebsvorgangs die Planktonzusammensetzung zu größeren Arten. Die Skelette der Diatomeen bestehen aus amorphem oder opalartigem Quarz und einer geringen Menge Zellulose. Aus diesen abgesunkenen Schalen bestehen die Quarzsedimente, die über geologische Zeiträume hinweg den Meeresboden weiter Ozeangebiete überzogen haben.

An diese enorm hohe Primärproduktion hat sich eine Gemeinschaft von Phytoplanktonfressern angepasst, die für eine ebenfalls hohe Sekundärproduktion sorgt. Zu diesen gehören sowohl das Zooplankton, vor allem Ruderfußkrebse (Copepoden) und Larvenstadien vieler Wirbelloser und Fische, als auch die kleinen pelagischen Schwarmfische, die Sardinen und Sardellen. Deren zentrale Stellung zeigt Abb. 7.2. Während das Zooplankton überwiegend herbivor (pflanzenfressend) ist, ernähren sich die kleinen Schwarmfische meist aus einer Mischung von Phyto- und Zooplankton.

Wer frisst die riesigen Mengen kleiner planktonfressender Fische? Im Gegensatz zu den meisten anderen Meeresgebieten sind es hier nicht vornehmlich größere Fische, sondern die Vögel, die den Großteil der natürlichen Fischproduktion abschöpfen. Über 20 Mio. Seevögel (im Wesentlichen Kormorane, Tölpel und Pelikane) sollen das peruanische Auftriebssystem vor Beginn der Hochseefischerei Anfang der 1950er Jahren bevölkert haben. Als Warmblüter mit hohem Energiebedarf entnahmen diese Vogelpopulationen dem System jährlich mehrere Millionen Tonnen Fisch. Mittlerweile hat allerdings der Mensch die Vögel längst in ihrer Rolle als wichtigster Fischräuber verdrängt.

Auch andere Fischräuber lassen sich den Reichtum an kleinen Schwarmfischen nicht entgehen. So finden wir in allen großen Küstenauftriebssystemen Makrelen, Pferdemakrelen und noch größere Fischräuber wie Bonitos und Seehechte. Aber auch Seehunde, Seelöwen und Wale spielen eine bedeutende Rolle. Episodisch treten auch Riesenkalmare vor den Auftriebsküsten auf. Sie jagen in großen Gruppen den kleinen Schwarmfischen nach und sind selbst eine wichtige Beute der Pottwale. Zu den besten Darstellungen der Auftriebsgebiete der Weltmeere (Cushing 1982) gehört eine Weltkarte aus dem Jahr 1935, in die der Walforscher Townsend die jeweilige Fangposition von zwischen 1729 und 1919 weltweit gefangenen 36.908 Pottwalen eintrug (Abb. 7.1d).

Gibt es auch am Meeresboden der Auftriebsgebiete eine so biomassereiche Fauna wie im freien Wasser? Tatsächlich ist die Bodentiergemeinschaft hier vergleichsweise arm und von geringer Biomasse, trotz des enorm starken Regens an organischem Material, der aus der euphotischen Zone auf den Meeresboden fällt. Der Grund dafür ist der Sauerstoffmangel des Wassers unterhalb der Sprungschicht, der durch den intensiven Sauerstoffverbrauch beim bakteriellen Abbau des absinkenden organischen Materials entsteht (Box 35.1). Neben Bakterien und Archaeen (Kap. 20 und 22) sind es einige Würmer und Foraminiferen, die in diesen Sauerstoffmangelgebieten leben. Besonders auffällig sind in den schlam-

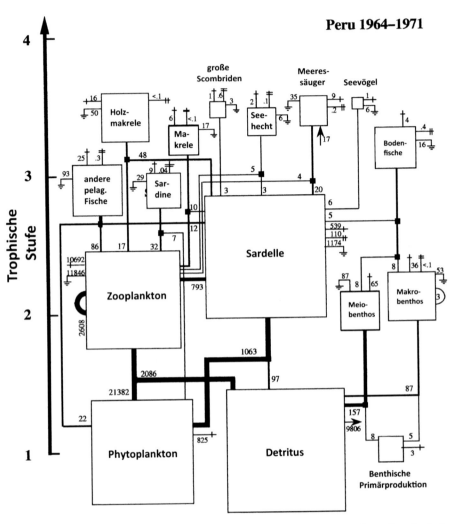

Abb. 7.2 Trophische Flüsse im peruanischen Auftriebssystem für die Periode 1964–1971. Die Größe der Kästen ist proportional zur Biomasse seiner Komponenten. Die Kästen sind in ihrer Position im Nahrungsnetz dargestellt. Dabei entspricht die trophische Stufe 1 den Primärproduzenten und dem Detritus. Die Biomasseflüsse treten in der unteren Hälfte der Kästen ein und verlassen sie in der oberen Hälfte. Die Dicke der die Kästen verbindenden Pfeile ist proportional zur Menge der weitergeleiteten Biomasse. (Aus Jarre-Teichmann 1998)

migen Sedimenten Matten riesiger gelblicher *Thioplaca*-Schwefelbakterien, deren einzelne Zellen selbst mit dem bloßen Auge leicht erkennbar sind.

In Gebieten günstigerer Sauerstoffbedingungen – das gilt insbesondere für flache Buchten mit Wassertiefen unter 30 m und solche Schelfbereiche, die Strömungen mit sauerstoffreicherem Wasser ausgesetzt sind – führt die hohe Primär-

produktion zu reichen Wirbellosen- und Fischgemeinschaften. Dort, wo Hartböden die Küstenlinie dominieren, stehen oft regelrechte „Unterwasserwälder"
aus großen Seetangen (Kap. 27). Über den Schelfkanten vieler Auftriebsgebiete
finden sich darüber hinaus häufig riesige Schwärme pelagischer Furchenkrebse.

In der Divergenzzone des äquatorialen Pazifiks mit ihrem recht konstanten
Auftrieb und der daraus resultierenden hohen Primär- und Sekundärproduktion
jagen viele Hochseeräuber wie Thune, Schwertfische und Zahnwale.

In der Antarktischen Divergenzzone spielen insbesondere die Meeressäuger
(Robben und Wale) und Pinguine sowie der Krill eine besondere Rolle im Nahrungsnetz. Diese pelagischen Leuchtgarnelen sind das Bindeglied zwischen ihrem Futter, den am Eisrand und unter dem Packeis lebenden einzelligen Algen
und ihren Räubern, den großen marinen Warmblütern (s. Kap. 11).

Klimatische Störungen – das ENSO-Phänomen

Schon im 19. Jahrhundert hatten peruanische Fischer beobachtet, dass alljährlich zur Weihnachtszeit die Temperatur des Meeres anstieg, was das Ende der
Fischereisaison markierte. In einigen Jahren waren die Temperaturen allerdings
besonders hoch, und die Fische kehrten auch nach dem Sommer nicht zurück.
Diese besonders starken Erwärmungen, die über ein Jahr andauern können, werden heute als El Niño („das Christkind") bezeichnet und als ENSO (El Niño
Southern Oscillation) Phänomen diskutiert. Ähnliche temporäre Erwärmungen
sind auch im Benguelaauftrieb beobachtet worden (Benguela Niño).

Sehr empfindlich reagieren die pelagischen Schwarmfische, insbesondere die
Sardellen, auf das warme Oberflächenwasser, wo keine ausreichende Nahrung
mehr zu finden ist. Sie sterben, oder sie wandern in tiefere Wasserschichten ab
oder konzentrieren sich küstennah in den noch verbleibenden Kaltwasserzellen.
Dort sind sie für die Ringwadenfischer noch leichter zu fangen, was eine zusätzliche Gefahr für diese ohnehin intensiv befischten Bestände bedeutet. Zur Zeit
des starken El Niño 1971/72 kollabierten die Sardellenbestände vor Peru fast
vollständig und mit ihnen die Fischereiwirtschaft. Verschwinden die kleinen
Schwarmfische im Zuge der El-Niño-Erwärmung aus dem System, so hat dies
unmittelbare Folgen für das gesamte Nahrungsnetz. Es kommt zu Massensterben unter den Seevögeln und Robben, und auch die großen Raubfische sind
betroffen. Andererseits führt die Erwärmung des Küstenwassers zur Einwanderung von fischereilich interessanten tropischen Fischarten und Wirbellosen,
und manche Arten zeigen bei den erhöhten Temperaturen ein enormes Popula-
tionswachstum. So nahmen z. B. die Bestände der peruanischen Pilgermuschel
während des El Niño 1983 um das 60fache zu, und dieser Vorgang wiederholte
sich während des El Niño 1997/98.

Möglicherweise begünstigen extrem starke El-Niño-Ereignisse auch den beobachteten zyklischen Wechsel in der Dominanz von Sardellen und Sardinen. Dieses Phänomen, das nicht nur im peruanischen Auftriebssystem beobachtet wurde, wird klimatisch-ozeanografischen Veränderungen über größere Zeitskalen zugeschrieben. So wurde anhand der sich abwechselnden Schichten von Sardinen- und Sardellenschuppen in den anoxischen Sedimenten vor Santa Barbara (Kalifornien) nachgewiesen, dass sich beide Arten mit Perioden von ungefähr 60 Jahren über die vergangenen 1700 Jahre abwechselten.

In Südostasien und Nordaustralien treten während der El-Niño-Ereignisse große Dürreperioden auf, während es auf der anderen Seite des Pazifiks zu sintflutartigen Regenfällen kommt. Auswirkungen des El Niño sind auch in Afrika deutlich spürbar, in Europa jedoch statistisch nicht signifikant. Volkswirtschaftlich können die Folgen dieses Klimaphänomens wegen zusammenbrechender Fischereien und sinflutartiger Regenfälle wie in Peru oder riesiger Waldbrände wie in Sumatra verheerend sein. So schnellte aufgrund der Dürreperioden in den Kokosanbaugebieten Südostasiens der Kokosölpreis etwa ein Jahr nach den starken El Niños 1972 und 1983 enorm in die Höhe. Die Häufigkeit von Malaria in Kolumbien und Venezuela scheint ebenfalls stark mit dem El Niño verknüpft zu sein, da das ungewöhnlich warme El-Niño-Klima die Entwicklung der Malariamücken fördert.

Der bislang geschilderte „klassische" El Niño wird seit jüngerer Zeit ergänzt durch die Modoki-Variante, bei der eine Erwärmung im zentralen tropischen Pazifik beobachtet wird und nicht vor der südamerikanischen Küste. *Modoki* ist japanisch und bedeutet „ähnlich, aber verschieden". Die Auswirkungen dieser Form des El Niño sind teilweise genau umgekehrt wie bei einem klassischen El Niño. In Peru und Kolumbien fallen die El-Niño-typischen Starkregenfälle aus: Das Tiefdruckgebiet, das sonst mit den warmen Wassermassen vor dem westlichen Südamerika auftritt, verbleibt beim El Niño Modoki im Zentralpazifik. In Australien ist dann die Regenzeit schwächer und kürzer als in normalen El-Niño-Jahren. In einigen Regionen, die sonst von El Niños nur wenig betroffen sind, spielt das Wetter während eines El Niño Modoki dagegen verrückt. In Japan und Ostasien etwa kommt es zu Dürren und Hitzewellen. Ob der El Niño Modoki ein vorübergehendes Phänomen oder Ausdruck einer durch den globalen Klimawandel ausgelösten Veränderung des Ozean-Atmosphäre-Gefüges darstellt, ist unter Experten heftig umstritten.

Wirtschaftliche Bedeutung

Vor Einsetzen der Industriefischerei in der zweiten Hälfte des vergangenen Jahrhunderts war der Vogelkot der Seevögel (Guano), der sich über Tausende von Jahren auf den vorgelagerten Inseln in meterhohen Lagen abgesetzt hatte, das bei

Weitem wichtigste Produkt im Auftriebssystem vor Peru und Chile. Schon den Inkas war die Qualität des Guanos als Dünger bekannt. Die spanischen Eroberer interessierten sich nicht für den Dünger. Stattdessen wurden die Vogeleier zu Mörtel verarbeitet, um die Stadt Lima zu erbauen, und der Guano wurde für die Schießpulverherstellung verwendet. Mitte des 19. Jahrhunderts begann der intensive Abbau des Guanos, und zwischen 1848 und 1875 wurden ungefähr 20 Mio. t Guano nach Europa und in die USA verschifft. Die peruanische Wirtschaft war zu dieser Zeit vollständig vom Guanoexport abhängig. Um das Jahr 1900 gab es nur noch wenig Guano und kaum noch Vögel. Der Staat verordnete daraufhin strenge Vogelschutzmaßnahmen, und die Populationen der Guanovögel erholten sich von nur 3 Mio. Individuen auf 20 Mio. Individuen im Jahr 1954. Bis in die 1950er Jahre konnte die Lobby der Guanoindustrie in Peru die Entwicklung einer kommerziellen Sardellenfischerei verhindern. Erst ein Regierungswechsel in Peru und der gleichzeitige Niedergang der Sardinenfischerei im kalifornischen Auftriebsgebiet bewirkten einen Wandel – die Guanoproduktion verlor seither gegenüber der Fischmehlproduktion stark an Bedeutung.

Obwohl Auftriebsgebiete nur etwa 0,2 % der Weltmeeresfläche ausmachen, liefern sie heutzutage etwa 20 % der Gesamtfänge der Weltfischerei (Tab. 7.1). Allein vor Chile und Peru wurden in den letzten beiden Jahrzehnten 8–10 Mio. t Fisch pro Jahr entnommen. Während in ozeanischen Auftriebsgebieten im Wesentlichen Thune und andere große Fische (äquatorialer Pazifik) bzw. Krill und Wale (Antarktische Divergenzzone) gefangen werden oder wurden, sind es in den Küstenauftriebsgebieten bevorzugt die kleinen Schwarmfische (Sardinen und Sardellen oder andere Heringsartige), die überwiegend zu Fischmehl und -öl verarbeitet werden.

Das Fischmehl ist ein grobes, protein- (bis 72 %) sowie Vitamin-B12-reiches Pulver, das bei der Verarbeitung (Zerkleinern, Kochen, Pressen, Trocknen und Mahlen) von ganzen Fischen oder Fischrückständen entsteht, wobei als Begleitprodukt Fischöl abfällt. Diese „Fischreduktion" liefert einen Gewichtsertrag von ca. 20 % für das Fischmehl und 4 % für das Öl. Der Rest ist Wasserdampf oder geht als eiweißreiches Abwasser ins Meer. Hauptverwendungszweck des Fischmehls – und zum Teil auch des Fischöls – ist die Tierernährung (Geflügel, Schweine, Haustiere, Fische, Garnelen). In den letzten Jahrzehnten hat sein Einsatz in der Aquakultur sprunghaft zugenommen (auf 35 % Gesamtanteil im Jahr 2000). Prognosen gehen davon aus, dass der schnell wachsende Aquakultursektor seinen Bedarf an Fischmehl noch beträchtlich steigern wird, was den Weltmarktpreis und den Druck auf die Bestände der pelagischen Schwarmfische weiter erhöhen wird. Der die Weltfischerei entlastende Aquakultursektor setzt also besonders die Fischbestände der Auftriebsregionen unter erheblichen zusätzlichen Druck. Aus Sicht eines armen Landes wie Peru ist es allerdings bei dem derzeit hohen (und vermutlich noch zunehmenden) Marktwert des Fischmehls

Tab. 7.1 Globale Schätzungen der Primärproduktion sowie der Fangerträge im Meer, nach Ökosystemtypen aufgeschlüsselt. (Nach Daten der FAO 1988–1991)

Ökosystemtyp	Fläche (Mio. km²)	Fläche (%)	Primär- produk- tion pro Fläche (t C km⁻² Jahr⁻¹)	% der Gesamt- primär- produk.	Jahres- fang (t km⁻²)	Gesamt- fang pro Jahr (Mio. t Jahr⁻¹)	Fang in %
Offener Ozean	332,0	91,8	103	75,8	0,01	3,3	3,9
Auftriebs- gebiete	0,8	0,2	973	1,7	22,2	17,8	20,8
Tropischer Schelf	8,6	2,4	310	5,9	2,2	18,9	22,1
Nichttropischer Schelf	18,4	5,1	310	12,6	1,6	29,4	34,4
Küsten- bzw. Riffsysteme	2,0	0,5	890	3,9	8,0	16	18,7
Summe	361,8	100		100		85,4	100

schwierig, sich von dieser „Fischreduktion" zu verabschieden. Trotzdem wird auch in Peru bereits versucht, einen Teil der Sardellenfänge als Frischfisch zu vermarkten.

Die größeren Fischräuber werden im Auftriebsgebiet in der Regel in geringeren Mengen angelandet als die kleinen Schwarmfische. Allerdings können insbesondere Pferdemakrelen, Seehechte und Riesenkalmare lokal wirtschaftlich bedeutend sein. So war die Pferdemakrele zu Beginn der 1990er Jahre sogar die wichtigste Ressource der chilenischen Fischerei. Interessanterweise zeigte der extrem räuberische Humboldt-Kalmar nach dem El Niño 1997/98 im Ostpazifik – sowohl südlich als auch nördlich des Äquators – eine Massenentwicklung, die bis heute anhält und der Region Jahreserträge von fast 1 Mio. t beschert.

Ausblick

Wie ein Forscherteam des Helmholtz-Zentrums für Ozeanforschung in Kiel über Untersuchungen an Schlammablagerungen vor Peru kürzlich feststellte, setzte der saisonale Küstenauftrieb vor Peru erst mit Beginn der jetzigen Warmzeit vor 10.000 Jahren ein und ist auch erst seit etwa 4000 Jahren sehr intensiv. Damit handelt es sich beim Auftrieb (zumindest in dieser Region) um ein erdgeschichtlich sehr junges Phänomen. Abnehmende Oberflächentemperaturen während der letzten 44 Jahre an verschiedenen Küstenstandorten Perus und Ecuadors (Galapagos und Festland) deuten darüber hinaus auf eine Zunahme des

Auftriebs in jüngster Zeit und einen Trend in dieser Region hin, der der globalen Erwärmung des Weltozeans entgegenläuft. Bereits 1990 stellte Bakun in der Zeitschrift *Science* die Hypothese auf, dass im Zuge der globalen Klimaerwärmung der Temperaturunterschied zwischen Land und Meer zunimmt (weil sich das Land schneller aufheizt als der Ozean) und dadurch die Küstenwinde und der Auftrieb zunehmen. Dies führt nicht nur zu einer intensiveren Kühlung, sondern auch zu einer Verstärkung der Primärproduktion in den Auftriebsgebieten, und es kommt zugleich zu einem enormen Sauerstoffbedarf beim Abbau der ungenutzten Produktion. Dies könnte die deutliche Ausweitung der Sauerstoffminimumzonen (SMZ; *oxygen minimum zones*, OMZ) (Box 35.1) in Auftriebsgebieten während der letzten Jahre erklären, wodurch der Lebensraum der fischereilich genutzten Arten weiter schrumpft. Das Ausbleiben eines starken El Niño vor der peruanischen Küste seit 1997 mag die Ausweitung der SMZ hier noch begünstigt haben, da die El-Niño-bedingte „Belüftung des Systems" durch sauerstoffreiches tropisches Oberflächenwasser schon sehr lange ausgeblieben ist. Zum komplexen Problem der SMZ, ihrer Ursachen und ihrer Auswirkungen auf die Lebensgemeinschaften forscht das Leibniz-Zentrum für Marine Tropenökologie (ZMT) auch im Benguelasystem zusammen mit anderen deutschen (Uni Bremen, Uni Hamburg, AWI Bremerhaven, IOW Warnemünde) und afrikanischen Partnern (NatMIRC Swakopmund) im Rahmen des Verbundprojekts GENUS (Geochemistry and Ecology of the Namibian Upwelling System).

Wie in diesem Kapitel gezeigt, sind Auftriebsgebiete von enormer Wichtigkeit für die Weltfischerei und das Weltklima, und der Forschungsbedarf zum besseren Verständnis ihrer Dynamik und Rolle im Kontext des globalen Klimawandels ist groß.

Informationen im Internet

- GENUS (Geochemistry and Ecology of the Namibian Upwelling System): http://genus.zmaw.de/

Weiterführende Literatur

Bakun A (1990) Global climate change and intensification of coastal ocean upwelling. Science 247:198–201

Bakun A, Weeks SJ (2008) The marine ecosystem off Peru: What are the secrets of its fishery productivity and what might its future hold? Prog Oceanogr 79:290–299

Cushing DH (1982) Climate and Fisheries. Academic Press, London, NY

FAO Yearbook of Fishery Statistics (1988–1991), FAO, Rome

Humboldt von A (1860) Ansichten der Natur mit wissenschaftlichen Erläuterungen Bd. I. Cotta, Stuttgart & Augsburg

Jarre-Teichmann A (1998) The potential role of mass balance models for the management of upwelling ecosystems. Ecol Applic 8 (Suppl):93–103

Nürnberg D, Böschen T, Doering K, Mollier-Vogel E, Raddatz J, Schneider R (2015) Sea surface and subsurface circulation dynamics off equatorial Peru during the last ~17 kyr. Paleoceanogr 30. doi:10.1002/2014PA002706

Taylor M, Wolff M (2007) Trophic modeling of Eastern Boundary Current Systems: a review and prospectus for solving the "Peruvian Puzzle". Rev Peru Biol 14:87–100

Wolff M (2010) Galapagos does not show recent warming but increased seasonality. Galapagos Res 67:38–44

Wolff M, Wosnitza-Mendo C, Mendo J (2003) The Humboldt Current Upwelling System – Trends in exploitation, protection and research. In: Hempel G, Sherman K (Hrsg) Large Marine Ecosystems of the World – Trends in Exploitation, Protection and Research. Elsevier Science, Amsterdam, S 279–309

Das Forschungsschiff *Alexander von Humboldt* des Instituts für Ostseeforschung auf seiner letzten großen Expedition 2003/2004 im Auftriebsgebiet vor Namibia. (Foto: Werner Ekau, ZMT)

Albatros im stürmischen Südpolarmeer. (Foto: Wilhelm Hagen, Universität Bremen)

Teil II

Plankton und Nekton

Wilhelm Hagen

Zwei sehr unterschiedlich mobile Gruppen beherrschen den Lebensraum des Pelagials: Das Plankton wird von den Meeresströmungen davongetragen und ist nur begrenzt zur Eigenbewegung fähig. Hierzu gehören u. a. Kleinkrebse, Medusen, Flügelschnecken, Pfeilwürmer und Salpen. Das Nekton, z. B. Kalmare, Fische, Meeresschildkröten, Wale und Pinguine, kann sich dagegen aktiv auch starken Strömungen widersetzen und weite Horizontalwanderungen durchführen, zum Teil über Tausende von Kilometern. Dabei umfasst die Größenspanne dieser Plankton- und Nektonorganismen mikrometergroße Bakterien und über 30 m lange Blauwale. Im Gegensatz zu ihren winzigen individuellen Dimensionen ist die Biomasse der Mikroorganismen insgesamt gigantisch und reflektiert ihre zentrale Bedeutung für die marinen Stoffkreisläufe. Das Phytoplankton, also Mikroalgen wie Diatomeen und Dinoflagellaten, sind die entscheidenden Primärproduzenten im Meer und damit die Grundlage der Nahrungspyramide. In einem gewöhnlich sehr komplexen Nahrungsnetz schlagen insbesondere die herbivoren Ruderfußkrebse (Copepoden) in allen Weltmeeren die Brücke zwischen Primärproduktion und räuberischen Lebensformen. Das Ichthyoplankton bestimmt mit einer erfolgreichen Entwicklung der Fischlarven die Bestandsgröße z. B. wichtiger kommerzieller Knochenfischarten.

Eine Schlüsselrolle im Südpolarmeer spielt der Antarktische Krill (er wird heute zum Mikronekton gezählt), der in riesigen Schwärmen Phytoplankton filtriert und die bevorzugte Beute für viele antarktische Nektonarten (Bartenwale, Krabbenfresserrobben, Adeliepinguine, Eisfische etc.) ist. Pelagische Fische gibt es in der Antarktis kaum, und so werden die besonderen Anpassungen des Antarktischen Silberfischs mit dem im arktischen Pelagial dominierenden Polardorsch verglichen. Den auch fischereilich wichtigen Kalmaren und den stark gefährdeten Meeresschildkröten sind eigene Kapitel gewidmet. Zum Nekton gehören auch die marinen Warmblüter, die endothermen Seevögel und Meeressäuger. Welche Kompromisse die Seevögel bezüglich den schwer zu vereinbarenden Bewegungsformen Fliegen und Tauchen eingegangen sind, erfahren wir ebenso wie den aktuellen Zustand der Schweinswale als Vertreter der ansonsten in Nord- und Ostsee sehr seltenen Wale. Es schwimmen aber nicht nur Organismen im Meer, sondern auch viel Plastikmüll. Sein dauerhaftes Endprodukt, die winzigen Mikroplastikpartikel, bildet eine Gefahr für alle Konsumenten von Mikroplankton.

Antarktischer Krill (*Euphausia superba*). (zu S. 130f) Sein Fangkorb ist ein Filter-, Weide- und Greiforgan, und der Krill kann damit Futterorganismen aller Größen von Bakterien bis Artgenossen festhalten. Mit dem Ruderschwanz kann der Krill kontinuierlich schwimmen, sprungweise vorwärts und rückwärts fliehen und im Wasser strampelnd schweben. Somit gehört der Krill zum Plankton *und* zum Nekton. (Aquarellierte Federzeichnung von Uwe Kils 8.3.1989)

8

Das Bakterioplankton – Riese und Regulator im marinen Stoffumsatz

Meinhard Simon

Von der Bakterienzelle zum Umsatzgiganten

Die im Wasser der Meere umhertreibenden Prokaryonten, gewöhnlich Bakterien oder Bakterioplankton genannt und neben der Domäne *Bacteria* auch die *Archaea* umfassend, sind erstaunliche Wesen. Als sehr einfach aufgebaute Zellen, ohne einen durch eine Membran abgetrennten Zellkern, sind sie etwa 0,4–0,8 μm, also weniger als ein Tausendstel Millimeter groß und mit einem normalen Lichtmikroskop nicht zu sehen. Nur nach Anfärbung mit einem Fluoreszenzfarbstoff sind sie im Epifluoreszenzmikroskop sichtbar (Abb. 8.1). Ihre Gestalt ist eintönig: vor allem kleine Kugeln (Kokken), Stäbchen (Bacillen) und gekrümmte Stäbchen (Vibrionen) sowie ab und zu auch korkenzieherartige Formen (Spirillen). Im Unterschied zu kernhaltigen Einzellern (Eukaryonten), wie Algen und Protozoen sowie allen höheren Organismen, gibt ihre Form keinerlei Hinweis darauf, um welche Art von Bakterien es sich handelt. Betrachtet man die Bakterien jedoch nicht als einzelne Zellen, sondern in ihrer Gesamtheit als abbauendes, mineralisierendes Element der pelagischen marinen Ökosysteme, so wird ihre wahre Größe offenbar. Durch das heterotrophe Bakterioplankton werden im Mittel etwa 60 % des durch die Primärproduktion des Phytoplanktons gebundenen organischen Kohlenstoffs wieder abgebaut und vollständig zu Kohlendioxid und Wasser mineralisiert. Damit trägt das heterotrophe Bak-

Prof. Dr. Meinhard Simon (✉)
Institut für Chemie und Biologie des Meeres ICBM, Universität Oldenburg
26111 Oldenburg, Deutschland
E-Mail: m.simon@icbm.de

85

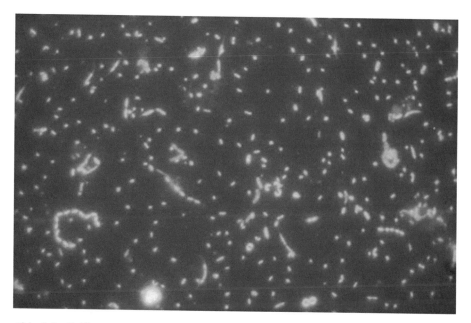

Abb. 8.1 Epifluoreszenzmikroskopisches Foto von marinem Bakterioplankton. Vergrößerungsfaktor: 1250. (Foto: Meinhard Simon)

terioplankton mehr zum Umsatz der organischen Substanz im Meer bei als das Zooplankton und alle anderen Gruppen von Meeresorganismen. Da Bakterien von der Meeresoberfläche bis in die Tiefsee vorkommen, ist die gesamte Biomasse des Bakterioplanktons etwa zehnmal so groß wie die des Phytoplanktons und des Zooplanktons. Aufgrund des sehr großen Oberfläche-Volumen-Verhältnisses der kleinen Bakterien ist die Gesamtoberfläche des Bakterioplanktons noch viel größer als die des übrigen Planktons und stellt die weltweit größte biologisch aktive Oberfläche im Meer dar. Tatsächlich handelt es sich beim Bakterioplankton also um Giganten des biogeochemischen Stoffumsatzes in den Weltmeeren.

Zur Entdeckungsgeschichte des Bakterioplanktons

Ihre Unsichtbarkeit im Lichtmikroskop hat dazu geführt, dass planktische Bakterien über lange Zeit in der biologischen Meeresforschung unbekannt blieben und daher auch kein Forschungsgegenstand waren. Der Begründer der modernen Planktologie, Viktor Hensen (1835–1924), ahnte bereits Ende des 19. Jahrhunderts, dass heterotrophe Bakterien im Meer als abbauende Organismen eine wichtige Bedeutung haben dürften. Ihm, wie auch seinen Nachfolgern und den marinen Mikrobiologen fehlten jedoch bis in die 1970er Jahre die geeigneten Instrumente und Methoden, um diesen Winzlingen erfolgreich nachzuspüren. Daher wurde bis in diese Zeit davon ausgegangen, dass Bakterien im Pelagial der Meere insgesamt keine und höchstens auf größeren Partikeln eine gewisse Rolle spielen. Denn auf Partikeln hatte man im Lichtmikroskop Bakterien gefunden, da sie dort durch die bessere Nährstoffversorgung etwas größer sind.

Erste Hinweise zur Bedeutung der planktischen Bakterien ergaben sich auch nicht aus mikroskopischen Untersuchungen, sondern Anfang der 1970er Jahre durch Messungen der Atmungsaktivität, der Sauerstoffzehrung, in Meerwasserproben, die durch Filter mit einer Porenweite von 8–1 μm vorfiltriert worden waren. Zur Überraschung zeigte sich, dass 90 % der Atmungsaktivität in der Größenfraktion kleiner als 8 μm und 50 % in der Fraktion von weniger als 1 μm auftrat und somit Organismen zugeschrieben werden musste, die nicht zur klassischen marinen Nahrungskette wie dem Phytoplankton und Metazooplankton gehörten (Pomeroy 1974). Aufgrund der Größe konnte es sich nur um kleinste Protozoen und Bakterien handeln. Durch die Einführung der Epifluoreszenzmikroskopie und von besonders geeigneten dünnen Filtern mit sehr genau definierter Porenweite (Nuclepore-Filter mit 0,2 μm Porenweite) Mitte der 1970er Jahre konnte erstmals gezeigt werden, dass im Pelagial der Meere tatsächlich eine nicht erwartete hohe Zahl von Bakterien vorhanden ist, etwa 0,5 bis 1 Mio. Bakterien pro Milliliter, je nach Gebiet und Tiefe.

Mit verschiedenen Methoden wurde in den folgenden Jahren gezeigt, dass diese Bakterien stoffwechselphysiologisch aktiv sind und sich mit Generationszeiten von einigen Stunden bis wenigen Tagen vermehren. Vergleiche mit der Primärproduktion des Phytoplanktons ergaben, dass die Biomasseproduktion des Bakterioplanktons im Mittel 20 % der Primärproduktion entspricht. Planktische Bakterien müssen zur Energiegewinnung etwa die doppelte Menge an organischem Kohlenstoff veratmen, als sie für die Biomasseproduktion als Zellsubstanz binden. Daher setzen sie insgesamt etwa 60 % des durch die Primärproduktion gebundenen organischen Kohlenstoffs um, allerdings mit erheblichen Abweichungen je nach Gebiet und Jahreszeit.

Planktische Bakterien nutzen nur gelöste organische Substanzen, ganz im Gegensatz zu den Protozoen, die ihre organische Nahrung als Partikel portioniert in die Zelle aufnehmen, dort in speziellen Nahrungsvakuolen auflösen und in körpereigene Substanz umwandeln. Bakterien müssen gelöste makromolekulare Substanzen außerhalb der Zelle, d. h. im sie umgebenden Wasser oder an der Zelloberfläche, vorverdauen, also in kleinere Bestandteile enzymatisch auflösen, die durch die Zellmembran aufgenommen werden können. Die Ozeane sind daher eigentlich der globale Verdauungsapparat des Bakterioplanktons. Somit bilden Bakterien sinngemäß erst im Zusammenhang der gesamten Biosphäre eine funktionale Einheit.

Die Mikrobenschleife (microbial loop)

Die im Meer vorhandenen gelösten organischen Substanzen stammen ursprünglich fast ausschließlich von der Primärproduktion des Phytoplanktons. Ein großer Teil wird zunächst als partikuläre Algenbiomasse gebildet, ein gewisser Teil auch direkt als gelöste Photosyntheseprodukte ins Wasser freigesetzt. Durch Fraß und Verdauungsaktivität des Zooplanktons, durch Virenbefall und Auflösen der Algenzellen, auch nach Infektion und Auflösung durch parasitische Bakterien, wird ein erheblicher Teil der organischen Substanz in die gelöste Form überführt und somit für die planktischen heterotrophen Bakterien verfügbar gemacht. Das Bakterioplankton hat also für den Umsatz der gelösten organischen Substanzen eine Schlüsselfunktion. Etwa ein Drittel davon wird von ihm wieder in Biomasse gebunden. Vor allem durch heterotrophe Flagellaten, den Hauptkonsumenten des Bakterioplanktons, wird diese Bakterienbiomasse aufgenommen und als Nahrung an Ciliaten und das Metazooplankton weitergegeben. Somit gelangt ein erheblicher Teil der ursprünglichen gelösten organischen Substanz über den Umweg durch das Bakterioplankton und die Protozoen wieder in die Nahrungskette. Diese Mikrobenschleife (*microbial loop*) wurde Anfang der 1980er Jahre entdeckt (Abb. 8.2) und ihre Bedeutung seitdem intensiv untersucht.

Es stellte sich heraus, dass gerade in nährstoffarmen Meeresgebieten, den ozeanischen „Wüsten", wie die zentralen Wirbel der Ozeane oder auch das Rote Meer, der Stoff- und Energiefluss durch diese Mikrobenschleife besonders große Bedeutung hat. Primärproduzenten in diesen Gebieten sind kleinste Algen, das Nanophytoplankton und das autotrophe Picoplankton, zu dem eukaryontische Picoalgen und blaugrüne Bakterien (Cyanobakterien, insbesondere *Synechococcus* und *Prochlorococcus*) gehören. Bei den vielen Transferschritten im komplexen Nahrungsnetz werden erhebliche Mengen gelöste organische Substanz freigesetzt. Die sogenannte regenerierte Produktion ist vorherrschend. Im Gegensatz hierzu stehen nährstoffreiche Meeresregionen, wie Küstenzonen und Auftriebsgebiete, insbesondere an den Westküsten Afrikas und Amerikas sowie an der Divergenz des Südpolarmeers. Dort sind vor allem koloniebildende Kieselalgen Primärproduzenten. Sie werden vom größeren Zooplankton gefressen, und bei den wenigen Transferschritten wird weniger gelöste organische Substanz freigesetzt, sodass das Bakterioplankton und die Mikrobenschleife nur relativ geringe Bedeutung haben. Ein erheblicher Teil der Kieselalgen wird jedoch gar nicht gefressen, sondern verklumpt und sinkt als Meeresschnee (*marine snow*) in größere Tiefen ab. Wie weiter unten beschrieben wird, spielen heterotrophe Bakterien bei der Bildung und dem Abbau des Meeresschnees eine wichtige Rolle.

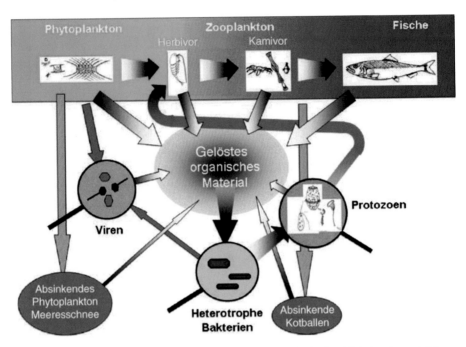

Abb. 8.2 Klassische Nahrungskette, Mikrobenschleife (*microbial loop*) und Viren-schleife (*viral loop*) in der Planktonlebensgemeinschaft des Meeres. Heterotrophe Bakterien sind die einzige Organismengruppe, die das von allen anderen Organismen-gruppen ausgeschiedene gelöste organische Material wieder in Biomasse und in das Nahrungsnetz zurückschleust

Viren im Meer – ihre Bedeutung im pelagischen Stoffumsatz und bei der Strukturierung von Bakteriengemeinschaften

Ende der 1980er Jahre entdeckte man, dass in den Meeren etwa zehnmal so viele Viren wie Bakterien vorhanden sind und dass viele Bakterien durch Viren, Bak-teriophagen, infiziert sind (Abb. 8.3). Diese Bakteriophagen haben nur etwa ein Hundertstel der Größe eines planktischen marinen Bakteriums. Durch inten-sive Fluoreszenzfarbstoffe können planktische Viren im Fluoreszenzmikroskop sichtbar gemacht und gezählt werden. Sie tragen ebenso stark zur Mortalität der Bakterien bei wie der Fraß durch Protozoen. Viren infizieren Bakterienzellen, nutzen deren Enzymapparat zu ihrer eigenen Vermehrung und werden nach dem Platzen der Wirtszellen wieder in die Umgebung freigesetzt. Sie beschränken somit einerseits das Wachstum des Bakterioplanktons, fördern aber durch die dadurch bedingte Freisetzung von gelöster organischer Substanz auch den bak-

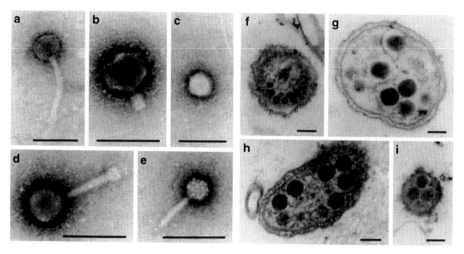

Abb. 8.3 Transmissionselektronenmikroskopische Fotos von marinen Phagen.
a–e Freie Phagen in einer Wasserprobe. **f–i** Phagen in einer infizierten Bakterienzelle.
Der Balken auf den Fotos entspricht einer Länge von 0,1 µm. Vergrößerungsfaktor:
60.000. (Fotos: Kilian Hennes)

teriellen Stoffumsatz. Das führt in der Gesamtbilanz zur Steigerung des mikrobiellen Stoffumsatzes. Für diesen Prozess wurde der Begriff „Virenschleife" (*viral loop*; Abb. 8.2) geprägt. Viren gehören als wichtige biologische Strukturelemente integral zum Stoffumsatzgeschehen von marinen pelagischen Ökosystemen. Viren, die höhere Organismen wie Fische, Säugetiere und den Menschen infizieren, sind im offenen Meer faktisch jedoch nicht vorhanden.

Bakteriophagen können als lytische oder temperente (lysogene) Phagen auftreten. Im ersten Fall vermehren sie sich sofort nach Infektion der Wirtszelle und werden wieder freigesetzt. Im zweiten Fall werden sie zunächst ins Genom des Wirtsbakteriums als Prophagen eingebaut und beginnen mit dem lytischen Zyklus erst bei bestimmten Stressereignissen, wie Nährstoffmangel, UV-Bestrahlung oder möglicherweise auch Grazing. Im Genom von vielen Bakterien findet man daher Prophagen.

Alle Phagen sind sehr selektiv und infizieren nur wenige Wirtsbakterien. Daher besteht eine spezifische Wechselbeziehung zwischen beiden Komponenten. Bei genügend intensivem Infektionsdruck durch Phagen können Bakterien Resistenzen gegenüber der Infektion mit Phagen entwickeln, wodurch eine Sukzession von unterschiedlich resistenten Stämmen bzw. Ökotypen einer Bakterienart und verschiedenen Phagen hervorgerufen wird. Offensichtlich werden sehr viele, auch die häufigsten marinen pelagischen Bakterien durch spezifische Phagen infiziert, wie Genomuntersuchungen von marinen Phagen (Metavirom) ergeben haben. Abschätzungen aufgrund von molekulargenetischen Untersuchungen von Viren und Phagen im Meer zeigen, dass noch Tausende von unbekannten Viren und Phagen auf ihre Entdeckung und nähere Charakterisierung warten.

Genetische Untersuchungen von marinen Phagen und deren Wechselwirkungen mit ihren Wirtsbakterien haben gezeigt, dass durch die Infektion von lysogenen Phagen auch Gene zwischen verschiedenen Bakterien übertragen werden können, z. B. zwischen verschiedenen Cyanobakterien der Gattung *Prochlorococcus*. Tatsächlich scheint der horizontale Gentransfer über Phagen ein gängiges Prinzip der Weitergabe von Genen zwischen Bakterien im marinen Pelagial zu sein.

Bakterien – wichtige Akteure bei der Bildung und beim Abbau von Meeresschnee

In den 1950er Jahren wurde von japanischen Wissenschaftlern bei Forschungsfahrten mit U-Booten Meeresschnee entdeckt. Darunter werden Aggregate aus verschiedenen Partikeln verstanden, die mindestens 0,5 mm groß und mit bloßem Auge unter Wasser sichtbar sind. Unter Wasser reflektieren Partikel das Licht, wenn sie z. B. mit einem Scheinwerfer angestrahlt werden. Daher kann man bei entsprechender Beleuchtung unter Wasser den Eindruck haben, dass man sich in einem Schneegestöber befindet. Ein großer Teil der Phytoplanktonproduktion sinkt in Form dieses Meeresschnees als partikuläres organisches Material aus oberflächennahen (Epipelagial) in tiefere Meeresschichten (Mesopelagial, Bathypelagial) (Kap. 3). Vom Zooplankton gebildete Kotballen stellen die andere wichtige Form der absinkenden Primärproduktion dar. In vielen Meeresgebieten sind etwa zehn bis 100 Meeresschneepartikel pro Liter vorhanden. Mikroskopische Untersuchungen haben gezeigt, dass Meeresschnee vor allem aus lebenden und abgestorbenen Kieselalgen, Kotballen des Zooplanktons und anderem, zum Teil nicht mehr identifizierbarem organischen Material zusammengesetzt ist (Abb. 8.4). Er ist stets intensiv von Bakterien und Protozoen besiedelt.

Als wir vor der südkalifornischen Küste auf einem Forschungsschiff frisch von Tauchern gesammelten Meeresschnee untersuchten, waren wir von der hohen Zahl von Bakterien und ihrer Größe beeindruckt. Auf einem wenige Millimeter großen Partikel Meeresschnee befanden sich etwa 1 Mio. Bakterien, genauso viele wie in 1 ml Meerwasser. Bei der Bildung des Meeresschnees kollidieren die Primärpartikel miteinander und bleiben, wenn sie entsprechend klebrig sind, aneinanderhaften (Abb. 8.4). Verklebende Substanzen sind vielfach bestimmte Zucker (saure Polysaccharide), sogenannte transparente Exopolymerpartikel (TEP). Sie werden von den Kieselalgen und Bakterien vor allem bei Mangel von für die Proteinsynthese wichtigen Nährstoffen, insbesondere Nitrat, ausgeschieden, z. B. gegen Ende von Phytoplanktonblüten.

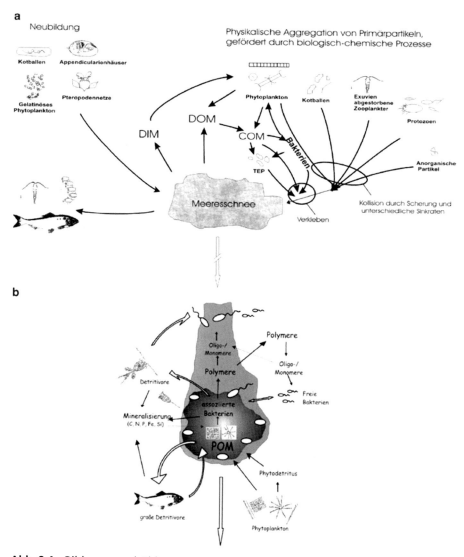

Abb. 8.4 Bildungs- und Abbauprozesse von Meeresschnee. **a** Meeresschnee entsteht entweder originär aus bereits vorgebildeten Aggregaten, wie verlassenen Appendicularienhäusern, Kotballen oder gelatinösem Phytoplankton, oder aus Primärpartikeln, die kollidieren und aneinanderhaften. **b** Mikrobielle Stoffumsatzprozesse auf und in der unmittelbaren Umgebung von Meeresschnee. *DIM* gelöstes anorganisches Material, *DOM* gelöstes organisches Material, *COM* kolloidales organisches Material, *POM* partikuläres organisches Material, *TEP* transparente Exopolymerpartikel

Unsere eigenen Untersuchungen haben gezeigt, dass heterotrophe Bakterien in verschiedener Weise ganz wesentlich an den Bildungs- und Abbauprozessen des Meeresschnees beteiligt sind und dadurch den gesamten Sinkfluss im Meer maßgeblich mitregulieren.

Bei Versuchen, in denen in sogenannten Rolltanks die Bildung von Meeresschnee aus Kieselalgen im Labor simuliert werden kann, sahen wir, dass Algen kaum zu Meeresschnee verklumpen, wenn keine Bakterien anwesend sind. Die Algen bleiben als einzelne Zellen im Wasser in Schwebe. Erst als wir Bakterien hinzugesetzt hatten und die Algen besiedelt wurden, setzte das Verklumpen ein. Offensichtlich ist also die Anwesenheit von Bakterien sehr wichtig dafür, dass die klebrigen Polysaccharide und somit die Meeresschneeflocken gebildet werden. Bakterien regen entweder Kieselalgen an, die speziellen Polysaccharide zu produzieren, oder scheiden diese selbst aus bzw. verändern die von Algen produzierten Substanzen so, dass sie klebrig werden. Viele Bakterien vermehren sich auf dem Meeresschnee sehr gut, denn er stellt für sie eine reich mit Nährstoffen versorgte Oase in der sonst sehr nährstoffarmen Wüste des Umgebungswassers dar. Zum Abbau der organischen Nährstoffe setzen diese Bakterien viele Verdauungsenzyme frei, insbesondere Proteasen und Glukosidasen, und lösen während des Absinkens in tiefere Wasserschichten Proteine und Polysaccharide aus dem partikulären Material auf. Ein Teil des Meeresschnees wird beim Absinken auch vom Zooplankton gefressen.

Beim Absinken des Meeresschnees wird nicht nur die organische Substanz, sondern auch ein Teil der Diatomeenschalen als gelöste Kieselsäure freigesetzt. Je nach Intensität dieses Freisetzungsprozesses kommen unterschiedlich große Mengen der Kieselalgenschalen am Meeresboden an. Es zeigte sich, dass deren Auflösung vor allem durch Bakterien bewirkt wird und die rein chemische Auflösung kaum eine Rolle spielt. Denn die Bakterien bauen die Proteinstruktur ab, welche die Kieselschalen als Gerüst durchzieht, und bewirken so die Auflösung und Freisetzung der gelösten Kieselsäure. Ihre Freisetzung hängt sehr von der Temperatur ab, da die Proteaseaktivität der Bakterien mit steigender Temperatur zunimmt. So wird in den Polarmeeren während des Absinkens der Kieselalgenaggregate im Vergleich zu Meeresgebieten der gemäßigten Zone weniger Protein aufgelöst und damit auch weniger Kieselsäure freigesetzt, und es erreicht ein größerer Teil des absinkenden Meeresschnees und der Kieselalgenschalen den Meeresgrund. Allein im zirkumpolaren Gürtel an der südlichen Polarfront, der nördlichen Grenzregion des Südpolarmeeres bei 50° S, werden etwa 70 % des in allen Weltmeeren bis zum Meeresboden absinkenden Kiesels abgelagert.

Die Analyse des Bakterioplanktons durch aktuellste molekularbiologische Methoden

Für das vertiefte Verständnis der mikrobiellen Stoffumsatzprozesse und von speziellen Teilaspekten, z. B. direkten Wechselwirkungen zwischen Bakterien und Algen oder der Bakterienmortalität durch Grazing und Phageninfektion, ist es von großer Bedeutung zu wissen, wie das Bakterioplankton zusammenge setzt ist und welche Bakterienarten darin vertreten sind. Zudem ist von großem Interesse, biogeografische Verteilungsmuster von Bakterien zu ermitteln sowie regionale und räumlich-zeitliche Unterschiede aufzuklären. Entsprechende Verteilungsmuster sind vom Phyto- und Zooplankton bereits bekannt. Sie spiegeln die unterschiedlichen Nährstoff- und Umweltbedingungen und die Struktur von Nahrungsnetzen in verschiedenen Regionen der Weltmeere wider und wirken sich bis auf die Fischerträge in diesen Gebieten aus. Diese Erkenntnisdefizite hinsichtlich des Bakterioplanktons ließen sich mit den bis etwa 1990 zur Verfügung stehenden Methoden nicht sachgemäß bearbeiten.

Früher hatte man mit klassischen mikrobiologischen Methoden, der Anreicherung und Isolierung von Bakterien auf speziellen Nährmedien, immer wieder bestimmte Arten aus dem Meer gewonnen, bei denen sich später zeigte, dass diese in keiner Weise typische Vertreter des Bakterioplanktons sind. Weniger als 0,1 % aller im Meer vorhandenen Bakterien wurden so erfasst. Daher bedeutete der Einsatz von molekularbiologischen Methoden seit etwa 1990 und insbesondere nach der Jahrtausendwende von Hochdurchsatzmethoden zur Sequenzierung des 16S-rRNA-Gens und von Genomen einzelner Bakterien und von Bakteriengemeinschaften (Metagenome) eine Revolution und einen wirklichen Durchbruch bei den Erkenntnissen über die Diversität und Zusammensetzung des Bakterioplanktons.

Grundlage für diese Untersuchungen ist das 16S-rRNA-Gen, das für die Synthese der 16S-ribosomalen RNA (rRNA) kodiert. Denn Ribosomen kommen als zentrale Elemente der Proteinsynthese universell in allen Prokaryonten vor. Einzelne Bereiche der 16S-rRNA unterliegen unterschiedlich stark evolutiven Veränderungen, sodass die Nukleotidsequenz des 16S-rRNA-Gens hochkonservierte, aber auch variable Bereiche aufweist und sich daher gut zur Analyse der phylogenetischen Verwandtschaft von Prokaryonten eignet. Bis etwa 2005 wurden für Diversitätsanalysen vor allem Methoden eingesetzt, die einen genetischen Fingerabdruck der Zusammensetzung der Bakterioplanktongemeinschaft ermöglichten: denaturierende Gradientengelelektrophorese von 16S-rRNA-Genfragmenten (DGGE), die mittels der Polymerasekettenreaktion (PCR) amplifiziert werden, zum Teil mit anschließender Sequenzierung von aus dem Gel ausgeschnittenen Banden; Klonierung von PCR-amplifizierten 16S-rRNA-Genen; Terminaler Restriktionsfragmentlängenpolymorphismus (TRFLP) der bakteriellen DNA. Später wurde die sehr viel kostengünstiger gewordene DNA-Sequenziertechnologie (*next generation sequencing*) von immer feiner aufgelösten Genfragmenten aus hochvariablen Regionen des 16S-rRNA-Gens eingesetzt. Sie hat heute die anderen Techniken weitgehend abgelöst. Diese Technologie hat gegenüber den zuvor genannten Methoden den Vorteil, dass mit ihr die relative Zusammensetzung der Bakterioplanktongemeinschaften quantitativ recht gut erfasst wird. Mit einer weiteren Methode, der In-situ-Hybridisierung mit fluoreszenzmarkierten Oligonukleotidsonden (CARD-FISH), die spezifisch an die 16S-rRNA der prokaryontischen Zielorganismen binden, kann auch die absolute Zellzahl der infrage kommenden Art oder von größeren Gruppen von Prokaryonten ermittelt werden, die mit einer Sonde erfassbar sind.

Neben den 16S-rRNA-Gen-basierten Methoden werden seit einigen Jahren verstärkt genombasierte Methoden zur Analyse von Bakterioplanktongemeinschaften eingesetzt. Diese Methoden ermöglichen es, einen vertieften Einblick in die im Genom kodierten stoffwechseltypischen Eigenschaften der Bakterien zu erhalten. Durch die inzwischen mehreren Tausend genomsequenzierten Bakterien, auch von wichtigen marinen Vertretern, hat man heute einen guten Überblick über im Genom verschlüsselte Stoffwechseleigenschaften und taxonomische Merkmale von Prokaryonten. Man kann somit aus der Analyse der Genome aller Vertreter einer Bakterioplanktongemeinschaft (Metagenom) die insgesamt in dieser Gemeinschaft vorhandenen genomisch-taxonomischen und physiologischen Eigenschaften ermitteln, z. B. hinsichtlich der Aufnahme verschiedener Nährstoffklassen (anorganische Nährstoffe, Fettsäuren, Aminosäuren), des Abbaus von Proteinen oder Polysacchariden oder auch der Energiegewinnung. Zudem können durch diese Analysen die Genome bekannter Bakterien in dieser Gemeinschaft identifiziert, quantifiziert und deren Bedeutung abgeschätzt werden. Nach Vereinzelung von Bakterienzellen aus einer Bakterioplanktonprobe durch Sortierung mittels Durchflusszytometrie kann heute sogar das Genom eines einzelnen Bakteriums aus dem Bakterioplankton sequenziert werden. Des Weiteren lassen sich die Expression bestimmter oder auch aller Gene des Genoms (Transkriptom) oder alle Proteine (Proteom) einzelner Vertreter des Bakterioplanktons analysieren. Umfasst die Analyse das Transkriptom oder Proteom nicht nur von einem Bakterium, sondern der gesamten Bakterioplanktongemeinschaft, spricht man vom Metatranskriptom oder Metaproteom. Somit erhält man einen sehr detaillierten Einblick nicht nur in die Artenvielfalt, sondern auch in die differenzierte Stoffwechselaktivität des Bakterioplanktons, wodurch sich ganz neue und teilweise sehr unerwartete Erkenntnisse über dessen funktionelle Bedeutung ergaben.

Die Zusammensetzung des Bakterioplanktons

Der Einsatz dieser modernen Methoden hat zur Entdeckung von sehr vielen zuvor völlig unbekannten Organismengruppen im Bakterioplankton geführt. In den oberflächennahen Meeresgebieten setzt es sich vor allem aus Vertretern folgender phylogenetischer Stämme und Klassen zusammen: Alphaproteobacteria, Gammaproteobacteria, Flavobacteria und Sphingobacteria des Bacteroidetes-Stamms (Abb. 8.5a). Während einer Forschungsfahrt fanden wir, dass im

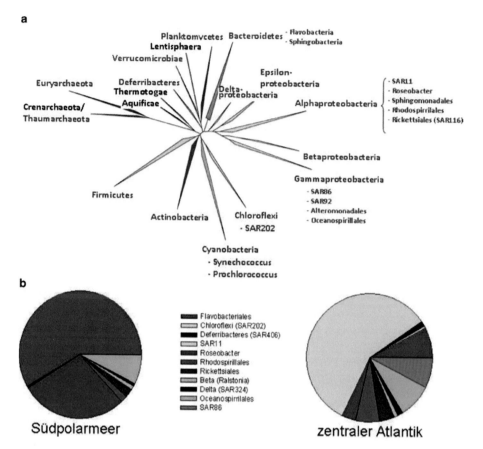

a

Planktomycetes Bacteroidetes · Flavobacteria
Lentisphaera   · Sphingobacteria
Verrucomicrobiae

Euryarchaeota   Deferribacteres   Epsilon-
                 Thermotogae   proteobacteria
Crenarchaeota/   **Aquificae**   Delta-
Thaumarchaeota   proteobacteria   Alphaproteobacteria

                                          { · SAR11
                                            · Roseobacter
                                            · Sphingomonadales
                                            · Rhodospirillales
                                            · Rickettsiales (SAR116)

                                Betaproteobacteria

                                Gammaproteobacteria
Firmicutes   · SAR86
                                  · SAR92
                                  · Alteromonadales
Actinobacteria   Chloroflexi   · Oceanospirillales
                  · SAR202

              Cyanobacteria
              · Synechococcus
              · Prochlorococcus

b

Flavobacteriales
Chloroflexi (SAR202)
Deferribacteres (SAR406)
SAR11
Roseobacter
Rhodospirillales
Rickettsiales
Beta (Ralstonia)
Delta (SAR324)
Oceanospirillales
SAR86

Südpolarmeer   zentraler Atlantik

Abb. 8.5　**a** Vereinfachter phylogenetischer Stammbaum der Domänen Archaea und Bacteria, basierend auf dem 16S-rRNA-Gen. Dargestellt sind die wesentlichen Stämme mit marinen Vertretern (*blau*), zum Teil mit Klassen und Familien. **b** Zusammensetzung des Bakterioplanktons in der Deckschicht im nordöstlichen subtropischen Atlantik und Südpolarmeer nördlich der Antarktischen Halbinsel

Südpolarmeer im Spätsommer das Bakterioplankton zu etwa 80 % aus Flavobakterien und der *Roseobacter*-Gruppe der Alphaproteobakterien zusammengesetzt war (Abb. 8.5b). Im nordöstlichen subtropischen Atlantik dominierten Vertreter der SAR11-Gruppe der Alphaproteobakterien dagegen zu 60 %, und Vertreter der anderen Gruppen der Alpha- und Gammaproteobakterien sowie der Flavobakterien umfassten jeweils höchstens 10 % (Abb. 8.5b). Diese Zusammensetzung des Bakterioplanktons ist recht typisch für diese und ähnliche Meeresgebiete und wurde auch in vielen anderen Untersuchungen gefunden. In Meeren der gemäßigten Zone bis in die Polarregionen sind Flavobakterien und Sphingobakterien sowie die *Roseobacter*-Gruppe vorherrschend. Insbesondere im Verlauf von Phytoplanktonblüten haben beide Gruppen für den Umsatz der neu gebildeten organischen Substanzen große Bedeutung. Flavobakterien zeichnen sich durch die Fähigkeit aus, makromolekulare Verbindungen wie Polysaccharide und Proteine zu hydrolysieren und abzubauen und sind daher die ersten Verwerter der Algen und zudem auf Meeresschnee vorherrschend. Die *Roseobacter*-Gruppe kann niedermolekulare Verbindungen, die durch das Phytoplankton direkt ausgeschieden werden oder durch die Vorverdauung der Flavobakterien entstehen, sehr effizient nutzen. Gammaproteobakterien sind im Verlauf von Phytoplanktonblüten und auf Meeresschnee auch immer vorhanden. Viele von ihnen zeichnen sich durch sehr hohe Vermehrungsraten aus, aber auch durch schnelle Verluste durch Grazing und Phagenbefall und umfassen daher im Mittel geringere Anteile als Flavobakterien und die *Roseobacter*-Gruppe. Die SAR11-Gruppe der Alphaproteobakterien dominiert das Bakterioplankton in wärmeren subtropischen und tropischen oligotrophen Ozeanen und auch in weiter polwärts gerichteten Meeresgebieten bei nährstoffarmen Bedingungen. Auch die anderen in Abb. 8.5a aufgeführten Gruppen der Alphaproteobakterien, Rickettsiales (SAR116) und Rhodospirillales, die ihre Verbreitungsschwerpunkte ebenfalls in tropischen und subtropischen Meeren haben, sind offensichtlich gut an die nährstoffarmen Lebensbedingungen dieser Meeresgebiete angepasst. Insgesamt ist jedoch noch wenig über die Lebensbedingungen und den Stoffwechsel dieser Bakterien bekannt, da bisher erst sehr wenige Vertreter kultiviert werden konnten und für genauere Untersuchungen zur Verfügung stehen, aus einigen Untergruppen noch gar keine. Bemerkenswert ist jedoch, dass die große Häufigkeit der SAR11- und SAR116-Gruppe in tropischen und subtropischen Meeren sich auch darin widerspiegelt, dass dort die planktischen Phagen von Vertretern dominiert werden, die spezifisch Bakterien aus beiden Gruppen infizieren.

Ein überraschendes Ergebnis der Untersuchungen über die Zusammensetzung der marinen Prokaryontengemeinschaften war, dass in der Tiefsee und in den Polarmeeren im Winter Euryarchaeota und Thaumarchaeota der Domäne *Archaea* mit hohen Anteilen vertreten sind. *Archaea* unterscheiden sich in verschiedener Hinsicht fundamental von der Domäne *Bacteria*, u. a. im Aufbau der Zellwand und in der Ausstattung des Enzymapparats für die Replikation der DNA. Thaumarchaeota umfassen unterhalb des Epipelagials mindestens 40 % der gesamten Prokaryonten. Bisher konnte nur ein Vertreter dieser Prokaryontengruppe in Kultur gebracht werden. Diese Organismen der Tiefsee und Polarmeere gewinnen die Energie für ihren Stoffwechsel vor allem durch die Oxidation von reduzierten Stickstoffverbindungen, z. B. Ammonium zu Nitrit, und ihre zelleigene Biomasse durch die Fixierung von CO_2 zu organischer Substanz. Sie betreiben einen chemoautotrophen Stoffwechsel. Diese Bildung von organischer Substanz trägt etwa ein Drittel bis die Hälfte zur gesamten prokaryontischen Biomasseproduktion in der Tiefsee bei.

Genomische und metagenomische Analysen haben gezeigt, dass in vielen phylogenetischen Gruppen, den Flavobakterien, der *Roseobacter*-, SAR11-, SAR116-Gruppe der Alphaproteobakterien und der SAR86- und SAR92-Gruppe der Gammaproteobakterien, aber auch den Organismen der Euryarchaeota, viele Vertreter auf verschiedene Arten Energie für ihren Stoffwechsel gewinnen. Neben der Veratmung von organischen Verbindungen unter Sauerstoffverbrauch können sie zusätzlich Licht als Energiequelle nutzen, sind also photoheterotroph. Durch spezielle Pigmente, Bakteriochlorophyll *a*, das viele Organismen der *Roseobacter*-Gruppe besitzen, oder Proteorhodopsin, das in den anderen Gruppen genutzt wird, wird Licht absorbiert. Einige Vertreter, z. B. aus der *Roseobacter*-Gruppe, gewinnen zudem zusätzlich durch die Oxidation von Kohlenmonoxid oder reduzierten Schwefelverbindungen Energie. So können diese Organismen in den stets vergleichsweise nährstoffarmen pelagischen marinen Ökosystemen einen größeren Anteil der organischen Substanzen für den Aufbau der zelleigenen Biomasse einsetzen und müssen weniger zu CO_2 veratmen.

Zudem hat sich gezeigt, dass die Genome vieler dieser phylogenetischen Gruppen im Vergleich zu anderen Bakterien, z. B. aus sehr nährstoffreichen Habitaten, sehr viel kleiner sind, insbesondere Organismen der SAR11-, SAR116-Gruppe, aber auch einige Vertreter der *Roseobacter*-Gruppe und der Flavobakterien. Durch diese Verschlankung (*streamlining*) der Genome haben diese Organismen eine eingeschränkte Auswahl von Stoffwechselmöglichkeiten; dennoch können sie offensichtlich gut in ihrem nährstoffarmen Lebensraum existieren. Ein ähnliches Phänomen der Genomverschlankung ist von endosymbiontischen Bakterien bekannt, die für einige Stoffwechselleistungen ganz auf ihren Wirt angewiesen sind. Im Pelagial der Meere liegt offensichtlich eine vergleichbare Situation vor: Einzelne Bakterien spezialisieren sich auf ganz bestimmte Stoffwechseleigenschaften und sind darüber hinaus, z. B. für den Bedarf an niedermolekularen Substanzen, wie Aminosäuren, Zuckern und Fettsäuren, ganz auf andere Prokaryonten angewiesen. Hiermit wird deutlich, dass trotz der großen Diversität mit ganz verschiedenen phylogenetischen Gruppen das Bakterioplankton insgesamt als eine große Gesamtheit wirkt.

Fazit und Ausblick

Als vor mehr als 40 Jahren durch Lawrence Pomeroy (1974) ein Paradigmenwechsel in der Anschauung über die Bedeutung des marinen Bakterioplanktons eingeläutet wurde, ahnte vermutlich niemand, dass dieses mikrobielle trophische Element an vielen marinen biogeochemischen Stoffumsatzprozessen maßgeblich beteiligt ist. Insbesondere seit 2005 hat es bei dessen Untersuchungen rasante Fortschritte gegeben mit sehr differenzierten Einblicken in das Stoffwechselgeschehen im Verlauf von einzelnen Prozessen oder auch von einzelnen an den Prozessen beteiligten Bakterien. Die weitere Automatisierung der Methoden und Probenahmen verspricht hier weitere große Erkenntnisgewinne.

Die Befunde verdeutlichen, wie zum einen durch die Erforschung der Stoffumsatzprozesse die Rolle des Bakterioplanktons als Giganten des marinen biogeochemischen Stoffumsatzes und dessen Bedeutung in der gesamten Biosphäre offenbar wurde. Andererseits wird dieser Aspekt durch das Studium der Einzelprozesse und insbesondere durch die Untersuchungen der einzelnen Akteure mit den heute zur Verfügung stehenden molekularbiologischen und insbesondere den „Omics"-Technologien submikroskopisch ergänzt und vertieft. Damit zeigt sich die Spannweite aller Aspekte des Bakterioplanktons. Es bewahrheitet sich einmal mehr die Richtigkeit des von großem Erstaunen geprägten Ausspruchs Louis Pasteurs (1822–1895), des Nestors der Mikrobiologie, über die Bedeutung der Mikroben: „Die Bedeutung des unendlich Kleinen erscheint mir unendlich groß zu sein."

Box 8.1: Das Leben im Mikrobennetz

Victor Smetacek

Planktische mikrobielle Gemeinschaften besiedeln die Oberflächenschichten aller Gewässer. Sie bestehen aus Bakterien, Viren und den kleinsten Eukaryonten (<5 μm) und bilden stabil strukturierte Nahrungsnetze. Alle ökologischen Komponenten, sowohl das Photosynthese treibende Phytoplankton und die sich von gelösten organischen Stoffen ernährenden Bakterien als auch die partikelfressenden Protozoen sind in diesen Netzen vertreten. Die meisten Phytoplankter (Cyanobakterien und Repräsentanten aller Algengruppen) sowie Protozoen gehören zu relativ wenigen Gattungen, die von uralten Gruppen stammen und sich offensichtlich miteinander über sehr lange Zeiträume der Evolution entwickelt haben. Obwohl die Artenzusammensetzung regional und saisonal variiert, bleiben die relativen Anteile der verschiedenen funktionellen Komponenten (Pflanzen, Tiere, Bakterien und Viren) an der mikrobiellen Gesamtbiomasse erstaunlich konstant, ganz im Gegensatz zu den starken jahreszeitlichen Schwankungen in Anzahl und Biomasse bei den Organismen größer als ca. 10 μm.

Bei üppigem Ressourcenangebot erhöhen sich die Wachstumsraten der Mikroben, aber ihre Zellzahlen steigen kaum über einen Schwellenwert. Die bemerkenswert stabilen Bakterienzahlen – ca. 1 Mio. Zellen pro Milliliter – werden durch nackte Flagellaten, die Bakterienzellen individuell fangen, im Zaum gehalten. Falls eine Bakterienpopulation es schafft, diesem Fraßdruck zu entweichen, wird sie durch Virenbefall dezimiert. So wird die Anzahl der Bakterien und vermutlich auch die der anderen Mikroben durch die doppelte Kontrolle von Räubern und Pathogenen eingegrenzt.

Die weltweite Ähnlichkeit der mikrobiellen Gemeinschaft wird von der physikalischen Umwelt geprägt. Viskose Kräfte beherrschen das Leben der kleinsten Organismen, so wie die Schwerkraft das Leben großer Organismen bestimmt. Wir, die zur letztgenannten Kategorie gehören, neigen dazu, „viskos" mit „zäh" und „langsam" gleichzusetzen. Aber in Wirklichkeit ist das Leben in der mikrobiellen Gemeinschaft von einem emsigen Treiben gekennzeichnet. Die fortwährende Vermischung des Mediums durch die Molekulardiffusion beliefert Zelloberflächen mit gelösten Nährstoffen mit hoher Effizienz. Um in eine andere Umgebung zu gelangen, muss eine Bakterienzelle mit der Geschwindigkeit eines Windhunds gegen die Vermischung rasen – ca. 20 Körperlängen pro Sekunde. Dazu dienen ihnen steife Geißeln, die von umkehrbaren, rotierenden Motoren getrieben werden. Im viskosen Meerwasser verbraucht die Rotation dieser Propeller überraschend wenig Energie, und Zusammenstöße mit Objekten bleiben folgenlos. Somit können sich Bakterien erlauben, mit maximaler Geschwindigkeit durch die Gegend zu flitzen, auf der Suche nach konzentrierter Nahrung, z. B. die Oberfläche einer großen, ihre Stoffwechselendprodukte ausscheidenden Phytoplanktonzelle oder Zusammenballungen von toter, organischer Materie. Unbewegliche Bakterien lassen sich dagegen ihre Nahrung von der Diffusion heranführen.

Wo der Fraßdruck hoch ist, werden Ausweich- und Verteidigungsmechanismen selektiert: Planktische Bakterien verstecken sich als winzige Sporen, vergrößern sich durch lange Filamente, schützen sich mit widerstandsfähigen Zellwänden, erzeugen Toxine oder fliehen mit hoher Geschwindigkeit. Motile Bakterien sind stets auf der Suche nach neuen Nahrungsquellen und sind von Räubern schwer zu fangen, weil ihre Spuren durch die Molekulardiffusion sofort verwischt werden. Aber größere, von Bakterien besetzte Nahrungsbrocken können ebenfalls von deren Räubern gezielt gesucht werden. Dadurch werden viele Bakterien, die auf oder in diesen Brocken wachsen, gefressen und so wird die Abbaurate größerer Partikel bei Anwesenheit von Räubern verlangsamt.

Das Endergebnis sind größere Partikel, die schneller absinken, als sie durch Bakterien abgebaut werden können. Durch diesen Regen aus großen Partikeln und Flocken verarmt die produktive Deckschicht an essenziellen Elementen und führt Nahrung zu tiefer lebenden Organismen (Kap. 20). So kann das mikrobielle Netzwerk, das die Oberfläche des Ozeans bedeckt, mit einer semipermeablen Membran verglichen werden, die nur für große Partikel durchlässig ist. Darauf beruht die biologische Pumpe mit ihren immensen Konsequenzen für aquatische Ökologie, biogeochemische Kreisläufe und das globale Klima (Kap. 2 und 6).

Informationen im Internet

- http://www.embl.de/tara-oceans/start/

Weiterführende Literatur

Aristegui J, Gasol JM, Duarte CM, Herndl GJ (2009). Microbial oceanography of the dark ocean's pelagic realm. Limnol Oceanogr 54:1501–1529

Breitbart M (2012) Marine viruses: truth or dare. Ann Rev Mar Sci 2012(4):425–448

Buchan A, LeCleir GL, Gulvik CA, González JM (2014) Master recyclers: features and functions of bacteria associated with phytoplankton blooms. Nat Rev Microbiol 12:686–698

DeLong EF (2009) The microbial ocean from genomes to biomes. Nature 459:200–206

Giovannoni SJ, Stingl U (2007) The importance of culturing bacterioplankton in the 'omics' age. Nat Rev Microbiol 5:820–826

Moran MA, Miller WL (2007) Resourceful heterotrophs make the most of light in the coastal ocean. Nat Rev Microbiol 5:792–800

Pomeroy L (1974) The ocean's food web, a changing paradigm. Bioscience 24:499–504

Simon M, Grossart HP, Schweitzer B, Ploug H (2002) Microbial ecology of organic aggregates in aquatic ecosystems. Aquat Microb Ecol 28:175–211

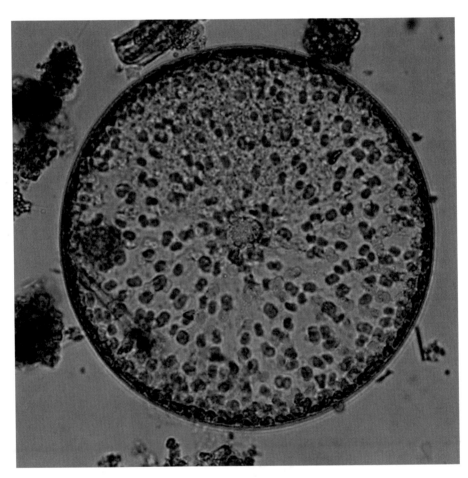

Die Kieselalge *Coscinodiscus* spec. (Foto: Bank Beszteri, AWI)

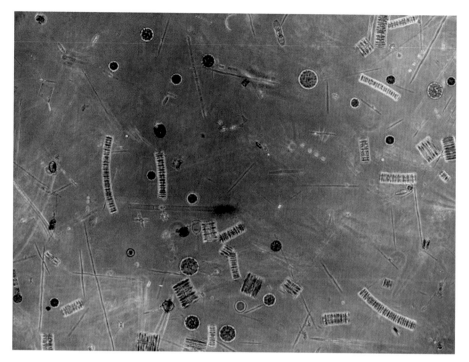

Fangprobe einer natürlichen Phytoplanktongemeinschaft nahe der Polarfront des atlantischen Südpolarmeeres. (Foto: Christine Klaas, AWI)

9

Das Phytoplankton im Überblick

Eva-Maria Nöthig und Katja Metfies

Bei einer unserer ersten Reisen mit dem Forschungseisbrecher *Polarstern* hatten wir ein Filmteam an Bord. Neugierig kamen Kameramann und Reporter in unser Labor, um sich anzuschauen, was wir in unserem Planktonnetz gefangen hatten, und sie staunten: „Das sieht aus wie Schmuck!" Wunderschöne, einzigartige und zum Teil sehr bizarre Strukturen erschienen auf unserem Bildschirm, der an eine Mikroskopkamera angeschlossen war. Was sind denn nun diese „Schmuckstücke" im Wassertropfen? Es sind die Schalen winziger pflanzlicher Einzeller, der Kieselalgen (Diatomeen), die im Meer treiben und eine der wichtigsten Gruppen des Phytoplanktons darstellen (Abb. 9.1).

Die wichtigsten Gruppen des Phytoplanktons

Das Phytoplankton besteht aus im Meer treibenden einzelligen Pflanzen, die so klein sind, dass sie nur mithilfe eines Mikroskops oder gar nur durch molekularbiologische Techniken zu identifizieren sind. Betrachtet man eine Wasserprobe unter dem Mikroskop, so erkennt man neben vielen unterschiedlichen Formen auch enorme Größenunterschiede im Phytoplankton. Die Skala reicht von etwa 0,001–0,5 mm. Damit sind die kleinsten Phytoplankter etwa so groß und unsichtbar wie Bakterien, während die größten Phytoplankter mit dem blo-

Dr. Eva-Maria Nöthig (✉)
Alfred-Wegener-Institut, Helmholtz-Zentrum für Polar- und Meeresforschung
Am Handelshafen 12, 27570, Bremerhaven, Deutschland
E-Mail: eva-maria.noethig@awi.de

© Springer-Verlag GmbH Deutschland 2020
G. Hempel et al. (Hrsg.), *Faszination Meeresforschung*,
https://doi.org/10.1007/978-3-662-49714-2_9

Abb. 9.1 Legepräparat mit Kieselalgen aus der Hustedt-Sammlung, Bremerhaven. ZT1/21: Diatomeen Gave Valley, Oamaru, Neuseeland. Kreispräparat mit 100 Formen, marin-fossil, Styrax, 1925. (Foto: F. Hinz)

ßen Auge erkennbar sind. Einige Gruppen des Phytoplanktons treten zeitweilig massenhaft auf („Planktonblüten"). Hierzu gehören autotrophe Nanoflagellaten, wie z. B. die Coccolithophoriden und die oben erwähnten Kieselalgen (Abb. 9.1 und 9.2), sowie die Dinoflagellaten (Abb. 9.3). Die Nanoflagellaten sind nur 0,002–0,02 mm groß; Kieselalgen etwa zehn- bis 100-fach größer. Eine weitere wichtige Gruppe im einzelligen Phytoplankton ist das winzige Picophytoplankton (0,0001–0,002 mm). Diese Gruppe des Phytoplanktons enthält wichtige Primärproduzenten des Ozeans. Im Winter in der Nordsee oder in nährstoffarmen Gebieten anderer Meere können bis zu 80 % der gesamten Biomasse des Phytoplanktons von dieser Organismengruppe gestellt werden. Picophytoplankton ist eine wichtige Nahrungsquelle für kleinste Zooplankter, die auf der nächsten trophischen Ebene im marinen Nahrungsnetz stehen.

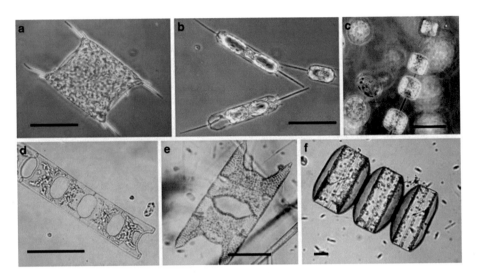

Abb. 9.2   Kieselalgen. **a** *Odontella sinensis* (Nordsee), **b** *Ditylum brightwelli* (Nordsee), **c** *Thalassiosira* spec. (Arktis), **d** *Eucampia antarctica* (Antarktis), **e** *Eucampia antarctica* Ruhespore, **f** *Coscinodiscus bouvet* (Antarktis). Maßstab: 0,05 mm. (Fotos: a, b, d, e, f: E.-M. Nöthig; Foto c: Y. Okolodkov)

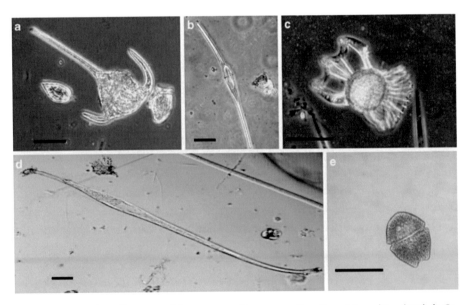

Abb. 9.3   Dinoflagellaten. **a–d** Bepanzerte Formen. **a** *Ceratium tripos* (Nordsee), **b** *Ceratium fusus* (Nordsee), **c** *Ornithocercus* spec. (tropischer Atlantik), **d** *Amphisolenia* spec. (Rotes Meer). **e** nackter Dinoflagellat *Akashiwo sanguinea* (Nordsee). Maßstab: 0,05 mm. (Fotos: a–d: E.-M. Nöthig; e: M. Hoppenrath und H. Halliger)

Picophytoplankton und molekularbiologische Methoden

Es wird angenommen, dass der Anteil der Picoplanktonfraktion am gesamten Phytoplankton und somit seine Bedeutung für marine Ökosysteme und Stoffkreisläufe in Zukunft als Folge des Klimawandels noch größer werden. Allerdings ist das Wissen über die Biodiversität, geografische Verteilung, Ökologie oder Physiologie dieser Organismengruppe zurzeit noch sehr lückenhaft, denn das Picoplankton kann größtenteils nicht mehr mit mikroskopischen Techniken erfasst werden. Hier brachte während der letzten drei Jahrzehnte die Etablierung molekulargenetischer Methoden aus der medizinischen oder mikrobiologischen Diagnostik in die Meeresforschung den Durchbruch.

In den 1960er Jahren wurde zum ersten Mal gezeigt, dass ribosomale Gene (rDNA) und ihre Genprodukte (rRNA) für die Identifikation von Bakterien verwendet werden können. Dies war ein riesiger Fortschritt für die Untersuchung der Biodiversität von Mikroorganismen (Kap. 45). Seit Ende der 1980er Jahre werden die Sequenzierung und der Vergleich von ribosomalen Sequenzen auch für die Untersuchung der Biodiversität des marinen Phytoplanktons eingesetzt (Abb. 9.4). Der technologische Fortschritt im Bereich der Molekularbiologie ist gegenwärtig außerordentlich schnell. Vor fünf Jahren war die Charakterisierung von Mikroorganismengemeinschaften in Wasserproben auf die Sequenzierung von ca. 100 bis 200 Sequenzen pro Analyse beschränkt. Inzwischen erlauben es neue Methoden der DNA-Sequenzierung in Kombination mit leistungsfähiger Bioinformatik, Millionen ribosomaler Sequenzen in nur einer einzigen Analyse zu charakterisieren. Diese neuen Hochdurchsatzmethoden gewähren weit umfassendere Einblicke in die Diversität und Zusammensetzung des marinen Phytoplanktons, insbesondere des Picophytoplanktons. Allerdings ist die Genauigkeit der Identifikation ribosomaler Sequenzen stark von der Anzahl taxonomisch gut charakterisierter Referenzsequenzen in den Datenbanken abhängig. Für viele Sequenzen aus Umweltproben gibt es noch keine Referenzsequenzen und damit auch keine Information über die Morphologie oder Taxonomie des zugehörigen Organismus. Deshalb ist die Erhöhung der Anzahl gut charakterisierter Referenzsequenzen aus dem Phytoplankton ein wichtiges Ziel der modernen Meeresbiologie. Im Klartext heißt das, es müssen unbekannte Phytoplanktonarten kultiviert werden, die dann taxonomisch und anhand molekularer Marker präzise charakterisiert werden. Allerdings können schon heute genetische Biosensoren zur Erkennung und Quantifizierung von Phytoplanktonorganismen im Rahmen der Überwachung giftiger Algenblüten eingesetzt werden.

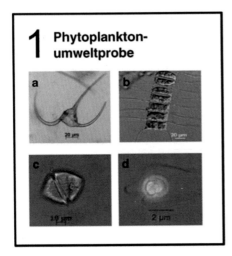

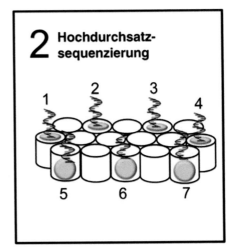

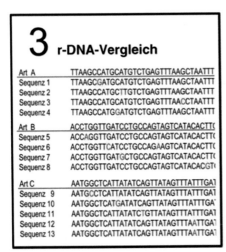

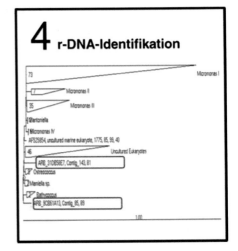

Abb. 9.4 **1** Typische Wasserprobe mit Mikroalgen verschiedener Größenklassen. a *Ceratium* sp., b *Chaetoceros* sp., c *Gymnodinium* sp., d *Aureococcus* sp. **2** Parallele Bestimmung der Sequenz von Millionen von rDNA Molekülen im Hochdurchsatzverfahren. **3** Vergleich der ribosomalen DNA-Sequenzen Base für Base und Zusammenfassen von Sequenzen mit einer Ähnlichkeit >97 %. Bilden einer Konsensussequenz aus allen Sequenzen einer Gruppe. **4** Phylogenetischer Baum basierend auf den Unterschieden in den Konsensussequenzen. Je näher Sequenzen im phylogenetischen Baum platziert sind, desto größer ist ihr Verwandtschaftsgrad. Die Identifikation einer ribosomalen Sequenz erfolgt über die Platzierung der Sequenz im phylogenetischen Baum

Wachstum, Blüten, Sukzession und Primärproduktion des Phytoplanktons

Bei der Photosynthese produzieren die pflanzlichen Einzeller des Ozeans etwas mehr als die Hälfte des Sauerstoffs auf der Erde und nehmen Kohlendioxid aus der Luft auf und beeinflussen damit das Klima auf der Erde. Das Phytoplankton wächst teilweise auch so massenhaft, dass man von sogenannten Blüten spricht. Dieses Massenvorkommen in den obersten Wasserschichten kann zu Verfärbungen führen, die sogar mittels Satelliten sichtbar sind. Dinoflagellatenblüten (*red tides*) können Wasser orange bis rötlich färben (Abb. 9.5a). Dabei produzieren einige Arten starke Gifte, die sogar für den Menschen gefährlich bis tödlich sind, entweder durch Einatmen der Gischt oder durch den Verzehr von Muscheln oder Fisch. Algenblüten der Gattung *Phaeocystis* führen zu Schaumbergen an unseren Stränden, denn beim Absterben der Algenkolonien werden die in ihnen vorhandenen Eiweiße freigesetzt und bilden bei kräftiger Brandung Schaum. Die Blüten von Coccolithophoriden erzeugen über weite Gebiete im Meer weißliche Schleier (Abb. 9.5b). Fossile Coccolithophoridenblüten haben die Kreidefelsen von Rügen aufgebaut und liefern unsere Schreibkreide.

Das Phytoplankton lebt also in den oberen Horizonten der Meere, die vom Sonnenlicht durchflutet werden. Je nach der Trübe des Wassers besiedeln die einzelligen Algen unterschiedlich mächtige Zonen im Meer. Im sehr klaren Wasser der Tropen dringt das Licht viel tiefer in das Wasser ein als beispielsweise in der relativ trüben Nord- und Ostsee. Bei guten Lichtverhältnissen vermehrt das Phytoplankton seine Biomasse durch Photosynthese mithilfe des Sonnenlichts als Energiequelle. Dies geschieht unter Aufnahme von Kohlendioxid, Nährsalzen (Makronährsalzen wie Phosphat, Nitrat und Silikat sowie zahlreichen Mikronährsalzen wie Eisen und andere Metalle) und Wasser sowie Abgabe von Sauerstoff. Es ist allerdings nicht leicht für das Phytoplankton, sich in optimalen Lichtverhältnissen zu halten, besonders wenn man nicht aktiv schwimmen kann und umhergetrieben wird (Box 8.1). Phytoplankton ist geringfügig schwerer

Abb. 9.5 Massive Algenblüten. **a** *Red tides* des Dinoflagellaten *Noctiluca*, die sich über mehr als 20 Meilen an der Küste Südkaliforniens erstreckten. Diese ungiftigen Blüten können beim Absterben und Absinken durch starken Sauerstoffverbrauch ein Massensterben der Tiere im Flachwasserbereich verursachen. **b** Satellitenaufnahme einer Coccolithophoridenblüte im Englischen Kanal. Sie besteht fast ausschließlich aus der Art *Emiliania huxleyi*. Einzelne Zellen haben einen Durchmesser von ca. 4 µm und sind von mehreren Lagen Coccolithen besetzt, deren Kalkplättchen das Licht in den Weltraum reflektieren können und so vom Satelliten als weißlicher Schleier wahrgenommen werden. (Foto a: Peter J. S. Franks, Scripps Institution of Oceanography; Foto b: USGS Landsat 7 image 24 July 1999, zur Verfügung gestellt von NEODAAS, PML, UK; rasterelektronenmikroskopische Aufnahme M. Geisen und J. Young)

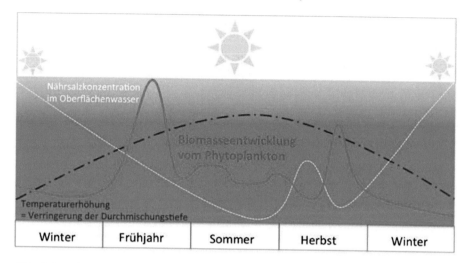

Abb. 9.6 Schematische Darstellung der Beziehung zwischen Phytoplankton, Temperatur, Schichtung und Nährsalzen in gemäßigten Breiten im Jahresverlauf

als Wasser und hat daher die Tendenz zu sinken. Die meisten Arten haben Mechanismen entwickelt, dem Sinken entgegenzuwirken, um nicht aus der für sie essenziellen Lichtzone zu geraten. Sie tauschen in ihrem Zellsaft schwere gegen leichte Ionen aus, erzeugen Gasbläschen oder bilden fettähnliche Stoffe. Auch die Körperform und bei einigen Gattungen die Schale, die u. a. dem Schutz der Zelle dient, kann sich auf die Sinkgeschwindigkeit auswirken. Da die Oberflächenschicht im Meer vom Wind durchmischt wird, entstehen Turbulenzen, welche die absinkenden Zellen wieder näher ans Licht verfrachten können.

Genau wie an Land kann man im Freiwasserraum eine Abfolge von Artengemeinschaften innerhalb der Vegetationsperiode beobachten. Für das Phytoplankton ist die Schichtung des Wassers von großer Bedeutung. Das Wechselspiel von Temperatur und Süßwassereintrag bzw. Verdunstung lässt im Weltmeer viele verschiedene Wasserkörper unterschiedlicher Dichten entstehen, die charakteristisch sind für bestimmte Meeresgebiete (Kap. 1).

In unseren Flachmeeren der gemäßigten Zone (Abb. 9.6) besteht im Winter kaum eine Schichtung der Wassermassen, und die gesamte Wassersäule kann durchmischt werden. Dabei wird das oberflächennahe Nährsalzreservoir von unten aufgefüllt. Die tägliche Lichtdauer reicht jetzt nicht aus für ein Phytoplanktonwachstum. Im Frühjahr entsteht in unseren Breiten und den polaren Ozeanen durch die Erwärmung der Wasseroberfläche eine Deckschicht aus leichtem, wärmeren Wasser, das sich kaum mit dem darunterliegenden kälteren und damit schwereren Wasser mischt. Ist diese Deckschicht so flach, dass das Sonnenlicht sie ganz durchdringt, kann das Phytoplankton positive Photosynthese betreiben und mehr Energie gewinnen, als im Stoffwechsel verbraucht wird, und so können sich die Zellen vermehren. Sie teilen sich teils mehr als einmal am Tag. So entsteht eine Phytoplanktonblüte im Frühjahr, die meist von Kieselalgen dominiert wird. Sie hält so lange an, bis die Nährsalze in der Oberflächenschicht verbraucht sind. Die Menge der gelösten Nährsalze bestimmt letztendlich den Bestand an Phytoplanktonbiomasse. Im Sommer ist die Sprungschicht aufgrund hoher Temperaturen sehr stark ausgeprägt. Das Phytoplankton wächst trotzdem weiter, allerdings stellen sich andere Arten ein, die ihr Wachstum auf unmittelbar in der oberen Schicht regenerierten Nährsalzen aufbauen. Diese entstehen bei der bakteriellen Zersetzung von organischem Material (z. B. abgestorbenem Phytoplankton aus der Frühjahrsblüte, Ausscheidungen von Zooplankton). Andere Kieselalgenarten zusammen mit Pico-, Nanoflagellaten und Dinoflagellaten bilden mit den heterotrophen Einzellern und Bakterien ein mikrobielles Nahrungsnetzwerk. Im Herbst nimmt die Sonneneinstrahlung langsam ab, und die Schichtung wird schwächer. Starke Herbststürme tragen dazu bei, dass im tieferen Wasser vorhandene Nährsalze an die Oberfläche gelangen und das Phytoplankton noch einmal kräftig wachsen kann. Es entwickelt sich eine Herbstblüte aus Kieselalgen und großen Dinoflagellaten.

In den polaren Meeresgebieten mit ihrem extremen Jahresgang des Lichts ist dieser Zyklus viel kürzer. Erschwert wird das Eindringen des Lichts in die polaren Ozeane durch das Meereis und die darauf liegende Schneedecke. Das Meereis zieht sich erst spät im Frühjahr in Richtung der Pole zurück und dehnt sich bereits im frühen Herbst wieder aus. Die Zeiten, zu denen Primärproduktion vom Phytoplankton im Wasser stattfindet, sind in der saisonalen Packeiszone auf wenige Wochen im Jahr beschränkt. Anders ist es in den tropischen Meeresgebieten. Hier gibt es so gut wie keinen saisonalen Zyklus, da sich die Sonneneinstrahlung im Jahresverlauf nicht stark ändert.

Fazit

Das Phytoplankton steht am Anfang des Nahrungsnetzes im Meer. Seine Primärproduktion ist die Grundlage für alle anderen im Meer lebenden Konsumenten; nur einige Bakterien sind auch in der Lage, Primärproduktion zu betreiben (Kap. 20 und 22). Die Höhe des Ertrags, beispielsweise der Frühjahrsblüte, ist von der Konzentration der Nährsalze im Wasser abhängig (Bottom-up-Kontrolle). Die Biomasse der Primärproduzenten (Phytoplankton) wird wiederum von den sogenannten Grazern, dem Zooplankton, kontrolliert (Top-down-Kontrolle), die je nach Meeresgebiet und Jahreszeit unterschiedlich stark fressen. Das Wechselspiel zwischen Licht- und Nährstoffangebot sowie Wegfraß bestimmt, wie viel Phytoplanktonbiomasse aufgebaut und gefressen wird und wie viel dieser Biomasse entweder in Form von einzelnen Zellen, Aggregaten oder in Kotballen in tiefere Wasserschichten und bis auf den Meeresboden absinkt und dort verzehrt wird oder zur Sedimentbildung beiträgt (Kap. 6). Ein großer Teil des vom Phytoplankton mittels Photosynthese gebundenen Kohlendioxids wird somit als organische Substanz für längere Zeit aus dem Kohlenstoffkreislauf der Erde entzogen (Kap. 2). Inwieweit sich durch den globalen Klimawandel diese eingespielten Prozesse im Ozean der Zukunft verändern, ist Inhalt vieler aktueller wissenschaftlicher Studien und Modellierungen (Kap. 32).

Weiterführende Literatur

Chakraborty S, Feudel U (2014) Harmful algal blooms: Combining excitability and competition. Theor Ecol 7:221–237

Hallegraeff GM (2010) Ocean climate change, phytoplankton community response, and harmful algal blooms: A formidable predictive challenge. J Phycol 46:200–235

Hoppenrath M, Elbrächter M, Drebes G (2009) Marine phytoplankton. Kleine Senckenberg-Reihe, Bd 49. Schweizerbart'sche Verlagsbuchhandlung, Stuttgart

Reynolds CS (2006) The ecology of phytoplankton. Cambridge University Press, Cambridge

Schaum EC, Rost B, Collins S (2015) Environmental stability affects phenotypic evolution in a globally distributed marine picoplankton. ISME J, DOI: 10.1038/ismej.2015.102

10

Die wichtigsten Gruppen des Zooplanktons

Astrid Cornils, Gustav-Adolf Paffenhöfer und Sigrid Schiel[†]

Im marinen Zooplankton kommen Protozoen (tierische Einzeller) und Metazoen (tierische Mehrzeller) vor, wobei Protozoen sehr viel zahlreicher sind als Metazoen und meistens auch einen sehr viel höheren Stoffumsatz haben.

Die häufigsten Vertreter der Protozoen sind die Zooflagellaten. Hinzu kommen in geringeren Abundanzen heterotrophe Dinoflagellaten (Geißeltierchen), Ciliaten (Wimpertierchen), Foraminiferen (Kämmerlinge), Heliozoen (Sonnentierchen) und Radiolarien (Strahlentierchen). Viele Dinoflagellaten sind beschalt und haben ein Außenskelett, das sich aus Zelluloseplatten zusammensetzt. Flagellaten, heterotrophe Dinoflagellaten und Ciliaten ernähren sich von Bakterien und sind wichtige Komponenten in der mikrobiellen Schleife (*microbial loop*). Einige der nackten Dinoflagellaten und Ciliaten fressen aber durchaus auch z. B. Diatomeen, die größer als sie selbst sind. Typisch für die pelagischen Foraminiferen ist das von der Zelle gebildete, zum Teil mehrkämmerige Gehäuse (Abb. 10.1a), dessen organische Matrix durch Kalk ($CaCO_3$) verstärkt ist. Das Skelett der Radiolarien aus konzentrisch angeordneten Nadeln oder Gittern besteht dagegen aus Kieselsäure (SiO_2). Mit langen zytoplasmatischen Fortsätzen (Filipodien) können die Foraminiferen und Radiolarien ihre Beute fangen, meist Mikrozooplankton, aber auch Copepoden (Ruderfußkrebse), und sich diese durch Phagozytose einverleiben.

Die Metazoen sind im Zooplankton mit einer Vielzahl von Tiergruppen vertreten. Die Crustaceen (Krebstiere) stellen in den meisten Gebieten die höchste

Dr. Astrid Cornils (✉)
Alfred-Wegener-Institut, Helmholtz-Zentrum für Polar- und Meeresforschung
Am Handelshafen 12, 27570, Bremerhaven, Deutschland
E-Mail: Astrid.Cornils@awi.de

113

© Springer-Verlag GmbH Deutschland 2020
G. Hempel et al. (Hrsg.), *Faszination Meeresforschung*,
https://doi.org/10.1007/978-3-662-49714-2_10

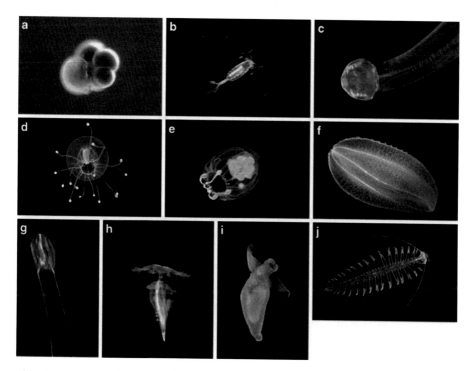

Abb. 10.1 Zooplankton aus dem Südpolarmeer. **a** *Neogloboquadrina pachyderma* (Foraminifera), **b** *Paraeuchaeta* sp. (Copepoda), **c** *Sagitta* sp. (Chaetognatha), **d** *Calycopsis borchgrevinki* (Hydrozoa), **e** *Leuckartiara* sp. (Hydrozoa), **f** *Beroe* cf. *cucumis* (Ctenophora), **g** *Callianira antarctica* (Ctenophora), **h** *Clio pyramidata* (Pteropoda), **i** *Clione limacina* (Pteropoda), **j** *Tomopteris* sp. (Polychaeta). (Fotos: Ingo Arndt)

Abundanz und Biomasse. Innerhalb der Crustaceen sind die Copepoden das arten- und individuenreichste Taxon (Abb. 10.1b). Im Pelagial leben vor allem calanoide und cyclopoide Copepoden. Jede Copepodenart besitzt eine charakteristische Morphologie (Abb. 10.2) und spezielle Verhaltensweisen. Viele calanoide Copepodenarten ernähren sich von Phyto- und Mikrozooplankton. Neben diesen herbivoren bzw. omnivoren Vertretern gibt es aber auch Arten, die rein räuberisch leben und deren Hauptnahrung oft Copepoden sind. Die cyclopoiden Copepoden sind meist detritivor oder karnivor. Die Euphausiaceen (Leuchtgarnelen) bilden das zweithäufigste Taxon im Crustaceenplankton. Sie verdanken ihren Namen Leuchtorganen, die nur bei der Tiefseeart *Bentheuphausia amblyops* fehlen. Der wohl bekannteste Vertreter der Euphausiaceen ist der Antarktische Krill (*Euphausia superba*). Cladoceren (Blattfußkrebse) spielen im Süßwasser eine dominierende Rolle, im marinen Milieu sind sie mit den Gattungen *Evadne*, *Podon* und *Penilia* vorwiegend im neritischen Bereich vertreten; im Brackwasser z. B. der Ostsee spielt *Bosmina* eine dominante Rolle. Vorwiegend

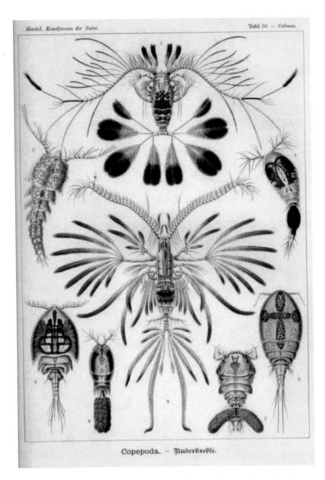

Abb. 10.2 Copepoda. (Aus Haeckel 1904; mit freundlicher Genehmigung des Haeckel-Hauses in Jena)

im ozeanischen Bereich kommen Ostracoden vor. Der Körper der Ostracoden steckt zwischen zwei muschelähnlichen Schalenklappen, wovon sich der deutsche Name Muschelkrebs ableitet. Innerhalb der Amphipoden (Flohkrebse) sind vorwiegend die Hyperiiden pelagisch, die sich alle räuberisch ernähren. Die (sub-) tropische Art *Phronima sedentaria* frisst Salpen so weit aus, dass sie im Inneren Platz hat. Der ausgefressene Mantel dient als schutzspendendes Gehäuse und als Kinderstube für die Jungen. *Hyperia galba*, eine häufige Art in Nord- und Ostsee, klammert sich unter dem Schirm von Scyphomedusen fest und lässt sich „tragen". Nematocysten im Magen von *H. galba* weisen daraufhin, dass die Medusen nicht nur als Vehikel, sondern auch als Nahrung dienen.

Die zweithäufigste Gruppe nach den Crustaceen sind die Tunicaten (Manteltiere), die durch Appendicularien und Thaliaceen (Salpen und Dolioliden) im Plankton vertreten sind. Diese Organismengruppe ist charakterisiert durch schnelles Wachstum von Individuen und Populationen aufgrund hoher Fressleistungen, bei Salpen und Dolioliden auch aufgrund asexueller Fortpflanzung (Knospung). Die Tunicaten ernähren sich hauptsächlich von Phytoplankton. Im Gegensatz zu den meisten Crustaceen zeigen Tunicaten wenig Fluchtvermögen; sie können dies durch hohe Fortpflanzungsraten kompensieren.

Die Chaetognathen (Pfeilwürmer) sind bis 12 cm große Räuber und ernähren sich vorwiegend von Copepoden. Sie schweben im Wasser und lauern auf vorbeischwimmende Beutetiere, die sie mit Vibrationsrezeptoren erkennen und mit Haken am Kopf blitzschnell ergreifen (Abb. 10.1c).

Auch Cnidarier (Nesseltiere) sind im marinen Plankton arten- und individuenreich vertreten. Sie sind Räuber und besitzen Nesselzellen, vorwiegend an ihren Tentakeln, mit denen sie ihre Beute – meist andere Zooplankter, aber auch Fische – betäuben oder töten. Der Entwicklungszyklus vieler Arten der Hydrozoen (Abb. 10.1d, e), Scyphozoen (Schirmqualle) und Cubozoen (Würfelquallen) beinhaltet einen Generationswechsel zwischen sessilen, sich asexuell vermehrenden, zum Teil stockbildenden Polypen und frei schwimmenden Medusen mit geschlechtlicher Fortpflanzung (Metagenese). Die Cnidarier mit einer sessilen Polypengeneration kommen hauptsächlich in Küstennähe vor. Die Siphonophoren (Staatsquallen) sind dagegen typische Vertreter im ozeanischen Bereich. Diese zu den Hydrozoa gehörenden Cnidarier bilden frei schwimmende Kolonien, die sich aus verschiedenen Polypenformen und sich nicht ablösenden Medusen zusammensetzen. Die Kolonien bestehen aus strukturell und funktionell hochdifferenzierten Individuen, die jeweils auf bestimmte Aufgaben spezialisiert sind, z. B. Ernährung, Abwehr, Vermehrung, oder sie fungieren als Schwimmglocke. Der sicherlich bekannteste Vertreter der Siphonophoren ist *Physalia physalis*, die „Portugiesische Galeere", die u. a. in wärmeren Gebieten des Nordatlantiks beheimatet ist. Ihr ca. 20 cm langer Schwimmkörper ragt aus dem Wasser und dient als Segel. Die Tentakel, die unter Wasser bis zu 50 m lang sein können, sind dicht mit Nesselzellen bestückt, und ihr starkes, nesselndes Gift kann auch für Menschen gefährlich werden. Andere auch für den Menschen gefährliche Cnidarier gehören zu den Cubozoa, wie z. B. die Seewespe *Chironex fleckeri* vor der australischen Küste. Ebenfalls große Räuber sind die Ctenophoren (Rippenquallen), die im Plankton weit verbreitet sind, wie z. B. *Pleurobrachia* (Seestachelbeere) und *Cestus* (Venusgürtel). Sie besitzen aber keine Nesselzellen an ihren Tentakeln, sondern Klebzellen. Einigen Arten wie *Beröe* fehlen die Tentakel; sie packen ihre Beuteorganismen, oft andere Ctenophoren, direkt mit dem Mund und verschlingen sie (Abb. 10.1 f, g).

Die Gastropoden (Schnecken) und die Polychaeten (Vielborster) stellen nur relativ wenige Arten im Holoplankton, die Mehrzahl der Arten lebt benthisch. Typische pelagische Vertreter der Gastropoden sind die Flügelschnecken *Lima-*

cina, Clio und *Clione* (Abb. 10.1h, i). Innerhalb der Polychaeten ist *Tomopteris* zu nennen (Abb. 10.1j).

Box 10.1: Historischer Exkurs 1: Planktonforschung in Deutschland

Gotthilf Hempel

Ein Urvater der Erforschung des Mikroplanktons war der Mediziner Christian Gottfried Ehrenberg (1795–1876), der von langen Expeditionen zahlreiche Proben rezenter und fossiler Einzeller mitbrachte. Die Titel seiner Werke (s. unten) zeigen, dass er aus der taxonomischen Bearbeitung dieser Protisten weitreichende biologische und geologische Erkenntnisse gewann. Zur gleichen Zeit sammelte Johannes Müller (1801–1851) die größeren Zooplankter mit Netzen aus Seidengaze, wie sie mit unterschiedlicher Maschenweite für die Sortierung von Mehl und Grieß in Mühlen verwendet wurde. Er entdeckte eine erstaunliche Vielfalt von bis dahin weitgehend unbekannten Organismen, einschließlich der pelagischen Larven vieler Bodentiere. Müllers Arbeiten auf Helgoland bedeuteten den Anfang der systematischen Zooplanktonforschung.

Geschichtsbewusste Planktonforscher in aller Welt preisen den Kieler Sinnesphysiologen Victor Hensen (1835–1924) als den Urheber des Terminus „Plankton". Er meinte damit „alles, was im Wasser treibt, einerlei ob hoch oder tief, ob tot oder lebendig". (Heute nennen wir das tote Plankton „Detritus".) Die von ihm initiierte Planktonexpedition 1889 diente der quantitativen Bestimmung der Bestandsdichte des Planktons und der Fischeier und -larven als Maß der Produktionskraft und des Fischreichtums der verschiedenen Meeresregionen. Auf über 100 Stationen zwischen Grönland und der Amazonas-Mündung wurden Planktonproben gesammelt und anschließend die Ergebnisse in 13 Bänden veröffentlicht. Bedeutenden Anteil daran hatten Friedrich Dahl (1856–1929) und seine Ehefrau Maria Dahl (1872–1972), die erste wissenschaftlich bedeutsame Frau in der Planktonforschung. Die Antarktis-Expedition von Erich von Drygalski (1865–1949) mit der *Gauss* von 1901 bis 1903 lieferte weiteres reiches Planktonmaterial, das besonders von Hans Lohmann (1863–1934), einem Schüler von Victor Hensen, bearbeitet wurde. In den Gehäusen der Appendicularien entdeckte er das winzige Nanoplankton.

Erst Karl Chun (1852–1934) – Spezialist für Rippenquallen und Tintenfische – gelang auf seiner Tiefseeexpedition 1898/99 mit 100 stufenweisen Fängen bis in 5000 m Tiefe der Nachweis, dass auch das tiefe Pelagial belebt ist. Karl Chuns Werk hat Jahrzehnte später William Beebe, Jacques Piccard und Jacques-Yves Cousteau zu ihren spektakulären Tauchfahrten zur Beobachtung der leuchtenden Tiefseefische, Garnelen und Medusen angeregt.

Zwischen den Weltkriegen wurde von deutschen Meeresbiologen das Plankton der Nord- und Ostsee eingehend untersucht. Ernst Hentschel (1876–1945) als Biologe und Hermann Wattenberg (1901–1944) als Meereschemiker nahmen 1925 bis 1927 an der Großen Atlantischen Expedition der *Meteor* teil. Sie stellten systematische Vergleiche der Planktonbesiedlung des Atlantiks an, deren Muster sie im Zusammenhang mit der Verteilung der Nährsalze interpretierten. Die von Hensen beschworene Zusammenarbeit zwischen physikalischen, chemischen und biologischen Disziplinen der Meeresforschung wurde von Johannes Krey (1912–1975), z. B. bei der Expedition der „weißen" *Meteor* (Abb. 10.3) in den Indischen Ozean 1964/65, in die Tat umgesetzt. Um diese

Zeit kam es in der Planktonforschung zur Unterscheidung zwischen der von der Krey-Schule vertretenen „biologischen Ozeanografie", bei der es um die Erforschung der biologischen Stoffflüsse im Meer geht, und der traditionellen Meeresbiologie, d. h. der Untersuchung der marinen Organismen und ihrer Lebensweise.

Abb. 10.3 Der *Meteor* der Deutschen Atlantischen Expedition 1925–1927 (damals waren viele Schiffe noch männlich) fiel am Kriegsende an die Sowjetunion. 1964–1986 bildete die „weiße" *Meteor* (Foto) die wichtigste Plattform für die aufblühende westdeutsche Hochseeforschung. 1986 wurde die heutige *Meteor* in Dienst gestellt (Kap. 43). (Foto: Archiv Hempel)

Klassische deutschsprachige Plankton-Monografien

- Chun C (1900) Aus den Tiefen des Weltmeeres. Schilderungen von der deutschen Tiefsee-Expedition. Gustav Fischer, Jena, 549 S
- Ehrenberg CG (1838) Die Infusionsthierchen als vollkommene Organismen – ein Blick in das tiefere organische Leben der Natur (1838)
- Ehrenberg CG (1854) Mikrogeologie. Das Erden- und Felsenschaffende Wirken des unsichtbar kleinen selbständigen Lebens auf der Erde. Leopold Voss, Leipzig, 374 S, 41 Tafeln (Fortsetzung 1856, 88 S)
- Haeckel E (1890) Plankton-Studien – Vergleichende Untersuchungen über die Bedeutung und Zusammensetzung der pelagischen Fauna und Flora, Gustav Fischer, Jena
- Hensen V (1887) Über die Bestimmung des Planktons oder des im Meere treibenden Materials an Pflanzen und Thieren. Comm Wiss Unters D Deutschen Meere Kiel, 1882–86, Jhg 12–16, S 1–107
- Lohmann H (1908) Untersuchungen zur Feststellung des vollständigen Gehaltes des Meeres an Plankton. Wiss Meeresunters, Abt Kiel, NF 10

Informationen im Internet

- www.cmarz.org – Census of Marine Zooplankton

Weiterführende Literatur

Haeckel E (1904) Kunstformen der Natur. Bibliographisches Institut, Leipzig, Wien
Larink O, Westheide W (2006) Coastal Zooplankton – Photo Guide for the European
   Seas. Verlag Dr Friedrich Pfeil, München

Ernst Haeckel, Maria Dahl und Victor Hensen, drei Begründer der Planktonforschung

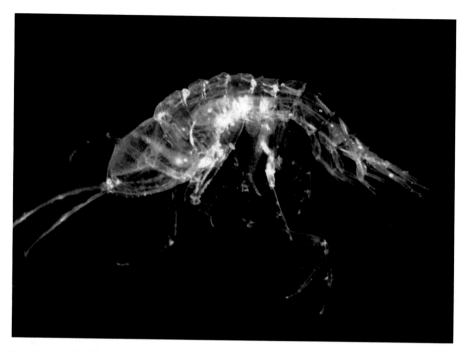

Der Quallenflohkrebs *Hyperia galba* lebt unter dem Schirm großer Quallen. (Foto: Uwe Piatkowski, GEOMAR)

11

Krill und Salpen prägen das antarktische Ökosystem

Volker Siegel

In dem Buch *Biologie der Polarmeere*, herausgegeben von Irmtraut und Gotthilf Hempel (1995), wurden vor 20 Jahren bedeutende Aspekte der polaren Ökosysteme beschrieben. Was hat sich seitdem verändert? Die globale Erwärmung und die Versauerung der Ozeane lösen biogeografische Verschiebungen in den polaren Zonen aus, die wiederum Auswirkungen auf Wachstum, Reproduktion und Überlebensraten der Arten haben werden. Der Antarktische Krill nimmt unverändert eine Schlüsselfunktion im antarktischen Ökosystem ein und spielt somit immer noch eine herausragende Rolle in der aktuellen Antarktisforschung. Jüngste Untersuchungen deuten aber darauf hin, dass durch den Klimawandel andere Krillarten wie *Thysanoessa macrura* oder Salpen zukünftig die antarktische Planktongemeinschaft dominieren könnten. Das vorliegende Kapitel beleuchtet die Stellung von Krill und Salpen im antarktischen Ökosystem eingehender und zeigt Wissenslücken in den aktuellen Forschungsgebieten auf. Vorausgeschickt seien Kurzbiografien von Krill und Salpen im Südpolarmeer.

Der Antarktische Krill (*Euphausia superba* Dana 1850) (Abb. 11.1) ist mit maximal 6 cm Körperlänge eine der größten Leuchtgarnelen (Euphausiacea) mit einer Lebensdauer von maximal sechs Jahren. Er ist überwiegend herbivor; seine großen Schwärme bilden die wichtigste Nahrungsgrundlage u. a. für Bartenwale, Krabbenfresserrobben und Adeliepinguine. Im antarktischen Küstenstrom lebt der kleinere Eiskrill *Euphausia crystallorophias*. Diese Krillarten durchlaufen eine

Dr. Volker Siegel (✉)
Thünen-Institut für Aquatische Ressourcen
Palmaille 9, 22767 Hamburg-Altona, Deutschland
E-Mail: volker.siegel@vti.bund.de

© Springer-Verlag GmbH Deutschland 2020
G. Hempel et al. (Hrsg.), *Faszination Meeresforschung*,
https://doi.org/10.1007/978-3-662-49714-2_11

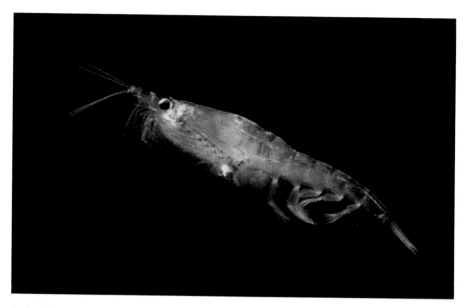

Abb. 11.1   Weibchen des Antarktischen Krill *Euphausia superba*. Gesamtlänge 55 mm. (Foto: Volker Siegel)

rund einjährige Jugendphase mit verschiedenen Larvenstadien (Nauplius, Calyptopis, Furcilia mit jeweils mehreren Häutungen) (Kap. 35). Im Sommer halten sich die Krillschwärme tagsüber in 40–100 m Tiefe auf und steigen nachts in oberflächennahe Schichten auf (tägliche Vertikalwanderung), während sich die Population im Winter in tiefere Wasserschichten bis zu 350 m Tiefe zurückzieht (saisonale Vertikalwanderung). Das Krillhabitat ist äußerst variabel in Bezug auf Tageslänge, Eisbedeckung, Primärproduktion, Wassertiefe oder Vorhandensein von Schelfgebieten.

Salpa thompsoni (Thaliacea) (Abb. 11.2) ist die wichtigste Salpenart der antarktischen Gewässer mit einer Lebensdauer von wenigen Monaten und einer rasanten Vermehrung. Mit ihrem engmaschigen Filterapparat erfasst sie vor allem Nano- und Picoplankton (Kap. 9). Salpen besitzen einen komplizierten Lebenszyklus mit einem Generationswechsel zwischen einer vegetativen (ungeschlechtlichen) und einer sexuellen Fortpflanzungsphase (Metagenese). Die Embryonen wachsen zur Solitärform heran, die sich vegetativ durch Knospung sogenannter Stolone vermehrt, woraus sich kettenförmige Kolonien bilden. Diese asexuelle Knospung kann in schneller Folge mehrere Ketten produzieren, sodass es unter günstigen Bedingungen zu beschleunigtem Wachstum und dadurch zu dichten Salpenkonzentrationen über große Seegebiete kommen kann. Salpen dienen wegen ihres geringen Nährwerts nur wenigen Organismen als Nahrung. Trotzdem spielen Salpen eine wichtige ökologische Rolle im Stoffkreislauf. Mit ihrer

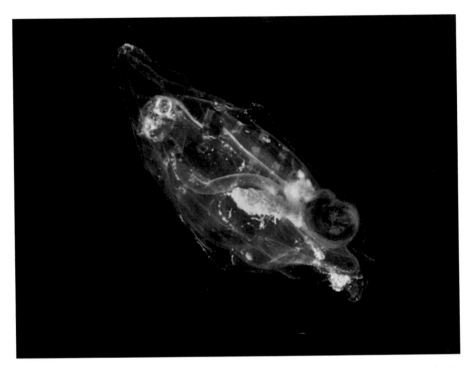

Abb. 11.2 Eine Einzelsalpe von ca. 40 mm Länge aus einer kettenförmigen Kolonie der Art *Salpa thompsoni*. (Foto: Volker Siegel)

hohen Filtrationsrate entnehmen Salpen einen Großteil der Primärproduktion aus dem Wasser und können zeitweise andere Zooplankter verdrängen. Über die kompakten, schnell absinkenden Kotballen gelangt eine große Menge des in den oberflächennahen Wasserschichten fixierten Kohlenstoffs in die Tiefsee (Kap. 6).

Verbreitung und Häufigkeit von Krill und Salpen

Um die Krillbestände der Antarktis nachhaltig bewirtschaften zu können, sind grundlegende Kenntnisse der Verbreitung, Biomasse und des Lebenszyklus notwendig. Da die Verteilung der Biomasse dynamisch ist, müssen wir die saisonale und jährliche Variabilität in Bestandsgröße und -verbreitung verstehen.

Trotz intensiver Forschung seit Anfang der 1970er Jahre ist die Verbreitung des Krill in manchen Seegebieten noch immer lückenhaft dokumentiert. Die Gewässer der Antarktischen Halbinsel und die westliche Scotiasee zählen wie die Prydz Bay im Indischen Ozean zu den bevorzugten Forschungsarealen. Hier haben wir bereits ein tieferes Verständnis über die Häufigkeit und Biomasse des Krill, die Zusammensetzung der Population und ihre Fluktuationen gewonnen.

Aus anderen, schwerer zugänglichen Gebieten, wie der Bellingshausen- und Amundsen-See im pazifischen Sektor, liegen nur unzureichende Daten vor.

Die Etablierung von standardisierten Surveys verbesserte die quantitativen Daten von Netzfängen, die auch für die Datensammlung über Salpen genutzt werden. Da der Krill möglicherweise den großen Planktonnetzen (z. B. Rectangular Midwater Trawl, RMT 8+1) ausweicht, waren hydroakustische Aufnahmen mit Echoloten als Alternative entwickelt worden. Sie unterliegen seit ihrer Einführung einer ständigen technischen und methodischen Weiterentwicklung. Ergebnisse beider Methoden sollen hier vorgestellt werden, da jede für sich durchaus aussagekräftige Resultate liefern kann.

Die erste große „Volkszählung" des Krill fand im Südsommer 1981 im Rahmen des internationalen BIOMASS (Biological Investigations of Marine Antarctic Systems and Stocks) Programms statt. Der sogenannte FIBEX Survey (First International BIOMASS Experiment) deckte mit mehreren Forschungsschiffen verschiedener Nationen den südwestlichen Teil des Atlantiks zwischen der Antarktischen Halbinsel und Südgeorgien ab. Diese in der marinen Polarforschung einmalige Kooperation trug erstmals zu einem überaus wichtigen Messwert bei: In dem knapp 400.000 km² großen Gebiet wurde eine mittlere Krilldichte von 77,6 g m⁻² gemessen, was einer Krillbiomasse von knapp 31 Mio. t entspricht.

Es dauerte fast 20 Jahre, bis ein ähnlich aufwendiges Projekt verwirklicht werden konnte. Der multinationale CCAMLR Survey 2000 (Convention on the Conservation of Antarctic Marine Living Resources) sollte den Krillbestand ein weiteres Mal großflächig aufnehmen. Bei dieser zweiten „Volkszählung" wurde die Krillbiomasse nach mehreren Revisionen schließlich auf 60 Mio. t geschätzt, wobei das Untersuchungsgebiet im Sommer 2000 mit knapp 2,1 Mio. km² etwa fünfmal so groß war wie das FIBEX-Gebiet. Die mittlere Dichte des Krill lag diesmal nur bei 29 g m⁻².

Regionale Surveys der vergangenen 30 Jahre hatten die Annahme bestärkt, dass die Krillbiomasse starken Fluktuationen oder gar einer Abnahme unterworfen sein könnte. Dass Krilldichte und damit -biomasse nicht statisch sind, verdeutlicht Abb. 11.3a am Beispiel der Antarktischen Halbinsel. Zwischen den Jahren können in einem Standarduntersuchungsgebiet Schwankungen in der Krilldichte von über einer Größenordnung beobachtet werden.

Da die gelatinösen Salpen hydroakustisch bisher kaum zu erfassen sind, liegen hier nur Daten von Netzfängen aus begrenzten Untersuchungsgebieten vor. Am Beispiel der Antarktischen Halbinsel (Abb. 11.3b) lässt sich erkennen, dass bei Salpen die Bestandsschwankungen offensichtlich noch dramatischer ausfallen als beim Krill. Hier können von einem Jahr zum nächsten die Bestandsdichten über mehr als drei Größenordnungen variieren. Obwohl Salpen als relativ wärmeliebende Tiere einen leicht nördlicher gelegenen Verbreitungsschwerpunkt als

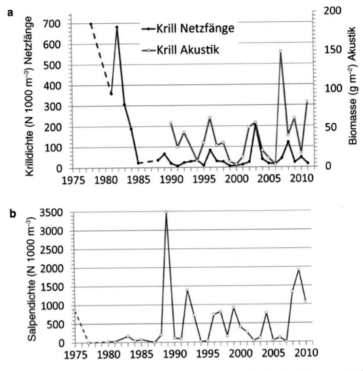

Abb. 11.3 Ergebnisse der regionalen Standardsurveys im Gebiet Elephant Island/Antarktische Halbinsel zur Krill- und Salpendichte. **a** Krillangaben in Ind. 1000 m⁻³ aus Netzfängen sowie in g m⁻² basierend auf hydroakustischen Echosurveys. **b** Salpenabundanzen aus Netzfängen sind in Ind. 1000 m⁻³ angegeben

der Antarktische Krill haben, kommt es besonders im atlantischen Sektor immer häufiger zu einer starken Überlappung in der Verbreitung bei Krill und Salpen.

Inzwischen gibt es aus fast allen Regionen der Antarktis zumindest kleinräumige Surveys mit einer Abschätzung der Krilldichte. Für eine Gesamtabschätzung der Bestandsbiomasse ist aber ebenfalls die Kenntnis von Verbreitungsgrenzen notwendig. Das Verbreitungsgebiet des Krill wurde für Abb. 11.4 aus historischen Netzfängen abgeleitet, die Bestandsdichten stammen jedoch von akustischen Surveys. Die Darstellung zeigt zum einen, dass die Nord-Süd-Ausdehnung der Krillverbreitung im Atlantik am größten ist und nach Norden bis an die Polarfront heranreicht, während sie sich im Indik und Pazifik fast ausschließlich auf die kontinentnahen Gebiete beschränkt. Zum anderen ergab eine umfangreiche zirkumantarktische Datenanalyse eine sehr ungleiche Verteilung der Krilldichten. Im Südatlantiksektor zwischen 0° und 90° W konzentrieren sich etwa 75 % der gesamten Krillbiomasse in nur 25 % des Verbreitungsgebiets. Die mittlere Gesamtbiomasse des Krill wurde dabei auf 379 Mio. t geschätzt, bei einer jährlichen Produktion von 342 bis 536 Mio. t.

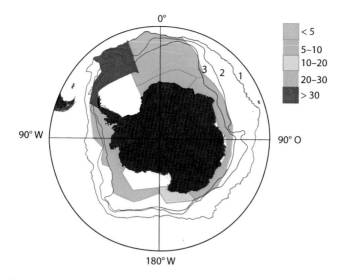

Abb. 11.4   Karte der zirkumpolaren Verbreitung des Krill mit regionalen Krilldichten in g m^{-2} aus hydroakustischen Surveys verschiedener Jahre. **1** Polarfront (PF), **2** südliche Antarktische Zirkumpolarstromfront (SACCF), **3** südliche Grenze der SACCF

Diese Abschätzungen sind mit einer hohen Unsicherheit behaftet, da sie Daten aus mehreren Jahren über große Gebiete mitteln. Es verstärkt sich aber der Eindruck, dass der Krillbestand um eine Größenordnung unter den optimistischen Schätzungen liegt, die in früheren Jahren den Prognosen für die Entwicklung der Krillfischerei zugrunde lagen. Trotzdem stellt die derzeitige Gesamtfangmenge der kommerziellen Fischerei für den Bestand keine Gefährdung dar. Die erlaubte Höchstfangmenge wurde von CCAMLR nach dem Vorsorgeansatz für eine nachhaltige und konservative Nutzung des Bestands im Südwestatlantik auf 5,6 Mio. t festgelegt. Diese Quote wird bisher bei einer maximalen jährlichen Fangmenge von 300.000 t nicht annähernd erreicht.

Die Beziehung von Krill und Salpen zum Meereis

Im Gebiet der Antarktischen Halbinsel sind in einigen Jahren die Bestandsdichten an Krill sehr gering (Abb. 11.3). Dies gilt sowohl für die Bestandsdichte insgesamt als auch für einzelne Altersgruppen, insbesondere für Larven oder die juvenile Altersgruppe der Einjährigen (Rekruten). Eine Reihe von Parametern wurde getestet, um mögliche Verknüpfungen zwischen der Krillrekrutierung und der biologischen und physikalischen Umwelt zu finden. Die vielversprechendste Messgröße, die die Bestandsvariabilität am besten erklärt, war die zeitliche und räumliche Ausdehnung des winterlichen Packeises. Abb. 11.5 zeigt

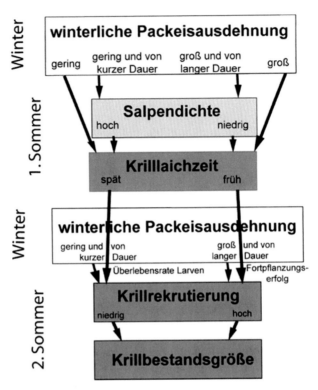

Abb. 11.5 Konzept zur Krill-Meereis-Salpen-Beziehung und zur Entwicklung der Krillbestände im antarktischen Ökosystem

die Wirkungskette auf, wie sie sich aus den Korrelationsanalysen für das Gebiet
der Antarktischen Halbinsel darstellt und wie sie sich im Verlauf von zwei Jahren vom Meereis über die Krillbiologie und das Salpenvorkommen letztendlich
auf die Bestandsgröße des Krill auswirkt. Eine lang anhaltende und räumlich
weit ausgedehnte Eisbedeckung während des Winters begünstigt einen frühen
Beginn der Krilllaichzeit. Die Larven haben damit einen relativ langen Sommer
vor sich und gehen wohlgenährt und gut konditioniert in den nächsten Winter,
was ihre Überlebensrate verbessert. Starke Eiswinter wirken sich auch positiv auf
die Überlebensrate der Larven des Vorjahres aus. Diese nach dem Winter nun
einjährigen Rekruten sind nach starken Eiswintern besonders häufig.

Außer dem Krill zeigten auch die Salpen eine enge Beziehung zu den winterlichen Eisbedingungen, jedoch mit negativer Korrelation, d. h., starke Salpenkonzentrationen entwickeln sich regelmäßig nach schwachen Eiswintern. Salpen
sind opportunistische, kurzlebige Planktonorganismen und können aufgrund
ihres Nahrungsspektrums zu direkten Nahrungskonkurrenten des Krill werden.
Salpen sind sehr effiziente Filtrierer und können die Phytoplanktonkonzentra-

tionen in den oberen 100 m der Wassersäule in 1,3 bis 4,8 Tagen extrem dezimieren. Selbst in Jahren moderater Salpenkonzentrationen können sie 9 % der Primärproduktion konsumieren.

In Jahren mit starker Salpenentwicklung könnte eine Konkurrenz um Nahrungsressourcen zwischen Salpen und Krilllarven entstehen, wodurch die Krilllarven die Überwinterung mit einer geschwächten Kondition antreten würden. Konkurrenz um Nahrung wäre insbesondere in der frühen Larvalphase des Krill kritisch, wenn im Hochsommer die Calyptopis-Stadien mit dem Fressen beginnen. Sollten hohe Salpenkonzentrationen auch in Konkurrenz zu frühen Furcilia-Larven treten können, dann würde sich diese kritische Phase bis in den Herbst erstrecken.

Fallen Eisalgen für die Larven als Winternahrung aus, weil die Eisbedeckung gering ist, dann kommt es zu erhöhter Sterblichkeit unter den Krilllarven und damit zu einem schwachen Nachwuchsjahrgang. Der kumulative Effekt durch die Abfolge eines starken Salpen-Sommers mit einem schwachen Eiswinter kann so zum völligen Ausfall eines Krilljahrgangs führen. Durch die lange Lebensdauer des Krill von sechs oder sieben Jahren werden Ausfälle einzelner Jahrgänge durch die insgesamt hohe Zahl an Altersgruppen im Bestand abgepuffert, und der Einfluss auf die Gesamtbestandsstärke wird weit geringer ausfallen als bei kurzlebigen Arten. Treten aber mehrere schwache Rekrutierungen in Folge auf, so kommt es auch beim Krill zu Einbrüchen im Bestand.

Wie die meisten Umweltparameter unterliegt auch die Packeisbedeckung der Antarktis erheblichen Schwankungen zwischen den Jahren, besonders im Bereich der Antarktischen Halbinsel. Diese erstreckt sich weit nach Norden, und somit wird sowohl die saisonale Packeiszone als auch das Krillverbreitungsgebiet durch die Drake-Passage (zwischen Halbinsel und Feuerland) in ihrer Nord-Süd-Ausdehnung stark komprimiert. Geringe Veränderungen von klimatischen Bedingungen können sich in diesem Gebiet daher schnell und intensiv auf die Krill-Salpen-Packeis-Interaktionen auswirken. In Gebieten mit großräumiger Packeisausdehnung, wie im indischen Sektor, werden Auswirkungen von Klimaänderungen durch die große Masse und Fläche an Meereis gedämpft, und das System reagiert träger.

Die winterliche Eisbedeckung ist eng mit der mittleren monatlichen Lufttemperatur im Winter korreliert. Seit Mitte der 1940er Jahre ist für die Antarktische Halbinsel eine signifikante Temperaturzunahme festzustellen. Die mittlere Lufttemperatur ist im Winter seitdem um 4–5 °C angestiegen, was erhebliche Auswirkungen auf die Ausdehnung des saisonalen Packeises hat. Die Häufigkeit von Jahren mit geringer winterlicher Eisbedeckung hat deutlich zugenommen, und in den letzten drei Jahrzehnten hat die mittlere Eisbedeckung in diesem Gebiet um 40 % abgenommen.

Sollte dieser Trend anhalten, sind die Konsequenzen vorhersehbar. Die Häufigkeit schwacher Rekrutierungsjahrgänge wird zunehmen und folglich die Bestandsbiomasse des Krill im Mittel abnehmen. Langzeituntersuchungen stellten eine deutlich höhere Krillbiomasse in der Zeit vor Mitte der 1980er Jahre als danach fest. Neuere Ergebnisse lassen vermuten, dass sich der Krillbestand seit 2000 auf einem niedrigeren Niveau eingependelt hat.

Anzunehmen ist, dass die „wärmeliebenden" Salpen von der Temperaturzunahme und vom Rückgang des Packeises profitieren und dass ihr schnelles Wachstum und hohes Reproduktionspotenzial innerhalb eines Jahreszyklus es ihnen ermöglichen werden, weiter nach Süden und damit häufiger in den zentralen Krilllebensraum vorzudringen. Die Rückkopplung mit dem Krill über Konkurrenz oder Wegfraß würde den beschriebenen negativen Einfluss auf den Krillbestand noch verstärken.

Die vorgestellten Ergebnisse deuten darauf hin, dass Umwelteffekte (Eisbedingungen) überwiegend den Rekrutierungserfolg beeinflussen und dadurch maßgeblich die zukünftige Bestandsstärke des Krill bestimmen. Da die physikalischen Randbedingungen wie Eisausdehnung, Windstress, Zirkulationsmuster und die Wechselwirkung zwischen Eis und Phytoplankton im pazifischen und indischen Sektor unterschiedlich sind, wären auch andere Verknüpfungen zwischen Krillbestandsentwicklung und der physikalischen und biologischen Umwelt denkbar. Theoretisch besteht die Möglichkeit, dass die Bestandsschwankungen beim Krill durch Schwankungen in der Zu- und Abwanderung von Krill in den Untersuchungsgebieten zwischen den Jahren hervorgerufen werden. Veränderungen der Transportgeschwindigkeiten und -mengen und die Verlagerung der vorherrschenden Strömungen könnten ebenfalls eine Ursache für Schwankungen in der Krillmenge darstellen. Hinweise auf veränderliche Massebewegungen des Antarktischen Zirkumpolarstroms (ACC) gibt es in der Tat, doch dürften hierdurch vorrangig die passiv driftenden Salpen betroffen sein, während Krill aktive horizontale Wanderungen unternehmen kann. Trotz bisher fehlender Nachweise veränderter Mortalität oder Einwanderung sollten diese Möglichkeiten auch zukünftig als Alternativen für die starken Bestandsschwankungen nicht ausgeschlossen werden. Es wurde der Nachweis erbracht, dass die Häufigkeit der Salpen sowie der Anteil ihrer solitären Überwinterungsstadien deutlich mit dem Auftreten des El Niño Southern Oscillation Indices (SOI) korreliert sind. Massive Salpenvorkommen entwickelten sich nach einem Wechsel von La Niña- zu El Niño-Bedingungen im Pazifik, der jedoch in seiner Fernwirkung bis in den atlantischen Sektor der Antarktis nachweisbar war. Derartige ozeanweite Vorgänge werden nach Modellrechnungen im Rahmen des Klimawandels in zunehmendem Maße erwartet und schaffen optimale Bedingungen für das Wachstum und die Fortpflanzung der Salpen.

Krill und Konsumenten

Krill und Salpen stellen aber nur die niedrigen Ebenen des Nahrungsgefüges dar. Es stellt sich die weitergehende Frage, wie sich die Meereis-Krill-Beziehung auf die höheren Prädatoren, wie Kalmare, Fische, Bartenwale, Robben, Pinguine und andere Seevögel, auswirkt (Bottom-up-Ansatz). Untersuchungen an Adeliepinguinen zeigten dabei zwei Ergebnisse. Bei geringer Krilldichte nach schwachen Rekrutierungsjahren dauerten die Nahrungswanderungen der Pinguine erheblich länger als in anderen Jahren. Die Abhängigkeit war aber nicht linear, sondern zeigte einen ausgeprägten Schwellenwert der Krillhäufigkeit. Neuere Studien bringen auch das hohe Lebensalter des Krill in Beziehung zum Eisrekrutierungsmodell. Die *circumpolar wave*, d. h. die zyklische Verschiebung der Eisbedingungen um den antarktischen Kontinent, deutet darauf hin, dass im Mittel alle vier bis fünf Jahre extreme Eisbedingungen einen bestimmten Sektor der Antarktis heimsuchen. Bei einem maximalen Lebensalter des Krill von 5+ Jahren und einer Fortpflanzungsphase zwischen drei bis 5+ Jahren würde eine Kohorte in Verbindung mit zumindest einem Auftreten optimaler Eisbedingungen die Möglichkeit zu einer überdurchschnittlich erfolgreichen Rekrutierung haben. Mehrere Autoren sehen in der ungewöhnlich langen Lebensspanne des Krill eine evolutionäre Anpassung an Umweltbedingungen, wie sie durch die *circumpolar wave* diktiert werden. Das Auftreten einer einzelnen dominierenden Kohorte in einem Eiszyklus macht den Krill aber auch anfällig gegenüber klimatischen Störungen, wenn die Zeitspanne zwischen günstigen Eisjahren die Dauer des Lebenszyklus überschreitet, wie dies zwischen 1980 und 1986 geschah. Dann kommt es zu drastischen Bestandsschrumpfungen des Krill und nachfolgend auch zu deutlichen Einbrüchen bei den krillabhängigen Prädatoren. Ein Wechsel zu einer anderen Beute (*prey switching*) ist bei vielen Konsumenten nur begrenzt möglich, z. B. durch Wechsel der Hauptnahrung in krillarmen Jahren auf Flohkrebse (Amphipoda) oder Schwebegarnelen (Mysidacea). Meist überleben dann zwar die Elterntiere der Konsumenten, der Nachwuchs hat aber nur geringe Überlebenschancen.

Eine durch Klimaveränderungen ausgelöste Häufung von „Verspätungen" im Eiszyklus würde die Störungen zu Umweltkrisen werden lassen, mit schwerwiegenden Auswirkungen sowohl auf die Krillbestände als auch auf die davon abhängigen Konsumenten und damit auf das gesamte antarktische Ökosystem.

Box 11.1: So frisst der Krill
Uwe Kils[†]

Innerhalb des antarktischen Nahrungsnetzes gibt es einen Strang, der in nur zwei Schritten vom kleinsten, wenige Mikrometer großen Phytoplankton über den wenige Zentimeter großen Krill, *Euphausia superba*, zu den bis zu 30 m langen Walen führt. Bezogen auf die Körpermasse beträgt der Schritt vom Krill zum Blauwal etwa acht Zehnerpotenzen, während sonst in marinen Nahrungsketten Schrittgrößen von zwei bis drei Zehnerpotenzen üblich sind.

Krill und Bartenwale sind Filtrierer, die sich vorwiegend von Wolken und Schwärmen sehr kleiner Organismen ernähren. Dem Krill dient dafür ein äußerst interessanter und in der Natur einmaliger Fressapparat (Abb. S. 84): Die vorderen sechs Beinpaare (Thoracopoden) sind sehr lang und werden im entfalteten Zustand unter dem Vorderkörper schräg nach vorn/unten gestreckt. Die Thoracopoden sind wie ein Kamm jeweils mit Hunderten von Querästen, den Filterborsten, bestückt und werden in so geschickter Weise aneinander gehalten, dass sie einen feinmaschigen Korb bilden. Die Filterborsten sind jeweils mit zwei Reihen Filterborsten 2. Ordnung besetzt, die V-förmig die Zwischenräume überdecken. Auf diesen sitzen nochmals kurze Filterborsten 3. Ordnung, sodass die Öffnungen in einigen Bereichen nur einen Mikrometer groß sind und damit auch das kleinste Nanoplankton festgehalten werden kann.

Bei normaler Planktonkonzentration schiebt der Krill den aufgespannten Fangkorb mit hoher Geschwindigkeit von etwa 10 cm pro Sekunde über eine Schwimmstrecke von einigen Dezimetern Länge durch das Wasser. Der Fangkorb ist dabei vorn nur einen kleinen Spalt geöffnet, durch den Wasser und Plankton in den Fangkorb eindringen. Der auf den Innenflächen angesammelte Planktonbrei wird dann unter mehrmaligem Öffnen und Schließen des Fangkorbs zur Mundöffnung „gekämmt". Das erfolgt mit Hilfe einiger Reihen starker Kammborsten, die im rechten Winkel in die Filterborsten des jeweils vorderen Thoracopoden eingreifen. Bei hohen Planktonkonzentrationen schwebt der Krill am Fleck und pumpt kontinuierlich mit dem Fangkorb. Es ist viel darüber diskutiert worden, ob das Wasser trotz seiner hohen Viskosität tatsächlich durch die feinsten Filterbereiche hindurch treten kann; wahrscheinlich liefern das Pumpen und die hohe Schwimmgeschwindigkeit den dafür notwendigen Druck.

Manchmal wird der Fangkorb auch dazu genutzt, größere Zooplanktonorganismen zu ergreifen. Zumindest im Aquarium frisst Krill sogar tote Artgenossen.

Als es möglich wurde, mit Unterwasserkameras in die zerklüfteten Lebensräume der Unterseite des Packeises zu blicken, wurde eine weitere Ernährungsstrategie des Krill bekannt: Viele Tiere schwammen in Rückenlage schräg unter dem Eis, andere bearbeiteten die Seiten- und Bodenflächen von Eishöhlen. Uns waren bereits bei Aufnahmen mit Licht- und Elektronenmikroskop sechs Reihen ungewöhnlich starker, konischer Borsten auf den äußersten Gliedern der vorderen Thoracopoden aufgefallen. In Aquarien kratzte Krill mit diesen harkenähnlichen Strukturen an Glasflächen, die vorher mit Mikroalgen (Diatomeen) bewachsen wurden. Ein einzelnes Tier war in der Lage, eine DIN A4 große Fläche innerhalb von 10 min fast vollständig sauber zu schaben (Marschall 1988). Dies erfolgte in erstaunlich systematischer Weise, mit hin- und her schwingenden Bewegungen wie bei einem Rasenmäher, wobei der Fangkorb ständig pumpte und die Endglieder der vorderen Thoracopoden bei jedem Schwung flach über die Glasoberfläche geschoben wurden.

Klar war auf den Mikro-Videoaufzeichnungen aus den Aquarien zu erkennen, dass sich eine grüne Wurst von Diatomeen jeweils vor den Kammreihen ansammelte. Das Pumpen erzeugt wahrscheinlich einen Unterdruck in dem Bereich, in dem der geöffnete Fangkorb auf dem Eis aufliegt. Er kann deshalb nicht nur die auf den Oberflächen wachsenden Organismen fressen, sondern saugt wahrscheinlich aus den Salzlakunen die dort lebenden Algen heraus, die die Eisdecke in den unteren Zentimetern oft grün färben. So kann der Krill,

besonders im Frühjahr, wenn die antarktischen Packeisflächen großenteils auftauen, einen erheblichen Teil des Eis-Ökosystems als Nahrung nutzen.

In den folgenden drei Bereichen hat eventuell die Autökologie des Fres-
sens des Antarktischen Krill auch Einfluss auf das Klimageschehen in globalem
Maßstab:

1) Auf den hoch auflösenden Film- und Videoaufzeichnungen ist zu erkennen,
   dass oft ein Ball von Planktonbrei mit hoher Geschwindigkeit ausgestoßen
   wird. Diese Aggregate von vielen Tausenden intakter Planktonalgen sinken
   sehr viel schneller zum Meeresboden als die einzelnen absterbenden Zellen
   einer Planktonwolke.
2) Alle paar Minuten stößt der Krill Kotschnüre (*fecal strings*) aus. Diese enthalten sehr viele noch intakte oder nur angebrochene Algenzellen mit viel
   Kohlenstoff und Chlorophyll. Auch die Kotschnüre sinken sehr schnell in die
   Tiefe.
   So wirken in ozeanischen Gebieten mit hoher Krillaktivität Gewölleballen
   und Kotschnüre als CO_2-Senken, indem große Mengen von Kohlenstoff aus
   der Biosphäre schnell in die Tiefsee verfrachtet werden.
3) Das vergleichsweise „unsaubere" Fressen des Krill führt dazu, dass viel DMS
   (Dimethylsulphid) aus den Algenzellen freigesetzt wird (Kasamatsu et al.
   2004). DMS regt zur Wolkenbildung in der Atmosphäre an und ist dadurch
   klimarelevant. Wird das Phytoplankton stattdessen von Salpen verzehrt, tritt
   kein DMS auf.

Weiterführende Literatur

- Boyd CM, Heyraud M, Boyd CN (1984) Feeding of Antarctic krill (*Euphausia
  superba*). J Crustac Biol 4 (special vol 1):123–141
- Hamner WM, Hamner P (2000) Behavior of Antarctic krill (*Euphausia su-
  perba*): Schooling, foraging, and antipredatory behavior. Can J Fish Aquat
  Sci 57 (S3):192–202
- Kasamatsu N, Kawaguchi S, Watanabe S, Odate T, Fukuchi M (2004) Possi-
  ble impacts of zooplankton grazing on dimethylsulfide production in the
  Antarctic Ocean. Can J Fish Aquat Sci 61 (5):736
- Kils U (1982) Swimming behavior, swimming performance and energy ba-
  lance of krill. BIOMASS Scient Ser 3:1–122
- Kils U, Marschall P (1995). Der Krill, wie er schwimmt und frisst – neue Ein-
  sichten mit neuen Methoden. In: Hempel I, Hempel G (Hrsgr), Biologie der
  Polarmeere – Erlebnisse und Ergebnisse. Gustav Fischer, Jena – Stuttgart –
  New York, S 201–207
- Marschall P (1988). The overwintering strategy of Antarctic krill under the
  pack ice of the Weddell Sea. Polar Biol 9: 129–135
- Quetin, LB, Ross, RM (1985). Feeding by *Euphausia superba*: Does size mat-
  ter? In: Siegfried WR, Condry PR, Laws, RM (eds), Antarctic nutrient cycles
  and food webs. Springer, Berlin, S 372–377

Weiterführende Literatur

Atkinson A, Siegel V, Pakhomov E, Rothery P (2004) Long-term decline in krill stock and increase in salps within the Southern Ocean. Nature 432:100–103

Atkinson A, Siegel V, Pakhomov EA, Rothery P, Loeb V, Ross RM, Quetin LB, Schmidt K, Fretwell P, Murphy EJ, Tarling GA, Fleming AH (2008) Oceanic circumpolar habitats of Antarctic krill. Mar Ecol Prog Ser 362:1–23

Constable AJ, Nicol S, Strutton PG (2003) Southern Ocean productivity in relation to spatial and temporal variation in the physical environment. J Geophys Res 108:1–21

Hempel G, Hempel I (Hrsg) (1995) Biologie der Polarmeere: Erlebnisse und Ergebnisse. Gustav Fischer, Jena

Siegel V (2005) Distribution and population dynamics of *Euphausia superba*: Summary of recent findings. Polar Biol 29:1–22

Stammerjohn SE, Martinson DG, Smith RC, Yuan X, Rind D (2008) Trends in Antarctic annual sea ice retreat and advance and their relation to El Niño-Southern Oscillation and Southern Annular Mode variability. J Geophys Res 113:C03S90. doi:10.1029/2007jc004269

Die Krabbenfresserrobbe (*Lobodon carcinophaga*) gehört mit dem Adélie-Pinguin (*Pygoscelis adeliae*) und den Bartenwalen zu den Hauptkonsumenten des Antarktischen Krill. (Foto: Katharina Kreissig)

Selbst aus der Tiefsee bringen Dredgefänge Müll an Deck. (Foto: Antje Boetius, AWI)

12

Mikroplastikmüll im Meer

Lars Gutow, Gunnar Gerdts und Reinhardt Saborowski

Zu Beginn des 20. Jahrhunderts entwickelte der belgische Chemiker Leo H. Baekeland ein Verfahren zur industriellen Herstellung synthetischer Kohlenstoffpolymere. Er legte damit den Grundstein für den universellen Einsatz von Kunststoffen, der als eine der bedeutendsten industriellen Entwicklungen angesehen werden kann. Aufgrund ihrer Materialeigenschaften, zu denen ein geringes spezifisches Gewicht, eine hohe Beständigkeit sowie eine einfache und kostengünstige Verarbeitung gehören, sind Kunststoffe heute aus unserem täglichen Leben nicht mehr wegzudenken. Durch die massenhafte Produktion und Verwendung von Kunststoffen entstehen weltweit jedoch auch enorme Mengen an Kunststoffabfällen, die bei unsachgemäßer Behandlung in die Umwelt gelangen. Nach rund 50 Jahren industrieller Herstellung von Kunststoffen werden Plastikabfälle in allen Weltmeeren und sogar in den entlegenen Polargebieten angetroffen. Die Belastung mit Kunststoffabfällen ist in Küstengewässern nahe menschlicher Siedlungen besonders hoch, doch auch fernab der Küsten wird treibender Kunststoffmüll von den Zirkulationsströmungen großer, zentralozeanischer Wirbel eingefangen und angehäuft.

Die Allgegenwärtigkeit von Kunststoffabfällen in den Meeren ist offensichtlich. Dennoch bleibt dem laienhaften Betrachter der weitaus größte Teil dieser Verschmutzung verborgen. Nachdem in den frühen Jahren des 21. Jahrhunderts trotz steigender Kunststoffproduktion keine weitere Zunahme der Plastikabfälle

Dr. Lars Gutow (✉)

Alfred-Wegener-Institut, Helmholtz-Zentrum für Polar- und Meeresforschung

Am Handelshafen 12, 27570, Bremerhaven, Deutschland

E-Mail: Lars.Gutow@awi.de

© Springer-Verlag GmbH Deutschland 2020

G. Hempel et al. (Hrsg.), *Faszination Meeresforschung*,

https://doi.org/10.1007/978-3-662-49714-2_12

in den Ozeanen beobachtet wurde, stellte das Forscherteam um den britischen Wissenschaftler Richard C. Thompson (Thompson et al. 2004) in einem Fachartikel der Zeitschrift *Science* die berechtigte Frage: „Where is all the plastic?" Die Wissenschaftler vermuteten, dass Kunststoffabfälle im Meer zu mikroskopisch kleinen Partikeln fragmentieren und führten damit den Begriff „Mikroplastik" in die wissenschaftliche Terminologie ein.

Der Abbau von Kunststoffobjekten zu Mikroplastik erfolgt in der Meeresumwelt primär durch Photodegradation. Vor allem unter dem Einfluss ultravioletter Strahlung werden Kunststoffe porös und zerbrechen in kleinere Fragmente (Abb. 12.1). Viele Kunststoffe haben ein geringeres spezifisches Gewicht als Seewasser und treiben deshalb an der Wasseroberfläche, wo sie der Sonneneinstrahlung unmittelbar ausgesetzt sind. Mechanische Beanspruchung durch Wellenschlag und Kollision mit anderen Objekten beschleunigen den Zerfall von Kunststoffen. Der biologische Abbau von Kunststoffen ist hingegen zu vernachlässigen. Zwar scheinen bestimmte Mikroorganismen Kunststoffe enzymatisch spalten zu können, dieser Prozess verläuft jedoch äußerst langsam, da die hierfür erforderliche Wärme- und Sauerstoffzufuhr in der marinen Umwelt eingeschränkt ist. Grundsätzlich sind Kunststoffe im Meer also sehr beständig. Es wird beispielsweise angenommen, dass der vollständige Abbau einer Plastiktüte im Meer viele Jahrzehnte dauert.

Abb. 12.1 Verwitterte, poröse Plastikfragmente aus einer Strandprobe. (Foto: Julia Hämer)

Haben die Kunststofffragmente durch den Zerfall eine Größe von 5 mm unterschritten, werden sie als Mikroplastik bezeichnet. Streng genommen ist die Bezeichnung „Mikro" jedoch erst für Objekte zu verwenden, die kleiner als 1 mm sind, weshalb die häufig verwendete Größengrenze von 5 mm umstritten ist. Zu den Abbauprodukten größerer Plastikobjekte, die als sekundäres Mikroplastik bezeichnet werden, kommen die zahlreichen Plastikpartikel, die bereits beim Eintrag in die Meere die Größe von Mikroplastik haben. Zu diesem primären Mikroplastik gehören kleinste Kunststoffpartikel, die Körperpflegeprodukten beigefügt werden, angeblich um die reinigende Wirkung beispielsweise von Duschgels zu verbessern. Ferner gelangen bei der Reinigung synthetischer Textilien zahlreiche winzige Kunststofffasern in die Abwässer. Diese Partikel sind zu klein, um von den Filtern der Kläranlagen aus den Abwässern entfernt zu werden und erreichen so die Fließgewässer und schließlich die Meere.

Da aus einem größeren Kunststoffgegenstand zahlreiche sehr kleine Fragmente hervorgehen, ist die Anzahl der Mikroplastikpartikel in den Meeren um ein Vielfaches höher als die größerer Objekte. Ferner werden die zahlreichen bereits in den Meeren befindlichen Plastikgegenstände weiterhin zerfallen und Mikroplastikpartikel hervorbringen, sodass die Menge an Mikroplastik in den Meeren über viele Jahre hinweg stetig zunehmen wird. Verlässliche und vor allem vergleichbare Zahlen über Mengen und Zusammensetzung des Mikroplastiks in Wasserproben und marinen Sedimenten liegen bisher jedoch nur vereinzelt vor. Ein großes Problem besteht darin, dass Erfassung und Identifizierung der kleinen Partikel technisch sehr anspruchsvoll sind und standardisierte Methoden erst noch etabliert werden müssen. Eine Vielzahl komplexer Arbeitsschritte ist für die Quantifizierung von Mikroplastik in Freilandproben erforderlich. Dies beginnt mit der Beprobung des Wasserkörpers und des Sediments und setzt sich über die Isolierung und Aufreinigung des Kunststoffmaterials fort. Am Ende steht die eindeutige Identifizierung des Kunststoffpolymers. Ein rein visuelles Aussortieren kleinster Plastikfragmente aus einer Probe mithilfe eines Lichtmikroskops ist nicht ausreichend, da das Risiko der Fehlidentifizierung von Partikeln hierbei erheblich ist.

Zur eindeutigen Charakterisierung von Mikroplastikpartikeln bedarf es spektroskopischer Analysen, die die Kunststoffpolymere anhand ihrer Absorptionsspektren für infrarote Strahlung identifizieren (Abb. 12.2). Der spektroskopischen Analyse gehen zahlreiche aufwendige Behandlungsschritte der potenziellen Mikroplastikpartikel voraus, zu denen die physikalische, chemische und enzymatische Aufreinigung des Materials gehören. Ferner müssen jegliche Kontaminationsquellen für eine Verunreinigung der Probe mit weiterem Mikroplastik ausgeschlossen werden. Dies können Kunststoffgefäße oder -werkzeuge sein, die bei der Bearbeitung der Proben eingesetzt werden, aber auch Rohrleitungen an Bord von Forschungsschiffen, aus denen Wasser zum Spülen von Proben und Geräten entnommen wird.

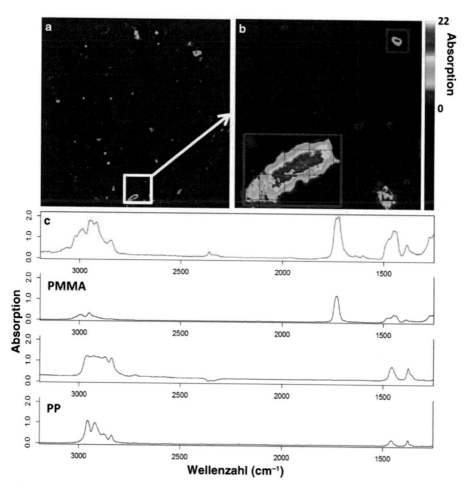

Abb. 12.2 „Chemisches Bild" (FT-IR*) einer Sedimentprobe mit Mikroplastikpartikeln auf einem Aluminiumoxidfilter. **a** Übersicht des gesamten Filters. **b** Detaildarstellung von Mikroplastikpartikeln aus Polymethylmethacrylat *(PMMA; rotes Rechteck)* und Polypropylen *(PP; blaues Quadrat)*. Die Kantenlänge eines Gittersegments beträgt 170 µm. **c** Absorptionsspektren des PMMA-Partikels *(rotes Spektrum)* und des PP-Partikels *(blaues Spektrum)* sowie die jeweiligen Referenzspektren *(in Schwarz)*. FT-IR*: Fourier-Transformations-Infrarot-Spektroskopie. (Löder et al. (2015), mit Genehmigung durch CSIRO Publishing)

Langsam, aber stetig steigt die Zahl der Studien, die verlässliche Daten über die Menge und Verbreitung von Mikroplastik in den Meeren liefern. Dabei zeigt sich, dass mittlerweile offenbar alle marinen Lebensräume von der Wasseroberfläche bis zu den Sedimenten des Meeresbodens mit Mikroplastik kontaminiert sind. Sogar im arktischen Meereis sind Mikroplastikpartikel nachgewiesen worden. Erste Proben aus Tiefseesedimenten deuten an, dass hier die ultimative

Senke unseres Kunststoffabfalls liegt. So hat der Mensch also bereits vor der eingehenden Erforschung der Tiefsee seinen Fußabdruck in Form von Kunststoffabfällen in diesem scheinbar unberührten Lebensraum hinterlassen.

Es steht außer Frage, dass Kunststoffabfälle nicht in die Meere gehören. Die Auswirkungen von Mikroplastik auf marine Organismen sind bisher jedoch noch weitgehend ungeklärt. Größere Kunststoffobjekte können Meerestiere erheblich schädigen, wenn sie von diesen verschluckt werden. Die Verdauungsorgane vieler mariner Wirbeltiere werden durch die Aufnahme von Kunststoffobjekten verletzt oder verstopft. Da liegt die Vermutung nahe, dass dies auch für Mikroplastik zutrifft, zumal das Spektrum der Arten, die diese kleinen Partikel aufnehmen können, sehr groß ist. Tatsächlich wurden Mikroplastikpartikel bereits in zahlreichen Organismen aus vielen verschiedenen taxonomischen Gruppen nachgewiesen (Abb. 12.3). Das bloße Vorkommen von Mikroplastik in Organismen ist jedoch noch kein Indiz für eine Schädigung. Viele Organismen nehmen natürlicherweise unverdauliche Partikel wie Sedimentkörner und Schalen von Kieselalgen mit ihrer Nahrung auf und sind entsprechend daran angepasst. Im Verdauungstrakt dieser Tiere werden die Partikel von der Nahrung separiert und ausgeschieden, anscheinend ohne den Organismus zu beeinträchtigen. Andere Arten, wie beispielsweise die Miesmuschel *Mytilus edulis*, verfügen jedoch nicht über entsprechende Selektionsmechanismen, sodass aufgenommene Mikroplastikpartikel in die Verdauungsorgane gelangen, dort resorbiert werden und Entzündungsreaktionen auslösen können.

Auch wurde gezeigt, dass Mikroplastik in der Nahrung das Fressverhalten von Tieren beeinflussen kann. Während einige Organismen Nahrung verschmähen, die mit Mikroplastik angereichert ist, erhöhen andere Arten ihre Fressaktivität, möglicherweise als Reaktion auf die erhöhte Menge an Material in der Nahrung, aus dem keine Energie gewonnen werden kann. Die Anfälligkeit für die schädlichen Effekte von Mikroplastik variiert stark zwischen verschiedenen Arten und deren Entwicklungsstadien und hängt von zahlreichen Faktoren wie Habitat, Fressverhalten und Lebensweise, aber auch von der Morphologie und Anatomie der Tiere ab. So befinden sich beispielsweise unter den Tierarten, für die eine Aufnahme von Mikroplastikpartikeln nachgewiesen wurde, auffällig viele Filtrierer und Depositfresser. Dies sind Tiere, die ihre Nahrung aus der Wassersäule filtrieren bzw. sedimentiertes Material von der Oberfläche des Meeresbodens aufnehmen – aus Kompartimenten des Meeres also, in denen sich Mikroplastikpartikel anreichern. Ebenfalls betroffen sind räuberische Arten, die Mikroplastikpartikel gemeinsam mit ihren Beuteorganismen aufnehmen.

Weitgehend unverstanden ist die Bedeutung von Mikroplastik für den Transport von Schadstoffen in die Organismen. Kunststoffen werden bei der Herstellung bestimmte Chemikalien – sogenannte Additive – zugesetzt, die gezielt Eigenschaften des jeweiligen Kunststoffs verbessern sollen. Hierzu gehören Weichmacher, Flamm-

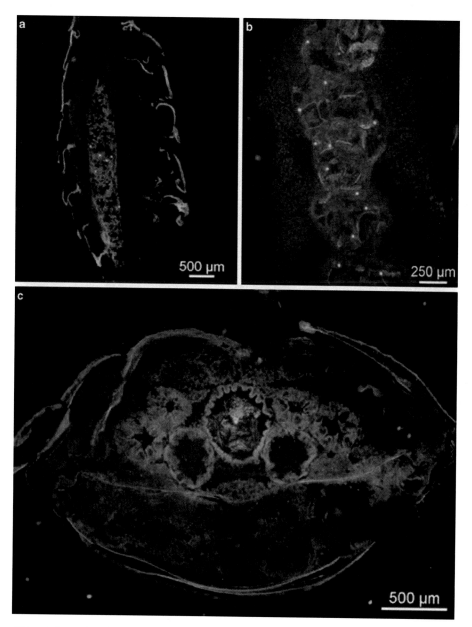

Abb. 12.3 Mikroplastikpartikel in einer Meeresassel. Fluoreszenzmikroskopische Aufnahme von Mikroplastikpartikeln *(helle Punkte)* in den Verdauungsorganen der Meeresassel *Idotea emarginata*. **a** Längsschnitt durch das gesamte Tier. **b** Detailansicht des Darms. **c** Querschnitt durch das Tier. Der Darm *(Mitte)* enthält ein leuchtendes Mikroplastikpartikel, während die Verdauungsdrüsen links und rechts vom Darm frei von Partikeln sind. (Hämer et al. 2014; © 2014 American Chemical Society)

schutzmittel und UV-Stabilisatoren. Diese Chemikalien können als endokrine Disruptoren wirken und physiologische und biochemische Prozesse im Körper massiv stören. Ferner können Kunststoffe aufgrund ihrer hydrophoben Oberflächeneigenschaften Schadstoffe aus der Umwelt wie polychlorierte Biphenyle (PCB) oder Dichlordiphenyltrichlorethan (DDT) binden. Es liegt die Vermutung nahe, dass diese Schadstofffracht nach Verschlucken der Mikroplastikpartikel an die Organismen abgegeben wird. Modellberechnungen erwecken jedoch vor dem Hintergrund bereits hoher Kontamination mariner Lebensräume und Organismen mit diesen Schadstoffen Zweifel an der Bedeutung dieses Transportwegs. Hier sind also noch zahlreiche Fragen offen. Es ist jedoch völlig unbekannt, wie die spezifischen chemischen und biochemischen Bedingungen in den Verdauungsorganen der Tiere die Desorption der Schadstoffe beeinflussen. Auch ist über die Verweildauer von Mikroplastik in den verschiedenen Tiergruppen nur wenig bekannt.

Fazit

Innerhalb nur weniger Jahrzehnte hat der Mensch alle Lebensräume der Ozeane mit Kunststoffen kontaminiert. Angesichts der weltweit stetig zunehmenden Kunststoffproduktion sowie der sich kontinuierlich fortsetzenden Bildung von Mikroplastik aus Kunststoffen besteht auf diesem Gebiet dringender und umfangreicher Forschungsbedarf.

Informationen im Internet

- http://www.algalita.org/
- http://www.5gyres.org/

Weiterführende Literatur

Bergmann M, Gutow L, Klages M (Hrsg) (2015) Marine Anthropogenic Litter. Springer, Berlin, ISBN: 978-3-319-16509-7

GESAMP (2015) Sources, fate and effects of microplastics in the marine environment: a global assessment. In: Kershaw PJ (Hrsg) Nr, Bd 90. UNESCO, Paris

Hämer J et al (2014) Fate of microplastics in the marine isopod *Idotea emarginata*. Environ Sci Technol 48:13451–13458

Löder MGJ, Kuczera M, Mintenig S, Lorenz C, Gerdts G (2015) Focal plane array detector-based micro-Fourier-transform infrared imaging for the analysis of microplastics in environmental samples. Environ Chem 12:563–581

Thompson RC, Olsen Y, Mitchell RP, Davis A, Rowland SJ, John AWG, McGonigle D, Russell AE (2004) Lost at sea: where is all the plastic? Science 304:838

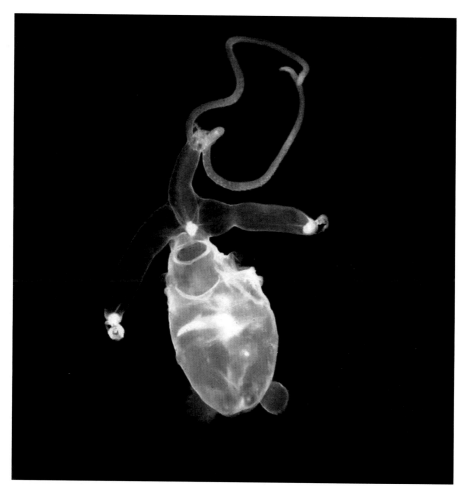

Die Jungtiere des Glaskalmars *Bathothauma lyromma* (Mantellänge etwa 10 mm) mit arttypischen langen Augenstielen leben im ozeanischen Oberflächenwasser. Die erwachsenen Tiere (bis 250 mm Mantellänge) sind typische Vertreter der Tiefsee. (Foto: Uwe Piatkowski, GEOMAR)

13

Tintenfische – die Spitzenathleten der Weltmeere

Uwe Piatkowski und Alexandra Lischka

Obwohl sie sich von einem trägen, mit schwerem Gehäuse behafteten Urmollusk ableiten, sind Kopffüßer (Cephalopoda) oder Tintenfische (korrekter eigentlich „Tintenschnecken") heute die höchst entwickelten Weichtiere. Zu den rezenten Tintenfischen gehören Kalmare, Sepienartige und Kraken, die zusammen etwa 1000 Arten stellen und deren Vertreter alle Meeresräume besiedeln, von den Küstengewässern bis in die Tiefsee. Hinzu kommen die berühmten Perlboote (Nautilidae); sie fallen durch eine äußere, gekammerte Schale auf. Mit sechs Arten besiedeln sie nur noch den tropischen Indopazifik bis in 500 m Tiefe. Sie leiten sich von den ursprünglichsten Formen der Kopffüßer ab, die bereits vor etwa 500 Mio. Jahren auftauchten. Nicht weniger spektakulär ist der bis zu 30 cm große Vampirtintenfisch (*Vampyroteuthis infernalis*). Er gilt stammesgeschichtlich als Übergangsform zwischen den zehn- und den achtarmigen Kopffüßern. Dunkelbraun bis schwarz gefärbte Arme, Flossen und Mantel sowie die riesigen Augen und Leuchtorgane verdeutlichen seine ideale Anpassung an ein Leben in der Tiefsee, wo er langsam dahingleitet und mit seinen zu einem großen Schirm aufgespannten Armen Detritus und Kleinplankton fängt.

Besonders die Kalmare sind schnelle Schwimmer und effiziente Jäger. Ihre frühen Lebensstadien zählen noch zum Makrozooplankton, besitzen aber schon die ihnen eigene elegante Körperform (Abb. 13.1). Diese ist gekennzeichnet durch einen muskulösen Mantel, der die inneren Organe umschließt und am Hinterteil paarige

Dr. Uwe Piatkowski (✉)
GEOMAR, Helmholtz-Zentrum für Ozeanfoschung
Düsternbrooker Weg 20, 24105 Kiel, Deutschland
E-Mail: upiatkowski@ifm-geomar.de

© Springer-Verlag GmbH Deutschland 2020
G. Hempel et al. (Hrsg.), *Faszination Meeresforschung*,
https://doi.org/10.1007/978-3-662-49714-2_13

Abb. 13.1 *Gonatus* sp., Köderkalmar, nördlicher Atlantik, Juvenilform, Mantellänge 25–30 mm. (Foto: Uwe Piatkowski)

Flossen besitzt, einen rundlichen Kopf mit großen Augen, der mit dem Mantel verbunden ist und an dem die acht Fangarme und zwei Tentakel ansetzen. Diese überaus eindrucksvollen Fangorgane tragen spezielle Saugnäpfe und manchmal auch hornige Haken, deren Struktur und Anzahl artspezifisch sind. Durch eine Einfaltung ihres Mantels entwickelte sich eine Art Düse (Siphon), durch die Wasser mittels kräftiger Muskelkontraktion ruckartig aus dem Mantel gepresst werden kann. Durch diesen Rückstoßantrieb können ozeanische Kalmare bis auf 80 km/h beschleunigen. Sie schwimmen dabei rückwärts und können auf der Flucht vor Feinden sogar bis zu 100 m weit über der Wasseroberfläche gleiten. Diese Fähigkeiten machen die Kalmare zu „Spitzenathleten" in ozeanischen Ökosystemen.

Klassische Untersuchungen zum Mageninhalt kombiniert mit Isotopenanalysen zeigen, dass die bevorzugte Beute der Tintenfische aus Fischen sowie Krebsen und anderen Wirbellosen besteht. In marinen Nahrungsnetzen nehmen sie daher meistens Positionen auf höheren Trophiestufen ein. Gleichzeitig sind Tintenfische auch reiche Beute für Fische, Seevögel und Meeressäuger. Im Nordatlantik sind es vor allem der Nördliche Entenwal und der Pottwal, deren Nahrung bisweilen ausschließlich aus Tintenfischen besteht, insbesondere Köderkalmare der Gattung *Gonatus* (Abb. 13.1), die an den nordatlantischen Kontinentalrändern bis zu einer Tiefe von 700 m sehr zahlreich vorkommen.

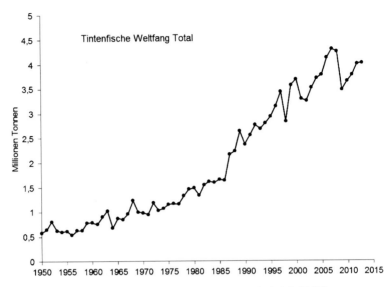

Abb. 13.2   Tintenfische: Weltfischereiertrag 1950–2013. (FAO 2015)

Unklar ist die Rolle des Riesenkalmars (*Architeuthis dux*) im ozeanischen Ökosystem. Mit einer Gesamtlänge von bis zu 18 m und einer Masse von maximal 700 kg ist er zweifellos das größte wirbellose Tier. Zwar gibt es mittlerweile Videoaufnahmen von lebenden Riesenkalmaren, wir wissen aber nichts über ihre Fortpflanzung, ihre Nahrung und die sagenhaften Duelle mit dem Pottwal. Die Tiefenverteilung von *Architeuthis dux* erstreckt sich von etwa 500–1500 m Tiefe; zumindest sind das die Tiefenzonen, in denen Riesenkalmare der kommerziellen Fischerei als Beifang in die Netze geraten. Damit überlappen sich die Tiefenverbreitungen von Pottwal und Riesenkalmar und erklären die Überreste von Riesenkalmaren in den Mägen von gestrandeten Pottwalen. Man geht heute davon aus, dass es immer der Pottwal ist, der den Kalmar attackiert, und nicht umgekehrt, wobei tellergroße Saugnapfabdrücke auf der Pottwalhaut auf heftige Kämpfe zwischen diesen beiden Giganten deuten.

Der größte Feind der meisten Tintenfische ist aber der Mensch. Im Gegensatz zu fast allen Erträgen aus Fischbeständen (Kap. 38) nimmt der jährliche Weltfischereiertrag an Tintenfischen ständig zu. Von etwa 600.000 t in 1950 ist er auf ca. 4 Mio. t in 2013 angestiegen (Abb. 13.2). Wahrscheinlich wird dies verursacht durch ein Ausweichen der kommerziellen Fischerei von überfischten Fischbeständen auf Tintenfischbestände sowie durch die deutliche Zunahme der Fischerei auf Kalmarbestände im Südwestatlantik und im zentralen östlichen Pazifik (FAO 2015). Die wirtschaftlich lukrativen Kurzflossenkalmare der dortigen Fischerei wachsen extrem schnell, leben nicht viel länger als ein Jahr und sterben bereits nach dem ersten Laichen. Somit muss ein nachhaltiges Fischereimanagement darauf abzielen, dass genügend Tiere im befischten Bestand die Geschlechtsreife erreichen, um eine ausreichende Rekrutierung zu gewährleisten.

Die zunehmende Versauerung der Ozeane (Kap. 32 und 34) birgt ein weiteres Problem für die Tintenfische. Sie sind besonders empfindlich gegenüber einer Verringerung des pH-Werts, die durch den Anstieg des CO_2-Gehalts im Meer verursacht wird. Die damit einhergehende Untersättigung des Seewassers an Aragonit beeinträchtigt Aufbau und Struktur der Statolithen, den Gehörsteinchen der Tintenfische, die hauptsächlich aus dieser Form des Kalks bestehen. Experimentelle Studien zeigen, dass ein erhöhter CO_2-Gehalt (> 1400 µatm) des Meerwassers eine normale Entwicklung der Statolithen von frisch geschlüpften Sepien und Langflossenkalmaren schädigt. Die Schlüpflinge zeigen Gleichgewichts- und Orientierungsprobleme, die ein zielgerichtetes Schwimmen und Jagen beeinträchtigen.

Hingegen sind sauerstoffarme Zonen im Meer (Box 35.1) für ozeanische Tintenfische wie dem pazifischen Humboldt-Kalmar (*Dosidicus gigas*) oder dem Vampirtintenfisch (s. oben) kein unüberwindliches Hindernis, da sie sich durch physiologische Strategien, wie dem Herunterfahren des Stoffwechsels oder einer besonderen Ernährungsform, diesem unwirtlichen Lebensraum anpassen können. Eine weitere Anpassung deutet sich auch im vermehrten Auftreten typischer Nordseekalmare, wie dem Nordischen Kalmar (*Loligo forbesii*), in der westlichen Ostsee an (Kap. 30), wo sie sich trotz geringerer Salzgehalte einen neuen Lebensraum erschließen.

Informationen im Internet

• http://www.fao.org/fishery/statistics/global-production/query/en – FAO (2015) Global Production Statistics 1950–2013

Weiterführende Literatur

Boyle P, Rodhouse P (2005) Cephalopods. Ecology and Fisheries. Blackwell Science Ltd, Oxford, UK

Norman M (2000) Tintenfisch-Führer. Jahr Verlag, Hamburg

14

Meeresschildkröten haben es schwer

Mark Wunsch

Lebensgeschichte

Meeresschildkröten sind faszinierende und erfolgreiche Tiere. Seit über 100 Mio. Jahren bevölkern und durchkreuzen sie bevorzugt die warmen Ozeane, manche über Tausende von Kilometern. Sie tauchen über 1000 m tief, werden über 100 Jahre alt und sind majestätische Schwimmer, die, ohne Luft zu holen, bis zu 1 h lang tauchen können! Erst nach 20 bis 30 Jahren werden die Tiere geschlechtsreif. Die Paarung findet im Wasser statt, und nur die Weibchen kommen an Land, um mehrmals pro Legesaison 50 bis 170 Eier an den warmen Sandstränden der Tropen und Subtropen zu vergraben und sich entwickeln zu lassen. Nach ungefähr zwei Monaten schlüpfen die Jungen, vorzugsweise nachts, graben sich durch den Sand an die Oberfläche und steuern direkt auf das Meer zu (Abb. 14.1 und 14.2).

Zu diesen Zeiten können die Muttertiere, ihre Eier und Jungen vermessen und gewogen werden. Jahrelang wurden auf diese Weise Tausende von Schildkröten markiert und neuerdings auch einige mit Satellitensendern versehen. Langsam entsteht so ein Bild ihrer Wanderungen. Doch wie orientieren sich die Tiere so präzise, dass sie immer wieder zielgenau an ihren Geburtsstrand zurückfinden? Eine wichtige Rolle spielt dabei das Magnetfeld der Erde. Wie sie es wahrnehmen und interpretieren, ist allerdings immer noch ein Rätsel.

Dr. Mark Wunsch (✉)
greencoastmedia inc.
VOP1NO, Quathiaski Cove, Quadra Island, Kanada
E-Mail: info@greencoastmedia.ca

© Springer-Verlag GmbH Deutschland 2020
G. Hempel et al. (Hrsg.), *Faszination Meeresforschung*,
https://doi.org/10.1007/978-3-662-49714-2_14

Abb. 14.1 Meeresschildkröten graben mit ihren Hinterflossen unter großen Anstrengungen eine tiefe Mulde in den Sand. Nach der Eiablage schaufeln sie das Nest wieder zu, und nur ihre Flossenspuren verraten noch die nächtliche Aktivität. (Foto: Mark Wunsch/Greencoast Media)

Abb. 14.2 Diese frisch geschlüpfte Karettschildkröte versucht, so schnell wie möglich das nahe Meer zu erreichen. (Foto: Mark Wunsch/Greencoast Media)

Abb. 14.3 Bis zu vier Jahre verbringen Echte Karettschildkröten im offenen Meer, bevor sie sich in Korallenriffen „niederlassen". (Foto: Mark Wunsch/Greencoast Media)

Arten

Die bekannteste der sieben heute lebenden Meeresschildkrötenarten ist die Grüne Meeresschildkröte (*Chelonia mydas*). Sie wurde als Suppenschildkröte bekannt. Im Gegensatz zur nahe verwandten Wallriffschildkröte (*Chelonia depressa*), die nur in Australien nistet, kommt sie weltweit in den wärmeren Ozeanen vor. Die Echte Karettschildkröte (*Eretmochelys imbricata*) lebt bevorzugt in der Nähe von Korallenriffen (Abb. 14.3). Ihre Nahrung ist vielfältig: Schwämme, Seescheiden, Weichkorallen, Schnecken und Muscheln, Moostierchen, Seegras, Algen und gelegentlich Quallen gehören dazu. Ihr Fleisch soll zwar giftig sein, aus ihrem Panzer wird aber wertvolles Schildpatt hergestellt. Die Unechte Karettschildkröte (*Caretta caretta*) frisst mit ihren besonders kräftigen Kiefern auch hartschalige Tiere, wie Muscheln und Krebse.

Die Gewöhnliche Bastardschildkröte (*Lepidochelys olivacea*) ist weltweit in der tropischen Zone zu Hause, während ihre Schwesterart, die Karibische Bastardschildkröte (*Lepidochelys kempii*), nur im Atlantik vorkommt. Diese nistet fast ausschließlich an den Stränden von Tamaulipas in Mexiko und ist deshalb besonders gefährdet. Beide Arten sind mit maximal 72 cm Länge die kleinsten Meeresschildkröten. Die größte Art ist die maximal 170 cm lange Lederschildkröte (*Dermochelys coriacea*), die bis zu 1 t schwer wird. Mit 1200 m hält sie den

Tieftauchrekord. Sie ernährt sich fast ausschließlich von Quallen und deren Kommensalen (kleinen Fischen und Krebsen, die unter den Quallenglocken leben).

Gefährdung

Heute gehören Meeresschildkröten in unserem Kulturkreis zu den Lieblingen unter den Meeresbewohnern. Sie sind Hauptfiguren in Comics und Trickfilmen. Trotzdem sind sie vom Aussterben bedroht, und schuld daran ist der Mensch. Er hat ihre Anzahl in den letzten beiden Jahrhunderten auf weniger als ein Hundertstel der ursprünglichen Populationen dezimiert. Meeresschildkröten und ihre Eier wurden schon immer von den Küstenbewohnern der Tropen gejagt und gegessen, ihr Panzer zu Geld und Schmuck verarbeitet. Das hatte jedoch kaum eine Auswirkung auf ihre Bestände. Noch im 16. und 17. Jahrhundert waren alle Meeresschildkröten sehr häufig. Als Christoph Columbus 1503 die Karibik erkundete, schrieb er: „dann tauchten zwei kleine Inseln auf, voller Schildkröten, die wie kleine Felsen aussahen, ebenso wie die See drum herum. Deshalb nennen wir sie die Tortugas", das sind „die Schildkröteninseln" und heutigen Cayman Islands. Die Inseln wurden zum Geheimtipp für hungrige Segelschiffbesatzungen. Die Tiere waren einfach zu fangen und vor allem gut zu lagern. Auf den Rücken gedreht, konnten sie nicht entkommen, brauchten nicht gefüttert zu werden und lieferten trotzdem hochwertiges, frisches Fleisch. Öl wurde aus den Überresten gewonnen und zur Befeuerung von Kochern und Lampen genutzt. Auch in Europa kam man auf den Geschmack – Schildkrötenfleisch und -suppe wurden sehr beliebt. Allein im Jahr 1878 wurden 15.000 Suppenschildkröten aus der Karibik nach England verschifft. Der Raubbau kannte keine Grenzen und innerhalb weniger Jahrzehnte waren die Bestände dramatisch dezimiert. Anfang des 19. Jahrhunderts war die Population auf den Tortugas bereits ausgerottet. In Indonesien sind vor allem die frisch gelegten Eier begehrt – mit ebenfalls verheerenden Folgen für die Bestände. Wurden um 1930 jährlich 36 Mio. Eier ausgegraben, legen die Schildkröten heute dort nicht einmal mehr 2 Mio. Eier. Bei einer Überlebenschance der Brut von weniger als 1 % sind das zu wenige, um den Fortbestand der Art zu sichern.

Viele Organisationen und Privatleute bemühen sich mittlerweile um den Schutz der Meeresschildkröten. Eine richtige Lobby formierte sich allerdings erst in den 1970er Jahren und erreichte den weltweiten Schutz der Meeresschildkröten unter dem Washingtoner Artenschutzabkommen – zumindest auf dem Papier. Wenn man die lange Liste der Bedrohungen liest, glaubt man, dass der Mensch mit aller Kraft versucht, die Ausrottung der Meeresschildkröten zu besiegeln: Eine unbekannte Zahl stirbt an den Folgen von verschlucktem Plastikmüll, Öltropfen etc., Hunderttausende wandern jährlich in häusliche Kochtöpfe und in Restaurantküchen, oder ihr Panzer wird zu Schildpatt für Souvenirs und Schmuck verarbeitet. Naturschützer schätzen, dass rund 800.000 Schildkröten jährlich in den Schleppnetzen der Garnelen- und Crevettenfischerei sowie in den Treibnetzen der Hochseefischerei ertrinken oder die Angelhaken der Langleinenfischerei verschlucken. Sandstrände, die Schildkröten für die Eiablage brauchen, werden weiterhin mit Siedlungen, Industrie- und Hotelanlagen bebaut.

Wissenschaftler untersuchen heute auch die Auswirkungen der globalen Erderwärmung auf die Fortpflanzung der Meeresschildkröten. Neue Studien zeigen, dass das Geschlecht der Schildkröten durch die Höhe der Gelegetemperatur bestimmt wird. Ist sie im Durchschnitt über 29 °C, werden aus den Embryonen mehr als 50 % Weibchen; ist sie kühler, entwickeln sich mehr Männchen. Dies ist zunächst ein positiver Effekt, denn mehr geschlechtsreife Weibchen bedeuten eine höhere Gelegezahl und mehr Nachwuchs. Sollte die Temperatur in den Gelegen allerdings in Zukunft in Richtung 33 °C steigen, würden mehr und mehr Schildkrötenembryonen sterben, bevor sie überhaupt schlüpfen können. Eine Gegenmaßnahme, so die Wissenschaftler, wäre die Beschattung von Gelegen, z. B. durch neu angepflanzte Bäume.

Informationen im Internet

- https://en.wikipedia.org/wiki/Sea_turtle
- https://wwf.panda.org/what_we_do/endangered_species/marine_turtles
- http://guardianlv.com/2014/05/sea-turtle-female-population-is-growing-with-global-warming-trends/

Weiterführende Literatur

Bjørndal KA (1995) Biology and Conservation of Sea Turtles. Smithsonian Inst Press, Wash

Carr A (1986) The Sea Turtle: So Excellent a Fish. Univ Texas Press, Austin

Davidson QG (2004). Sanfte Riesen. Mare Buchverlag, Hamburg

Ernst CH, Barbour RW (1989) Turtles of the World. Smithsonian Inst Press, Wash

Rudloe J (1980) Time of the Turtle. Penguin Books, London, UK

Rudloe J, Capron M (1998) Search for the great turtle mother. Pineapple Press, Sarasota, USA

Spotila JR (2004) Sea Turtles: A Complete Guide to Their Biology, Behavior, and Conservation. Johns Hopkins Univ Press, Baltimore

Franz Schensky (1871 -1957), der Pionier der Meeresfotografie in Deutschland, veröffentlichte 1914 eine Sammlung von Fotografien von Meerestieren im Helgoländer
Aquarium. Sein berühmtes Bild der Kompassqualle (*Chrysaora hysoscella*) wurde die
Vorlage für das Logo der Biologischen Anstalt Helgoland. (Förderverein Museum Helgoland)

15

Fischbrut im Nahrungsnetz

Walter Nellen

Mit mehr als 30.000 Arten sind die Knochenfische (Teleostei) die artenreichste Wirbeltiergruppe. Das ließe viele unterschiedliche Fortpflanzungsstrategien erwarten, so wie wir es von anderen Wirbeltiergruppen kennen. Überraschenderweise verhalten sich die Knochenfischarten aber in dieser Hinsicht sehr einheitlich. Nahezu alle legen Eier mit einem Durchmesser von 1–2 mm. Eigröße und Eizahl stehen in umgekehrtem Verhältnis zueinander, und die Anzahl der Eier hängt wiederum von der art- und altersbedingten Körpergröße des weiblichen Fischs ab. Sein lebenslanges Wachstum führt zu einer fortwährenden Zunahme der Eimengen. Bis zu 16 cm lang werdende Sprotten legen ca. 10.000, ein 3 m langer Roter Thun ca. 10 Mio. Eier pro Jahr. In beiden Fällen beträgt deren Durchmesser etwa 1 mm. Das paradoxe Unverhältnis von Körper- zu Eigröße der Knochenfische ist ein Alleinstellungsmerkmal im Tierreich und wirft Fragen zu dessen funktioneller Bedeutung auf.

Im Meer schwebt die überwiegende Menge der Fischeier im Oberflächenwasser; im Süßwasser entwickeln sie sich am Boden oder werden an Pflanzen angeheftet. Brutpflege gibt es unter den Teleosteern selten und wenn, bleibt sie meist auf die Eier beschränkt. Neu geschlüpfte Fischlarven messen zwischen <3 und <5 mm, ausgenommen die etwa 10 mm großen Larven einiger Lachsverwandter (Salmoniden) und weniger anderer Familien. Fischlarven sind die kleinsten, sich selbst versorgenden Wirbeltiere. Sie treiben als Ichthyoplankton frei im Wasser,

emer. Prof. Dr. Walter Nellen (✉)
ehemals Institut für Hydrobiologie und Fischereiwissenschaften, Universität Hamburg
Dorfstraße 11, 24211 Rosenfeld/Rastorf, Deutschland
E-Mail: wnellen@uni-hamburg.de

© Springer-Verlag GmbH Deutschland 2020
G. Hempel et al. (Hrsg.), *Faszination Meeresforschung*,
https://doi.org/10.1007/978-3-662-49714-2_15

wo sie der Willkür von Strömung, Turbulenz und Fressfeinden ausgesetzt sind. Angesichts der großen Mobilität der Knochenfische ist es wenig wahrscheinlich, dass diese ungewöhnlichen Fortpflanzungseigenschaften primär der Verbreitung dienen, zumal die im selben Lebensraum vorkommenden Knorpelfische (Haie und Rochen) wie andere Wirbeltiere nur wenige, dafür aber robustere Nachkommen zur Welt bringen.

Der Schlüssel zum Verständnis der Fortpflanzungsbiologie der Knochenfische ist in der Beschaffenheit ihres Lebensraums zu suchen. Ihre Larven entwickeln sich zunächst in den obersten 50–100 m der Wassersäule, im Epipelagial (Kap. 3). Heranwachsende Fische sind aufgrund ihrer großen Menge wie keine andere Tiergruppe in der Lage, die Produktion des Epipelagials als Energiequelle zu nutzen. Nicht selten werden mehr als 10.000, in Ausnahmefällen sogar über 1 Mio. Fischlarven unter 1 ha Wasseroberfläche gefunden. Artenunabhängig haben sie anfangs ein sehr ähnliches Beutespektrum: Die erste Nahrung können <100 µm messende Algenzellen sein; bald darauf oder auch sofort verhalten sich Fischlarven karnivor.

Schon kleine Fischlarven sind morphologisch relativ weit entwickelt (Abb. 15.1). Infolge sehr hoher Zuwachsraten kann ihr Geburtsgewicht von <1 mg in 30 bis 60 Tagen um vier bis fünf Zehnerpotenzen zunehmen. Gleichzeitig wächst ihre Schwimmkapazität. Sie wachsen rasch zu schnellen Jägern heran. Mit zunehmender Größe erweitert sich ihr Nahrungsspektrum, und nicht selten werden kleinere Artgenossen oder die Larven anderer Fischarten eine bevorzugte Beute. Manche werden bereits als Larven zu Fischfressern. Zahlreiche Untersuchungen zeigen, dass der Konsum von Fischen durch Fische allgemein extrem hoch ist. Thunfische, Segelfische, Makrelen, Holzmakrelen, Barschartige, Kabeljauverwandte, einige Plattfischarten ernähren sich vorwiegend bis ausschließlich piscivor. Schwarmfische wie Heringsartige, Maränen, Stinte und selbst vorwiegend von wirbellosen Bodentieren lebende Plattfische sind Fischfresser, sobald Kleinfische und, jahreszeitlich bedingt, Fischeier, -larven oder Jungfische verfügbar sind.

Fast alle Fische sind Raubfische, und indem jeweils kleinere bzw. jüngere Individuen von größeren und älteren gefressen werden, transportieren Teleosteer an Biomasse gebundene Energie auf eine höhere trophische Ebene. Im Gegensatz zu Säugern und Vögeln ernähren sich Knochenfische zu einem wesentlichen Teil von ihrem eigenen Nachwuchs. Indem die Fische gleichzeitig Räuber und Beute und beide in einem weiten Größenspektrum präsent sind, erfolgt die Weitergabe der in Fischbiomasse gespeicherten Energie vermutlich in größtmöglichem Umfang. Gleichzeitig bauen Fische, deren Lebenserwartung Jahre bis Jahrzehnte beträgt, aufgrund ihrer Menge das größte Depot von Wirbeltierbiomasse der Erde auf. Nach neueren Abschätzungen beträgt es etwa 10 Mrd. t, zu einem großen Teil mesopelagische Leuchtsardinen (Myctophiden), die nachts zum Fressen ins Epipelagial aufsteigen.

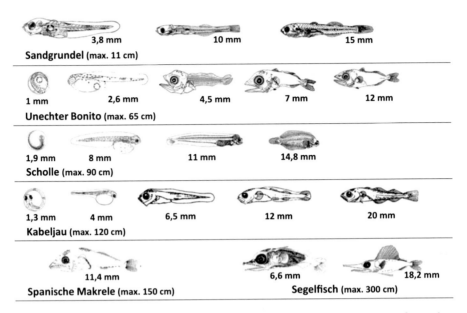

Abb. 15.1   Körperlängen früher Lebensstadien einiger unterschiedlich groß werdender Knochenfischarten. (Nach Ehrenbaum 1905–1909; Motoda 1966; Fahay 1983)

Die Knochenfische sind eine reiche Nahrungsquelle für nahezu alle aquatischen Karnivoren. Eine 10 cm lange Wasserspitzmaus lebt ebenso wie ein 6 m langer Seeelefant oder ein noch größerer Schwertwal wesentlich von Fisch, ebenso andere Robben und Zahnwale, See- und Wasservögel, viele Haie, Rochen und Tintenfische. Den bei Weitem höchsten Fischkonsum aber haben die Knochenfische selbst, und sie ziehen daraus Nutzen für den Aufbau von großen Beständen. Durch ihr ausgeprägtes piscivores Verhalten und die Entwicklung ihrer winzigen Larven zu Individuen, die am Ende einige tausend- bis hunderttausendmal schwerer sind, behalten Fischbestände den Zugriff auf die hohe Produktion an der Basis der Nahrungspyramide. Der Biomasse- oder Energiefluss vom Phyto- und Zooplankton zum Ichthyoplankton, zu heranwachsenden Fischen und allen anderen aquatischen Fischfressern ist im Detail schwer zu analysieren, zumal die Nahrung der Fische in Abhängigkeit von Entwicklungs- bzw. Größenstadium und jahreszeitlicher Situation auch aus diversen Wirbellosen besteht. Viele biologische Prozesse greifen ineinander und sind im Einzelnen wenig vorhersagbar; viele scheinen chaotisch zu verlaufen, wie es besonders in den weitgehend unverstandenen Beziehungen zwischen der Größe der Laichfischbestände und der Menge des rekrutierten Nachwuchses zum Ausdruck kommt. Dennoch ist offensichtlich, dass Teleosteer für aquatische Energieflüsse von entscheidender Bedeutung sind und die ökologisch erfolgreichste Wirbeltiergruppe bilden.

Für die Evolution der ungewöhnlich hohen Fruchtbarkeit der Knochenfische gibt es keine belastbaren Erklärungen. Die noch rezenten, ursprünglichen Strahlenflosser der Gattungen *Acipenser*, *Polyodon*, *Amia* and *Lepisosteus*, die zusammen mit den Teleostei zu den Actinopteri, ein Großtaxon der Knochenfische, gestellt werden, sind ähnlich fruchtbar wie die modernen Teleostei. Daneben stehen die evolutionsbiologisch etwas älteren Cladistia (Flösselhechte) mit wenigen noch existierenden Arten der Gattung *Polypterus*, die nur wenige Hundert Eier legen.

Wider Erwarten finden sich unter den zahlreichen Knochenfischarten nur wenige Planktonfresser, die ihre Nahrung ähnlich wie die größten aquatischen Wirbeltiere Mantarochen, Walhai, Riesenhai und Bartenwale aus dem Wasser herausfiltrieren. Knochenfischarten mit dieser Ernährungsweise sind vergleichsweise klein und nur regional verbreitet. Zu ihnen zählen ein paar im Süßwasser lebende Buntbarsch- und Karpfenartige sowie Meeräschen und der im Nordwestatlantik vorkommende Menhaden. Die Bedeutung einer filtrierenden Ernährung bei kleinen Sardinen- und Sardellenarten wird kontrovers diskutiert. Bei der Jagd auf einzelne, große Zooplankter scheint der Energiegewinn für sie größer zu sein als das Filtrieren von Phyto- und Mesozooplankton. Eine filtrierende Ernährung erfordert eine Mindestkonzentration von Plankton geeigneter Größe. Die großen filtrierenden Knorpelfische ernähren sich von 1–2 mm langen Planktonkrebsen und kleinen bis mittelgroßen Fischen. Die effizientesten Filtrierer unter den Knochenfischen ernähren sich von Partikeln bis minimal 10 μm. Die Kiemenfilter anderer filtrierender Fischarten sind gröber. Der größte filtrierende Knochenfisch ist der ursprüngliche, bis 1,5 m große Löffelstör des Mississippi, der mithilfe seines Rostrums genügend dichte Zooplanktonansammlungen aufspürt. Zur Kreidezeit gab es filtrierende Knochenfische von der Größe der rezenten filtrierenden Haie und Rochen. Sie gehörten zur Familie der Pachycormidae und starben im Erdmittelalter aus. Die kleinsten von Fischlarven schnappend aufgenommenen Partikel messen zwischen 10 und 90 μm; die Larven nutzen also eine gleich große Nahrung wie sehr effiziente Filtrierer.

Die adaptive Radiation der Knochenfische hat offensichtlich schon früh einen anderen und erfolgreicheren Weg der Ernährungsstrategie eingeschlagen als das Filtrieren von Plankton, womit sich die Teleosteer der spezifischen Dynamik der aquatischen Bioproduktion optimal angepasst haben. Die höchsten Wachstumsraten von Knochenfischen sind zu erwarten, wenn ihre Nahrung Fische sind, weswegen das Fischfutter in der Aquakultur anteilig aus eiweißreichem Fischmehl besteht.

Schlussfolgerungen

Neben dem Plankton nehmen die Knochenfische eine Schlüsselfunktion in aquatischen Ökosystemen ein. Von ihnen ist der überwiegende Teil der höheren aquatischen Lebensformen abhängig, fischfressende Säugetiere, Vögel, Reptilien, Knorpelfische und Tintenfische.

Die Größe des Lebensraums und die Fruchtbarkeit der Knochenfische bedingen eine hohe Stabilität der aquatischen Ökosysteme, deren Dynamik zwar chaotisch wirkt, deren lebende Bestände aber langfristig wenig verwundbar erscheinen. Das mag erklären, weshalb die jährlichen Fischereierträge aus dem Meer seit 25 Jahren auf einem Niveau von rund 80 Mio. t stagnieren und die Erträge auf globaler Basis nicht dramatisch zurückgegangen sind. Im Vergleich zum Wegfraß durch Prädatoren ist die von der Fischerei angelandete Fischmenge klein. In der Nordsee betrugen die jährlichen Fischfänge zwischen 1961 und 2009 kaum einmal 3 Mio. t, der tierische Fischkonsum wurde auf 4 bis >8 Mio. t pro Jahr geschätzt.

Zu den am wenigsten gefährdeten Wirbeltieren zählen die Knochenfische. Auch von anderen aquatischen Taxa sind nur wenige Arten bekannt, die in historischer Zeit ausstarben bzw. ausgerottet wurden. Von terrestrischen Tierarten verschwanden im gleichen Zeitraum Hunderte. Die Fischerei tut sich zwar schwer mit einer ökonomisch sinnvollen Nutzung der Fischbestände, doch zur Ausrottung einer der befischten Arten ist es bislang nicht gekommen. Die vor wenigen Jahren viel beachtete und in den Medien weit verbreitete Prognose, nach der es aufgrund des Agierens der internationalen Fischereiflotten im Jahr 2048 im Meer überhaupt keine Fische mehr geben werde, ist aus ökologischen Gründen nicht nachvollziehbar. Die Biomasse, Anzahl und Artenmenge der Knochenfische wird dann vermutlich kaum anders sein als heute. Über eine sinnvollere und wirtschaftlichere Nutzung lebender aquatischer Ressourcen, als sie gegenwärtig praktiziert wird, ist in Kap. 37, 38 und 39 zu lesen.

Weiterführende Literatur

Ehrenbaum E (1905–1909) Eier und Larven von Fischen. In: Nordisches Plankton. Zoologischer Teil, Bd 1 Lipsius & Tischler, Kiel, Leipzig, S 1–216 (217–414)

Fahay MP (1983) Guide to the early stages of marine fishes occurring in the Western North Atlantic Ocean, Cape Hatteras to the southern Scotian shelf. J N-W Atlantic Fish Sci 4:3–423

Motoda S (1966) Enzyklopädie für Plankton und Cirripedier des Meeres, No 7, Fish Eggs and Juveniles. Koyosh, Tokio (japanisch)

Muus BJ, Nielsen JG (1999) Die Meeresfische Europas. Frankh, Stuttgart

Nellen W (1987) A hypothesis on the fecundity of bony fish. Meeresforsch 31:75–89
Nellen W (2013) Fischfressende Vögel und Säuger unter falschem Verdacht: Die großen
  Fische fressen die kleinen. Biol Unserer Zeit 4:236–242

Das Forschungsschiff *Polarstern* bricht sich seinen Weg durch das Packeis des Weddellmeeres. (Foto: AWI)

16

Der arktische Polardorsch und der Antarktische Silberfisch: Erfolgsgeschichten im Eismeer

Hauke Flores

Die Umweltbedingungen der Polargebiete stellen Anforderungen an den Organismus, die kaum irgendwo sonst auf der Erde anzutreffen sind. Der arktische Polardorsch (*Boreogadus saida*; Abb. 16.1) und der Antarktische Silberfisch (*Pleuragramma antarctica*; Abb. 16.2) nehmen als dominante Fischarten auf den arktischen bzw. antarktischen Schelfen eine ökologische Schlüsselstellung ein. Diese etwa heringsgroßen Arten gehören genetisch weit voneinander getrennten Fischfamilien an. Sie stellen beide einen wesentlichen Anteil der Nahrung von Meeresvögeln, Robben und Walen in den Polarmeeren. An den entgegengesetzten Polen der Erde haben sie erstaunlich ähnliche Anpassungen an die drei wesentlichen Herausforderungen der Eismeere herausgebildet.

Niedrige Wassertemperatur

Je kälter die Umgebungstemperatur ist, desto langsamer laufen die Stoffwechselprozesse in einem wechselwarmen Organismus ab. Das heißt, je kälter das Wasser ist, desto langsamer können Fische ohne besondere Anpassungen wachsen, jagen und fliehen. Zudem werden das Blut und alle anderen Körperflüssigkeiten viskoser. Dies erschwert die Versorgung der Gewebe und Organe mit Sauerstoff und Nährstoffen. Neben vielen anderen Anpassungen haben Polardorsch und

Dr. Hauke Flores (✉)
Alfred-Wegener-Institut, Helmholtz-Zentrum für Polar- und Meeresforschung
Am Handelshafen 12, 27570, Bremerhaven, Deutschland
E-Mail: Hauke.Flores@awi.de

Abb. 16.1 Der Polardorsch (*Boreogadus saida*). Das etwa 15 cm große Tier wurde an Bord der *Polarstern* in einem Aquarium aufgenommen. (Foto: Hauke Flores)

Abb. 16.2 Der Antarktische Silberfisch (*Pleuragramma antarctica*). (Foto: Eva Pisano)

Antarktischer Silberfisch vergleichsweise wenige rote Blutkörperchen, um das Blut ausreichend dünnflüssig zu halten. Dies können sie sich gut erlauben, denn die Sauerstofflöslichkeit des Blutserums ist bei niedrigen Temperaturen erhöht. Der Sauerstoffbedarf sinkt zudem durch die niedrige Körpertemperatur. Ein entsprechend niedriger Nahrungsbedarf erleichtert es den Fischen, Hungerperioden zu überleben. So nutzen Polardorsche und Antarktische Silberfische die von der Natur vorgegebene Verlangsamung der Stoffwechselprozesse zu ihrem Vorteil.

Eisbildung

Da die Körperflüssigkeiten der Polarfische einen etwas höheren Gefrierpunkt haben als das Meerwasser, können sich in ihren Zellen und Gefäßen Eiskristalle bilden, die eine tödliche Bedrohung darstellen. Um dies zu verhindern, bilden Polardorsch und Antarktischer Silberfisch Gefrierschutzglykoproteine (*antifreeze glycoproteins*, AFGP). AFGPs bestehen aus einer wendeltreppenartig (helikal) aufgebauten Eiweiß-Zucker-Verbindung, in der sich immer drei Aminosäuren sequenzartig wiederholen. Diese extrem regelmäßige Struktur erleichtert die Anlagerung der AFGPs an die Oberfläche sich bildender Eiskristalle und hemmt damit den weiteren Kristallisationsprozess. Der Antarktische Silberfisch bildet darüber hinaus ein arteigenes AFGP, das die Effizienz des Gefrierschutzes noch steigert. Die AFGPs von Polardorsch und Antarktischem Silberfisch gleichen sich zum Teil bis in die Aminosäuresequenz. Ursprung und Aufbau der AFGP-Gene in arktischen bzw. antarktischen Fischen sind jedoch grundverschieden. Es gab also keinen gemeinsamen Vorfahren, der die Blaupause für die modernen AFGPs lieferte. Vielmehr hat die Evolution zweimal dieselbe Lösung für dasselbe Problem gefunden (Konvergenz).

Eisbedeckung und Saisonalität

Das wahre Geheimnis des Erfolgs von Polardorsch und Antarktischem Silberfisch liegt aber darin, dass sie ihren Lebenszyklus perfekt auf die zeitliche und räumliche Dynamik des Meereises abstimmen. Die polaren Ökosysteme schwanken ständig zwischen niedriger Produktivität in den dunklen Wintermonaten und Phasen hoher Produktivität von Mikroalgen im Meereis (Eisalgen) und in der Wassersäule während des Sommers. Insbesondere für die Jungstadien der Fische ist es entscheidend, diesen Nahrungspuls optimal auszunutzen. Der Polardorsch legt seine Eier im tiefen Winter ab. Die Fischlarven schlüpfen im Frühjahr an der Oberfläche, wenn die erste Eisalgenblüte Millionen Kleinkrebse anlockt. Viele Polardorsche verbringen die ersten ein bis zwei Jahre ihres Lebens an der Unterseite des Eises. Dort finden sie Schutz vor Räubern und wertvolle Beute. Der Antarktische Silberfisch legt die auftreibenden Eier im Vorfrühling in einem einzigartigen Lebensraum ab: Unter antarktischem Küstenmeereis befindet sich oft eine labyrinthartige Schicht aus etwa handtellergroßen Eisplättchen (Plättcheneis). Darin reifen die Eier heran, gut geschützt vor Fressfeinden. Die Larven schlüpfen im Frühjahr, wenn ausgeprägte (Eis-)Algenblüten auftreten, und finden im Plättcheneis eine reich gedeckte Tafel vor.

Der Klimawandel stellt die Fische der Eismeere vor neue Herausforderungen. Mit der Erwärmung der Ozeane verändert sich das Nahrungsangebot, und neue

Konkurrenten drängen in die Polargebiete. Wo sich das Meereis zurückzieht, führt dies zu tiefgreifenden Habitatveränderungen. Ob Polardorsch und Antarktischer Silberfisch auch am Ende des 21. Jahrhunderts noch die dominanten Fischarten der polaren Schelfgebiete sein werden, scheint daher fraglich.

Informationen im Internet

- www.awi.de – Neue Website mit vielen Informationen zum Leben in den Polarmeeren
- www.arcodiv.org – Die faszinierende Biodiversität der Arktis in Bildern
- www.biodiversity.aq – Online-Datenbank zur Verbreitung antarktischer Meerestiere mit Visualisierungstools

Weiterführende Literatur

David C, Lange B, Krumpen T, Schaafsma F, Franeker van J-A, Flores H (2016) Under-ice distribution of polar cod *Boreogadus saida* in the central Arctic Ocean and their association with sea-ice habitat properties. Polar Biol 39:981–994

Gradinger RR, Bluhm BA (2004) In-situ observations on the distribution and behavior of amphipods and Arctic cod (*Boreogadus saida*) under the sea ice of the high Arctic Canada Basin. Polar Biol 27:595–603

Hubold G (2009) The Weddell Sea and the *Pleuragramma* Story. In: Hempel G, Hempel I (Hrsg) Biological Studies in Polar Oceans. NW-Vlg, Bremerhaven, S 165–170

Post E, Bhatt US, Bitz CM, Brodie JF, Fulton TL, Hebblewhite M, Kerby J, Kutz SJ, Stirling I, Walker DA (2013) Ecological consequences of sea-ice decline. Science 341:519–524

Vacchi M, DeVries AL, Evans CW, Bottaro M, Ghigliotti L, Cutroneo L, Pisano E (2012) A nursery area for the Antarctic silverfish *Pleuragramma antarcticum* at Terra Nova Bay (Ross Sea): first estimate of distribution and abundance of eggs and larvae under the seasonal sea-ice. Polar Biol 35:1573–1585

Wöhrmann APA, Hagen W, Kunzmann A (1997) Adaptations of the Antarctic silverfish *Pleuragramma antarcticum* (Pisces: Nototheniidae) to pelagic life in high-Antarctic waters. Mar Ecol Prog Ser 151:205–218

Knoop V, Muller K (2008) Gene und Stammbäume: Ein Handbuch zur molekularen Phylogenetik. Spektrum Akademischer Verlag, Heidelberg

17

Seevögel und ihre Ernährungsweisen als Spiegel der Meeresumwelt

Holger Auel

Die Seevögel sind eine im Aussehen, Verhalten und in der stammesgeschichtlichen Herkunft sehr verschiedenartige Tiergruppe. Sie reicht von den schwergewichtigen, flugunfähigen, aber im Wasser flinken Pinguinen bis zu den majestätischen Langstreckenfliegern, den Albatrossen. Zwischen diesen beiden Extremtypen hat die Natur eine Vielzahl von Bauplänen des Seevogelkörpers realisiert.

Da die Seevögel vielen verschiedenen, nicht nahe miteinander verwandten Vogelordnungen entstammen, benötigen wir ein anderes, ein ökologisch fundiertes Konzept, um den Begriff „Seevogel" zu definieren. Seevögel haben gemeinsam, dass sie sich aus dem Meer ernähren. Dabei gibt es eine Vielzahl sehr unterschiedlicher Ernährungsweisen. Albatrosse und die meisten Sturmvögel picken ihre Nahrung von der Meeresoberfläche (*surface seizing*) oder filtern kleine Nahrungspartikel aus der Oberflächenschicht. Tölpel, Meerespelikane, Tropikvögel, Seeschwalben und einige Sturmtaucher fangen ihre Beute, meist Fische, sturztauchend, indem sie sich aus der Luft ins Wasser stürzen und bis in mehr oder weniger große Tiefe eintauchen (*deep plunging, surface plunging*). Einige Arten erweitern ihre Tauchtiefe, indem sie nach dem Eindringen ins Wasser durch Flügelschlag in größere Tiefen vordringen und ihre Beute über kurze Distanzen verfolgen (*pursuit plunging*). Pinguine und Alken haben hingegen das Tauchen als Unterwasserflug perfektioniert (*pursuit diving, aquaflying*). Sie starten ihre

PD Dr. Holger Auel (✉)

BreMarE Bremen Marine Ecology, Universität Bremen

28334 Bremen, Deutschland

E-Mail: hauel@uni-bremen.de

© Springer-Verlag GmbH Deutschland 2020

G. Hempel et al. (Hrsg.), *Faszination Meeresforschung*,

https://doi.org/10.1007/978-3-662-49714-2_17

Tauchgänge auf der Wasseroberfläche sitzend, verfolgen ihre Beute unter Wasser über weite Strecken und bis in Tiefen von mehreren Hundert Metern. Angetrieben werden sie dabei vom Schlag ihrer Flügel, die zum Teil erheblich modifiziert und im Fall der flugunfähigen Pinguine sogar in kurze Paddel umgewandelt sind. Eine besondere Form des Nahrungserwerbs praktizieren Raubmöwen und Fregattvögel. Sie betreiben Luftpiraterie und jagen anderen Seevögeln deren Beute im Luftkampf ab (Kleptoparasitismus). Erschreckt von den Flugattacken, lassen die Opfer ihre Nahrung fallen oder würgen sie hervor, um selbst dem Angreifer zu entkommen. Die Piraten fangen diese Beute dann entweder direkt im Flug auf oder sammeln sie vom Boden oder von der Wasseroberfläche auf.

Der grundlegende physikalische Schlüssel für das Verständnis der verschiedenen Ernährungsweisen liegt in der unterschiedlichen Viskosität, d. h. Zähigkeit, und Dichte von Wasser und Luft. Um erfolgreich in der Luft zu fliegen, benötigt ein Vogel große Flügel, für deren Bewegung er aber wegen der geringen Viskosität der Luft relativ wenig Kraft benötigt. Die für den „Unterwasserflug" im zähen Wasser optimierten Pinguine und Alken haben dagegen relativ kleine Flügel und benötigen starke Muskeln. Es ist also physikalisch unmöglich, dass ein Vogel gleichzeitig optimal angepasst sein kann an das Fliegen in der Luft und an das Streckentauchen per Flügelschlag. Jeder Körperbauplan eines Seevogels ist ein Kompromiss zwischen diesen gegensätzlichen Anforderungen und eröffnet verschiedenen Gruppen von Seevögeln unterschiedliche Nischen. Albatrosse sind mit ihrer bis 3,5 m Spannweite optimal angepasst an das Langstreckensegeln (Abb. 17.1). Sie legen mühelos Tausende von Kilometern mit wenigen Flügelschlägen im Gleitflug zurück, können dafür jedoch nicht tauchen und müssen ihre Nahrung von der Meeresoberfläche sammeln. Das Gleiche gilt für die meisten Sturmvögel; sie gehören wie die Albatrosse zur Ordnung der Röhrennasen (Procellariiformes).

Am anderen Ende des Spektrums befinden sich die Alken, Lummensturmvögel und Pinguine. Die Erfordernisse des Unterwasserflugs bestimmen den gesamten Lebenszyklus dieser Arten. Für die flugunfähigen Pinguine bedeutet diese Jagdtechnik, dass sie nur dort brüten können, wo ausreichend Nahrung relativ nahe bei ihren Brutkolonien zur Verfügung steht, da die Reichweite ihrer Beutezüge begrenzt ist. Auf den Falklandinseln, einem wichtigen Brutgebiet verschiedener Pinguinarten, ist es in jüngster Vergangenheit zu erheblichen Schwankungen der Pinguinbestände gekommen. Man vermutet, dass sie mit der Nahrungsverfügbarkeit in den Gewässern rund um die Inseln zusammenhängen. Diese Bindung an Brutkolonien und die Abhängigkeit von einer ausreichenden Nahrungsverfügbarkeit in unmittelbarer Nähe machen Pinguine und andere tauchende Seevogelarten besonders empfindlich gegenüber Änderungen in der Verteilung und im Bestand ihrer Beutearten, wie sie im Rahmen des globalen Klimawandels verstärkt auftreten.

Abb. 17.1 Schwarzbrauenalbatros beim Segelflug im Südpolarmeer.
(Foto: Wilhelm Hagen)

Bei den am weitesten südlich, auf dem antarktischen Festeis vor der Schelf-
eiskante im Winter brütenden Kaiserpinguinen (Abb. 17.2) führt die begrenzte
Reichweite bei Beutezügen zu einer besonderen Arbeitsteilung zwischen den
Elterntieren beim Brüten und bei der Jungenaufzucht. Beide Eltern wechseln sich
über vier Monate ab, um dem jeweils „wachfreien" Elternteil einen ausreichend
langen Beutezug zu ermöglichen. Das Weibchen überlässt das Ei unmittelbar
nach der Eiablage dem Männchen zum Ausbrüten, um sich nach der langen Balz-
und Fastenzeit mit Tintenfisch, Fisch und Krill zu stärken. Erst nach neun bis
zehn Wochen – das Küken ist inzwischen geschlüpft – kommt sie zurück, füttert
das Küken und übernimmt die Betreuung für die nächsten Wochen. Inzwischen
erholt sich das Männchen beim Beutezug (es hat seit Beginn der Paarungszeit
zwei Drittel der Fettreserven und die Hälfte der Körpermasse verloren) und kehrt
beizeiten mit reichlich Nahrung für das Küken zurück.

Bei den Alkenvögeln ist die Flugfähigkeit in der Luft ebenfalls zugunsten des
„Unterwasserflugs" beeinträchtigt (der ausgestorbene Riesenalk konnte gar nicht
fliegen). Hier führen die Abhängigkeit von ausreichend Nahrung in der Nähe der
Brutkolonien und der hohe Energieaufwand für den Transport der Nahrung zum
Brutplatz wegen ihres ineffizienten Flugs jedes Jahr zu einem Naturschauspiel,
das im Sommer auch auf Helgoland, Deutschlands einzigem Seevogelfelsen, zu
beobachten ist. Bereits zwei bis drei Wochen nach dem Schlupf folgen die Küken
der Trottellummen ihren Eltern aufs Meer hinaus. Sie erschließen sich damit
Nahrungsquellen in einem größeren Umkreis um die Kolonie und ersparen den
Elterntieren den aufwendigen Transport des Futters zum Brutplatz. Beim „Lum-

Abb. 17.2 Kaiserpinguine zeigen ihre relativ kurzen, zu Paddeln umgewandelten Flügel. (Foto: Holger Auel)

mensprung" stürzen sich die Küken von 40 m hohen Brutfelsen in die Tiefe, obwohl sie zu diesem Zeitpunkt noch nicht fliegen können. Sie überleben diesen Sturz, da ihre Knochen noch nicht vollständig ausgehärtet sind.

Das Beispiel der Pinguine und Alken zeigt, dass Vorkommen und Verbreitung der verschiedenen Seevogelgruppen mit ihrer jeweils spezifischen Ernährungsweise stark von der Produktivität der Meeresregion abhängen, in der sie leben. Die größten Bestände von Seevögeln findet man in den hochproduktiven Küstenauftriebsgebieten (Kap. 7) des Humboldt-, Benguela- und Kalifornienstroms. Tölpel, Kormorane und Meerespelikane brüten dort in riesigen Kolonien. Der Vogelkot und die Reste der Fischmahlzeiten, die sich teils meterdick in den Brutkolonien ansammeln, bilden den Guano, einen äußerst nährstoffreichen Dünger. Bricht die Produktivität der Meeresgebiete vorübergehend ein, wie das im Humboldtstrom regelmäßig im Rahmen von El-Niño-Ereignissen (Kap. 7) geschieht, so bleiben die oberflächennahen Sardellen- und Sardinenschwärme aus, und die Seevögel verhungern massenhaft. Solange sich die Frequenz der El-Niño-Ereignisse nicht erhöht und ihre Intensität nicht zunimmt, können sich die Seevogelbestände von diesen natürlichen Bestandseinbrüchen jedoch wieder erholen.

Die Kopplung der Verbreitungsmuster von Seevögeln und ihrer jeweiligen Ernährungsweise an die Produktivität der Meeresregionen ist nicht auf Küstenauftriebsgebiete beschränkt. Sie erklärt auch die großräumige Verteilung der verschiedenen Seevogelgruppen auf globaler Skala. Wie wir gesehen haben, sind Seevögel, die ihre Beute im Unterwasserflug tauchend verfolgen, schlechte Flieger und daher auf ausreichend Beute im näheren Umfeld der Brutkolonien angewiesen. Eine solche Ernährungsweise ist also nur in hochproduktiven Meeresgebieten möglich, die sich – mit Ausnahme der Küstenauftriebsgebiete – auf die borealen und subpolaren Breiten beschränken. Daher ist das Vorkommen der Pinguine und Lummensturmvögel auf der Südhalbkugel und das Vorkommen der Alken auf der Nordhalbkugel an entsprechende hochproduktive Meeresregionen in hohen Breiten gebunden.

Im Gegensatz dazu führt die permanente Schichtung des Ozeans in tropischen und subtropischen Regionen zu einem Nährstoffmangel an der Oberfläche und somit zu einer sehr geringen Produktivität (Kap. 1). Das Nahrungsangebot ist insgesamt mager und über weite Flächen verteilt. Unter diesen Bedingungen müssen Seevögel sehr gute Flieger sein, um große Distanzen zurückzulegen und sich weit verstreute Nahrungsressourcen zu erschließen. Bei vielen tropischen Seevögeln hat sich daher das Sturztauchen als die erfolgreichste Form des Nahrungserwerbs durchgesetzt.

Langstreckensegler, wie Albatrosse und Sturmvögel, können nur Nahrungspartikel von der Meeresoberfläche bis zur maximalen Tiefe ihrer Halslänge aufnehmen. Eine solche Ernährungsweise ist weitgehend unabhängig von der lokalen Produktivität des Ozeans, da ihr Suchbereich ein riesiges Gebiet abdeckt. Die verschiedenen Arten dieser Gruppe kommen weltweit vor, wobei die größeren Vertreter, wie Albatrosse, Riesensturmvögel und größere Sturmvogelarten, auf ausreichend Wind für ihren Segelflug angewiesen sind und daher die Starkwindbereiche der Westwinddrift auf der Süd- und Nordhalbkugel bevorzugen. Sie sind Opportunisten, die jede erreichbare Nahrungsressource in ihrem Einzugsbereich nutzen, dabei oft auch Fischtrawler verfolgen und sich von Fischereiabfällen ernähren. Leider kommt es dabei häufig zu tödlichen Beifängen. Seevögel ertrinken in Netzen oder sterben an Langleinen der Fischerei. Insbesondere Albatrosse sind davon betroffen. Sie schnappen oft nach den frisch ausgelegten Ködern an den Langleinenhaken, bevor diese in die Tiefe absinken. Um dieser Gefährdung entgegenzuwirken, wurde im Jahre 2004 ein internationales Abkommen zum Schutz von Albatrossen und Sturmvögeln geschlossen, das bereits erste Erfolge zeigt.

Kleptoparasitische Seevögel überlassen die mühsame Futtersuche ihren Opfern. Sie sind weitgehend unabhängig vom Produktionsregime des Ozeans und kommen sowohl in den Tropen (Fregattvögel) als auch in borealen bis polaren

Breiten (Raubmöwen) vor. Wichtigste Voraussetzungen zur erfolgreichen Jagd sind einerseits das Vorkommen anderer Seevogelkolonien, die ihnen als hochkonzentrierte indirekte Nahrungsquelle dienen, und andererseits ihre exzellenten Flugkünste, mit denen sie andere Seevögel ausmanövrieren und ihnen die Beute abspenstig machen können. So lässt sich abschließend auch die Frage beantworten, warum Fregattvögel das Nonplusultra unter den Flugkünstlern im Vogelreich sind und darin sogar Raubmöwen, die eine vergleichbare Ernährungsweise haben, haushoch überlegen sind. Der Grund ist einfach: Während Raubmöwen ihre Beute überwiegend flugunfähigen bzw. schlecht fliegenden Seevögeln (verfolgungstauchenden Pinguinen und Alken in hohen Breiten) abjagen, müssen sich Fregattvögel mit sehr gut fliegenden Opfern (sturztauchenden Tölpeln in den Tropen) messen.

Trotz der sehr unterschiedlichen Ernährungsweisen ähneln sich die verschiedenen Seevogelgruppen in anderen wichtigen ökologischen Merkmalen sehr. Unabhängig von stammesgeschichtlichen Verwandtschaftsverhältnissen und großen Unterschieden in der Körpermasse, die zwischen den kleinsten Sturmschwalben mit 30 g und den größten Kaiserpinguinen mit 40 kg um mehr als drei Größenordnungen variiert, zeichnen sich alle Seevogelarten durch eine sehr späte Geschlechtsreife von zwei bis 13 Jahren aus. Sind sie erwachsen, haben alle Seevögel eine sehr hohe Überlebensrate von 75–97 % von Jahr zu Jahr. Die Gelegegröße ist extrem klein mit normalerweise nur einem einzelnen Ei bis ausnahmsweise drei Eiern. Die Brutdauer ist mit 25 bis 79 Tagen sehr lang. Ihr folgt eine teilweise extrem lange Zeit der Kükenaufzucht von bis zu 280 Tagen beim Wanderalbatros bzw. 350 Tagen beim Königspinguin. (Zum Vergleich beträgt die Überlebensrate heimischer Singvögel oft weniger als 50 % und die Brutdauer von Hühnern nur ca. 21 Tage.) Wissenschaftlich fasst man diese Charakteristika der Seevögel als extreme K-Strategie zusammen. Ihre Bestände bleiben relativ konstant nahe der ökologischen Tragfähigkeit des Lebensraums (= Kapazität, daher der Name K-Strategie). Teilweise bestimmt die verfügbare Fläche für Nistplätze die Bestandsgröße. Die extreme K-Strategie der Seevögel führt dazu, dass natürliche oder durch den Menschen verursachte Bestandseinbrüche nur sehr langsam ausgeglichen werden können. Die meisten Seevogelarten sind daher leicht in ihrem Bestand zu gefährden. Hinzu kommt, dass einige Arten nur auf sehr wenigen Inseln brüten, sodass lokale Eingriffe und Gefährdungen sich schnell auf den gesamten globalen Bestand auswirken.

Informationen im Internet

* http://www.acap.aq – Agreement on the Conservation of Albatrosses and Petrels (ACAP)

- http://www.birdlife.org/worldwide/programmes/marine – BirdLife International's Programme Marine
- http://www.seabirdtracking.org – Seabird Tracking Database
- http://seabirds.net – World Seabird Union

Weiterführende Literatur

Croxall JP (Hrsg) (2009) Seabirds: feeding ecology and role in marine ecosystems. Cambridge Univ Press, Cambridge

Gaston AJ (2004) Seabirds: a natural history. Poyser, London, UK

Harrison P (1991) Seabirds: an identification guide: a complete guide to the seabirds of the world. Zweite rev Auflage. Christopher Helm Publishers, London, UK

Schreiber EA, Burger J (Hrsg) (2001) Biology of marine birds. CRC Press, Boca Raton

Kolonie von Basstölpeln (*Morus bassanus*) am Sankt-Lorenz-Strom. (Foto: Christian Ramp, Mingan Island Cetacean Study, MICS)

18

Schweinswale in der Ostsee – Forschung für den Artenschutz

Harald Benke

Der Schweinswal (*Phocoena phocoena*) ist die einzige in der Ostsee heimische Walart. Mit maximal 1,80 m Länge und 80 kg Masse gehört er zu den kleinsten Walen (Abb. 18.1), wobei die Weibchen größer und schwerer sind als die altersgleichen Männchen. Mit einem maximalen Alter von 25 Jahren werden Schweinswale bei Weitem nicht so alt wie ihre großen Verwandten. Geschlechtsreif werden die Tiere mit vier bis fünf Jahren. Nach einer Tragzeit von zehn bis elf Monaten kalben die Kühe im Mai und Juni. Unmittelbar danach beginnt die Paarungszeit.

Am liebsten verzehren Schweinswale Fische bis zu einer Größe von 40 cm. Das Nahrungsspektrum reicht von kleinen Sandaalen über Grundeln, Sprotten, Makrelen bis zum Dorsch. Der fettreiche Hering gehört zu ihrer Lieblingsspeise. Obwohl Schweinswale über 200 m tief tauchen können, bevorzugen sie die flachen Küstenmeere und tauchen in der Regel nicht länger als 6 min. Beim normalen Schwimmen dicht unter der Wasseroberfläche mit einer Geschwindigkeit von etwa 7 km/h durchstoßen sie zum Atmen etwa zwei- bis viermal pro Minute die Wasseroberfläche. Morphometrische und genetische Untersuchungen zeigen, dass zwischen Skagen, Dänemark (im Westen), und dem Golf von Finnland (im Osten) zwei Populationen vorkommen: die westliche Beltsee-Population und die östliche Population der zentralen Ostsee, auch Ostsee-Schweinswale genannt. Die Grenze zwischen den beiden Populationen wird je nach Autor entweder

Dr. Harald Benke (✉)
Deutsches Meeresmuseum
Katharinenberg 14 – 20, 18439 Stralsund, Deutschland
E-Mail: Harald.Benke@meeresmuseum.de

© Springer-Verlag GmbH Deutschland 2020
G. Hempel et al. (Hrsg.), *Faszination Meeresforschung*,
https://doi.org/10.1007/978-3-662-49714-2_18

Abb. 18.1   Schweinswal in der Ostsee. (Foto: Solvin Zankl)

entlang der Darßer Schwelle oder einer gedachten Nord-Süd-Linie nördlich der Insel Rügen angenommen, wobei sich die Verbreitungsgebiete der beiden Populationen saisonal teilweise überlappen. Bestandsdichte und Verteilung der Schweinswale, besonders in der östlichen Ostsee, sind in den letzten 100 Jahren geschrumpft. Als Hauptgründe hierfür gelten die bis in die 1940er Jahre starke Bejagung sowie das periodische Massensterben infolge von Wintern mit großer Eisbedeckung. Für die zweite Hälfte des letzten Jahrhunderts zählen Gefahren wie Beifang, Schadstoffeintrag, Lärmbelastung, Nahrungsrückgang aufgrund von Überfischung der Dorsche als Ursachen für den starken Rückgang.

Für Aussagen über den Erhaltungszustand einer Walpopulation braucht man Kenntnisse über den Bestand, die Verteilung, das Wanderverhalten und den Gesundheitszustand. Traditionell basieren Untersuchungen von wildlebenden Walen und Delfinen auf Beobachtungen der zum Atmen auftauchenden Tiere. Diese Sichtungen – bei Tageslicht und bei guten Wetterbedingungen – erfolgen von Land, vom Schiff oder vom Flugzeug aus.

Um sich ein Bild von der Situation der Schweinswale in der Ostsee machen zu können, werden die Totfunde an den Stränden und die Beifänge in der Fischerei registriert und den Instituten für ergänzende Untersuchungen zugeführt. Zufällige Lebendsichtungen durch Wassersportler oder Behördenschiffe werden zusammengetragen.

Kombinierte Schiffs- und Flugzählungen gemäß der etablierten *line transect*-Methode wurden bei den großen internationalen Projekten SCANS-I (1994) und SCANS-II (2005) zur Erfassung von Kleinwalen in der Nordsee und angrenzender Gewässer durchgeführt. Für Skagerrak, Kattegat und Beltsee wurde der Bestand 1994 auf 27.923 und 2005 auf 10.614 Schweinswale geschätzt. Die deutschen Gewässer der Ostsee und die unmittelbar nördlich angrenzenden dänischen Gewässer wurden in den Jahren 2003 bis 2006 durch mehrere Flugzählungen intensiv untersucht. Die Bestandszahlen hierfür lagen je nach Jahr zwischen 1352 und 2905 Schweinswalen, wobei die größten Dichten im Westen, in der Kieler Bucht, und die geringsten Dichten im Osten, in der Pommerschen Bucht, ermittelt wurden. In der eigentlichen Ostsee, den Gewässern östlich der Insel Rügen, fanden lediglich in einem kleinen Seegebiet im südwestlichen Teil zwischen Schweden und Polen in den Jahren 1995 und 2002 Flugzählungen statt, die jeweils wenige Hundert Tiere ergaben.

In Gebieten mit einer sehr geringen Bestandsdichte von Schweinswalen sind Flug- oder Schiffszählungen mit großer Vorsicht zu betrachten. Hier ist ein statisches akustisches Monitoring der Wale die bessere Methode, da es über einen längeren Zeitraum und auch bei schlechten Wetterbedingungen oder bei Nacht Daten liefert. Schweinswale nutzen, wie alle Zahnwale, Echoortung im Ultraschallbereich, um sich im Raum zu orientieren, Beute zu fangen und zu kommunizieren. Diese Echoortungslaute zeichnet der Schweinswaldetektor auf. Das akustische Messgerät besteht aus einem Hydrophon, einer elektronischen Speichereinheit und mehreren Batterien. Stationär verankert kann es bis zu zehn Wochen aufnehmen. In allen deutschen Gewässern der Ostsee sind Schweinswaldetektoren seit 2002 im Einsatz. Das Deutsche Meeresmuseum besitzt die längsten Zeitreihen von aufgezeichneten Schweinswal-Echoortungslauten weltweit. Die Auswertungen ergaben, dass in jedem Gebiet der deutschen Ostsee Schweinswale zu finden sind (Abb. 18.2). Die Dichten nehmen jedoch von Westen nach Osten erheblich ab.

Weiterhin kann man anhand der akustischen Aufnahmen saisonale Unterschiede feststellen. In den Sommermonaten werden weit mehr Schweinswale registriert als im Winter. Im Frühjahr ziehen die Wale Richtung Osten, im Spätsommer und Herbst breiten sie sich bis weit nach Osten aus, und zum Winteranfang ziehen sie wieder westwärts. Gerade die Sommerquartiere sind wichtig für die Schweinswale, da in dieser Zeit die Reproduktion stattfindet. Mithilfe der akustischen Detektoren lassen sich nicht nur Rückschlüsse auf die An- bzw. Abwesenheit von Schweinswalen treffen, sie können auch zur Klassifizierung von Verhaltensmustern herangezogen werden. Nähert sich der Wal einem Beutefisch, sendet er ein bestimmtes Muster an Echoortungslauten aus. So kann man beispielsweise feststellen, ob das Tier auf Nahrungssuche ist oder nur durch das Gebiet zieht.

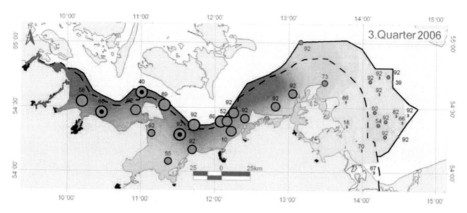

Abb. 18.2 Ergebnisse des statischen akustischen Monitorings in der deutschen Ostsee im dritten Quartal 2006. Gezeigt sind die Prozente der schweinswalpositiven Tage (% SPT) in der Zeit von Juli bis September. Die Größe der *grauen Kreise* spiegelt die % SPT pro Quartal der jeweiligen Messstation wider. Die Nummer neben den Kreisen gibt die Anzahl der Observierungstage an. Eine Interpolation der % SPT pro Monat visualisiert farbkodiert die saisonale und geografische Verteilung der Schweinswaldichte

In den Jahren 2010 bis 2015 wurden in dem internationalen Projekt SAM-BAH (Static Acoustic Monitoring of the Baltic Sea Harbour Porpoise) mithilfe der akustischen Detektoren Verteilung und Bestand von Schweinswalen in der eigentlichen Ostsee erfasst. An dem Projekt nahmen alle Ostseeanrainerstaaten bis auf Russland teil. An 304 Stationen wurden die Messgeräte in Gebieten mit einer Wassertiefe von 5–80 m ausgebracht (Abb. 18.3). Im Rahmen dieses Projekts gelang es erstmals, mittels akustischer Erfassung auch exakte Bestandszahlen von Walen zu errechnen. So wurde für die eigentliche Ostsee neben Dichteverteilungen an den einzelnen Stationen (Abb. 18.3) auch ein Bestand von 447 Schweinswalen für dieses Gebiet ermittelt (95 % Vertrauensintervall: 90–997). Weiterhin entdeckte man das Hauptfortpflanzungsgebiet für die Schweinswale der eigentlichen Ostsee südöstlich von Öland um die Midsjöbank (Abb. 18.3). Die Ergebnisse dieses Projekts zeigen, dass die Bestandszahlen der Ostsee-Schweinswale zwar sehr niedrig sind, aber immer noch so hoch, dass die Population eine gute Chance zum Überleben hat. Ohne die sofortige Umsetzung konkreter Schutzmaßnahmen könnte diese Population jedoch in absehbarer Zeit aussterben.

Zur lokalen Umsetzung notwendiger Schutzmaßnahmen haben Dänemark, Schweden und Finnland nationale Schutzpläne entworfen. Internationale Vereinbarungen und Organisationen wie das Kleinwalschutzabkommen (ASCO-BANS), die Weltnaturschutzunion (IUCN), die Internationale Walfangkommission (IWC) und die Europäische Union (EU) haben die Notwendigkeit schnellen Handelns erkannt und nennen die Verminderung der Beifangrate als höchste Dringlichkeit. Dafür müssen neuartige Fischnetze oder anderes Fanggeschirr, wie

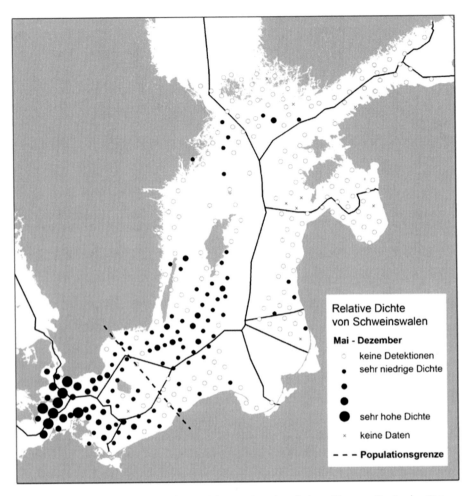

Abb. 18.3 Die *Punkte* geben die Positionen der akustischen Messgeräte in der Ostsee an, die die Echoortungssignale von Schweinswalen von Mai bis Dezember der Jahre 2011 und 2012 (kombiniert) aufgezeichnet haben. Die *gestrichelte Linie* zeigt eine mögliche jahreszeitliche Trennungslinie zwischen der Ostsee-Schweinswalpopulation und der Beltsee-Population

Reusen, entwickelt werden. Die EU fordert die Schaffung von Meeresschutzgebieten. Deutschland richtete entsprechende Schutzgebiete in seinen Küstenmeeren sowie in der Ausschließlichen Wirtschaftszone im Rahmen von Natura 2000 ein (Box 31.1). Die Implementierung entsprechender Schutzmaßnahmen wird aber seit Jahren durch die Interessenvertretung der Fischerei blockiert.

Der Erhaltungszustand der Population der Ostsee-Schweinswale ist kritisch. Verschiedene menschliche Aktivitäten verschlechtern diesen Zustand weiterhin. Die kommenden Jahre werden zeigen, ob die von den verschiedenen internationalen Übereinkommen geforderten Maßnahmen zum Schutz der Schweinswale in der gebotenen Eile realisiert werden können und dann auch wirksam greifen.

Informationen im Internet

- www.ascobans.org
- www.sambah.org

Weiterführende Literatur

Benke H (Hrsg) (2011) Wale und Robben in der Ostsee. Meer und Museum Bd 23, Deutsches Meeresmuseum, Stralsund

Benke H, Bräger S, Dähne M, Gallus A, Hansen S, Honnef CG, Jabbusch M, Koblitz JC, Krügel K, Liebschner A, Narberhaus I, Verfuß UK (2014) Baltic Sea harbour porpoise populations: status and conservation needs derived from recent survey results. Mar Ecol Prog Ser 495:275–290

Siebert U, Gilles A, Lucke K, Ludwig M, Benke H, Kock K-H, Scheidat M (2006) A decade of harbour porpoise occurrence in German waters – analysis of aerial surveys, incidental sightings and strandings. J Sea Res 56:65–80

Verfuß UK, Dähne M, Gallus A, Benke H (2013) Determining the detection thresholds for harbour porpoise clicks of autonomous data loggers, the Timing Porpoise Detectors. J Acoust Soc Am 134:2462–2468

Teil III

Am Boden der Ozeane

Kai Bischof

Die Tiefsee mag uns als ein extrem lebensfeindliches Habitat erscheinen, gekennzeichnet durch völlige Dunkelheit, niedrige Temperatur und hohen Druck. Sie stellt aber für die Boden bewohnenden Organismen den größten Lebensraum der Erde dar und ist ein Hort der Biodiversität. Gleichzeitig ist dieser Lebensraum aber aufgrund offensichtlicher logistischer Schwierigkeiten nur ansatzweise untersucht. Noch immer fördert jede Forschungsfahrt unbekannte Organismen vom Tiefseeboden zutage. Tauchboote liefern an den *hot vents* und *cold seeps* Bilder von Lebensgemeinschaften, deren vom Sonnenlicht völlig unabhängige Funktionsweise gegenwärtig intensiv erforscht wird. Durch den Prozess der Chemosynthese mit Schwefelverbindungen oder Methan als Energieträger können dort hochdiverse Organismengemeinschaften mit erstaunlich großer Biomasse entstehen. Die Chemosynthese betreibenden Bakterien und ihre symbiotische Vergesellschaftung mit anderen Mikroorganismen und mit Tieren eröffnen grundlegende Vorstellungen über die Frühformen des Lebens auf unserem Planeten.

Auf den riesigen Flächen des Tiefseebodens außerhalb dieser tektonisch aktiven Areale ist die tierische Besiedlung vielfach fleckenhaft verteilt. Die Bewohner beziehen letztlich ihre Nahrung aus der pflanzlichen Primärproduktion des Oberflächenwassers, meist in Form von abgestorbenen Resten von Phyto- und Zooplankton mitsamt den darauf haftenden Bakterien, aber auch als Kadaver von Walen und großen Fischen. Neben der Erforschung der Biodiversität und der Funktionsweise von Symbiosen in der Tiefsee kommt dem Studium dieser Kopplungsprozesse zwischen Wassersäule und (tiefem) Meeresboden eine große Bedeutung zu. Für Klimaprognosen ist die Kenntnis des Beitrags der Mikroorganismen der Tiefsee für die globalen Stoffkreisläufe wichtig. Die Tiefsee mag auch über geologische Zeiträume als ein recht stabiler Lebensraum erscheinen, sie wird aber möglicherweise schon in naher Zukunft dem menschlichen Zugriff durch den „Tiefseebergbau" auf Manganknollen und Gashydrate ausgesetzt sein. Auch hier kommt der biologischen Meeresforschung bei der Erarbeitung von Konzepten zur schonenden Nutzung dieser Rohstofflager künftig eine Schlüsselrolle zu.

Lebensgemeinschaft am Boden des Weddellmeeres, Antarktis. (Foto: Julian Gutt, AWI)

19

Leben am Meeresboden

Dieter Piepenburg, Angelika Brandt, Karen von Juterzenka, Heike Link, Pedro Martínez Arbizu, Michael Schmid, Laurenz Thomsen und Gritta Veit-Köhler

Die unbekannte Seite unserer Erde

Das Bild der Erde, aus dem Weltall aufgenommen, gehört sicher zu den symbolkräftigsten und meist veröffentlichten Fotos. Der erste und bleibende Eindruck lautet: Unsere Erde ist ein blauer Planet! Ihre charakteristische Farbe verdankt sie vor allem der Tatsache, dass ihre Oberfläche zum großen Teil von Meeren bedeckt ist. Wir Menschen sind festen Boden unter den Füßen gewohnt, und der Gedanke, dass die Erde in erster Linie eine Meereswelt ist, ist für uns befremdlich. Die Meere aber sind nicht grundlos – sie haben einen Boden. Dieser Meeresboden macht in seiner Gesamtheit über zwei Drittel der gesamten Erdoberfläche (362 Mio. km^2) aus. Er erstreckt sich von dem im Gezeitenrhythmus regelmäßig trocken fallenden Eulitoral der Küstenzonen bis in Wassertiefen von über 11.000 m – tiefer, als der Mount Everest hoch ist. Der flächenmäßig größte Teil (etwa 90 %) des Weltmeeres ist tiefer als 200 m. Der globale Mittelwert der Wassertiefe beträgt etwa 3800 m. Die Erdoberfläche ist zu mehr als der Hälfte Tiefsee – eine für uns weitgehend unbekannte, geheimnisvolle Wasserwelt.

Prof. Dr. Dieter Piepenburg (✉)
Alfred-Wegener-Institut, Helmholtz-Zentrum für Polar- und Meeresforschung
Am Handelshafen 12, 27570, Bremerhaven, Deutschland
E-Mail: Dieter.Piepenburg@awi.de

© Springer-Verlag GmbH Deutschland 2020
G. Hempel et al. (Hrsg.), *Faszination Meeresforschung*,
https://doi.org/10.1007/978-3-662-49714-2_19

Fremde Welten am Boden der Ozeane …

Was verbirgt sich unter der schier endlosen blauen Oberfläche? Der Meeresboden jenseits der flachen Küstengewässer war uns Luftatmern bis vor Kurzem vollkommen verschlossen. Nur etwa ein Zehntel des Meeresbodens liegt in Wassertiefen, in die zumindest noch Reste des Sonnenlichts vordringen können (in sehr klarem Wasser bis zu maximal 1000 m). Für uns ist es dort allerdings schon längst vollkommen dunkel, da dieses Restlicht für das menschliche Auge nicht mehr wahrnehmbar ist. Darunter liegt eine Welt der ewigen Dunkelheit, die lediglich durch das schwache Leuchten einzelner Tiere (Biolumineszenz) unterbrochen wird. Zudem liegen die Wassertemperaturen über den tiefen Meeresböden in allen Ozeanen nur wenig über denen der eisigen Polarmeere. Am Meeresboden ist es demnach stockfinster und bitterkalt. Der beeindruckendste Umweltfaktor ist aber der enorme Wasserdruck: Er steigt alle 10 Tiefenmeter um 1 bar, d. h. um 1 kg/cm². Das bedeutet, dass in 10.000 m Tiefe ein Druck von 1 t/cm² herrscht.

… Heimat einer Fülle exotischer Lebewesen

Umso erstaunlicher ist, dass auf und in den Meeresböden – dem Benthal – eine Fülle unterschiedlicher Lebewesen, das Benthos, siedelt (Abb. 19.1). Diese Erkenntnis ist relativ neu. Noch bis Mitte des 19. Jahrhunderts vertraten Wissenschaftler die Ansicht, dass es in Wassertiefen von über 500 m überhaupt kein Leben gibt – angesichts der dort scheinbar vollkommen lebensfeindlichen Bedingungen eine durchaus plausible Hypothese. Seit der Expedition des britischen Forschungsschiffs *Challenger* (1872–1876) und der deutschen Tiefseeexpedition der *Valdivia* (1898/99) ist aber klar, dass die Meeresböden auch in den kilometertiefen Abgründen der Tiefsee von – teilweise sehr fremdartigen – Lebewesen besiedelt werden; und seit Jacques Piccards Tauchgang mit dem Tauchboot *Trieste* (1960) im pazifischen Marianengraben wissen wir, dass dies selbst für die allergrößten Tiefen gilt.

Nicht nur hinsichtlich der enormen flächenhaften Ausdehnung sind die Meeresböden als Lebensraum außergewöhnlich. Über das genaue Wann, Wo und Wie der Entstehung des Lebens auf der Erde gibt es derzeit noch mehrere widerstreitende wissenschaftliche Hypothesen. Die meisten davon besagen, dass dieser Prozess vor 3–4 Mrd. Jahren in wässrigem Milieu stattgefunden hat, und zwar an Grenzflächen zwischen Wasser und festen Oberflächen – mit anderen Worten: sehr wahrscheinlich irgendwo am Meeresboden. Das bedeutet, dass der Meeresboden nicht nur der größte, sondern als „Wiege des Lebens" wohl auch der älteste Lebensraum der Erde ist. Außerdem ist das Benthal der Lebensraum mit der größten Formenfülle. An Land finden wir nach heutigem Wissensstand

Abb. 19.1 Typische Lebensgemeinschaften am Meeresboden des Südozeans. **a** Auf hartem Substrat wie diesem Felsblock findet man viele epibenthische Lebensformen wie beispielsweise Schwämme und Haarsterne (Foto vom südlichen Schelfrand der Bransfieldstraße bei etwa 290 m Tiefe). **b** Auf Weichböden sieht man kaum Epifauna, aber viele Lebensspuren endobenthischer Tiere (Foto vom südlichen Schelfrand der Drakestraße bei etwa 270 m Tiefe). (Fotos: Julian Gutt, AWI)

zwar mehr Arten, doch die weitaus meisten davon sind Insekten mit einem einheitlichen Grundbauplan. Das Meer dagegen, und hier vor allem das Benthal, ist viele Hundert Millionen Jahre länger als das Land von Organismen besiedelt worden, und deshalb ist dort, dank einer langen Evolution, die Diversität der Lebewesen mit sehr verschiedenen Bauplänen deutlich höher.

Dies bedeutet aber nicht, dass die Diversität in allen benthischen Lebensräumen hoch ist. Es gibt große regionale Unterschiede, z. B. zwischen küstennahen Ökosystemen (Kap. 23). Doch auch in tieferen Gefilden finden die Forscher mal wenige und mal überraschend viele Arten (Box 19.1, 19.2, 19.3 und 19.4).

Böden im Meer und an Land

Meeresböden besitzen einige Gemeinsamkeiten mit den uns vertrauten Böden an Land. Beide sind Lebensstätten von komplexen Gemeinschaften unterschiedlicher Organismen. Mit wenigen Ausnahmen (z. B. Bakterien und Fadenwürmer) ist die Zusammensetzung dieser Gemeinschaften aber an Land und im Meer ganz verschieden. Land- wie Meeresböden sind wichtig für die Schließung der Stoffkreisläufe, die alle Organismen – Pflanzen, Tiere und Mikroorganismen – eines jeden Ökosystems miteinander verbinden. Die für die pflanzliche Primärproduktion essenziellen Nährstoffe wie Nitrat und Phosphat müssen durch den Abbau der organischen Substanz durch Tiere und Bakterien freigesetzt werden (Remineralisation), um für Pflanzen erneut nutzbar zu sein. Ein großer Teil dieses Prozesses findet an Land und im Meer in den Böden statt.

Im größten Teil des Meeres – anders als an Land – sind die Primärproduktion und die Remineralisation räumlich deutlich voneinander getrennt, denn am Tiefseeboden kann keine Photosynthese stattfinden. Für die pflanzenfreien benthischen Lebensräume unterhalb der lichtdurchfluteten (euphotischen) Zone (Kap. 9) hat das eine gravierende Konsequenz: Die organische Substanz, die die Basis der Nahrungsketten bildet, muss von außen herantransportiert werden. Letzten Endes stammt sie zum größten Teil aus der pelagischen Primärproduktion der Planktonalgen, von der ein gewisser Anteil aus der euphotischen Zone herabsinkt und meist in Form toter Materie (Detritus) zum Meeresboden gelangt. Mit zunehmender Wassertiefe wird der Abstand zwischen euphotischem Pelagial und Benthal immer größer und damit die Nahrungsversorgung des Benthos immer spärlicher. Nahrungsarmut ist deshalb der bestimmende ökologische Faktor der Gemeinschaften der tiefen Meeresböden. Andererseits wird mit der großen räumlichen Trennung zwischen Meeresoberfläche und Meeresboden die aufwärts gerichtete Rückführung der im Benthal remineralisierten Pflanzennährstoffe in die euphotische Zone des Pelagials erschwert. Die ökologischen Beziehungen zwischen den Lebensräumen des Pelagials und des Benthals bezeichnen wir als pelago-benthische Kopplung (Kap. 6).

Die räumliche Trennung von Primärproduktion und Remineralisation gibt es an Land so nicht. Die Pflanzen siedeln direkt auf dem Boden und sind mit Wurzeln, die auch der Wasser- und Nährstoffversorgung dienen, in ihm verankert. Dafür bestehen die meist großen Landpflanzen hauptsächlich aus komplexen, hochmolekularen Gerüst- und Speichersubstanzen. Sie bilden den Humus, der nur schwer remineralisiert werden kann und deshalb eine hohe Verweilzeit im Boden hat. In Box 37.1 sind die Konsequenzen dieser Unterschiede zwischen Meer und Land für die Nutzbarkeit der Meere dargestellt.

Die Vielfalt der Bodenbewohner

Pflanzen und Tiere

Die Wissenschaft teilt die große Fülle der benthischen Lebensformen nach verschiedenen ökologischen Gesichtspunkten in Typen ein. Zum Phytobenthos gehören z. B. Seegraswiesen und Großalgenwälder, aber auch einzellige Kieselalgen (Diatomeen), die im Flachwasser schleimige Überzüge am Meeresboden bilden können. Im Gegensatz zum Zoobenthos sind benthische Pflanzen wegen ihrer Lichtabhängigkeit auf einen weltweit nur sehr geringen Teil des Meeresbodens (etwa 2 %), beschränkt. In trüben Küstengewässern kommen sie nur bis in wenige Meter Wassertiefe vor. Als maximale Tiefen gelten ca. 270 m für rote Krustenalgen in den sehr klaren Gewässern vor den Bahamas. Alle Grundbaupläne (Stämme) des Tierreichs, von den ältesten und einfachsten einzelligen Protisten bis zu den jüngsten und komplexesten, den Wirbeltieren, sind in benthischen Lebensgemeinschaften vertreten. Besonders wichtig hinsichtlich Artenfülle und/oder Biomasse sind: Nesseltiere (Cnidaria), zu denen z. B. die Korallen gehören; Weichtiere (Mollusca), zu denen unter anderem Schnecken (Gastropoda), Muscheln (Bivalvia) und Tintenfische (Cephalopoda) zählen; Ringelwürmer (Annelida), vor allem die vielborstigen Arten (Polychaeta); Krebse (Crustacea), die als artenreichste marine Gruppe die „Insekten" der Meere sind. Stachelhäuter (Echinodermata) kommen nur im Meer vor. Zu ihnen gehören Seelilien, Seesterne, Seeigel, Seegurken und Schlangensterne.

Mittendrin und obenauf

Die Ökologie eines benthischen Organismus wird entscheidend davon bestimmt, ob er in oder auf dem Meeresboden, d. h. endobenthisch (griechisch *endon* = in-

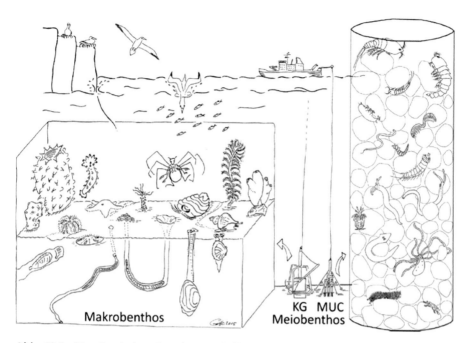

Makrobenthos

KG MUC
Meiobenthos

Abb. 19.2 Von Bord eines Forschungsschiffs werden verschiedene Geräte für die Untersuchung des Benthos eingesetzt. Mit dem Kastengreifer (KG) wird ein komplettes Stück Meeresboden an die Oberfläche geholt. Das Epibenthos und das Endobenthos werden damit beprobt. Zur Makrofauna (von *links* nach *rechts*) gehören die hier dargestellten Schwämme (2 Individuen), Stachelhäuter (eine schwimmende und eine grabende Seegurke, ein Seestern, ein regulärer Seeigel auf dem Sediment und ein irregulärer Seeigel im Sediment), Ringelwürmer (3 Individuen), Asseln (2), Weichtiere (eine Schnecke und zwei eingegrabene Muscheln), Nesseltiere und Seescheiden (2). Sedimentkerne mit ungestörter Oberfläche werden mit dem Multicorer (MUC) gezogen. In diesen Proben finden wir die Meiofauna. Zu den winzigen Tieren gehören (von *oben* nach *unten*) Ruderfußkrebse (3), Bärtierchen, Fadenwürmer (3), Hakenrüssler, Korsetttierchen, Weichtiere, Ringelwürmer, Plattwürmer, Nesseltiere, Bauchhärlinge und Milben. (Grafik: Gritta Veit-Köhler)

nen) oder epibenthisch (griechisch *epi* = auf, über), lebt (Abb. 19.2). Dies hat großen Einfluss auf weitere Lebensmerkmale. Beispielsweise verbringen die meisten endobenthischen Tiere ihr Leben ohne größere Ortsveränderung. Sie sind hemisessil (griechisch *hemi* = halb, lateinisch *sessilis* = festsitzend, sesshaft), wie der im Sandwatt lebende Schlick- oder Köderwurm. Dagegen können sich viele epibenthische Tiere – mehr oder weniger schnell – fortbewegen; sie sind vagil (lateinisch *vagus* = umherschweifend), wie Schnecken, Seesterne oder die meisten Krebsarten sowie die Kraken und Bodenfische. Andere Vertreter des Epibenthos dagegen, z. B. Schwämme und Korallen, sind ihr Leben lang an einem Platz festgewachsen und werden als sessil bezeichnet.

Die Kleinen, die Mittleren und die Großen

Das Größenspektrum benthischer Lebewesen reicht von wenige tausendstel Millimeter kleinen Einzellern bis zu über 1 m großen bodenlebenden Fischen wie dem Heilbutt. Grundsätzlich werden in der Benthosforschung drei Gruppen abgegrenzt, die sich aufgrund ihrer verschiedenen Größe in Ökologie, Lebensweise und bevorzugtem Lebensraum unterscheiden und mit sehr unterschiedlichen Methoden gesammelt und untersucht werden.

Die Lebewesen, die so klein sind, dass sie selbst die geologischen Sedimentsiebe mit einer Maschenweite von nur 0,032 mm passieren, gehören zum Mikrobenthos. Es setzt sich vor allem aus Bakterien und Protisten zusammen, die die Oberflächen einzelner Sedimentkörner besiedeln und dort oftmals in so großen Dichten vorkommen, dass sie einen sogenannten Biofilm bilden. Ihre Untersuchung ist das Feld der Mikrobiologen (Kap. 8 und 20).

Deutlich größer, aber dennoch nicht mit bloßem Auge erkennbar, ist das Meiobenthos (griechisch *meios* = geringer). In diese Kategorie fallen Organismen mit Körpergrößen von 0,032–0,5 mm, vor allem Fadenwürmer (Nematoden), Ruderfußkrebse (Copepoden) und Strudelwürmer (Turbellarien), aber auch etliche weniger bekannte Tiergruppen wie Bärtierchen (Tardigraden) oder Rädertiere (Rotatorien). Sie besiedeln die engen Zwischenräume zwischen den Sedimentkörnern, das sogenannte Porenwasser, und werden deshalb auch Sandlückenfauna genannt. Diese benthische Lebensgemeinschaft wurde von dem Kieler Zoologen Adolf Remane erst in den 1930er Jahren entdeckt. Heute weiß man, dass die kleinsten Vertreter des Meiobenthos bis in die Tiefen der Tiefseegräben vorkommen (Box 19.1). Diese verborgene Fauna ist die Nahrungsquelle für viele der größeren, besser und länger bekannten Meeresbodenbewohner.

Box 19.1: Das Meiobenthos der Tiefsee – kleine Tiere, große Vielfalt

Gritta Veit-Köhler und Pedro Martínez Arbizu

Für das bloße Auge unsichtbar besiedeln Bauchhärlinge (Gastrotricha), Hakenrüssler (Kinorhyncha), Korsett- (Loricifera) und Bärtierchen (Tardigrada) den Tiefseeboden. Die bei Weitem individuenreichste Tiergruppe in diesem auf den ersten Blick so eintönig erscheinenden Lebensraum sind allerdings die Fadenwürmer (Nematoda), gefolgt von den Ruderfußkrebsen (Copepoda). Diese Organismen des Meiobenthos leben zwischen Sandkörnern oder bewegen sich im feinen, weichen Schlick wühlend fort. Der weitaus größte Anteil dieser Bewohner des Tiefseeschlamms lebt in dessen oberen, nur wenige Millimeter bis Zentimeter starken Schichten. Hier finden sie neben dem in der Tiefsee meist ausreichend vorhandenen Sauerstoff auch genügend Nahrung.

Im Gegensatz zur Makrofauna mit ihren meist pelagischen Larvenstadien sind die Organismen des Meiobenthos zeitlebens an das Sediment gebunden. Nur wenige Arten sind gute Schwimmer, und einige Arten werden in nur einer einzigen Tiefseeregion gefunden. Umso erstaunlicher ist es, dass viele dieser winzigen Tiere Verbreitungsareale haben, die sich über mehrere Tiefseebecken oder sogar über Ozeangrenzen hinweg erstrecken. Betrachten wir einmal die Harpacticoida, eine Ordnung der Copepoda, welche die meisten im Benthos vorkommenden Copepodenarten stellt (Abb. 19.3): Arten, die anhand morphologischer Merkmale bestimmt wurden, bilden meist auch genetische Einheiten, selbst wenn die einzelnen Individuen aus weit voneinander entfernten Tiefseearealen stammen. Warum untermeerische Gebirgsrücken und Schwellen für manche Arten eine Verbreitungsgrenze darstellen und für andere nicht, ist bislang ungeklärt. Und noch eine Überraschung halten diese Winzlinge bereit: Eine Studie der Tiefseefauna des Angolabeckens ergab, dass 2152 adulte Harpacticoida zu 682 verschiedenen Arten gehörten. Alleine an einer der beprobten Stationen wurden 600 Arten gefunden, die höchste Artenzahl der Copepoda, die jemals an einem Tiefseestandort ermittelt wurde! Ganze 99,3 % der Arten waren für die Taxonomen völlig neu. Bisher waren insgesamt nicht viel mehr als 400 Arten der Harpacticoida aus der Tiefsee wissenschaftlich beschrieben worden. Die Tatsache, dass viele Arten in den Proben oft nur durch ein einziges Individuum vertreten sind, wirft die Frage auf, wie diese offensichtlich sehr seltenen Tiere in der Tiefsee einen Fortpflanzungspartner finden können.

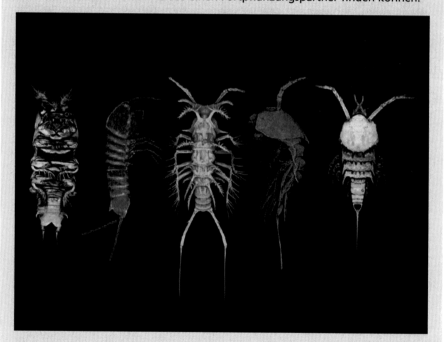

Abb. 19.3 Die Diversität in den Tiefseeebenen ist enorm: Fünf Arten benthischer Ruderfußkrebse (Harpacticoida), aufgenommen mit dem konfokalen Laserscanning-Mikroskop. Die Scans werden farbig dargestellt, die Tiere selbst sind jedoch farblos. (© DZMB, Senckenberg am Meer)

Auch die tatsächliche Artenzahl der Nematoda in der Tiefsee muss beeindruckend sein. Bislang wurden aus der Tiefsee (> 400 m Tiefe) weltweit nur 638 Nematodenarten beschrieben, was etwa 16 % aller bekannten marinen Nematoden sind – und das, obwohl sie die dominante Gruppe im Meiobenthos sind und die Tiefsee etwa 90 % des gesamten Meeresbodens ausmacht!

Während des Census of Marine Life (CoML) zur Erfassung der Vielfalt in den Ozeanen, wurden zehn Jahre lang weltweit verschiedene Meereslebensräume erforscht (Kap. 21 und Box 46.1). Wissenschaftler führten im Rahmen von CoML eine Vielzahl von Tiefseeexpeditionen durch und bekamen so wertvolle Einblicke in die Vielfalt der kleinsten Tiere in diesem größten Ökosystem der Erde. Die Tiefseeebenen sind auch das Spezialgebiet der Mitarbeiter des Deutschen Zentrums für Marine Biodiversitätsforschung (DZMB), einer Abteilung von Senckenberg am Meer in Wilhelmshaven und Hamburg. Die Zahl der wissenschaftlich beschriebenen Arten (besonders für Nematoden, aber auch für andere Meiofaunagruppen) zeigt, dass wir Taxonomen noch viel tun müssen, um das tatsächliche Ausmaß der Diversität in der Tiefsee abschätzen zu können.

Literatur
George KH, Veit-Köhler G, Martínez Arbizu P, Seifried S, Rose A, Willen E, Bröhldick K, Corgosinho PH, Drewes J, Menzel L, Moura G, Schminke HK (2014) Community structure and species diversity of Harpacticoida (Crustacea: Copepoda) at two sites in the deep sea of the Angola Basin (Southeast Atlantic). Org Divers Evol 14:57–73.
Gheerardyn H, Veit-Köhler G (2009) Diversity and large-scale biogeography of Paramesochridae (Copepoda, Harpacticoida) in South Atlantic abyssal plains and the deep Southern Ocean. Deep-Sea Res I 56:1804–1815.
Miljutin DM, Gad G, Miljutina MA, Mokievsky VO, Fonseca-Genevois V, Esteves AM (2010) The state of knowledge on deep-sea nematode taxonomy: how many valid species are known down there? Mar Biodiv 40:143–159.

Informationen im Internet
www.senckenberg.de/dzmb
www.cedamar.org

Die mit bloßem Auge sichtbaren Lebewesen (genauer: die Organismen, die im Rückstand zu finden sind, wenn man Sedimente mit einer Maschenweite von 0,5 mm siebt) werden als Makrobenthos bezeichnet. Hierzu zählen die meisten Muscheln, vielborstige Ringelwürmer, Krebse und Stachelhäuter. Um sie zu untersuchen, werden sie in der Regel mit besonders konstruierten Greifern (*corer*) mitsamt dem Meeresbodensediment gesammelt (Abb. 19.4). Es hat sich aber gezeigt, dass die größten (ab etwa 1 cm) und beweglichsten Organismen der Makrofauna, z. B. einige Stachelhäuter, etliche Krebse, Fische, so kaum gefangen werden. Heute wird für diese Tiere deshalb meist eine vierte Größenkategorie benutzt, das Megabenthos (griechisch *megas* = groß). Gemäß einer pragmatischen Definition zählen dazu alle Organismen, die mit geschleppten Fanggeräten (z. B. Dredgen und Trawls; Abb. 19.4) gefangen werden und/oder auf

Abb. 19.4 Sammelmethoden in der Benthosforschung. **a** Agassiz-Trawl; Beispiel für ein oft verwendetes geschlepptes Gerät zum Fang megabenthischer Tiere. **b** Groß-kastengreifer; Beispiel für ein greifendes Gerät zum Sammeln makrobenthischer Or-ganismen. **c** Multicorer; Beispiel für ein Gerät, mit dessen Hilfe gleichzeitig mehrere Sedimentproben, inklusive der darin lebenden Benthosorganismen, aus dem Meeres-boden gestanzt werden. **d** Ferngesteuertes Unterwasserfahrzeug (Remotely Operated Vehicle, ROV) „Quest 400" des MARUM Bremen; Beispiel für ein modernes Multifunkti-onsgerät, mit dem man sowohl Bilder (Videos und Fotografien) des Meeresbodens und des auf ihm lebenden Epibenthos erhalten als auch mithilfe von Greifarmen gezielt Proben aus benthischen Habitaten nehmen kann. (Foto a: Dieter Piepenburg; Foto b: Julian Gutt; Foto c: Heike Link; Foto d: Thomas Soltwedel, AWI)

Unterwasserbildern (Fotografien oder Videos) zu erkennen sind. Dies sind die Tiere, die der Laie gemeinhin als Erstes mit dem Begriff „Meeresbodenfauna" assoziiert.

Der Benthosforscher und sein Werkzeug

Seit den Anfängen der wissenschaftlichen Meeresforschung im späten 19. Jahr-hundert wurden verschiedenste Netze und Greifer entwickelt, die aber trotz al-ler technischer Verbesserungen grundsätzlich nur eine blinde und punktuelle Beprobung des Meeresbodens erlaubten. Zudem lässt das Durcheinander von Organismen und Sediment in den Netzfängen keinen Rückschluss auf die realen

Verhältnisse in den benthischen Habitaten zu. Die Verwendung von Fotografie und Video mittels ferngesteuerter Sonden oder unbemannter und bemannter Tauchboote (Box 43.2; Abb. 19.4) seit der zweiten Hälfte des 20. Jahrhunderts war daher eine Revolution, denn sie bot erstmals direkte Einblicke in die epibenthischen Lebensräume und gestattete gezielte Probennahmen am Meeresboden. Neueste Entwicklungen, wie Lander (multifunktionale Freifallgeräte) und Meeresbodenobservatorien (ständig bzw. wiederholt untersuchte Meeresbodenareale), erlauben sogar Beobachtungen, Messungen und Probennahmen über längere Zeiträume (Kap. 44).

Fressen und gefressen werden

Benthische Tiere ernähren sich auf ganz verschiedene Weise. Ihr Lebensformtyp, also Aussehen, Größe und Beweglichkeit, sind weitgehend darauf abgestimmt, was sie fressen und wie sie ihr Futter finden und zu sich nehmen. Viele Benthosarten ernähren sich durch die Aufnahme kleiner Nahrungsorganismen oder -teilchen; man bezeichnet sie als mikrophag (griechisch *phagein* = fressen). Hierzu gehört die Mehrzahl der epibenthischen sessilen Tiere: Strudler und Filtrierer, wie die Schwämme und viele Muscheln, die als sogenannte Suspensionsfresser in der Lage sind, die im bodennahen Wasser flottierenden organischen Partikel herauszuseien, oder Tentakelfänger, wie Korallen und Seeanemonen, die die kleinen, im bodennahen Wasser driftenden Planktonorganismen erbeuten können. Vagile mikrophage epibenthische Formen, wie etliche Schnecken, Borstenwürmer und Krebse, ernähren sich als Weidegänger, indem sie den Bakterien- oder Algenbewuchs auf harten Oberflächen mithilfe spezialisierter Mundwerkzeuge abraspeln. Aber auch ein Großteil der endobenthischen Fauna ist mikrophag: Die Substratfresser nehmen die im Sediment enthaltene Nahrung auf – sowohl tote (Detritus) als auch lebende (Mikro- und Meiobenthos).

Im Gegensatz zu den mikrophagen Arten ernähren sich makrophage Organismen, z. B. viele Schnecken, Seesterne, Kraken und Fische, als bewegliche Räuber und Aasfresser von großen Beutetieren. Außerdem gibt es verschiedene Benthosarten, die ganz oder zum großen Teil von der Primärproduktion der in ihnen lebenden (endosymbiontischen) Mikroorganismen leben. Dazu zählen tropische Flachwasserkorallen mit ihren Symbiosepartnern, den photoautotrophen Zooxanthellen (Kap. 29), aber auch bestimmte Würmer und Muscheln in den *hot vent*- und *cold seep*-Habitaten der Tiefsee mit ihren chemoautotrophen Bakterien (Kap. 22).

Von der Unschärfe in der Ordnung

Die Wissenschaft liebt Ordnung; sie strebt danach, möglichst alle Erscheinungsformen unserer Welt nach verschiedenen Gesichtspunkten in Ordnungssysteme einzuteilen. Die Natur jedoch ist nicht „ordentlich". Oft ist sie so vielgestaltig, dass sie sich widerborstig allen Einteilungen widersetzt. Dies gilt auch für die Ökologie des marinen Benthos. Es gibt etliche bodenlebende Arten, die hinsichtlich ihrer Lebensweise nicht eindeutig in die zuvor genannten Kategorien passen. Dies beginnt schon bei der Unterscheidung zwischen Endo- und Epibenthos. Man kennt Arten, die eingegraben im Sediment leben,

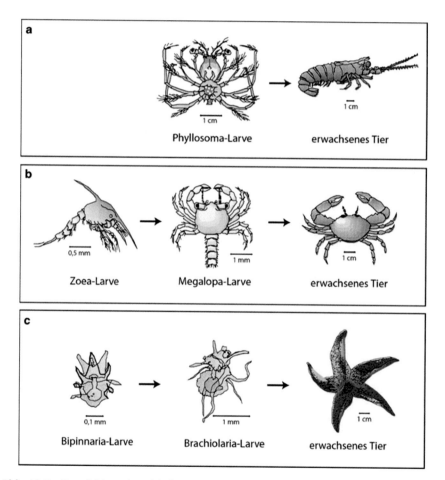

Abb. 19.5 Entwicklung benthischer Tiere mit meroplanktischen Larvenstadien. **a** Languste, **b** Strandkrabbe, **c** Seestern. Beachte die unterschiedlichen Maßstäbe bei den abgebildeten Organismen. (Modifiziert nach Castro und Huber 2000)

sich aber über vorgestülpte Körperteile filtrierend oder pipettierend von der Oberfläche ernähren, wie etliche Muscheln im Wattenmeer. Einerseits gehören sie zum Endobenthos, andererseits nutzen sie wie epibenthische Lebewesen Nahrungsressourcen, die sich außerhalb des Sediments befinden. Andere Arten, z. B. einige Schlangensterne, sind so flexibel in ihrem Nahrungserwerb, dass sie je nach vorherrschenden Bedingungen mal als Suspensionsfresser, mal als Substratfresser auftreten können – zwei fundamental unterschiedliche Ernährungsweisen, die eigentlich bei ganz verschiedenen Lebensformtypen zu finden sind.

Diese Beispiele zeigen, die Natur ist so komplex, dass es 100%ig stimmende Einteilungen – nach welchen Kriterien auch immer – nicht geben kann. Das gilt selbst für die Definition des Begriffs „Benthos". Viele benthische Tiere bewohnen nicht während ihres gesamten Lebens den Meeresboden. Ähnlich wie viele Insekten sehen sie in ihrer Jugend – als Larve – ganz anders aus, sind in der Regel viel kleiner und führen auch ein vollkommen anderes Leben. Sie gehören dann nämlich zum Plankton des Pelagials. Man spricht in solchen Fällen vom Meroplankton (griechisch *meros* = Teil) und meint damit die pelagischen Fress- und Verbreitungsstadien von benthischen Arten (Kap. 3). Erst wenn diese Larven nach einer gewissen Zeit als Planktonlebewesen einen passenden Platz am Boden gefunden haben, siedeln sie sich dort an und entwickeln sich nach einer meist tiefgreifenden Veränderung ihres Körpers (Metamorphose) zu einem benthischen Organismus (Abb. 19.5).

Die Lebensräume des Benthals

Angesichts der enormen – horizontalen wie vertikalen – Ausdehnung ist es nicht verwunderlich, dass der Meeresboden in seiner Gesamtheit keinen einheitlichen Lebensraum darstellt, sondern eine Vielzahl verschiedener Habitate bietet. Dies gilt vor allem für den küstennahen Bereich (Kap. 23). Die Wissenschaft hat nicht nur für die benthischen Lebensformen, sondern auch für die von ihnen besiedelten Lebensräume verschiedene Klassifikationssysteme entwickelt, um sie nach ökologischen Kriterien abzugrenzen.

Harte und weiche Böden

Eines der wichtigsten Umweltmerkmale mit großen Auswirkungen auf die benthischen Gemeinschaften ist die Beschaffenheit des Meeresbodens. Grundsätzlich werden Hartböden und Weichböden unterschieden. Erstere bestehen aus festen Untergründen, wie anstehendem Fels oder auch Körpern bzw. Schalen bodenlebender Organismen. Sie sind vor allem in Küstengewässern zu finden. Hartböden bieten Siedlungsplätze für eine reiche Epifauna, während nur wenige bohrende Organismen, wie Bohrmuscheln, eine Art spezieller Hartbodenendofauna bilden. Weltweit gehört nur ein kleiner Teil (etwa 15 %) der Meeresbodenfläche zu diesem Typ. Die meisten Meeresböden sind Weichböden, die aus Sedimenten bestehen, einer Mischung von losen Partikeln mit Größen von wenigen tausendstel Millimetern (Tone) bis 2 mm (Sande) und vereinzelt mehr (Kies). Sie sind entweder aus der Verwitterung der Kontinente entstanden und gelangten vor allem über die Flüsse oder mit Wüstenwinden ins Meer (lithogene Sedimente, insbesondere auf den Schelfen), oder es sind kalkige oder kieselige Schalenreste von pelagischen Mikroorganismen, die nach ihrem Tod zum Boden gesunken sind (biogene Sedimente, insbesondere in der Tiefsee). Die Weichböden sind reich an Endobenthos und unterscheiden sich in ihrem Erscheinungsbild und ihrer Ökologie stark von Hartböden, auf denen viel Epibenthos angesiedelt ist (Abb. 19.1).

Die Tiefenzonen des Meeresbodens

Ähnlich wie an Land, vor allem im Gebirge, die Höhe über dem Meeresspiegel ein wesentlicher Faktor für die Landschaftsgliederung ist, spielt im Meer die

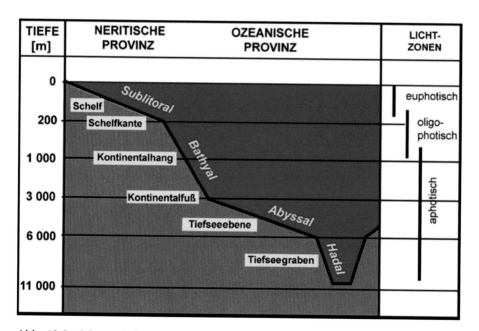

Abb. 19.6 Schematische Darstellung der großen Tiefenzonen im Meer. Großräumig wird der Meeresboden in vier Bereiche unterschiedlicher Wassertiefe gegliedert: Schelf (Litoral), Kontinentalhang und -fuß (Bathyal), Tiefseeebene (Abyssal) und Tiefseegraben (Hadal)

Wassertiefe eine große Rolle. Analog zu den Höhenstufen an Land werden in der Benthosforschung großräumig vier Tiefenzonen unterschieden (Abb. 19.6), die sich grundsätzlich durch sehr unterschiedliche Umweltbedingungen auszeichnen.

Schelfe

Die Schelfe sind die flachen, vom Meer überfluteten Ränder der kontinentalen Krustenplatten. Im globalen Mittel sind sie 78 km breit. An aktiven Kontinentalrändern allerdings, z. B. im Pazifik, sind sie allenfalls wenige Kilometer weit, während sie an passiven Kontinentalrändern, z. B. in der Arktis nördlich von Sibirien, mit bis zu 1500 km sehr breit sind (Box 19.2).

Box 19.2: Ein cooles Leben – arktische Benthosgemeinschaften
Karen von Juterzenka und Michael K. Schmid

Weiße Weiten, Eisberge, Mitternachtssonne – Faszination der Arktis. Der zentrale Arktische Ozean und ein Teil seiner Randmeere sind selbst im Sommer von Packeis bedeckt. Aber was steckt unter der kalten weißen Decke? Das wissen z. B. Walrosse, denn sie tauchen zur Nahrungssuche ab. Tauchen wir mit! Im Pelagial begegnen wir zunächst Zooplankton und dem Polardorsch. In einer Wassertiefe von 80 m tauchen Seeigel, Seesterne, Muscheln und Krebse auf – wir sind am Grund: eine faszinierende Landschaft am Meeresboden, die Welt der arktischen Benthosgemeinschaften. Dort herrscht noch keine vollständige Dunkelheit – bis in 200 m Tiefe kann in klaren Schelfgewässern Oberflächensonneneinstrahlung von einzelligen Algen genutzt werden. Die ausgedehnten arktischen Schelfmeere sind größtenteils flacher als 200 m, die über 500 km breite sibirische Laptewsee über große Bereiche sogar weniger als 50 m tief. Am arktischen Meeresboden findet sich eine vielfältige Wohngemeinschaft (Abb. 19.7 und 19.8). Auf 1 m² Meeresboden sind in der Laptewsee je nach Wassertiefe von einigen Hundert bis zu 9000 Makrofaunaorganismen zu finden, vor Nordostgrönland bis zu 11.000. Dazu kommen Mikroorganismen und Tiere der Meio- und Megafauna. Arktische Riesenasseln, gepanzerte Flohkrebse, Schlickgarnelen oder Kapuzenkrebse, Seegurken, Seeigel und bodenlebende Quallen bevölkern den Meeresboden, gemeinsam mit vielen anderen Lebewesen. Asselspinnen staken mit langen Beinen im Zeitlupentempo über den Grund. Zum Teil sieht man den Grund vor Sternen nicht: Schlangensterne (Abb. 19.7), eine der fünf Stachelhäutergruppen, stellen in einigen Gebieten bis zu 98 % der Individuen der Epifauna. Ihr großer Erfolg unter polaren Bedingungen wird u. a. ihrer Flexibilität in der Nahrungsbeschaffung zugeschrieben. Die verzweigten Arme der Gorgonenhäupter erinnern an die Ungeheuer der griechischen Sage.

Abb. 19.7 Ein Sedimentkern von 10 cm Durchmesser, ausgestochen aus dem Boden der sibirischen Laptewsee – und die Benthosforscher werden von Schlangensternen begrüßt. (Foto: Karen von Juterzenka)

Was hat nun das Eis mit dem Meeresboden zu tun? Alles Gute kommt von oben, könnte man sagen. Arktisches Packeis trägt Sedimente mit sich, die während der Eisbildung in den flachen sibirischen Schelfmeeren eingetragen werden. Sedimentpartikel, Eisalgen und andere Meereisbewohner werden während der sommerlichen Eisschmelze freigesetzt. Gröberes Material aus den Küstenregionen kann durch Eisberge und Eisschollen in den offenen Ozean transportiert werden – schmilzt das Eis, fallen sie dem Benthos buchstäblich auf den Kopf (*drop stones*). Auf diese Weise haben Prozesse in der eisbedeckten Oberflächenzone einen direkten Einfluss auf die Struktur und Nahrungsversorgung des darunterliegenden Meeresbodens. *Drop stones* bilden ein Substrat für sessile Hartbodenbewohner, z. B. Schwämme, Seeanemonen und Moostierchen. Eisberge hingegen, die durch Wind und Strömung über flache Schelfgebiete getrieben werden, können den Meeresboden durchpflügen und Spuren der Vernichtung im Benthal hinterlassen. Das Muster solcher „Störungen" in Raum und Zeit sorgt dabei für ein Mosaik verschiedener Habitate – Eisbergstrandungen sind deshalb Desaster, die die Biodiversität nicht nur senken, sondern auch fördern können.

Abb. 19.8 Fänge mit Dredgen und Trawls (s. Abb. 19.4) liefern ein Sammel-surium von Meerestieren, dessen Analyse ein Detailbild der Zusammensetzung des Makroepibenthos bietet. Um die räumliche Struktur der Bodenbesiedlung zu verstehen, bedarf es der Foto- und Videotechnik (s. Abb. 19.1, 19.9). (Foto: Gotthilf Hempel)

Arktische Lebensräume zeichnen sich durch eine ausgeprägte Saisonalität aus, die Einfluss auf alle Lebensvorgänge nimmt. Im kurzen arktischen Sommer sorgt die intensive Einstrahlung für eine reiche Primärproduktion. Die ruhi-gen Gewässer zwischen den Eisschollen begünstigen die Massenvermehrung („Eisrandblüten") einzelliger Algen, die sehr rasch absinken können – Futter für das Benthos. Durch die Dynamik der Eisschollen ist hier aber alles im Fluss; der „warme Regen" von oben ähnelt für die Benthalbewohner eher einem Schwarm einzelner Gewitterwolken als einem beständigen Landregen. Fortlau-fend diskutiert wird die Frage, wie schnell arktische Lebensgemeinschaften auf die saisonal schwankende und unverhofft auftretende (gepulste) Nahrungs-zufuhr reagieren können. Dies lässt sich anhand von Fallstudien und experi-mentellen Nahrungseinträgen im Labor und in situ untersuchen. Eine schnelle

Reaktion ist bei limitiertem Futterangebot von Vorteil, schließlich kann mit frischer Zufuhr von oben nur für begrenzte (Sommer-)Zeit gerechnet werden. Über das Jahr und in der Summe gesehen ist das arktische Benthos jedenfalls nicht „schlapper" als die südliche Verwandtschaft. Betrachtet man den benthischen Sauerstoffverbrauch als Maß für den Kohlenstoffumsatz, gibt es jedoch regionale Unterschiede. Die Vorgänge im arktischen Winter liegen dabei größtenteils noch „im Dunkeln".

Von besonderer Bedeutung für arktische Nahrungsnetze sind Polynyen (russisch: offenes Wasser) – freie Wasserflächen zwischen eisbedeckten Zonen. Einige große Polynyen bilden sich jedes Jahr an demselben Ort, so z. B. die große winterliche Polynya zwischen Festeis und Packeis der Laptewsee oder die Nordostwasser-Polynya im Packeis der sommerlichen Grönlandsee. Polynyen sind hochproduktive Zonen, die die Struktur der arktischen Nahrungsnetze beeinflussen. Zugleich sind sie Rückzugsgebiet und Futterplatz für viele Säuger, die auf offene Wasserflächen angewiesen sind, z. B. Sattelrobben, Walrosse, Beluga- und Grönlandwale.

Betrachtet man mit multidisziplinärem Blick die breiten arktischen Schelfe, so stellt man fest: *Das* arktische Benthos gibt es eigentlich gar nicht. Trotz der Gemeinsamkeiten hinsichtlich Sonneneinstrahlung, Temperatur und Eisbedeckung unterscheiden sich die Schelfmeere in ihren Umweltbedingungen stark voneinander. Die großen sibirischen Flüsse Ob, Jenissey und Lena sorgen in der sommerlichen Kara- und Laptewsee für einen starken Süßwassereinstrom, hohe Sediment- und Partikelfrachten und unterschiedlich ausgeprägte ästuarine Verhältnisse – das Wasser ist flach, trüb und ausgesüßt. Unterseeische Täler dienen als Rückzugsgebiete für marine Arten mit geringer Toleranz gegenüber Aussüßung, während Brackwasserformen sich im Einflussbereich der Flüsse wohlfühlen. Eine Änderung der Artenzusammensetzung und -zahl bedeutet aber nicht automatisch eine verringerte Biomasse – bei Belugas ist das Ästuar des kanadischen Mackenzie-Flusses in der Beaufortsee ein beliebtes sommerliches Picknickziel. Allein die kanadischen Schelfmeere umfassen eine ganze Spannbreite verschiedener Habitate und klimatischer Besonderheiten. Internationale Forschungsprojekte und -programme sowie Langzeitobservatorien (Kap. 44) haben in den letzten zwei Dekaden ein differenziertes Bild des „arktischen Benthos" gezeichnet und Veränderungen der Lebensräume dokumentiert. Um die Erkenntnisse aller Arktisforscher nutzen zu können, sollen diese in einem panarktischen Informationssystem (PANABIO) zusammengetragen werden.

Dieses Wissen wird dringend benötigt, denn der Arktis gilt die größte Sorge der Klimaforscher: Verändert sich langfristig die Qualität oder Quantität des Nahrungsangebots, ändert sich ebenfalls das darauf beruhende komplizierte Geflecht der Nahrungsbeziehungen. Durch die aktuelle Abnahme in Ausdehnung und Dicke des Meereises werden die Produktivität und Zusammensetzung des Planktons beeinflusst. Ökologen sind sich der möglichen Folgen von Umweltveränderungen seit Langem bewusst. Nach dem Motto „Zurück in die Zukunft" entwickeln aktuelle Forschungsprojekte auf Grundlage historischer Daten und aktueller Messungen Zukunftsszenarien für arktische Ökosysteme. Dass es Veränderungen gibt, ist unbestritten: Auf der Arctic Science Summit Week 2015, einer internationalen Konferenz der Arktisforscher, wurde bereits über „die neue Arktis" diskutiert. Das arktische Benthos gewährt uns Einblicke in aktuelle Veränderungen – es ist Zeit, genau hinzuschauen.

Literatur

Kortsch S, Primicerio R, Beuchel F, Renaud PE, Rodrigues J, Lønne OJ, Gulliksen B (2012) Climate-driven regime shifts in Arctic marine benthos. www.pnas.org/cgi/doi/10.1073/pnas.1207509109

Piepenburg D, Gutt J (2014) Klimabedingte ökologische Veränderungen in den Bodenfaunen polarer Schelfmeere. In: JL Lozan, H Grassl, D Notz, D Piepenburg, WARNSIGNAL KLIMA: Die Polarregionen. Wissenschaftliche Auswertungen, Hamburg

Wassmann P (2006) Structure and function of contemporary food webs on Arctic shelves: An introduction. Progress in Oceanography 71:123–128

Informationen im Internet

http://www.awi.de

http://arcodiv.org – Arctic Ocean Diversity

http://www.ngdc.noaa.gov/mgg/bathymetry/arctic – International Bathymetric Chart of the Arctic Ocean (IBCAO)

Für den Menschen sind die Schelfe seit jeher die bedeutendsten Meeresregionen, beispielsweise für Fischerei und Erdölförderung, und verständlicherweise sind sie auch am besten erforscht. Insgesamt nehmen sie jedoch nur etwa 7 % der Fläche des Weltmeeres ein. Auf den Schelfen ist die Neigung des Bodenprofils von der Küste zur offenen See hin nur gering (im Durchschnitt weniger als 0,1°), während an der Schelfkante der Meeresboden abrupt zur Tiefsee hin abfällt (3–20°; in untermeerischen Canyons sogar stellenweise nahezu senkrecht). In der Nautik wird traditionell die 200-m-Tiefenlinie als seewärtige Grenze der Schelfe benutzt; in der Realität jedoch kann der Schelfrand im Pazifik schon bei 20 m liegen und in der Antarktis durch die Last der kilometerdicken Gletscher, die fast den gesamten Kontinent bedecken, auf etwa 600 m abgesenkt sein. In erdgeschichtlichen Maßstäben sind die Schelfe sehr instabile Lebensräume. Im Wechsel der Warm- und Kaltzeiten des etwa 2 Mio. Jahre währenden Quartärs schwankte der Meeresspiegel um etwa 150 m. Damit fielen die Schelfe wiederholt zu einem erheblichen Teil trocken – oder wurden, wie derzeit Grönland oder die Antarktis, von kilometerdickem Gletschereis bedeckt. So war die Nordsee während des Höhepunkts der letzten Eiszeit vor etwa 15.000 Jahren eine von Tundren bedeckte Tiefebene, aus der die Doggerbank als flache Hügelkette hervorragte! In den zwischeneiszeitlichen Warmzeiten, wenn der Meeresspiegel beim Schmelzen der gewaltigen Eisschilde wieder anstieg, wurden die Schelfe erneut überflutet und von den benthischen Organismen wieder besiedelt.

Im Unterschied zur offenen See jenseits des Schelfrands ist am Meeresboden der Schelfe der Einfluss des nahen Landes deutlich zu spüren. Die Benthosforscher bezeichnen die Schelfböden als Litoral (lateinisch *litus* = Ufer, Strand,

Küste) im weiteren Sinne (im engeren Sinn sind damit die eigentlichen Küstenlebensräume gemeint), und die Planktonforscher nennen die Gewässer darüber „neritische Provinz". In beiden Fällen unterscheiden sich die Lebensgemeinschaften in ihrer Zusammensetzung deutlich von denen der jenseits des Schelfrands gelegenen Tiefsee bzw. „ozeanischen Provinz" (Abb. 19.6).

Kontinentalhänge

Die Zone jenseits des Schelfrands, in der der Meeresboden steil zur eigentlichen Tiefsee hin abfällt, wird als Kontinentalhang oder Bathyal (griechisch *bathys* = tief) bezeichnet. Sie erstreckt sich vertikal über 1–3 km, bevor sie in einer Fußregion sanft in die weiten Tiefseeebenen abfällt. Kontinentalhang und -fuß haben global eine etwa doppelt so große horizontale Ausdehnung wie die Schelfe.

An vielen dieser Kontinentalhänge finden wir trotz ihrer Steilheit mächtige Sedimentpakete, die durch eingelagerte Methanhydratlagen stabilisiert werden. Als Methanhydrat bezeichnet man Methan (CH_4), das in gefrorenes Wasser eingelagert und somit gebunden ist. Es ist allerdings nur bei geringen Temperaturen (< 5 °C) und/oder hohen Drücken (> 50 bar) stabil, wie sie in Wassertiefen ab 500 m herrschen. Verändern sich die Temperatur- und Druckbedingungen, wie in der Erdgeschichte schon mehrfach durch globale Erwärmung und/oder Absenkung des Meeresspiegels geschehen, kann es zur plötzlichen Freisetzung riesiger Methanmengen und großflächigen Sedimentrutschungen kommen. Da Methan ein starkes Treibhausgas ist, beeinflussen große Methanausbrüche das globale Klima.

Ganz abgesehen von solch dramatischen, aber nach menschlichen Maßstäben sehr seltenen Ereignissen ist das Bathyal auch unter normalen Bedingungen ein sehr dynamischer Lebensraum mit starken Tiefenströmungen und Sedimentumlagerungen – und mit diversen und biomassereichen Benthosgemeinschaften (Box 19.3).

Relativ neu ist das Wissen um das häufige Vorkommen von Kaltwasserkorallen, die unter bestimmten Bedingungen an den oberen Kontinentalhängen Riffe aufbauen können, ähnlich wie ihre weit besser bekannten Verwandten im warmen tropischen Flachwasser (Kap. 29). Im Gegensatz zu diesen besitzen sie allerdings keine photosynthetischen Endosymbionten, sondern ernähren sich als Tentakelfänger ausschließlich von Zooplankton. Das wird offensichtlich von den bathyalen Tiefenströmungen in so großen Mengen herantransportiert, dass das Wachstum der Kaltwasserkorallen den Aufbau von riffartigen Strukturen ermöglicht. Ähnlich wie in den Tropen bieten diese Tiefwasserriffe Lebensräume für eine reiche Begleitfauna, die man in solcher Diversität und Biomasse jenseits des Schelfrands und unterhalb der euphotischen Oberflächenschicht nicht vermutet hatte.

Außerdem entstehen unter bestimmten geologischen Bedingungen an Kontinentalhängen, aber nicht nur dort, sogenannte *cold seeps*, kleinräumige Areale, in denen kaltes Porenwasser aus dem Boden austritt, das stark mit energiereichen Substanzen wie Methan und Schwefelwasserstoff (H_2S) angereichert ist. Bestimmte Bakterien können die bei der Oxidation dieser Substanzen frei werdende Energie für den Aufbau organischer Materie nutzen (chemosynthetische Primärproduktion), während bei der uns weit besser vertrauten photosynthetischen Primärproduktion der Pflanzen das Sonnenlicht als Energiequelle dient. Diese Bakterien bilden die Nahrungsgrundlage spezieller biomassereicher *seep*-Gemeinschaften, zum Teil sogar als Endosymbionten von besonders angepassten megabenthischen Tieren. In ihrem Erscheinungsbild sowie ihrer geringen flächigen Ausdehnung und inselartigen Begrenztheit ähneln die *cold seeps* stark den besser bekannten *hot vents*, den Hydrothermalquellen der Tiefsee (Kap. 22).

Box 19.3: Kontinentalränder – Leben am Abhang

Laurenz Thomsen

Kontinentalränder sind die Übergangsbereiche zwischen dem offenen Ozean und den angrenzenden Landmassen. Die heutigen Kontinentalränder der Erde haben sich während der letzten 200 Mio. Jahre entwickelt und umfassen etwa 77 Mio. km². In einem 200 km breiten Festlandstreifen entlang dieser Ränder konzentrieren sich derzeit etwa 70 % der Weltbevölkerung. Diese Tatsache und das enorme Nutzungs- und Gefährdungspotenzial der Kontinentalränder begründen ihre große Bedeutung für die Menschheit. Hier sind die meisten der nutzbaren Rohstoffe während der geologischen Vergangenheit gebildet worden, und hier liegen auch die Brennpunkte für die größten Naturkatastrophen. Die zentralen Fragen der Nutzung und des Schutzes sind dabei jedoch an den sogenannten aktiven und passiven Kontinentalrändern verschieden. Aktive Kontinentalränder repräsentieren dicht bevölkerte Küstenregionen wie Japan, Indonesien, Philippinen und die Westteile der USA, Kanadas, Mittel- und Südamerikas. Sie sind Lebensräume mit einem besonders starken Gefährdungspotenzial. Die verheerenden Tsunamis von 2004 (Sumatra) und 2011 (Japan) sind Beispiele dafür. Andererseits finden sich in diesen Gebieten bedeutende Vorkommen von mineralischen Rohstoffen und auch von Kohlenwasserstoffen (Gashydrate).

Aus biologischer Sicht spielen die Kontinentalränder eine besondere Rolle. Die Schelfmeere zwischen den Landmassen und dem offenen Ozean sind nämlich durch eine erhöhte Produktivität von organischer Biomasse gekennzeichnet, und es kann ein intensiver Austausch zwischen Land und Meer stattfinden. Wer nachts schon einmal mit einem Schiff von See kommend die Küste ansteuerte, kennt die „Perlenkette" von Positionslichtern der Fischereifahrzeuge entlang der Schelfkante, die das flache Schelfmeer von dem Kontinentalhang und Tiefsee abgrenzt. Hier halten sich aufgrund besonderer Strömungsbedingungen besonders viele planktonische Organismen und in ihrem Gefolge Fische auf. An der Gesamtoberfläche der Ozeane sind die Kontinentalränder zu 15 % beteiligt. Ihr Anteil an der globalen Kohlenstoffbilanz ist jedoch viel größer.

Es kommt dort alljährlich zu einem erheblichen Export von Algenbiomasse in tiefere Wasserschichten. Dies geschieht entweder vertikal durch Absinken des Materials oder durch strömungsbedingten Horizontaltransport, was die Ernährungs- und Erscheinungsformen der dort am Meeresboden lebenden Organismen entscheidend beeinflusst.

Es dominieren sogenannte Deposit- und Suspensionsfresser. Suspensionsfresser (z. B. Muscheln, Korallen, filtrierende Würmer, Abb. 19.9) leben meist sessil und sind aufgrund des energieaufwendigen aktiven Filtrierens von Nahrungspartikeln in hochverdünnter Form aus der Bodenströmung auch auf frisches organisches Material angewiesen, das bei verstärkter Bodenströmung am oberen Kontinentalrand eingetragen wird. Als Nahrungspartikel kommen Phytoplankton, labile organische Reststoffe, Bakterien sowie die unterschiedlichsten Kleinstorganismen infrage.

Abb. 19.9 Auf dem relativ spärlich besiedelten Weichboden im Südlichen Ozean (westliches Weddellmeer) bei 315 m Wassertiefe bilden große Steine ("drop stones") das Substrat für "Inseln" mit einer reichen Tierwelt. Sie besteht hier aus mehreren Arten von verschiedenartig verzweigten weißen bis orangenfarbigen Hornkorallen. Hinzu kommen Hornkieselschwämme, z.B. in der Mitte dieser Vergesellschaftung und eine Seescheide. Alle diese Tiere haften fest an dem Stein an und ernähren sich als Suspensionsfresser von vorbeidriftenden organischen Partikeln, vor allem abgesunkenen Mikroalgen. (Foto: Julian Gutt, AWI)

Deposit(sediment)fresser sind meist mobil und nehmen verstärkt refraktäres, also bereits weitgehend abgebautes organisches Material in eher strömungsberuhigten Zonen in größeren Wassertiefen auf. Sie stellen normalerweise mehr als 80 % an Zahl und Arten der Benthosorganismen und verbringen die meiste Zeit mit der Nahrungsaufnahme. Zusätzlich finden sich als Übergangspopulation sogenannte Grenzschichtfresser (z. B. Sipunkuliden-Würmer), die je nach Strömungssituationen von Depositfressen zu passivem Suspensionsfressen überwechseln. Sie treten oft in großen Ansammlungen von Tausenden Individuen auf und beruhigen durch ihre in die Wassersäule hineinragenden Röhren die Bodenströmung. Es kommt zur Anreicherung organischen Materials zwischen den Röhren, das dann an der Sedimentoberfläche gefressen werden kann. Je nach hydrodynamischem Regime findet also jeweils ein Wechsel des Ernährungstypus statt.

Stellen wir uns vor, wir sind mit einem modernen Forschungs-U-Boot unterwegs und können den Meeresboden der Kontinentalränder über große Entfernungen frei betrachten. Es würde sich uns eine imposante Großlandschaft auftun, vielgestaltig wie das Land, mit Bergen und Tälern, Hochplateaus und tiefen Tälern sowie ausgedehnten Gebirgszügen. Unsere Reise beginnt in einem der Hauptarbeitsgebiete europäischer Kontinentalrandforschung, dem Gezeitenbereich vor Spaniens Atlantikküste. Im Flachen ist der Meeresboden vielerorts sandig, da die küstenparallele Strömung und der Wellengang den Meeresboden immer wieder aufrütteln und sich feine kleine Partikel nicht absetzen können. Sedimentrippel prägen die untermeerische Landschaft, und die meisten Tiere leben im Meeresboden eingegraben, um den starken physikalischen Kräften zu entgehen. Hier und da treffen wir vereinzelt auf Seeigel und Seesterne. Krebse kommen einzeln, manchmal aber auch in großen Scharen von mehreren Hundert Exemplaren pro Quadratmeter vor. Bisweilen wird auch ein Fisch von uns aufgeschreckt. Mit Abstand zur Küste und zunehmender Meerestiefe nimmt die Strömung ab, und wir passieren ausgedehnte Flächen mit organisch reichhaltigen Schlicksedimenten, die hier durch die Verlangsamung der Bodenströmung entstanden sind und am weiteren Abtransport durch große freiliegende Felsformationen gehindert werden. Bodenrippel sind hier nicht sichtbar; es sieht aus wie im Wattenmeer.

Der Meeresboden ist übersät mit Lebensspuren, überall finden sich kleine Ausgänge von Röhren der Bodenfauna. Träge wabern am Meeresboden große Flocken organischer Materie, die hauptsächlich aus abgestorbenen Organismenresten bestehen und einer Vielzahl von Tieren als Nahrung dienen. Überall sind Fische zu sehen, die wiederum von der Bodenfauna leben. Dann, etwa 30 km entfernt von der Küste, nähern wir uns der Schelfkante. Die Strömung nimmt wieder zu, und es treten erneut Bodenrippel auf, trotz der Wassertiefe von etwa 200 m. Diese Rippel entstehen hauptsächlich während der Wintermonate, wenn große Tiefdrucksysteme von Amerika kommend den europäischen Kontinent erreichen und 15–20 m hohe Wellen erzeugen, die den Meeresboden aufwühlen. Hier an der Schelfkante kommt es immer wieder zur Anhäufung von Detritus, der über die leichte Hangneigung des Schelfs und durch die Bodenströmung seinen Weg bis dorthin fand. Aufgrund der besonderen Hydrografie der Schelfkante treten hier auch kalte, nährstoffreiche Wassermassen aus mehreren Hundert Meter Tiefe an die Meeresoberfläche (Upwelling) und führen zum verstärkten Planktonwachstum, was wiederum einen immerwährenden Nachschub an Kohlenstoff für die Bodenbewohner der Schelfkante ermöglicht. Da das Material aufgrund der kurzen Absinkzeiten zum Meeresboden noch relativ frisch ist, finden sich hier große Ansammlungen von Suspensionsfressern wie Seefedern, Octokorallen und einer Vielzahl von Tentakelwürmern, die ihre Nahrung aus der Wassersäule fischen. Für die Organismen kommt die Nahrung in erster Linie von der Seite und nicht von oben, da die Sinkgeschwindigkeiten der Partikel um ein bis zwei Größenordnungen unter denen der Bodenströmung ist. Es sieht aus wie im dichten Schneegestöber, nur dass die Schneeflocken hier aus organisch-reichhaltigem Material bestehen. Bisweilen ist die Sicht vor dem U-Boot deshalb stark reduziert. Diese Ansammlung von Detritus schwappt nun fortlaufend über die Schelfkante und macht sich auf den Weg in die Tiefsee. Am gesamten oberen Kontinentalhang trifft man noch auf diese organischen Flocken in Konzentrationen von bis zu 5000 pro Liter. Überall treten daher noch die Suspensionsfresser auf, während der Meeresboden langsam wieder schlickiger wird und die Depositfresser an Zahl zunehmen. Die Bodenströmung nimmt ebenfalls ab.

Bei etwa 800 m Wassertiefe wird das Wasser salzhaltiger. Dies sind die Ausläufer des Mittelmeerzwischenwassers, das sich seinen Weg von Gibraltar nach Norden gebahnt hat und auch noch viel weiter nördlich bei Irland zu messen sein wird. Das Aufeinandertreffen der unterschiedlichen Wassermassen erzeugt Turbulenzen, die wiederum zur verstärkten Aufwirbelung der organischen Partikel führen und bildet so den ausgedehnten Grenzschichtfressergürtel des mittleren Kontinentalhangs zwischen 800 und 1300 m Wassertiefe, der sich von Gibraltar bis Spitzbergen erstreckt: In ihm finden sich eine Unzahl unterschiedlichster Arten, die auf den mittlerweile weniger nährstoffreichen Kohlenstoff spezialisiert sind und im Ablauf der Gezeiten auf vorbeiströmende Nahrung warten. Das Größenspektrum umfasst knapp 5 mm große einzellige Foraminiferen über handballgroße Schwämme bis hin zu meterhohen Kaltwasserkorallen. Die Häufigkeit schwankt zwischen zwei und 20.000 Individuen pro Quadratmeter.

Bei unserem weiteren Abstieg am Kontinentalhang treffen wir dann nur noch selten auf Grenzschichtfresser. Der Meeresboden wird von ausgedehnten, kilometerweiten Schlickebenen ausgefüllt, die von im Boden lebenden Depositfressern bevölkert werden. An der Sedimentoberfläche sind deren ausgedehnte Gangsysteme zu erkennen. Es wimmelt von kleinen Gräben, Hügeln und Löchern, und wenn wir eine Weile an einer Stelle verweilen und unser Video-Überwachungssystem auf Zeitraffer stellen, werden wir beim Abspielen des Films an Luftaufnahmen von einem bevölkerten Marktplatz erinnert. Allerdings sehen wir meist nur die Lebensspuren und nicht die Tiere selbst, da die sich vorwiegend knapp unter der Sedimentoberfläche aufhalten, um nicht von den zahlreichen Fischen gefressen zu werden. Die Qualität der Nahrung wird immer dürftiger, der labile Anteil ist bereits stark zersetzt. Daher suchen die Tiere permanent nach essbarem Material und durchwühlen die gesamte Sedimentoberfläche. Diese Bioturbation reicht bis in eine Tiefe von durchschnittlich 10 cm.

Wenn wir nun weiter in die Tiefe vordringen und die 2000-m-Tiefenlinie passieren, entdecken wir immer häufiger Seegurken. Diese 15–30 cm langen Tiere fressen ungeheure Mengen an Sedimenten, um an die darin befindlichen Reste von organischem Material zu gelangen. Die Tiere treten jetzt immer wieder auf, vereinzelt oder in großen Scharen von mehreren Hundert Exemplaren, immer auf der Suche nach fressbarem Material. Wenn wir dann mit unserem U-Boot einen küstenparallelen Kurs einstellen, treffen wir über kurz oder lang auf ein weiteres charakteristisches Phänomen der Kontinentalränder, die untermeerischen Canyons. Sie führen bis in die weiten Tiefseeebenen, Hunderte von Kilometern von Land entfernt, und fungieren als Sedimentationsfallen für organisches Material.

Dann, in 3500–4000 m Wassertiefe, erreichen wir den Kontinentalsockel, der in die weiten Tiefseeebenen übergeht. Doch dies ist eine andere Geschichte (Box 19.4).

Tiefseeebenen, Seeberge, mittelozeanische Gebirge und Tiefseegräben

Aus den Tiefseeebenen erheben sich steil über 1000 m und mehr die Seeberge. Sie sind meist vulkanischen Ursprungs und bilden ganz spezielle, isolierte ozeanische Lebensräume mit besonderen Lebensgemeinschaften. Man schätzt, dass es weltweit zwischen 10.000 und 20.000 von ihnen gibt. Ozeanische Inseln, wie das Hawaii-Archipel oder die Kanaren, sind Seeberge, deren Gipfelregionen über dem Meeresspiegel liegen. Noch beeindruckender sind die mittelozeanischen Rücken, die die Tiefsee in getrennte große Becken gliedern. Sie kommen in allen Ozeanen vor und bilden eine zusammenhängende untermeerische Gebirgskette von etwa 3000 km Breite und insgesamt 65.000 km Länge. Die mit Abstand mächtigste Gebirgsregion der Erde, die Rocky Mountains, sind nur 4800 km lang! Die mittelozeanischen Rücken erheben sich 1500 bis 2500 m über die Tiefseeebenen bis in Wassertiefen von etwa 2500 m. Sie entstehen an den Rändern auseinanderweichender ozeanischer Platten. Dort wird mit Spreizungsraten von durchschnittlich 3 cm pro Jahr neue ozeanische Kruste gebildet, indem kontinuierlich heißes Magma aus dem Erdinneren aufsteigt, seitlich abfließt und erkaltet. Dieser Prozess ist der Motor der Kontinentaldrift. Als ein Nebeneffekt entstehen in den aktiven Spreizungszonen, also im Zentralbereich der mittelozeanischen Rücken, Hydrothermalquellen.

An bestimmten Stellen im Weltmeer, den Subduktionszonen ozeanischer Krusten, haben sich vor allem im Pazifik Tiefseegräben gebildet, in denen der Meeresboden ähnlich steil wie an den Kontinentalhängen bis in Wassertiefen von über 11.000 m abfällt. Die Benthosforschung bezeichnet diese Lebensräume in Meerestiefen von mehr als 6000 m als Hadal (griechisch *hades* = Unterwelt). Tiefseegräben stellen nur etwa ein Promille der Fläche des Weltmeeres, und man weiß über sie nicht viel mehr, als dass es selbst dort, in den größten Tiefen, noch benthisches Leben gibt.

Box 19.4: Ökologie des Tiefseebodens

Angelika Brandt

Obwohl die Tiefsee neben den Polarregionen als der lebensfeindlichste Raum der Ozeane gilt, gibt es auch dort vielfältiges Leben. Es sind alle Tierstämme vertreten; zu den häufigen Organismen am Meeresboden der großen Tiefen gehören z. B. Faden- und Igelwürmer, vielborstige Meereswürmer, Krebstiere, Weichtiere und Stachelhäuter. Diese Tiere sind angepasst an völligen Lichtmangel, das Fehlen energieproduzierender Pflanzen, Nahrungsarmut, zunehmenden Wasserdruck sowie niedrige, relativ gleichbleibende Temperaturen. Einer der am stärksten limitierenden Faktoren für das Leben am Tiefseeboden ist die Nahrungsversorgung (nur vereinzelt gibt es Hydrothermalquellen, an denen

Primärproduktion stattfindet; Kap. 22). Fast die komplette marine Nettoproduktion wird in der Oberflächenschicht der Meere rezirkuliert, und auch die aus der euphotischen Zone exportierten organischen Partikel sinken so langsam, dass sie erst nach Monaten oder sogar Jahren das Abyssal erreichen. Diese Partikel, oft auch als Meeresschnee bezeichnet, werden in der Wassersäule durch die Mikrobenschleife (*microbial loop*) bereits weitestgehend abgebaut, ständig umgebaut und teilweise Hunderte von Kilometern verdriftet.

Das Sediment des küstenfernen Abyssals besteht neben Ton fast nur aus solchen Partikeln, die aus dem Oberflächenwasser abgesunken sind, insbesondere Schalen und Skeletten vieler Planktonorganismen. Sie bestehen bei Kieselalgen und Silikoflagellaten aus Opal (wasserhaltiger Kieselsäure) und bei Coccolithophoriden aus Kalk. Globigerinenschlamm (benannt nach der pelagischen Foraminiferengattung *Globigerina*) gibt es nur in Wassertiefen bis etwa 4000 m, da sich Kalk unter hohem Druck in tieferem Wasser auflöst. Im Abyssal unterhalb von etwa 4500 m gibt es kaum kalkige Reste im Sediment und auch wenige große Organismen mit kalkigen Gehäusen (Muscheln oder Schnecken). Hier ist die Sedimentationsrate mit nur etwa 1 mm pro 1000 Jahre im Durchschnitt sehr gering. In vielen Tiergruppen nehmen die Artenzahlen der Bodenbewohner bis in eine Tiefe von etwa 3000 m zu und erst danach langsam ab. Schwämme, vor allem Glasschwämme (Hexactinellida), sind bis etwa 2500 m sehr häufig; ab dieser Tiefe dominieren Stachelhäuter wie z. B. Seegurken, Seesterne und Schlangensterne.

Borstenwürmer, Sternwürmer, Weichtiere und Krebse wurden in fast allen Tiefen entdeckt; sie zeigen aber keine klare Tiefenpräferenz. Ein kleiner Teil des Kohlenstoffs des Phytoplanktons erreicht den Meeresboden durch Sedimentation, über die Nahrungskette oder in Form von Detritus. Große Nahrungsbrocken können den Tiefsee-Aasfressern hin und wieder auch über Kadaver, z. B. von Fischen oder Walen, zur Verfügung stehen. Weil der Tiefseeboden sehr arm an Nahrungsressourcen ist, kann er auch keine großen Populationen größerer Tiere beherbergen, besonders derer, die Energie zur Fortbewegung aufwenden müssen, um Nahrung zu suchen, wie z. B. Aasfresser oder auch Räuber. So findet man im Durchschnitt auf 10 m² nur eine Seegurke, einen großen Krebs, einen Seestern oder andere größere Organismen. Bodenlebende Fische sind sogar noch seltener. Je nach Nahrungsverfügbarkeit sind die Organismen am Meeresgrund fleckenhaft oder geklumpt verteilt. Meist sieht man auch Lebensspuren von Organismen am Meeresboden in der Tiefsee (Abb. 19.10). Eine besondere und faszinierende Erscheinung in der Tiefsee ist das „kalte Leuchten des Meeres", das wir als Biolumineszenz (Box 3.2) bezeichnen. Hierbei handelt es sich um einen enzymatischen Vorgang, bei dem auch symbiontische Bakterien eine Rolle spielen und ein Licht in tierischem Gewebe erzeugen.

Abb. 19.10 Lebensspuren auf dem Meeresboden der Tiefsee, aufgenommen mit dem Kamera-Epibenthosschlitten im Atlantik (10° Nord, 31° West) in 5730 m Tiefe. (Foto: N. Brenke)

Doch wie kommen die Tiere vom Meeresboden in mehreren Tausend Metern Tiefe auf das Schiff bzw. ins Labor? Tiefseeforschung dauert lange, denn Proben sind logistisch schwerer zu bekommen – und das kostet. Um beispielsweise vom Schiff aus Proben in 5000 m Tiefe zu nehmen, müssen bei den geschleppten Geräten, wie Dredgen oder dem Epibenthosschlitten, etwa 7500 m Kabel ausgesteckt werden, um das Gerät überhaupt an den Boden zu bekommen. Da 1000 m des 18 mm dicken Tiefseekabels etwa 1 t wiegen, kann das Gewicht des Drahts schnell das Gewicht des Geräts übertreffen – und es kann passieren, dass das Tiefseekabel das Gerät überholt! Das Tiefseekabel sollte allerdings nicht auf dem Meeresgrund geschleppt werden, bevor das Probenahmegerät (z. B. der Epibenthosschlitten) angekommen ist. Und so muss das Gerät langsam vor dem Tiefseekabel in die Tiefe gefiert werden und dabei vom Schiff, das mit seiner Geschwindigkeit die Fiergeschwindigkeit kompensiert, angeströmt werden. Am Meeresboden beproben diese geschleppten Geräte eine Fläche von mehreren Tausend Quadratmetern. Damit kann auch die Anzahl der Meeresbodenorganismen und der Arten in den Proben teilweise relativ hoch sein, wie z. B. in der antarktischen Tiefsee, wo auf etwa 102.000 m² beprobtem Meeresboden aus 13.046 Individuen insgesamt 674 Meeresasselarten (Abb. 19.11) gefunden wurden.

Abb. 19.11 Aufnahmen von Meeresasseln während der Expedition Vema-TRANSIT 2014/15 mit dem neuen Tiefseeforschungsschiff *Sonne* bei 10° Nord im Atlantik. **a** Macrostylidae, **b** Eurycopinae (Munnopsidae), **c** Betamorphinae (Munnopsidae), **d** Ischnomesidae, **e** Mesosignidae, **f** Nannoniscidae, **g** Desmosomatidae, **h** Dendrotionidae. (Fotos: Devey 2015; © Torben Riehl)

Je feinmaschiger die Netze der Geräte sind, desto höher ist auch die Anzahl der Organismen, die gefangen werden. Im Kurilen-Kamtschatka-Graben und dem angrenzenden Abyssal wurden während zehn Expeditionen mit dem russischen Forschungsschiff *Vityaz* zwischen 5000 und 6000 m Tiefe etwa 300 Arten gesammelt und im Zeitraum von 1950 bis 1970 beschrieben. In 2012 wurde mit dem deutschen Forschungsschiff *Sonne* diese Region noch einmal mit einem feinmaschigen Epibenthosschlitten (300µm Maschenweite) beprobt. In diesem Material wurden 84.651 wirbellose Tiere mit mehr als 1780 Arten in diesen Tiefen auf nur zwölf Stationen nachgewiesen (Brandt et al. 2015). Die tiefste Probe mit einem Epibenthosschlitten wurde bisher im Puerto-Rico-Graben in 8350 m Tiefe genommen, dafür mussten 11.000 m Kabel des neuen Tiefseeforschungsschiffs *Sonne* während ihrer Jungfernexpedition Vema-TRANSIT (So 237; www.ocean-blogs.de) ausgesteckt werden. Manchmal findet man im Netz des Epibenthosschlittens jedoch auch andere Dinge, wie z. B. Manganknollen (Abb. 19.12).

Abb. 19.12 Manganknollen, gesammelt mit dem Kamera-Epibenthosschlitten während der Expedition Vema-TRANSIT 2014/15 im westlichen Atlantischen Becken bei 10° Nord. (Foto: © Thomas Walter)

Generell kann man sagen, dass im Bathyal zwischen 3000 und 3500 m die Diversität der Organismen am höchsten ist und im Abyssal ab 4000 m Tiefe langsam wieder abnimmt. Wir wissen heute auch, dass es selbst in den Tiefseegräben (Hadal) reichhaltiges Leben gibt. So wurden laut Jamieson (2015) in Wassertiefen zwischen 5800 und 10.687 m bisher 130 Meeresasselarten nachgewiesen.

Literatur

Brandt A, Gooday AJ, Brix SB, Brökeland W, Cedhagen T, Choudhury M, Cornelius N, Danis B, De Mesel I, Diaz RJ, Gillan DC, Ebbe B, Howe J, Janussen D, Kaiser S, Linse K, Malyutina M, Brandao S, Pawlowski J, Raupach M (2007) The Southern Ocean deep sea: first insights into biodiversity and biogeography. Nature 447:307–311

Brandt A, Elsner N, Brenke N, Golovan OA, Lavrenteva AV, Malyutina MV, Riehl T (2015). Abyssal macrofauna of the Kuril-Kamchatka Trench area collected by means of a camera-epibenthic sledge (Northwest Pacific). Deep-Sea Research II 111:175–188

Devey CW (ed) and Shipboard scientific party. (2015) RV SONNE Fahrtbericht/
Cruise Report SO237 Vema-TRANSIT: bathymetry of the Vema-Fracture-Zone
and Puerto Rico TRench and Abyssal AtlaNtic BiodiverSITy Study, Las Palmas
(Spain) – Santo Domingo (Dom. Rep.) 14.12.14–26.01.15 GEOMAR Report,
N.Ser. 023. GEOMAR Helmholtz-Zentrum für Ozeanforschung Kiel, Kiel
Gage JD, Tyler PA (1991) Deep-sea biology: a natural history of organisms at the
deep-sea floor. Cambridge University Press, Cambridge 1–504
Jamieson A (2015) The Hadal Zone. Life in the Deepest Oceans. Oxford Univer-
sity Press, Oxford 1–372.

Kälte, Dunkelheit, ungeheurer Wasserdruck und ausgeprägter Nahrungsmangel
bestimmen das Leben in der Tiefsee. Angesichts dieser extremen Umweltbedingungen ist es nicht verwunderlich, dass größere epibenthische Tiere sehr
selten vorkommen und die abyssalen Ebenen hinsichtlich Anzahl der vorkommenden Arten und Gesamtzahl und -gewicht (Biomasse) der vorkommenden
Organismen als wüstenhaft arm erscheinen. Für die Biomasse ist dieser Eindruck
immer noch richtig, aber neuere Forschungsergebnisse legen nahe, dass der Artenreichtum der Tiefsee deutlich unterschätzt worden ist. Die bislang nur an
wenigen abyssalen Standorten durchgeführten Bestandsaufnahmen des benthischen Artenspektrums haben gezeigt, dass in den feinen Sedimenten erstaunlich
zahlreiche, vor allem kleine Arten leben, von denen viele zuvor noch unbekannt
waren (Box 19.1). Laut Hochrechnungen, welche die enorme Diskrepanz zwischen der gesamten und der geradezu lächerlich kleinen, bisher untersuchten
Fläche des Abyssals in Betracht zieht, kommen die meisten heute lebenden Arten nicht etwa in tropischen Korallenriffen oder Regenwäldern, sondern in der
Tiefsee vor – eine vollständige Umkehr der zuvor geltenden Lehrmeinungen
über die räumliche Verteilung der Biodiversität auf der Erde! Auch wenn diese
Hypothese in der Wissenschaft umstritten ist, bleibt als eine wichtige Erkenntnis der modernen Meeresforschung festzuhalten, dass die Tiefsee, anders als
früher angenommen, durch eine erstaunlich hohe Artenfülle gekennzeichnet
ist (Box 19.4).

Box 19.5: Historischer Exkurs 2: Benthosforschung in Deutschland
Gotthilf Hempel

Karl Möbius (1825–1908) ist der „Erfinder" der Lebensgemeinschaft am Meeresboden. Er nannte sie Lebensgemeinde oder Biocönose. 20 Jahre verbrachte
er als Lehrer am Johanneum in Hamburg. Seine Freizeit nutzte er für meeresbiologische Studien. Von 1868 bis 1887 war er Professor in Kiel und baute dort
das Zoologische Museum auf. Zugleich übernahm Möbius den Auftrag der
Preußischen Regierung, zum Wohl des neu erworbenen Schleswig-Holsteins die

wissenschaftlichen Grundlagen für die Austernzucht zu erarbeiten. Die Austernbank wurde für ihn zum Inbegriff einer Biocönose, für deren Untersuchung er die Theorie und Methodik entwickelte und damit fast 100 Jahre die deutsche Benthosforschung stark beeinflusste. Die von ihm betriebene Neugestaltung des Biologieunterrichts weg von der morphologischen Beschreibung zur Betrachtung von Biotopen und ihren Bewohnern fußt auch auf seinen langjährigen Schulerfahrungen. 1887 ging Möbius nach Berlin, wo er das Naturkundemuseum als Forschungs- und Bildungsstätte zu großer Blüte brachte.

Während Möbius und seine wissenschaftlichen Nachfahren das Makrobenthos im Blick hatten, verdanken wir die Kenntnis des Meiobenthos Adolf Remane (1898–1976) (Abb. 19.13), der fast vier Jahrzehnte in Kiel gelehrt und dort das Institut für Meereskunde gegründet hat. Wie Möbius verband er Evolutionstheorie, Taxonomie und Ökologie. Ihm verdanken wir die Beschreibung der Sandlückenfauna, d. h. der millimetergroßen Vertreter einer Vielzahl von Tiergruppen, die sich zwischen den Sandkörnern frei bewegen. Remane-Schüler bauten an mehreren binnenländischen Universitäten meereszoologische Arbeitsgruppen auf.

Bereits 1963 hat Remane die Erfassung der sich steigernden Eingriffe des Menschen in die gesamte Biosphäre als Fernziel ökologischer Forschung genannt. Die Verwendung des Benthos als Indikator für Klimaveränderungen und menschliche Einflüsse spielte dann im letzten Viertel des 20. Jahrhunderts auch in der deutschen Meeresforschung eine wachsende Rolle.

Abb. 19.13 Adolf Remane. (Foto: Archiv Sebastian Gerlach)

Klassische deutschsprachige Literatur zum Benthos
Meyer HA, Möbius K (1865 und 1872). Die Fauna der Kieler Bucht. Verlag Engelmann, Leipzig
Möbius K (1877). Die Auster und die Austernwirtschaft. Wiegand, Hempel und Parey, Berlin 1877
Remane A (1933). Verteilung und Organisation der benthonischen Mikrofauna der Kieler Bucht. Wiss. Meeresunters. Abtl. Kiel XXI, 1933.
Remane A (1950). Die Besiedlung des Sandbodens im Meere und die Bedeutung der Lebensformtypen für die Ökologie. Verh. Dt. Zool. Ges. 1951:327

Informationen im Internet

* www.awi.de
* www.io-warnemuende.de

Weiterführende Literatur

Boetius A (2011) Das dunkle Paradies: Die Entdeckung der Tiefsee. Bertelsmann, München

Castro P, Huber ME (2000) Marine animals without a backbone. Marine Biology 8:115–176

Gray JS, Elliot M (2009) Ecology of marine sediments. Second Edition. Oxford University Press, Oxford

Sommer U (2005) Biologische Meereskunde, 2. Aufl. Springer-Verlag, Berlin, Heidelberg

Karl Möbius, der Vater der marinen Ökologie. (Archiv Zoologisches Museum, Kiel)

20

Mikroorganismen des Tiefseebodens: Vielfalt, Verteilung, Funktion

Christina Bienhold und Antje Boëtius

Von allen Bewohnern des Meeresbodens sind die einzelligen Mikroorganismen die kleinsten und unscheinbarsten. Neue Untersuchungen zeigen, dass ihre Vielfalt schier unerschöpflich ist – mit mehreren Tausend Arten bisher unbekannter Bakterien und Archaeen in nur wenigen Gramm Tiefseesediment (Bakterien und Archaeen gehören neben den Eukaryonten zu den drei Domänen des Lebens). Die Mikroorganismen bilden verschiedene Gemeinschaften aus, je nach Lebensraum mit unterschiedlichen Zusammensetzungen und Funktionen. Einige Gruppen tragen essenzielle Funktionen für die Nahrungsnetze der Tiefsee oder sogar für globale Stoffkreisläufe.

Insbesondere der Tiefseeboden birgt eine riesige Anzahl an unbekannten Lebensformen, deren Habitat in immer größerem Maße auch durch den Menschen beeinflusst wird. Denken wir nur an die Veränderung der Meere durch den steigenden Fischereidruck, Verschmutzungen durch Plastikmüll, Vorbereitungen für den Tiefseebergbau oder auch einzelne katastrophale Ereignisse, wie die Explosion an der Deepwater-Horizon-Plattform im Golf von Mexiko, in deren Folge sich große Mengen Öl auf dem Meeresboden absetzten. Dabei fehlt es uns bis heute an ausreichenden Daten, um den gesunden Ökosystemzustand von Tiefseelebensräumen feststellen zu können und unerwünschte Abweichungen davon zu beobachten und ihnen entgegenzuwirken. Grundlegende ökologische Zusammenhänge, wie die Energieflüsse im Nahrungsnetz der Tiefsee oder die Rolle und

Dr. Christina Bienhold (✉)
Max-Planck-Institut für marine Mikrobiologie
Celsiusstraße 1, 28359 Bremen, Deutschland
E-Mail: cbienhol@mpi-bremen.de

© Springer-Verlag GmbH Deutschland 2020
G. Hempel et al. (Hrsg.), *Faszination Meeresforschung*,
https://doi.org/10.1007/978-3-662-49714-2_20

Verbreitung mikrobieller Organismen, sind noch nicht hinreichend verstanden.
In den letzten Jahrzehnten haben sich jedoch sowohl die Techniken zur Erforschung der Tiefsee generell als auch die Möglichkeiten zur Untersuchung mikrobieller Diversität und Funktion rapide weiterentwickelt. Nun können wir sogar von den tiefsten Stellen der Ozeane Proben bergen und deren molekulare und genetische Zusammensetzung mittels Hochdurchsatzverfahren untersuchen. Die Tiefseeforschung bleibt dabei aufgrund der riesigen Ausdehnung und der Vielfalt ihrer Ökosysteme ein faszinierendes, aber auch aufwendiges Forschungsgebiet, das hochspezialisierte Technologien und neue methodische Ansätze erfordert, nicht zuletzt um drängende Fragen, z. B. zur natürlichen und menschengemachten Dynamik, zu beantworten.

Das vorliegende Kapitel konzentriert sich dabei auf die Vielfalt, Verteilung und Funktion von Mikroorganismen des tiefen Meeresbodens jenseits der Schelfe, unterhalb von 200 m Wassertiefe.

Biomasse und Vielfalt von Mikroorganismen im Meeresboden

Im Meeresboden finden sich einzellige Mikroorganismen aller drei Domänen des Lebens: Bakterien, Archaeen sowie Eukaryonten (z. B. Pilze, Geißeltierchen, Amöben, Flagellaten). Über die mit einem echten Zellkern ausgestatteten (eukaryontischen) Mikroorganismen im Meeresboden, auch benthische Protisten oder Nanofauna genannt, ist noch sehr wenig bekannt. Ihr Vorkommen ist weitgehend auf die oberste Schicht der Sedimente begrenzt, denn fast alle heterotrophen Einzeller, die organische Kohlenstoffquellen benötigen, müssen Sauerstoff atmen, um Energie zu gewinnen. Doch Sauerstoff dringt nur wenige Zentimeter bis Meter ins Sediment ein. Dagegen kann eine Vielzahl von Bakterien und Archaeen ohne Sauerstoff leben und daher den Meeresboden bis in große Tiefen besiedeln. Von Kälte und Druck lassen sich die meisten Mikroorganismen dabei nicht hemmen, solange Wasser und Energie für den Stoffwechselhaushalt zur Verfügung stehen.

Der Meeresboden ist neben der Wassersäule der größte zusammenhängende Lebensraum der Erde und zudem der größte Speicher für Kohlenstoff (Abb. 20.1). Er ist weitgehend von Sedimenten bedeckt, die aus abgesunkenen anorganischen und organischen Partikeln von den Kontinenten und aus der Wassersäule bestehen. Bohrungen durch Meeressedimente und die Ozeankruste zeigen, dass Bakterien und Archaeen überall im Meeresboden vorkommen, wo die Temperaturen 120 °C nicht übersteigen und genügend Wasser verfügbar ist. Meeressedimente bilden an den Kontinentalrändern bis zu 10 km dicke Auflagen, die auf der Ozeankruste ruhen. Dabei nimmt die Temperatur mit der Tiefe

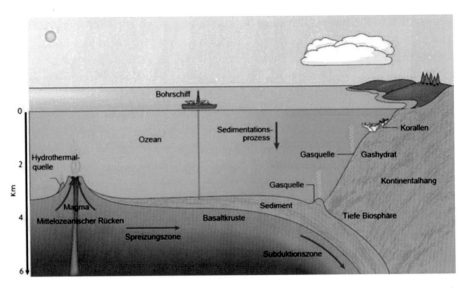

Abb. 20.1 Schnitt durch den Meeresboden. Durch Plattentektonik wird an den mittelozeanischen Rücken ständig neue basaltische Kruste geformt. Die Ozeanplatten wandern in Richtung der Kontinente und werden dort unter die Kontinentalplatten geschoben. Am Meeresboden entstehen durch Plattentektonik und biogeochemische Prozesse verschiedene Strukturen wie Hydrothermalquellen an den mittelozeanischen Rücken und Gasquellen an den Kontinentalrändern. Absinkende Partikel bilden dicke Sedimentschichten auf der Kruste und an den Kontinentalhängen und beherbergen einen Großteil der Biomasse der Erde. (© Jørgensen und Boetius 2007, Nature Reviews Microbiology)

der Sedimentschicht zu, um ca. 30 °C pro Kilometer. Besonders hohe Zellzahlen bilden sich in der Umgebung von Methanaustritten an Kontinentalrändern, wie über Gashydraten und an natürlichen Ölquellen. Neue Ozeankruste bildet sich an den Spreizungszonen der Ozeanplatten, die an der Mittelachse der Ozeane auseinanderdriften. Hier findet man beinahe einen direkten Kontakt zwischen Erdmantel und Wassersäule bei nur geringer Sedimentauflage. Wo an den tektonisch aktiven Rückensystemen Wasser in Krustenspalten eindringt, kann es auf über 400 °C erhitzt werden. An solchen Standorten bilden sich Energiequellen für Mikroorganismen (z. B. Wasserstoff und Schwefelwasserstoff) sowie Niederschläge von Mineralien in Form von Schloten und Krusten. Die bekanntesten Strukturen sind die Hydrothermalquellen mit ihren „Schwarzen Rauchern", aus denen heißes, mit Eisenschwefelpartikeln beladenes Wasser entweicht und dunkle Aschefahnen im Meer bildet (Kap. 22).

Die quantitative Erforschung der Anzahl und Biomasse von Mikroorganismen im Meeresboden war erst möglich, nachdem in den 1980er Jahren Methoden entwickelt wurden, Zellen mit nukleinsäurespezifischen Fluoreszenzfarbstoffen mittels Epifluoreszenzmikroskopie sichtbar zu machen. Dies ermöglichte eine

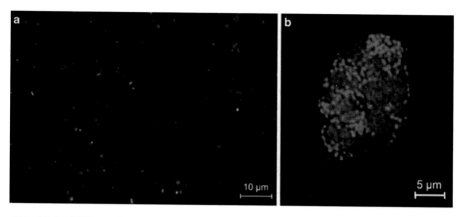

Abb. 20.2 Differenzierung von Mikroorganismen durch unterschiedliche Fluoreszenz-farbstoffe. **a** Sedimentprobe vom Tiefseeboden mit dem DNA-Farbstoff DAPI gefärbt. Die *blau* strahlenden Mikroorganismen sind etwa 1 μm lang. Teile von Mikroalgen erscheinen durch Autofluoreszenz grün. **b** Mikrobielles Aggregat, das mit zwei unterschiedlichen spezifischen Fluoreszenzsonden eingefärbt ist. Methanotrophe Archaeen sind *rot* markiert, sulfatreduzierende Bakterien *grün*. (Foto a: © K. Hoffmann, B. Fuchs, MPI, Bremen; Foto b: © K. Knittel, MPI, Bremen)

bis zu 1000-fache Vergrößerung der Objekte. Bei einer durchschnittlichen Zell-größe der Sedimentbakterien von ca. 0,5–1 μm können die Zellen anschließend als 0,5–1 mm große Lichtpunkte im Mikroskop erkannt werden (Abb. 20.2a). Mit solchen Färbungen durch die typischen Nukleinsäurenfluorochrome DAPI oder Acridin Orange können zwar Bakterien und Archaeen nicht voneinander unterschieden werden, wohl aber von den Eukaryonten, deren Zellkern sichtbar wird und die mehrere Mikrometer groß sind. Der Einsatz spezifischer Nuklein-säuresonden ermöglicht jedoch auch die Unterscheidung verschiedener Bakte-rien- und Archaeengruppen (Abb. 20.2b).

Zellzählungen an Sedimentproben aus verschiedenen Ozeanregionen und Wassertiefen zeigen, dass die durchschnittliche Zellzahl an der Bodenwasser-grenzschicht von Zehntausenden Zellen pro Milliliter Tiefseewasser in den Bereich von Milliarden (10^9) Zellen pro Milliliter Sediment springt. Selbst in Bereichen des Abyssals (>4000 m) und Hadals (>6000 m) kommen damit am Meeresboden pro Volumeneinheit mehr Bakterien und Archaeen vor als im Oberflächenwasser der Ozeane. Im Gegensatz dazu nimmt die Anzahl und Bio-masse von Tieren mit zunehmender Wassertiefe sowohl in der Wassersäule als auch am Meeresboden ab, da mit zunehmender Entfernung von der produkti-ven Wasseroberfläche die Nahrungsverfügbarkeit sinkt. Die Gesamtbiomasse am Tiefseeboden wird deshalb von den winzigen Mikroorganismen dominiert, die dort eine bedeutende Rolle für die Umsätze von Kohlenstoff und Stickstoff spielen.

Bohrt man in den Meeresboden hinein, nimmt die Anzahl der Zellen schnell ab, nach 10–20 cm ins Sediment hinein ungefähr um eine Größenordnung. Diese Verringerung der Biomasse von Bakterien und Archaeen mit zunehmender Sedimenttiefe ist vermutlich verursacht durch die geringe Energieverfügbarkeit in diesem von den schnellen Stoffkreisläufen der Oberfläche abgeschnittenen Lebensraum. Die niedrigsten beobachteten Zellzahlen liegen bei wenigen Hundert Zellen pro Milliliter Sediment und wurden in ozeanischen Sedimenten aus Bohrkernen von über 1000 m unter der Sedimentoberfläche gefunden. Die tiefste Bohrung liegt derzeit bei 2,5 km unter dem Meeresboden vor Japan (IODP Expedition 337). Aufgrund der ungeheuren Ausdehnung des Lebensraums Tiefseeboden und der Mächtigkeit der von Bakterien und Archaeen belebten Schichten ergaben Hochrechnungen, dass die Mikroorganismen des Meeresbodens mindestens ein Zehntel der gesamten lebenden Biomasse auf der Erde ausmachen. Die Entdeckung dieser sogenannten tiefen Biosphäre bedeutet, dass wir einen großen Teil des Lebens auf der Erde bisher kaum kennen. Derzeit beschäftigt sich weltweit eine Vielzahl von Forschern mit den Fragen, welche Typen von Mikroorganismen in welchen Sedimentschichten vorkommen, wie diese Mikroorganismen sich ernähren und welche Funktionen sie für die Elementkreisläufe im Meer haben. Es zeichnet sich bereits ab, dass die Gruppen von Mikroorganismen, die in tieferen Schichten des Meeresbodens vorkommen, sich deutlich von den Gemeinschaften im Oberflächensediment unterscheiden. Sie müssen an ein Leben unter extrem nährstoffarmen Bedingungen angepasst sein und leben oft „auf Sparflamme", mit Umsatzraten, die so niedrig sind, dass wir sie kaum messen können.

Die Zusammensetzung und Funktion der in der Tiefsee vorkommenden mikrobiellen Lebensgemeinschaften kann dabei immer noch kaum mit den traditionellen, auf Kultivierung basierenden Verfahren beschrieben werden. Kultivierungsunabhängige Verfahren, die auf dem Vergleich der Gene der ribosomalen Nukleinsäure sowie von funktionellen Genen bis hin zum ganzen Genom der Zellen beruhen, werden ergänzt durch Analysen von spezifischen Membranlipidbiomarkern und ihrer Isotopensignaturen sowie der radioaktiven Markierung aktiver Zellen und ihrer Stoffwechselprodukte. Diese Methoden haben die Möglichkeiten zur Untersuchung komplexer mikrobieller Lebensgemeinschaften in der Tiefsee entscheidend verbessert. Mit neuen Technologien für die Hochdurchsatzsequenzierung mikrobieller DNA-Proben aus der Umwelt ist es auch möglich geworden, globale Verteilungen mariner Mikroorganismen zu erforschen und der Frage nachzugehen, welche Umweltfaktoren ihre Verbreitung beeinflussen. Viele neue Ergebnisse können derzeit mit der Metagenomik und Metatranskriptomik gewonnen werden. Dabei wird die gesamte mikrobielle DNA oder RNA aus einer Probe Meerwasser oder Meeresboden extrahiert, vervielfältigt und sequenziert. Mittels bioinformatischer Methoden können dann die Organismen und deren Gene aus den Sequenzabschnitten rekonstruiert werden und uns einen Einblick in die vorhandene Diversität und Stoffwechselkapazität der dort lebenden Organismen geben. Immer wieder werden dabei Entdeckungen gemacht, die unser Wissen um die Artenvielfalt auf der Erde und ihre Entstehung bei der Evolution des Lebens grundlegend weiterentwickeln. So zeigte ein Fund besonderer Archaeen an heißen Quellen der arktischen Tiefsee, Lokiarchaea genannt (nach dem Namen ihres Fundorts, Loki's Castle, in 3283 m Wassertiefe), dass diese Archaeen erhebliche Anteile genetischer Information mit den Eukaryonten teilen. Während derzeit die Anzahl kultivierter und beschriebener Bakterienarten nur einem Bruchteil der Vielfalt bekannter Insekten und Pflanzen entspricht, zeigen neue Untersuchungen, dass in jedem Kubikmeter Meerwasser je nach Methode und statistischer Berechnung ca. 100 bis 1000 Arten von Mikroorganismen zu erwarten sind, sowie in jedem Gramm Tiefseesediment über 1000 Arten. Diese Werte wurden im Rahmen des International Census of Marine Microbes (http://icomm.mbl.edu/) zuletzt deutlich nach oben korrigiert. Besonders hinsichtlich des unbekannten und vielleicht Millionen von Jahren alten Lebens in der tiefen Biosphäre ist die Untersuchung mikrobieller Vielfalt im Meeresboden eine der spannendsten Aufgaben der Zukunft. Eine Darstellung heutiger Kenntnisse der Klassifizierung mikrobiellen Lebens findet sich in dem Tree of Life Web Project (http://tolweb.org/tree/phylogeny.html).

Einfluss von Mikroorganismen auf den Meeresboden und seine Ökosysteme

Neue hochauflösende Methoden zur Kartierung des Tiefseebodens sowie der Einsatz von tief tauchenden Forschungs-U-Booten und Tauchrobotern hat in den letzten Jahren auch eine erhebliche Vielfalt von geologischen Strukturen am Meeresboden erkennen lassen. Bei einigen von ihnen zeigt sich ein direkter Beitrag von Mikroorganismen an der Form und Ausdehnung von Tiefseelandschaften. Dazu gehören Gas- und Fluidaustritte am Meeresboden, Karbonatzemente, -riffe, -hügel und -schlote sowie andere Mineral- und Erzanreicherungen.

Methan (CH_4) entsteht in großen Mengen als eines der Endprodukte bei der mikrobiellen Zersetzung von organischem Material. Es wird gebildet von methanogenen Archaeen wie *Methanobacterium*, das CO_2 und H_2 zu Methan umsetzt, oder *Methanosarcina*, das z. B. Acetat zersetzen kann. Dieser anaerobe Prozess (ohne Sauerstoff) findet an Land vor allem in Feuchtbiotopen wie Sümpfen und Reisfeldern statt und stellt eine wichtige Quelle für Methan dar, das dann in der Atmosphäre als Treibhausgas wirkt. Im Meer entsteht Methan vor allem in den tieferen Sedimentschichten, wo die methanproduzierenden Archaeen (wie an Land) Wasserstoff oder andere Endprodukte der Zersetzung von organischen Stoffen zur Energiegewinnung nutzen. Seit einigen Jahren weiß man, dass das meiste Methan auf der Erde derzeit gefroren in Form von Gashydraten im Meeresboden lagert und auch dies von methanogenen Archaeen gebildet wurde. Gashydrate sind generell nur bei hohen Drücken und relativ niedrigen Temperaturen stabil. Wo Gashydrate an ihrer Stabilitätsgrenze vorkommen und freies Gas aus tiefen Sedimentschichten aufsteigt, kann dem Meeresboden Gas entweichen. Manchmal findet das in spektakulärer Weise als Explosion statt, wobei ganze Meeresbodenareale umgepflügt oder versetzt werden können. Es entstehen dabei geologische Strukturen, wie Löcher im Meeresboden, Krater, Schlote, Schlammvulkane und Hangrutschungen. Manche der mikrobiologischen Umsatzprozesse bedingen auch einen Niederschlag von Mineralien, die als Karbonate, Phosphite, Eisen- und Schwefelmineralien im Meeresboden erhalten bleiben. Noch ist wenig bekannt über die verantwortlichen Mikroorganismen sowie die Umweltbedingungen, die lokal die mikrobiologische Ausfällung von Mineralien verursachen, oder auch über die Zeitskalen, auf denen die Aktivität der Mikroorganismen den Meeresboden verändert.

Der Ozean trägt aber normalerweise kaum zur Emission von Methan in die Atmosphäre bei, da dieses Gas zumeist schon in den oberen Sedimentschichten wieder verbraucht wird. An Land wird Methan von aeroben methanotrophen, also methanzehrenden, Bakterien mit Sauerstoff zu Kohlendioxid umgesetzt. Da Sauerstoff und andere energiereiche Elektronenakzeptoren im Meeresboden oft schon in einer Tiefe von wenigen Millimetern bis Zentimetern verbraucht sind, geschieht im Meer der größte Teil der Oxidation von Methan mit Sulfat, das im Meerwasser in hohen Konzentrationen vorkommt (durchschnittlich 28 mM). Seit über 15 Jahren ist nun bekannt, dass in methan- und sulfatreichen Sedimentschichten Archaeen in Symbiose mit sulfatreduzierenden Bakterien leben. Sie wandeln durch Zersetzung organischer Materie gebildetes Methan zu Kohlendioxid und Sulfid um. Sulfid ist toxisch für die meisten Meereslebewesen, aber an Stellen mit erhöhter Sulfidproduktion sammeln sich meist besondere Gemeinschaften chemosynthetischer Lebewesen. Das sind z. B. Röhrenwürmer und Muscheln, die in ihrem Körper sulfidoxidierende Bakterien als Symbionten beherbergen und von deren Energieumsatz profitieren (Kap. 22). Diese Oasen von Leben an Methanquellen von Kontinentalrändern wurden erst in den letzten 20 Jahren genauer untersucht – sie erinnern an die biologische Vielfalt der heißen Quellen an mittelozeanischen Rücken (Abb. 20.3).

Der hohe hydrostatische Druck bedingt, dass sich wesentlich mehr Methan im Wasser lösen kann als unter den Bedingungen an Land oder im Flachwasser. Daher ist in der ansonsten nahrungslimitierten Tiefsee an Methanquellen eine besonders große Vielfalt und Biomasse von Meereslebewesen zu finden (z. B. Matten von schwefeloxidierenden Bakterien oder die symbiontische Muschel *Calyptogena* oder symbiontische Bartwürmer). Während an Hydrothermalquel-

len der Schwefelwasserstoff als anorganisch-chemisches Reaktionsprodukt den vulkanischen Fluiden beigemengt ist, treten an den kalten Methanquellen große Mengen an Schwefelwasserstoff als direktes Produkt der mikrobiellen anaeroben Oxidation von Methan mit Sulfat auf. Die Analyse der Isotopie verschiedener charakteristischer Biomassebestandteile (Biomarker) der Mikroorganismen im Meeresboden zeigt, dass diese Methan aufnehmen und umsetzen. Ebenso belegen die Isotopensignaturen der symbiontischen Würmer und Muscheln an Methanquellen, dass ihre Biomasse auf der Fixierung von CO_2 durch die bakteriellen Symbionten beruht. Hier bilden also Mikroorganismen die Grundlage reichhaltiger Ökosysteme, weil sie im Gegensatz zu höherem Leben in der Lage sind, reduzierte chemische Verbindungen wie Methan oder Sulfid für die Energiegewinnung und den Aufbau von Biomasse zu nutzen. Die Biomasse und Atmung der Mikroorganismen und Tiere an Methanquellen liegen dabei bei gleicher Wassertiefe um Größenordnungen über den Lebensräumen ohne Methan. Weniger mangelnde physiologische Anpassung als Nahrungsmangel ist also für die geringe Dichte von Leben in der Tiefsee verantwortlich.

Es gibt noch eine Reihe anderer faszinierender Mikroorganismen in der Tiefsee, wie Archaeen und Bakterien, die unter extremen pH- und Salinitätsbedingungen leben, z. B. an heißen Quellen und in Salzlaken. Interessant sind auch Bakterien, die in Ölquellen vorkommen und unter Ausschluss von Sauerstoff langkettige Kohlenwasserstoffe abbauen. Dabei werden jedes Jahr neue Stoffwechselwege entdeckt, z. B. die anaerobe Oxidation von Methan und Ammonium oder die Speicherung von Eisen, Phosphat und Schwefel in und um die Bakterienzelle. Das Fachgebiet der Geomikrobiologie beschäftigt sich mit diesen Prozessen und Mikroorganismen und vor allem mit der Frage, wie Mikroorganismen die Stoffwechselkreisläufe der Erde beeinflussen und wie geophysikochemische Bedingungen den Lebensraum für verschiedene Mikroorganismen begrenzen können. Dabei gelten die extremen Tiefseelebensräume oft auch als Analoge für Leben auf anderen Planeten.

Abb. 20.3 Gasquellen an Kontinentalrändern. **a** Schwefelzehrende Bakterienmatten an einer Methanquelle am Kontinentalrand Costa Ricas in 1020 m Wassertiefe (*Meteor*-Expedition M66/2). **b** Chemosynthetische Muscheln an einer Methanquelle mit Karbonatablagerungen am pakistanischen Kontinentalrand in 1500 m Wassertiefe (*Meteor*-Expedition M74/3). (© MARUM, Universität Bremen)

Sind Mikroorganismen der Tiefsee wichtig für die Stoffkreisläufe der Erde?

Der Meeresboden ist ein Ort besonders intensiver und vielfältiger Stoffumsetzungen, denn hier sammelt sich das absinkende Material von der produktiven Oberfläche der Meere. Absterbendes Plankton und seine Ausscheidungen sinken in die Tiefe und werden dort von den Bewohnern des Meeresbodens wieder remineralisiert. Dies bezeichnet man als biologische Kohlenstoffpumpe (Kap. 6) – im Gegensatz zur physikalischen Kohlenstoffpumpe, bei der CO_2 aus der Atmosphäre im Ozeanwasser gelöst wird. Dabei wird der Atmosphäre Kohlendioxid entzogen, wenn ein Rest des organischen Materials im Meeresboden begraben wird und dem bakteriellen Abbau entgeht. Doch erreichen nur 1–10 % der Primärproduktion von der Meeresoberfläche den Boden der Tiefsee. Was die Meeresbodenbewohner am Ende übrig lassen, sind insgesamt weniger als 0,1–1 % der Primärproduktion. Diese verbleibenden schwer abbaubaren Kohlenstoffverbindungen werden in den Sedimenten abgelagert und bilden einen enormen Kohlenstoffspeicher. Einige Bakterien haben sich darauf spezialisiert, mittels besonderer Enzyme auch das sehr schwer abbaubare organische Material zu nutzen – sie transferieren es wieder in das Nahrungsnetz, indem sie den von den Tieren nicht verdaubaren Kohlenstoff in Bakterienbiomasse verwandeln, die wichtige Nahrung und essenzielle Stoffe wie bestimmte Fettsäuren und Aminosäuren für Tiefseelebewesen enthält. Die Aktivität der Bakterien bestimmt, wie viel Kohlendioxid und wie viele Nährstoffe in das Tiefenwasser rückgeführt werden. Wären die Bakterien des Meeresbodens dabei viel effizienter, würde letztendlich auch mehr Kohlendioxid in die Atmosphäre rückgeführt werden, und das Klima wäre ein anderes. Die bakteriellen Aktivitäten in Sedimenten beeinflussen also den globalen Stoffhaushalt und haben über geologische Zeiträume zu bedeutenden Ablagerungen von Mineralien geführt. Schon die Vielfalt von organischen Substanzen, die Bakterien und Archaeen als Energiequelle nutzen und veratmen können, unterscheidet sie von Pflanzen und Tieren (Abb. 20.4). Im Stickstoff- und Schwefelkreislauf der Erde werden die meisten Prozesse ausschließlich durch Mikroorganismen katalysiert. Schwefelverbindungen, Stickstoffverbindungen und Eisenmineralien werden reduziert oder oxidiert, und organische Verbindungen, sogar problematische wie Erdöl oder etliche Pestizide, werden abgebaut.

Zukunftsfragen

Zusammenfassend führt das Kapitel zu drei Feststellungen: Mikroorganismen im Meeresboden bilden einen bedeutenden Anteil der Biomasse und genetischen Vielfalt auf der Erde. Mikroorganismen beeinflussen in starkem Maße

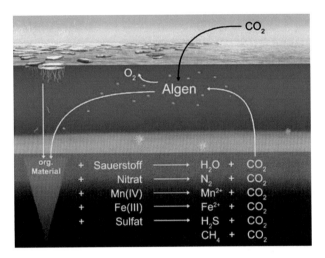

Abb. 20.4 Die Reihenfolge von Elektronenakzeptoren im Meeresboden, wie sie für die bakterielle Veratmung organischer Materie genutzt werden. Die Oxidation organischer Materie dient der Energiegewinnung (Original des Autors)

die Struktur des Meeresbodens und seine Ökosysteme. Der Meeresboden und seine Mikroorganismen beeinflussen Stoffkreisläufe der Erde. Daraus ergeben sich wichtige Fragen für die Zukunft dieses Lebensraums. Klimaveränderungen und ihre Folgen, wie die globale Erwärmung und Versauerung des Ozeans, das Abschmelzen des arktischen Meereises sowie verschiedene Formen der Ozeannutzung, verändern auch die Produktivität des Ozeans und die Lebensbedingungen der Meeresbewohner. Durch die biologische Pumpe, also das Absinken von organischem Material als wesentliche Nahrungsquelle für Tiefseebewohner, sind diese direkt gekoppelt an die Veränderungen der Meeresoberfläche. Dies zeigte sich eindrucksvoll während einer Expedition mit dem Forschungseisbrecher *Polarstern* in die Zentralarktis. Durch den extremen Rückgang des Meereises im Jahr 2012 war es zum Absinken großer Mengen an Meereisalgen gekommen, die den Tieren und Bakterien in der ansonsten nahrungsarmen arktischen Tiefsee einen ungewöhnlich großen Nahrungseintrag bescherten. Wo die Algenklumpen auf den Meeresboden gesunken waren, führten lokale Abbauprozesse zu erhöhtem Sauerstoffverbrauch. Kamerabeobachtungen zeigten, dass nur wenige Tiere die ungewohnte Nahrung aufnehmen konnten, doch auf lange Sicht könnte ein Wandel in der Primärproduktion der Arktis auch eine Veränderung des gesamten Tiefseeökosystems nach sich ziehen.

Es ist eine wichtige Aufgabe aktueller Forschung, die Rolle des Meeres und besonders des Meeresbodens als Kohlenstoffspeicher für die Funktion der Stoffkreisläufe der Erde besser zu erfassen und dabei auch die wichtigsten Schlüsselorganismen im Meer und ihre Anpassungsfähigkeit kennenzulernen. Auch wenn die Vielfalt der Mikroorganismen sehr hoch ist und wir ganz am Anfang stehen, ihre Funktionen im Ökosystem zu erfassen, hilft dieses Wissen, Fragen zur Zukunft der Erde im Wandel zu beantworten.

Weiterführende Literatur

Boetius A, Wenzhöfer F (2013) Seafloor oxygen consumption fuelled by methane from cold seeps. Nat Geosci 6:725–734. doi:10.1038/ngeo1926

Boetius A, Albrecht S, Bakker K, Bienhold C, Felden J, Fernández-Méndez M et al (2013) Export of algal biomass from the melting Arctic sea ice. Science 339:1430–1432. doi:10.1126/science.1231346

Hoehler TM, Jørgensen BB (2013) Microbial life under extreme energy limitation. Nat Rev Micro 11:83–94. doi:10.1038/nrmicro2939

Jørgensen BB, Boetius A (2007) Feast and famine – microbial life in the deep-sea bed. Nat Rev Microbiol 5:770–781. doi:10.1038/nrmicro1745

Kallmeyer J, Pockalny R, Adhikari RR, Smith DC, D'Hondt S (2012) Global distribution of microbial abundance and biomass in subseafloor sediment. Proc Natl Acad Sci USA 109:16213–16216. doi:10.1073/pnas.1203849109

Wei CL, Rowe GT, Escobar-Briones E, Boetius A, Soltwedel T, Caley MJ et al. (2010) Global patterns and predictions of seafloor biomass using random forests. PLOS ONE 5:e15323. doi:10.1371/journal.pone.0015323

Zinger L, Amaral-Zetter LA, Fuhrman JA, Horner-Devine MC, Huse SM, Mark Welch D et al. (2011) Global patterns of bacterial beta-diversity in seafloor and seawater ecosystems. PLOS ONE 6:e24570. doi:10.1371/journal.pone.0024570

21

Stabilität, Störungen oder Zufall: Was steuert marine Biodiversität?

Julian Gutt

Der Farben- und Formenreichtum in Korallenriffen, ebenso wie die lichtdurch-flutete Hochsee oder bizarre Meeresbodenbewohner der Tiefsee, strahlen große Faszination aus. Warum finden wir hier „verschwenderische" Fülle und dort eine Unterwasser„wüste"? Welche Rolle spielt Lebensvielfalt für das Funktionieren von Ökosystemen, und welche Bedeutung hat sie für uns Menschen? Gute wissenschaftliche Konzepte, aufwendige Experimente und fortschrittliche Computersimulationen sind Voraussetzungen für die Beantwortung dieser Fragen. Das kürzlich zu Ende gegangene Forschungsprojekt Census of Marine Life (Box 46.1) hat diesen Forderungen in großem Umfang Rechnung getragen, wobei die Dokumentation und Veröffentlichung von biogeografischen Daten eine wesentliche Rolle spielten (für die Antarktis s. http://atlas.biodiversity.aq).

Die Erforschung biologischer Komplexität ist Teil der menschlichen Kultur; es kommen aber auch gewichtige praktische Gründe hinzu. Viele marine Ökosysteme sind durch die menschliche Nutzung überbeansprucht und stehen unter Klimastress. Das Potenzial des Erbguts von Meerestieren für die Gewinnung von Naturstoffen, insbesondere im Kampf gegen Krankheiten, ist aber noch lange nicht ausgeschöpft.

Unter Lebensvielfalt wird die Gesamtheit der Arten in festumrissenen Gebieten unter Berücksichtigung ihrer zahlenmäßigen Zusammensetzung verstanden und bezieht sich auf Erbinformationen, Arten oder Lebensräume. Sie ist das

Prof. Dr. Julian Gutt (✉)
Alfred-Wegener-Institut, Helmholtz-Zentrum für Polar- und Meeresforschung
Am Handelshafen 12, 27570, Bremerhaven, Deutschland
E-Mail: Julian.Gutt@awi.de

© Springer-Verlag GmbH Deutschland 2020
G. Hempel et al. (Hrsg.), *Faszination Meeresforschung*,
https://doi.org/10.1007/978-3-662-49714-2_21

Ergebnis der Millionen Jahre andauernden Evolution und kurzfristiger öko-logischer Prozesse. Für beide Zeitskalen gibt es drei entscheidende natürliche Einflussgrößen: Umweltstabilität, Störungen und Zufall. In umgekehrter Weise kann auch die Biodiversität ein Ökosystem stabilisieren oder anfällig machen und so die Produktivität der Meere steuern und für die menschliche Umwelt von Bedeutung sein.

Die marine Lebensvielfalt ist deshalb so faszinierend, weil sie eine viel grö-ßere Bandbreite von Tiergruppen als an Land umfasst und weil ihr ein riesiger dreidimensionaler Raum zur Verfügung steht. Wir werden nun anhand der nordatlantischen Kaltwasserkorallenriffe und der südpolaren Bodentierlebensge-meinschaften nachvollziehen, welche wissenschaftlichen Konzepte deren nahezu unübersehbare Komplexität erklären können und welche Konsequenzen sich daraus ergeben.

In Wassertiefen von etwa 200–1000 m kommen vor den Küsten Europas vom Nordkap bis zur Biskaya Korallen stellenweise in großer Konzentration vor. Für Fischer bedeuten sie eine Gefahr für ihre Netze, aber auch Hoffnung auf gute Fänge. Diese atlantischen Kaltwasserriffe werden im Wesentlichen von zwei Steinkorallenarten geprägt (Abb. 21.1). Mögliche Gründe für deren massenhaf-tes Wachtum sind z. B. interne Wellen oder das Austreten von Hydrokarbonaten aus dem Meeresboden. Die Entstehung von mehr als 250 mit diesen Korallen vergesellschafteten Tierarten ist nach der Stability-Time-Hypothese mit einer langfristig stabilen Umwelt zu erklären. In einem sich häufig ändernden Milieu hingegen gibt es nur diejenigen Arten, die in ihrer Evolution mit den Umwelt-veränderungen ständig Schritt halten können. Die Niche-Diversification-Hypo-these besagt ergänzend, dass hohe Biodiversität auch durch strukturelle Kom-plexität gefördert wird, wie sie in den Kaltwasserriffen vorkommt (Abb. 21.1). In einem solchen heterogenen Lebensraum wird der Verdrängungswettbewerb unterdrückt, weil sich dort die meisten Tiere z. B. in Substratwahl, Ernährung, Verhalten oder Fortpflanzungsbiologie „aus dem Wege gehen". Durch die Drei-dimensionalität ihres Lebensraums werden weitere, überwiegend mobile Arten angelockt, bis das Ökosystem eine gewisse Sättigung erreicht hat.

Sind solche komplexen biologischen Systeme anfälliger gegenüber Störungen als einfacher strukturierte, z. B. auf Sandböden oder vor Flussmündungen? Als gefährdet gilt nach der Diversity-Stability-Hypothese eine Lebensgemeinschaft mit vielen biologischen Wechselwirkungen. Man darf sich Biodiversitätsstruktu-ren nicht wie ein Netz mit Knoten (= Arten) und Maschen (= Wechselwirkun-gen) vorstellen, in dem einzelne Verletzungen die Netzfunktion nur wenig beein-trächtigen, sondern wie ein Gewebe, das auch bei kleinen Defekten aufribbelt. In der Natur gibt es eine Lösung für dieses Problem, das durch die Functional-Redu-ndancy-Hypothese beschrieben wird. Kommen Zwillingsarten nebeneinander

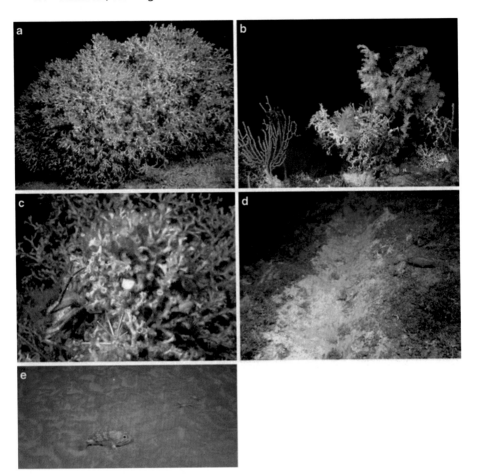

Abb. 21.1 Zwei Steinkorallen prägen den Lebensraum am Kontinentalhang westlich von Irland in Wassertiefen zwischen 650 und 1050 m. Kolonien von *Lophelia pertusa* mit weißem Skelett und orangefarbenen Polypen können über 1 m groß werden (**a**), auf dem Foto (**b**) *rechts* und *unten* in der Mitte. Die zweite häufige Art *Madrepora* sp. ist filigraner, weiß oder orange gefärbt (**b**, *unten rechts, unten links, Bildmitte*). Seltenere sessile Tiere sind die verästelten gelben Hornkorallen oder die gelbliche buschige, fächerförmige Dörnchenkoralle (Antipatharia). Darauf siedelt eine diverse mobile Fauna, z. B. die roten Furchenkrebse und Haarsterne. Auf der Nahaufnahme (**c**) nutzen ein Lanzenseeigel (*Cidaris* sp.) und Schnecken (*Calliostoma* cf. *leptophyma*) eine *Lophelia*-Kolonie als Lebensraum. Auch Fische haben einen „Hang" zu dreidimensionalen Strukturen, so wie die kleine rosa gefärbte Grundel in der Bildmitte. Die große Krabbe *Paramola cuvieri* tarnt sich mit einem orangefarbenen Krustenanemonenbüschel. Die Fischerei beschädigt dieses Ökosystem erheblich (**d**, mit dem Fisch *Lepidion*), das so gut wie keine Erholungsfähigkeit besitzt, weil es keinen vergleichbaren natürlichen Störungen ausgesetzt ist. Der rot gestreifte Drachenkopf (*Helicolenus dactylopterus*) gehört ebenfalls zu dieser Korallenlebensgemeinschaft, aufgenommen auf dem die Riffe umgebenden und an Biomasse viel ärmeren Weichboden, wo Sedimentrippel starke bodennahe Strömung anzeigen (**e**). (© IFREMER 2003)

vor und eine von ihnen verschwindet, ist deren Funktion im Ökosystem durch ihr Geschwister gesichert, und das biologische Zusammenspiel ist insgesamt nicht gefährdet. Aber auch einfache Systeme, z. B. in Ästuaren, „reparieren" sich schnell selbst, weil es dort schnellwüchsige und sich leicht fortpflanzende Arten gibt.

Bei aller Begeisterung für Kaltwasserkorallenriffe ist deren Artenreichtum, verglichen mit fast 100.000 bekannten Arten in allen Warmwasserkorallenriffen, nicht hoch. Dieser Unterschied lässt sich anhand der Island-Biogeography-Hypothese von MacArthur und Wilson erklären, die die Artenzahl in isolierten Ökosystemen durch Einwanderungs- und Aussterberaten erklärt. Sie ist umso höher, je größer die Insel ist und je näher sie an einem anderen großen Ökosystem liegt. Demzufolge befinden sich die relativ kleinen isolierteren Kaltwasserriffe möglicherweise nahe ihrem Artenmaximum, ebenso wie die nur wegen ihrer Größe artenreicheren warmen Riffe.

Ebenfalls durch hohe Komplexität und gewisse Umweltstabilität ist die Lebensgemeinschaft am Meeresboden der Antarktis geprägt (Abb. 21.2), wo auch natürliche Störungen eine Rolle spielen. Während der vergangenen ca. 25 Mio. Jahre gab es Eisvorschübe, die insbesondere in der letzten Jahrmillion die bis in ca. 400 m siedelnde Fauna durch aufliegendes Schelfeis verwüsteten. Kann man sich eine nachhaltigere Störung eines marinen Lebensraums vorstellen? Trotzdem tragen solche natürlichen Katastrophen zur Erhöhung der Biodiversität bei. Es werden dabei nämlich Tierpopulationen voneinander getrennt, die in isolierten Refugien, z. B. bei den nördlich gelegenen subantarktischen Inseln ausweichen. Dort entwickelt sich ihr Erbgut unabhängig voneinander weiter. Bevor sie sich nach dem Ende der Eiszeiten wieder vermischten, kann schon eine Aufsplittung in mehrere Arten erfolgt sein. Eine solche Variante der „Vikarianz" wird Climate-Diversity-Pumpe genannt.

Die Biodiversität der formenreichen antarktischen Meeresbodenfauna (Abb. 21.2) ist zusätzlich von regelmäßigen kurzfristigen Störungen beeinflusst. Darunter versteht man zeitlich abgrenzbare Ereignisse, die die Funktionsweise eines Ökosystems nachhaltig unterbrechen und Ressourcen, Umweltbedingungen sowie biologische Strukturen maßgeblich verändern. Seit einigen Jahren ist bekannt, dass strandende Eisberge die Fauna am antarktischen Meeresboden überwiegend bis zu einer Wassertiefe von 250 m kleinräumig völlig vernichten. Nach der Intermediate-Disturbance-Hypothese wäre die Biodiversität in einem darauffolgenden frühen Wiederbesiedlungsstadium niedrig. Dort wachsen nämlich zunächst nur die durch ihre Fortpflanzungsweise begünstigten Arten schnell und manchmal massenhaft heran. Diese werden durch später einsetzenden Verdrängungswettbewerb reduziert, robustere Arten wandern aus ungestörten Gebieten ein, und die Artenzahl steigt. Bis hierhin konnte die Intermediate-Disturbance-Hypothese für die antarktische Meeresbodenfauna bestätigt werden. Spannender ist aber die Frage, ob sich in der letzten Wiederbesiedlungsphase

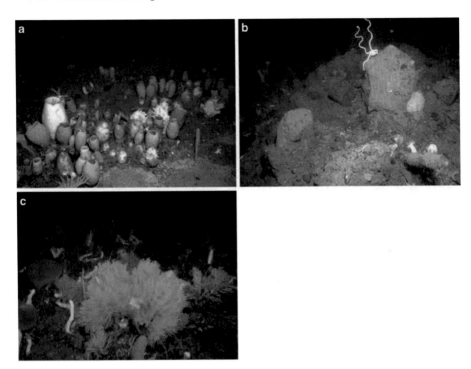

Abb. 21.2 Die Fotos vom antarktischen Meeresboden stammen vom Schelf des Weddellmeeres in 150–230 m Wassertiefe. **a** Eine typische von langlebigen und langsamwüchsigen Glasschwämmen der Gattungen *Rossella* (*bräunlich*) und *Anoxycalyx* (*weiß*) dominierten Lebensgemeinschaft. Durch strandende Eisberge wird das Sediment zerfurcht (**b**). Als Erste wandern dort bewegliche Tiere, wie die Schlangesterne *Astrotoma agassizii* (*oben*) und *Ophiosteira antarctica*, ein. Spätere Wiederbesiedlungsstadien sind durch intensiv orange gefärbte Hornkorallen, gelbe schlauchförmige Schwämme, fächerförmige Moostierchen und Röhrenwürmer (**c**) charakterisiert. (Fotos: Julian Gutt; © AWI/MARUM, Universität Bremen 2003)

die robusten Arten derart durchsetzen, dass sie ihre Konkurrenten lokal zum Aussterben bringen und die Biodiversität wieder sinkt. Dafür gibt es im Falle der antarktischen Eisbergkratzer keine gesicherten Erkenntnisse. Es könnte so sein, dass es zwar den beschriebenen artenmindernden Konkurrenzdruck gibt, dass aber durch das massive Auftreten dreidimensional aufragender Organismen neue ökologische Nischen in Form von Anheftungspunkten und Unterschlupfe für zusätzliche Arten entstehen.

Betrachtet man aber nicht nur die kleinräumige Biodiversität, wo ein Eisberg den Boden durchpflügt hat, sondern einen aus vielen nebeneinander existierenden Wiederbesiedlungsstadien bestehenden größeren „bunten" Flickenteppich, so ist eine Diversitätserhöhung als Folge von Eisbergstrandungen festzustellen. Eine solche Entwicklung wird durch das Patch-Dynamics-Konzept erklärt. Weitere Mechanismen, die die antarktische Biodiversität regulieren, sind biologische Interaktionen, z. B. selektiver Wegfraß bestimmter Tierarten und Symbiosen.

Zunehmend wird auch der pure Zufall als treibende Kraft für ökologische und evolutive Prozesse angesehen. Steht nach zerstörerischen Eisbergstrandungen Platz für eine Neubesiedlung zur Verfügung, so sind Arten mit ähnlichen Umweltansprüchen und ähnlicher Fortpflanzung gleichermaßen in der Lage, als Erste Fuß zu fassen. Nur der Zufall entscheidet dann darüber, welche Tiere zuerst massenhaft auftreten und die weitere Entwicklung solcher Pioniergemeinschaften bestimmen. Deren Zusammensetzung ist kaum vorhersagbar, was für die Anwendbarkeit der ursprünglich für Regenwälder entwickelten Equal-Chance-Hypothese spricht.

Fazit

Erst wenn wir die oben beschriebenen „treibenden Kräfte" der Bodentierwelt verstanden haben, können wir abschätzen, wie sehr die antarktische und arktische Lebensvielfalt zur globalen Biodiversität beiträgt. Dann ist auch eine Analyse möglich, inwieweit die Biodiversität des Südpolarmeeres und der Arktis zum natürlichen Recycling von Nährstoffen und zur langfristigen Speicherung von anthropogenem Kohlendioxid im Sediment beiträgt und wie diese Ökosysteme auf Klimastress reagieren. Schädigungen dieser Lebensräume durch den Menschen können nur durch ein auf Wissen und Vernunft aufbauendes Management und Schutzmaßnahmen begrenzt werden.

Informationen im Internet

* www.scar.org/srp/ant-era

Weiterführende Literatur

Beck E 2012. Die Vielfalt des Lebens: Wie hoch, wie komplex, warum? Wiley-VCH, Weinheim

Gutt J (2008) Leben unter dem Antarktischen Schelfeis – ein biologischer „weißer Fleck" und seine Reaktionen auf den Klimawandel. In: Fütterer DK, Fahrbach E (Hrsg) Polarstern – 25 Jahre Forschung in Arktis und Antarktis. Delius Klasing, Bielefeld, S 198–205

Hubbell SP (2001) The unified neutral theory of biodiversity and biogeography. Princeton University Press, Princeton

Huston MA (1994) Biological Diversity: the coexistence of species on changing landscapes. Cambridge University Press, Cambridge

McIntyre AD (2010) Life in the World's Oceans – Diversity, Distribution, and Abundance. Wiley-Blackwell, Hoboken, New Jersey

Turner J, Bindschadler R, Convey P, di Prisco G, Fahrbach E, Gutt J, Hodgson D, Mayewsky P, Summerhayes C (2009) Antarctic Climate Change and the Environment. SCAR, Scott Polar Research Institute, Cambridge

Wilson EO (Hrsg) (1992) Ende der biologischen Vielfalt? Spektrum, Heidelberg

Tropenwald und Korallenriff sind die artenreichsten Lebensräume der Erde. Hier ein Riffdach außerhalb der Marovo-Lagune, Salomon-Inseln. (Foto: Sebastian Ferse, ZMT)

(Foto: Gertraud Schmidt, ZMT)

22

Dunkle Energie: Symbiosen zwischen Tieren und chemosynthetischen Bakterien

Anne-Christin Kreutzmann und Nicole Dubilier

Die Entdeckung von heißen Quellen in der Tiefsee: Oasen in der Wüste

Die Geschichtsschreibung der chemosynthetischen Symbiosen beginnt im Februar 1977 auf dem Pazifik ungefähr 640 km westlich von Ecuador. Zu dieser Zeit waren drei Forschungsschiffe der Woods Hole Oceanographic Institution am Galápagosrift unterwegs, um zu untersuchen, was passiert, wenn sich an den Rändern auseinanderdriftender Kontinentalplatten neuer Meeresboden formt. Im Zentrum solcher Spreizungszonen tritt Lava aus dem Meeresboden aus und füllt den frei gewordenen Platz in der Erdkruste. Es wurde vermutet, dass Meerwasser durch Spalten im neu gebildeten Gestein bis tief in die Erdkruste eindringt. Dieses Wasser sollte sich durch die Nähe zum aufsteigenden Magma stark erhitzen und sich dann durch chemische Reaktionen mit dem umgebenden Gestein grundlegend verändern. Der Theorie nach sollte das heiße und saure Wasser schließlich als Hydrothermalflüssigkeit im Zentrum der Spreizungsachsen wieder aus dem Meeresboden ausströmen, getrieben vom eigenen Druck. Schon seit einiger Zeit gab es geologische und geochemische Hinweise auf eine solche Reise des Wassers durch den Meeresboden; tatsächlich beobachtet worden war ein Austritt von Hydrothermalflüssigkeit aber noch nicht.

Zu Beginn der Galápagos Hydrothermal Expedition schleppte das Forschungsschiff *Knorr* einen Temperatursensor knapp über dem Meeresboden hinter sich

Dr. Anne-Christin Kreutzmann (✉)
Max-Planck-Institut für marine Mikrobiologie
Celsiusstraße 1, 28359 Bremen, Deutschland
E-Mail: akreutzm@mpi-bremen.de

© Springer-Verlag GmbH Deutschland 2020
G. Hempel et al. (Hrsg.), *Faszination Meeresforschung*,
https://doi.org/10.1007/978-3-662-49714-2_22

her, um heiße Quellen zu lokalisieren. Tatsächlich zeigte dieser Sensor bald für weniger als 3 min leicht erhöhte Werte an – in der sonst konstant 2–3 °C kalten Tiefsee ein deutlicher Hinweis auf eine heiße Quelle. Wärmeres Wasser war allerdings nicht die einzige Besonderheit an jener Stelle. Der Temperatursensor war an einem Kamerasystem befestigt, und dessen Fotos zeigten, dass genau dort Hunderte von weißen Muscheln dicht gedrängt zwischen rundlichen Brocken schwarzer Lava lagen. Muschelbänke sind nichts Erstaunliches in sonnigen und nahrungsreichen Küstenregionen; in der Tiefsee hingegen war ein so massives Auftreten von Tieren noch nie zuvor beobachtet worden. Die Artenvielfalt der Tiefseefauna war bekanntermaßen hoch, immerhin waren schon Vertreter fast jeden Tierstamms dort unten gesichtet worden. Andererseits wusste man auch, dass die Versorgung mit Nahrung in der Tiefsee gewöhnlich so knapp war, dass Lebensgemeinschaften mit solch hoher Biomasse dort nicht existieren sollten. Am Galápagosrift betrug die geschätzte Sedimentationsrate, d. h. der Eintrag von Material aus den sonnendurchfluteten Schichten des Meeres, nur ungefähr 5 cm in 1000 Jahren – und trotzdem waren viele der Hunderte von Muscheln (*Calyptogena magnifica*) auf den Fotos so lang wie ein menschlicher Unterarm und schienen sich prächtig zu entwickeln. Am nächsten Tag machte sich das bemannte Tauchboot *Alvin* auf den anderthalbstündigen und 2500 m langen Abstieg. Der Temperatursensor der *Alvin* zeigte über dem Muschelbett für die Tiefsee erstaunliche 12 °C an, und die Besatzung beobachtete, wie aus Spalten in der Lava schimmernde Flüssigkeit aufstieg, die sich mit dem Meerwasser mischte und sich bald danach durch Ausfällungen bläulich-milchig einfärbte. Die erste heiße Quelle war entdeckt!

Diesem Tauchgang folgten im Februar und März 1977 noch 20 weitere, auf denen die Wissenschaftler drei andere Stellen entdeckten, an denen warme Hydrothermalflüssigkeit aus allen Spalten und Rissen im Meeresboden ausströmte. Diese aktiven heißen Quellen hatten einen Durchmesser von nur etwa 30–100 m und waren damit winzig kleine Punkte in der unendlichen Weite der Tiefsee. Eine der entdeckten heißen Quellen beherbergte eine so reichhaltige und sonderbar anmutende Fauna, dass die Wissenschaftler dieser versunkenen Oase in der sonst kargen Lavalandschaft den Namen „Garten Eden" gaben. Hier krochen weiße Krabben über den neu geformten Meeresboden, gelbe Kolonien von Staatsquallen bedeckten wie Löwenzahnblüten die Randbereiche der Oase, Napfschnecken waren an Hartsubstrate angeheftet, und rosafarbene Fische schwammen um Röhrenwürmer. Von all den Tierarten, die an den heißen Quellen neu entdeckt wurden, waren die Röhrenwürmer (*Riftia pachyptila*; Abb. 22.1a) wohl die bizarrsten Kreaturen: Hellrote, federige Tentakelköpfe ragten aus bis zu 3 m langen, armdicken und weißen Röhren hervor, die teilweise so dicht gedrängt standen, dass sie an einen Bambuswald erinnerten. Die Geologen waren auf heiße Quellen vorbereitet, aber nicht auf das Bild, das sich da im Scheinwerfer ihres Tauchboots bot. Die Meeresbiologen, die sie in ihrer Überraschung anriefen,

Abb. 22.1 Chemosynthetische Symbiosen und ihre Lebensräume. **a** Röhrenwürmer (*Riftia pachyptila*) an Hydrothermalquellen im Ostpazifik. **b** Muscheln (*Bathymodiolus azoricus*), zwischen denen warmes, schimmerndes Hydrothermalwasser aus dem Meeresboden aufsteigt. **c** Tiefseeschnecken der Gattung *Alviniconcha* an Hydrothermalquellen im Westpazifik. **d** Massive Ansammlung der Tiefseegarnele *Rimicaris exoculata* über einem *Bathymodiolus*-Muschelbett. Ausgewachsene Tiere erreichen eine Länge von etwa 5 cm und können in einer Dichte von bis zu 3000 Individuen pro Quadratmeter auftreten. **e** Nahaufnahme von der Tiefseegarnele *Rimicaris hybisae*. **f** Sandiges Sediment neben *Posidonia oceanica*-Seegraswiesen. In diesem Habitat lebt (**g**) der darmlose Wurm *Olavius algarvensis*. Ausgewachsene *Olavius algarvensis*-Individuen haben einen Durchmesser von etwa 0,1–0,2 mm und können mehrere Zentimeter lang werden. **h** Zwei Kolonien des Ciliaten *Zoothamnium niveum* auf einem Stück Holz. (Fotos a, h: M. Bright, Universität Wien; Fotos b, c: MARUM, Universität Bremen; Foto d: C. Borowski, MPI Bremen/ ROV Jason, Woods Hole Oceanographic Institution; Foto e: L. Marsh, University of Southampton; Foto f: M. Liebeke, MPI Bremen; Foto g: C. Lott, MPI Bremen/HYDRA Institut)

konnten die Berichte kaum glauben und baten die Piloten der *Alvin*, alle Tiere, die sie transportieren konnten, einzusammeln.

Als die Proben an Bord der *Knorr* kamen, füllte sich die Luft mit dem Gestank fauler Eier – dem charakteristischen Geruch von Schwefelwasserstoff. Für die Geologen war der Schwefelwasserstoff ein weiterer Beweis ihrer Theorie der Reise des Wassers durch den Meeresboden: Meerwasser sickerte durch Spalten im Gestein bis in die Nähe der Magmakammern, wo durch die enorme Hitze das enthaltene Sulfat zu Schwefelwasserstoff reduziert wurde, der dann mit der Hydrothermalflüssigkeit wieder nach oben strömte. Für die Biologen waren die hohen Konzentrationen von Schwefelwasserstoff die Erklärung, warum in einer Tiefe von 2500 m unter dem Meeresspiegel ohne Sonnenlicht solche außerordentlichen Oasen gedeihen konnten. Schwefelwasserstoffhaltige Hydrothermalflüssigkeit, die sich mit sauerstoffreichem Meerwasser mischt, bietet nämlich ideale Lebensbedingungen für Schwefelbakterien. Diese Bakterien oxidieren den Schwefelwasserstoff mit Sauerstoff und verwenden die bei der Reaktion frei werdende Energie, um Kohlendioxid chemosynthetisch zu assimilieren (Box 22.1). In dem ausströmenden Hydrothermalwasser wurde eine hohe bakterielle Biomasse von 10^{11}–10^{12} Zellen oder ca. $0,1$–1 g/l gemessen, und man nahm an, dass diese Bakterien die Grundlage der Nahrungskette an den heißen Quellen bildeten: Muscheln und Röhrenwürmer würden Bakterien aus dem Wasser filtern, andere Tiere den Bakterienaufwuchs auf dem Lavagestein abgrasen und wieder andere sich als Räuber betätigen. Damit hatten die Geologen der Galápagos Hydrothermal Expedition nicht nur die ersten aktiven heißen Quellen aufgespürt, sondern gleichzeitig ein fundamental neues Ökosystem mit einer üppigen, in der ewigen Dunkelheit der Tiefsee nicht für möglich gehaltenen Fauna entdeckt. Hydrothermalquellen sind auf unserem Planeten bis heute die einzigen bekannten Ökosysteme, in denen die Assimilation von anorganischem Kohlenstoff – die Primärproduktion – unabhängig vom Sonnenlicht stattfindet, letztlich getrieben durch die Erdwärme. Dennoch ist die Chemosynthese an Hydrothermalquellen indirekt abhängig von der Photosynthese an der Erdoberfläche und damit vom Sonnenlicht: Der im Meerwasser gelöste Sauerstoff, den die Schwefelbakterien benötigen, um Schwefelwasserstoff energiegewinnend zu oxidieren, stammt aus der pflanzlichen Photosynthese.

Box 22.1: Chemosynthese

Chemosynthese beschreibt eine mikrobielle Ernährungsform, bei der ausschließlich Energie aus dem Abbau chemischer Verbindungen genutzt wird, um Biomasse aus einfachen Kohlenstoffverbindungen aufzubauen. Die häufigste Form der Chemosynthese ist die Chemoautotrophie, bei der Kohlendioxid als einzige Kohlenstoffquelle assimiliert und für den Aufbau organischer Verbindungen verwendet wird. Chemoautotrophe Mikroorganismen sind daher Primärproduzenten, genauso wie photoautotrophe Mikroorganismen und Pflanzen. Während bei der Photosynthese Sonnenlicht die Energie für die Assimilation von Kohlendioxid liefert, nutzen chemoautotrophe Mikroorganismen eine chemische Reaktion als Energiequelle (Abb. 22.2). Neben chemoautotrophen werden oft auch methanotrophe Mikroorganismen als chemosynthetisch bezeichnet. Diese können Methan gleichzeitig als Energie- und Kohlenstoffquelle verwenden.

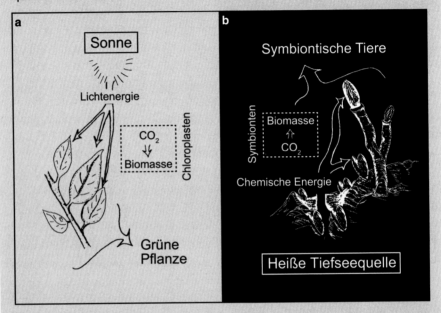

Abb. 22.2 Vergleich von Photosynthese **(a)** und Chemosynthese **(b)**. (Modifiziert nach Somero 1984)

Zwei Jahre nach der Entdeckung der Hydrothermalfauna machten sich Biologen auf den Weg zum Galápagosrift, um die Organismen dieses Ökosystems genauer zu studieren. Bald wurde klar, dass die Mechanismen, die das Überleben der Tiere an diesen versunkenen Oasen ermöglichten, komplexer sein mussten als zunächst angenommen. Die beeindruckenden Röhrenwürmer, die an manchen heißen Quellen den größten Anteil der Biomasse stellten, hatten weder einen Mund noch einen Verdauungstrakt und konnten somit keine chemosynthetischen Bakterien oder andere Partikel zur Nahrungsaufnahme aus dem Wasser filtern. Für kurze Zeit wurde spekuliert, ob die gigantischen Würmer lösliche organische Substanzen aus dem umgebenen Wasser absorbieren, bis das Rätsel ihrer Ernährung Anfang der 1980er Jahre durch die erste Beschreibung einer chemosynthetischen Symbiose (Box 22.2) gelöst wurde. Morphologische Untersuchungen an *Riftia pachyptila* zeigten, dass ein Großteil der Leibeshöhle dieser

Würmer von einem ungewöhnlichen Organ, dem Trophosom, eingenommen wird. Dieses besteht aus einer Masse eng gepackter Bakterien und ist von vielen feinen Blutgefäßen durchzogen. Die Bakterien befinden sich in vergrößerten Zellen des Trophosoms und weisen oft auffällige Einschlüsse aus elementarem Schwefel auf. Im Trophosom, nicht aber im Muskelgewebe der Röhrenwürmer, wurden hohe Aktivitäten von Enzymen gemessen, welche die Oxidation von Schwefelwasserstoff und die autotrophe Assimilation von Kohlendioxid katalysieren. Zusammen legten diese Beobachtungen nahe, dass *Riftia* eine große Anzahl von endosymbiontischen, chemosynthetischen Bakterien beherbergt, die aus dem Abbau von Schwefelwasserstoff Energie gewinnen und mit dieser Energie Biomasse aus Kohlendioxid aufbauen können. Der Röhrenwurm selbst scheint seine Nahrung nahezu ausschließlich von den Bakterien des Trophosoms zu erhalten und wäre somit völlig abhängig von seinen Symbionten.

Box 22.2: Symbiose

In seiner ursprünglichen Definition wird der Begriff „Symbiose" verwendet, um ein räumlich enges Zusammenleben ungleicher Organismen zu beschreiben, unabhängig davon, ob dieses Zusammenleben von Vorteil für beide Partner ist (mutualistisch) oder einen Vorteil für einen Partner bringt, während der andere geschädigt wird (parasitär). Zieht ein Partner einen Vorteil aus dem Zusammenleben und schädigt den anderen dabei nicht, wird die Symbiose als neutral oder kommensalistisch bezeichnet. Im Gegensatz zu der ursprünglichen Definition wird der Begriff „Symbiose" heute meist nur für mutualistische Gemeinschaften verwendet. In einer Symbiose wird der größere Partner als Wirt bezeichnet, der kleinere als Symbiont. Leben die Symbionten auf der äußeren Körperoberfläche des Wirts, spricht man von einer Ektosymbiose; leben sie im Körperinneren, bezeichnet man die Gemeinschaft als Endosymbiose. Endosymbionten können sowohl außerhalb (extrazellulär) als auch innerhalb (intrazellulär) der Wirtszellen vorkommen. In mutualistischen Symbiosen, die schon über lange Zeiträume bestehen, sind häufig Anpassungen im Körperbau des Wirts zu erkennen. So können bestimmte Organe teilweise oder vollständig reduziert sein, da ihre Funktion von den Symbionten übernommen wird.

Damit chemosynthetische Bakterien ein so großes Tier wie *Riftia* ernähren können, sind hohe Produktionsraten notwendig, und der Röhrenwurm hat im Laufe seiner Evolution einige Anpassungen entwickelt, um eine optimale Versorgung seiner Nahrungslieferanten sicherzustellen. An den Hydrothermalquellen orientieren sich die Würmer so, dass ihre blutroten Kiemen von einer Mischung aus schwefelwasserstoffreicher Hydrothermalflüssigkeit und sauerstoffhaltigem Meerwasser umspült werden. Das spezielle Hämoglobin im Blut von *Riftia* besitzt die außergewöhnliche Fähigkeit, neben Sauerstoff auch den für andere Tiere giftigen Schwefelwasserstoff in großen Mengen zu binden und zu transportieren.

Die Bindung des Schwefelwasserstoffs ist dabei so stark, dass dieser im Blut von *Riftia* trotz enorm hoher Konzentrationen praktisch nicht in freier Form vorliegt und seine giftige Wirkung so nicht entfalten kann. Damit hilft das *Riftia*-Hämoglobin nicht nur bei der Entgiftung des Schwefelwasserstoffs, sondern erlaubt es dem Röhrenwurm auch, Schwefelwasserstoff und Sauerstoff effizient zu den chemosynthetischen Bakterien im Trophosom zu transportieren.

Das revolutionäre Konzept des Nahrungskreislaufs an Hydrothermalquellen, die chemosynthetische Primärproduktion, gilt bei den Symbionten von *Riftia* genauso wie bei den freilebenden Bakterien dieser Ökosysteme. Allerdings werden die Symbionten von dem Tier nicht aus dem Wasser gefiltert, sondern sie wachsen im Trophosom, also innerhalb des Röhrenwurms selbst – im Prinzip werden sie vom Tier kultiviert! Diese Entdeckung war aus ökologischer Sicht bahnbrechend. Sie zeigte auf beeindruckende Weise, wie Tiere mithilfe von chemosynthetischen Symbionten extrem oligotrophe Habitate kolonisieren können, in denen es nahezu keine für Tiere nutzbare Nahrung gibt. Aus evolutionärer Sicht war die Symbiose zwischen *Riftia* und seinen Bakterien ähnlich bedeutend, denn man konnte hier beobachten, zu welchen erstaunlichen Anpassungen zwei Organismen fähig sind, wenn ihre Kooperation eine höchst produktive Gemeinschaft bilden kann.

Die Verbreitung und Vielfalt chemosynthetischer Symbiosen

Nach der Beschreibung der ersten chemosynthetischen Symbiose in *Riftia* fragten sich Biologen schnell, ob solche Gemeinschaften nicht auch in anderen Tieren entstanden sein könnten, die vor einem ähnlichen Problem standen: Knappheit verwertbarer organischer Nahrung bei einer Fülle zur Verfügung stehender anorganischer Energieträger wie Schwefelwasserstoff. So war es wenig überraschend, als man entdeckte, dass ein anderes an den Hydrothermalquellen häufiges Tier ebenfalls in einer chemosynthetischen Symbiose lebt: *Calyptogena magnifica*, die weiße Riesenmuschel, die zu Hunderten auf den ersten Fotos einer Hydrothermalquelle zu sehen war. Die Muschel besitzt neben einem verkümmerten Verdauungssystem deutlich vergrößerte Kiemen mit einer Vielzahl von aufgeblähten Zellen. Diese Bakteriozyten sind prall gefüllt mit endosymbiotischen, schwefelwasserstoffoxidierenden Bakterien. Bis heute wurden unter den vielen Tieren, die weltweit Hydrothermalquellen bevölkern, etliche entdeckt, die in einer Symbiose mit chemosynthetischen Bakterien leben. So enthalten mehrere Arten von Röhrenwürmern (Stamm Annelida) Endosymbionten im Trophosom, verschiedene Muscheln und Schnecken (Stamm Mollusca; z. B. *Bathymodiolus* spp. und *Alviniconcha* spp.; Abb. 22.1b, c) beherbergen Endosymbionten in den

Zellen ihres Kiemengewebes, während Tiefseegarnelen der Gattung *Rimicaris* (Stamm Arthropoda; Abb. 22.1d–e) filamentöse Ektosymbionten auf ihren Mundwerkzeugen und in ihrer Kiemenhöhle tragen.

Nun kommt Schwefelwasserstoff nicht nur an Hydrothermalquellen vor, sondern tritt im Meer tatsächlich häufig auf, wenn kein Sauerstoff vorhanden ist. Üblicherweise sind allerdings keine geologischen Prozesse für seine Produktion verantwortlich, sondern Bakterien, die organische Substanzen abbauen und dabei das im Meerwasser reichlich vorhandene Sulfat zu Schwefelwasserstoff reduzieren. Habitate mit hohen Konzentrationen von Schwefelwasserstoff findet man in der Tiefsee daher z. B. auch an kalten Quellen, Kadavern von Walen und versunkenem Holz. An kalten Quellen sickern Methan und andere Kohlenwasserstoffe langsam aus dem Meeresboden, wo sie von sulfatreduzierenden Mikroorganismen abgebaut werden (Kap. 20). All diese Orte sind keine chemosynthetischen Habitate im engeren Sinn, da die grundlegende Energiequelle dort organische Materie ist, die ursprünglich aus der photosynthetischen Primärproduktion stammt. Trotzdem ist Schwefelwasserstoff auch in diesen Habitaten meist in großer Menge verfügbar, und sie beherbergen eine zum Teil sehr ähnliche Fauna wie die „echten" chemosynthetischen Habitate. Genau wie an Hydrothermalquellen machen Röhrenwürmer und Muscheln mit chemosynthetischen Symbionten den größten Anteil der Tierwelt an kalten Quellen aus. An Walkadavern und versunkenem Holz ist der Anteil der Tiere, die in einer chemosynthetischen Gemeinschaft leben, deutlich geringer, aber auch hier findet man Röhrenwürmer und Muscheln, deren Symbionten Schwefelwasserstoff oxidieren und dabei Kohlendioxid assimilieren.

Während schwefelwasserstoffreiche Habitate in der Tiefsee seltene Oasen sind, findet man sie vergleichsweise häufig in Küstenregionen, wo tote Mikroalgen, Seegras und Tang oder andere organische Materie im Sediment verrotten. Obwohl die meisten Tiere in diesen Habitaten direkt von der vorhandenen organischen Nahrung leben, wurde bald nach der Beschreibung von *Riftia* eine große Zahl chemosynthetischer Symbiosen auch in schwefelwasserstoffreichen Flachwasserhabitaten entdeckt. Muscheln der Gattung *Solemya* und der Familie Lucinidae (Stamm Mollusca) kommen in Küstensedimenten vor und besitzen statt eines voll ausgebildeten Verdauungssystems stark vergrößerte Kiemen mit schwefelwasserstoffoxidierenden Endosymbionten. Viele chemosynthetische Symbiosen wurden auch unter den Vertretern der Meiofauna entdeckt, also bei Tieren, die so klein sind, dass sie sich in dem Porenraum zwischen den Sedimentpartikeln bewegen können (ca. 0,45–1 mm; Kap. 19). Fadenwürmer der Unterfamilie Stilbonematinae (Stamm Nematoda) tragen schwefelwasserstoffoxidierende Ektosymbionten auf ihrer Körperoberfläche, Ringelwürmer der Gattungen *Olavius* und *Inanidrilus* (Stamm Annelida; Abb. 22.1g) beherbergen ein dicke Schicht von Symbionten unter ihrer äußeren Körperhülle, und Plattwürmer der

Gattung *Paracatenula* (Stamm Platyhelminthes) sind fast komplett angefüllt mit Bakteriozyten, die schwefelwasserstoffoxidierende Endosymbionten enthalten. Von vielen dieser Tiere war schon lange bekannt, dass sie kein funktionelles Verdauungssystem besaßen, und es wurde angenommen, dass sie sich von löslichen organischen Substanzen ernähren, die sie über ihre Haut aufnehmen. Es war paradox: Der Mensch musste sich erst in die ewige Dunkelheit der Tiefsee begeben, um die Vorgänge in seinem Vorgarten zu verstehen. Statt mit einem bemannten Tauchboot im Südpazifik 2500 m tief zu einer Hydrothermalquelle zu reisen, hätte man eigentlich nur mit einem Eimer in der Hand knietief ins Wasser waten müssen, um Muscheln und Würmer mit chemosynthetischen Symbionten zu sammeln und zu studieren.

Die meisten der bis heute beschriebenen chemosynthetischen Symbiosen sind Gemeinschaften von mehrzelligen wirbellosen Tieren und bakteriellen Symbionten, die in marinen Habitaten leben. Aber auch bei einzelligen Protisten findet man chemosynthetische Symbiosen, z. B. beim Ciliaten *Zoothamnium niveum* (Abb. 22.1h). Diese Wirte bilden mehrere Millimeter lange, federförmige Kolonien auf verrottender organischer Materie. Die Zelloberfläche von *Zoothamnium niveum* ist vollständig mit einer Schicht aus schwefelwasserstoffoxidierenden Symbionten bedeckt, die der Wirt durch ruckartige Bewegungen der gesamten Kolonie abwechselnd in Kontakt mit sauerstoffreichem und schwefelwasserstoffhaltigem Wasser bringen kann.

In den knapp 40 Jahren seit den ersten Expeditionen zu den Hydrothermalquellen am Galápagosrift ist klar geworden, dass chemosynthetische Symbiosen keineswegs kuriose Sonderfälle sind, sondern unter den richtigen Bedingungen tatsächlich überall leben – von ewig dunklen Orten wie der Tiefsee bis hin zu den Stränden der Nordsee und der Karibik. Ähnlich divers wie die Habitate, in denen chemosynthetische Symbiosen vorkommen, sind auch die Partner dieser Gemeinschaften. Im Laufe der Geschichte des Lebens haben sich chemosynthetische Symbiosen mehrmals unabhängig voneinander – in konvergenter Evolution – in Mitgliedern von mindestens 20 Tier- und Protistengruppen sowie einer Art der Archaeen entwickelt. Vertreter der Archaeen (*Giganthauma karukerense*), Ciliaten (*Zoothamnium*, *Kentrophoros*), Poriferen, Cnidarier, Platyhelminthen, Anneliden (Siboglinidae, Alvinellidae, Phallodrilinae, Tubificinae), Nematoden (Stilbonematinae und *Astomonema*), Bivalvier (Vesicomyidae, Bathymodiolinae, Lucinidae, Thyasiridae, Solemyidae), Gastropoden und Arthropoden (Alvinocaridiidae, Kiwaidae, Niphargidae) leben in chemosynthetischen Symbiosen mit Mitgliedern von insgesamt mindestens 15 verschiedenen Bakteriengruppen. Die Bakterien leben als Endosymbionten in angepassten Organen innerhalb der Wirte oder als Ektosymbionten entweder auf speziellen Körperregionen oder der gesamten Oberfläche. Diese ungeheure Diversität zeigt, dass das Konzept der chemosynthetischen Symbiose äußerst flexibel ist und es einen immensen

Selektionsvorteil für das Zusammenleben von chemosynthetischen Bakterien und Eukaryoten gibt. Die Wirte dieser Symbiosen erhalten oft einen großen Anteil ihrer Nahrung von ihren Symbionten und können so extrem nahrungsarme Habitate besiedeln. Es sollte jedoch erwähnt werden, dass der Transfer von assimiliertem Kohlenstoff von den Symbionten zum Wirt in vielen der erwähnten Symbiosen bisher nicht gezeigt worden ist. In manchen Fällen ist es durchaus möglich, dass die Symbionten nur wenig oder gar nicht zur Ernährung des Wirts beitragen. Im Gegenzug sorgen die Wirte meist für eine optimale Versorgung ihrer Symbionten mit allen benötigten Substanzen. Der Röhrenwurm *Riftia* erreicht dies durch sein besonderes Hämoglobin, das neben Sauerstoff auch große Mengen von Schwefelwasserstoff zu den Bakterien im Trophosom transportiert. Viele Organismen der Meiofauna befördern stattdessen ihre Bakterien über weite Strecken durch das Sediment und überbrücken so räumlich getrennte Zonen, in denen die Bakterien Zugang zu Sauerstoff oder Schwefelwasserstoff haben.

Wie vorhandene Ressourcen genutzt werden können – *Bathymodiolus* spp. und *Olavius algarvensis*

Als die ersten chemosynthetischen Symbiosen entdeckt wurden, konzentrierten sich die meisten Studien auf die Diversität der Habitate und der Wirte. Molekulargenetische Methoden steckten noch in den Kinderschuhen, und wenn die bakteriellen Symbionten überhaupt untersucht wurden, wurde jeweils nur eine Art eines schwefelwasserstoffoxidierenden Bakteriums in einem Wirt gefunden. Durch Fortschritte in der Technik weiß man heute aber, dass die funktionelle und stammesgeschichtliche Diversität der chemosynthetischen Symbionten der Mannigfaltigkeit der Wirte in nichts nachsteht. Manche Fälle machen dabei mehr als andere deutlich, wie die Zusammensetzung der bakteriellen Symbionten an die Herausforderungen und Möglichkeiten eines Habitats angepasst werden kann. Zwei dieser Beispiele findet man in Tiefseemuscheln der Gattung *Bathymodiolus* und in dem darmlosen Wurm *Olavius algarvensis*.

Wie erwähnt sind *Bathymodiolus*-Muscheln (Abb. 22.1b) häufige Bewohner von Hydrothermalquellen und kalten Quellen. Die Flüssigkeit, die an diesen Orten aus dem Meeresboden austritt, kann neben Schwefelwasserstoff auch noch andere Energieträger wie Methan, höhere Kohlenwasserstoffe oder molekularen Wasserstoff enthalten. Die Zusammensetzung der austretenden Flüssigkeit variiert von Quelle zu Quelle, und die *Bathymodiolus*-Symbiose schafft es, viele der verschiedenen Energieträger für sich nutzbar zu machen (Abb. 22.3a). Die schwefelwasserstoffoxidierenden Symbionten einiger *Bathymodiolus*-Arten besitzen die Fähigkeit, neben Schwefelverbindungen auch molekularen Wasserstoff

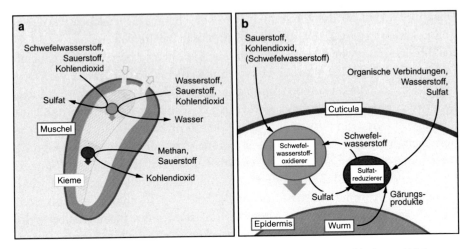

Abb. 22.3 Funktion von chemosynthetischen Symbionten in verschiedenen Wirtsorganismen. **a** Muscheln der Gattung *Bathymodiolus* können schwefelwasserstoff- und wasserstoffoxidierende Symbionten (*grün*) sowie methanoxidierende Symbionten (*pink*) in ihrem Kiemengewebe tragen. **b** Der darmlose Wurm *Olavius algarvensis* beherbergt schwefelwasserstoffoxidierende Symbionten (*grün*) und sulfatreduzierende Symbionten (*rot*) unterhalb seiner äußersten Körperhülle. Zusammen erzeugen diese Symbionten einen Schwefelkreislauf im Wurm. Für viele der gezeigten Symbionten wird angenommen, dass sie assimilierten Kohlenstoff auf den Wirt übertragen (*Blockpfeile*)

als Energiequelle zur Assimilation von Kohlendioxid zu nutzen. In den Kiemen mancher Arten existiert außerdem noch ein zweiter Symbiontentyp, der von Methan lebt. Methan- und schwefelwasserstoffoxidierende Symbionten kommen in einigen Arten der Gattung Seite an Seite vor, während andere nur jeweils einen der beiden Typen beherbergen. Ein dritter Symbiontentyp wurde vor wenigen Jahren in *Bathymodiolus*-Muscheln entdeckt, die an Asphaltquellen leben. Asphaltquellen sind eine seltene Art kalter Quellen, an denen Erdöl und eine teerartige Mischung aus langkettigen, verzweigten und zyklischen Kohlenwasserstoffen aus Spalten im Meeresboden gedrückt werden. Bemerkenswert ist, dass dieser dritte Symbiontentyp eng mit freilebenden Bakterien verwandt ist, die auf den Abbau zyklischer Kohlenwasserstoffe spezialisiert sind. Es scheint, dass Muscheln der Gattung *Bathymodiolus* wahre Meister darin sind, Symbionten aufzunehmen, die es ihnen erlauben, alle in ihrer Umwelt verfügbaren Energiequellen zu nutzen.

Würmer der Gattungen *Olavius* und *Inanidrilus* sind Wenigborster (Oligochaeta), die weltweit in sandigen Küstensedimenten der Tropen und Subtropen verbreitet sind. Diese Würmer haben ihr Verdauungssystem komplett reduziert, tragen aber eine dicke Schicht extrazellulärer Symbionten direkt zwischen ihrer äußersten Körperhülle (Cuticula) und der ersten Hautschicht (Epidermis; Abb. 22.3b). In den meisten Habitaten dieser darmlosen Oligochaeten findet man höhere Schwefelwasserstoffkonzentrationen schon dicht unter der Sedimentoberfläche, und entsprechend beherbergen alle Arten dieser Gruppe einen schwefelwasserstoffoxidierenden Hauptsymbionten. Dieser Hauptsymbiont ist auch in *Olavius algarvensis* vorhanden, einer Art, die in oligotrophen Sedimenten vor der Küste der italienischen Insel Elba lebt (Abb. 22.1 f, g). Die Funktion der *Olavius algarvensis*-Symbiose war lange Zeit rätselhaft, da die Schwefelwasserstoffkonzentration in den Sedimenten vor Elba extrem gering ist, der Hauptsymbiont aber trotzdem sehr aktiv ist und große Mengen Kohlendioxid assimiliert. Des Rätsels Lösung war die Entdeckung eines zweiten Symbiontentyps in *Olavius algarvensis*, der das im Meerwasser enthaltene Sulfat zu Schwefelwasserstoff reduziert. Die schwefelwasserstoffoxidierenden Hauptsymbionten und die sulfatreduzierenden sekundären Symbionten bilden damit einen effizienten Schwefelzyklus innerhalb des Wurms (Abb. 22.3b): Die sekundären Symbionten verwenden Gärungsprodukte des Wirts sowie lösliche organische Verbindungen und molekularen Wasserstoff aus der Umwelt, um Sulfat zu Schwefelwasserstoff zu reduzieren. Die Hauptsymbionten oxidieren den produzierten Schwefelwasserstoff wieder mit Sauerstoff zu Sulfat und verwenden die dabei freiwerdende Energie zur Assimilation von Kohlendioxid. Tatsächlich können die beiden Hauptpartner der Symbiose, der Wurm und die schwefelwasserstoffoxidierenden Symbionten, die schwefelwasserstoffarmen Sedimente vor Elba nur bewohnen, weil sie eine Assoziation mit einem dritten Partner eingegangen sind.

Fazit

Obwohl chemosynthetische Symbiosen seit fast 40 Jahren studiert werden, kennen und verstehen wir doch erst einen geringen Anteil der Diversität und der funktionellen Zusammenhänge in diesen Assoziationen. Bislang wurde nur ein verschwindend geringer Teil der weltweiten Habitate von chemosynthetischen Symbiosen untersucht, und auf fast jeder Exkursion zu neuen Orten entdecken wir neue Arten von Wirten und Symbionten. Je intensiver wir uns mit einem einzelnen Wirtsorganismus auseinandersetzen, desto mehr neue Symbionten und neue Stoffwechselwege bei bekannten Symbionten werden wir finden. Daher erwarten wir, auch in Zukunft noch viel darüber zu erfahren, wie chemosynthetische Assoziationen zur Vielfalt des Lebens auf der Erde beitragen.

Weiterführende Literatur

Aspetsberger F, Dubilier N (2009) Ein Ozean von Symbiosen, von ungeahnter Tiefe. http://www.mpg.de/309344/forschungsSchwerpunkt. Abgerufen am 11.08.2015
Ballard RD, Corliss JB (1977) Oases of life in the cold abyss. Natl Geogr Mag 152:440–453

Dubilier N, Bergin C, Lott C (2008) Symbiotic diversity in marine animals: the art of harnessing chemosynthesis. Nat Rev Microbiol 6:725–740

Petersen JM, Dubilier N (2009) Methanotrophic symbioses in marine invertebrates. Environ Microbiol Rep 1:319–335

Petersen JM et al. (2011) Hydrogen is an energy source for hydrothermal vent symbioses. Nature 476:176–180

Reichert I (2015) Dreierkiste: Bakterien helfen einem Meereswurm zu überleben. http://www.planet-wissen.de/natur/meer/tiefsee/pwiedreierkistebakterienhelfen-einemmeereswurmzuueberleben100.html

Rühland C, Bergin C, Lott C, Dubilier N (2006) Symbiosen mit mikrobiellen Konsortien. BIOspektrum 06.06:600–602

Somero GN (1984) Physiology and biochemistry of the hydrothermal vent animals. Oceanus 27:67–72

Die Koralleninsel Motuporea in der Bootless Bay von Papua-Neuguinea. (Foto: Sebastian Ferse, ZMT)

Teil IV

Küstennahe Ökosysteme

Kai Bischof

Die Küsten und somit der Übergangsbereich vom Land zum Meer sind aufgrund ihrer hohen Dynamik besonders interessante Forschungsgebiete der Meeresbiologie. Die Vielfalt der küstennahen Lebensräume verdeutlichen die Beiträge über die Ökosysteme der Korallenriffe und Mangroven, Seegraswiesen und Muschelbänke, Großalgenwälder, das Wattenmeer und die Ostsee und deren Funktionsweisen und spezifischen Gefährdungen. Bei der Erforschung dieser der menschlichen Beobachtung leicht zugänglichen Systeme entstand die marine Ökologie als Wissenschaft von den komplexen Wechselwirkungen zwischen den Organismen eines Lebensraums und ihrer Abhängigkeit von physikalischen und chemischen Umweltparametern. Neben dem Jahres- und Tagesgang von Licht und Temperatur werden die Küstengemeinschaften zusätzlich durch den steten Wechsel von Ebbe und Flut und von unperiodischen Sturmereignissen geprägt. Zusätzlich zu dieser natürlichen Dynamik sind Meeresküsten mehr als andere Ökosysteme von zunehmenden anthropogenen Störungen bedroht. Fischerei, Meeresverschmutzung und -überdüngung haben einen großen Einfluss auf die Lebensgemeinschaften im Flachwasser. Weltweit wächst der Siedlungs- und Nutzungsdruck auf Küsten. Aktuelle Beispiele dafür sind der weltweite Ausbau von Häfen, Offshore-Windanlagen, touristischer Infrastruktur und Aquakultureinrichtungen. Küstenforschung muss daher neben dem Prozessverständnis auch die Erarbeitung von Managementstrategien zum Schutz und zur nachhaltigen Nutzung von Küstensystemen zum Inhalt haben. Sie muss einen Beitrag leisten zu den teilweise kontrovers diskutierten Entscheidungsprozessen zur Ausweisung mariner Schutzgebiete. Gleichzeitig stellen Meeresküsten Systeme dar, die auch für den meeresbiologischen Laien leicht zugänglich sind. Küstenforschung kombiniert mit entsprechenden Angeboten der Weiterbildung sind daher ideal, um meeresökologische Themen allgemeinverständlich in die Gesellschaft zu transportieren.

Algengemeinschaften im Helgoländer Felswatt. (Foto: Karin Springer, BreMarE, Universität Bremen)

23

Meeresküsten – ein Überblick

Karsten Reise

Am Saum des Meeres, wo Wind, See und Land zusammentreffen, zerrt mal das Meer am Land, und dann wieder wächst Land aus dem Meer, als ob es gelte, die Geografie zu verwirren. In der Antike noch galt dieser Saum als unheilvolles Gestade zwielichtigen Gesindels, wo nächtens grünbärtige Männer der Brandung entstiegen, um am Strand wandelnde Mädchen in den Abgrund zu ziehen. Dieser Saum ist längst umkämpfter Wirtschaftsraum und beliebtes Urlaubsziel geworden. Die Meeresküsten sind Spannungszone der Naturkräfte als auch widerstreitender Interessen. Sie bergen eine Vielfalt und Fülle aquatischen, amphibischen und terrestrischen Lebens, das hier in veränderlichen Ökosystemen immer wieder neu aufeinandertrifft. Deren Biologie und Ökologie zu erforschen, ist nicht nur spannendes Abenteuer, sondern ebenso drängende Notwendigkeit, angesichts der an den Küsten überproportional zunehmenden Bevölkerung, neuer Küstenstrukturen und steigenden Meeresspiegels. Küsten reichen so weit landwärts wie der Einfluss des Meeres und so weit seewärts wie der Einfluss des Landes. Die Breite der Küstenzone ändert sich je nach betrachteten Mustern und Prozessen.

emer. Prof. Dr. Karsten Reise (✉)
Wattenmeerstation Sylt, Helmholtz-Zentrum für Polar- und Meeresforschung
Hafenstraße 43, 25992 List/Sylt, Deutschland
E-Mail: karsten.reise@awi.de

© Springer-Verlag GmbH Deutschland 2020
G. Hempel et al. (Hrsg.), *Faszination Meeresforschung*,
https://doi.org/10.1007/978-3-662-49714-2_23

Fünf Gradienten

Die Vielfalt der Küstenökosysteme lässt sich am besten entlang von fünf Gradienten ordnen:

- *Vom Land ins tiefe Wasser:* Lebensgemeinschaften zeigen eine Zonierung vom trockenen Land mit seinem schnellen Wetterwechsel über das vom Meer feuchte Ufer bis in ständig von Wasser bedeckte Meeresgründe. Dort nimmt das Licht ab, aber durch die große Wärmekapazität des Meeres verändern sich die physikalischen Lebensbedingungen zunehmend gedämpfter und langsamer. Dieser vertikale Gradient zeigt sich an allen Küsten und ist besonders deutlich in der Gezeitenzone.
- *Vom Wellenschlag zur stillen See:* Wo sich ständig hohe Wellen an steiler Küste mit tosender Brandung gegen das Ufer werfen, leben ganz andere Organismen als dort, wo sich das Wasser in geschützten Buchten ruhig ans Ufer schmiegt. Bei diesem vom Seegang ausgehenden Stressgradienten zeigt sich ein Optimum der Lebensbedingungen meist bei mittlerer Hydrodynamik.
- *Vom Fels zum Schlamm:* Abhängig vom geologischen Ausgangsmaterial und der sortierenden Kraft der *Wasserbewegung* reicht dieser Gradient von der Felsküste (Abb. 23.1) über steinige, kiesige, sandige bis zu schlickig-tonigen Sedimenten. Die Partikelgrößen erweisen sich im mittleren Bereich mit hin und her rollenden Steinen als lebensfeindlich, während sich auf Fels und in feinem Sand und Schlick pralles Leben entfalten kann.
- *Vom Salz- zum Süßwasser:* Während im offenen Meer der Salzgehalt kaum von den mittleren 35 g/l abweicht, kann in verdunstenden Lagunen der Salzgehalt rapide ansteigen, in Flussmündungen schwanken und in Randmeeren mit großen Flüssen, wie der Ostsee, kontinuierlich über Brack- zu Süßwasser sinken. Die Artenvielfalt der Organismen ist bei 35 g Salzgehalt am größten, niedrig bei überhöhtem Salzgehalt sowie im Brackwasser und nimmt dann im Süßwasser wieder zu.
- *Von den Polen zum Äquator:* Dieser Gradient mit abnehmender Saisonalität und zunehmender Durchschnittstemperatur wirkt sich an den Küsten stärker aus als auf hoher See. Der Wechsel der *Lebensformen* verläuft ähnlich von den beiden Polen hin zu den Tropen, aber die beteiligten Organismen unterscheiden sich fast immer zwischen Nord- und Südhemisphäre sowie zwischen Atlantik und Indopazifik.

Abb. 23.1 Suche nach Meerestieren im Felswatt von Qingdao am Gelben Meer. (Foto: Karsten Reise)

Ökosysteme

Mit diesen fünf Gradienten lassen sich den wichtigsten Ökosystemen der Küste gut umrissene Bereiche zuweisen. An den meist steilen Felsküsten herrscht starke Wasserbewegung vor (Kap. 24). Großalgenwälder benötigen ständige Wasserbedeckung und gleichzeitig viel Licht und Strömung, felsigen Grund und vollmarinen Salzgehalt (Kap. 27). In den Tropen fehlen sie. Küstennahe Korallenriffe kommen vorwiegend vom unteren Gezeitenbereich bis etwa 25 m Tiefe vor, benötigen Seegang und vertragen keinen Schlick, brauchen vollmarinen Salzgehalt und tropisch-subtropische Temperaturen (Kap. 29).

Mangroven wachsen nur in der obersten Zone des Vertikalgradienten, bei geringem Seegang, von Sand bis Schlick, von vollmarin bis ins Süßwasser, und nur in den Tropen und Subtropen (Kap. 28). Salzwiesen gleichen Mangroven in den ersten drei Gradienten, werden bei abnehmendem Salzgehalt vom Röhricht verdrängt und haben ihr Hauptvorkommen in den gemäßigten Breiten (Abb. 23.2). Seegraswiesen nehmen im Vertikalgradienten eine mittlere Position ein und gleichen ansonsten den Bereichen von Mangroven und Salzwiesen. Sandstrände treten bei starker bis mittlerer Wellenexposition auf, Sand- und Schlickwatten

Abb. 23.2 Von Schafen kurz gefressene Salzwiese mit grünem Andel und herbst-
rotem Queller. (Foto: Karsten Reise)

in geschützten Lagen (Kap. 25). Die Artenzahl der Sand- und Schlickbewohner
nimmt mit dem Salzgehalt und zu den Tropen hin zu. Entsprechend artenarm
sind die Ostseeufer (Kap. 30).

Wandern, driften und Importbilanz

Viele Vögel, Fische, Meeresschildkröten, Robben und Wale wandern entlang der
Küsten oder suchen sie nur zeitweise auf. Für die großen Schwärme der in der
Arktis brütenden Watvögel sind die Watten wichtigste Nahrungsgründe, ohne
die ihre langen Flugrouten und das zehrende Brutgeschäft im Norden nicht möglich wären (Abb. 23.3). Seevögel benötigen die Küsten nur zum Brüten, besonders die unzugänglichen Klippen und kleinen Inseln. Meeresschildkröten brauchen Sandstrände zur Eiablage und leben ansonsten im offenen Meer (Kap. 14).
Viele Fische und Garnelen nutzen die nahrungsreichen und im Sommer warmen
Flachwasserbereiche als Kinderstube. Sie laichen aber meistens weiter seewärts.
Robben lieben Klippen und Sandbänke zur Rast und Aufzucht der Jungen, fischen jedoch häufig auch weit vor der Küste. Für den Fortpflanzungserfolg und

Abb. 23.3 Watvögel (Knutt) im Wattenmeer beim Verdoppeln ihres Körpergewichts für den Weiterflug zum Brutgebiet in Sibirien. (Foto: Karsten Reise)

die Ausbreitung durch Sporen bei Algen und Planktonlarven bei Bodentieren sind die wechselnden Strömungen an den Küsten oft entscheidend. Driftwege von über 100 km sind möglich, doch davon ist bisher nur wenig erforscht. Das Zusammenspiel von ozeanischen Strömungen und Stoffeinträgen vom Land steuert die Produktivität der Ökosysteme an den Meeresküsten.

Mensch und Küste

Bei ihrem Weg aus Afrika sind unsere Vorfahren wohl vorwiegend den Küsten gefolgt, um das eiweißreiche Angebot an Fischen, Krebsen und Muscheln für ihre Ernährung zu nutzen. Spuren davon gibt es kaum, denn damals lag der Meeresspiegel über 100 m tiefer, und die Küste verlief noch weit draußen im heutigen Meer. In den Bodennetzen der Nordseefischer tauchen hin und wieder Steinwerkzeuge auf, denn vor 18.000 Jahren verlief die Küstenlinie vom Norden Jütlands aus quer nach England.

Nach Knochenfunden und alten Berichten gab es bis ins Mittelalter an der Nordseeküste Grauwale und Pelikane, bis Ende des 19. Jahrhunderts bis zu 4 m

Abb. 23.4 Rippelmarken und Kothaufen von jungen Wattwürmern sowie Kleines Seegras. (Foto: Karsten Reise)

lange Störe und reiche Austerngründe, bis Mitte des 20. Jahrhunderts wurden noch große Thunfische und Rochen gefangen, bis zur Jahrtausendwende gab es noch großen Kabeljau. Die freie Jagd und Fischerei haben viele der großen und der sich nur langsam vermehrenden Tierarten von den Küsten verschwinden lassen. Die Nahrungsketten wurden dadurch kürzer und einfacher (Kap. 38). Im heutigen Wattenmeer konzentriert sich die Nutzung nur noch auf Garnelen und Miesmuscheln. Zugenommen haben Algen und kleine Meerestiere mit weltweiter Verbreitung durch den transozeanischen Schiffsverkehr (Kap. 36).

Satellitenvermessungen zeigen einen mittleren Anstieg des Meeresspiegels um 3 mm pro Jahr – Tendenz zunehmend durch die Klimaerwärmung. Trotzdem bauen wir Häuser und Straßen bis an die Uferlinie, als wäre deren Lage von Ewigkeit. Das erfordert an einer niedrigen Marschenküste hohe Deiche. Das zurückgewiesene Meer entwickelt dann einen Sedimenthunger. Um diesen zu stillen, nagt die See an den Salzwiesenrändern und Stränden, es werden feine Partikel resuspendiert, und so werden aus Schlickwatten gerippelte Sandwatten (Abb. 23.4). Das verändert die Küstenökosysteme zunehmend, meist in Wechselwirkung mit der nur langsam abklingenden Überdüngung der Küstengewässer, anhaltender Verschmutzung

Abb. 23.5 Der Plastikmüll der Fischerei trägt an allen Meeresküsten erheblich zur Verschmutzung der Strände bei und gefährdet Seevögel, Schildkröten und Fische. Auf Sylt wurde ihm im Sommer 2008 mit der „Strandscheuche" ein vergängliches Denkmal gesetzt. (Foto: Karsten Reise)

(Abb. 23.5), Biotopverbrauch durch Aquakulturanlagen, Umbau von Flussmündungen zu immer tieferen Kanälen für die immer größer werdenden Schiffe sowie mit einer industriellen Erschließung küstennaher Offshore-Bereiche (Kap. 31).

Fazit

All dieses in ein vorausschauendes und abgestimmtes Management zur nachhaltigen Nutzung der Meeresküsten zu bringen, ist eine schwierige Aufgabe. Die Szenarien für die Planung auf wissenschaftlicher Basis bedürfen einer sich stets weiterentwickelnden Biologie und Ökologie der Meeresküsten, damit sich nicht kommende Generationen mit Schaudern von den korrumpierten Küsten abwenden – wie einst in der Antike.

Weiterführende Literatur

Lozán JL, Graßl H, Karbe L, Reise K (Hrsg.) (2011) Warnsignal Klima: Die Meere. Änderungen & Risiken. Wiss. Auswertungen, Hamburg.

Narberhaus J, Krause J, Bernitt U (2012) Bedrohte Biodiversität in der deutschen Nord- und Ostsee. www.bfn.de. Bundesamt für Naturschutz, Bonn-Bad Godesberg

Misdorp R (2011) Climate of coastal cooperation. Coastal & Marine Union – EUCC, Leiden, the Netherlands. www.eucc.net

Reise K (Hrsg) (2015) Kurswechsel Küste: Was tun, wenn die Nordsee steigt? Wachholtz Verlag – Murmann Publishers, Kiel/Hamburg

Turekian KK (Hrsg) (2010) The coastal ocean. Elsevier, Academic Press, Amsterdam

Valiela I (2006) Global coastal change. Blackwell Publ, Malden US

24

Leben auf festem Grund – Hartbodengemeinschaften

Martin Wahl

Eine typische aquatische Lebensgemeinschaft, die auf dem Land fast vollständig fehlt, ist der Aufwuchs auf harten Oberflächen, die Hartbodengemeinschaft. Sie besteht vor allem aus temporär oder dauerhaft festsitzenden Bakterien, Pilzen, Mikro- und Makroalgen sowie ein- oder mehrzelligen Tieren. Hinzu kommt noch eine mobile Komponente aus kriechenden, schreitenden oder schwimmenden Tieren, welche die festsitzende Hartbodenfauna oder -flora als Lebensraum und/oder Nahrungsquelle nutzt. Der typische Hartbodenbewohner im engeren Sinn ist mit einem sehr unterschiedlich großen Teil seiner Körperoberfläche auf einem festen Substrat angeheftet und ernährt sich autotroph oder heterotroph aus dem umgebenden Wasser.

Das weitgehende Fehlen einer Hartbodengemeinschaft auf dem Lande erklärt sich aus den physikalischen Unterschieden der Medien Wasser und Luft. Wasser ist wesentlich dichter und viskoser als Luft und außerdem ein vielseitigeres Lösungsmittel. Dies hat zweierlei Konsequenzen. Zum einen ist Wasser ein geeigneter Träger für gelöste und partikuläre Nahrung (Zucker, Proteine, Seston, Plankton, Nekton). Zum anderen besteht in bewegtem Wasser immer die Möglichkeit des Verdriftens, da das absolute Gewicht der Organismen, und damit ihre Haftreibung, meist gering ist und das viskose Medium einen recht starken Sog ausüben kann. So *können* Organismen das reiche Angebot des vorbeiströmenden Wassers wahrnehmen, ohne sich fortzubewegen; sie *sollten* sich festsetzen, um

Prof. Dr. Martin Wahl (✉)
GEOMAR, Helmholtz-Zentrum für Ozeanfoschung
Düsternbrooker Weg 20, 24105 Kiel, Deutschland
E-Mail: mwahl@geomar.de

© Springer-Verlag GmbH Deutschland 2020
G. Hempel et al. (Hrsg.), *Faszination Meeresforschung*,
https://doi.org/10.1007/978-3-662-49714-2_24

die relative Geschwindigkeit zwischen ihren Oberflächen und dem Wasser zu maximieren, und sie *müssen* sich anheften, um im strömenden Medium nicht verdriftet zu werden. Auf dem Land ist die Haftreibung meist ausreichend, um den Winden zu widerstehen, und das dünne Luftplankton ermöglicht höchstens Radspinnen eine heterotrophe Ernährung ohne Lokomotion.

Praktisch alle Algentaxa und Tierstämme sind mit einzelnen oder vielen Arten in der Hartbodengemeinschaft vertreten: Kieselalgen (Diatomeen), Braun-, Rot- und Grünalgen (Phaeophyceae, Rhodo-, Chlorophyta), Schwämme (Porifera), Nesseltiere (Cnidaria), Krebstiere (Crustacea), Weichtiere (Mollusca), Stachelhäuter (Echinodermata), Borstenwürmer (Polychaeta), Manteltiere (Ascidiacea) oder Moostierchen (Bryozoa), um nur einige zu nennen. Die physikalischen Erfordernisse der Sessilität und der suspensionsfressenden Ernährungsweise haben vielen dieser Arten trotz ihrer so unterschiedlichen phylogenetischen Herkunft eine große Ähnlichkeit aufgeprägt (Konvergenz). Zum Verwechseln ähnlich sehen sich viele Schwämme und koloniale Seescheiden, die Kalkröhren mancher Borstenwürmer und jene sessiler Schnecken, die Tentakelkränze filtrierender Seegurken und diejenigen mancher Seeanemonen, die buschigen Kolonien von Nesseltieren und Moostieren.

Die Hartbodengemeinschaft gehört zu den biomasse- und artenreichsten des Meeres und erfüllt wesentliche Ökosystemdienste. Es wird geschätzt, dass bis zu 98 % der Meerestierarten am Boden leben und davon wiederum 70–80 % auf Hartsubstrat. Hierbei wird der Begriff „Hartsubstrat" oft weit gefasst als Haftgrund, der „hart" genug ist, den Besiedler unter lokalen Strömungsverhältnissen zu halten, und langlebig genug, dass der Besiedler zumindest einmal zur Fortpflanzung gelangt. So definiert sich geeignetes Hartsubstrat relativ zum Besiedler und kann anstehenden Fels oder Geröll, Muschelschalen oder Krebspanzer, lebende Körperoberflächen von Tieren und Pflanzen oder Kaimauern, Bohrplattformen und Schiffsrümpfe umfassen. Die siedelnden Larven und Sporen sind da nicht besonders wählerisch. Wichtigere Kriterien scheinen die Wassertiefe, die Beleuchtung, die Beströmung und/oder die bereits vorhandene Gemeinschaft zu sein.

Das Substrat ist für viele dieser Hartbodenarten essenzielle Lebensbedingung. Gerade in produktiven Gewässern kann es leicht zum begrenzenden Faktor werden. So ist es nicht erstaunlich, dass sich auf den vorhandenen Flächen häufig enorme Biomassen ansiedeln (Abb. 24.1).

Gerade wenn kalkproduzierende Arten beteiligt sind, können Hartbodengemeinschaften mehr als 100 kg m^{-2} erreichen. Bekannt für große Biomasseakkumulationen und beträchtliche Produktion sind tropische Korallenriffe, boreale Tiefseekorallen, temporäre Makroalgenbestände, gemischte Gemeinschaften um hydrothermale Quellen der Tiefsee und viele andere Typen von Hartbodengemeinschaften. Entsprechend ihrer Organismendichte und ihres

Abb. 24.1 Dichte Lebensgemeinschaft auf einem marinen Hartsubstrat

Stoffumsatzes sind sie von großer lokaler oder sogar regionaler Bedeutung. Hartboden stellt aber nur einen sehr geringen Teil des Meeresbodens. Die stetige terrigene und biogene Sedimentation führt dazu, dass vorhandenes Hartsubstrat überall dort von Sanden, Tonen oder Schlick bedeckt wird, wo die Bodenneigung nicht ausreichend steil und die Strömung nicht stark ist. So finden wir größere Flächen anstehenden Hartsubstrats vorzugsweise in einem schmalen Saum entlang der Felsküsten, in manchen Bereichen der Kontinentalhänge und Tiefseegräben, an den mittelozeanischen Rücken und in der Nähe von Hydrothermalquellen. Der weitaus größte Teil des Meeresgrunds hingegen besteht aus sandigen bis tonigen Weichböden mit nur sehr vereinzelten und meist kleinen Hartsubstratinseln in Form von Muschelschalen oder Manganknollen.

Dort, wo Hartboden mindestens über ökologisch relevante Zeiträume (Monate bis Jahre) ansteht und wo die physikalisch-chemischen Bedingungen (Temperatur, Strömungen, Sauerstoffverhältnisse, Störungen, Nährstoffe etc.) günstig sind, finden wir üblicherweise nicht nur arten- und biomassereiche Aufwuchsgemeinschaften, sondern oft auch eine beeindruckende Anzahl von Individuen auf engstem Raum (Abb. 24.2).

Abb. 24.2   Algengemeinschaft auf Felssubstrat in der Gezeitenzone. Sogar die Oberflächen der Algen selbst bietet für andere Arten geeignetes Siedlungssubstrat

Der Artenreichtum führt zu vielfältigen, der Individuenreichtum zu intensiven Wechselwirkungen, welche die Struktur und Dynamik (d. h. Strukturveränderungen über die Zeit) der Gemeinschaft bestimmen. Interaktionen finden zwischen Individuen statt, die zeitlich und räumlich gemeinsam auftreten und sich in einer oder mehreren Dimensionen ihrer ökologischen Ansprüche berühren.

Je mehr sich die Organismen in ihren Ansprüchen hinsichtlich Licht, Nahrung oder Haftgrund überlappen, desto intensiver konkurrieren sie miteinander – falls eine oder mehrere dieser Ressourcen limitierend ist bzw. sind. Asymmetrische Konkurrenz führt langfristig zur Verdrängung der unterlegenen Art – falls die Umweltbedingungen konstant bleiben. Dies ist aber nur selten der Fall, wie z. B. in der Tiefsee. So schwanken wichtige Umweltvariablen wie Temperatur, Licht, Salinität oder Nahrung zwischen den Jahreszeiten, kleinskalig zwischen Lebensraumtypen wie Seegraswiese oder Sandareal, und längerfristig in dekadischen Zyklen („El Niño – La Niña") oder im Laufe des vom Menschen getriebenen globalen Wandels. Damit variieren oder verschieben sich auch Konkurrenzverhältnisse und letztendlich die Zusammensetzung und Funktion von Hartbodengemeinschaften. Kleinräumig unterschiedliche Lebensbedingungen führen zu einer mosaikartigen Verteilung von Gemeinschaftstypen. Jahreszeitliche Schwankungen führen in mittleren Breiten zu zyklischen Strukturänderungen über das Jahr. Der globale Wandel schließlich geht einher mit Verschiebungen der Verbreitungsgebiete von Arten. Auf lokaler Skala beobachtet man dadurch das Verschwinden heimischer Arten, deren Toleranz gegenüber z. B. hohen Temperaturen überschritten wird, und die Zunahme von Arten, die mit den neuen Bedingungen besser zurechtkommen. Diese können zuvor unterlegene Konkurrenten aus der heimischen Gemeinschaft sein oder invasive Arten aus wärmeren Gebieten.

Fazit

Die Zusammensetzung von Hartbodengemeinschaften ändert sich also ständig, d. h., sie pendelt sich in Abhängigkeit von lokalen Umweltbedingungen und biologischen Wechselwirkungen immer wieder auf einen (vorübergehend) stabilen Zustand ein. Wenn dabei zuvor dominante Arten durch funktional ähnliche Arten ersetzt werden, die genauso gut filtrieren oder photosynthetisieren und eine gleichwertige dreidimensionale Struktur oder Nahrung darstellen, sind die Auswirkungen für das Ökosystem eher gering. Es bleibt also zu hoffen, dass die Funktionen der als Folge des globalen Wandels lokal verschwindenden Arten durch ähnliche Funktionen bereits vorhandener oder invasiver Arten ersetzt werden.

Informationen im Internet

* http://www.annualreviews.org/doi/pdf/10.1146/annurev-marine-041911-111611

Weiterführende Literatur

Halpern BS, Longo C, Stewart Lowndes JS, Best BD, Frazier M, Katona SK, Kleisner KM, Rosenberg AA, Scarborough C, Selig ER (2015) Patterns and Emerging Trends in Global Ocean Health. PLOS ONE | DOI:10.1371/journal.pone.0117863
Railkin AI (2004) Marine biofouling: colonization processes and defenses. CRC Press, Boca Raton
Wahl M (Hrsg) (2009) Marine Hard Bottom Communities: patterns, dynamics, diversity, and change. Springer Series: Ecological Studies, Vol. 206., S 420. ISBN 978-3-540-92703-7

Exkursion ins nordfriesische Wattenmeer. (Foto: Dorothea Kohlmeier, Universität Bremen)

25

Muschelbänke, Seegraswiesen und Watten an Sand- und Schlickküsten

Harald Asmus und Ragnhild Asmus

Die Küsten der Welt liefern ein vielseitiges Landschaftsbild. Jeder, der Schottland, Norwegen oder den mediterranen Süden Europas besucht, ist fasziniert von dramatischen Klippen und bizarren Formationen der felsigen Küsten. Dort jedoch, wo kein Fels, sondern Sedimente auf das Meer treffen, dehnen sich weite Strände aus, oder Schwemmlandbereiche verzahnen sich mit dem Meer derart, dass eine Landschaft von einzigartiger Weite entsteht, die durch den Einfluss von Ebbe und Flut selbst zu leben scheint. Hier formt das Meer Lagunen, Flüsse und Priele, aber auch neues Land wird an der Küste gebildet, indem die ersten Stadien der Marschvegetation sich langsam immer weiter seewärts behaupten und Schlick ansammeln oder weit im Meer Platen und Inseln durch Strömung und Wellen geformt werden. Eine der ausgedehntesten Landschaften dieses Typs ist das Wattenmeer der Deutschen Bucht.

Die Gezeiten sind die treibenden Kräfte, die diese Landschaft formen, unterstützt von Wind und Wellen. Der Flutstrom ist im Großteil des Wattenmeeres stärker als der Ebbstrom. Er trägt Sand und Schlammpartikel auf die flach überfluteten Flächen, wo sie bei Hochwasser absinken, wenn die Wasserbewegung am Kenterpunkt zwischen Flut und Ebbe für kurze Zeit zur Ruhe kommt. Am Boden liegend widerstehen diese Partikel dem schwächer einsetzenden Ebbstrom, sodass die Gezeitenflächen anwachsen. Dort, wo am flachen Küstensaum Pionierpflanzen, wie der Queller (*Salicornia europaea*) oder das Schlickgras (*Spar-*

Dr. Harald Asmus (✉)
Wattenmeerstation Sylt, Helmholtz-Zentrum für Polar- und Meeresforschung
Hafenstraße 43, 25992 List/Sylt, Deutschland
E-Mail: Harald.Asmus@awi.de

© Springer-Verlag GmbH Deutschland 2020
G. Hempel et al. (Hrsg.), *Faszination Meeresforschung*,
https://doi.org/10.1007/978-3-662-49714-2_25

tina anglica), von Land aus das Meer besiedeln und die Strömung und Wellen brechen, wird dieser Sedimentationsprozess noch verstärkt. Gerade in den Bereichen, die nahe der Hochwasserlinie liegen, kommt es zur Bildung ausgedehnter Schlickflächen, während in den länger überfluteten Bereichen durch die stärkere Wasserbewegung nur gröbere und schwerere Partikel wie Sandkörner am Boden bestehen können. So gliedert sich der Gezeitenraum in weite, meist tiefer gelegene Sandwatten und Schlickwatten, die wie ein Gürtel von wechselnder Breite seewärts der Hochwasserlinie folgen.

Für Flora und Fauna sind Sand- und Schlickwatten Lebensräume, die unterschiedliche Anpassungen erfordern. Dies zeigt sich bereits bei den mikroskopisch kleinen Kieselalgen, den Diatomeen am Boden (Mikrophytobenthos; Kap. 26). In den Sandwatten, in denen häufig auch die Körnchen umgeschichtet werden, wachsen die Bodendiatomeen fest an die Sandkörner angeheftet, ohne sich selbst bewegen zu können. Die Wasserbewegung sorgt dafür, dass jedes der Sandkörner mit seinem Bewuchs oft genug an die Oberfläche der Sedimente und damit an die Energiequelle Sonnenlicht gespült wird. Anders im Schlickwatt, wo die Bodendiatomeen durch den ständigen Regen an Feinpartikeln im Laufe der Zeit verschüttet würden und daher beweglich sein müssen, um sich aktiv auf das Licht zu zu bewegen. Die Mikroalgen stellen im Wattenmeer eine wichtige Nahrungsgrundlage für die Fauna dar. Damit sie die beweglichen Mikroalgen des Schlickwatts direkt an der Oberfläche aufnehmen können, haben die dort lebenden Organismen oft Rüssel wie die Wattschnecke (*Peringia ulvae*) oder aber feine Siphonen wie die Baltische Plattmuschel (*Macoma balthica*) oder die Pfeffermuschel (*Scrobicularia plana*), mit denen sie die kleinen Mikroalgen einsaugen können. Schlickkrebschen (*Corophium volutator*) harken die Diatomeen mit den stark behaarten zweiten Antennen vom Substrat ab und filtrieren dann in ihren U-förmigen Wohnröhren den Wasserstrom, den sie mit den rasch auf und ab schlagenden Füßchen (Pleopoden) erzeugen.

Im Sandwatt dagegen muss das gesamte Sediment aufgenommen werden, um an die dort fest angeheftete Nahrung – Diatomeen, aber auch Bakterien – zu kommen. Das bekannteste Beispiel hierzu ist der Wattwurm (*Arenicola marina*), der am Grunde seines U-förmigen Baus sitzt und das in seinen Fraßgang rieselnde Oberflächensediment frisst und dessen organische Bestandteile verdaut. Er kriecht dann in seinen zweiten Gang zur Oberfläche und scheidet das Sediment dort wieder aus. Über weite Flächen sieht der Besucher des Watts das Ergebnis dieses Fraßvorgangs in Form von Milliarden von Fraßtrichtern und Kothäufchen. Man schätzt, dass alle 14 Tage der oberste Zentimeter des Sandwatts den Darmtrakt dieser Wattbewohner passiert, was einerseits einen enormen Umsatz an Energie, andererseits aber auch eine beachtliche, durch Organismen verursachte Sedimentumwälzung (Bioturbation) bedeutet. Das Sediment um den Bau des Wattwurms wird hierdurch mit Sauerstoff angereichert und ist daher für Organismen der Mikro- und Meiofauna besser zu besiedeln als das Sediment außerhalb der Bauten. Dort herrscht durch die Zersetzungsprozesse ein Mangel an Sauerstoff, und das Sediment ist durch reduzierte Eisen-Schwefel-Verbindungen schwarz gefärbt. Nur die Sedimentoberfläche ist durch die Sedimentbewegung und Diffusionsprozesse mit dem Sauerstoff im Wasser oder an der Luft in Kontakt und wird zusätzlich durch die Sauerstoffproduktion der Mikroalgen mit diesem lebenswichtigen Gas angereichert.

Besonders dünn ist diese hell gefärbte Oxidationsschicht in dem stark mit organischer Substanz angereicherten Schlickwatt. Wer hier leben will, muss besonders tolerant gegenüber Sauerstoffmangelbedingungen sein. Vor allem viele kleine Oligochaeta-Arten kommen hier in großen Mengen vor. Für einige dieser Arten wurde nachgewiesen, dass sie in Symbiose mit Bakterien (Kap. 22) trotz des in dieser Umgebung reichlich vorhandenen Schwefelwasserstoffs aerobe Atmung aufrechterhalten können und erst unter Extrembedingungen auf anaeroben Stoffwechsel umschalten. Diese Lebenskünstler können die reiche Bakterienbiomasse an der Grenzschicht zwischen Oxidations- und Reduktionsschicht als Nahrung nutzen, solange nur Teile des Körpers in ein sauerstoffhaltiges Milieu ragen.

Diatomeenfresser sind als Pflanzenfresser Primärkonsumenten; sie nutzen direkt die Primärproduzenten als Nahrung. Bakterienfresser, wie die genannten Oligochaeta (z. B. *Tubificoides benedii*), sind dagegen Sekundärkonsumenten, da ihre Nahrung aus Organismen besteht, die ihre Energie aus bereits produzierter, toter organischer Materie, dem Detritus, gewinnen. So unterscheidet man zwischen der Fraßnahrungskette, die ihren Ausgangspunkt bei den Primärproduzenten hat, und der Detritusnahrungskette, die auf toter organischer Substanz basiert. Viele Tierarten decken ihre Nahrung über beide Nahrungsketten und gehören somit verschiedenen trophischen Niveaus an. Dies sichert den Tieren das Überleben beim Ausfall einer bestimmten Nahrungsquelle. Insbesondere dort, wo die Lebensbedingungen instabil sind und das Nahrungsangebot großen Schwankungen unterliegt, finden wir häufig Allesfresser (omnivore Organismen), wie *Macoma balthica*, die sowohl bodenlebende Mikroalgen, Detritus und Bakterien mit ihrem Sipho von der Sedimentoberfläche pipettiert, aber auch im Wasser lebende Mikroalgen (Phytoplankton), Bakterien des Wassers und tote Schwebstoffe filtrieren kann. Noch extremer ist die Omnivorie bei dem gemeinen Seeringelwurm (*Hediste diversicolor*). Dieser sehr bewegliche Vielborster legt im Watt weit verzweigte Bauten an und sucht an der Sedimentoberfläche nach Mikroalgen und Detritus bis hin zu totem Aas. Daneben betätigt er sich als Räuber; so stellt er kleineren Ringelwurmarten nach und nutzt damit sogar Organismen des zweiten und dritten trophischen Niveaus. Darüber hinaus vermag er vor seinen Bauteneingängen Schleimnetze zu spinnen und einen Wasserstrom durch das Schleimnetz in seinen Bau zu erzeugen. Als Resultat bleiben im Netz zahlreiche Partikel und Plankton hängen. Ist das Netz mit Nahrung gefüllt, wird es kurzerhand mit samt Inhalt vom Seeringelwurm aufgefressen. Ein Verwandter des gemeinen Seeringelwurms, der Grüne Seeringelwurm (*Alitta virens*) zeigt, dass sich der Ernährungstyp mit dem Lebensstadium deutlich verändert. Während junge Grüne Seeringelwürmer hauptsächlich Grünalgen und Mikroalgen fressen, wird der Wurm mit zunehmendem Alter karnivor und lebt als ausgewachsenes Exemplar ausschließlich als Räuber.

Das Prinzip des Allesfressers ist im Wattenmeer eine Erfolgsstory. Nirgends wird das deutlicher als bei der Nordseegarnele (*Crangon crangon*), die jedem Besucher der Nordseeküste als „Nordseekrabbe" oder „Granat" kulinarisch bekannt ist. Während die juvenilen Garnelen in Mengen im Sommer auf den flachen Wattflächen heranwachsen, wandern die älteren in tieferes Wasser und bis in die flache Nordsee vor die Inselkette. Sie nutzen jede pflanzliche Nahrungsquelle des Wattenmeeres, z. B. Groß- und Mikroalgen, Detritus, aber auch Meiofauna und Makrofauna wie Polychaeten, Jungmuscheln und Schnecken, die für die größeren Nordseegarnelen die Hauptnahrung darstellen; sie erbeuten aber auch Zooplankton und kleine Fische. Bei so vielen Quellen verfügbarer Nahrung wundert es daher nicht, dass diese Art eine so starke Population entwickeln kann. Doch nicht nur der Mensch nutzt diesen Reichtum. Viele Fischarten des Wattenmeeres wie Wittling, Franzosendorsch und Kabeljau fressen Nordseegarnelen als Hauptnahrungsquelle, und sogar der Seehund deckt so einen beträchtlichen Teil seines Nahrungsbedarfs. Selbst Vögel stellen Garnelen auf den Wattflächen nach. Nordseegarnelen spielen somit eine zentrale Rolle im Nahrungsnetz des Wattenmeeres, da sie Energie aus zahlreichen Quellen akkumulieren und diese Energie an zahlreiche Nutzer weitergeben. Sie bilden dabei aber eine potenzielle Schwachstelle im Nahrungsnetz, weil diese zentrale Position nur von einer einzigen Art eingenommen wird. Fällt diese aus, etwa durch zu starke Fischerei, einen zu starken Fraßdruck durch Räuber oder eine Krankheit, so ist davon das gesamte Nahrungsnetz des Wattenmeeres betroffen.

Filtrierer nutzen durch ihre Ernährungsweise die Partikel des freien Wassers, sowohl lebende, das Phytoplankton, als auch tote Schwebstoffe, den suspendierten Detritus. Im Wattenmeer finden sich besonders viele Filtrierer, denn der enge Kontakt zwischen dem Boden und dem gut durchmischten flachen Wasserkörper sichert ihnen eine reiche Ernährungsbasis, die zudem durch den ständigen Einstrom an Nordseewasser mit den Gezeiten ständig erneuert wird. Tatsächlich hat sich gezeigt, dass die Produktion des Wattenmeeres an Phytoplankton nicht ausreicht, um die großen Mengen filtrierender Organismen ausreichend zu ernähren. Ein stetiger Zustrom frischer Primärproduktion aus der Nordsee mit den Gezeiten ist daher für diese Organismen lebenswichtig. Aus diesem Grund bezeichnet man das Wattenmeer auch als abhängiges, subsidiäres System.

Filtrierer, zu denen im Wattenmeer vor allem Miesmuscheln, Herzmuscheln und Austern zählen, kommen oft in unglaublich dichten Ansammlungen, den sogenannten Muschelbänken, vor. Miesmuschelbänke erreichen bis zu 1,5 kg organischer Trockenmasse auf 1 m². Neben ihrem enormen Nahrungsumsatz, der überwiegend vom Phytoplankton angetrieben wird, spielen sie selbst eine wichtige Rolle als Nahrungsorganismen für Garnelen, Strandkrabben, einige Fischarten und Vögel, wie Austernfischer, Silbermöwe und vor allem die Eiderente. Dort, wo Miesmuschelbänke auch während der Niedrigwasserphase mit Wasser bedeckt sind, kommen weitere Fressfeinde hinzu, insbesondere der Seestern (*Asterias rubens*). Bei Massenansammlungen dieses Räubers können ganze Muschelbänke vernichtet werden, doch im Gezeitenbereich kann der Seestern die Trockenphase nicht überleben, und hier sind seine Beuteorganismen vor ihm geschützt.

Andere Wirbellose nutzen ebenfalls diese reiche Nahrungsquelle. Für die ersten Bodenstadien der räuberischen Strandkrabbe (*Carcinus maenas*) stellt die Jungbrut der Miesmuscheln, die nur wenige Millimeter Schalenlänge erreichen, eine wichtige Aufwuchsnahrung dar. Nach milden Wintern siedeln diese Jungkrabben bereits wenige Wochen nach dem Brutfall der Miesmuscheln und können dann den gesamten Miesmuschelnachwuchs eines Jahres vernichten. Nach harten Wintern verzögert sich die Ansiedlung der Jungkrabben um einige Wochen. Das kann die Miesmuschelbrut nutzen, um aus dem optimalen Beutegrößenspektrum der Jungkrabben herauszuwachsen und damit ihren Ansiedlungserfolg zu sichern. Der gleiche Match/Mismatch-Mechanismus wurde auch zwischen Nordseegarnelen und der Miesmuschel beobachtet. Dies führt neben anderen Faktoren, wie der vorzeitigen Aufzehrung der für die Eier- und Spermienproduktion nötigen Reservestoffe der Elterntiere, in milden Wintern dazu, dass über Jahre ohne harte Winter der Miesmuschelnachwuchs ausbleibt und die Populationsdichte dadurch langfristig sinkt.

Dem enormen natürlichen Fraßdruck können Miesmuscheln nicht nur durch hohe Reproduktionsraten entgegenwirken. Muscheln sind häufig mit anderen Organismen, den Epibionten, bewachsen. Diese Epibionten können den Fraßdruck verringern, indem sie die Miesmuscheln mit einem Teppich von Pflanzen, wie dem Blasentang (*Fucus vesiculosus*), umgeben. Der Blasentang entwickelt hier eine besondere Form, die seine namengebenden Blasen, mit Gas gefüllte Schwimmkörper in den Thalli, nicht ausbildet. Außerdem fehlt ihm die Haftscheibe. Es handelt sich bei dem Blasentang auf den Miesmuscheln um ursprünglich treibende Thallusstücke, die von den Miesmuscheln mithilfe der Byssusfäden eingesponnen und somit fixiert werden. Der dichte Algenbewuchs schützt die Miesmuscheln vor Fressfeinden und hält sie während der Niedrigwasserphase feucht, verschlechtert aber auch die Nahrungsversorgung mit Phytoplankton, da der Wasseraustausch im dichten Algenwald verringert ist. Auch tierische Epibionten geben den größeren Muscheln Schutz vor dem Gefressenwerden. So sind besonders dicht mit Seepocken bewachsene Muschelbänke für Eiderenten unattraktiv.

Abb. 25.1 Muschelbänke sind Hot Spots der Biodiversität im Wattenmeer, besonders da sie als „biogene" Hartsubstrate vielen anderen Meeresorganismen Ansiedlungsmöglichkeit und Schutz, aber auch Nahrung gewähren. Durch ihren hohen Nahrungsumsatz und ihr ausgeprägtes Filterpotenzial greifen sie in viele Kreisläufe des Ökosystems Watt ein. Milde Winter mindern den Siedlungserfolg der Miesmuschel und haben bereits zu einer Reduktion der Ausdehnung der Bänke geführt. (Foto: Birgit Hussel)

Muschelbänke bilden im Wattenmeer biogene Hartböden aus, die wie Felsen und Steine von einer Vielzahl von Organismenarten besiedelt werden können, die eine feste Unterlage benötigen (Abb. 25.1). Sie bieten daher zahlreichen Arten Siedlungsmöglichkeit, die auf dem Sand und Schlick des Wattenmeeres sonst keine Überlebenschance haben. Über 100 Makrobenthosarten wurden in Miesmuschelbänken des Wattenmeeres registriert, und sie stellen daher lokale Zentren der Biodiversität dar. Durch die hohe Filtrationsleistung setzen Miesmuscheln ständig Phytoplankton um und produzieren eine große Menge an Faeces und Pseudofaeces, die die Sedimente unter den Muscheln mit organischer Substanz anreichern, die wiederum von Bakterien und Detritusfressern genutzt werden; insbesondere viele Arten der Oligochaeta und Polychaeta nutzen diese Nahrungsquelle. Die Schalen der Miesmuscheln wiederum bewachsen mit der Zeit mit Biofilmen aus Bakterien und Mikrophytobenthos. Diese Nahrungsquellen werden von Weidegängern genutzt, wie der Strandschnecke (*Littorina littorea*) und der Käferschnecke (*Lepidochiton cinerea*). Weitere Weidegänger sind an die nur auf den Miesmuschelbänken vorkommenden Braunalgenbestände gebunden. Die Kleine Strandschnecke (*Littorina mariae*) grast hier Epiphyten ab. Die Amphipoden *Gammarus locusta* und *Chaetogammarus marinus* zählen zu den wenigen Arten, die auch Braunalgen selbst als Nahrung nutzen, daneben aber alle verfügbaren Nahrungsquellen verwerten, bis hin zum Kannibalismus. Trotz der vergleichsweise geringen Nutzung der Braunalgen durch die Miesmuschelgemeinschaft spielen diese eine wesentliche Rolle als Hauptprimärproduzenten; sie nehmen auch die in Miesmuschelbänken reichlich freigesetzten Nährstoffe wie Ammonium und Phosphat auf. Durch Winterstürme wird der Algenteppich aber mehr oder weniger zerstört. Das tote Algenmaterial wird verdriftet und landet meist im Spülsaum, wo es zersetzt wird, und nach der Remineralisierung werden die einst gespeicherten Stoffe dem Wattenmeer wieder zugeführt.

Trotz der hohen Biodiversität entfallen etwa 80–90 % der Biomasse in einer Muschelbank auf die Miesmuschel selbst, während die meisten übrigen dort siedelnden Arten sowohl durch die Ernährung als auch über das Substrat direkt auf die Miesmuschel angewiesen sind. Dies macht die gesamte Gemeinschaft extrem abhängig von dieser einzigen „Schlüsselart" und damit von den häufig auftretenden Schwankungen in ihrem Siedlungserfolg.

Das Auftreten weiterer Filtrierer mit ähnlicher Ernährungsweise wie der Miesmuschel hat das Bild verändert. Insbesondere im letzten Jahrzehnt hat sich die Pazifische Auster (*Crassostrea gigas*) zunehmend auf Miesmuschelbänken etabliert (Abb. 25.2). Im Gegensatz zu Miesmuscheln, die imstande sind, durch das gegenseitige Verweben ihrer Byssusfäden auch auf Weichböden stabile Tieraggregationen zu bilden, benötigt die Pazifische Austern ein festes Substrat, das ihr in der Pionierphase nur die Miesmuscheln bieten konnten; nach der Etablierung können dagegen auch Schalen adulter Austern besiedelt werden, und es erfolgt die Bildung ganzer Austernriffe auch ohne Beteiligung der Miesmuschel. Die dreidimensionale Struktur der Austernriffe kann vermutlich die Struktur der Muschelbänke hinsichtlich Höhlen und Schutzräumen für Fische und bewegliche Epifauna sogar noch übertreffen. So nutzen auch Miesmuscheln die Austernriffe wiederum als Siedlungssubstrat und finden zwischen den Austern offenbar einen größeren Schutz vor Fressfeinden als an der Oberfläche des Riffs.

Das Beispiel der Pazifischen Auster zeigt uns, dass eingeschleppte Arten in noch jungen Lebensgemeinschaften, wie denen des Wattenmeeres, durchaus die Entfaltung einer reichen Biodiversität unterstützen können. Gefördert wird ihre Entfaltung häufig durch den Klimawandel. Wenn dann aber die Bedingungen phasenweise wieder in das ursprüngliche Klimaregime zurückschwingen, kann die Population zusammenbrechen und damit instabile Situationen in den Lebensgemeinschaften hervorrufen, sodass diese besonders anfällig gegenüber grundlegenden, mitunter irreversiblen Systemveränderungen werden, die das Gesicht des Wattenmeeres unwiederbringlich verändern können.

Häufig fördern eingeschleppte Arten die Ansiedlung weiterer Neuankömmlinge. Durch die Massenentwicklung der Pazifischen Auster entstanden im fla-

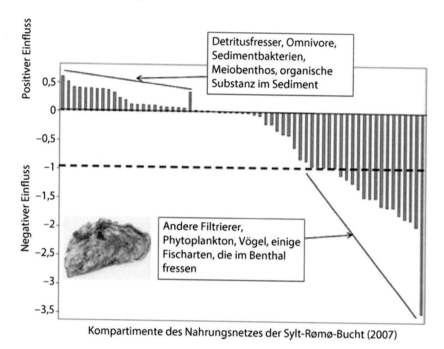

Kompartimente des Nahrungsnetzes der Sylt-Rømø-Bucht (2007)

Abb. 25.2 Die Pazifische Auster (*Crassostrea gigas*) ist ein Neubürger im Wattenmeer aus dem westlichen Nordpazifik. Als Filtrierer besetzt sie eine ähnliche ökologische Nische wie die Miesmuschel (*Mytilus edulis*), wird aber im Unterschied zu dieser kaum von Räubern wie Seesternen, Strandkrabben und Vögeln gefressen. Die Abbildung zeigt Ergebnisse aus einem Nahrungsnetzmodell der Sylt-Rømø-Bucht, das mithilfe der Netzwerkanalyse erstellt wurde. Jede einzelne Säule steht für den direkten oder indirekten Einfluss der Auster auf ein Glied des Nahrungsnetzes. Es zeigt, dass die Art positive und negative Einflüsse auf das Nahrungsnetz ausübt. Ein Einfluss der größer als 1 bzw. kleiner als –1 ist, deutet auf drastische Veränderungen in der Struktur des Ökosystems hin. (Nach Baird et al. 2012)

chen, aber dauernd mit Wasser bedeckten Wattenmeergebieten an vielen Stellen große Ansammlungen toter Austernschalen, die als Keimzelle für sublitorale Austernbänke wirkten und z. B. dem eingeschleppten Japanischen Beerentang (*Sargassum muticum*) ein geeignetes Siedlungssubstrat gewährten. Diese Alge wächst von kaum sichtbaren Keimlingen auf Austern im April/Mai in kurzer Zeit zu großen Exemplaren von bis zu 2 m Thalluslänge im August heran und bildet einen dichten Großalgenwald. Interessanterweise hat dieser Algenwald eine große Anziehungskraft auf den eingeschleppten Asiatischen Gespensterkrebs (*Caprella mutica*), der in großen Mengen die Thalli der Alge besetzt und mit seinen Fangarmen Plankton und Detrituspartikel, die sich im Strömungsschutz des Sargassumwaldes anreichern, als Nahrung einfängt. Die überwältigend hohe Dichte dieser Flohkrebse zieht wiederum zahlreiche Kleinfischarten an, die diese reiche Nahrungsquelle nutzen. Unter ihnen treten Arten auf, die durch den Verlust der großen sublitoralen Seegraswiesen in den 1930er Jahren für das Wattenmeer ein für allemal verloren geglaubt waren, darunter der Seestichling (*Spinachia spinachia*), der heute im Wattenmeer ausschließlich in diesen Sargassumwäldern vorkommt. Auch die Große Schlangennadel (*Entelurus aequoreus*) wurde während ihrer Massenentwicklung vor einigen Jahren nur in diesem Lebensraum angetroffen. Wir haben damit ein Beispiel, wie eine eingeschleppte Art, der Beerentang, ein neue Lebensgemeinschaft bildet, die gleichsam eine bereits verlorene Lebensgemeinschaft, die sublitorale Seegraswiese, in einigen Funktionen ersetzt. Obwohl die neuen Tangwälder (Kap. 27) und die Seegraswiesen eine ähnliche Funktion haben, so gibt es doch den Unterschied, dass sich die Seegraswiesen direkt auf dem Sand- der Schlickboden ausbreiten können und nicht auf primäres oder sekundäres Hartsubstrat angewiesen sind. Auch ist nicht die vollständige Lebensgemeinschaft, die einst die sublitoralen Seegraswiesen bewohnte, zurückgekehrt.

Obwohl das Seegras (*Zostera marina*) als Folge eines heftigen Befalls durch den Schleimpilz *Labyrinthula* in den 1930er Jahren fast vollständig aus der Nordsee verschwunden ist, gibt es noch Restbestände im Limfjord, im Ringkøbingfjord und in wenigen größeren Prielen in Salzwiesenbereichen bei Hooge und Sylt. Größere Bestände konnten sich im Ärmelkanal und im Bereich der Bretagne, aber auch in der Ostsee halten. Die Seegraswiesen des Gezeitenbereichs des Wattenmeeres werden dagegen überwiegend von einer anderen Art, dem Zwergseegras (*Zostera noltii*), gebildet (Abb. 25.3). Die Bestände dieser Art haben in der Nordsee in den letzten Jahren stark zugenommen, sodass heute wieder bis zu 15 % der Wattflächen an der schleswig-holsteinischen Wattenmeerküste mit Zwergseegras bedeckt sind. Auch in Niedersachsen, etwa im Jadebusen, beobachtet man eine erfreuliche Erholung der Bestände. Nur in den Bereichen der großen, offenen Ästuare von Elbe und Weser fehlen Seegräser bis heute.

Seegraswiesen genießen weltweit große wissenschaftliche Aufmerksamkeit, denn sie sind fast überall auf der Welt gefährdet. Seegrassysteme sind empfindlich gegenüber nahezu allen menschengemachten Störungen, sodass es im Einzelfall schwerfällt, die verantwortliche Störung für einen lokalen Rückgang zu identifizieren. Umgekehrt kann man sagen, dass dort, wo noch Seegraswiesen vorkommen, die Lebensverhältnisse im Meer relativ gering belastet sind.

Seegraswiesen übernehmen zahlreiche Funktionen im Wattenmeer. Sie festigen das Sediment mit ihrem Geflecht aus Rhizomen und Wurzeln, sie bieten reichlich Substrat für Mikroepiflora und -fauna und verringern die Wasserturbulenz und Strömung im Bereich ihres Blattraums beträchtlich. Für Fische, die ihre Eier anheften, liefern die Seegräser das Laichsubstrat, z. B. für den Hornhecht (*Belone belone*), den Ährenfisch (*Atherina presbyter*) und lokale Bestände von frühjahrslaichenden Heringen (*Clupea harengus*). Auch bei Ebbe hält der dichte Blatteppich

Abb. 25.3 Das Zwergseegras (*Zostera noltii*) besiedelt die Gezeitenzone vieler Küstenbereiche von Südnorwegen bis an die Mündung des Senegal-Flusses. Im Gegensatz zu vielen anderen Küstengebieten weltweit zeigen daher Seegraswiesen im Wattenmeer eine zunehmende Tendenz. Wissenschaftler versuchen herauszufinden, wie sich diese Zunahme auf die Stoffkreisläufe im Wattenmeer auswirken, auf die Seegraswiesen einen starken Einfluss ausüben. Die Unterwasseraufnahme zeigt eine Seegraswiese aus dem Sylter Wattenmeergebiet mit seinem getrübten Wasser. Man sieht deutlich Wattschnecken als Weidegänger auf den Seegrasblättern. (Foto: Patrick Polte)

einer Seegraswiese eine wenige Zentimeter dicke Wasserschicht zurück, die dafür sorgt, dass der abgesetzte Laich dieser Fischarten nicht austrocknet und sich geschützt vor Räubern entwickeln kann. Das große Nahrungsangebot insbesondere an Kleinkrebsen und Schwebgarnelen in diesem Lebensraum lockt zahlreiche Klein- und Jungfische an, die entweder während der Hochwasserphasen diesen Lebensraum aufsuchen oder aber imstande sind, während Niedrigwasser in der dünnen Wasserschicht auszuharren. Ein Beispiel hierfür ist die kleine Strandgrundel (*Pomatoschistus microps*), die im Schutze der Seegraswiesen in weit größerer Zahl vorkommt als in den vegetationsfreien benachbarten Sandwatten. Sie teilt ihren Lebensraum mit jungen Nordseegarnelen (*Crangon crangon*), die ebenfalls hier die höchste Abundanz auf den Wattflächen erreichen.

Dichte Seegraswiesen mit ihrer reichen Fauna konsumieren 2–3 g organischen Kohlenstoff pro Quadratmeter und Tag. Nur 14 % davon entstammen der umgebenden Wassersäule, sodass die Seegraswiesengemeinschaft weniger abhängig von pelagischen Nahrungsquellen ist als Muschelbänke. Der Wegfraß von Epiphyten und Bodenmikroalgen beträgt in Seegraswiesen 28 %, und 2 % der Gesamtkonsumption entfallen auf das Abgrasen des Seegrases selbst, hauptsächlich durch Ringelgänse (*Branta bernicla*) und Pfeifenten (*Anas penelope*). Weitere 38 % der Gesamtkonsumption entfallen auf die Detrituskonsumption, während der Wegfraß durch Räuber etwa 18 % der Gesamtkonsumption beträgt. In der Summe ist daher eine Seegraswiese zu 86 % von Stoffen und Organismen abhängig, die in dieser Lebensgemeinschaft selbst produziert werden. Man nennt dies autochthone Energiequellen, im Vergleich zu allochthonen Energiequellen, die von außen in ein System hereingetragen werden. Das Verhältnis von allochthonen zu autochthonen Quellen beträgt in Seegraswiesen nur 0,17, im Vergleich dazu erreichen Muschelbänke ein Verhältnis von 1,36.

Fazit

Die Erholung der Seegraswiesen könnte den bisherigen Charakter des Wattenmeeres deutlich verändern. Extrapolationen der Zunahme an Seegrasfläche in die Zukunft haben ergeben, dass dadurch ein System entstehen würde, in dem Wiederverwertung und Recycling eine größere Rolle spielen als der Eintrag von Material von außen. Es würde eine Entwicklung beschleunigt, die von einer engen Kopplung mit der Nordsee hin zu der eigenen Dynamik einer Lagune führt. Für die Vögel, die die offenen Schlickflächen zur Nahrung aufsuchen, wäre dies von Nachteil, für Fische und Krebse dagegen von Vorteil, und damit auch für deren Räuber (Vögel und Meeressäuger). Das Wattenmeer würde eine Form annehmen, wie wir sie heute bereits in den Gezeitenlagunen Portugals und Spaniens vorfinden. Dies sind Systeme, deren Nahrungsketten heute bereits auf der Detritusproduktion ihrer Seegraswiesen und Salzmarschen aufbauen und nicht auf dem Phytoplankton.

Das Wattenmeer ist ein dynamisches Ökosystem, das durch die Gezeiten entstanden ist und durch die Gezeiten geprägt wird. Es ist ein System, das durch den Eintrag von Sedimenten aus der Nordsee aufrechterhalten wird und dessen Lebensgemeinschaft vom Eintrag organischer Partikel aus der Nordsee lebt. Millionen arktischer und boraler Vögel suchen diesen Raum auf, um hier den Winter zu verbringen oder die reichen Nahrungsquellen für die Weiterreise in den Süden zu nutzen. Der Mensch hat die Nutzung dieses Raums eingeschränkt, um die ungestörten Naturabläufe zu bewahren. Die UNESCO hat mittlerweile das Wattenmeer als Gesamtheit zum World Heritage Area for Nature erklärt. Doch wie wird sich der globale Wandel auf dieses Gebiet auswirken? Wie werden sich die Naturabläufe ändern, wenn der Meeresspiegel steigt? Zur Beantwortung dieser Fragen müssen wir die reiche Kenntnis über dieses Gebiet noch besser bündeln und versuchen, den Wandel vorherzusagen. Wir müssen aber auch lernen, nicht in ungestörte Naturabläufe einzugreifen.

Weiterführende Literatur

Asmus, H., Asmus, R. (2012). Material exchange processes between sediment and water of different coastal zone ecosystems and their modelling approaches. In: Wolanski, E. & McLusky, D. (Hrsg.) Treatise on Estuarine and Coastal Science, Bd. 9. Elsevier, Amsterdam S 355–382.

Asmus H, Asmus R (2012) Food web of intertidal mussel and oyster beds. In: Wolanski E, McLusky D (Hrsg) Treatise on Estuarine and Coastal Science, Bd. 6. Elsevier, Amsterdam, S 287–304

Baird D, Asmus H, Asmus R (2011) Carbon, nitrogen and phosphorus dynamics in nine subsystems of the Sylt-Rømø Bight ecosystem, German Wadden Sea. Estuar Coast Shelf Sci 91:51–68

Baird D, Asmus H, Asmus R (2012) Effect of invasive species on the Sylt-Rømø Bight ecosystem. Mar Ecol Prog Ser 462:143–162

Common Wadden Sea Secretariat (CWSS) (2008) Nomination of the Dutch-German Wadden Sea as World Heritage Site Bd. 1. Besemann, Wittmund

Gätje C, Reise K (Hrsg) (1998) Ökosystem Wattenmeer. Austausch- Transport- und Stoffumwandlungsprozesse. Springer, Berlin

Stock M, Schrey E, Kellermann A, Gätje C, Eskildsen K, Feige M, Fischer G, Hartmann F, Knoke V, Möller A, Thiessen A, Vorberg R (Hrsg) (1996) Ökosystemforschung Wattenmeer – Syntheseberichte. Grundlagen für einen Nationalparkplan-Schriften-reihe des Nationalparks Schlewig-Holsteinisches Wattenmeer, Heft 8.

Umweltbundesamt und Nationalparkverwaltungen Niedersächsisches Wattenmeer/ Schleswig-Holsteinisches Wattenmeer (1998) Nordfriesisches und Dithmarscher Wattenmeer. Umweltatlas Wattenmeer, Bd. 1. Eugen Ulmer, Stuttgart

Umweltbundesamt und Nationalparkverwaltungen Niedersächsisches Wattenmeer/ Schleswig-Holsteinisches Wattenmeer (1999) Wattenmeer zwischen Elbmündung und Emsmündung. Umweltatlas Wattenmeer, Bd. 2. Eugen Ulmer, Stuttgart

26

Mikroalgen in der Grenzschicht zwischen Sediment und Wasser

Karen Helen Wiltshire und Nicole Aberle-Malzahn

Mikroalgengemeinschaften und mikrobielle Matten, die die unterschiedlichsten Substratoberflächen im Flachwasser besiedeln, zählen zu den ältesten Ökosystemen der Erde. Fossile Funde dieser Organismen haben ein Alter von ca. 3,4 Mrd. Jahren. Die Litoralgebiete der Schelfmeere gehören zu den produktivsten Ökosystemen der Erde, und ihre Produktivität ist weitaus höher als im offenen Ozean. Die wesentlichen Primärproduzenten sind benthische Makro- und Mikroalgen sowie Seegräser. Die Mikroalgen kolonisieren eine Vielzahl von Habitaten (Salzwiesen, Sand- und Schlickwatt der Gezeitenbereiche und des Sublitorals, Hartsubstrate) und bedecken oft großräumige Flächen innerhalb der euphotischen Zone. Auf den ersten Blick erscheinen die Oberflächen von Sedimenten häufig wie nackte Wüstenlandschaften; bei näherer Betrachtung entpuppt sich die bräunliche oder grünliche Färbung der Sedimentflächen aber als eine diverse Mikroalgengemeinschaft, das Mikrophytobenthos (Abb. 26.1). Das Mikrophytobenthos besteht aus einer Vielzahl einzelliger Organismen wie Diatomeen (Kieselalgen), Chlorophyceae (Grünalgen) und Dinophyceae (Dinoflagellaten) sowie Cyanobakterien („Blaualgen") (Abb. 26.1).

Durch seine photosynthetische Aktivität trägt das Mikrophytobenthos erheblich zur Primärproduktion des Litorals bei, und in vielen Flachwassergebieten übersteigt die Biomasse der benthischen Mikroalgen sogar die des Phytoplanktons.

Prof. Dr. Karen Helen Wiltshire (✉)
Wattenmeerstation Sylt, Helmholtz-Zentrum für Polar- und Meeresforschung
Hafenstraße 43, 25992 List/Sylt, Deutschland
E-Mail: karen.wiltshire@awi.de

© Springer-Verlag GmbH Deutschland 2020
G. Hempel et al. (Hrsg.), *Faszination Meeresforschung*,
https://doi.org/10.1007/978-3-662-49714-2_26

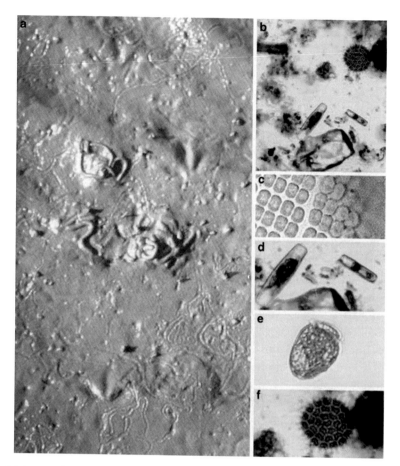

Abb. 26.1 **a** Sedimentoberfläche mit bräunlicher Färbung: Mikrophytobenthos (*rechts im Bild*), **b** typische Mischung unter dem Lichtmikroskop, **c** Cyanobakterien („Blaualgen"), **d** Diatomeen (Kieselalgen), **e** Dinophyceae (Dinoflagellaten), **f** Chlorophyceae (Grünalgen) (Fotos: Originale der Autoren)

Das Mikrophytobenthos beeinflusst durch seine Photosynthese (O_2-Ausstoß und CO_2-Aufnahme) den Sauerstoffhaushalt und somit auch die Reduktionsprozesse bzw. die Redoxpotenziale der Sedimente. Durch ihre Nährstoff- und Spurenelementaufnahme stehen diese Algen zudem in enger Verbindung mit den mikrobiellen und chemischen Umwandlungsprozessen der Sedimente und beeinflussen die Stoffflüsse an der Sediment-Wasser-Grenzschicht. Außerdem stellt das Mikrophytobenthos eine wichtige Nahrungsquelle für höhere trophische Ebenen dar (z. B. für Fadenwürmer, Schnecken und Krebse).

Die Lebensgemeinschaft des Mikrophytobenthos

Mikrophytobenthosgemeinschaften besiedeln verschiedene Substrate des Litorals und setzen sich aus einem Gemisch von Mikroalgen, Bakterien, Pilzen, Protozoen und Metazoen zusammen.

Das Mikrophytobenthos zeichnet sich durch komplexe Lebensformen aus. So findet man z. B. an geschützten, schlammigen Standorten hohe Biomassen von Sedimentmikroalgen, wohingegen an exponierten, sandigen Standorten geringere Algendichten auftreten. Selbst die Biomassen direkt benachbarter Standorte können sich sehr stark voneinander unterscheiden. Ähnlich wie die Lebenszyklen planktischer Algen ist das Mikrophytobenthos gemäßigter Breiten durch eine starke Saisonalität geprägt. Die Algenbiomassen zeigen meist ein deutliches Maximum im Frühjahr und Sommer und geringere Biomassen in den Herbst- und Wintermonaten. Die ausgeprägte Saisonalität wird durch die jahreszeitlichen Veränderungen im Lichtklima bedingt. Je weiter wir polwärts gehen, desto kürzer werden die Wachstumsperioden, und die Biomassemaxima werden erst später im Jahr erreicht.

Das Mikrophytobenthos wird überwiegend von phototrophen Organismen gebildet, und das Wachstum dieser Gemeinschaft ist somit auf den Bereich der lichtdurchfluteten, d. h. euphotischen Zone, beschränkt. Es besteht naturgemäß eine starke Abhängigkeit zwischen der Lichteindringtiefe in das Sediment und der Biomasseverteilung benthischer Mikroalgen. Je nach Sedimenttyp kann die Lichteindringtiefe zwischen den oberen 0,2–2 mm variieren. Zudem kann man auch Anpassungen bestimmter Organismen an unterschiedliche Lichtverhältnisse beobachten, die sich in der Vertikalverteilung der jeweiligen Sedimentalgen widerspiegeln. Ein gutes Beispiel hierfür ist das sogenannte Farbstreifensandwatt, an dessen Sedimentoberfläche meist eine Lage grüner bis blaugrüner Cyanobakterien zu finden ist, gefolgt von rötlich pigmentierten Purpurbakterien in der darunterliegenden Schicht.

Viele benthische Mikroalgen zeichnen sich durch ihren hohen Grad an Mobilität aus. Dies trifft besonders auf benthische Diatomeen zu, die durch die Absonderung extrazellulärer Polysaccharide Vertikalwanderungen innerhalb der Sedimente durchführen können. Solche Auf- und Abwärtswanderungen stehen in direktem Zusammenhang mit abiotischen und biotischen Faktoren (z. B. Licht, Gezeiten, Austrocknung, Fraßdruck oder Erosion). Obwohl die Fortbewegungsgeschwindigkeit nur gering ist ($1–3$ cm h^{-1}), kann diese Mobilität in Sedimenten eine entscheidende Rolle spielen, da hierdurch der pH-Wert sowie die Sauerstoff-, Sulfid- und Nährstoffkonzentrationen beeinflusst werden können. Die Mikroalgen sind auch auf horizontaler Ebene unterschiedlich verteilt (Abb. 26.2), wohl bedingt durch Variationen in der Oberflächenstruktur, des Nährstoff- bzw. Salzgehalts.

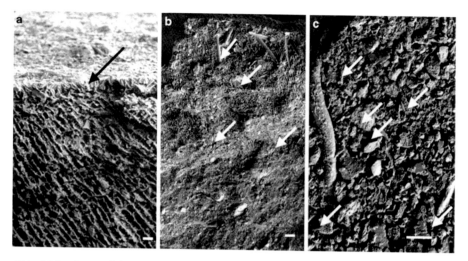

Abb. 26.2 Rasterelektronenmikroskopaufnahmen verschiedener Sedimenttypen. **a** Algen (*Pfeile*) an der Oberfläche, **b** Algen in oberen Schichten, **c** durchwühltes Sediment mit Wurm (*links*). Skalierung = 100 μm (Originale der Autoren)

Die oben genannten saisonalen und temporären Verteilungsmuster spiegeln sich auch in der Dominanz bestimmter Algengruppen zu unterschiedlichen Jahreszeiten wider. Neben der ganzjährig vorherrschenden Dominanz der Diatomeen wurde ein charakteristisches Auftreten von Grünalgen und Cyanobakterien während der Sommermonate registriert.

Mikrophytobenthos und Stoffumsätze

Das Wachstum des Mikrophytobenthos wird vornehmlich durch die jeweiligen Nährstoff- und Lichtbedingungen beeinflusst. Bestimmte Mikroalgenarten können ihre Nährstoffe zwar aus der Wassersäule beziehen, die Mehrzahl deckt ihren Nährstoffbedarf jedoch aus dem Wasser, das die Sandkörner und Tonpartikel im Sediment umspült. Dieses Porenwasser enthält hohe Konzentrationen an Nährstoffen, sodass in der Regel nur zu Zeiten maximaler photosynthetischer Aktivität Nährstofflimitierungen auftreten. Zudem spielen die Lichtverhältnisse auf und im Sediment eine entscheidende Rolle für das Wachstum dieser Mikroorganismen.

Die obersten Sedimentschichten sind jedoch auch durch ausgeprägte chemische Gradienten gekennzeichnet (Abb. 26.3). Durch den biotischen Sauerstoffbedarf entstehen in einem nicht belüfteten Sediment schon binnen weniger Millimeter bis Zentimeter unter der Oberfläche anoxische Bedingungen. In Sedimentbereichen, die von Mikrophytobenthos besiedelt sind, kann die Photosyntheserate jedoch tagsüber so hoch sein, dass die Oberflächensedimente bis zu 200 % mit

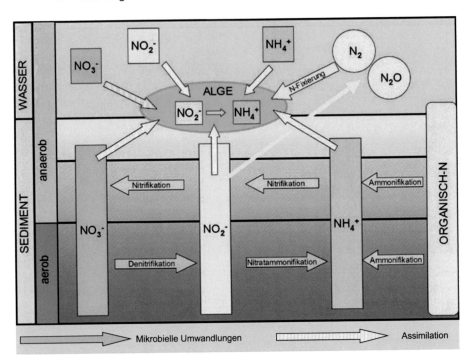

Abb. 26.3 Schematische Darstellung der Stickstoffassimilation und bakteriellen Umwandlungen eines litoralen Sediments (Original der Autoren)

Sauerstoff gesättigt sind und sich die oxische Schicht dadurch verbreitert. Dies führt wiederum dazu, dass sich die Zone der Nitrifizierer (aerobe Atmung) ausdehnt und die anaeroben, denitrifizierenden Bakterien von der Oberfläche fernhält, sodass der Stofffluss sich umkehrt und nun in Richtung der darüberliegenden Wasserschicht gerichtet ist (Abb. 26.3). Dagegen kann die Ausbildung dichter Cyanobakterien- oder Grünalgenmatten eine Art undurchdringliche Schicht an der Oberfläche bilden, die dazu führt, dass sich direkt unter den Matten eine Sulfidschicht ausbildet. Eine solche Sulfidschicht wird durch die starke Anreicherung von organischem Material (= hohe Sauerstoffzehrung), die starke Lichtabschwächung in den obersten Millimetern der Sedimentoberfläche und durch die extrem hohen Stickstoff- und Phosphataufnahmen unterhalb dieser Algenmatten bedingt.

Das Mikrophytobenthos im Nahrungsnetz

Neben der Besiedelung durch benthische Mikroalgen werden die Sedimente auch von einer Vielzahl von tierischen Bewohnern als Lebensraum genutzt. Die Sedimentbewohner werden entsprechend ihrer jeweiligen Größenklassen in Mikrofauna (<100 µm), Meiofauna (100–1000 µm) und Makrofauna (>1000 µm) unterteilt.

Die Sedimentbewohner unterscheiden sich stark in ihrer Nahrungsökologie. Einige bevorzugen suspendierte Nahrungspartikel (Suspensionsfresser), andere entweder lebende Organismen oder abgestorbene Partikel (Weidegänger, Sediment- und Detritusfresser). Das Nahrungsnetz der Sedimentlebensräume stellt ein komplexes Gefüge dar, dessen Basis von Primärproduzenten (Diatomeen, Cyanobakterien, Chlorophyta, Dinophyceae) gebildet wird. Viele kleine, tierische Bewohner, die als Primärkonsumenten den Lebensraum charakterisieren, werden zur Beute für Fraßfeinde höherer trophischer Ebenen (Fische, Vögel). Viele Untersuchungen haben die Bedeutung des Mikrophytobenthos für benthische Sedimentgemeinschaften hervorgehoben und deren Einfluss auf ökologische Zusammenhänge analysiert. Mittlerweile herrscht Übereinstimmung darüber, dass Sedimentalgen als Hauptfutterquelle für viele benthische Wirbellose innerhalb der euphotischen Zone dienen und dass sie durch ihre hohe Produktivität eine verlässliche, schnell nachwachsende und zudem hochwertige Futterquelle darstellen.

Die Bedeutung des Mikrophytobenthos für den Menschen

Durch ihr Vorkommen an der Sedimentoberfläche und ihre photosynthetische Aktivität spielen mikrophytobenthische Gemeinschaften eine wichtige Rolle für den Sauerstoffhaushalt der Sedimente und an der Sediment-Wasser Grenzschicht. Im Wattenmeer spielt das Mikrophytobenthos eine wichtige Rolle im Nahrungsnetz, insbesondere im Frühjahr. Ein weiterer wichtiger Aspekt ist die Bedeutung des Mikrophytobenthos für den Küstenschutz; durch die Ausscheidung von Polysacchariden (Extracellular Polymeric Substances, EPS) und durch seine mattenähnliche Struktur trägt das Mikrophytobenthos in beträchtlichem Maße zur Stabilisierung der Sedimente in Küstenregionen bei. Die Oberflächenstruktur der Sedimente wird durch die Mikroalgen entscheidend beeinflusst und die Abtragung durch Resuspension und Erosion von Sedimentpartikeln erheblich reduziert.

Fazit

Obwohl wir in den letzten 40 Jahren sehr viele Erkenntnisse über das Mikrophytobenthos hinzugewonnen haben, bleibt es dennoch schwer, die globale Rolle dieser Gemeinschaft einzuschätzen. In sublitoralen Bereichen sowie in Seen und Fließgewässern ist dem Mikrophytobenthos bisher nur wenig Beachtung geschenkt worden, und selbst bei trockenfallenden Sedimenten ist die quantitative und qualitative Beprobung und die damit verbundene großflächige Abschätzung der Biomasse äußerst schwierig. Mittlerweile entwickeln sich angewandte Forschungsschwerpunkte auf dem Sektor des Mikrophytobenthos bzw. der Biofilme. So werden heute z. B. Mikrophytobenthosmatten gezüchtet, um sie kommerziell für die Abwasseraufbereitung zu nutzen. Ein weiterer Forschungszweig beschäftigt sich mit der erdgeschichtlichen Bedeutung des Mikrophytobenthos und der Frage, was uns fossile Funde von mikrobiellen Matten über die Rolle dieser Gemeinschaften bei der Entwicklung der Erdatmosphäre lehren können. Aus diesem Grund beschäftigt sich heute auch der Forschungsbereich der Astrobiologie zunehmend mit der Biologie des Mikrophytobenthos. Es wird sogar postuliert, dass ferne Planeten, wie z. B. der Mars, Mikrophytobenthos beheimaten könnten. Somit beflügelt die heutige Mikrophytobenthosforschung die wissenschaftliche Neugierde, mehr über die Entstehung unserer heutigen Biosphäre und das Leben im All zu erfahren.

Weiterführende Literatur

Brouwer De JFC, Stal LJ (2001) Short-term dynamics in microphytobenthos distribution and associated extracellular carbohydrates in surface sediments of an intertidal mudflat. Marine Ecology Progress Series 218:33–44

Hoehler TM, Bebout BM, Des Marais DJ (2004) The role of microbial mats in the production of reduced gases on the early earth. Nature 412:324–327

Jaschinski S, Aberle N, Gohse-Reimann S, Brendelberger H, Wiltshire KH, Sommer U (2009) Grazer diversity effects in an eelgrass-epiphyte-microphytobenthos system. Oecologia 159:607–615

Murphy RJ, Tolhurst TJ, Chapman MG, Underwood AJ (2004) Estimation of surface chlorophyll on an exposed mudflat using digital colour-infrared (CIR) photography. Estuar Coast Shelf Sci 59:625–638

Sevilgen DS, Beer de D, Al-Handal AY, Brey T, Polerecky L (2014) Oxygen budgets in subtidal arctic (Kongsfjorden, Svalbard) and temperate (Helgoland, North Sea) microphytobenthic communities. Mar Ecol Prog Ser 504:27–42

Wiltshire KH (2000) Algae and associated pigments of intertidal sediments, new observations and methods. Limnologica 30:205–214

Wiltshire KH, Schroeder F, Knauth H-D, Kausch H (1996) Oxygen consumption and production rates and associated fluxes in sediment-water systems: A combination of microelectrode, incubation and modelling techniques. Arch Für Hydrobiol 137:457–486

Angespülte Großalge (*Saccorhiza polyschides*) am Strand der Insel Herm, Englischer Kanal. (Foto: Gotthilf Hempel)

27

Wälder unter Wasser – Großalgengemeinschaften

Kai Bischof und Markus Molis

Großalgen (Makroalgen) kennt jeder Strandspaziergänger aus dem Spülsaum, wo sie – durch Stürme dem Meer entrissen – langsam zersetzt werden, begleitet von dem typischen „Geruch des Meeres". An ihren Wuchsorten, den steinigen Meeresküsten, sind Großalgen eine zentrale, strukturierende Komponente des Ökosystems (Abb. 27.1). Aufgrund der charakteristischen Färbung, die ihnen ihre spezifischen Photosynthesepigmente verleihen, unterscheidet man Grün-, Rot- und Braunalgen. Einige Braunalgenarten können zu gewaltiger Größe heranwachsen – der Riesentang (*Macrocystis pyrifera*) kann über 60 m lang werden – und bilden oft unterseeische Wälder (*kelp forests*) von enormer Produktivität. Obwohl der Lebensraum mariner Makrophyten (Großalgen und Seegräser) nur 0,6 % der gesamten Ozeanfläche ausmacht, beträgt ihr Anteil an der gesamten marinen Primärproduktion ca. 5 %. Großalgengemeinschaften und Seegraswiesen (Kap. 25) gehören somit zu den weltweit produktivsten Ökosystemen. Sie liegen mit einer Primärproduktion von bis zu 2000 g Kohlenstoff pro Quadratmeter und Jahr gleichauf mit der in tropischen Regenwäldern.

Prof. Dr. Kai Bischof (✉)

BreMarE Bremen Marine Ecology, Universität Bremen

28359 Bremen, Deutschland

E-Mail: kbischof@uni-bremen.de

© Springer-Verlag GmbH Deutschland 2020

G. Hempel et al. (Hrsg.), *Faszination Meeresforschung*,

https://doi.org/10.1007/978-3-662-49714-2_27

Abb. 27.1 Großalgen, wie dieser Brauntang *Laminaria digitata* auf Helgoland, bilden an Felsküsten häufig vielschichtige Habitate aus, die in ihrer Struktur dem Vegetationsaufbau von Wäldern gleichen. (Foto: Annkatrin Enge)

Der Lebensraum

Großalgen sind weltweit, von den Tropen bis zu den Polargebieten, an Felsküsten verbreitet; als Ersatzstandorte werden vielfach z. B. auch Geröllfelder und Kaimauern besiedelt. An den Küsten zeigt sich mit zunehmender Wassertiefe eine charakteristische Abfolge der verschiedenen Großalgenarten. Als Anpassung an die Umweltbedingungen entlang des Tiefenprofils bilden die Arten spezifische Bänder, die küstenabhängige „Zonierungsmuster" entstehen lassen.

Vielfältige abiotische Faktoren werden in den verschiedenen Tiefenzonen der Felsküste wirksam: In der obersten Besiedlungszone, der Spritzwasserzone (Supralitoral), sind Algen hoher Sonneneinstrahlung ebenso ausgesetzt wie den Schwankungen der Lufttemperatur im Tages- und Jahresgang (z. B. Hitze, Kälte, Frost), da in dieser Zone die Temperaturpufferung durch die Wasserschicht fehlt. Auch haben die Besiedler dieser Zone Phasen der Austrocknung zu überdauern. Die sich nach unten anschließende Gezeitenzone (Eulitoral) ist besonders durch die periodischen Veränderungen der abiotischen Faktoren charakterisiert, die der Wechsel von Ebbe und Flut mit sich bringt. Diese Zone kann nur von Arten

mit einem weiten ökologischen Toleranzbereich besiedelt werden. Bei Niedrigwasser müssen die exponierten Gezeitenalgen Trockenheit, starken Temperaturschwankungen und hohen Strahlungsintensitäten standhalten. Der Tidenstrom
bedeutet für die Algen eine hohe mechanische Belastung (Zugspannung). Als
ein weiterer wichtiger Faktor in der Gezeitenzone sind Salinitätsschwankungen
zu nennen. Bei Niedrigwasser bleiben Reste des Meerwassers im Gezeitenbereich zurück und verdunsten dort. Dadurch erhöht sich der Salzgehalt. Niederschläge führen andererseits zur „Aussüßung" (d. h. zu einer Erniedrigung des
Salzgehalts). Unterhalb der Gezeitenzone, im permanent vom Wasser bedeckten
Sublitoral, finden die Algen und die anderen Meeresbewohner stabilere Lebensverhältnisse vor.

Ökophysiologie

Wie haben sich die Algen der verschiedenen Küstenzonen und geografischen
Regionen an ihren Standort angepasst? Licht (Sonnenstrahlung), Wassertemperatur und Nährsalzangebot sind die wichtigsten abiotischen Faktoren, welche die
Verbreitung von Großalgen beeinflussen. Der Temperaturfaktor wird gemeinhin
als entscheidend für die Biogeografie, d. h. die geografische Verbreitung der Arten, angesehen, der Lichtfaktor als ausschlaggebend für das Tiefenvorkommen
der Arten.

In der Algenbiogeografie werden in Anlehnung an bestimmte Temperaturgrenzen folgende Regionen unterschieden: die arktische und antarktische, die
kalt- und warmgemäßigten Regionen der Nord- und Südhemisphäre und die
tropische Region. Zwar kommen einige Großalgenarten weltweit (kosmopolitisch) vor, die Mehrzahl der Arten ist jedoch in ihrem Vorkommen räumlich
beschränkt, weil sie entweder bei höheren oder niedrigeren Temperaturen (Le-
talgrenzen) absterben oder zumindest nicht wachsen und reproduzieren können.
Im Hinblick auf eine Zunahme der durchschnittlichen Meerwassertemperatur
aufgrund des Treibhauseffekts werden daher weltweite Veränderungen in der
regionalen Zusammensetzung der Großalgenflora vorausgesagt – manche sind
bereits im vollen Gange: Durch die Erhöhung der Oberflächentemperatur im
Nordostatlantik kollabieren die Bestände einiger Arten ehemals dominanter großer Brauntange (Kelp) an ihrer südlichen Verbreitungsgrenze vor Nordportugal
und Spanien. Erwartet werden drastische Konsequenzen für die mit den Algen
assoziierte Tierwelt und auch für die Menschen, die auf vielfältige Weise diese
Ökosysteme nutzen. Die Verschiebung der Habitatgrenzen bedeutet aber auch,
dass sich die Bestände weiter nach Norden ausdehnen und so z. B. verstärkt in
die Arktis einwandern könnten. Dies würde zu einer erhöhten Produktion und
möglicherweise auch zu vermehrten Nutzungsmöglichkeiten für Algen in den

Abb. 27.2 Durch die Klimaerwärmung könnten Großalgen in der Arktis in ihrer Produktivität gefördert werden, allerdings auch neue Arten aus dem Süden zunehmend in die Arktis einwandern. Die Abbildung zeigt den Eingang zu einem Algenwald im Kongsfjord auf Spitzbergen. (Foto: Max Schwanitz, AWI)

hohen Breiten führen, aber auch die derzeitigen Ökosystemfunktionen verändern (Abb. 27.2).

Sonnenlicht ist essenziell für alle „phototrophen" Organismen. Das Lichtangebot (Bestrahlungsdauer und -intensität) unterscheidet sich sowohl großskalig zwischen geografischen Regionen, wobei diese Unterschiede durch saisonale Effekte überlagert werden, wie auch kleinskalig an einem Standort. Mit zunehmender Wassertiefe wird durch die exponentielle Lichtabschwächung das Sonnenlicht binnen weniger Meter zur limitierenden Ressource für das Wachstum der Algen. Entlang des Tiefengradienten an einer Felsküste ändert sich mit der Wassertiefe nicht nur die Intensität der Sonnenstrahlung, sondern auch dessen spektrale Verteilung. Der blaugrüne Anteil des Sonnenlichts dringt am tiefsten in die Wassersäule ein, während das rote Licht bereits im Flachwasser (<5 m) vollständig verschwunden ist (Box 3.1). Die von höheren Pflanzen und Grünalgen bekannten Photosynthesepigmente weisen im grünen Spektralbereich eine nur geringe Absorption auf („Grünlücke") und können deswegen gerade jenen Lichtanteil nicht effizient nutzen, der am tiefsten in den Wasserkörper eindringt. Tiefenalgen haben aber verschiedene physiologische Mechanismen entwickelt, um ihren Energiebedarf für die Photosynthese oder für den Aufbau des Photosyntheseapparats selbst an die geringen Strahlungsintensitäten ihres Standorts anzupassen und die dort herrschenden Spektralbereiche des Lichts zu nutzen. Beispielsweise sind die Rotalgen durch die besondere Architektur ihres Photosyntheseapparats befähigt, auch in großen Wassertiefen zu wachsen. Ihrem photosynthetischen Reaktionszentrum sitzen sogenannte Phycobilisomen auf, die als Lichtleiter fungieren. Durch die Anordnung der drei Komponenten Phycoerythrin, Phycocyanin und Allophycocyanin erfolgt ein gerichteter Energietransfer von der Peripherie in das Innere des photosynthetischen Reaktionszentrums. So werden Energieverluste minimiert und die Nutzung selbst geringer Lichtintensitäten ermöglicht. Den Tiefenrekord hält eine Krustenrotalge, die bei den Bahamas noch in 263 m Tiefe wuchs.

Grünalgen besitzen mit dem Chlorophyll a und b zwar eine den höheren, terrestrischen Pflanzen entsprechende Pigmentkomposition, zusätzlich wurde aber in einigen Gattungen (z. B. *Codium*, *Ulva*) das Xanthophyll Siphonoxanthin nachgewiesen, das die Lichtabsorption im grünen Bereich des Sonnenspektrums erhöht. Die Gruppe der Braunalgen ist ebenfalls durch den Besitz eines besonderen Xanthophylls, dem Fucoxanthin (zusätzlich zum Chlorophyll a und c) gekennzeichnet. Darüber hinaus besitzen die verschiedenen Algengruppen die Möglichkeit, sich über die Synthese von Schutzpigmenten vor zu viel Strahlung zu schützen. Die physiologischen Mechanismen des Strahlungsschutzes und deren genetische Regulation sind Gegenstand aktueller Forschung.

Sind Großalgen durch den Klimawandel gefährdet?

In der ökophysiologischen Forschung an Großalgen spielt heute die Frage nach dem Einfluss des Klimawandels eine große Rolle. Als für Großalgen potenziell schädigende Faktoren werden hier Temperaturerhöhung, Ozeanversauerung und ultraviolette Strahlung genannt. Da UV-B-Strahlung wichtige Biomoleküle wie z. B. Proteine und Nukleinsäuren schädigt, sind die potenziellen Auswirkungen auf Organismen vielfältig, jedoch zeigen Großalgen aus polaren und gemäßigten Regionen adäquate Anpassungserscheinungen an das UV-Klima der jeweiligen Standorte. Es konnte gezeigt werden, dass einzelne Algenarten die Fähigkeit haben, UV-absorbierende Substanzen (mycosporinähnliche Aminosäuren) zu synthetisieren, um lebensnotwendige zelluläre Komponenten (z. B. Chromosomen und Photosyntheseapparate) gegen UV-B-Strahlung abzuschirmen. In Abhängigkeit von ihren natürlichen Zonierungsmustern können z. B. viele Rotalgenarten aus dem Flachwasser den Gehalt an UV-absorbierenden Substanzen flexibel regulieren und dem Strahlungsstress anpassen. Den meisten Tiefenalgen fehlt die Fähigkeit, derartige Substanzen zu produzieren.

Die bereits beschriebene Erhöhung der Meerwassertemperatur geht häufig einher mit einer Erniedrigung des pH-Werts im Meerwasser (Kap. 33). Für die meisten Großalgen ist diese Versauerung vermutlich weniger kritisch als die Temperaturerhöhung. Wie für andere Pflanzen auch, bedeutet eine Zunahme von Kohlendioxid in der Umwelt zunächst einmal eine verbesserte Substratversorgung des kohlendioxidfixierenden Photosyntheseenzyms RubisCO (Ribulose-1,5-bisphospat-Carboxylase/Oxigenase) und kann damit sogar zu einer erhöhten Primärproduktion führen. Das Wachstum der kalkbildenden Algen, die Calciumkarbonat in die Zellwände einlagern, könnte aber durch die korrosiven Eigenschaften des Meerwassers bei niedrigem pH-Wert stark verringert werden – mit bislang unbekannten ökologischen Auswirkungen.

In ihrem Lebenszyklus durchlaufen Großalgen unterschiedliche Entwicklungsstadien (Generationswechsel). Die einzelnen Stadien einer Art unterscheiden sich nicht nur morphologisch, sondern auch in ihrer Stresstoleranz. Die mikroskopisch kleinen Vermehrungsstadien (Sporen) reagieren generell am empfindlichsten auf jegliche Art von Umweltstress. Durch die Schädigung der Vermehrungsstadien können daher Umweltveränderungen, die keinen messbaren Einfluss auf die adulten Pflanzen haben, den Lebenszyklus einzelner Algen stören und weiter die Entwicklung von Algenpopulationen und damit sogar von ganzen Felsküstenökosystemen beeinträchtigen.

Das Habitat von Großalgen ist also durch eine Vielzahl von physikalischen und chemischen (abiotischen) Parametern definiert, die entscheidend sind für das Auftreten einer Art an einem bestimmten Standort. Dort wird die Zusammensetzung der Algengemeinschaften aber auch durch viele ökologische (biotische) Interaktionen moduliert.

Ökologische Bedeutung der Großalgen

Als Erstes überrascht, dass mehrere Großalgenarten gemeinsam in einem definierten Habitat, z. B. einem Gezeitentümpel, zusammenleben. Dort überschneiden sich die einzelnen Arten in ihren Lebensansprüchen, d. h. ihren fundamentalen Nischen. Ebenfalls bemerkenswert ist, dass einige Bereiche des Meeresbodens nicht vollständig mit Algen überwuchert sind, obwohl wichtige abiotische Faktoren wie Lichtangebot und Temperatur das Wachstum der Algen erlauben würden. Andere dort vorkommende Lebewesen (z. B. Schnecken, Stachelhäuter) und deren Wechselwirkungen (biotische Faktoren) liefern häufig Erklärungen für das stellenweise Fehlen der Algen.

Die biotischen Wechselwirkungen (Interaktionen) schränken die abiotisch vorgegebene fundamentale Nische einer Art ein (realisierte Nische). Dadurch haben mehr Arten die Möglichkeit, im gleichen Habitat miteinander zu leben. Neben biotischen Wechselwirkungen zwischen Algenarten interagieren auch Pflanzen und Tiere miteinander. Raumkonkurrenz ist ein typisches Beispiel für Interaktionen zwischen Großalgen, da festes Siedlungssubstrat im Meer knapp ist. Man unterscheidet bei Makroalgen zwischen schnellwüchsigen, aber konkurrenzschwächeren, kurzlebigen Arten, die als Pionierarten verfügbares Substrat als Erste besiedeln (ephemere Arten), und mehrjährigen, relativ langsam wachsenden, aber konkurrenzstärkeren Arten (perennierenden Arten), die im Verlauf der Artabfolge (Sukzession) die ephemeren Arten verdrängen. Für einige Arten kann diese Sukzession eine wichtige Voraussetzung sein, um überhaupt erfolgreich zu siedeln. So bilden ephemere Algen einen beschattenden Baldachin aus, unter dem die Ansiedlung von UV-sensiblen Sporen der Braunalge *Ectocarpus rhodochortonoides* oder von Larven des Moostierchens *Bugula neritina* erleichtert wird (*facilitation*).

Auch Tiere nehmen direkt und indirekt großen Einfluss auf die Häufigkeit und Verteilung der Algen. So zeigte Paine (1984) an den Küsten Nordamerikas, dass die Konkurrenzverhältnisse zwischen Makroalgen von der An- bzw. Abwesenheit von Pflanzenfressern (Herbivoren) abhängig sind. Konkurrenzstarke Krustenalgen dominierten über konkurrenzschwächere Arten nur in Abwesenheit von herbivoren Käfer- und Napfschnecken. Das Abweiden von Aufwuchsorganismen (Epibionten) auf dem Blasentang (*Fucus vesiculosus*) durch die Blasenschnecke (*Physia fontinalis*) bietet ein anderes Beispiel für indirekte Effekte zwischen Algen und Konsumenten. *F. vesiculosus* wächst schneller, wenn die Schnecken die Blattoberfläche von Epibionten befreien, weil damit die Photosyntheseapparate der Alge mehr Licht erhalten und die Alge zugleich Nährsalze schneller aufnehmen kann.

Großalgen wirken stark strukturierend in ihren Habitaten: Analog zu den Wäldern an Land bilden sie verschiedene „Stockwerke" aus, in denen sich Großalgengemeinschaften aus Deck-, Unterwuchs- und Krustenalgen entwickeln (Abb. 27.3). Jedes dieser Stockwerke beherbergt eine reiche und oft hochspezialisierte Tierwelt. So wurden z. B. in einer Studie entlang der norwegischen Küste 238 Arten wirbelloser Tiere registriert, die dort direkt mit dem Palmentang (*Laminaria hyperborea*) assoziiert waren. Nicht nur die Artenzahl, sondern auch die Anzahl der Individuen, die auf einem ca. 1,5 m großen Palmentang leben, ist enorm. Durchschnittlich wurden 8000 und maximal über 80.000 Tiere (inklusive Schwämme, Borstenwürmer, Krebse, Schnecken und Muscheln) auf einem einzelnen, hohen Palmentang gezählt. Diese Tiere nutzen die Algen auf vielfältige Weise, z. B. als Eiablagefläche, als Versteck vor Fraßfeinden oder als Stützpunkt für die eigene räuberische Ernährung.

Die wichtigste Wechselwirkung für Algen besteht jedoch zu ihren Konsumenten, den Algenfressern. In einigen Ökosystemen ist der Fraßdruck sehr hoch. Beispielsweise fressen Fische in Korallenriffen >95 % der Algenbiomasseproduktion. Ein anderes Beispiel ist der Verzehr der kalifornischen Kelpwälder durch

Abb. 27.3 Am Grund des Algenwaldes. Zwischen und auf den Haftkrallen der großen Brauntange siedeln Gemeinschaften aus Krustenrotalgen, Schwämmen und Moostierchen. (Foto: Max Schwanitz, AWI)

Seeigel. Nachdem dort die Seeotterbestände stark dezimiert wurden, waren Seeigel von ihrem bedeutendsten Feind befreit und vermehrten sich rapide, wofür ihnen die Kelpwälder reiche Nahrung boten. In der Folge nahm der Bestand an Kelpwäldern drastisch ab. Neben Fischen und Seeigeln spielen aber auch kleinere Herbivore wie Flohkrebse (Amphipoden), Meerasseln (Isopoden) und Schnecken (Gastropoden) eine wichtige Rolle bei der Strukturierung von Großalgenbeständen. Experimente belegen einen Wechsel in der Dominanz zwischen Rot- und Braunalgen, je nachdem, ob Amphipoden oder omnivore Fische in den Algengemeinschaften dominierten.

Algen sind aber keine ausschließlich passiven Teilnehmer bei ihren Interaktionen mit Fressfeinden. Einerseits können Algen den Kontakt mit ihren Konsumenten vermeiden, indem sie zu Zeiten hoher Konsumentendichte eine kryptische Wuchsform annehmen. Zum anderen haben Algen verschiedene Verteidigungsformen entwickelt:

- *Strukturelle Verteidigung:* Sowohl die Einlagerung von Kalziumkarbonaten (bei Kalk- und Krustenalgen) wie auch Veränderungen in der Wuchsform erschweren es den Konsumenten, Algenteile abzubeißen.

- *Assoziative Verteidigung:* Beispielsweise durch die Vergesellschaftung mit einer oder mehreren anderen Algen oder Tieren verringert sich das Fraßrisiko für die einzelne Algenart.
- *Chemische Verteidigung:* Meist handelt es sich um Sekundärmetabolite (z. B. Terpene, Polyphenole), die von den Pflanzen synthetisiert werden und giftig, schlecht schmeckend oder in einer anderen Form fraßreduzierend wirken. In der Mehrzahl der beschriebenen Fälle sind die Verteidigungssubstanzen dauerhaft im Algengewebe vorhanden. Diese „konstitutive" chemische Verteidigung ist aus mehreren Gründen jedoch keine optimale Lösung, denn die Präsenz von giftigen Substanzen bedingt ein großes Gefährdungspotenzial für die produzierende Alge selbst. Durch die getrennte Lagerung von ungefährlichen Vorstufen der Abwehrstoffe haben die Algen dieses Risiko reduziert. Ähnlich eines Zweikomponentenklebers werden die Vorstufen erst während der Fraßattacke freigesetzt und verbinden sich innerhalb von Sekunden bis Minuten zu einer aktiven Substanz (Aktivierung).

Eine besonders raffinierte Variante zum Schutz gegen Pflanzenfresser steht dem Knotentang (*Ascophyllum nodosum*) zur Verfügung. Wird er von der Flachen Strandschnecke (*Littorina obtusata*) angenagt, werden Substanzen ins Wasser abgegeben, mit der die Fressfeinde der Schnecke, z. B. die Strandkrabbe (*Carcinus maenas*), angelockt werden und den Knotentang von der Schnecke befreien.

Durch Umwelteinflüsse kann die Beweidung von Algen durch Schnecken und Meerasseln ebenfalls beeinflusst werden. Wächst der Blasentang (*Fucus vesiculosus*) an wellenexponierten Orten, so ist sein Gewebe härter und damit weniger leicht zu durchbeißen als das von Artgenossen, die an wellengeschützten Standorten leben. Allerdings können Schnecken bei mehrwöchigem Verzehr von wellenexponiertem, hartem Blasentang ihre Raspelzunge (Radula) derart umgestalten, dass sie diese härtere Variante ohne Probleme fressen können.

Großalgen werden seit Jahrhunderten intensiv durch den Menschen genutzt. So sind z. B. im Feld gesammelte und getrocknete Braunalgen der Art *Durvillaea antarctica* als „Cochayuyo" in jedem chilenischen Supermarkt erhältlich. Sie werden als Zutat für Salate, Suppen und Nudelgerichte verwendet. Diese Großalgen bilden heute eine Quelle wirtschaftlich interessanter Naturstoffe. Wichtiger noch als die Nutzung der Wildbestände ist heutzutage die Kultivierung von Großalgen in der schnell expandierenden Marikultur, die in Kap. 41 detailliert behandelt wird. Moderne Aquakulturtechniken bieten bei der Kultivierung von Algen eine wichtige Alternative zur Ernte natürlicher Bestände.

Doch unabhängig von der vielfältigen Nutzung der Großalgen sollte uns der Erhalt der Großalgengemeinschaften am Herzen liegen.

Fazit

In diesem Kapitel konnten wir nur wenige der höchst interessanten Anpassungs-strategien der Großalgen an den marinen Lebensraum ansprechen und nur kurz deren ökologische Bedeutung für das vielfältige Leben entlang der Felsküsten skizzieren: als Habitatbildender Ökosystemingenieur im Kelpwald oder als Nahrungsgrundlage für eine reiche Fischfauna im Korallenriff. Für weitergehende Informationen verweisen wir auf das aktualisierte Lehrbuch von Hurd et al. (2014).

Informationen im Internet

- www.algaebase.org

Weiterführende Literatur

Hurd CL, Harrison PJ, Bischof K, Lobban CS (2014) Seaweed Ecology and Physiology, 2. Aufl., Cambridge Univ Press, Cambridge

Krause-Jensen D, Duarte CM (2014) Expansion of vegetated coastal ecosystems in the future Arctic. Front Mar Sci 1:1–10

Lüning K (1985) Meeresbotanik: Verbreitung, Ökophysiologie und Nutzung der marinen Makroalgen. Thieme, Stuttgart, New York

Paine R (1984) Ecological determinism in the competition for space. Ecol 65:1339–1348

Wahl M, Jormalainen V, Eriksson BK, Coyer JA, Molis M, Schubert H, Dethier M, Karez R, Kruse I, Lenz M, Pearson G, Rohde S, Wikström SA, Olsen JL (2011) Stress ecology in *Fucus*: abiotic, biotic and genetic interactions. Adv Mar Biol 59:37–105

Wiencke C, Bischof K (Hrsg) (2012) Seaweed biology. Novel insights into ecophysiology, ecology and utilization. Ecol Studies, Bd. 219. Springer Publ, Heidelberg

28

Mangroven – Wälder zwischen Land und Meer

Ulrich Saint-Paul und Martin Zimmer

Was sind Mangroven?

Mangroven sind Wälder in der Gezeitenzone tropischer und subtropischer Küsten beidseitig des Äquators. Sie wachsen auf schlickig-sandigen Böden in Gebieten, in denen die mittlere jährliche Wassertemperatur über 20 °C liegt. Weltweit gibt es etwa 140.000 km², 46 % davon kommen in Süd- und Südostasien vor (Abb. 28.1).

Mangroven fanden in der Vergangenheit in der Wissenschaft nur wenig Beachtung. Erst in jüngster Zeit hat sie ihre Aufmerksamkeit auf diese charakteristischen Ökosysteme gelenkt, deren weiträumige Zerstörung durch den Menschen offensichtlich mit großen Auswirkungen auf das weltweite Klimageschehen verbunden ist. Neben dieser globalen Bedeutung spielen Mangroven eine große regionale Rolle als Quelle für Nahrung und Holz für die lokale Bevölkerung. Will man die Vernichtung von Mangroven, die mit einem Flächenverlust von jährlich 1–2 % deutlich über der tropischer Regenwälder liegt, aufhalten, müssen nachhaltige Bewirtschaftungsformen gefunden werden, die das Ökosystem schützen und der Bevölkerung eine dauerhafte Lebensgrundlage garantieren.

emer. Prof. Dr. Ulrich Saint-Paul (✉)
Leibniz-Zentrum für Marine Tropenökologie
Fahrenheitstraße 6, 28359 Bremen, Deutschland
E-Mail: ulrich.saint-paul@zmt-bremen.de

© Springer-Verlag GmbH Deutschland 2020
G. Hempel et al. (Hrsg.), *Faszination Meeresforschung*,
https://doi.org/10.1007/978-3-662-49714-2_28

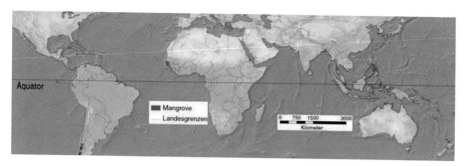

Abb. 28.1 Mangrovenwälder säumen tropische Küsten beidseits des Äquators im Bereich zwischen dem Wendekreis des Krebses und des Steinbocks. (Spalding et al. 1997)

Der Mangrovenwald

Mangrovenbäume wurzeln in schlammigen, sauerstoffarmen Böden und sind häufig einem extremen Gezeitenwechsel mit hohen Salzgehaltsschwankungen und starken Wind- und Welleneinwirkungen ausgesetzt. Ihre besonderen biologischen und physiologischen Anpassungen ermöglichen den Mangrovenbäumen das Überleben an der tropischen Flachwasserküste. Diese sind in den Abb. 28.2 und 28.3 anschaulich dargestellt und erläutert.

Rund 70 Arten von Bäumen, Sträuchern, Palmen und Farnen aus 20 Familien bilden die eigentliche Gruppe der Mangroven. Im indomalayischen Gebiet erreichen Mangroven mit etwa 40 Arten ihren größten Artenreichtum. In Südamerika kommen oft nur acht Arten vor. Verglichen mit dem Amazonas-Regenwald, in dem pro Hektar über 500 Pflanzenarten gezählt werden, ist die Mangrove ein artenarmer Tropenwald. Das lässt sich mit dem Zwang zur Anpassung an die extremen physikalischen Bedingungen im Litoralbereich erklären (Box 28.1).

Abb. 28.2 Mangrovenbäume zeichnen sich durch Stütz- und Luftwurzeln aus. Die Bäume der Gattung *Rhizophora* (a) haben ein ganz besonders hochentwickeltes Wurzelsystem. Mit ihren Stelzwurzeln, die häufig bogenförmig verlaufen, sind sie hervorragend gerüstet, sich im instabilen Sediment fest in alle Richtungen zu verankern. Um nicht im sauerstoffarmen Schlammboden, der tidenabhängig unter Wasser steht, zu ersticken, sind die Stelzwurzeln mit Atemporen (Pneumatophoren) ausgestattet. Vom Geäst der Bäume wachsen außerdem Luftwurzeln bis zum Sediment herunter. Diese geben dem Baum zusätzlichen Halt, sorgen aber vor allem für die Sauerstoffversorgung. Mangroven der Gattung *Avicennia* (b) haben bleistiftdicke Atemwurzeln, die in regelmäßigen Abständen aus dem Boden ragen und zur Sauerstoffversorgung des Wurzelsystems dienen. Stelzwurzeln wie bei anderen Mangroven-Gattungen werden nicht gebildet. (© Martin Zimmer und Ulrich Saint-Paul)

Box 28.1: Mangroven und Gezeiten

Ulrich Saint-Paul und Martin Zimmer

Mangrovenbewuchs wirkt sich entscheidend auf die Dynamik der Gezeitenströme aus, wobei der Ebbstrom bis zu 50 % stärker ist als der Flutstrom. Das
einströmende Wasser wird durch Reibung an der Vegetation, vor allem den
Mangrovenwurzeln, in seiner Fließgeschwindigkeit gebremst, der Flutstrom
verzögert sich immer mehr zum Landesinneren hin. Wenn vor der Fluss-
mündung bereits der Niedrigwasserstand erreicht ist, herrscht im Oberlauf des
Flusses und in den Mangrovensümpfen noch Hochwasser. Der dadurch entstehende Druckgradient erzeugt einen starken Ebbstrom. Diese Asymmetrie führt
zur Ausbildung tiefer Mittelkanäle durch Auswaschung. Die Abholzung angrenzender Mangrovengebiete und ihre Eindeichung (z. B. für die Aquakultur)
verändern die Gezeitenasymmetrie und führen zur Verringerung der Prieltiefe,
bis wieder ein Gleichgewicht zwischen verbleibenden Mangrovenbeständen
und Prielquerschnitt erreicht ist. Dies ist in Südostasien ein häufig anzutreffen-
des Phänomen und verringert dort die Schiffbarkeit von Kanälen und Flussmündungen bis hin zur Verlandung.

Der Tidenrhythmus ist Zeitgeber für zahlreiche Organismen. Durch den ständigen Wechsel von Ebbe und Flut ist die Mangrove für viele Fische und andere
Meeresbewohner nur temporär besiedelbar. Die Höhe, Frequenz und Stärke
des Überflutungspulses spielen bei der Steuerung der Gezeitenwanderungen
der Fische eine entscheidende Rolle.

Fischereiliche Nutzung der Mangrove

Unserem heimischen Wattenmeer vergleichbar bietet die Mangrove für viele fischereilich genutzte Fische, Krebse und Muscheln Lebensraum und Nahrung und
spielt eine wichtige Rolle als deren Kinderstube. Im dichten Wurzelgeflecht der
Mangroven finden aber nicht nur Larven und Jungtiere bei der Nahrungssuche
Schutz vor Räubern, sondern auch die bei Hochwasser in die Mangrovenpriele
eindringenden adulten Fische und Garnelen (Abb. 28.4).

Abb. 28.3 Alle typischen Mangrovenpflanzen werden durch Wasser verbreitet, wobei
die Früchte, Samen oder Keimlinge schwimmfähig sind. Die meisten Mangroven sind
vivipar (lat.: lebendgebärend). Viviparie bedeutet, dass der Same ohne ein Ruhestadium bereits auf der Mutterpflanze auskeimt (a), bevor er abgeworfen wird. Dieser Rei-
fungsprozess kann sich über mehrere Monate hinziehen. Den auf der Mutterpflanze
entstandenen Keimling nennt man Propagul oder Schössling (b). Fällt das reife, abge-
worfene Propagul in Salzwasser, schwimmt es horizontal, sobald es aber Brackwasser
erreicht, dreht es sich mit den Wurzeln nach unten zeigend und bohrt sich in den
weichen Schlamm. Diese Funktion erleichtert es den nachwachsenden Mangroven, sich
in weniger salzhaltigem Schlamm anzusiedeln. Innerhalb eines Jahres haben sich die
Schösslinge verankert und sind angewachsen (c). (© Ulrich Saint-Paul)

Abb. 28.4 Die artesanale Fischerei spielt eine große Rolle in der Mangrove. **a** Tidenkanal bei Ebbe, **b** derselbe Tidenkanal bei Flut. Mit der Flut schwimmen die Fische aus dem Ästuar zur Nahrungsaufnahme in die Tidenkanäle. Vor dem Einsetzen der Ebbe werden die Priele mit Stellnetzen abgesperrt, sodass den Fischen der Rückweg in den Fluss versperrt ist. Dies ist eine häufige Methode der handwerklichen Fischerei in Nordbrasilien. (© Ulrich Saint-Paul)

Die periodischen Überschwemmungen und die stark schwankenden Salzgehalte wirken sich auf die Zusammensetzung der Fischfauna aus. Da die Mangrovenwälder im Übergangsbereich vom Süß- zum Salzwasser liegen, sind die meisten Tiere euryhalin, also gegenüber stark schwankenden Salzgehalten tolerant. Einige Fischarten haben Spezialanpassungen entwickelt, die ihnen eine amphibische Lebensweise ermöglichen, d. h. dass sie auf dem Land und im Wasser gleichermaßen zu Hause sind. Dazu zählen der Schlammspringer und das Vierauge.

Viele wirtschaftlich interessante Fischarten wie der Milchfisch (*Chanos chanos*), der heringsartige Schwarmfisch (*Hilsa* sp.), die meerbrassenähnlichen Schweinsfische der Gattung *Pomadasys* sp. und die Meeräsche (*Mugil* sp.) nutzen die Mangrove, um dort heranzuwachsen. Aber auch nicht fischereilich genutzte Arten, wie einige Haie, verbringen einen Teil ihres Lebens in der Mangrove. Diese Arten sind oftmals sehr spezialisiert auf bestimmte Nahrung, von Kieselalgen über Zooplankton, benthischen Invertebraten bis zu kleinen Fischen.

Die Garnelenfischerei ist wirtschaftlich am bedeutendsten. Die Bestände adulter Garnelen sind vor allem auf dem Schelf tropischer Flachmeere zu finden, wo auch die Eiablage erfolgt und sich die frühen Larven entwickeln, die dann bei nächtlichen Springfluten in die Mangrovenästuare einwandern, dort zu juvenilen Garnelen heranwachsen und vor ihrer Geschlechtsreife wieder seewärts auf den Schelf ziehen.

Für die Bevölkerung in tropischen Küstengebieten spielt die artesanale Fischerei auf Mangrovenfische eine wichtige Rolle. Sie führt allerdings nur dort zu guten Erträgen, wo der Lebensraum nicht durch menschliche Eingriffe gestört ist. Allein in den Sunderbans (Bangladesch) leben gegenwärtig ca. 260.000 registrierte Fischer von der Fischerei. In Malaysia ist ca. ein Drittel der Fischerei mit einem jährlichen Ertrag von ca. 250 Mio. US-Dollar direkt von den Mangroven abhängig.

In vielen Mangrovengebieten ist die Sammelfischerei auf Großkrebse lokal von erheblicher Bedeutung. Geschickte Krebsfänger greifen blind in die tiefliegenden Schlickhöhlen, wo sich die Tiere versteckt halten, und verkaufen sie auf lokalen Märkten. Allein in der Sepetiba-Bucht in Südostbrasilien werden auf diese Weise jährlich ca. 10 t Krebse gefangen. Im indopazifischen Raum von Ostafrika bis Ozeanien ist die Fischerei auf den Schwimmkrebs (*Scylla serrata*) von großer ökonomischer Bedeutung. Die jährlichen Anlandungen dieser Art betragen weltweit 13.000 t. Davon werden allein in einem kleinen Mangrovengebiet an der Ostküste Malaysias jährlich 150 t *Scylla* gefangen, die den lokalen Fischern Erträge bis zu ca. 125.000 US-Dollar einbringen. Schließlich sei erwähnt, dass Mangroven auch als Muschelproduzenten intensiv genutzt werden, vor allem die Mangrovenauster (*Crassostrea* spp.) ist eine beliebte Speisemuschel.

Mangrovenzerstörung

Mangrovenwälder boten den dort von jeher lebenden Menschen ihre Lebensgrundlage. Sie wurden durch andere Bevölkerungsgruppen mit neuen Nutzungsformen und -interessen verdrängt. Das Potenzial der Mangrove wird nun rücksichtslos ausgebeutet und durch konkurrierende Nutzung von Fischerei und Holzwirtschaft, durch bauliche Maßnahmen, Industrie und Schifffahrt zerstört. Die derzeit größte Bedrohung von Mangrovengebieten besteht in der Abholzung für Brennholz und zur Gewinnung von Wohnraum für die rasch wachsende Bevölkerung und für Touristen (Box 28.2).

Box 28.2: Bevölkerungszunahme – Vernichtung der Mangroven
Ulrich Saint-Paul und Martin Zimmer

Das World Resources Institute (WRI) ermittelte für den Zeitraum 1980–2000 eine Bevölkerungszunahme in Küstennähe von ca. 600 Mio. auf ca. 1 Mrd. Menschen. Besonders die tropischen Küstenbereiche leiden unter diesem enormen Bevölkerungsdruck: Millionenstädte wie Bangkok, Bombay, Jakarta, Kalkutta, Miami, Rio de Janeiro, Sidney und Singapur stehen in ehemals von Mangroven bestandenen Gebieten. Mangrovenreste am Rande der Megastädte werden durch weitläufige Slums zerstört oder fallen der Immobilienspekulation zum Opfer, oder aber sie werden – wie in Indien – zur Ansiedlung von Flüchtlingen abgeholzt. Die aktuelle Abholzungsrate liegt bei 1–2 % der ursprünglichen Fläche, das entspricht knapp 3000 km² pro Jahr. Demnach haben wir in den vergangenen 20 Jahren 35 % der Mangrove verloren.

Zu erheblichen Verlusten an Mangrovenfläche hat der Bau von Aquakulturanlagen geführt. Großgarnelen sind als „Shrimps" auf den Tellern der Wohlstandsgesellschaft weltweit beliebt. Die steigende Nachfrage danach hat in den Tropenländern zu einem expandierenden Ausbau intensiver Garnelenzuchtanlagen geführt. Kamen 1970 ca. 6 % der weltweit produzierten Garnelen aus Aquakulturanlagen, so sind es heute knapp 55 %. Durch Aquakulturanlagen sind weltweit ca. 1,4 Mio. ha Mangrovenfläche zerstört worden, besonders betroffen ist Südostasien mit geschätzten Verlusten von 50–80 %. Aber nicht nur Mangroven werden vernichtet, sondern zusätzlich wird die Umwelt vergiftet, denn die intensive Garnelenzucht erfordert den Einsatz von Desinfektionsmitteln, Pestiziden und Düngern, deren Rückstände sich im Gewässer und Sediment anreichern und damit das Ökosystem belasten. Langfristig verliert die lokale Bevölkerung ihre traditionelle Lebensgrundlage, wodurch soziale Konfliktherde entstehen.

Integriertes Küstenzonenmanagement als Instrument zur nachhaltigen Nutzung

Welche Gründe auch immer den Verlust der Mangroven verantworten – ob städtebaulicher Expansionsdrang, der Bau von Tourismuszentren oder die Anlage von Aquakulturanlagen –, will man die noch vorhandenen Mangrovengebiete vor ihrer Vernichtung bewahren, müssen Mittel und Wege für ihre Erhaltung gefunden werden. Weltweit werden deshalb Programme zum Integrierten Küstenzonenmanagement (IKZM; Integrated Coastal Zone Management, ICZM) aufgelegt, um den Schutz und die nachhaltige Nutzung der Küstenräume zu gewährleisten.

Forschung für ein nachhaltiges Management

Die nachhaltige Bewirtschaftung zum Schutz eines Mangrovenwaldes setzt fundierte wissenschaftliche Kenntnisse über die natürlichen Prozesse in dem System ebenso voraus wie über seine institutionellen, kulturellen, ökonomischen, sozialen und politischen Rahmenbedingungen. Nur durch einen ökosystemaren Forschungsansatz können anthropogene Eingriffe oder die Veränderung klimatischer, hydrografischer oder geomorphologischer Bedingungen in ihren Auswirkungen auf das System frühzeitig abgeschätzt werden. Jedes Mangrovensystem unterliegt in spezifischer Weise einer sehr hohen zeitlichen und räumlichen Variabilität der abiotischen Faktoren, was sich wiederum auf die Dynamik der Lebensgemeinschaften und die systembestimmenden Prozesse (Fischerei und anderweitige Mangrovennutzung eingeschlossen) auswirkt.

Um also über die wissenschaftlichen Grundlagen von Managementempfehlungen zu verfügen, muss ein Mangrovengebiet interdisziplinär und langfristig unter Einbindung der betroffenen einheimischen Bevölkerung erforscht werden. Wir müssen verstehen, wie natürliche und menschlich verursachte Umweltveränderungen sich auf die Arten und Lebensgemeinschaften in der Mangrove auswirken und welche Folgen das für Ökosystemprozesse und -dienstleistungen hat. Mithilfe geeigneter Modelle können ökosystemare Kausalzusammenhänge analysiert sowie Auswirkungen von akuten oder chronischen Eingriffen in das Ökosystem erkannt werden. In Deutschland führt das Leibniz-Zentrum für Marine Tropenökologie (ZMT) in Bremen entsprechende Forschungsprojekte in enger Kooperation mit dem jeweiligen tropischen Partnerland durch.

Regeneration durch Wiederaufforstung?

In vielen tropischen Regionen wird an der Wiederaufforstung der Mangroven gearbeitet, allerdings mit unterschiedlicher Intensität und Erfolg. Der Versuch, das Ökosystem Mangrove wiederherzustellen, erfolgt mit Samen, Keimlingen, Jungpflanzen und Stecklingen. In der Regel werden 10.000 Pflanzen pro Hektar gesetzt, sodass unter Berücksichtigung natürlicher Sterblichkeit nach 15 Jahren eine Bestandsdichte von 1000 Bäumen pro Hektar erzielt wird. Die Bäume sind dann ca. 5 m hoch. Entscheidend für den Erfolg derartiger Maßnahmen ist die Auswahl der richtigen (vor Ort einheimischen) Arten und deren Aussiedlung an bezüglich Sediment, Strömungen und Gezeiten geeigneten Stellen. Besonders wichtig für den Erfolg ist hierbei der Wasserstand, denn in den höher gelegenen Gebieten trocknen die Böden aus, und der Salzgehalt steigt stark an. Nach Möglichkeit sollte auf Monokulturen verzichtet werden, um einem starken Schädlingsbefall vorzubeugen, die Biodiversität zu erhalten und eine vielfältige menschliche Nutzung zu ermöglichen (Abb. 28.5).

Erfolgreiche Wiederaufforstungsprojekte sind u. a. aus Kolumbien, Brasilien und den Philippinen bekannt. Dass mithilfe der Wiederaufforstung ein Mangrovenwald nachhaltig bewirtschaftet werden kann, wird am Beispiel von Malaysia deutlich, wo seit 1902 ein 40.000 ha großes Gebiet forstwirtschaftlich genutzt wird.

Ausblick

Das Bewusstsein für den Wert und die Bedeutung der Küstenzonen hat in den vergangenen Jahren deutlich zugenommen, ausgelöst auch durch das düstere Bild des prognostizierten Klimageschehens. Nicht nur Wissenschaftler und Wissenschaftsmanager in betroffenen Ländern, sondern auch einflussreiche internationale Einrichtungen wie die Organization for Economic Cooperation and Development (OECD), die Intergovernmental Oceanographic Commission (IOC) und der Intergovernmental Panel on Climate Change (IPCC) bemühen sich darum, das Konzept des IKZM politisch umzusetzen, und erzielen gemeinsam mit internationalen Schutzvereinigungen wie der International Union for the Conservation of Nature (IUCN) und dem Intergovernmental Panel for Biodiversity and Ecosystem Services (IPBES) bemerkenswerte Erfolge. Darüber hinaus spielen Nichtregierungsorganisationen (z. B. Mangrove Watch, Mangrove Action Project) zunehmend eine wichtige Rolle bei der Förderung der Rechte und Fähigkeiten der Menschen vor Ort, die in die Problemlösung einbezogen werden müssen.

Abb. 28.5 a Wiederaufforstungsmaßnahmen in Gujarat, Indien, mit *Avicennia marina*. Problematisch ist, dass die meisten Gezeitenwälder Monokulturen sind und so nicht die Stabilität einer artenreicheren natürlichen Mangrove besitzen. **b** Die Wiederaufforstung durch lokale Fischer stärkt die Verantwortung für die Maßnahme. (© Ulrich Saint-Paul)

Informationen im Internet

- www.fao.org/forestry/site/1720/en – Website der UN Food and Agriculture Organization zum Status der Ausdehnung von Mangrovengebieten
- www.glomis.com – Global Mangrove Database and Information System (GLOMIS)

- www.mangrove.or.jp – International Society for Mangrove Ecosystems
- www.mangroveactionproject.org/ – Mangrove Action Project
- www.mangrovewatch.org.au/ – Mangrove Watch
- www.zsl.org/iucn-ssc-mangrove-specialist-group – IUCN-Mangrove Specialist Group

Weiterführende Literatur

Dale P, Knight JM, Dwyer PG (2014) Mangrove rehabilitation: a review focusing on ecological and institutional issues. Wetlands Ecology and Management 22: 1–18

Ghosh A, Schmidt S, Fickert T, Nüsser M (2015) The Indian Sundarban Mangrove Forests: History, Utilization, Conservation Strategies and Local Perception. Diversity (Basel) 7:149–169

Ha TTP, Dijk HV, Visser L (2014) Impacts of changes in mangrove forest management practices on forest accessibility and livelihood: A case study in mangrove-shrimp farming system in Ca Mau Province, Mekong Delta, Vietnam. Land use policy 36:89–101

Kimirei IA, Nagelkerken I, Mgaya YD, Huijbers CM (2013) The mangrove nursery paradigm revisited: otolith stable isotopes support nursery-to-reef movements by Indo-Pacific fishes. PLOS ONE 8:e66320

Lee SY, Primavera JH, Dahdouh-Guebas F, McKee K, Bosire JO, Cannicci S, Diele K, Fromard F, Koedam N, Marchand C, Mendelssohn I, Nibedita Mukherjee N, Record S (2014) Ecological role and services of tropical mangrove ecosystems: a reassessment. Glob Ecol Biogeogr 23:726–743

Saint-Paul U, Schneider H (Hrsg) (2010) Mangrove dynamics and management in North Brazil, Bd. 211. Springer Science & Business Media, Heidelberg, S 402

Spalding MD, Blasco F, Field CD (1997) World Mangrove Atlas. Okinawa (Japan): International Society for Mangrove Ecosystems. Compiled by UNEP-WCMC, in collaboration with the International Society for Mangrove Ecosystems (ISME). http://data.unep-wcmc.org/datasets/6. Zugriff 20.6.2016

29

Ökosystem Korallenriff – Schatzkammer der Meere

Claudio Richter

Korallenriffe gehören zu den artenreichsten und produktivsten, gleichzeitig aber auch zu den gefährdetsten Lebensräumen dieser Erde. Korallen kommen in allen kalten und warmen Meeren vor. Aber nur in den sonnendurchfluteten Oberflächenschichten des Tropengürtels sind die biologischen, physikalischen, geochemischen und klimatischen Voraussetzungen für das üppige Wachstum der riffbildenden (hermatypischen) Steinkorallen und anderer kalkabscheidender Skelettbildner gegeben. Außer einem festen Untergrund, auf dem sich die Korallenpolypen festsetzen können, brauchen Steinkorallen klares Wasser, um gedeihen zu können. Die meisten tropischen Korallen leben in enger Symbiose mit einzelligen Algen (Zooxanthellen) der Gattung *Symbiodinium.* Sie benötigen viel Licht für die Photosynthese ihrer Untermieter und sind daher auf die Flachwasserbereiche (0–40 m) begrenzt. Ausgesprochene Schwachlichtspezialisten unter den Steinkorallen kommen aber noch bis in die Zwielichtzone (bis 120 m Tiefe) vor. Zu viele Schwebstoffe im Wasser verringern die Lichtintensität und stören die empfindlichen Polypen.

Korallenriffe sind die größten Strukturen, die je von Lebewesen gebaut wurden: Das Große Barriereriff in Australien ist rund 2000 km lang und sogar aus dem Weltraum zu erkennen. Andere Korallenriffe wachsen auf langsam absinkenden Vulkanen – im Extremfall ragt der Kalksockel dieser Atolle aus über 1400 m Meerestiefe bis an die Wasseroberfläche und ist über 50 Mio. Jahre alt.

Prof. Dr. Claudio Richter (✉)
Alfred-Wegener-Institut, Helmholtz-Zentrum für Polar- und Meeresforschung
Am Handelshafen 12, 27570, Bremerhaven, Deutschland
E-Mail: claudio.richter@awi.de

© Springer-Verlag GmbH Deutschland 2020
G. Hempel et al. (Hrsg.), *Faszination Meeresforschung,*
https://doi.org/10.1007/978-3-662-49714-2_29

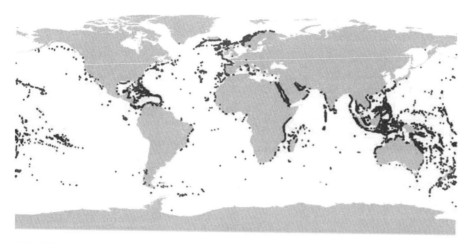

Abb. 29.1 Globale Verbreitung der tropischen Flachwasserriffe (*rot*) und der tiefen Kaltwasserriffe (*blau*). (Karte: L. Fillinger, AWI; http://data.unep-wcmc.org/datasets)

Die tropischen und subtropischen Flachwasserkorallen benötigen Wassertemperaturen von über 22 °C im Jahresdurchschnitt. Es gibt aber auch Korallen, die in sehr viel kälteren (4–12 °C) Gewässern in großen Tiefen (bis >1000 m) vorkommen und bis in hohe Breiten des Nordatlantiks Riffe bilden können. Diese vergleichsweise artenarmen Kaltwasserriffe wachsen in völliger Dunkelheit und sind als rein heterotrophe Gemeinschaften von einem regen Zustrom organischen Materials abhängig. Sie kommen daher an gut exponierten Plätzen entlang des oberen Kontinentalabhangs vor, wo sie von Strömungen und internen Wellen profitieren. Die globale Verbreitung von tropischen Flachwasser- und von tiefen Kaltwasserriffen ist in Abb. 29.1 dargestellt.

Man schätzt, dass die tropischen Korallenriffe weltweit ca. 284.000 km² bedecken, eine Fläche, die ungefähr der Ausdehnung der alten Bundesländer entspricht. Dies ist weniger als 1,2 % des Kontinentalschelfs und nur 0,1 % der Gesamtfläche der Ozeane. Obwohl Riffe global gesehen also nur eine geringe Fläche einnehmen, sind sie ein wichtiges Element des Weltmeeres und Nahrungs- und Einkommensquelle für Millionen von Menschen. So kann 1 km² gesundes Korallenriff ca. 300 Menschen mit Eiweiß von Fischen, Muscheln und Krebsen versorgen. Der Großteil der Riffe (92 %) findet sich im Indopazifik und nur 8 % in der Karibik. Die nördliche Verbreitungsgrenze für Korallenriffe liegt für die indopazifische Region im Roten Meer (29° 30′ N) bzw. den Ryukyu-Inseln Japans (30° N), im Atlantik liegt sie, begünstigt durch den warmen Golfstrom, bei 32° 30′ N in Bermuda. Im südlichen Atlantik reichen die Riffe bis Rio de Janeiro (23° S), im Pazifik unter dem Einfluss des warmen Ostaustralstroms bis Lord Howe Island (31° 30′ S).

Artenreichtum

Innerhalb enger Toleranzgrenzen für Temperatur, Nährstoffe und Karbonate gedeiht in einem sensiblen Gleichgewicht eine Fülle von Arten: Knapp 800 Steinkorallenarten wurden bislang beschrieben. Weitaus größer ist die bekannte Artenzahl der in Korallenriffen vorkommenden Fische (>4000), Muscheln (>2000), Stachelhäuter (>1200) und Schwämme (>2000). Die Artenzahl der in Korallenriffen vorkommenden Tiere, Pflanzen und Mikroorganismen liegt wahrscheinlich sehr viel höher. Korallenriffe werden aufgrund ihres Artenreichtums zurecht als die „Regenwälder" der Meere bezeichnet. Dabei ist die Diversität noch größer als die von Regenwäldern, wenn man sie auf dem Niveau der dort vertretenen Tierstämme misst: Während in Korallenriffen fast alle Tierstämme vertreten sind, wird die Diversität in tropischen Regenwäldern nur von Gliederfüßlern, speziell den Insekten bestimmt.

Korallenriffparadoxon:
Wenige Nährstoffe, hohe Produktion

Im Gegensatz zu der Vielfalt und Fülle des Lebens im Korallenriff ist das umgebende Wasser extrem nährstoffarm – die Konzentrationen der darin schwebenden tierischen und pflanzlichen Lebewelt (Zoo- und Phytoplankton) sind entsprechend gering. Wie also schafft es das Korallenriff, unter solch kargen Bedingungen zu gedeihen?

Die Primärproduktionsraten im Riff gehören mit 4–7 g photosynthetisch fixierten Kohlenstoffs pro Quadratmeter und Tag zu den höchsten marinen Werten überhaupt. Sie sind nur geringen jahreszeitlichen Schwankungen unterworfen, sodass Jahreswerte über dem Zehnfachen der Nordsee erreicht werden. Dies entspricht etwa der Produktion eines Zuckerrohrfelds. Der überwiegende Teil dieser Energie wird aber von Konsumenten innerhalb der Riffgemeinschaft sofort wieder verbraucht: Produktion und Atmung heben einander fast auf, und es bleibt – anders als im Falle des Zuckerrohrfelds – netto kaum etwas für den Export übrig. Trotz der großen Produktion an der Basis der Riffnahrungskette ist der Fischereiertrag daher nur gering. Da die große Biomasse darüber hinwegtäuscht, dass die Exportproduktion nur gering ist, sind Riffe extrem anfällig für Überfischung. Für ein intaktes Riff ist aber ein ausgewogenes und stark vernetztes trophisches Gefüge unabdingbar, da das intensive Recycling der limitierenden Ressourcen einer der Schlüssel zum Nährstoffparadoxon ist.

Ein anderer Schlüssel ist die Filterfunktion des Korallenriffs. Auch wenn die glasklaren tropischen Gewässer nur geringe Konzentrationen gelöster und suspendierter Stoffe enthalten, bedingen Wellen und Strömungen einen steten Zustrom ozeanischen Materials, das von Rifforganismen auf mehreren Stufen verwertet wird: Fische, Korallen und Schwämme haben sich darauf spezialisiert, schwebende Organismen (Plankton) zu erbeuten. Die meist tagaktiven Fische sind visuelle Jäger, die in dichten Schwärmen auf der strömungszugewandten Seite des Riffs stehen und als *wall of mouths* ein tödliches Spießrutenlaufen mit den anströmenden Zooplanktern veranstalten, aus dem nur wenige entkommen. Die Korallen, die sich am Tag mithilfe ihrer symbiontischen Algen vorwiegend autotroph ernähren, strecken in der Nacht ihre nesselbewehrten Tentakeln aus, mit denen sie Zooplankton erbeuten. Fische und Korallen allein können 20–80 % der Biomasse des heranströmenden Zooplanktons fressen. Weitere Zooplanktonfänger sind Hydrozoen, Weichkorallen, Gorgonien, Seefedern, Seeanemonen und Fischlarven. Neben der Fressaktivität der Korallen ist auch ihre Schleimproduktion für die pelago-benthische Kopplung im Korallenriff von Bedeutung: Suspendierte Partikel verfangen sich in der klebrigen Matrix, es bilden sich Aggregate (*marine snow*; Kap. 8), die schnell absinken und in den porösen Sedimenten rasch abgebaut werden.

Ein Sieb für sehr viel kleinere organische Partikel bilden die auf dem Riff und in den Riffspalten sitzenden Filtrierer: Polychaeten, Muscheln, Wurmschnecken, Ascidien und Schwämme. Durch Produktion klebriger Netze oder als aktive Suspensionsfresser, die über Cilien einen eigenen Wasserstrom erzeugen, können sie die kleinsten Phyto- und Bakterioplanktonpartikel aus dem Riffwasser filtern. Ein Schwamm kann z. B. in 4–24 s eine Wassermenge filtern, die seinem eigenen Körpervolumen entspricht. Bei dem fassgroßen Schwamm *Xestospongia* entspricht das mehrere Millionen Litern pro Tag!

Schwämme leben häufig im Labyrinth der engen Höhlen und Spalten, die das Korallenriff durchsetzen. Unter 1 m² Riffoberfläche verbergen sich im Roten Meer 2,5–7,4 m² Höhlenoberfläche! Endoskopische Untersuchungen mit einer von uns entwickelten Höhlenkamera (CaveCam) zeigten, dass die Biomasse und Filteraktivität der krustenbildenden Schwämme im Riffinnern die der auf der Riffaußenfläche lebenden Vertreter um zwei Zehnerpotenzen übertreffen. Mit bakterienspezifischen Gensonden konnte zudem gezeigt werden, dass obligat kryptische Schwämme sehr hohe Dichten von assoziierten Bakterien in ihrem Gewebe haben. Solche Schwamm-Bakterien-Assoziationen erleichtern die Aufnahme gelöster organischer Verbindungen und können den Speiseplan der Schwämme bereichern. Die von den Schwämmen aufgenommenen organischen Stoffe werden zu leicht assimilierbarem Phosphat und Ammonium mineralisiert und können so direkt von den Primärproduzenten des Riffs (Makroalgen und Korallen) aufgenommen werden. Als die wichtigsten Filtrierer im Korallenriff spielen kryptische Schwämme somit eine Schlüsselrolle in der Versorgung des Korallenriffs mit neuen Nährstoffen. Mit der Aufnahme mikroskopischen

Planktons und gelösten organischen Materials können sie ein Nahrungsangebot ausschöpfen, das andere Rifforganismen nicht nutzen können. Ihr Eintrag von ca. $1 \, \mathrm{g \, C \, m^{-2} \, Riff \, Tag^{-1}}$ entspricht einem Viertel des Gesamtumsatzes des Riffs.

Kalzifizierung und Erosion

Wie schaffen es Steinkorallen, aus Meerwasser und Licht so gewaltige Korallenriffe aufzubauen? Das Riffwachstum basiert auf einem energieaufwendigen Prozess, der Kalzifizierung. Die chemischen Gleichgewichte, zellulären und molekularen Prozesse bei der Kalzifizierung sind komplex und im Einzelnen noch nicht verstanden. Bereits frühe Untersuchungen konnten aber nachweisen, dass die Kalzifizierung im Licht sehr viel schneller abäuft als im Dunkeln. Messungen mit Mikroelektroden zeigten unter Lichteinfluss eine Aufkonzentration von Kalzium- und Karbonationen in dem nur wenige Mikrometer breiten Spaltraum, in dem die Kalkfällung stattfindet (dem calicoblastischen Spaltraum), mit einer bis zu 25-fachen Übersättigung gegenüber dem thermodynamischen Löslichkeitsprodukt für Aragonit. Bei Dunkelheit kam es zu einem Konzentrationsabfall. Die Lichtabhängigkeit dieser Vorgänge legt den Schluss nahe, dass die lichtabhängigen Zooxanthellen für die Kalzifizierung der Korallen eine wichtige – wenn auch nicht die einzige – Rolle spielen. Die Zooxanthellen nutzen die Energie des Sonnenlichts mithilfe der Photosynthese und stellen ihrem Wirt die Kohlenhydrate zur Verfügung. Mit dieser Energie werden die molekularen Austauschprozesse angetrieben, die die Aragonitsättigung an der Stätte der Kalkfällung erhöhen. Darüber hinaus verändern sie durch die Fixierung von Kohlendioxid das interne pH-Milieu ins Alkalische, was die Kalkabscheidung noch weiter begünstigt. Zooxanthellen sind jedoch nicht notwendig für die Kalzifizierung, wie die Existenz von dauerhaft zooxanthellenfreien Korallen zeigt. Manche dieser azooxanthellaten Formen zeigen sogar Wachstumsraten, die den photosymbiontischen Korallen vergleichbar sind, so die tropische *Tubastraea micranthus* oder die Kaltwasserkoralle *Desmophyllum dianthus*. Vermutlich basiert das schnelle Wachstum bei diesen ausschließlich heterotrophen Vertretern auf der Energie des aufgenommenen Zooplanktons.

Den riffaufbauenden Prozessen stehen die rifferodierenden Prozesse entgegen. Man unterscheidet externe und interne Bioerodierer. Zu ersteren gehören Papageifische, die mit ihrem starken schnabelartigen Maul Brocken aus Riffkalk oder Korallen herausbrechen, im Schlund zermahlen und als feinen weißen Sand ausscheiden. Aber auch Seeigel, die mit ihrem Kauapparat die Riffoberfläche abraspeln, tragen zur Sandproduktion bei. Die internen Bioerodierer leben als Bohrmuscheln oder Bohrschwämme im Kalk und höhlen diesen von innen aus. Auch sie tragen zur Sedimentproduktion bei.

Störungen

Kalzifizierung und Bioerosion befinden sich in einem sensiblen Gleichgewicht. Da der Großteil der Kalzifizierung durch Bioerosion wieder abgetragen wird, bleibt als Nettobilanz ein nur geringes Riffwachstum übrig. Veränderungen des Gleichgewichts zwischen riffaufbauenden und -abbauenden Prozessen können daher negative Folgen haben und es den Korallen beispielsweise erschweren, mit einem Anstieg des Meeresspiegels schrittzuhalten (Box 32.1). So führt die Verschmutzung der Küstengewässer (Eutrophierung; Kap. 31) zu einer Zunahme von filtrierenden Bioerodierern (Bohrschwämmen und Bohrmuscheln). Sie befördert auch die Verdrängung von Korallen durch raumkonkurrierende Makroalgen, die sich aufgrund des höheren Nährstoffangebots, aber auch aufgrund des Fehlens von Weidegängern entfalten und die Korallen überwuchern können. Überfischung der natürlichen Weidegänger wie Papagei- und Doktorfische haben vielerorts den Verdrängungswettbewerb bereits zugunsten der Makroalgen entschieden. So kam es für die karibischen Korallenriffe über diese schleichende Entwicklung in den 1980er Jahren zum vermutlich irreversiblen Übergang (*phase shift*) von korallen- zu makroalgendominierten Gemeinschaften: Der Schwarze Diademseeigel (*Diadema antillarum*), der durch den Rückgang der herbivoren Fische zur Schlüsselart geworden war und die Nische der Weidegänger zunehmend monopolisiert hatte, erlag in nur wenigen Wochen einem Massensterben. In Abwesenheit der Weidegänger konnten die Makroalgen sich explosionsartig verbreiten und überwucherten die bis dahin dominierende Elchgeweihkoralle (*Acropora palmata*) und die Hirschgeweihkoralle (*A. cervicornis*), die einer grassierenden Epidemie im Zuge des großen El Niño 1982/83 zum Opfer fielen. Es wird im Nachhinein deutlich, dass die Resilienz des Ökosystems – also seine Fähigkeit, natürliche Störungen abzufedern – unter dem Einfluss chronischer anthropogener Störungen bereits so geschwächt war, dass es durch klimatische Störungen und möglicherweise eingeschleppte Krankheitserreger zur Katastrophe, dem *phase shift*, kommen konnte.

Eine historische Analyse dieser und anderer Ökosystemveränderungen offenbart ein übereinstimmendes Grundmuster der Riffdegradierung (Abb. 29.2). Am Anfang steht stets die mit zunehmendem menschlichen Bevölkerungsdruck einhergehende Übernutzung der Küstenressourcen, eine Abnahme der natürlichen Spitzenräuber (Haie, Thune, Salzwasserkrokodile, Robben) und die Bündelung des Nahrungsnetzes auf nur einen zentralen Räuber – den Menschen. Damit zusammenhängend verengt sich das mit zahlreichen Querverbindungen fein ausgewogene Nahrungsnetz durch Wegfall der großen Herbivoren (z. B. Seekühe, Schildkröten) auf wenige Hauptstränge. Eutrophierung und Habitatveränderungen verstärken diesen Trend und schwächen insgesamt die Resilienz des Ökosystems.

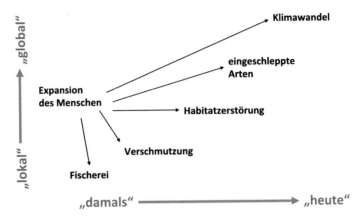

Abb. 29.2 Zeitliche Abfolge und räumliche Dimension von anthropogenen Störungen in Korallenriffen. (Modifiziert nach Jackson et al. 2001)

Großskalige Störungen – Krankheiten, El-Niño-Ereignisse, globale Klimaerwärmung oder CO_2-Anstieg – leiten schließlich umgreifende Veränderungen in den Gemeinschaften ein. Zwar hat es im Laufe der Erdgeschichte schon größere Veränderungen des Klimas gegeben, die Rasanz der gegenwärtigen Umwälzungen – bedingt durch direkte und indirekte menschliche Eingriffe in das System Korallenriff – ist aber einzigartig. Es gibt Indizien, dass die Spuren anthropogener Störungen bis in die Wiege der Menschheit zurückreichen. Mit der Besiedlung der Küsten des Roten Meeres vor 125.000 Jahren begann der Rückgang einer auf die Uferzonen begrenzten Riesenmuschelart. Diese kürzlich beschriebene Art, *Tridacna costata*, macht heute < 1 % der Riesenmuscheln aus; vor Erscheinen von *Homo sapiens* betrug ihr Anteil > 80 % (Abb. 29.3)!

Korallenbleiche – auch vom Menschen gemacht

Korallenbleichen nehmen an Intensität und Ausdehnung zu. Ursache für dieses *coral bleaching* sind Störungen der über geologische Zeiträume gewachsenen Wirt-Zooxanthellen-Assioziationen in den Korallen, bedingt durch die in den letzten zwei Jahrzehnten zunehmenden Wärmeanomalien. Wenn die Oberflächentemperaturen nur um wenige Grad das langjährige Mittel der Jahreshöchsttemperaturen übersteigen, bricht die Assoziation der Korallen mit ihren Zooxanthellen zusammen: Die goldbraunen Zooxanthellen werden abgestoßen, der farblose Wirt erscheint aufgrund des durchscheinenden Kalks weiß – die Koralle ist gebleicht. Bei großskaligen Massenbleichen (Abb. 29.4) sind neben Korallen auch Riesenmuscheln, Weichkorallen und andere Zooxanthellenträger betroffen. Die Mechanismen der Schädigung durch Temperatur, Strahlung oder andere Stö-

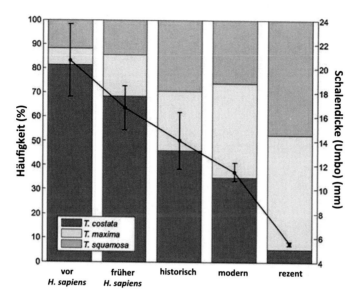

Abb. 29.3 Früheste bekannte Anzeichen von Überfischung im Korallenriff. *Tridacna costata* (*rot*) dominiert die fossile Riesenmuschelgemeinschaft im vorletzten Interglazial (*erste Spalte*) vor Ankunft des modernen Menschen mit großschaligen Individuen (*schwarze Linie*), bereits bei Ankunft von *Homo sapiens* im letzten Interglazial (*zweite Spalte*) nehmen Populations- und Schalengröße im Roten Meer ab. Dieser Trend setzt sich bis heute (*rechts*) fort. (Richter et al. (2008), mit Erlaubnis von Elsevier)

rungen sowie die zellulären Vorgänge, die zur Reparatur oder Abstoßung führen, sind Gegenstand intensiver Forschungen.

Molekulargenetische Untersuchungen zeigen eine große Vielfalt unter den Zooxanthellen, die ursprünglich für eine Art (*Symbiodinium microadriaticum*) gehalten wurden. Oftmals sind diese verschiedenen (als *clades* und *types* bezeichneten) Genotypen innerhalb derselben Korallenart und sogar innerhalb derselben Kolonie zu finden. Manche dieser Zooxanthellen (z. B. *clade D*) erscheinen hitzetoleranter als ihre Verwandten aus *clade A* oder *C*. Erstere dominieren im Persischen Golf, der extreme Sommertemperaturen (>35 °C) aufweist, letztere im benachbarten aber kühleren Roten Meer. Weiter zeigen Untersuchungen aus dem östlichen Pazifik einen Wechsel von *clade C*-dominierten Zooxanthellengemeinschaften vor dem großen Bleaching 1997/98 hin zu *clade D*-dominierten nach dem Bleicheereignis. Korallenarten, die Symbiosen mit mehreren Partnern eingehen können, scheinen bessere Voraussetzungen für eine Anpassung an wechselnde Umweltbedingungen zu haben. Die *adaptive bleaching hypothesis* sieht die Korallenbleiche als Instrument des Korallenwirts, ungeeignete Zooxanthellen schnell loszuwerden und damit auf Umweltveränderungen opportunistisch reagieren zu können. Neue temperaturresistentere Zooxanthellen werden hierbei

Abb. 29.4 Korallenbleiche in der Andamanensee im Jahr 2010. Auch die widerstands-fähige Koralle *Porites lutea* (*Hintergrund*) war von diesem bislang stärksten Bleiche-ereignis betroffen. (Foto: C. Jantzen, AWI)

aus dem Wasser aufgenommen oder aber aus im Gewebe verbliebenen Restbe-ständen wieder aufgebaut. Andererseits sind es oftmals bleicheresistente Arten, die mit nur einem obligaten Partner vergesellschaftet sind (z. B. *Porites lutea* mit *clade C15*). Ob Korallen in der Lage sein werden, der in der Klimageschichte einzigartigen globalen Erwärmung durch Akklimatisierung oder Adaptation (*adaptive bleaching*) Paroli zu bieten, werden die nächsten Jahrzehnte zeigen. Noch wenig erforscht ist hierbei der Einfluss der unterschiedlichen Zooxanthel-lengenotypen auf die physiologischen Leistungen der Korallen – Primärpro-duktion, Kalzifizierung oder Reproduktion. Es gibt vermehrt Hinweise darauf, dass *clade D*-dominierte Korallen bei höheren Temperaturen photosynthetisch aktiver sind als *clade C*-dominierte, die klare Anzeichen von Photoinhibition zeigen, d. h. weniger Licht vertragen. Andererseits scheinen *clade C*-dominierte Korallen, wie Experimente mit Jungkolonien zeigen, unter normalen Tempe-raturbedingungen deutlich schneller zu wachsen als die *clade D*-dominierten. Inwieweit diese Beobachtungen sich generalisieren lassen, müssen weitere For-schungen zeigen. Von Einzelergebnissen zu möglichen Prognosen über ökosys-temare Veränderungen ist es noch ein weiter Weg.

Ozeanversauerung

Langzeitbeobachtungen zeigen, dass die Erhöhung der atmosphärischen Kohlendioxidkonzentrationen zu einer erhöhten Lösung von CO_2 im Meer führt (Kap. 33). Die damit einhergehende Absenkung des pH-Werts um 0,1 Einheiten entspricht einer Ozeanversauerung von 30 % seit Beginn der Industrialisierung. Experimentelle Untersuchungen und geochemische Modelle deuten darauf hin, dass der damit zusammenhängende Rückgang der Aragonitsättigung sich negativ auf die Kalzifizierung von Korallen und andere kalkabscheidende Organismen auswirkt – mit globalen Auswirkungen auf die Korallenriffe. So lässt die für das Ende des 21. Jahrhunderts prognostizierte Fortsetzung des atmosphärischen Kohlendioxidanstiegs einen Rückgang der globalen Riffkalzifizierung um 30 % gegenüber dem präindustriellen Zustand erwarten. Eine Analyse des umfangreichen Bohrkernmaterials für die Koralle *Porites lutea* aus dem Großen Barriereriff ergibt bereits einen Rückgang der Kalzifizierung von 14 % seit 1990. Untersuchungen in Papua-Neuguinea demonstrierten eine deutlich erniedrigte Artenvielfalt in der Nähe natürlicher CO_2-Austritte. Bei Aquarienversuchen mit der Mittelmeerkoralle *Oculina* lösten sich unter sauren Bedingungen Korallenskelett und Kolonie auf; die Individuen lebten als Einzelpolypen in Gestalt von Anemonen weiter. Geologen sehen dies als Beleg der *naked coral hypothesis* – Korallen könnten lange geologische Perioden, aus denen keine Fossilienfunde erhalten sind, als skelettfreie Formen überlebt haben. Kaltwasserkorallen gelten als besonders empfindlich gegenüber Ozeanversauerung. Dagegen fanden aber neue Untersuchungen dichte Bestände der Kaltwasserkoralle *Desmophyllum dianthus* in natürlich angesäuerten Bereichen eines patagonischen Fjords. Wie sich Korallenriffe unter erhöhten CO_2-Konzentrationen im Zusammenwirken mit weiteren Störgrößen entwickeln, muss die Forschung zeigen.

Zukunft der Korallenriffe

Intensive Landwirtschaft, Abholzung und Urbanisierung führen zu starken Sediment-, Nährstoff- und Schadstoffbelastungen in den Küstengewässern – mit oft irreversiblen Schädigungen der an klare, nährstoffarme und saubere Bedingungen angepassten Korallenriffgemeinschaften. Bereits jetzt gilt ein Drittel aller untersuchten Flachwasserkorallenriffe als verloren, ein Drittel als geschädigt und nur ein letztes Drittel als weitgehend intakt.

Eines der wichtigsten Instrumente für ihren Erhalt ist die Schaffung mariner Schutzzonen (Marine Protected Areas, MPAs), von denen es weltweit mehr als 600 gibt. Der größte Marine Park ist das Große Barriereriff vor Australien, das damit relativ gut gegen direkte menschliche Eingriffe geschützt ist. Für die meisten anderen Riffe fehlt aber ein vergleichbarer Managementplan. Tiefgreifende Maßnahmen gekoppelt mit weiterer Forschung sind daher notwendig, um diese kostbaren Küstenökosysteme zu erhalten. Denn Korallenriffe liefern Nahrung und Beschäftigung für viele Millionen Menschen, schützen tropische Inseln, Küsten mit Großstädten, Industrie- und Hafenanlagen gegen Stürme und Erosion und sind eine Schatzkammer der Biodiversität. Sie beherbergen damit ein noch weitgehend unerforschtes Repertoire von Wirkstoffen für biomedizinische Anwendungen und unterstützen eine milliardenschwere Freizeit- und Tauchindustrie – und sie sind eine unerschöpfliche Quelle des Naturerlebens und der wissenschaftlichen Erkenntnis.

Weiterführende Literatur

Bellwood, D.R.; T.P. Hughes, C. Folke & N. Nyström (2004) Confronting the coral reef crisis. Nature 429:827–833

Dubinsky Z, Stambler N (Hrsg) (2010) Coral reefs: an ecosystem in transition. Springer Science & Business Media, Heidelberg

Fillinger L, Richter C (2013) Vertical and horizontal distribution of Desmophyllum dianthus in Comau Fjord, Chile: a cold-water coral thriving at low pH. PeerJ 1:e194

Jackson JBC et al (2001) Historical overfishing and the recent collapse of coastal ecosystems. Science 293(5530):629–637

Richter C, Roa-Quiaoit H, Jantzen C, Al-Zibdah M, Kochzius M (2008) Collapse of a new living species of giant clam in the Red Sea. Curr Biol 18(17):1349–1354

Roberts JM (2009) Cold-water corals: the biology and geology of deep-sea coral habitats. Cambridge University Press, Cambridge

Die Ostsee vor Kap Arkona, Rügen. (Foto: Ralf Prien, IOW)

30

Die Ostsee

Maren Voß und Joachim Dippner

Die Küstenmeere und von Land umschlossene Meere haben eine wechselvolle und dynamische Vergangenheit bezogen auf ihren Wasserstand oder Salzgehalt. Die Gegenwart ist geprägt von deutlich höheren Nährstofffrachten und intensiver Nutzung durch den Menschen. Das gilt auch für die Ostsee, das Baltische Meer. Verbunden über die Nordsee ist sie ein Nebenmeer des Atlantiks. Sie hat eine Gesamtfläche von ca. 415.000 km², wenn man das Kattegat einbezieht, und ist damit größer als Deutschland. Ihre Lage mitten in Nordeuropa macht sie zu einem wichtigen Verkehrsweg und zu einer bedeutenden Tourismusregion. Neun Staaten umgeben das Meer, in das zahlreiche Flüsse münden. Das Einzugsgebiet der Ostsee ist viermal so groß wie das Meer selbst (Abb. 30.1) und wird von ungefähr 90 Mio. Menschen bewohnt. Die Klimavariabilität der letzten 150 Jahre sowie menschliche Aktivitäten in der Ostsee und ihrem Einzugsgebiet und speziell in der Küstenzone führten zu beträchtlichen Veränderungen im physikalischen und biologischen Gesamtsystem.

Geschichte

Die Ostsee hat eine junge bewegte Geschichte von ungefähr 10.000 Jahren, während der Atlantik schon einige Hundert Millionen Jahre alt ist. Am Anfang haben Gletscher das Gebiet der heutigen Ostsee bedeckt. Sie haben große

Dr. Maren Voß (✉)
Leibniz-Institut für Ostseeforschung
Seestraße 15, 18119 Rostock-Warnemünde, Deutschland
E-Mail: maren.voss@io-warnemuende.de

© Springer-Verlag GmbH Deutschland 2020
G. Hempel et al. (Hrsg.), *Faszination Meeresforschung*,
https://doi.org/10.1007/978-3-662-49714-2_30

Abb. 30.1   Die Topografie der Ostsee und ihres Einzugsgebiets. Die *grüne Fläche* markiert das Einzugsgebiet. Die *roten Zahlen* lokalisieren Gebiete, die im Text genannt werden: **1** Kattegat, **2** westliche Ostsee, **3** Darßer Schwelle, **4** Arkonasee, **5** Bornholmsee, **6** Gotlandsee, **7** Bottnischer Meerbusen, **8** Finnischer Meerbusen

Mengen Sand und Steine transportiert, Rinnen und Täler geschnitten und Hügel aufgetürmt wie beispielsweise die Mecklenburgische und Holsteinische Schweiz. Als die Gletscher abschmolzen, wurde ein enormes Gewicht von der Erdkruste genommen, und die Erde begann, sich langsam zu heben – ein Vorgang, den man Isostasie nennt. Ein großes Becken, das die Gletscher hinterließen, und zugleich ein Gletschersee aus Schmelzwasser, der Baltische Eissee, war der Vorläufer der Ostsee. In ihn gelangten geringe Mengen Salzwasser aus der Nordsee, sodass aus dem See ein Brackwassermeer wurde, das Yoldia-Meer. Weil Süßwasser weiterhin zuströmte und der Salzwassereinstrom zum Erliegen kam, wurde das Gewässer wieder zum See, der 2000 Jahre unter dem Namen Ancylus-See Bestand hatte. Um das Jahr 7000 v. Chr. strömte erneut Salzwasser aus der Nordsee bzw. dem Atlantik ein, weil der Meeresspiegel durch die Eisschmelze global angestiegen war (Eustasie), und bildete das Litorina-Meer. Schließlich ließ eine leichte Abnahme im Salzgehalt die Ostsee zu dem werden, was sie seit ca. 1500 Jahren ist, das Mya-Meer. Jeweils vorherrschende Muschel- und Schneckenarten, die Geologen in den Ablagerungen der Ostsee gefunden haben, gaben der jeweiligen Epoche der Ostsee ihren Namen.

Wasseraustausch und Schichtung des Wassers in der Ostsee

Insgesamt strömen durch die Flüsse 480 ± 30 km^3 Wasser pro Jahr in die Ostsee. Das meiste Süßwasser gelangt aus den schwedischen Flüssen mit 175 km^3 in den Bottnischen Meerbusen. Der größte Einzelzufluss zur Ostsee ist die Newa, die bei Sankt Petersburg in den Finnischen Meerbusen fließt. Weitere 237 km^3 Süßwasser regnen jährlich auf die Ostsee nieder. Lediglich 184 km^3 gehen im Jahr durch Verdunstung verloren, sodass ein hoher Süßwasserüberschuss die Ostsee durch das Kattegat verlassen muss. Dieses Nadelöhr spielt damit eine sehr wichtige Rolle für die Wasserqualität und für das Leben in der Ostsee.

Der Wasserkörper ist charakterisiert durch geschlossene Zirkulationszellen in den einzelnen Becken (Abb. 30.1) mit einer mittleren Verweildauer des Wassers von 30 bis 60 Jahren. Die zwischenjährliche Variabilität von Temperatur, Salz und Sauerstoffgehalt in der Ostsee wird im Wesentlichen von der Klimavariabilität der Nordhalbkugel und größeren Salzwassereinbrüchen geprägt. Die großräumigen atmosphärischen Druckverteilungen beeinflussen sowohl die Zirkulation der Ostsee als auch ihren Wasserstand. Etwa 85 % der Variabilität des Wasserstands kann der Nordatlantischen Oszillation (NAO), dem Wechselspiel zwischen Azorenhoch und Islandtief, zugeordnet werden.

Größere Salzwassereinbrüche lassen Wasser mit einem hohen Salzgehalt aus dem Nordatlantik durch die Nordsee im Westen in die Ostsee einströmen (Abb. 30.1). Besonders im Winter, wenn die Veränderungen der Luftdrücke in der Atmosphäre sehr variabel sind, kann es zu Einstromereignissen in die Ostsee kommen. Angetrieben wird die Dynamik durch eine bestimmte Lage der Hoch- und Tiefdruckgebiete (negative NAO-Großwetterlage). Ein lang anhaltendes Hochdruckgebiet über Skandinavien und Russland senkt den Meeresspiegel der

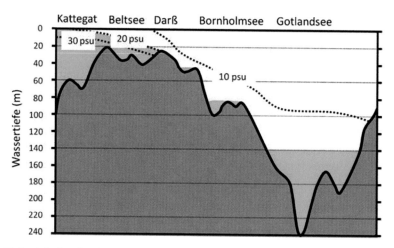

Abb. 30.2 Schnitt durch die Ostsee vom Kattegat bis in die zentrale Ostsee, stark überhöht. Schematisch dargestellt sind die Becken und Schwellen, die das einströmende Wasser passieren muss. In *blau* angedeutet ist das stärker salzhaltige Seewasser, das von der Nordsee kommend durch den Kattegat einströmt und bis in das zentrale Gotlandbecken vordringt. *psu* practical salinity units

Ostsee durch seine Ostwinde und schiebt Wasser durch das Kattegat hinaus. Wenn dieser Situation ein starker Westwind folgt, kann ein Salzwassereinbruch auftreten, der salz- und sauerstoffreiches Nordseewasser durch die Meerengen bei Dänemark in die Ostsee bringt. Da dieses Wasser schwerer ist, schichtet es sich unter das leichtere (salzärmere) Ostseewasser, fließt am Meeresboden entlang und gelangt langsam nach Osten voran. Jede Schwelle am Meeresboden ist ein Hindernis, das überwunden werden muss, und zwar dadurch, dass sich das Becken mit dem salzig-schweren Wasser füllt, bis der Schwellenrand erreicht ist, und das Bodenwasser danach weiter in das nächste Becken fließen kann (Abb. 30.2). Dieser Einstrom ist für die Ostsee wichtig, weil er mit Sauerstoff gesättigtes Wasser bringt, welches das sauerstoffarme Tiefenwasser der Becken auffrischt. Wegen der großen ökologischen Bedeutung wird dieser Zustrom seit November 1993 ständig registriert. Eine Messboje wurde auf der Darßer Schwelle installiert, die Temperatur, Salzgehalt und seit Neuestem auch Sauerstoff misst und ihre Daten direkt in das Leibniz-Institut für Ostseeforschung Warnemünde (IOW) und das Bundesamt für Seeschifffahrt und Hydrographie (BSH) in Hamburg sendet. Im Oktober 2002 wurde eine Boje im Arkonabecken installiert, die eine Beobachtung des Wassers im Becken erlaubt. Beide sind Teile des Marinen Umweltmessnetzes MARNET, zu dem weitere Stationen in der Nordsee gehören. So konnten die Wissenschaftler im Dezember 2014 das neueste große Einstromereignis registrieren. Dieser Salzwassereinbruch erfolgte nach einer langen Stagnationsperiode von über zehn Jahren und ist der drittstärkste Einstrom seit 1880.

In der Ostsee herrschen starke Gradienten im Salzgehalt. Sie sind viel schärfer und damit folgenschwerer als im offenen Ozean, in dem Salzgehalte fast konstant bei 35 (dies sind ca. 35 g Salz pro Liter) liegen und nur um ein zehntel bis hundertstel Gramm schwanken. In der Ostsee gibt es Variationen von fast marinen Werten (d. h. 26) im Kattegat bis hin zu fast reinem Süßwasser in den nördlichsten und östlichsten Buchten. Aber wir finden auch starke Gradienten im Salzgehalt mit der Wassertiefe: In der über 200 m tiefen Gotlandsee findet sich an der Oberfläche typisch brackiges Mischwasser mit Salzgehalten von 7–8, in 80–100 m Wassertiefe steigt der Salzgehalt auf über 12. Diese Salzgehaltsprungschicht verhindert die Durchmischung der „Wassersäule", sodass das über der Sprungschicht liegende Wasser von dem darunterliegenden Wasser isoliert bleibt. Dadurch wird die Zehrung von Sauerstoff im Tiefenwasser gefördert. Insbesondere wenn das Bodenwasser in den Becken nicht mehr erneuert wird, wird Sauerstoff knapp. Der Grund dafür ist natürlicherweise absterbendes Plankton, das zu Boden sinkt und dabei von Bakterien abgebaut wird. Diese verbrauchen erst den Sauerstoff, dann auch Sulfat, wodurch sich Schwefelwasserstoff entwickelt.

Leben in der Ostsee

Das Vorkommen und die Verteilung der Pflanzen und Tiere der Ostsee sind stark vom Salzgehalt abhängig. Generell unterscheidet man lediglich Meerwasser- und Süßwasserarten, doch die Ostsee ist weder ein richtiger Ozean noch ein See – die Salzgehalte sind somit für Meerestiere zu niedrig und für Süßwassertiere zu hoch. Es ist also eine entsprechende Anpassung der Tiere und Pflanzen erforderlich. Die westliche Ostsee beherbergt viele Arten, die marine Salzgehalte brauchen und mit dem Nordseewasser herbeigetragen werden, z. B. Wellhornschnecken und Seesterne. Der niedrige Salzgehalt im Osten ermöglicht nur wenigen Schnecken und Krebsen das Überleben. Aus diesem Grund teilt man die Ostsee in drei Bereiche ein, die eine unterschiedliche Tier- und Pflanzenwelt aufweisen: die westliche Ostsee mit ihrem starken Einfluss aus dem Atlantik und der Nordsee und hoher Artenzahl, gefolgt von einem Bereich mit sehr geringer Artenzahl zwischen der Darßer Schwelle und den Åland-Inseln, in dem ein Salzgehalt von 5–12 vorherrscht und Brackwasserarten dominieren, und dem nordöstlichen Teil der Ostsee, in dem der Salzgehalt weniger als 3 beträgt und somit Süßwasserarten überleben können.

Im Osten herrscht im Winter eine regelmäßige und starke Eisbedeckung, die an Zeiten vor 10.000 Jahren erinnert, als die Gletscher die heutige Ostsee großenteils bedeckten und eine Verbindung zum Polarmeer bestand. Aus jener Zeit stammen einige der heute dort lebenden arktischen Arten im Plankton und im Benthos. In der Bottensee findet man Eisalgen, die naturgemäß sehr tolerant gegenüber schwankenden Salzgehalten sein müssen, und die Meeresassel *Saduria entomon*, die sich als sehr robustes Mitglied der Tierwelt erwiesen hat, sowie den Meereswurm *Marenzelleria arctia*. Salzliebende Arten können mit dem Bodenwasser bis in die Gotlandsee vordringen. Sie bleiben in dem salzreichen Tiefenwasser, das stabil unter dem leichteren Wasser liegt. Dieses Submergenz genannte Phänomen der Artenausbreitung wurde von dem Kieler Professor Adolf Remane in der Mitte des 20. Jahrhunderts entdeckt.

Plankton der Ostsee

Die Jahreszeiten prägen das Leben in der Ostsee wie in anderen Meeren ähnlicher geografischer Breite (Kap. 9). Wenn im Frühjahr die Sonne höher steigt, das Licht intensiver wird und die Temperaturen steigen, beginnt das pflanzliche Plankton (Phytoplankton), sich zu vermehren. Die einzelligen Algen teilen sich so lange, bis keine Nährstoffe wie Nitrat und Phosphat mehr in der lichtdurchfluteten Deckschicht vorhanden sind. Die Pflanzenfresser im Meer, das tierische Plankton (Zooplankton), das in der Ostsee vorwiegend aus Ruderfußkrebsen, den Copepoden, und Quallen besteht, filtriert die pflanzliche Nahrung. Man vermutet, dass die Artenarmut der Ostsee dazu beiträgt, dass das Zooplankton nicht alle pflanzliche Nahrung verbraucht. Ein Teil der Planktonblüte im Frühjahr stirbt ab und sinkt zum Meeresboden, wo sie von Bakterien abgebaut wird und ihre Skelettreste zur Bildung von Meeressedimenten beitragen. Durch den Abbau entstehen wieder Nährstoffe, die teilweise für eine zweite Planktonblüte im Herbst genutzt werden. Während des Winters setzt sich der Abbau fort, und im nächsten Frühjahr sind wieder dieselben Mengen an Nitrat und Phosphat im Meerwasser vorhanden.

Bakterien im Wasser und am Meeresboden

Im Sommer ist das Wasser arm an Plankton. Allerdings unterbricht ein für die Ostsee typisches Phänomen jedes Jahr diese Planktonarmut, es sind die Cyanobakterien, die einen blaugrünen Pflanzenfarbstoff besitzen. Cyanobakterienblüten kommen in jedem Sommer an den Küsten Schwedens und Finnlands und in der Gotlandsee vor (Abb. 30.3). Manchmal treiben diese Ansammlungen bis nach Bornholm oder sogar in das Kattegat. Sie bestehen dann meist aus absterbenden Zellen, die wie Sägespäne an der Wasseroberfläche zusammentreiben, wo sie kilometerlange Streifen bilden können. Solche Planktonblüten sind eine natürliche Erscheinung in der Ostsee, und man findet Spuren davon in jahrtausendealten Meeressedimenten. Erkenntnisse aus Langzeitbeobachtungen lassen allerdings vermuten, dass es heute häufiger als früher zu starken Blüten der Cyanobakterien kommt.

Abb. 30.3 Eine an der Wasseroberfläche zusammengetriebene Blüte von Cyanobakterien in der Gotlandsee. (Foto: Leibniz-Institut für Ostseeforschung, Warnemünde)

Die Sommer und Winter sind in der Ostsee entlang des latitudinalen Gradienten unterschiedlich lang. Entsprechend dauert die Wachstumsperiode des Planktons in der südlichen Ostsee zwei Monate länger (März bis Oktober) als im Bottnischen Meerbusen (April bis September); entsprechend ist die südliche Ostsee produktiver als die nördliche.

Wie schon gesagt, gibt es in der Ostsee Bakterien, welche die organischen Reste abgestorbener Tiere und Pflanzen abbauen. Dieser Prozess ist besonders intensiv in den Sprungschichten der Wassersäule und auf der Oberfläche der Sedimente, wo Partikel und Bakterien konzentriert sind. Wenn die Bakterien allen Sauerstoff verbraucht haben, übernehmen andere anaerob (ohne Sauerstoff) arbeitende Bakterien den weiteren Abbau. Eine Bakteriengruppe produziert beim Abbau den giftigen Schwefelwasserstoff, eine andere Gruppe hingegen baut Nitrat in den reaktionsträgen Stickstoff N_2 (Luftstickstoff) um. Der Luftstickstoff kann vom Plankton der Frühjahrs- und Herbstblüten nicht genutzt werden. Das bedeutet, dass diese nitratabbauenden Bakterien der Eutrophierung der Ostsee entgegenwirken. Dieser Prozess findet hauptsächlich in der Grenzschicht zwischen sauerstoffhaltigem und sauerstofffreiem Wasser in einer Tiefe von 80–100 m in der Gotlandsee sowie in den Küstensedimenten statt. So wird ein großer Teil der vom Menschen in die Ostsee eingetragenen Nährstoffe wieder reduziert. Dies ist ein großartiger Service der Natur, der den menschlichen Nährstoffeinträgen entgegenwirkt. Trotzdem beobachtet man eine anthropogene Eutrophierung der Ostsee und die Ausbreitung sauerstofffreier lebensfeindlicher Zonen am Meeresboden.

Das Benthos der Ostsee

Der Boden der Ostsee ist von der Lebensgemeinschaft des Benthos besiedelt. Einige Vertreter kennt man vom Strandanwurf, wo Algen und Seegräser, Muschelschalen, Schneckenhäuser und selten auch Seesterne, Schwämme und Krebse zu finden sind. Verglichen mit der Nordsee sind es wenige Arten, und die Individuen sind kleiner. Wiederum ist es der Salzgehalt, der den Tieren Stress bereitet. Ihre Körperfunktionen sind ursprünglich an höhere Salzgehalte angepasst, in der Ostsee müssen sie ständig Wasser aus ihrem Körper heraus- oder bestimmte Salze hineinpumpen. So bleibt weniger Energie für das Wachstum. Auch der oben erwähnte Sauerstoffmangel wirkt sich auf die Lebensgemeinschaften aus.

Das Leben im und auf dem Meeresboden der westlichen Ostsee kann man fünf Stadien abnehmender Komplexität einordnen (Abb. 30.4):

- *Stadium 1:* Dieses Stadium hat bis in große Tiefen durchmischte sauerstoffhaltige Sedimente mit alten Muscheln, tief grabenden Würmern und hoher Artenvielfalt.
- *Stadium 2:* Man findet eine Gemeinschaft aus Muscheln und Würmern, die sich schnell verändern und eine hohe Biomasse aufweisen.
- *Stadium 3:* Es gibt weniger Biomasse in Form vieler kleiner Würmer, die durch vorübergehenden Sauerstoffmangel häufig geschädigt werden. Sauerstoff dringt nur noch wenige Millimeter in den Boden ein.
- *Stadium 4:* Es gibt keine großen Benthostiere mehr, nur angepasste Bakteriengemeinschaften, die in dem meist sauerstofffreien Sediment leben können.
- *Stadium 5:* Im Endstadium ist überhaupt kein Sauerstoff mehr im Sediment oder in dem Wasser darüber zu finden.

Aus Vergleichen mit historischen Daten des Vorkommens von Benthostieren ist bekannt, dass sich seit 1932 fast alle Bereiche des Meeresbodens der westlichen Ostsee um mindestens ein Stadium verschlechtert haben. Die Ursache liegt nicht nur in den besonderen natürlichen Rahmenbedingungen der Ostsee, sondern auch in den hohen Nährstoffeinträgen, die zur Eutrophierung geführt haben.

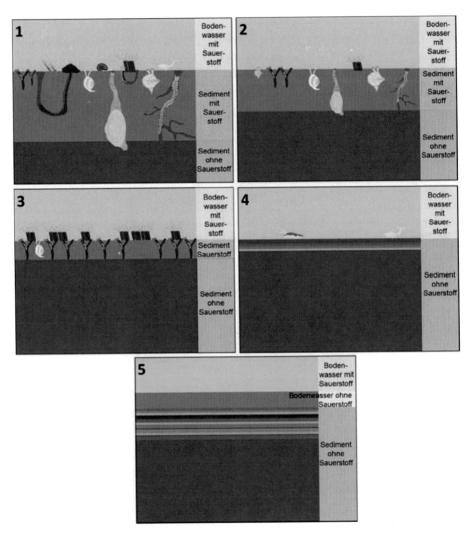

Abb. 30.4 Schematische Darstellung von fünf Stadien des Ostseebenthos, die zu einer ökologischen Bewertung herangezogen werden. Man blickt von der Seite auf eine Scheibe des Sediments, die Tiere sind schematisch gezeichnet. Die *graue Fläche* zeigt den sauerstofffreien Horizont an, der von Stadium 1 bis 5 immer weiter an die Oberfläche heranreicht. (Modifiziert nach Rumohr 1993)

Säugetiere der Ostsee

Von den in der Ostsee heimischen drei Robbenarten (Seehund, Kegelrobbe und Ringelrobbe) und dem Schweinswal (Kap. 18) sind heute nur geringe Anzahlen zu finden. Die Kegelrobbe wurde gejagt, ihre Liegeplätze für Industrie und Tourismus verbraucht und ihre Nahrung mit Schadstoffen so stark angereichert, dass die Weibchen zeitweilig kaum noch Jungtiere bekamen. Von 1940 bis 1985 sank dadurch der Bestand um über 90 % (von 20.000 auf 1500 Tiere). Seit den 1990er Jahren wird allerdings wieder ein Anstieg der Robbenpopulation beobachtet, und im Greifswalder Bodden scheinen sich Kegelrobben erneut angesiedelt zu haben.

Klimaprojektionen

Neben dem Nordpolarmeer ist die Ostsee das einzige Meeresgebiet, für das es eine regionale Klimastudie ähnlich dem IPCC-Report gibt. Beobachtungen während des letzten Jahrhunderts zeigen eine signifikante Zunahme der Temperatur, die verknüpft ist mit erhöhten Niederschlägen im Winter, einer kürzeren Eissaison und einer reduzierten Eisdicke. In Abhängigkeit vom zugrunde gelegten Klimamodell und Szenario wird eine zusätzliche Erwärmung der Atmosphäre von 3–5 °C und der Ostsee von 2–4 °C bis zum Ende des 21. Jahrhunderts projiziert. Als zusätzliches Ergebnis der Erwärmung wird ein Rückgang des Meereises um 50–80 % erwartet.

Klimaprojektionen zeigen ebenfalls eine Zunahme der Niederschläge im Winter im gesamten Einzugsgebiet, während in den meisten Szenarien die Sommer trockener werden.

Als mögliche Auswirkungen auf das marine Ökosystem seien drei Beispiele genannt.

- Eine Erhöhung der mittleren Wassertemperatur um 2–4 °C kann dazu führen, dass die vertikale Konvektion im Frühjahr ausbleibt, da die Wassertemperatur zu hoch ist. Dadurch würden keine Nährstoffe aus der Tiefe in die Oberflächenschicht transportiert – mit der Folge schwächerer Frühjahrsblüten.
- Eine Abnahme des Salzgehalts hätte zur Folge, dass der Bereich, in dem marine Arten vorkommen können, immer kleiner wird. Die Konsequenz wäre ein verschlechtertes Nahrungsangebot für Hering und Sprotte.
- Eine Abnahme der Eisbedeckung würde den Lebensraum der Ringelrobbe, die an das Leben auf dem Eis angepasst ist, einschränken, was sogar ein Aussterben zur Folge haben könnte.

Weitere Auswirkungen der Klimaänderung auf das Ökosystem der Ostsee abzuschätzen, ist nicht einfach, da zusätzliche Faktoren menschlichen Ursprungs nicht unbeträchtlich das Gesamtsystem beeinflussen: die Fischerei und die Eutrophierung.

Menschliche Einflüsse und politisches Handeln

Studien, die den kombinierten Effekt von Klimaänderung und Fischerei untersuchten, haben gezeigt, wie Überfischung im System Zooplankton-Fisch das Signal der Klimaänderung auf beiden trophischen Stufen verstärkt. Diese Veränderung hat bedeutenden Einfluss für zukünftiges nachhaltiges Fischereimanagement, da sie einen bedeutenden Verlust ökologischer und ökonomischer Ressourcen zur Folge haben kann.

Die Ursachen von Eutrophierung sind direkt verknüpft mit dem Eintrag von Nährstoffen aus den Städten und aus der Landwirtschaft, die pro Jahr 864–496 kt (1 Kilotonne = 1000 Tonnen) Stickstoff und 28–47 kt Phosphor zwischen 1994 und 2008 betragen, sowie weiteren Schadstoffen und Schwermetallen. Hinzu kommen Einträge von Nährstoffen und Schadstoffen aus Niederschlägen und der Schifffahrt. Diese Nähr- und Schadstofffrachten aus den Flüssen gelangen zunächst in die Küstengewässer, die entsprechend stärker leiden als die offene Ostsee. Würde man Stickstoffeinträge von rund 900 ktN in den Mengen, wie es heute in der Landwirtschaft üblich ist (250 kgN/ha), auf Ackerflächen verteilen, so könnte man ein Drittel der gesamten Ackerfläche Deutschlands, die 120.000 km^2 beträgt, mit dieser Menge düngen. Doch hier ist diese Menge als „Nebeneffekt" und Verlust aus der Landwirtschaft zu sehen.

Die Nährstoffeinträge verursachen größere Planktonblüten und mehr Biomasse, als natürlicherweise vorhanden ist. Dadurch steigen die Produktion der Planktonorganismen und in Folge die Fischereierträge z. B. des Sprotts. Aber gleichzeitig wird die Sensibilität gegenüber Sauerstoffmangel an den Küsten erhöht, und die Zahl der Küstenabschnitte mit Sauerstoffmangel wird steigen.

Das Bewusstsein für diese Probleme, die von Schad- und Nährstoffen verursacht werden, erwachte in den 1970er Jahren und führte zur Gründung der Helsinki-Kommission (HELCOM). Katastrophale Befunde wie hohe Konzentrationen von Quecksilber, Arsen und dem Pestizid DDT (Dichlordiphenyltrichlorethan) in Meeressäugern der Ostsee rückten die Umweltverschmutzung und -zerstörung in den Vordergrund. In einigen Küstenabschnitten konnten Fische aufgrund ihrer Arsenbelastung nicht mehr verzehrt werden. Die Menschen waren auf bestem Wege, ihre Nahrungsgrundlage zu zerstören. Der Internationale Rat für Meeresforschung (ICES) brachte erste kritische Schriften heraus, die Politiker und die Bevölkerung alarmierten. In dieser Situation erwirkte die HELCOM gemeinsam mit zunächst sieben Ostseeanrainerstaaten Überwachungs- und Schutzmaßnahmen. Ihr Ziel ist der Schutz der marinen Umwelt vor allen Verschmutzungen und die Wiederherstellung und Erhaltung ihrer ökologischen Bilanz. Alle neun Anrainerstaaten und die EU sind heute Mitglieder der HELCOM, die 1992 eine umfassende Konvention zum Schutz der Ostsee verabschiedet hat, mit verbindlichen Einigungen über die Halbierung der Stickstoff- und Phosphoreinleitungen. Zudem sollen die Nährstoffe Nitrat und Phosphat gleichermaßen reduziert werden und nicht nur einer der beiden, was aus Kostengründen zunächst lange erwogen wurde. Seit Mitte der 1990er Jahre gehen die Nährstoffeinträge langsam zurück; auch DDT und einige Schwermetalle sind rückläufig. Hot Spots, d. h. Punkte besonderer Belastung durch Industrien oder städtische Abwässer, wurden gezielt und erfolgreich reduziert, indem Klärwerke gebaut wurden. Heute haben wir einen von Politikern akzeptieren Aktionsplan, der genaue Vorgaben für die Reduktion von Nährstoffeinleitungen macht. Heute werden auch die Windparks zur Stromgewinnung mit ihren möglichen Konsequenzen für den Wasseraustausch und das Leben der Ostsee kontrovers diskutiert.

Zum Schutz des empfindlichen Ökosystems Ostsee wird viel getan, doch eine langfristige Erholung ist noch nicht gesichert. HELCOM, ICES und die EU spielen eine entscheidende Rolle beim Umweltschutz der Ostsee, und die Osterweiterung der EU hilft zusätzlich beim Schutz des Meeres.

Box 30.1: Die Fische der Ostsee

Cornelius Hammer und Christopher Zimmermann

Manch einer glaubt, es gäbe nur wenige Fischarten in der Ostsee. Verglichen mit den gut 200 Fischarten der Nordsee sind hier tatsächlich weniger Arten zu finden. Das Kattegat ist noch von der Nordsee geprägt, doch schon in der westlichen Ostsee verbleiben nur noch diejenigen Salzwasserarten, die den schwindenden Salzgehalt tolerieren können, z. B. Dorsch, Hering, Sprotte, Scholle und Flunder sowie Meerforelle und Lachs. Aber wenn man genauer hinschaut, trifft man noch eine Reihe von Arten, die weniger auffällig sind: Hornhechte, verschiedene Grundeln, Sandaale und Seeskorpione. Hinzu kommen viele Gäste, die durch gelegentlichen Salzwassereinstrom in die westliche Ostsee kommen: Makrelen, Meeräschen und manchmal auch ein Hai oder Thunfisch.

Je weiter man an die Küsten oder weiter nach Osten kommt, desto mehr nehmen die Salzwasserarten ab und die Süßwasserarten zu. Weit verbreitet ist der Zander. Hecht und Plötze finden sich beispielsweise im Greifswalder Bodden bei einem Salzgehalt von 6, wo sie prächtig gedeihen, aber auch den Flussbarsch trifft man hier an. Nördlich der Åland-Inseln ist die Ostsee praktisch gänzlich ausgesüßt, und es finden sich nur noch Süßwasserarten – vom Hering abgesehen, der sich bei dem sehr geringen Salzgehalt noch vermehren kann. Doch wächst er hier schlecht und ist eine echte Ausnahme der Salzwasserfische.

Informationen im Internet

* http://www.helcom.fi/ – Helsinki-Kommission
* http://www.balticnest.org/ – Baltic NEST Institute

- http://www.io-warnemuende.de/mediathek.html –Mediathek des Leibniz-Instituts für Ostseeforschung Warnemünde (IOW) mit Fotos von Plankton, Satellitenbilder etc.

Weiterführende Literatur

BACC Author Team (2015) Second Assessment of Climate Change for the Baltic Sea Basin. Springer, Heidelberg New York Dordrecht London

Elmgren R (2001) Understanding Human Impact on the Baltic Ecosystem: Changing Views in Recent Decades. Ambio 30:222–231

HELCOM (2007) Baltic Sea Action Plan. Retrieved 3 November, HELCOM Helsinki

HELCOM (2011) Fifth Pollution Load Compilation – PLC5, HELCOM Helsinki

Matthäus W, Lass HU (1995) The recent Salt Inflow into the Baltic Sea. J Phys Oceanogr 25:280–286

Mohrholz V, Naumann M, Nausch G, Krüger S, Gräwe U (2015) Fresh oxygen for the Baltic Sea – An exceptional saline inflow after a decade of stagnation. J Mar Syst 148:152–166

Nehring D (2001) The Baltic Sea – an example of how to protect marine coastal ecosystems. Oceanologia 43:5–22

Rumohr H (1993) Erfahrungen und Ergebnisse aus 7 Jahren Benthosmonitoring in der südlichen Ostsee. Berichte aus dem Institut für Meereskunde Kiel, Bd. 240. Institut für Meereskunde, Kiel, S 90–109

Die hohe Arktis ist nicht mehr einsam: Kreuzfahrtschiff im Kongsfjord, Spitzbergen. (Foto: Kai Bischof, Universität Bremen)

31

Belastungen unserer Meere durch den Menschen

Henning von Nordheim und Gotthilf Hempel

Eingriffe und Einträge

Was immer der Mensch im Meer, an seinen Küsten oder in und an den Flüssen tut, es kann zu einer direkten oder indirekten Belastung für die marinen biologischen Systeme führen, besonders in den küstennahen Schelfmeeren (Tab. 31.1). Das gilt seit alters ganz besonders für die Fischerei. Sie ist unser größter direkter Eingriff in marine Lebensgemeinschaften. Ihre Auswirkungen variieren stark, je nach Zielart und Fangmethode. Meist fängt die Fischerei zunächst selektiv die großen Fische und damit die Spitzenräuber. Das verändert die Struktur der Nahrungskette hin zu den kleineren Fischen und zu niedrigen trophischen Stufen, letztlich den Quallen (*fishing down marine food webs*; Kap. 38). Auch innerhalb der Populationen entnimmt die Fischerei zuerst die schnellwüchsigen, fruchtbareren Individuen. Das führt zu einer Einengung der genetischen Variabilität. Groß sind vielerorts die Kollateralschäden durch Eingriffe in Nahrungsnetze und durch destruktive Fanggeräte, vor allem Grundschleppnetze, die den Meeresboden beschädigen und viel Beifang töten.

Die neue Fischereipolitik zielt auf eine Stabilisierung der Produktionskraft der Bestände durch Reduzierung des Fischereiaufwands und schonendere, beifangarme Fangmethoden. Die Fangquoten werden unter bestimmten Bedingungen niedrig gehalten, um natürlichen Bestandsrückgängen bei schlechten

Prof. Dr. Henning von Nordheim (✉)
Außenstelle Insel Vilm, Bundesamt für Naturschutz
18581 Putbus, Deutschland
E-Mail: henning.von.nordheim@bfn-viln.de

© Springer-Verlag GmbH Deutschland 2020
G. Hempel et al. (Hrsg.), *Faszination Meeresforschung*,
https://doi.org/10.1007/978-3-662-49714-2_31

Tab. 31.1 Die verschiedenen Arten der Meeresnutzung, die dadurch entstehenden ökologischen Belastungen und die Effekte bei Organismen und Lebensgemeinschaften

Nutzungsarten	Belastungen	Effekte
Fischerei	– Übernutzung von Beständen – Stellnetz- und Grundschleppnetzfischerei führt zu hohem Beifang von Nichtzielarten – Schädigung von Bodentiergemeinschaften	– Veränderung des Alters- und Artenspektrums genutzter Arten – Verschiebungen im Nahrungsnetz und in der Biodiversität – Bedrohung diverser sensibler Arten
Marikultur (Fische und Wirbellose)	– Zerstörung natürlicher Lebensräume – Bedarf an Futterfischen – Einsatz von Therapeutika/Chemie – Eutrophierung – Genetisch veränderte Organismen	– Biotop-/Artenverluste, Ökosystemveränderungen, Faunenveränderungen – Einschleppen fremder Arten und Krankheiten
„Entsorgung" = Meeresverschmutzung durch anthropogene Nähr- und Schadstoffe sowie durch Abfall wie Schrott und Plastikmüll inkl. Mikropartikel	– Einleitungen durch Flüsse, Luft und diffuse Quellen – Verklappung und Versenken von Industrie- und Militärmüll, Klärschlamm – Plastikmüll inkl. Plastikmikropartikel	– Veränderung der Lebensgemeinschaften durch Eutrophierung und Sauerstoffschwund im freien Wasser und am Boden – Gefährdung insbesondere der Endglieder der Nahrungskette (Fische, Warmblüter inkl. Mensch) z. B. durch Schwermetalle, organische Verbindungen, Plastikmikropartikel
Schifffahrt	– Unterwasserlärm durch laute Schiffsantriebe – Schadstoffemissionen im regulären Betrieb und nach Havarien – Abgase, Schutzanstriche, Bilgenwasser, Öl – Einschleppen von Fremdorganismen inkl. Krankheitserregern und Parasiten durch Ballastwasser und Bewuchs – Infrastrukturbauten wie Häfen und deren Zufahrten, Flussvertiefungen	– Scheuchwirkungen – Schadstoffbelastungen – Krankheiten – Faunenverfälschungen – Störungen des Ökosystems – Biotopzerstörungen – Schad- und Nährstoffremobilisierungen

Tab. 31.1 (*Fortsetzung*)

Nutzungsarten	Belastungen	Effekte
Windenergiean-lagen	– Unterwasserlärm bei Bau und Betrieb – Havarie – „Vogelschlag" – Habitatveränderungen etc. durch künstliche Strukturen und Kolk-schutzmaßnahmen – Schutzanstriche – Geotextilien	– Schädigungen, Scheucheffekte, Störung der Orientierung und Kommunikation von marinen Säugetieren, Fischen etc. – Verluste von Zug- und Rastvögeln – Faunen- und Florenveränderung durch standortfremde neue Hartsubstrate und Geotextilien – Fischereifreie Ruhezonen und Regenerierungsgebiete
Starkstromkabel	– Elektromagnetische Felder – Bodenerwärmung – Sedimentumlagerungen – Künstliche Hartsubstrate als Deckmaterial	– Störung elektrosensibler Tiere – Veränderung der Bodenfauna durch Erwärmung und standortfremde Hartsubstrate – Temporäre Zerstörung von Benthosgemeinschaften
Förderplattfor-men, Pipelines	– Unterwasserlärm beim Bau – Habitatveränderungen durch standortfremde Hartsubstrate, Trübungsfahnen – Havarien	– Veränderung von Bodentiergemeinschaften – Bei Leckagen und im Havariefall: Ölverschmutzung/Gasaustritte
Explorationen, Erkundungstätig-keiten	– Unterwasserlärm durch seismische Tests mit sog. *Airguns*	– Schädigungen – Scheucheffekte – Störung der Orientierung und Kommunikation, insbesondere bei marinen Säugetieren und Fischen
Sand- und Kiesab-bau	– Entfernen von Sedimenten und Zerstörung des Meeresbodens – Trübungsfahnen; Unterwasserlärm	– Vernichtung und Veränderung von Bodentiergemeinschaften und Laichgründen durch Verlust der typischen Substrate – Scheucheffekte und andere akustische Störungen – Überdeckung mit Feinsediment
Tourismus, Frei-zeitaktivitäten	– Infrastruktur für Tourismus – Störungen z. B. durch Touristen, Wassersport – Nähr- und Schadstoffeinträge	– Veränderung und Zerstörung von Lebensräumen und -gemeinschaften – Störung z. B. sensibler Vögel und Säugetiere

Tab. 31.1 (*Fortsetzung*)

Nutzungsarten	Belastungen	Effekte
Küstenschutz und wasserbauliche Maßnahmen	– Zerstörung natürlicher Lebensräume – Trübungswolken und Sedimentation – Veränderung von Strömung und Küstenmorphodynamik	– Biotop-/Artenverluste – Schad- und Nährstoffmobilisierung – Scheucheffekte
Militärische Übungen	– Unterwasserlärm – Explosionen	– Schädigungen – Scheucheffekte – Störung von Orientierung und Kommunikation, insbesondere bei Meeressäugetieren, Vögeln, Fischen
CO_2-Verpressung im Meeresboden	– Risiko des unkontrollierbaren CO_2-Austritts – Schaffung von CO_2-Depots – Veränderung der Meereshydrochemie	– Schäden an Plankton und diversen marinen Organismen sowie Sedimenten

Nachwuchsziffern (*precautionary approach*) vorzubeugen. In den nordeuropäischen Gewässern ist bereits eine deutliche Verbesserung spürbar – Scholle und Hering in der Nordsee geht es wieder gut (Kap. 39).

Die Einbringung von Phosphaten, Nitraten und Trübstoffen durch die Flüsse und aus der Luft verändert die Nährstoffbilanz und das Lichtklima und damit die Primärproduktion in den küstennahen Ökosystemen und deren Nahrungsnetzen. Eutrophierung verursacht intensive Algenblüten und das Verschwinden der artenreichen Bodenvegetation im Flachwasser. In tieferen Bereichen der Ostsee kommt es am Boden fast alljährlich vor allem durch mikrobiellen Abbau der Algenbiomasse zu erheblichem Sauerstoffdefiziten bis hin zur Bildung von Schwefelwasserstoff. Dieses spätsommerliche Phänomen führt häufig zu Bodentier- und Fischsterben.

Die Meeresverschmutzung durch toxische Substanzen oder durch Pharmakaüberreste aus der Humanmedizin und Tierzucht hatte im letzten Drittel des vorigen Jahrhunderts gefährliche Ausmaße erreicht. Inzwischen sind in der Nord- und Ostsee die toxischen Einträge aus den Flüssen und der Atmosphäre sowie der Müllverklappung teilweise um Zehnerpotenzen zurückgegangen und damit die Belastung durch Schwermetalle wie Blei und Quecksilber sowie durch Organochlorverbindungen. Die Mehrzahl der Schadstoffe, die das Meer erreicht hatte, ist aber nicht verschwunden, sondern im Sediment locker abgelagert.

Die Vermüllung der Meere ist weltweit ein großes Problem (Kap. 12). Plastikmüll ist zählebig und wird schließlich als Mikropartikel von vielen Planktonfressern aufgenommen. Schiffe sind zwar die klimafreundlichsten Großtransportmittel, sie schleppen aber auch Neobiota mit sich – im Ballastwasser und mit dem Aufwuchs. Etwa ein Drittel der über alle Meere eingeschleppten Arten wird bei uns sesshaft, aber nur wenige von ihnen verändern nachhaltig die Nahrungsnetze (Kap. 36). Um diese Invasionen einzudämmen, bedarf es aufwendiger Reinigungsmaßnahmen. Durch strenge Auflagen versucht die International Maritime Organisation (IMO), die Folgen von Schiffskatastrophen und die schleichenden Einträge von Öl im laufenden Schiffsbetrieb zu minimieren.

Der Tiefseebergbau auf Manganknollen steckt gegenwärtig in den Kinderschuhen, wird aber stark zunehmen, sobald die Rohstoffpreise wieder steigen. Das Schürfen der Manganknollen bedeutet die Zerstörung großer Flächen des Tiefseebodens mitsamt seiner Fauna. Die Gewinnung von Sand und Kies vor unseren Küsten und die Erbohrung von Erdgas und Erdöl auf dem Schelf und am Kontinentalhang stellen schon heute massive Gefährdungen dar.

Offshore-Windkraftanlagen entwickeln Unterwasserlärm, beeinträchtigen Zug- und Rastvögel und zerstören in wachsender Zahl vorhandene Habitate am Meeresboden. Andererseits schaffen sie neue Lebensräume in Form künstlicher Hartsubstrate mit der ihnen eigenen Fauna und Algenbewuchs. Fische aus der Umgebung werden angelockt und finden hier gute Nahrung. Windparks können zu Orten erhöhter (wenn auch nicht unbedingt standortgerechter) biologischer Vielfalt und Produktion in den Sandflächen der Nord- und Ostsee werden. Da die Fischerei ausgeschlossen ist, werden sie zugleich zu Ruhe- und Schutzzonen, solange sich keine Havarien ereignen. Auch der Bau von Pipelines und Kabeltrassen bedeutet einen temporären Eingriff in die Weichbodengemeinschaften von Nord- und Ostsee, aber ohne die eben genannten positiven Nebeneffekte der Windparks.

Bis vor wenigen Jahrzehnten fielen auch in der Deutschen Bucht wertvolle Wattenmeerflächen dem Küstenschutz und der Landgewinnung zum Opfer. Korallenriffe in aller Welt stehen unter massivem Druck durch Fischerei, Tourismus, Kalksteingewinnung und Siedlungsbau. Die schleichende Verbauung der Küsten und generell die Konflikte zwischen den verschiedenen Nutzern, Schützern und Forschern in den küstennahen Meeresgebieten erfordern eine umfassende Raumordnung, die es aber weder für die Nord- noch für die Ostsee und die angrenzenden Küstenzonen gibt.

Geo-Engineering ist der Sammelbegriff für Maßnahmen, um große Mengen CO_2 im Meer verschwinden zu lassen, sei es durch Verpressung im Meeresboden oder durch Steigerung der Phytoplanktonproduktion mithilfe von Eisendüngung. Machbarkeit, Wirksamkeit und Kollateralschäden solcher Maßnahmen sind noch nicht ausreichend geprüft.

Klimawandel

In Zukunft wird sich wahrscheinlich der vom Menschen ausgelöste globale Klimawandel als der massivste Eingriff des Menschen in die marinen Ökosysteme erweisen. Die Emission klimarelevanter Gase in die Atmosphäre hat vielfältige Auswirkungen auf das Meer sowie die marinen Organismen und Lebensgemeinschaften (Kap. 32).

Die Erwärmung des Oberflächenwassers beeinflusst die ozeanische Zirkulation und verstärkt die thermohaline Schichtung. Es kommt dadurch zu großräumigen artspezifischen Faunenverschiebungen, so weichen viele Fischbestände polwärts aus.

Aus dem erhöhten Eintrag von CO_2 in den Ozean resultiert seine Versauerung mit schweren Folgen für kalkbildende Organismen (Kap. 29, 33). An den fortschreitenden Sauerstoffmangel in manchen Meeresgebieten können sich viele Organismen zwar anpassen, werden aber in Wachstum und Reproduktion geschwächt (Kap. 34). Die thermische Ausdehnung des Wassers und das Abschmelzen des Gletschereises in Grönland und der Antarktischen Halbinsel bedingen den Meeresspiegelanstieg mit seinen hydrodynamischen und ökologischen Konsequenzen im Grenzbereich Land/Meer. Wenn wir überall starr die heutige Deichlinie halten, wird das Wattenmeer stark eingeschränkt.

Die erhöhte UV-Belastung dauert noch an, auch wenn die FCKW-Emission jetzt weitgehend gestoppt ist.

Naturschutz im Meer

Der Meeresnaturschutz ist jung. Das Meer ist uns fremd. Wir hielten es für unverwüstlich, seine Naturschätze für unerschöpflich. Sie galten als herrenlos. Erst die Internationale Seerechtskonvention von 1982 übertrug den Anrainerstaaten die Herrschaft über die küstennahen Seegebiete und den Vereinten Nationen die Regelgewalt über die Hohe See und den Tiefseeboden. Innerhalb der letzten 50 Jahre ist auf nationaler, regionaler, europäischer und globaler Ebene ein umfangreiches Regelwerk von Gesetzen, Verordnungen und Vereinbarungen entstanden, um der verschiedenen Gefährdungen Herr zu werden – in der Nord- und Ostsee mit beträchtlichem Erfolg.

Der marine Artenschutz hat seine Wurzeln in den Regulierungen von Fischerei und Walfang. Seit Ende des 19. Jahrhunderts machte man sich Sorge um die Fischbestände der Nordsee. Wenn auch bisher kaum eine vollmarine Tierart vollständig ausgerottet wurde, so sind doch die Bestände von Walen, Delfinen, Knorpelfischen und großen Knochenfischen zum Teil extrem dezimiert. Artenschutz ist auch nötig für viele Robben, Seevögel, Schildkröten und die Wanderfische, denen auf den Laich-, Brut- und Ruheplätzen an Land bzw. in den Flüssen die Lebensgrundlage entzogen wird.

Für den Umweltschutz in den nordeuropäischen Meeren wurden – nach rund 20-jähriger Vorbereitung – in den 1990er Jahren die Helsinki-Konvention (HEL-COM) und das Übereinkommen zum Schutz der Meeresumwelt des Nordostatlantiks (OSPAR) verabschiedet. Die EU hat viele Beschlüsse dieser Kommissionen in Richtlinien aufgenommen, die nun in nationales Recht umgesetzt und dann implementiert und überwacht werden müssen. Das fängt bereits an Land mit der Wasserrahmenrichtlinie an, die den Schad- und Nährstoffeintrag durch die Flüsse ins Meer („von der Quelle bis zur Mündung") regelt. Seit 2008 dient die Europäische Meeresstrategie-Rahmenrichtlinie (MSRL) gleichermaßen der Nutzung und dem Schutz der europäischen Meere mit dem unmittelbaren Ziel eines guten Erhaltungszustands im Jahr 2020. Dafür sind große, bewertende Bestandsaufnahmen, ein kontinuierliches Monitoring und daraus abgeleitete Maßnahmen erforderlich.

Auch die Bewegung zum Schutz von Lebensräumen mithilfe von Naturschutzgebieten und Nationalparks erfasste schließlich das Meer. Die Fauna-Flora-Habitat-Richtlinie, primär für Lebensräume an Land konzipiert, dient auch dem Fortbestand der marinen Artenvielfalt und der marinen Lebensräume. Sie bildete die Grundlage für den Aufbau des europäischen Schutzgebietsystems Natura 2000 (Box 31.1). Deutschland hat ein Drittel seiner Ausschließlichen Wirtschaftszone (AWZ) als Natura-2000-Gebiete ausgewiesen. Die deutschen Küstenländer haben einen Großteil der Hoheitsgewässer ebenfalls unter Schutz gestellt. Die Rigidität der Schutzbestimmungen und ihre Implementierung variieren allerdings regional.

Box 31.1: Natura-2000-Meeresschutzgebiete

Henning von Nordheim und Jochen Krause

Für die Mitgliedstaaten der Europäischen Union sind vor allem die Fauna-Flora-Habitat-Richtlinie (FFHRL 92143/EWG) und die Vogelschutzrichtlinie (VRL 79/409/EWG) die maßgeblichen internationalen Naturschutzinstrumente zur Einrichtung von Schutzgebieten auf dem Land und im Meer. Die gemäß dieser Richtlinien ausgewählten Schutzgebiete müssen national festgelegt werden und sollen schließlich das europäische ökologische Netzwerk Natura 2000 bilden. Die Bestrebungen dieser Richtlinien werden seit 2008 durch die neue Meeresstrategie-Rahmenrichtlinie (MSRL) unterstützt.

Das Natura-2000-Netzwerk wird in Deutschland im Küstenmeer (in der Zwölf-Seemeilen-Zone), durch die Küstenbundesländer aufgebaut. Um auch jenseits davon in der angrenzenden Ausschließlichen Wirtschaftszone (AWZ) Deutschlands in Nord- und Ostsee Schutzgebiete einrichten zu können, wurde seit 2002 im Bundesnaturschutzgesetz (BNatSchG) der § 58 eingeführt. Danach liegt die Zuständigkeit für die Auswahl, Ausweisung und Verwaltung der marinen Schutzgebiete in der AWZ beim Bundesamt für Naturschutz (BfN).

Die Identifizierung und Ausweisung der Natura-2000-Gebiete durch die EU-Mitgliedstaaten erfolgt getrennt in biogeografischen Regionen. So liegt die Nordsee in der „atlantischen" und die Ostsee in der „kontinentalen" biogeografischen Region. Diese Regionen bilden auch den Rahmen für die sogenannten biogeografischen Seminare, bei denen die Mitgliedstaaten der EU-Kommission ihre Gebietsvorschläge vorstellen, die dann abschließend von der Kommission noch einmal naturschutzfachlich geprüft werden.

Mittlerweile hat Deutschland (Bund und Länder) eine ganze Reihe, zum Teil sehr große Meeresgebiete als FFH- oder Vogelschutzgebiete an die EU gemeldet, sodass zurzeit bereits 45,4 % der deutschen Meeresfläche unter Schutz stehen (Abb. 31.1), mehr als in jedem anderen EU-Staat. Allerdings ist das Schutzregime in den einzelnen Gebieten sehr verschieden intensiv ausgeprägt und schließt z. B. fischereiliche Einschränkungen nur in einem sehr kleinen Gebiet ein. In den nächsten Jahren gilt es daher, den Schutz der Meeresschutzgebiete durch geeignete Einschränkungen der menschlichen Belastungen deutlich zu optimieren, auch als notwendigen Beitrag zur Erreichung des „guten Umweltzustands", den die MSRL bis 2020 u. a. für die deutschen Meeresgebiete vorgibt.

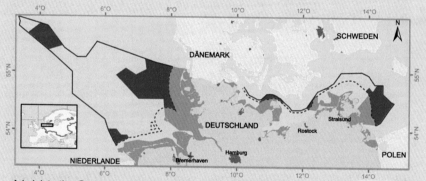

Administrative Grenzen ——— AWZ ········· Küstenmeer

■ Natura-2000-Gebiete nach der FFH-Richtlinie und der Vogelschutzrichtlinie in der deutschen Ausschließlichen Wirtschaftszone (AWZ, 12- bis 200 Seemeilenzone)

■ Natura-2000-Gebiete nach der FFH-Richtlinie und der Vogelschutzrichtlinie im deutschen Küstenmeer (12-Seemeilenzone)

Natura-2000-Flächen							
	Nordsee		**Ostsee**		**Gesamt**	
Gesamt	17.967 km²	43,1 %	7.940 km²	51,3 %	25.637 km²	45,4 %
AWZ	7.909 km²	27,7 %	2.468 km²	54,3 %	10.377 km²	31,5 %
Küstenmeer	9.788 km²	78,2 %	5.472 km²	50,0 %	15.260 km²	65,1 %

Abb. 31.1 Natura 2000 – Meeresschutzgebiete Deutschlands (Stand 2015)

Die AWZ-Meeresschutzgebiete Deutschlands sind auf der Internetseite des BfN unter http://www.bfn.de/0314_meeresschutzgebiete.html beschrieben, und es werden dort wesentliche Forschungsberichte zur Verfügung gestellt. Tab. 31.2 gibt einen Überblick über die Ausdehnung der Gebiete in der deutschen AWZ und die darin nach europäischem Naturschutzrecht geschützten Arten und Lebensräume.

Tab. 31.2 Natura-2000-Gebiete in der deutschen Ausschließlichen Wirtschaftszone (AWZ)

Gebietsname	Gebietsgröße (km²)	Gebietsstatus	Hauptausweisungsgründe[a]
Nordsee			
Östliche Deutsche Bucht	3135 km²	SPA	Seetaucher, überwinternde und rastende Seevögel
Sylter Außenriff	5314 km²	pSCI	Schweinswale, Sandbänke, Riffe
Borkum-Riffgrund	625 km²	pSCI	Sandbänke , Riffe
Doggerbank	1699 km²	pSCI	Sandbänke
Ostsee			
SPA Pommersche Bucht	2004 km²	SPA	Seetaucher, überwinternde und rastende Seevögel
Fehmarnbelt	280 km²	pSCI	Schweinswale , Sandbänke, Riffe
Kadetrinne	100 km²	pSCI	Riffe
Westliche Rönnebank	86 km²	pSCI	Riffe
Adlergrund	234 km²	pSCI	Sandbänke, Riffe
Pommersche Bucht mit Oderbank	1101 km²	pSCI	Schweinswale , Sandbänke

[a] Arten und Lebensraumtypen gemäß FFH- und Vogelschutz-Richtlinie (BfN).
Anmerkung: Die Flächen der FFH-Gebiete (*pSCI*, Proposed Site of Community Importance) und der Vogelschutzgebiete (*SPA*, Special Protection Area) überlagern sich zum Teil.

Vielerorts hat sich der Zustand der Meere durch Sauerstoffschwund, Versauerung und direkte menschliche Eingriffe verschlechtert. Auch in Nord- und Ostsee haben die Schutzmaßnahmen der letzten Jahrzehnte nicht zu einer deutlichen Verbesserung der Situation geführt. Gewachsen sind überall die Begehrlichkeiten hinsichtlich der Nutzung der marinen Naturräume, die zugleich immer mehr zu Wirtschaftsräumen werden.

Box 31.2: Meeresschutzgebiete in der Antarktis – Fallstudie Weddellmeer

Katharina Teschke, Rebecca Lahl und Thomas Brey

Die Einrichtung von Meeresschutzgebieten (MPAs) hat hauptsächlich zwei Ziele:

- Verhinderung der Überfischung kommerziell genutzter Arten (Fische, Wirbellose) oder Wiederaufbau von überfischten Beständen.
- Verhinderung der Degradierung der durch den Menschen beanspruchten Ökosysteme oder Renaturierung bereits degradierter Ökosysteme und deren Erhaltung.

MPAs ausreichender Größe und Schutzstatus können verschiedene positive Effekte haben, z. B. die Zunahme der Artenzahl und der Biomasse, einen besseren Schutz gefährdeter Arten sowie eine Vergrößerung des Bestands großer, älterer Tiere. Nutzfischbestände, die nicht überfischt oder gut reguliert sind, scheinen hingegen kaum von der Einrichtung eines MPA zu profitieren.

Oft bleiben die Effekte eines MPA hinter den ambitionierten Schutzzwecken zurück. Das kann viele Gründe haben, z. B. fehlt es an einer fundierten wissenschaftlichen Basis, an eindeutigen Regelungen und aktiver Kontrolle und Umsetzung, an ausreichender Finanzierung, an der Unterstützung durch die Öffentlichkeit sowie der Beteiligung wichtiger Interessenvertreter. Trotzdem hat die Bedeutung von MPAs in den letzten Jahrzehnten weltweit zugenommen. Ihre Anzahl wächst seit 1984 um 4,6 % jährlich. Auf dem Weltgipfel für nachhaltige Entwicklung im Jahr 2002 verständigte sich die internationale Staatengemeinschaft darauf, ein repräsentatives Netzwerk an MPAs zum langfristigen Schutz mariner Biodiversität bis 2012 einzurichten. Der im Jahr 2010 verabschiedete Strategische Plan 2011–2020 für den Erhalt der Biodiversität (Strategic Plan for Biodiversity 2011–2020) des Übereinkommens über biologische Vielfalt (Convention on Biological Diversity, CBD) sieht vor, bis 2020 mindestens 10 % der Meere als MPAs weltweit auszuweisen. Der im Folgenden geschilderte Versuch, einen Teil des antarktischen Weddellmeeres als MPA auszuweisen, zeigt die Schwierigkeiten bei der Etablierung von Schutzgebieten außerhalb der nationalen Gewässer.

Fallstudie Weddellmeer-MPA

Der Lebensraum Weddellmeer und seine Bewohner sind in vielfacher Hinsicht schützenswert. Es handelt sich um einen extremen, von der saisonalen Dynamik des Meereises dominierten Lebensraum, an den sich seine Bewohner in einzigartiger Weise angepasst haben: Die Biodiversität ist – vor allem im Benthos – sehr hoch, und wir finden hier sehr viele Arten, die nur in der Antarktis vorkommen (Endemismen). Dazu kommt, dass das Weddellmeer ein Drittel aller Kaiserpinguine, gut die Hälfte aller Antarktischen Sturmvögel und ungefähr die Hälfte aller Krabbenfresser-Robben beherbergt. Den östlichen Weddellmeer-Schelf besiedeln Schwammgemeinschaften, die strukturell und ökologisch ähnlich komplex sind wie Korallenriffe. Auf dem breiten Schelf vor dem Filchner-Rønne-Schelfeis ganz im Süden hat sich eine spezielle Lebensgemeinschaft an das sehr kalte Wasser angepasst, das unter dem Schelfeis hervorströmt.

Mitgliedstaaten der Kommission zur Erhaltung der lebenden Meeresschätze der Antarktis (CCAMLR; https://www.ccamlr.org/) bemühen sich seit einigen Jahren, MPAs im Südlichen Ozean auszuweisen. Deutschland erarbeitet seit dem Frühjahr 2013 die wissenschaftliche Basis für die Einrichtung eines CCAMLR-MPA im Weddellmeer (Weddell Sea MPA, WSMPA). In einem ersten Schritt wurde anhand ozeanografischer und biogeografischer Strukturen ein relativ homogenes Gebiet als WSMPA-Planungsgebiet festgelegt, das den geografischen und statistischen Rahmen für die Identifizierung spezifischer Schutzzonen bot. Es liegt zwischen der Antarktischen Halbinsel und 20° Ost und umfasst insgesamt etwa 4,2 Mio. km². Die Wassertiefen reichen von 100 m am Rande des Schelfeises bis etwa 5300 m in der Tiefseeebene. Im östlichen Weddellmeer sind Schelf und Schelfhang relativ schmal und komplex strukturiert, wohingegen das südliche Weddellmeer durch einen sehr breiten Schelf charakterisiert ist, der durch den Filchner-Graben durchtrennt wird. Im Sommer ist das WSMPA-Planungsgebiet zu knapp einem Drittel, im Winter dagegen fast vollständig von Meereis bedeckt. Mehrjähriges Meereis (>3 m Dicke) kommt vorwiegend im westlichen Weddellmeer vor.

Das Weddellmeer ist im Vergleich zu anderen antarktischen Regionen außerordentlich gut untersucht. Seit ca. 30 Jahren ist das Weddellmeer das geografische Schwerpunktgebiet der deutschen Antarktisforschung. Dazu kommen vielfältige Forschungsaktivitäten anderer Nationen. So konnten für das WSMPA-Projekt reiche Datensätze zu Umweltparametern und biologische Daten zur Biogeografie, Biodiversität und Produktion zusammengetragen werden. Ergänzt wurden diese Daten u. a. durch frei erhältliche Fernerkundungsdatensätze (z. B. Daten zur Meereisbedeckung), aber auch durch CCAMLR-Datensätze zur Forschungsfischerei. Mit der Akquise und Aufarbeitung der Daten gingen die Definition, Ausarbeitung und Priorisierung der Schutzziele einher. Ein WSMPA-Ziel widmet sich beispielsweise dem Schutz von Schlüsselarten des antarktischen Nahrungsnetzes (z. B. Antarktischer Krill, Antarktischer Silberfisch). Die statistische Analyse aller Daten mittels eines speziellen Programms zur Planung von Naturschutzgebieten (Marxan), kombiniert mit dem Wissen der Antarktisexperten, führte schließlich zur Identifizierung schutzwürdiger Areale im WSMPA-Planungsgebiet (Abb. 31.2). Auf dieser Basis und unter Berücksichtigung verschiedener Randbedingungen (z. B. Ausweisung eines geschlossenen Gebiets, Umsetzbarkeit des Monitorings) machen Experten dann konkrete Vorschläge für die Grenzen des MPA.

Interessenlagen und Abstimmungsprozesse unter CCAMLR

Die Entscheidungsfindung und Verhandlung unter CCAMLR sind häufig komplexe Prozesse, da sowohl das Fischereimanagement als auch der Umweltschutz in der Antarktis von CCAMLR koordiniert werden. Nicht nur Inhalt und Qualität eines Vorschlags, sondern auch ökonomische, politische und soziokulturelle Dynamiken beeinflussen die Entscheidungsfindung: Fischereinationen wollen sich beispielsweise nicht den Zugang zu potenziellen Fischereiressourcen verwehren lassen. Dem steht der Wunsch anderer Verhandlungsteilnehmer gegenüber, internationalen Verpflichtungen nachzukommen, Kooperation zu fördern und illegale Fischerei einzuschränken. Auch tagespolitische Geschehnisse und geschichtliche Aspekte (z. B. Territorialansprüche in der Antarktis) können die Position hier verhandelnder Staaten beeinflussen. Lobbyarbeit von Interessengruppen (NGOs) ist ebenfalls von Bedeutung. Zu soziokulturellen Dynamiken gehören die Erfahrungen, die Expertise und Überzeugungskraft der Verhandlungsführer, die persönliche Motivation innerhalb der Planungsgruppe sowie die Beziehungen der Delegationsteilnehmer zueinander.

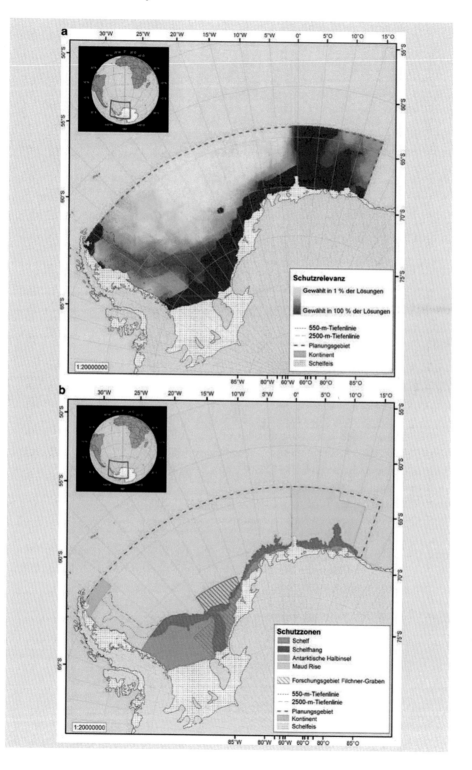

Alle Nutzungsinteressen zu vereinbaren, ist bei einem so komplexen Prozess der Planung und Entscheidungsfindung nicht leicht. Es ist zu wünschen, dass ein wissenschaftlich fundierter und politisch abgestimmter MPA-Vorschlag, dem ein durchdachter Monitoring- und Managementplan zugrunde liegt, eine breite Zustimmung unter CCAMLR findet und zu einem nachhaltigen Schutz des Ökosystems Weddellmeer beiträgt.

Literatur

- Arntz WE, Laudien J (2010) Meeresschutzgebiete aus ökologischer Sicht. Information aus der Fischereiforschung 57:29–48.
- Kelleher G, Kenchington R (1992) Guidelines for establishing marine protected areas. A Marine Conservation and Development Report. IUCN, Gland, Switzerland
- Margules CR, Pressey RL (2000) Systematic conservation planning. Nature 405:243–253.
- Teschke K et al. (2015) Scientific background document in support of the development of a CCAMLR MPA in the Weddell Sea (Antarctica) – Version 2015 – Part A, B and C. Working Group on Ecosystem Monitoring and Management (CCAMLR), Warsaw, Poland, 6-17 July 2015.

Weiterführende Literatur

European Environment Agency (2015) State of Europe's seas, EEA Report No 2/2015 Publication Office of the European Union, Luxembourg

HELCOM (2010) Ecosystem Health of the Baltic Sea 2003–2007). HELCOM Initial Holistic Assessment. Helsinki Commission Baltic Marine Environment Protection Commission, Helsinki

HELCOM (2010) Ecosystem Health of the Baltic Sea 2003–2007). HELCOM Initial Holistic Assessment. Helsinki Commission Baltic Marine Environment Protection Commission, Helsinki

OSPAR (2010) Quality Status Report 2010. OSPAR Commission, London

Wissenschaftlicher Beirat der Bundesregierung (2013) Welt im Wandel: Menschheitserbe Meer. Springer, Heidelberg

Abb. 31.2   Beispiel einer Marxan-Analyse (summierte Lösung), die schutzwürdige Areale im Weddellmeer-Planungsgebiet zeigt (**a**), und ein darauf beruhender Expertenvorschlag für ein einheitliches Schutzgebiet (**b**)

Ein Leidtragender des Klimawandels. (Foto: Holger Auel, Universität Bremen)

Teil V

Meeresökologie in Zeiten des Klimawandels

Kai Bischof

Die Folgen des Klimawandels zu begrenzen, wird in den kommenden Jahren und Jahrzehnten eine der größten Herausforderungen der Menschheit darstellen. Die Zukunft unserer Ozeane wird häufig als zu warm, zu hoch, zu sauer und häufig auch als zu sauerstoffarm beschrieben. In den folgenden Kapiteln werden die Auswirkungen dieser Klimaphänomene auf marine Ökosysteme beschrieben und physiologische Anpassungsstrategien der betroffenen Organismen erläutert. Als Folge der Temperaturerhöhung wird es zu Verschiebungen der Verbreitungsgebiete der marinen Flora und Fauna kommen, ebenso zu einem Rückgang des Meereises und zur Überhitzung von Korallenriffen. Das Beispiel des Meeresspiegelanstiegs macht uns mit großem Nachdruck deutlich, wie eng Klimaphänomene mit dem Schicksal menschlicher Gesellschaften verknüpft sind. Bezüglich anderer Klimaphänomene, wie die Ozeanversauerung, sind wir noch weit davon entfernt, die globale ökologische und soziale Dimension zu erfassen.

Nur intensive und interdisziplinäre Grundlagenforschung auf verschiedenen hierarchischen Ebenen (von der molekularen Regulation bis zu ökosystemaren Antworten) wird es zukünftig erlauben, die Unsicherheit unserer Prognosen zur Entwicklung mariner Ökosysteme zu minimieren und die Erfolgsaussichten von gegensteuernden Maßnahmen abzuschätzen. Allein auf dieser Basis werden Meeresforscher Entscheidungsgrundlagen für politisch Handelnde erarbeiten können. Ebenso müssen Meeresforscher vermehrt am Transfer ihrer Forschungserkenntnisse in die Gesellschaft arbeiten. In der Zusammenschau der aktuellen Klimaphänomene und der entsprechenden Reaktionen mariner Organismen zeigen die folgenden Beiträge, warum Meeresforschung zu einem großen Teil auch Klimafolgenforschung ist und aus diesem Grunde aktueller und bedeutsamer denn je.

Meereis mit Schmelztümpeln im arktischen Sommer. (Foto: IPÖ/AWI)

32

Wie wirkt der Klimawandel auf das Leben im Meer?

Hans-Otto Pörtner

Der 5. Sachstandsbericht (AR5) des Zwischenstaatlichen Ausschusses für Klimaänderungen (IPCC 2014) hat Änderungen in natürlichen und menschlichen Systemen festgestellt und diese Beobachtungen auf allen Kontinenten und in den Weltmeeren auf Auswirkungen des Klimawandels zurückgeführt. Bisher dominieren dabei die Auswirkungen der Temperatur. Die steigenden Temperaturen verursachen derzeit auch in den marinen Ökosystemen großräumige Verschiebungen in der biogeografischen Verteilung von Organismen. Diese reichen von einzelligen Algen bis zu Fischen. Gleichzeitig führt die Erwärmung zu einer verstärkten Schichtung der Ozeane und damit zu einer Umverteilung von Nährstoffen und ihrer eingeschränkten Verfügbarkeit für die Primärproduktion. Dadurch verschiebt sich auch die Verfügbarkeit von Nahrung zuungunsten der Tiere. Infolgedessen können sich die energetischen Kosten der Nahrungssuche von der Basis der Nahrungskette bis zu ihren höchsten Stufen erhöhen. Parallel und in Wechselwirkung mit den Auswirkungen der Temperatur haben Ozeanversauerung und Sauerstoffmangel begonnen, die marinen Ökosysteme global, regional und lokal zu beeinflussen (Abb. 32.1).

Prof. Dr. Hans-Otto Pörtner (✉)
Alfred-Wegener-Institut, Helmholtz-Zentrum für Polar- und Meeresforschung
Am Handelshafen 12, 27570 Bremerhaven, Deutschland
E-Mail: hans-otto.poertner@awi.de

© Springer-Verlag GmbH Deutschland 2020
G. Hempel et al. (Hrsg.), *Faszination Meeresforschung*,
https://doi.org/10.1007/978-3-662-49714-2_32

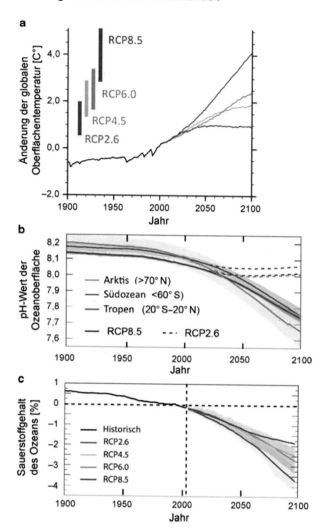

Abb. 32.1 Beobachtungen und Projektionen der drei wichtigsten Klimafaktoren hinsichtlich Klimawandel: Temperatur (**a**), pH der Ozeanoberfläche (**b**) und Sauerstoffgehalt (**c**). Die Projektionen folgen vier Klimaszenarien. RCP8.5 beschreibt den aktuellen Weg der derzeitigen Emissionen, und RCP2.6 ein Szenario mit einer ambitionierten Drosselung der Emissionen, die den globalen Temperaturanstieg unter 2 °C im Vergleich zu vorindustriellen Werten hält. *RCP* Representative Concentration Pathways. (IPCC AR5 2013, aus WGI Abb. 6-28, 6-30, FAQ 12.1-1)

Erwärmung

Die Temperatur wirkt sich unmittelbar auf alle Organismen (ob wild oder kultiviert) und die damit verbundenen Prozesse aus. Bisherige Beobachtungen zeigen, dass die hohe Geschwindigkeit des fortschreitenden Klimawandels die begrenzte

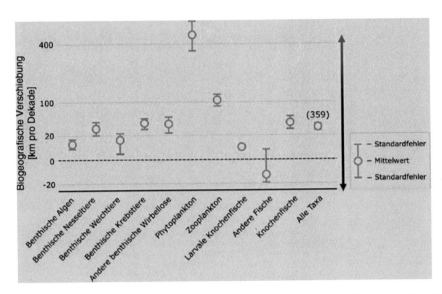

Abb. 32.2 Beobachtete Verschiebungen der geografischen Verbreitung von Meeresorganismen im bisherigen Klimawandel, überwiegend verursacht durch die Temperatur. (IPCC AR5 2014: Field et al. 2014, Abb. SPM.2B)

Kapazität vieler Organismen überschreitet, sich auf die neuen Gegebenheiten einzustellen und in ihrem angestammten Lebensraum zu bleiben. Viele Organismen folgen den sich verlagernden Klimazonen und bleiben dadurch im bevorzugten Temperaturbereich (Abb. 32.2). Andere fallen zurück und müssen sich auf ihre begrenzte Fähigkeit verlassen, die Wärmetoleranz durch Anpassung zu verbessern. Dies kann beinhalten, dass die Individuen der Art ihre thermischen Fenster durch „Akklimatisierung" verschieben. Weitere Verschiebungen sind vielleicht durch genetische Anpassung über Generationen hinweg möglich. All diese Veränderungen sind artspezifisch, sodass sich die Reaktionen der Organismen auf Temperaturänderungen voneinander unterscheiden. Es resultiert eine zunehmende Durchmischung der Arten. Neue Ökosysteme entstehen, in denen sich Arten begegnen, die vormals voneinander getrennt waren, mit neuen Beziehungen zwischen Arten im Nahrungsnetz. Innerhalb einer Art wird der Grad des Austauschs zwischen ihren teils unterschiedlich angepassten Populationen durch Wanderbewegungen und Verdriftung über das gesamte Verbreitungsgebiet der Art vermittelt. Dies beeinflusst die Geschwindigkeit der Anpassung an künftige Erwärmung, die über Generationen erfolgen kann. Generell werden die Arten in wärmeren Meeren kleinwüchsiger, oder sie werden durch kleinere Arten ersetzt. Diese Beobachtungen, die zugrunde liegenden Hypothesen sowie die beteiligten Mechanismen und die daraus resultierenden komplexen Zusammenhänge sind noch unzureichend erforscht und bisher auch zu wenig in Vorhersagemodellen berücksichtigt.

In den Tropen sind Warmwasserkorallenriffe als Ökosysteme im Ganzen von der Erwärmung betroffen. Sie existieren in vielen Regionen nahe an ihrer oberen Temperaturtoleranzgrenze und nehmen bei extremen Temperaturereignissen Schaden durch Verlust ihrer endosymbiontischen Algen. Sie verlieren dabei ihre charakteristische Farbe und erscheinen weiß, d. h., sie bleichen aus (Kap. 29).

Ozeanversauerung

Darüber hinaus reichern die Ozeane CO_2 an, das einerseits aus der Verbrennung fossiler Brennstoffe stammt und andererseits in mittleren Wasserschichten durch gesteigerte Atmung und Sauerstoffzehrung der Organismen entsteht (s. u.). Dieser Prozess führt zur Versauerung der Ozeane (Abb. 32.1). Mitte der 1990er Jahre wurde klar, dass die beobachtete Anreicherung von CO_2 in den Oberflächenschichten des Meeres bereits eine merkliche Ansäuerung des Wassers verursacht hat (ermittelt als pH-Abnahme um 0,1 Einheiten im Vergleich zu vorindustriellen Werten). Mittelfristig wird bei fortgesetzter Nutzung fossiler Brennstoffe ein Anstieg der CO_2-Konzentrationen in der Atmosphäre von derzeit 380 ppm (*parts per million*, Anteile pro Millionen Anteilen) auf über 1500 ppm zwischen den Jahren 2100 und 2200 erwartet. Bei ungebremster Emission von CO_2 in die Atmosphäre würde dies mit regionalen Schwankungen zu einer Ansäuerung des Oberflächenwassers um bis zu 0,4 pH-Einheiten führen.

In den lichtdurchfluteten oberen Wasserschichten sind die Auswirkungen des CO_2 auf die Photosynthese des Phytoplanktons und damit die Primärproduktion durch Steigerung der CO_2-Aufnahme (Düngeeffekt) oft positiv; in vielen Meeresgebieten beeinträchtigt die Versauerung aber empfindliche Arten. Dazu gehören die verschiedenen Gruppen von Kalkbildnern, von denen einige in den Stoffkreisläufen der Ozeane wichtig sind (Algen, Flügelschnecken), andere im Nahrungsnetz große Bedeutung haben (Flügelschnecken), kommerziell relevant sind (z. B. Muscheln, Krebstiere, aber gegebenenfalls auch Fische) oder aber ganze Ökosystem bilden (Korallen) (Abb. 32.3). Die Anreicherung des CO_2 im Meerwasser hängt von seiner Löslichkeit ab; diese steigt mit fallender Temperatur. Sie hängt auch ab von der Ausgangskonzentration und vom Ausmaß der Aussüßung, z. B. bei hohen Niederschlägen oder Eisschmelze; hier ist der Grad der Versauerung besonders hoch. In nährstoffreichen Gebieten mit vielen Organismen ist hoher Sauerstoffverbrauch auch mit hoher CO_2-Produktion verbunden. Vor allem in den kalten Gewässern hoher Breiten oder in Bereichen mit hoher Sauerstoffzehrung (Sauerstoffminimumzonen [Box 35.1], küstennahen Zonen mit hohem Nährstoffeintrag) finden sich demnach hohe CO_2-Konzentrationen. Das Spektrum von Lebensräumen mit unterschiedlichen CO_2-Gehalten ist demnach breit. Speziell angepasste Meerestiere leben permanent an CO_2-reichen

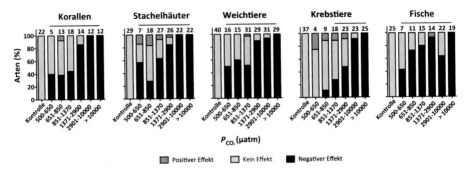

Abb. 32.3 Anteilige Empfindlichkeit von Arten in wichtigen Tierstämmen gegenüber steigendem CO_2. Über den *Säulen* ist die Zahl der untersuchten Arten in jedem CO_2-Bereich angegeben. Dies entspricht folgenden RCP-Szenarien für 2100: RCP4.5 für 500–650 μatm (entspricht ungefähr dem ppm-Wert in der Atmosphäre), RCP6.0 für 651–850 μatm und RCP8.5 für 851–1370 μatm. Im Jahr 2150 würde RCP8.5 in den Bereich 1371–2900 μatm fallen. Der Kontrollwert entspricht 380 μatm. (Aus Wittmann und Pörtner 2013; vgl. IPCC AR5 2014: Field et al. 2014, Abb. SPM.6)

Tiefseequellen, andere erfahren nur vorübergehend erhöhte CO_2-Werte (z. B. in der Gezeitenzone), und wieder andere leben bei permanent niedrigen CO_2-Werten (z. B. im Pelagial) und reagieren auf Erhöhungen möglicherweise sehr empfindlich. In den Auftriebsgebieten der Meere (Kap. 7) kommt kaltes CO_2-reiches Wasser an die Oberfläche und mischt sich dort mit Oberflächenwasser, das mit CO_2 aus der Atmosphäre angereichert wurde. Vor der US-amerikanischen Westküste gelangt das so angereicherte Wasser zunehmend in die Küstengewässer und trifft die dortigen Austernkulturen schwer. Auch in hohen Breiten werden bereits Effekte der Ozeanversauerung auf schalenbildende Organismen (Flügelschnecken, Foraminiferen) beobachtet. Solche Gebiete können uns als Fenster in die Zukunft dienen, in denen die Wirkungen der Ozeanversauerung bereits heute untersucht werden können.

Sauerstoffmangel

Die Erwärmung der Ozeane wird zudem von einer Verringerung ihrer Sauerstoffkonzentration begleitet (Abb. 32.1). Dies erfolgt zum einen durch die verringerte Löslichkeit des Sauerstoffs in warmem Wasser, zum anderen durch die Organismen, die in angewärmtem nährstoffreichen Wasser zahlreicher sind und mehr Sauerstoff benötigen. Die Verringerung der Sauerstoffkonzentration erfolgt besonders dort, wo sich die Schichtung des warmen Oberflächenwassers auf kaltem Tiefenwasser verstärkt oder aufgrund der Erwärmung nach Norden und Süden ausbreitet. Die abnehmende Durchmischung der stärker geschichteten

Wasserkörper und der steigende Sauerstoffverbrauch führen dazu, dass sich vor allem die Wasservolumina mit den niedrigsten Sauerstoffkonzentrationen stark ausbreiten. Sauerstoffmangel beschränkt die Leistung vor allem höherer und großer Organismen. Davon betroffen sind die größeren, räuberischen Fische, die die Wasserschichten über den Sauerstoffminimumzonen besiedeln (Box 35.1). Da sich jene auch nach oben ausdehnen, verengt sich der verfügbarere Lebensraum.

Auswirkungen auf Fischerei und Aquakultur

Insgesamt verändert der Klimawandel großskalig die Verbreitung und Produktivität der Meeresorganismen (Abb. 32.2) und wälzt die Ökosysteme um. Sowohl großräumig als auch örtlich begrenzt sind davon menschliche Interessen betroffen. Neben den natürlichen Gemeinschaften sind die kommerziell wichtige Fischerei oder Aquakulturbetriebe (z. B. Fische, Crustaceen, Muscheln) von Erwärmung, Versauerung und zunehmendem Sauerstoffmangel bedroht.

Zusätzlich führt die erhöhte Schichtung der Ozeane in niederen und mittleren Breiten zu einer Verarmung der Oberflächenschichten mit Nährstoffen. Ihre höhere Verfügbarkeit in höheren Breiten resultiert dort zusammen mit der Erwärmung in gesteigerter Produktivität. Dies erfolgt vor allem in nördlichen Breiten, einschließlich der Europäischen Arktis. Parallel wird eine Verschiebung der fischereilichen Produktivität erwartet. Diese Veränderungen werden wesentlich durch die direkte Wirkung der Erwärmung auf Organismen unterstützt. Diese Wirkung ist auch mitverantwortlich dafür, dass die marine Artenvielfalt, die Körpergröße der Arten und die Fangmöglichkeiten voraussichtlich bis Mitte des Jahrhunderts bei 2 °C globaler Erwärmung im Vergleich zu vorindustriellen Zeiten zurückgehen werden, und zwar sowohl in niedrigen Breiten als auch global. Die projizierte Verringerung der Körpergröße entspricht globalen Verlusten von etwa 20 % und kann somit gravierende sozioökonomische Folgen haben. Vor allem in den niederen Breiten wird eine Abnahme der Fischbestände erwartet, da die Arten in kühlere Gebiete abwandern oder aber vom zunehmenden Absterben der Korallenriffe betroffen sein werden. Die Umweltvariabilität beeinflusst den Rekrutierungserfolg und die fischereilichen Anlandungen auf regionaler bis lokaler Ebene. So hängt beispielsweise der Rekrutierungserfolg von Sardinen (*Sardina pilchardus*) vor Portugal von der Nordatlantischen Oszillation (NAO) und den damit verbundenen Auswirkungen starker Winde auf den Auftrieb vor Spanien/Portugal zusammen. Auf lokaler Ebene beeinflussen Niederschlag und Nährstoffabfluss vom Land die Primärproduktion, Rekrutierung und Anlandungen. In biogeografischen Übergangszonen ändern sich Fischgemeinschaften aufgrund wechselnder Winde und paralleler Verschiebungen der Oberflächentemperatur der Ozeane.

Die projizierten Entwicklungen der biologischen Vielfalt der Meere und der Fischerei können nur mit großer Unsicherheit quantifiziert werden. Die benutzten biologischen Modelle berücksichtigen einige wesentliche Faktoren nicht: die derzeitige Überfischung über den höchstmöglichen Dauerertrag hinaus (dieser soll z. B. nach der neuen Gemeinsamen Fischereipolitik der EU reduziert werden; Kap. 39); die gemeinsamen Auswirkungen der Erwärmung, Ozeanversauerung und des Sauerstoffmangels. In einigen Organismen schränken erhöhter CO_2-Gehalt und zunehmender Sauerstoffmangel nämlich die Leistungsfähigkeit an Temperaturgrenzen ein, mit Auswirkungen auf die biogeografische Verbreitung, Art der Nutzung des Lebensraums und die Wechselbeziehungen zwischen Arten. Realistische prozessbasierte Modelle erfordern daher präzise Daten über die physiologischen Leistungen einzelner Organismen, ihr Verhalten und ihre Bewegungen in Bezug auf die Umweltbedingungen im Lebensraum.

Die Fischerei muss sich an die räumlichen Verschiebungen in den marinen Ressourcen anpassen. Dies erfolgt z. B. durch die Verlagerung der industriellen Fischereiflotten und/oder veränderte Auswahl der befischten Arten. Die regionale, eher kleinskalige Fischerei wird stark durch die räumlichen Veränderungen betroffen sein. Klimabedingte Veränderungen in der Fischerei können zu rechtlichen Fragen führen, wenn Fischbestände die national beanspruchten Gewässer verlassen oder wenn die Fischerei beispielsweise in der Arktis in internationalen Gewässern erfolgen muss. Verschiebungen in der Verteilung der Makrele im Nordostatlantik haben zu Streitigkeiten zwischen der EU, Island und den Färöer-Inseln und zur Aussetzung der MSC-Nachhaltigkeitszertifizierung (MSC = Marine Stewardship Council) für diese Fischerei geführt.

Während fischereiliche Anlandungen ein Plateau erreicht haben, ist die Aquakultur weltweit und in Europa stetig um etwa 6 % pro Jahr gewachsen (Kap. 42). Die Aquakulturindustrie hat das Potenzial, die Bedrohung der menschlichen Ernährung durch den Klimawandel zu mildern. Organismen in Freilandaquakulturanlagen sind aber den gleichen Klimafaktoren ausgesetzt wie die Wildbestände, nämlich steigenden CO_2- und sinkenden Sauerstoffgehalten in wärmerem Wasser. In der Natur können Arten jedoch örtlich hohen Temperaturen und ungünstigen Sauerstoff- und CO_2-Konzentrationen ausweichen, während Fische in Meereskäfigen und anderen Einrichtungen eingeengt und örtlich fixiert sind. Darüber hinaus verursacht hohe Atmungsaktivität in Kulturen mit hoher Besatzdichte erhöhte Hintergrundwerte für CO_2. Dies kann die Empfindlichkeit von Kulturen und Aquakulturpraktiken gegenüber anthropogenem CO_2, Erwärmung, Hypoxie sowie Extremereignissen erhöhen. Schädliche Klimawirkungen beinhalten auch erhöhte Anfälligkeit für Parasiten und Krankheiten, schädliche Algenblüten und andere Belastungen. Ein Großteil der europäischen Aquakultur hängt aber von Protein und Öl aus Wildbeständen ab, vorwiegend aus Peru,

Chile und China. Damit ist die europäische Aquakultur auch empfindlich gegenüber Klimafolgen für diese Wildbestände.

Auch die räumlichen, zeitlichen und wirtschaftlichen Gegebenheiten der Produktion in der Aquakultur sind zu berücksichtigen. Die europäische Aquakultur findet küstennah oder in Fjorden, Lagunen und Flussmündungen statt. Hier herrschen extremere Temperaturen und Temperaturschwankungen; klimatische Auswirkungen können damit stärker sein als im offenen Ozean. Meeresspiegelanstieg kann die Positionierung der Aquakulturanlagen gefährden und die Anfälligkeit gegenüber extremen Wasserständen oder Sturmereignissen erhöhen. Direkte Auswirkungen des Klimas auf lokale Ökosysteme (d. h. die Verfügbarkeit von Nährstoffen oder Futterorganismen) können die Eignung einiger Tier- und Pflanzenarten für die Aquakultur in verschiedenen Klimazonen einschränken. Neue Möglichkeiten für Aquakultur entstehen aber durch die Erwärmung in höheren Breiten, wo steigende Temperaturen die Produktion stimulieren. Menschliche Anpassungsoptionen beinhalten die (begrenzte) Möglichkeit, mit der Aquakultur den wandernden Klimazonen zu folgen und die Kulturen zu verlagern. Dabei kann es zu einem Wettbewerb um Standorte kommen. Wenn Aquakulturanlagen vor Ort bleiben, kann es notwendig werden, die bisher kultivierten Arten und Futterorganismen durch wärmetolerante Arten zu ersetzen.

Gemeinsamkeiten in Fischerei und Aquakultur

Aquakultur und Fischerei sind grundverschiedene Aktivitäten, die aber auf den gleichen Markt gerichtet sind. Mit Blick auf die biologischen Auswirkungen des Klimawandels gibt es wichtige Gemeinsamkeiten:

- Ähnliche physiologische Grundlagen der Klimawirkungen auf Organismen und vergleichbare Auswirkungen und Lösungen im Klimawandel.
- Wechselnde Nahrungsgrundlage für Fischbestände und Kulturen im Klimawandel.
- Wechselnde ökosystemare Grundlagen für Aquakultur und Fischerei in einzelnen Regionen.

Diese Ähnlichkeiten eröffnen Perspektiven für gemeinsame Lösungsansätze im Management, für die Anpassung und für die Nutzung neuer Chancen im Klimawandel.

Generell können die drei wichtigen Klimatreiber noch mit anderen Faktoren/Belastungen zusammenwirken. Oft lassen sich die kombinierten Effekte über Verschiebungen im Energiebudget beschreiben, d. h. die veränderliche Verfügbarkeit und Verteilung der Stoffwechselenergie an wichtige zelluläre und organismische Funktionen. Verschiebungen im Energiebudget treten aber auch schon mit jedem einzelnen dieser Klimatreiber auf. Solchen Wirkungen auf das Energiebudget liegen spezifische physiologische Mechanismen zugrunde, die das Wachstum und die Reproduktion der Arten verändern können, wie beispielhaft im Beitrag Storch et al. für die Ozeanversauerung erläutert (Kap. 34). Das Zusammenspiel der Wirkungen auf allen Ebenen biologischer Organisation künftig besser zu verstehen, ist eine wichtige Herausforderung und Voraussetzung für die zuverlässige Quantifizierung der Wirkungen des Klimawandels auf marine Ökosysteme.

Box 32.1: Frisst der Meeresspiegelanstieg die Korallenriffe?

Thomas Mann und Hildegard Westphal

Geologische Untersuchungen haben gezeigt, dass der Meeresspiegel nach dem Ende der letzten Eiszeit sehr rasch mit bis zu 4 cm im Jahr auf sein heutiges Niveau gestiegen ist und während der letzten 3000 Jahre vergleichsweise konstant war. Seit Beginn der instrumentellen Aufzeichnungen Ende des 19. Jahrhunderts hat sich der globale Meeresspiegel um etwa 1–3 mm im Jahr erhöht, und es wird erwartet, dass sich dieser Anstieg im Zuge des Klimawandels fortsetzen wird.

Wie stark die meist dicht besiedelten tropischen Küstenregionen vom Meeresspiegelanstieg betroffen sein werden, hängt dabei insbesondere von lokalen Einflüssen ab. Der globale Meeresspiegelanstieg wird mancherorts durch Landhebung kompensiert und anderenorts durch Landsenkung (Subsidenz) verstärkt. Lokale Landsenkungen können durch Menschen verursacht werden, z. B. wenn aus dem Untergrund Grundwasser, Erdöl oder Erdgas gefördert werden. Häufig ist Landsenkung aber auch ein natürlicher Prozess, der durch das natürliche Absinken von Flussdeltas, tektonische Prozesse oder Erdmantelkonvektionen und Ausgleichsbewegungen der Erdkruste verursacht wird.

Die Absenkung der Erdkruste ist gleichzeitig eine Grundvoraussetzung für die Entstehung von Atollen im offenen Ozean. Diese Theorie wurde 1842 von Charles Darwin postuliert und mittlerweile durch die Untersuchung von Gesteinsbohrkernen bestätigt. Atolle bestehen aus Korallen, die sich an den Flanken erloschener Vulkane angesiedelt haben und dort zunächst ein Saumriff bildeten. Im Laufe der Jahrtausende sind diese Vulkane graduell durch Subsidenz und Erosion unter den Meeresspiegel abgesunken. Die Korallen sind dabei kontinuierlich dem Licht entgegen nach oben gewachsen und bilden so ein ringförmiges Riff, das den tiefen Ozean von einer flachen Lagune trennt.

Riffbildende tropische Korallen (Kap. 29) leben in Symbiose mit einzelligen Algen, den Zooxanthellen, die durch ihre Photosynthese den Metabolismus der einzelnen Korallenpolypen unterstützen. Um die Photosynthese der Zooxanthellen in Gang zu halten, sind Korallen auf lichtdurchflutetes Flachwasser angewiesen. Dementsprechend folgt das Wachstum von tropischen Steinkorallen der Position des Meeresspiegels. Korallenriffe bilden lokale Untiefen, die während der Ebbe sogar trockenfallen können. Auf diesen Riffplattformen haben sich vielerorts Koralleninseln aus Riffschutt gebildet.

Koralleninseln, in Polynesien Motu genannt, bestehen aus biologischem Kalkschutt und erheben sich nur wenige Meter über den heutigen Meeresspiegel. Dieses Kalksediment setzt sich aus den Hartteilen abgestorbener Organismen wie z. B. Muscheln, Schnecken und Korallen zusammen. Das Sediment wird im Riff und der flachen Lagune produziert und durch die auftreffende Brandung mobilisiert, transportiert und aufgeschüttet (Abb. 32.4).

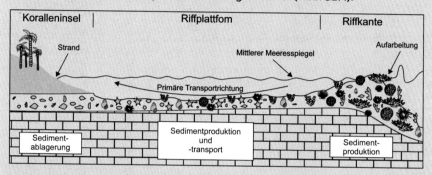

Abb. 32.4 Schematischer Querschnitt durch einen Riffkomplex mit seewärtiger Riffkante, flachmariner Riffplattform und einer Koralleninsel, die aus Kalksedimenten besteht. Koralleninseln sind hochdynamisch und im geomorphologischen Gleichgewicht mit äußeren Einflüssen

In Bereichen mit geringer Strömungsenergie sammelt sich das Sediment an und wird durch Karbonatzementation und Pioniervegetation fixiert. Sobald sich eine permanente Süßwasserlinse unterhalb der Insel gebildet hat, wird das Sediment von Baumwurzeln langfristig stabilisiert. Bekannte Beispiele für Atolle sind die Malediven im Indischen Ozean und die polynesischen Atolle – allen voran Bora Bora.

Angesichts der prognostizierten globalen Umweltveränderungen werden die Entstehung und Dynamik von Koralleninseln und insbesondere ihre Gefährdung durch den Meeresspiegelanstieg viel diskutiert. Eine effektive Methode, um potenzielle Auswirkungen des heutigen Meeresspiegelanstiegs auf die Stabilität von Koralleninseln abzuschätzen, ist die Auswertung von Fernerkundungsdaten. Auf Luft- und Satellitenbildern basierende Rekonstruktionen der Inselfläche über die letzten Jahrzehnte zeigen, dass die Küstenlinien von Koralleninseln hochdynamisch sind und die bewohnbare Landfläche durch den Meeresspiegelanstieg nicht unbedingt kleiner wird.

Die Dynamik von Koralleninseln wird von einer Vielzahl an physikalischen, chemischen und biologischen Faktoren gesteuert. Äußere Kontrollfaktoren sind zum Teil direkt vom Menschen beeinflusst oder durch natürliche Prozesse gesteuert. Die Häufigkeit und Stärke von tropischen Stürmen beeinflussen die Inselarchitektur maßgeblich. Stürme können einerseits zerstörerisch auf Riffe und Koralleninseln wirken, andererseits transportieren diese enorme Mengen von Sediment auf die Riffplattform – ein Prozess, der langfristig zum Inselwachstum beiträgt. Ob die Intensität von tropischen Stürmen mit dem Klimawandel zunimmt und welche Auswirkungen dies auf das geomorphologische Gleichgewicht von Koralleninseln hat, wird man in den nächsten Jahren beobachten können.

Sicher ist, dass der Zustand des umgebenden Riffökosystems von zentraler Bedeutung für die Stabilität von Koralleninseln sein wird. Das Riff fungiert als natürlicher Wellenbrecher und entzieht dem Wasser einen Großteil an Energie, bevor die Wellen auf die Koralleninseln treffen. Die biogene Produktion an Sediment und das Wachstum der Riffe könnten unter ungestörten Bedingungen auch einen noch schneller ansteigenden Meeresspiegel ausgleichen. Allerdings setzt sich das Ökosystem aus vielen verschiedenen Tier- und Pflanzenarten zusammen, die unterschiedlich schnell wachsen und deren Wachstumsraten durch Umweltverschmutzung, Überdüngung und erhöhte Wassertemperaturen beeinflusst werden. Nur ein genaues Verständnis der Wechselwirkungen zwischen natürlichen und menschlichen Prozessen erlaubt es, verlässliche Aussagen über die zukünftige Entwicklung dieser einzigartigen Lebensräume zu treffen.

Literatur

- Ford MR, Kench PS (2012) The durability of bioclastic sediments and implications for coral reef deposit formation. Sedimentology 59:830–842. doi: 10.1111/j.1365-3091.2011.01281.x
- Ford MR, Kench PS (2014) Formation and adjustment of typhoon-impacted reef islands interpreted from remote imagery: Nadikdik Atoll, Marshall Islands. Geomorphology 214:216–222. doi: 10.1016/j.geomorph.2014.02.006
- Kemp AC, Horton BP, Donnelly JP, et al. (2011) Climate related sea-level variations over the past two millennia. Proc Natl Acad Sci USA 108:11017–22. doi: 10.1073/pnas.1015619108
- Kench PS, Owen SD, Ford MR (2014) Evidence for coral island formation during rising sea level in the central Pacific Ocean. Geophys Res Lett 820–827. doi: 10.1002/2013GL059000
- Webb AP, Kench PS (2010) The dynamic response of reef islands to sea-level rise: Evidence from multi-decadal analysis of island change in the Central Pacific. Glob Planet Change 72:234–246. doi: 10.1016/j.gloplacha.2010.05.003
- Woodroffe CD (2008) Reef-island topography and the vulnerability of atolls to sea-level rise. Glob Planet Change 62:77–96. doi: 10.1016/j.gloplacha.2007.11.001

Weiterführende Literatur

Deutsch C, Ferrel A, Seibel B, Pörtner HO, Huey RB (2015) Climate change tightens a metabolic constraint on marine habitats. Science 348: 1132–1135.

Field CB et al (2014) Summary for Policy Makers, Contribution of Working Group II to the Fifth Assessment Report of the Intergovernmental Panel on Climate Change. Cambridge University Press, Cambridge, United Kingdom and New York, NY, USA

Gattuso JP, Magnan A, Billé R, Cheung WWL, Howes EL, Joos F, Allemand D, Bopp L, Cooley S, Eakin CM, Hoegh-Guldberg O, Kelly RP, Pörtner HO, Rogers AD, Baxter JM, Laffoley D, Osborn D, Rankovic A, Rochette J, Sumaila UR, Treyer S, Turley C (2015) Contrasting futures for ocean and society from different anthropogenic CO_2 emissions scenarios. Science 349:45–46, doi:10.1126/science.aac4722

IPCC AR5 (2013) Climate Change 2013 – The Physical Science Basis Working Group I Contribution to the Fifth Assessment Report of the Intergovernmental Panel on Climate Change. Cambridge University Press, Cambridge

IPCC, Pachauri RK, Meyer LA (Hrsg) (2014) Climate Change 2014: Synthesis Report. Contribution of Working Groups I, II and III to the Fifth Assessment Report of the Intergovernmental Panel on Climate Change. IPCC, Geneva, Switzerland.

Pörtner HO, Langenbuch M, Michaelidis B (2005) Synergistic effects of temperature extremes, hypoxia, and increases in CO2 on marine animals: From Earth history to global change. J Geophys Res 110:C09S10. doi:10.1029/2004JC002561

Pörtner H-O, Karl DM, Boyd PW, Cheung WL, Lluch-Cota SE, Nojiri Y, Schmidt DN, Zavialov PO (2014) Ocean systems. In: Field CB, Barros VR, Dokken DJ, Mach KJ, Mastrandrea MD, Bilir TE, Chatterjee M, Ebi KL, Estrada YO, Genova RC, Girma B, Kissel ES, Levy AN, MacCracken S, Mastrandrea PR, White LL (Hrsg) In: Climate Change 2014: Impacts, Adaptation, and Vulnerability. Part A: Global and Sectoral Aspects. Contribution of Working Group II to the Fifth Assessment Report of the Intergovernmental Panel on Climate Change. Cambridge University Press, Cambridge, United Kingdom and New York, NY, USA, S 411–484

Rhein M, Rintoul SR, Aoki S, Campos E, Chambers D, Feely RA, Gulev S, Johnson GC, Josey SA, Kostianoy A, Mauritzen C, Roemmich D, Talley LD, Wang F (2013) Observations: Ocean. In: Stocker TF, Qin D, Plattner GK, Tignor M, Allen SK, Boschung J, Nauels A, Xia Y, Bex V, Midgley PM (Hrsg) Climate Change 2013: The Physical Science Basis. Contribution of Working Group I to the Fifth Assessment Report of the Intergovernmental Panel on Climate Change. Cambridge University Press, Cambridge, United Kingdom and New York, NY, USA

Wittmann A, Pörtner HO (2013) Sensitivities of extant animal taxa to ocean acidification. Nat Clim Chang 3:995–1001

33

Ozeanversauerung:
Gewinner und Verlierer im Plankton

Ulf Riebesell und Lennart Bach

Das Plankton umfasst alle lebenden Organismen, die von Strömungen durch die Ozeane getragen werden, wie in Teil II dieses Buchs beschrieben. Es beinhaltet mikroskopisch kleine Lebewesen wie Bakterien und Protisten, aber auch sehr große wie beispielsweise Quallen. Das Phytoplankton ist das unterste Glied in der Nahrungskette. Es nutzt Nährstoffe und Sonnenenergie, um mittels Photosynthese im Wasser gelöstes Kohlendioxid (CO_2) zu binden. Diese Primärproduktion von Biomasse wird daraufhin von Zooplanktern in einer komplex verwobenen Nahrungskette, oder besser Nahrungsnetz, konsumiert und über sie zu immer größeren Organismen weitergereicht. Das Plankton stellt somit den Grundpfeiler allen marinen Lebens dar – und das nicht nur an der Meeresoberfläche, wo es ausreichend Sonnenlicht gibt. Auch Tiefseeorganismen sind Teil dieses Nahrungsnetzes, denn sie ernähren sich weitgehend von Biomasse, die an der Meeresoberfläche gebildet wird und kontinuierlich in die Tiefsee rieselt.

Die Energieflüsse innerhalb des Nahrungsnetzes ergeben sich aus dem Zusammenspiel der beteiligten Organismen. Umstrukturierungen in diesem eng verwobenen Gefüge können entstehen, wenn Schlüsselkomponenten entfernt bzw. hinzugefügt werden. Die Überfischung der Ozeane ist ein bekanntes Beispiel für solche Veränderungen (Teil VI). Dieser Eingriff des Menschen in den marinen Lebensraum entfernt selektiv die oberen Glieder der Nahrungskette aus dem Ökosystem. Dies kann sich auf die von Fischen gefressenen Organismen

Prof. Dr. Ulf Riebesell (✉)
GEOMAR, Helmholtz-Zentrum für Ozeanforschung
Düsternbrooker Weg 20, 24105 Kiel, Deutschland
E-Mail: URiebesell@geomar.de

357

© Springer-Verlag GmbH Deutschland 2020
G. Hempel et al. (Hrsg.), *Faszination Meeresforschung*,
https://doi.org/10.1007/978-3-662-49714-2_33

auswirken, wiederum mit Folgen für deren Nahrungsquellen. So ergibt sich also eine Kettenreaktion, die sich unter Umständen auf alle Komponenten des Nahrungsnetzes auswirkt.

Ein weiterer, wenn auch unbewusster Eingriff des Menschen in den Lebensraum Meer ist die Ozeanversauerung. Anders als bei der Überfischung, die regional begrenzt in Ökosysteme eingreift, wirkt die Ozeanversauerung global und auf alle Meeresbewohner gleichermaßen. Ursache für die fortschreitende Versauerung der Meere ist der steigende Gehalt an Kohlendioxid (CO_2) in der Atmosphäre, ausgelöst durch Verbrennung fossiler Energieträger und veränderte Bodennutzung. Etwa ein Viertel des in die Atmosphäre freigesetzten CO_2 wird noch im selben Jahr vom Ozean aufgenommen. Langfristig werden sogar 80–90 % des von Menschen freigesetzten CO_2 im Ozean enden. Das Besondere an CO_2 ist, dass es mit Wasser reagiert und Kohlensäure bildet. Dies ist Ursache dafür, dass mit zunehmender CO_2-Aufnahme die Meere allmählich versauern. Der Säuregehalt des Meerwassers ist gegenüber vorindustrieller Zeit bereits heute um 26 % gestiegen. Bei unverminderten CO_2-Emissionen wird er sich bis Ende des Jahrhunderts mehr als verdoppeln. Die Geschwindigkeit, mit der sich die Versauerung der Meere aktuell vollzieht, ist etwa zehnmal schneller als uns bekannte natürliche Veränderungen im Säuregrad des Ozeanwassers in der Erdgeschichte (Kap. 2).

Welche Konsequenzen die Ozeanversauerung auf das Plankton und damit auf die Basis des marinen Nahrungsnetzes haben wird, ist Gegenstand aktueller Forschungen. Sie zeigen bereits, dass es Gewinner und Verlierer der Ozeanversauerung geben wird. Zu den Gewinnern könnte das sogenannte Picophytoplankton gehören. Diese Winzlinge unter den Mikroorganismen sind zwar nur zwischen 0,2 und 2 tausendstel Millimeter (µm) groß, doch in vielen Ozeanregionen sind sie die häufigsten Primärproduzenten. Ob in der hohen Arktis, in den temperierten Breiten der Nord- und Ostsee oder dem subtropischen Atlantik, in Experimenten zur Ozeanversauerung konnten Picophytoplankter das erhöhte CO_2-Angebot nutzen, um schneller zu wachsen und mehr Biomasse aufzubauen. Auch Appendicularien, einige Millimeter bis Zentimeter große Zooplankter, die sich mit blasenförmigen, gallertigen Gehäusen umgeben, scheinen von der Ozeanversauerung zu profitieren. Mithilfe einer feinmaschigen Fangreuse filtrieren Appendicularien selbst kleinste Nahrungspartikel aus dem Wasser und wirken daher wie Staubsauger im Plankton. Da sie sich rasch vermehren können, treten sie häufig in Massen auf und können dann das Mikroplankton erheblich dezimieren. Die Gründe, warum sie von der Ozeanversauerung profitieren, sind noch weitgehend unklar.

Auf der Verliererseite stehen vor allem jene Organismen, die ihre Schalen und Skelette aus Kalk bauen. Mit fortschreitender Ozeanversauerung wird es für sie immer schwieriger, Kalziumkarbonat, den Baustein für Kalk, abzuscheiden. Die

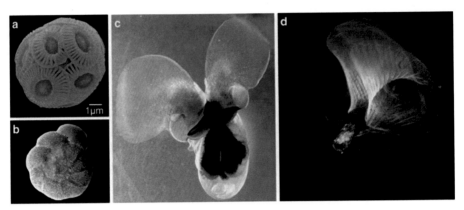

Abb. 33.1 Verlierer und Gewinner der Ozeanversauerung. Kalkbildner wie die Coccolithophoride *Emiliania huxleyi* (**a**), die Foraminifere *Ammonia aomoriensis* (**b**) und die Flügelschnecke *Limacina helicina* (**c**) gehören voraussichtlich zu den Verlierern der Ozeanversauerung. Einer der möglichen Gewinner ist die Appendicularie *Oikopleura dioica* (**d**). Größenmaßstäbe: *Emiliania huxleyi* (**a**): Durchmesser 0,005–0,006 mm; *Ammonia aomoriensis* (**b**): Durchmesser 0,15–0,2 mm; Durchmesser der Schale von *Limacina helicina* (**c**) 5–10 mm, Länge von *Oikopleura dioica* (**d**) 1–8 mm. (Foto a: Lennart Bach; Foto b: Kristin Haynert; Foto c: Silke Lischka; Foto d: Jean-Marie Bouquet)

Ausfällung von Kalziumkarbonat wird beschleunigt durch erhöhte pH-Werte, die Kalkbildner aktiv am Ort der Kalzifizierung erzeugen. Sinkt der pH-Wert in der Umgebung, so nimmt der energetische Aufwand für die Kalziumkarbonatfällung entsprechend zu. In den Polargebieten führt die Ozeanversauerung außerdem dazu, dass das Meerwasser korrosiv für Kalziumkarbonat wird. Einmal gebildete Kalkschalen korrodieren, und der Kalk löst sich allmählich wieder auf, wenn er nicht durch organische Schichten geschützt wird.

Zu den kalkbildenden Planktonorganismen gehören die Coccolithophoriden, eine 5–30 µm große Gruppe von Phytoplanktern, die sich mit einer dichten Hülle aus Kalkplättchen bedecken. In zahlreichen Laborexperimenten zeigten sie als Reaktion auf Versauerung verminderte Kalkbildung, verbunden mit etwas geringeren Wachstumsraten. Auch unter den Zooplanktern gibt es Kalkbildner, denen die Ozeanversauerung zusetzen könnte, beispielsweise die Foraminiferen (Abb. 33.1), kleine, aber bereits mit bloßem Auge erkennbare, Einzeller, die sich von Phytoplankton ernähren oder mit ihnen in einer Symbiose zusammenleben. Sie bauen komplizierte Kalkschalen aus mehreren Kammern, weswegen sie auch Kammerlinge genannt werden. Laborexperimente haben gezeigt, dass Foraminiferen mehr Energie in den Schalenbau stecken müssen, wenn sie unter verminderten pH-Werten wachsen. Somit steht dem Einzeller weniger Energie für das Wachstum und andere lebenswichtige Stoffwechselprozesse wie Fortpflanzung zur Verfügung. Im natürlichen Ökosystem könnte sich dies für die Kammerlinge als Wettbewerbsnachteil herausstellen, der es ihnen erschwert, sich in der Konkurrenz mit anderen Zooplanktern durchzusetzen.

Die wohl sensibelsten Kalkbildner im Plankton sind die Pteropoden (wobei es auch Arten ohne Kalkschalen gibt). Dies sind wenige Millimeter große Schnecken, die ihren Kriechfuß zu zwei kleinen Flügeln umgebildet haben, mit deren Hilfe sie wie Schmetterlinge durch das Wasser schweben. Entsprechend werden sie auch als Flügelschnecken bezeichnet. Ihre Nahrung fangen diese schalentragenden Arten mithilfe filigraner Netze aus einer Art Gel, an denen sie sich wie an Fallschirmen hängend in die Tiefe sinken lassen. Haben sich in dem Netz hinreichend Nahrungspartikel verfangen, wird es eingeholt und samt Nahrung verspeist. Flügelschnecken sind ein wichtiges Bindeglied in der Nahrungskette. Sie fressen ein breites Spektrum an Planktonorganismen und dienen Fischen, Seevögeln und auch Walen als wichtige Nahrungsquelle. Da ihre Schale aus Aragonit, einer besonders leicht löslichen Form von Kalk, gebildet ist, sind sie besonders empfindlich gegenüber Ozeanversauerung. Laborexperimente zeigen, dass ihre Schneckenhäuser bei Bedingungen, wie sie bei unverminderten CO_2-Emissionen bereits zur Mitte dieses Jahrhunderts in weiten Bereichen der Polargebiete verbreitet sind, korrodieren und löchrig werden.

Auch wenn über die Reaktion einzelner Planktongruppen schon einiges bekannt ist, lässt sich darüber nur schwer ableiten, wie sich die komplexen Planktongemeinschaften als Folge der Ozeanversauerung verändern werden. Gerade diese Frage ist jedoch wissenschaftlich und auch gesellschaftlich von besonderem Interesse. Zum einen deshalb, weil die Struktur des Nahrungsnetzes auch die Effizienz bestimmt, mit der Energie zu höheren trophischen Ebenen transferiert wird. Dies entscheidet letztlich auch darüber, wie viel Fisch der Ozean produziert. Zum anderen besteht auch ein enger Zusammenhang zwischen der Struktur der Planktongemeinschaft und der Kapazität des Ozeans, CO_2 über die biologische Pumpe (Kap. 6) in seinen Tiefen zu speichern.

Um diesen Fragen nachzugehen, führt unsere Arbeitsgruppe seit einigen Jahren aufwändige Feldexperimente durch, in denen natürliche Planktongemeinschaften in Mesokosmen (Abb. 33.2), wie überdimensionierte Reagenzgläser anmutenden Behältnissen, eingeschlossen werden. Die 20 m in die Tiefe reichenden, aus lichtdurchlässigem, sehr reißfestem Kunststoff hergestellten Säcke ermöglichen es, die Planktongemeinschaft über Wochen und Monate von der Umgebung hermetisch abzuschließen und den Bedingungen der Zukunft auszusetzen. Experimente mit den Kieler Mesokosmen wurden bereits in der hohen Arktis, der Nord- und Ostsee sowie dem subtropischen Atlantik vor Gran Canaria durchgeführt. Aus ihnen wurde deutlich, wie Reaktionen einzelner Schlüsselorganismen das gesamte Nahrungsnetz und damit auch die Stoffkreisläufe verändern. So hatte beispielsweise die Coccolithophoride *Emiliania huxleyi* (Abb. 33.1a) in einem Experiment vor der norwegischen Küste unter erhöhten

CO_2-Bedingungen das Nachsehen. Während sie im Umgebungswasser und in den Mesokosmen mit heutigen CO_2-Werten die für Algenblüten typische Massenentwicklung durchlief, blieb die Blütenentwicklung in den CO_2-angesäuerten Mesokosmen aus. Offenbar war *Emiliania* nicht in der Lage, unter diesen Bedingungen ihre ökologische Nische zu behaupten. Auch den Pteropoden fiel es schwer, sich unter Ozeanversauerung im Nahrungsnetz durchzusetzen. In Mesokosmen mit erhöhten CO_2-Gehalten war die Larvenentwicklung der Flügelschnecke *Limacina helicina* (Abb. 33.1c) massiv beeinträchtigt, und der Bestand blieb weit hinter dem der Kontrollpopulationen zurück.

Als Profiteur der Ozeanversauerung stellte sich die Appendicularie *Oikopleura dioica* (Abb. 33.1d) heraus. Wie schon in vorangegangenen Laborexperimenten vermehrte sie sich auch in den Mesokosmen unter erhöhten CO_2-Bedingungen deutlich schneller und bildete um ein Vielfaches höhere Bestandsdichten. Das CO_2-induzierte Massenauftreten, verbunden mit der den Appendicularien eigenen effizienten Fangmethode, führte dazu, dass die Nahrungskonkurrenten das Nachsehen hatten. Dieser Effekt zog sich wie eine Kaskade durch das gesamte Nahrungsnetz, mit unmittelbaren Auswirkungen auf die höheren trophischen Ebenen und den vertikalen Partikeltransport.

Wie derartige Umgestaltungen der Planktongemeinschaft das Nahrungsnetz und damit auch die Stoffkreisläufe verändern können, lässt sich an einigen Beispielen verdeutlichen. An der Basis des Nahrungsnetzes kann die Zunahme vom Picophytoplankton im Verhältnis zu größeren Phytoplanktern die Kette von den Primärproduzenten zu den Fischen um ein Glied verlängern, da die Winzlinge vornehmlich von ebenfalls sehr kleinen Zooplanktern wie Ciliaten und heterotrophen Flagellaten gefressen werden. Da von einer zur nächsten trophischen Ebene nur etwa 10 % der Energie in Form organischer Materie weitergereicht werden, während 90 % veratmet bzw. in Form von Stoffwechselprodukten ausgeschieden werden, führt jede zusätzliche Nahrungsebene dazu, dass die Transfereffizienz auf ein Zehntel reduziert wird. Ein möglicher Wachstumsvorteil des Picophytoplanktons als Folge der Ozeanversauerung könnte daher die Fischproduktion vermindern. Eine Umverteilung der Primärproduktion hin zu kleinerem Phytoplankton könnte auch die Effizienz der biologischen Kohlenstoffpumpe verändern. Wenn ein größerer Teil der produzierten Biomasse in der Nahrungskette veratmet und remineralisiert wird, dann könnte sich der Anteil des exportierten Kohlenstoffs verringern. Die CO_2-Aufnahmekapazität des Ozeans würde dementsprechend ebenfalls abnehmen, was zu einer positiven, den Treibhauseffekt verstärkenden Rückkopplung führen würde.

Auch der Verlust von Kalkbildnern aus der Planktongemeinschaft könnte sich nachhaltig auf den Kohlenstoffexport in die Tiefe auswirken. Die von ihnen gebildeten Kalkgehäuse und Kalkplättchen wirken nämlich als Ballast für den Tiefenexport. Mit einer zweieinhalbfach höheren spezifischen Dichte als die

a

Brutgefäß, in dem dem sich die Fischeier bis zum Schlupf entwickeln. Die geschlüpften Larven werden in den Mesokosmos entlassen.

Schwimmkörper, bestehend aus sechs Glasfiberröhren, die durch einen Metallrahmen verbunden sind.

Der 20 m lange, transparente **Plastikschlauch** schließt 55.000 l Wasser ein. Das Füllen des Schlauchs geschieht, indem der am Schwimmkörper befestigte Sack sich langsam nach unten auffaltet und dabei einen ungestörten Wasserkörper umschließt.

Mit der sogenannten **Spinne** wird CO_2-gesättigtes Wasser gleichmäßig im Mesokosmos verteilt und die eingeschlossene Wassersäule so auf die Bedingungen der Zukunft eingestellt.

Die eingeschlossene **Planktongemeinschaft** umfasst Viren, Bakterien, Phyto- und Zooplankton bis hin zu Fischlarven und kleinen Jungfischen.

In der **Sedimentfalle** sammelt sich heraussinkendes Material. Dieses wird regelmäßig über den Probenschlauch abgepumpt und analysiert.

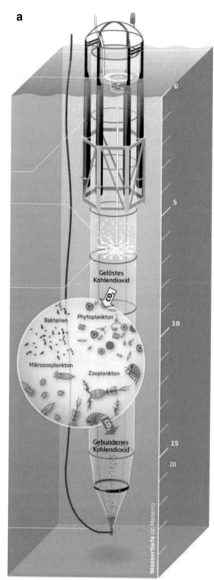

von organischer Materie beschleunigen sie das Sinken von Partikelaggregaten und Zooplanktonkotballen. Je höher die Sinkgeschwindigkeit ist, umso größer ist die Tiefe, in der das organische Material bakteriell abgebaut und der organische Kohlenstoff wieder zu CO_2 remineralisiert wird. Eine Verminderung dieses sogenannten Ballasteffekts durch reduzierte Kalkbildung trat auch in den CO_2-angereicherten Mesokosmen vor Norwegen auf, in denen sich die *Emiliania*-Blüte nicht entwickeln konnte. Übertragen auf den offenen Ozean könnte dies bedeuten, dass sich die Effizienz der biologischen Kohlenstoffpumpe verringert, die Speicherkapazität des Ozeans für atmosphärisches Kohlendioxid somit abnimmt. Wie im Falle des Picophytoplanktons würde sich als Folge der Ozeanversauerung also ebenfalls eine positive Rückkopplung auf das Klimasystem ergeben.

Aber auch der gegenteilige Effekt wäre denkbar. Die Gehäuse von Appendicularien gelten als sehr effiziente Vehikel für den Tiefenexport. Da Partikel an ihnen leicht haften, können sie beim Sinken durch die Wassersäule große Mengen suspendierten Materials aggregieren. Je beladener sie sind, umso schneller sinken sie. Da Appendicularien ihre Gehäuse mehrfach am Tag abwerfen, um neue zu bilden, können sie den Tiefenexport organischen Materials erheblich beschleunigen. Sollten diese planktonischen Staubsauger also von der Ozeanversauerung profitieren, wie in Labor- und Feldexperimenten beobachtet, könnte dies nicht nur wie oben beschrieben das Nahrungsnetz beeinflussen, sondern auch beschleunigend auf die biologische Pumpe wirken.

Fazit

Aus diesen Beispielen wird deutlich, wie Veränderungen der Planktongemeinschaft als Folge von Ozeanversauerung sowohl das Nahrungsgefüge und damit den Energietransfer im Nahrungsnetz wie auch den Stofftransport im Ozean beeinflussen können. Zeitgleich mit der Ozeanversauerung finden aber auch andere globale Änderungen der Umweltbedingungen in unseren Ozeanen statt, wie Erwärmung und abnehmende Sauerstoffgehalte. Regional kommen darüber hinaus noch Eutrophierung, Verschmutzung, Überfischung und die Verbreitung invasiver Arten als wichtige Faktoren hinzu. Es ist gegenwärtig unmöglich, ver-

Abb. 33.2 Mesokosmen – Experimentierplattform zur Erforschung natürlicher Lebensgemeinschaften. **a** Schematische Darstellung eines Mesokosmos des GEOMAR, Kiel. Mit der aus neun Mesokosmen bestehenden Experimentieranlage wurden Einflüsse der Ozeanversauerung auf pelagische Ökosysteme in sehr unterschiedlichen Klimazonen und Seegebieten untersucht: von der hohen Arktis vor Spitzbergen über Nord- und Ostsee bis hin zu den Subtropen vor Gran Canaria. **b** Mesokosmen im Einsatz in der Kieler Bucht. (Foto: Ulf Riebesell)

lässliche Vorhersagen über die zukünftige Entwicklung der marinen Ökosysteme und den von ihnen getriebenen Stoffkreisläufen zu machen. Klar ist jedoch, dass sich die von uns Menschen verursachten Veränderungen der Umweltbedingungen in unseren Meeren mit einer Geschwindigkeit vollziehen, die einmalig in der Erdgeschichte der vergangenen 55 Mio. Jahre und wahrscheinlich weit darüber hinaus ist. Vermutlich wird die Anpassungsfähigkeit vieler Meeresbewohner hiermit überfordert sein. Auch wenn wir die Auswirkungen auf die marine Lebewelt und deren Konsequenzen für die Dienstleistungen, die wir aus ihnen ziehen, nicht im Detail werden vorhersagen können, so ist es sehr wahrscheinlich, dass sich als Folge des Ozeanwandels die marinen Ökosysteme verändern und ihre Artenvielfalt verringern wird.

Informationen im Internet

* www.geomar.de/fileadmin/content/service/presse/Pressemitteilungen/2014/OzeanversauerungZfE.pdf – Ozeanversauerung: Zusammenfassung für Entscheidungsträger
* www.bioacid.de/upload/downloads/press/20Fakten.pdf – 20 Fakten zur Ozeanversauerung
* www.bioacid.de/upload/downloads/press/BIOACID_Experimente_de.pdf – Das andere CO_2-Problem: Ozeanversauerung – Acht Experimente für Schüler und Lehrer
* http://www.bioacid.de/ – Biological Impacts of Ocean Acidification (BIO-ACID)
* http://sopran.pangaea.de/ – Surface Ocean Processes in the Anthropocene (SOPRAN)
* http://www.iaea.org/ocean-acidifacation/page.php?page=2181 – Ocean Acidification – International Coordination Centre (OA-ICC)
* http://goa-on.org/ – Global Ocean Acidification Observing Network (GOA-ON)

34

CO_2-Wirkung auf Meerestiere

Daniela Storch, Gisela Lannig und Hans-Otto Pörtner

Die Effekte erhöhter CO_2-Konzentrationen sind an Molekülen, Zellen, Geweben und ganzen Tieren feststellbar. Vor allem an Tieren der Gezeitenzone (Muscheln, Würmer) wurden Wirkmechanismen beschrieben, von denen einige möglicherweise auf alle Tiere übertragbar sind. Die Untersuchungen zeigen, dass CO_2 über längere Zeit eine Abnahme von Wachstum, Reproduktion und Lebensspanne bewirken kann, mit entsprechenden Konsequenzen auf der Populations- und Ökosystemebene. Hinzu kommen spezifische Empfindlichkeiten früher Lebensstadien wie Eier, Larven und Juvenile.

Die Wirkungen des CO_2 werden durch seinen raschen Eintritt in den Organismus über die Atemorgane und durch die Ansäuerung von Wasser und Körperflüssigkeiten vermittelt. In den meisten Tieren, Wirbellosen und Wirbeltieren, werden bestimmte pH-Werte (Säure-Basen-Gleichgewichte) eingestellt, die für den Stoffwechsel günstig sind. Dabei wird der pH-Wert im Blutplasma von Fischen oder in der Hämolymphe von Wirbellosen (als extrazellulärer pH-Wert bezeichnet) in der Regel 0,5–0,8 pH-Einheiten oberhalb des pH-Werts in den Zellen (intrazellulärer pH-Wert) eingestellt. Diese Gleichgewichte werden durch eindringendes CO_2, aber auch indirekt über die Ansäuerung des umgebenden Wassers gestört. Der Organismus antwortet mit dem Bemühen, in seinen Körperflüssigkeiten die ursprünglichen pH-Werte wiederherzustellen. Dieser Prozess wird als Säure-Basen-Regulation bezeichnet. Einige Tiere strengen sich an, das

Dr. Daniela Storch (✉)
Alfred-Wegener-Institut, Helmholtz-Zentrum für Polar- und Meeresforschung
Am Handelshafen 12, 27570 Bremerhaven, Deutschland
E-Mail: Daniela.Storch@awi.de

© Springer-Verlag GmbH Deutschland 2020
G. Hempel et al. (Hrsg.), *Faszination Meeresforschung*,
https://doi.org/10.1007/978-3-662-49714-2_34

aufgenommene CO_2 über einen Anstieg der Atmungsaktivität wieder abzugeben. Dies ist z. B. bei Knochenfischen zu beobachten, deren Kiemenschlagfrequenz ansteigt. Die Abgabe von CO_2 über die Atmung gelingt bei Wasseratmern jedoch kaum. Sie atmen bedingt durch die im Vergleich zur Luft etwa 30-fach niedrigere Sauerstoffkonzentration im Wasser bereits so intensiv, dass nur ein kleiner CO_2-Gradient zwischen Organismus und Wasser besteht. Für sie bleibt die Möglichkeit, Basen aus dem Wasser aufzunehmen oder Säuren in das Wasser auszuscheiden. Beides erfolgt über spezielle Proteine, die in der Kiemenoberfläche oder in der Niere als Pumpen für solche Substanzen fungieren. Da der Transport in Form von Ionen erfolgt, wobei unterschiedliche Ionen aus gegenüberliegenden Flüssigkeitsräumen ausgetauscht werden, spricht man allgemein von Ionenaustausch oder Ionenregulation.

In allen bislang untersuchten Tieren erfolgt die Kompensation von CO_2-bedingten Störungen des Säure-Basen Haushalts im Blutplasma und in den Zellen aller Gewebe durch eine Anhäufung von Basen. Bei Fischen ist die Kompensation in beiden Flüssigkeitsräumen sehr erfolgreich. Bei marinen Wirbellosen hingegen kehrt der extrazelluläre pH-Wert in der Regel nur unvollständig auf den Ausgangswert zurück, wie beim marinen Wurm *Sipunculus nudus* aus der Gezeitenzone unter extrem hohen CO_2-Konzentrationen von 1 % CO_2 (~10.000 ppm) gezeigt werden konnte (Abb. 34.1a). Ein begrenzender Faktor für die Widerstandsfähigkeit gegenüber CO_2 könnte also die Fähigkeit sein, dem Wasser netto Basen zu entnehmen, sie in der extrazellulären Flüssigkeit (Blutplasma, Hämolymphe) anzureichern und dann aus der extrazellulären in die intrazelluläre Flüssigkeit zu transportieren. Diese Fähigkeit ist bei Fischen im Gegensatz zu Wirbellosen besonders groß. Muscheln und Austern sind dazu nur eingeschränkt in der Lage, und so zeigt z. B. die Felsenauster (*Saccostrea glomerata*) nach einer mehrwöchigen Inkubation schon bei moderat erhöhten CO_2-Konzentrationen (~1000 ppm) einen deutlich erniedrigten extrazellulären pH-Wert (Abb. 34.1b).

Durch die Anreicherung von Basen und den daran beteiligten Ionenaustausch verändert sich das Gemisch der im Blut (bzw. in der Hämolymphe) oder in den Zellen gelösten Mineralien und Salze hin zu einem neuen Gleichgewicht. Bei Knochenfischen ist der Transfer von Säuren oder Basen immer mit Störungen im Salz-Wasser-Haushalt verbunden. Hier kann es unter CO_2-Belastung zu einer um bis zu 10 % erhöhten Beladung des Organismus mit Kochsalz kommen. Verschiebungen dieser Art können ihre eigenen Wirkungen auf den Stoffwechsel des Tieres entfalten. Analysen von CO_2-Effekten auf die Säure-Basen-Regulation wurden häufig durchgeführt, doch bei nur wenigen Tierarten mit Untersuchungen des Stoffwechsels kombiniert. Für Wirbellose aus der Gezeitenzone ist seit Längerem bekannt, dass erhöhtes CO_2 die Stoffwechselrate senken oder sogar betäubend wirken kann. Dabei wirken die neu eingestellten pH-Werte oder Salzgehalte auf Ionenpumpen, auf den Sauerstofftransport in Blut (oder Hämolym-

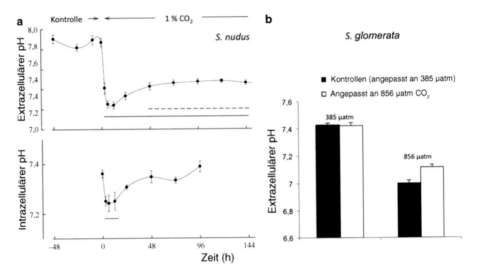

Abb. 34.1 Einfluss von erhöhten CO$_2$-Konzentrationen im Umgebungswasser auf die Säure-Basen-Regulation von Wirbellosen. **a** pH-Werte im Extrazellulärraum (Coelomplasma) *(oben)* und im Intrazellulärraum *(unten)* der Muskulatur von *Sipunculus nudus* unter Kontrollbedingungen und unter 1 % CO$_2$ (= 10.000 ppm). Im Unterschied zum Intrazellulärraum wird die Ansäuerung extrazellulär nur unvollständig kompensiert. **b** Australische Felsenaustern (*Saccostrea glomerata*), die bei einer sehr viel niedrigeren, aber noch erhöhten CO$_2$-Konzentration von 856 µatm großgezogen wurden (angepasste Gruppe), zeigen im Vergleich zur Kontrolle eine deutliche, aber verringerte pH-Abnahme und sind dadurch widerstandsfähiger. (a Modifiziert nach Pörtner et al. 1998; b Modifiziert nach Parker et al. 2015)

phe) und auch auf Stoffwechselgleichgewichte, die für das Wachstum oder das Verhalten wichtig sind. Eine Übersicht der Effekte des CO$_2$ und der betroffenen Mechanismen ist in Abb. 34.2 zusammengestellt. Dabei beeinflusst CO$_2$ auch die Verteilung verfügbarer Energie (aus der Nahrung) zwischen den Energieverbrauchern der Zelle, des Gewebes und des gesamten Tieres. Dies ist dadurch begründet, dass die Säure-Basen-Regulation durch erhöhte Atmung oder durch den Ionenaustausch in jedem Fall Energie kostet, die für andere Aufgaben nicht mehr zur Verfügung steht.

Effekte bei Fischen, Krebsen, Muscheln und Korallen

Die unterschiedliche Fähigkeit, Störungen des Säure-Basen-Haushalts zu kompensieren, bestimmt zumindest teilweise die Empfindlichkeit von Tieren gegenüber erhöhten CO$_2$-Konzentrationen, wie sie sich bei unverminderten Emissionen in den nächsten 100 Jahren entwickeln werden. Hier erscheinen

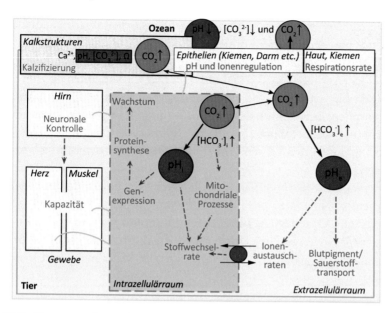

Abb. 34.2 Zusammenfassende Darstellung der physiologischen Funktionen und ihrer Änderungen bzw. Wechselwirkungen bei Erhöhung der CO_2-Konzentration im Ozean in einem generalisierten marinen, wasseratmenden Tier. Effekte werden über die Diffusion von CO_2 in die Körper- und Zellräume herbeigeführt (gekennzeichnet durch schwarze Pfeile) und verursachen dort einen Anstieg im CO_2-Partialdruck (PCO_2) bzw. einen sinkenden intra- und extrazellulären pH-Wert (rot hervorgehoben), der einen Effekt (*rote Pfeile*) auf verschiedene Prozesse (*blauer Text*) und auch auf die Kalziumkarbonatsättigung (Ω) hat. Hieraus resultieren Veränderungen gewebespezifischer Prozesse wie Kalzifizierung oder neuronale Kontrolle. (Modifiziert nach Wittmann und Pörtner 2013)

Fische aufgrund ihres höheren Entwicklungsniveaus generell unempfindlicher als Wirbellose. Trotzdem wurden gerade bei Fischen bei geringfügig erhöhten CO_2-Konzentrationen bereits Störungen im Verhalten oder in der Reproduktion beobachtet. Generell versuchen Fische, saures Wasser zu meiden. Einige Arten verlieren unter moderat erhöhtem CO_2 ihre Angst vor Fressfeinden und leiden an Orientierungslosigkeit, sichtbar an Veränderungen ihrer Lateralisierung (d. h. der Fähigkeit, Informationen mit der linken oder der rechten Gehirnhälfte zu verarbeiten). Bei tropischen Anemonenfischen birgt Angst- und Orientierungslosigkeit die Gefahr, dass sie leichter Fressfeinden zum Opfer fallen können, wenn sie ihre schützende Anemone verlassen und in die freie Wassersäule schwimmen. Beim Dorsch wurde gefunden, dass aus Eiern kleinere Larven schlüpfen. Dies erhöht während der Larvenphase ebenfalls das Risiko, Fressfeinden zum Opfer zu fallen. Die physiologischen Mechanismen, die diese Veränderungen verursachen, sind bislang noch wenig verstanden. Es ist auch nicht klar, ob diese Effekte über Generationen hinweg wirksam bleiben. Diese Störungen, die auch durch erniedrigte pH-Werte begünstigt werden, gehen zudem mit einer Reduktion des Wachstums und der Reproduktion einher.

Auch bei Crustaceen wurden störende Wirkungen des CO_2 beschrieben. Krebsweibchen erhöhen die Ventilation ihrer Eier, die von ihnen bis zum Schlupf der kleinen Larven unter dem Abdomen getragen werden. Wenn Weibchen mehr Brutpflege betreiben müssen, steht weniger Energie für andere Prozesse zur Verfügung. Dazu kommt ein direkter Einfluss von CO_2 auf die Eier; die aus den Eiern schlüpfenden Larven sterben vermehrt und entwickeln sich erheblich langsamer.

Kammmuscheln entkommen ihren Fressfeinden, indem sie durch schnelles Zusammenklappen der Schalen davonschwimmen. Diese Schwimmleistung ist bei erhöhtem CO_2 reduziert. Bei Miesmuscheln und Austern finden sich unter moderater Ozeanversauerung ein deutlich erniedrigter extrazellulärer pH-Wert und verringertes Wachstum. Vergleichsstudien an Wildfängen und selektiv für die Aquakultur gezüchteten Individuen der Felsenauster (*Saccostrea glomerata*) bestätigen die postulierte Schlüsselrolle der pH-Regulation für die Empfindlichkeit gegenüber Ozeanversauerung (Abb. 34.1). Im Vergleich zu Wildtieren wurden bei den Aquakulturtieren unter Ozeanversauerung eine deutlich geringere Empfindlichkeit und größeres Wachstum, einhergehend mit einem stärker kompensierten extrazellulären pH-Wert, beobachtet.

Verbunden mit Störungen der Säure-Basen-Regulation kann CO_2 die Kalkbildung bei marinen Organismen drosseln (Abb. 34.2). Dieser Effekt kann bereits bei geringen Erhöhungen der CO_2-Konzentrationen einsetzen und geht mit der Abnahme der Sättigung des Meerwassers und der relevanten Körperflüssigkeiten mit Karbonaten einher:

$$CO_2 + H_2O + CaCO_3 \Leftrightarrow 2HCO_3^- + Ca^{2+}.$$

Parallel erfolgt bei steigendem PCO_2 eine Auflösung von vorhandenen Kalkstrukturen, sofern sie nicht durch eine organische Schicht vor korrosivem Wasser geschützt sind. Für die Erhaltung der tropischen Korallenriffe ist ständige Kalkbildung wichtig, um die Erosion auszugleichen (Kap. 29). Da Kalkbildung nur in warmen Meeren in ausreichendem Maße abläuft und die Leistungsfähigkeit der Korallen lichtabhängig ist, finden sich diese Ökosysteme heute vor allem in tropischen Flachmeeren innerhalb eines Gürtels zwischen 30° Nord und Süd. Bei einer Verdoppelung des heutigen CO_2-Gehalts in der Atmosphäre wird die Kalkbildungsrate je nach Art um 15–85 % abnehmen. Die CO_2-Anreicherung ist auch deswegen fatal, weil sie in allen Meeren mehr oder weniger gleich erfolgt und den Korallen dadurch zunehmend die Rückzugsmöglichkeit in kühlere Meeresgebiete abschneidet. Ungünstige Prognosen rechnen daher schon bis zur Mitte des Jahrhunderts mit dem großflächigen Rückgang der Korallenriffe (Kap. 32).

Wirkungen der Ozeanversauerung im Ökosystem lassen sich mittlerweile bereits bei einigen kalkbildenden Arten wie Flügelschnecken und Foraminiferen nachweisen und haben wohl auch im Verlauf von Klimaänderungen in der Erdgeschichte eine Rolle gespielt. CO_2-Schwankungen in Eiszeiten und Zwischeneiszeiten korrelierten mit Änderungen der Schalengewichte fossiler planktonischer Foraminiferen.

Aber auch Organismen, die nicht auf Kalkbildungsprozesse angewiesen sind, reagieren möglicherweise bereits auf moderat erhöhte CO_2-Konzentrationen. Neuere Untersuchungen legen nahe, dass sich erhöhte CO_2-Konzentrationen, Erwärmung und Sauerstoffmangel in ihrer ungünstigen Wirkung gegenseitig verstärken. Dies ist auch bei den Korallen der Fall. Diese Einsicht führt zu einer Neubewertung der Rolle des CO_2 bei Massensterben, die möglicherweise erst durch das Zusammenwirken von Temperaturschwankungen, Sauerstoffmangel und CO_2-Anreicherung ausgelöst wurden.

Wichtig erscheint in diesem Zusammenhang die langfristige Reduktion des Energieumsatzes, die vom Ausmaß der CO_2-Anreicherung abhängt. In einigen Lebensräumen wie der Gezeitenzone ist diese Reaktion sinnvoll. Hier zeigt der vorübergehende Anstieg des CO_2 ungünstige Bedingungen an, die nur passiv zu überstehen sind. Sie wird jedoch kontraproduktiv, wenn die CO_2-Erhöhung andauert. Bei 20.000 ppm und einem pH-Wert des Wassers von etwa 6,6 drosselt *S. nudus* seinen Stoffwechsel um bis zu 35 %. Als eine Ursache konnte die unvollständige Kompensation der pH-Störung im Extrazellulärraum identifiziert werden (Abb. 34.1). Dabei verlangsamt sich die Rate des für die Säure-Basen-Regulation wichtigen Ionenaustauschs (Abb. 34.2). Dieser Ionenaustausch kostet Energie, seine Verlangsamung erklärt aber die Abnahme des Energieumsatzes nur unvollständig; zusätzlich wird die Bewegungsaktivität und damit auch die Atmung gedrosselt – ein Hinweis, dass ein zentralnervöser Mechanismus beteiligt ist. Tatsächlich wird unter CO_2 der Neurotransmitter Adenosin vermehrt gebildet, der für die dämpfende Wirkung des CO_2 mitverantwortlich ist. Schließlich ist unter erhöhtem CO_2 ein zunehmender Abbau von Aminosäuren und Eiweißen zu beobachten, der mit der Drosselung der energieverbrauchenden Proteinsynthese einhergeht. Die generelle Bedeutung dieser Mechanismen bei verschiedenen Arten und bei künftig erwarteten CO_2-Konzentrationen bleibt zu untersuchen.

Insgesamt zeigen diese Ergebnisse, auf welchen Wegen es unter erhöhtem CO_2 bei Wirbellosen zu einer Abnahme von Wachstum und Reproduktion kommen kann. Jüngst abgeschlossene Untersuchungen an Miesmuscheln aus dem Mittelmeer legen nahe, dass die Einwirkung auf die Kalkbildung und die Einwirkung auf die beschriebenen Stoffwechselvorgänge parallel verlaufen. Diese Effekte sind drastisch, d. h., bei Anreicherung des Wassers mit CO_2 und Absenkung seines pH-Werts auf 7,3 erfolgte eine Wachstumsabnahme um über 50 %. Eben dieser pH-Wert wird von Klimaforschern im Jahre 2300 erwartet. Untersuchungen japanischer Wissenschaftler zeigen jedoch bereits bei CO_2-Konzentrationen, die

200 ppm über den heutigen, bzw. bei pH-Werten, die um 0,05 Einheiten unter den heutigen liegen, eine signifikante Reduktion von Wachstum und Überlebensrate von Stachelhäutern und Schnecken aus dem Pazifik. Solche Wirkungen werden nach aktuellen Szenarien bereits in den nächsten zehn bis 20 Jahren eintreten.

Dabei werden auch der Befruchtungserfolg und die frühen Lebensstadien betroffen sein. Bei Muscheln ist die Befruchtung bei leicht basischem pH-Wert besonders erfolgreich. Angesäuertes Wasser führt dagegen zu reduzierter Befruchtung und auch zu erniedrigter Eigröße und verzögertem Schlupf. In einigen Arten erniedrigen schon geringe Absenkungen des pH-Werts den Reproduktionserfolg.

Zusammenfassung und Ausblick

Der Klimafaktor CO$_2$ ist in seiner direkten Wirkung auf marine Tiere und ihre Ökosysteme bisher unterschätzt worden. Diese Einsicht entsteht in einer Zeit, da sich dieser Faktor in der Atmosphäre in einer Weise ändert, wie er es seit Millionen von Jahren nicht getan hat. Im Hinblick auf diese rapiden Änderungen sind weitere Untersuchungen zur Rolle des CO$_2$ in marinen Ökosystemen in Langzeitstudien über mehrere Generationen von großer Bedeutung, um zu klären, ob die Tiere sich dem Tempo der Klimaänderung anpassen können.

Alle hier beschriebenen Wirkungen von erhöhtem CO$_2$ auf Meerestiere beinhalten eine Reduktion der Leistungsfähigkeit. Es resultieren reduzierte Wachstums-, Reproduktions- und Entwicklungsraten, mit Langzeiteffekten auf der Populationsebene. Die derzeit anhaltende CO$_2$-Anreicherung im Meer scheint für viele Meerestiere eine echte Herausforderung darzustellen. Aufgrund steigender atmosphärischer CO$_2$-Gehalte sind bei einer zunehmenden Anzahl von Arten Langzeitwirkungen auf Lebensspanne, Wachstum und Reproduktionsraten zu erwarten. In den Ökosystemen wird sich das Gleichgewicht zwischen Kalkbildnern und Nichtkalkbildnern zuungunsten der Kalkbildner verschieben. Dieser Prozess hat im Zusammenspiel mit den Effekten der globalen Erwärmung auf die geografische Verbreitung von Meerestieren bereits eingesetzt.

Weiterführende Literatur

Gazeau F, Parker LM, Comeau S, Gattuso J-P, O'Connor WAO, Martin S, Pörtner HO, Ross PM (2013) Impacts of ocean acidification on marine shelled molluscs. Mar Biol 160:2207–2245

Parker LM, O'Connor WA, Raftos DA, Pörtner HO, Ross PM (2015) Persistence of positive carryover effects in the oyster, *Saccostrea glomerata*, following transgenerational exposure to ocean acidification. PLOS ONE 10(7):e0132276

Pörtner HO, Reipschläger A, Heisler N (1998) Acid-base regulation, metabolism and energetics in Sipunculus nudus as a function of ambient carbon dioxide level. J Exp Biol 201:43–55

Pörtner HO, Langenbuch M, Reipschläger A (2004) Biological impact of elevated ocean CO_2 concentrations: lessons from animal physiology and earth history? J Oceanogr 60:705–718

Schalkhausser B, Bock C, Stemmer K, Brey T, Pörtner HO, Lannig G (2013) Impact of ocean acidification on escape performance of the king scallop, *Pecten maximus*, from Norway. Mar Biol 160:1995–2006

Schiffer M, Harms L, Pörtner HO, Mark F, Storch D (2014) Pre-hatching seawater PCO2 affects development and survival of zoea stages of Arctic spider crab Hyas araneus. Mar Ecol Prog Ser 501:127–139

Wittmann A, Pörtner HO (2013) Sensitivities of extant animal taxa to ocean acidification. Nat Clim Chang 3:995–1001

Wolf-Gladrow DA, Riebesell U, Burkhardt S, Bijma J (1999) Direct effects of CO2 concentrations on growth and isotopic composition of marine plankton. Tellus 51B:461–476

35

Helgoland, Krill und Klimawandel

Friedrich Buchholz

Was haben Helgoland, Krill und Klima miteinander zu tun? Zur Klärung dieser Frage fangen wir ganz von vorn an: Auf Helgoland begann vor 160 Jahren die systematische Planktonforschung (Box 10.1), und mit 133 Jahren ist die Biologische Anstalt Helgoland die älteste Meeresforschungseinrichtung in Deutschland (Box 44.1). Viele Meerespflanzen und -tiere sind um die Insel herum entdeckt und zum ersten Mal beschrieben worden. Helgoland ist die einzige Felseninsel in der südlichen Nordsee. Ihr Felsengrund in der umgebenden artenarmen Weichbodenlandschaft gibt für über 400 Makroalgenarten und rund 600 Arten wirbelloser Tiere Halt und Heimat. Genauso reich ist das Phyto- und Zooplankton, das im Bereich der Insel besonders gute Nährstoff- und Nahrungsverhältnisse vorfindet. Neben der Einzelbeschreibung der Arten ist das Studium der marinen Nahrungsnetze ein zentraler Forschungsansatz auf Helgoland gewesen. Mittlerweile operiert man mit modernen Methoden und weltweiten Vergleichen, doch die Frage nach der Produktivität der Meere und damit der Effizienz der Nahrungsnetze steht immer noch im Raum – heutzutage mit besonderem Blick auf den akuten Klimawandel.

Die Insellage bietet für solche Vorhaben gleich mehrere Vorteile. Wir können ganzjährig und ohne großen Aufwand Proben nehmen, zum Teil sogar zu Fuß im Felswatt oder „vor der Haustür" von unseren Forschungsschiffen aus. Im Labor können wir mit natürlichem Seewasser bestimmte Umweltszenarien nachstellen

Prof. Dr. Friedrich Buchholz (✉)
Alfred-Wegener-Institut, Helmholtz-Zentrum für Polar- und Meeresforschung
Am Handelshafen 12, 27570 Bremerhaven, Deutschland
E-Mail: Friedrich.Buchholz@awi.de

© Springer-Verlag GmbH Deutschland 2020
G. Hempel et al. (Hrsg.), *Faszination Meeresforschung*,
https://doi.org/10.1007/978-3-662-49714-2_35

und Veränderungen experimentell simulieren. Besonders wertvoll für das Erkennen von Veränderungen ist die Helgoländer Langzeitserie, wohl die beste in der Nordsee. Eine der großen Überraschungen ist dabei der überaus starke Temperaturanstieg. Dem entsprechend dramatisch ist auch die Zuwanderung von wärmeliebenden Organismen, die wir schon seit Längerem verzeichnen (Kap. 36). Das betrifft viele Phytoplankter wie die Mühlraddiatomee, Großalgen wie das Sargasso-Kraut, Zooplankton wie verschiedene Quallen und den Wasserfloh *Penilia*, aber ebenso die Pazifische Auster oder die Rote Meerbarbe. Bei den Nahrungsnetzuntersuchungen müssen wir diese Einwanderer auf allen Ebenen mit berücksichtigen.

Der Helgoländer Hummer soll als Beispiel für den negativen Einfluss steigender Temperaturen auf Zusammenhänge im Nahrungsnetz dienen. Der Europäische Hummer kommt in der südlichen Nordsee nur bei Helgoland vor, weil er den Felsenuntergrund braucht. Im Labor haben wir festgestellt, dass wichtige Prozesse des Wachstums und der Fortpflanzung, z. B. Häutung, Eiablage und Larvenschlupf, durch den saisonalen Temperaturzyklus exakt gesteuert werden. Durch die Klimaveränderung bedingt, beginnt der Anstieg der Frühlingstemperaturen jetzt aber ca. 14 Tage früher. Das führt dazu, dass die Larven im Meer früher schlüpfen und durch den Zeitversatz zur Planktonblüte nicht mehr die richtige Nahrung finden. Denn zu allem Unglück kommt die Frühjahrsblüte aufgrund des gestiegenen winterlichen Fraßdrucks jetzt deutlich später. So fällt dieser sogenannte Mismatch noch drastischer aus. Der Effekt könnte für den gegenwärtigen starken Populationsrückgang des Hummers vor Helgoland mit verantwortlich sein.

Solche ursächlichen Abhängigkeiten zu untersuchen, ist ein Hauptziel unserer Forschung. Wir konzentrieren uns dabei auf Schlüsselarten. Unsere Spezialität auf Helgoland ist die Kombination von Aufzucht und Hälterung von Tieren im Labor unter konstanten Bedingungen, mit Beobachtungen im Freiland und diese wiederum kombiniert mit der biochemisch-physiologischen Laboranalyse. Wir betreiben so einerseits experimentelle Ursachenforschung und untersuchen andererseits die Folgen von Veränderungen. Bezogen auf die erhebliche Erwärmung der Nordsee spiegelt sich dabei ein globaler Trend wider.

Ein wichtiges Untersuchungsobjekt in diesem Kontext ist der Krill (Kap. 11). Die Familie der Euphausiaceen besteht zwar nur aus 86 Arten, diese sind aber weltweit über alle Klimazonen verbreitet. Am berühmtesten ist der Antarktische Krill (*Euphausia superba*). Er gilt als zentrales Nährtier in der Antarktis und kommt nur dort vor. So bietet er den bereits gut untersuchten polaren Kontrast für den klimatischen Vergleich. Ein anderer Vertreter der Familie ist der Nordische Krill (*Meganyctiphanes norvegica*) (Abb. 35.1), der es geschafft hat, im Warmen, z. B. im Mittelmeer, wie auch im Kalten, im Nordatlantik bis zur Arktis, zu leben. Wir können diese Art also als Modellorganismus für Klimatoleranz ansehen. In den Auftriebsgebieten der Küstenströme vor Westafrika finden wir gleich mehrere Vertreter der Gattung *Euphausia*, z. B. *Euphausia hanseni* vor Namibia. In allen diesen Gebieten hat der Krill eine zentrale Stellung in den

Abb. 35.1   Frisch gefangener Nordischer Krill (*Meganyctiphanes norvegica*).
(Foto: Friedrich Buchholz)

lokalen Nahrungsnetzen, einerseits als Konsument von Phyto- und kleinerem
Zooplankton, aber auch als wichtige Nahrung für kleine und große Fische sowie
für verschiedene Seevögel, Robben und Wale.

Im Mittelpunkt unserer Forschungsarbeiten steht der Nordische Krill. Wir
sind dabei in der glücklichen Lage, den Helgoländer Dreifachansatz Freiland –
Laborhälterung – Biochemie auch auf die offene See zu verlagern, nämlich auf
unser Forschungsschiff *Heincke*, das nicht nur über Fang- und Messgeräte für
außenbords verfügt, sondern auch speziell für Experimente mit lebenden Tieren
an Bord eingerichtet ist und dazu noch analytische Labore hat (Kap. 43). Wenn
man großräumig forschen will, lädt man sich am besten Kollegen an Bord ein, die
auf die Gebiete vor ihrer Haustür spezialisiert sind. Da die Europäische Union
solche Forschung fördert, konnten wir über drei Jahre in einem klimatischen
Dreieck sommers wie winters arbeiten (Abb. 35.2a). Forschungsziel war die klimatische Anpassungsfähigkeit des Nordischen Krill. Wir wollten mit Messdaten
an einem konkreten Beispiel das Was-wäre-wenn-Szenario der globalen Erwärmung konstruieren.

Die Hauptuntersuchungsorte wurden nach ihren Temperaturkontrasten ausgewählt: Die atlantisch beeinflusste Clyde-See vor Schottland mit relativ konstanten und kühlen Wassertemperaturen, dagegen das Mittelmeer in der Ligu-
rischen See bei Korsika mit konstant warmen Temperaturen und das Kattegat
mit extrem variablen saisonalen Bedingungen, geprägt durch das dort im Winter
sehr kalte und im Sommer stark angewärmte, einströmende Ostseewasser. Mit
berücksichtigt wurden auch die sehr unterschiedlichen Nahrungssituationen an
diesen Standorten.

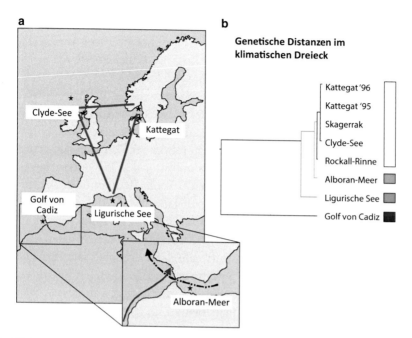

Abb. 35.2 **a** Genetische Differenzierung des Nordischen Krill im klimatischen Dreieck Kattegat, Clyde-See und Ligurische See (*grüne Linie*). **b** Vergleichsdiagramm. (Nach Zane et al. 2000, in Buchholz und Buchholz 2010)

Die französischen, schottischen und deutschen Physiologen an Bord des Forschungsschiffs *Heincke* arbeiteten intensiv mit italienischen Molekulargenetikern zusammen, von denen wir vor allen Dingen wissen wollten: Handelt es sich an diesen drei Habitaten überhaupt um eine einzige Krillart, und inwieweit sind die physiologischen Eigenschaften im genetischen Repertoire festgelegt? Als Kriterium für die genetische Differenzierung wurden spezifische Bereiche der Struktur der mitochondrialen Gene bestimmt und verglichen (Kap. 46). In Abb. 35.2b stehen die waagerechten Linien für die genetischen Distanzen zwischen den örtlichen Populationen. Je länger der Strich ist, desto weiter sind die Tiere genetisch voneinander entfernt. Die Ergebnisse waren ziemlich überraschend! Obwohl die westschottischen Probeorte vom Kattegat 1000 km entfernt sind, ist der Krill genetisch nicht zu unterscheiden. Aber auch der Krill aus dem Alborán-Meer im westlichen Mittelmeer zeigt kaum Unterschiede. Dass über diese weiten Entfernungen Tiere im Sinne einer Gendrift ausgetauscht werden, verursacht durch Strömungen, ist kaum wahrscheinlich. Also ist das genetische Repertoire eher konservativ ausgelegt. Statistisch signifikant verschieden von den anderen ist nur der ligurische Krill im zentralen Mittelmeer. Von der Bildung einer Unterart ist diese Population aber noch sehr weit entfernt. Fast schon eine Unterart ist dagegen die Cádiz-Population, die wir zusätzlich zu den Hauptorten beprobt haben. Diese Probe aus der Atlantikbucht vor Cádiz passt aber gar nicht in das genetische Bild. Wir haben dieses Ergebnis auch durch nochmalige Probenahme bestätigen können. Möglich ist, dass durch eine charakteristische Oberflächenströmung entlang der afrikanischen Küste Krill aus südlicheren Bereichen bei den Kanaren oder den Kapverden in die Bucht verdriftet wurde.

In unseren Anpassungsexperimenten an Bord wurden die Hälterungstemperaturen der Probenahmestandorte gekreuzt, sodass der südliche Krill den Bedingungen des nördlichen ausgesetzt wurde und umgekehrt. Das geschah im Winter und im Sommer. Dann haben wir die Respiration der Tiere bei den verschiedenen Temperaturen gemessen, da die Atmungsintensität ein gutes Maß für den Gesamtstoffwechsel ist. Sie hängt von den äußeren Bedingungen ab, vor allem von der Temperatur und dem Ernährungszustand.

Auffällig ist zunächst, dass an jedem Standort ein gleicher Wert des Sauerstoffverbrauchs der standortspezifischen mittleren, saisonalen Wassertemperatur entspricht, d. h., die Leistung des Stoffwechsels ist ortsunabhängig. Es hat also eine langfristige Anpassung an die jeweils vorherrschenden Temperaturen stattgefunden. Damit wird der notwendige Grundumsatz gewährleistet. Steigt der Krill nachts in die im Sommer warmen, planktonreichen Oberflächenschichten auf, erhöht sich seine Leistungsfähigkeit entsprechend der ansteigenden Respirationskurven „automatisch". Dadurch können die Tiere schneller schwimmen und die relativ kurze Aufenthaltszeit nahe der Oberfläche optimal zur Nahrungssuche nutzen.

Am auffälligsten ist aber die drastische Anhebung der Winterwerte der Respiration im Mittelmeer. Die speziellen Nahrungsverhältnisse im Mittelmeer bieten die Erklärung: Insgesamt ist dort die primäre und sekundäre Planktonproduktion und damit die Verfügbarkeit reicher Nahrung für den Krill auf nur kurze Zeit, etwa von März bis Mai, beschränkt. In dieser Periode verursachen die relativ hohen Temperaturen eine schnelle Nährstoffaufnahme durch das Phytoplankton. Dadurch ist das Mittelmeer für die meiste Zeit des Jahres extrem nahrungsarm (oligotroph). Offenbar setzt der Krill daher alles auf das Frühjahr. Die Tiere wachsen schnell und pflanzen sich nur in dieser hochproduktiven Zeit fort; sie fahren dazu ihren gesamten Stoffwechsel hoch. Zu erkennen ist der höhere Stoffumsatz des Krills an der verstärkten Atmung.

Daraus ergibt sich ein deutlicher physiologischer Unterschied im klimatischen Dreieck. Die Wassertemperatur beeinflusst den Krill im Norden stärker, während im Süden Temperatureffekte vom abweichenden Nahrungsregime überlagert werden. Der Mittelmeer-Krill hat also eine nahrungsbetonte Physiologie. Diese Entdeckung wird durch andere gemessene Parameter untermauert, wie die Lipid- und Fettsäurezusammensetzung der Tiere oder die Anpassung der Aktivitäten einer Reihe von Stoffwechsel- und Verdauungsenzymen.

Wenn man Labor- und Freilanduntersuchungen betreibt und die Ergebnisse vergleicht, stellt sich immer wieder folgende grundsätzliche Frage: Spiegeln die Laborergebnisse wirklich die Natur wider? Oder in anderen Worten: Betrifft das, was wir messen, nur unsere wenigen Labortiere, oder sehen wir einen Effekt, der typisch ist für die Art? Der Krill ist ein Schwarmtier, und man hat spekuliert, ob diese zum Teil riesigen Schwärme nicht wie ein einziger „Superorganismus" reagieren und funktionieren. Und tatsächlich finden wir häufig synchrones Verhalten der gefangenen Einzeltiere eines Schwarms. Auch fanden wir häufig, dass die Häutung, die Eireifung und das Laichen synchron verlaufen. Möglicherweise synchronisiert eine plötzliche Verbesserung der Nahrungssituation die Tiere in ihrem Wachstum und in der Reproduktion. In der Biorhythmik nennt man das einen Zeitgeber. Diese Vermutung war einer der Gründe, unsere Forschung auch in die Auftriebsgebiete vor Namibia zu verlegen. Denn Auftrieb passiert nicht andauernd, sondern ist stark „gepulst". Ein Auftriebspuls bringt nährstoffreiches Wasser nach oben und verursacht eine starke lokale Planktonblüte, die durch die höheren Glieder der Nahrungskette wie Krill und Fische umgehend genutzt wird (Kap. 7).

Euphausia hanseni, die dominante Euphausiaceen-Art vor Namibia, ist mit 30 mm Körperlänge ähnlich groß wie unser Nordischer Krill – und pendelt wie er täglich zwischen der Oberfläche und mehreren Hundert Metern Tiefe. Wir haben an Bord die Häutungs- und Laichphasen der Tiere mikroskopisch bestimmt. Tatsächlich stellte sich heraus, dass die 100 untersuchten Tiere synchronisiert waren. Die überwiegende Mehrzahl war im Häutungsstadium C unmittelbar vor Beginn des Aufbaus der neuen Schale und gleichzeitig immer vor dem ersten Laichschub im Zyklus. Sie befanden sich also an der Schwelle zum nächsten Wachstums- und Laichschub. Und diese „Wartestellung" korrespondierte exakt mit einem Minimum im Auftrieb! Die Nahrungsressourcen waren also gerade auf dem Minimum – und dementsprechend waren die Tiere startklar, um sofort mit dem nächsten Häutungs- und Wachstumszyklus wieder zu beginnen, wenn der nächste Auftriebspuls käme. Dies betraf weiträumig eine ganze Population. Solch ein Mechanismus dient vermutlich dazu, die unregelmäßigen Nahrungspulse im Auftrieb optimal zu nutzen.

Das Ergebnis zeigt uns abermals, dass die Nahrungsverhältnisse die Physiologie und Entwicklung der Tiere tiefgreifend beeinflussen. Gleichzeitig bedeutet dies, dass bei der Erforschung von Temperaturanpassungen in einer Klimazone immer der Faktor Ernährung mit einzubeziehen ist – monokausale Schlussfolgerungen führen leicht in die Irre.

Nähern wir uns nun einem Überblick der Klimaanpassungen in der Krillfamilie. Der Nordische Krill hat offenbar eine besonders weite Reaktionsspannbreite, um mit kalten und warmen Temperaturen leben zu können. Es scheint typisch zu sein, dass geringe genetisch festgelegte Unterschiede bei Tieren mit einem solch großen Reaktionsspektrum zu finden sind. Der Nordische Krill kann sich jedenfalls gut an wechselnde Temperaturverhältnisse anpassen, ohne dass die verhältnismäßig langsame genetische Maschinerie angeworfen werden muss. Es ist daher richtig, dass der Nordische Krill als Modellorganismus für Klimatoleranz dienen kann.

Der Begriff „Klimatoleranz" führt uns zurück zur anfänglichen Frage: Was passiert, wenn es wärmer wird? Zunächst sieht es so aus, als könne das dem Nordischen Krill wenig ausmachen. Die Respirationskurven zeigen aber, dass mit steigender Temperatur auch der Energieverbrauch steigt. Aus Energiebilanzen geht hervor, dass ab einer bestimmten Temperaturschwelle die zunehmende Leistungsanforderung nicht mehr durch die Nahrungsaufnahme gedeckt werden kann. Hinzu kommt, dass der Nordische Krill in Bezug auf seinen Energiehaushalt ein aufwendiges Leben führt. Da ist vor allem die regelmäßige Vertikalwanderung. Im tiefen Mittelmeer liegt die Amplitude sogar bei 800 m. Der Krill frisst im Schutze der Nacht nahe der produktionsreichen Oberfläche und taucht mit Sonnenaufgang aktiv in dunkle Tiefen ab. Im Mittelmeer ist es vor allem die weitgehend ortstreue Population von ca. 2000 Finnwalen, die ausschließlich von Krill leben und bis in 500 m Tiefe tauchen. Der Krill hat sich darauf eingestellt, diesen Horizont noch zu „unterwandern". Allein diese Auf-und-ab-Wanderung von mehr als 1,5 km pro Tag kostet natürlich erhebliche Energie. Im Norden sind es eher die Fische, wie Kabeljau, Makrele und Wittling, die ihn in die Tiefe zwingen, der Effekt ist aber der gleiche.

Auffällig bei unseren Mittelmeerreisen war die Bindung der Krillschwärme an die sogenannte Ligurische Front, die zu einem örtlich stabilen Strömungssystem gehört. Ähnliches fanden wir im Skagerrak und vor der norwegischen Küste. Solche Frontensysteme sind besonders produktiv, ähnlich wie die Auftriebsgebiete der Kontinentalschelfe. Diese Hochproduktionsgebiete braucht der Krill offenbar, um seinen aufwendigen Lebenswandel energetisch zu decken.

Fronten und Auftriebsgebiete sind von den Meeresströmungen abhängig. Wir sehen zurzeit auch hier einen erheblichen Wandel, z. B. in der Dynamik des Golfstroms. Wenn sich die großen und damit auch die kleinen Randstromsysteme klimabedingt verändern, verschieben sich natürlich auch die Produktionsbedingungen im Meer. Damit können die lokalen Nahrungsnetze leicht aus dem Gleichgewicht geraten. Bricht ein lokales Frontensystem zusammen, hat dies gravierende Folgen für die Krillpopulation, in der Konsequenz aber auch für die Fische und Finnwale.

Wir müssen damit rechnen, dass sich durch die Erwärmung die Grundproduktion in den Meeren sowohl zeitlich als auch räumlich verschiebt. Das Beispiel des Helgoländer Hummers weist auf die Folgen einer saisonalen Verschiebung hin. Der Krill wird dagegen durch die räumlichen Verlagerungen der Stromsysteme betroffen sein.

Fazit

Klimafolgenforschung sollte immer mit ökosystemaren Untersuchungen gekoppelt sein. Ozeanografen und Meteorologen sind gefragt, die physikalischen Bedingungen und Folgen der globalen Veränderungen zu erfassen und möglichst auch vorherzusagen. Das Studium von Modellorganismen, wie am Beispiel Helgoländer Hummer oder Krill gezeigt, ist hilfreich, um die Reaktionen der Lebewelt im Einzelnen abschätzen zu können. Ökophysiologische und damit kombinierte populationsgenetische Untersuchungen geben dazu wichtige Hinweise (Kap. 32). Solche „Schlüsselorganismen" sollten wiederum im Gesamtzusammenhang der örtlichen Nahrungsnetze gesehen und untersucht werden. Klimafolgenforschung muss daher immer multidisziplinär und großräumig sein. Der gesamtökologische Ansatz zu den Nahrungsnetzen ist nicht zuletzt auch notwendig, um die Veränderung der Fischereiressource Meer beurteilen zu können.

Box 35.1: Plankton und Fische in sauerstoffarmen Zonen

Werner Ekau und Britta Grote

Die Sauerstoffkonzentration im Wasser ist ein Umweltparameter mit erheblicher Wirkung auf die Entwicklung und das Überleben mariner Organismen. So wie die Temperatur in den Weltmeeren langsam ansteigt, nimmt der Sauerstoffgehalt langsam ab (Abb. 35.3). Die Arten haben sich an Gehalt und Schwankungen des Sauerstoffs in ihrem Lebensraum angepasst. So haben bodenlebende, träge Arten oder Organismen mit langen Ruhephasen, wie Plattfische oder Grundeln, einen geringen Sauerstoffbedarf im Vergleich zu den hochaktiven Thunfischen. Einigen Arten setzt die Sauerstoffkonzentration im Meer daher Grenzen für ihre vertikale und horizontale Verbreitung. Deshalb beeinflussen niedrige Sauerstoffkonzentrationen oder Hypoxie, was einem Sauerstoffgehalt von weniger als 1,4 ml O_2 l^{-1} oder 30 % Sättigung entspricht, verschiedene Arten und ihre Jugendstadien auf unterschiedliche Weise.

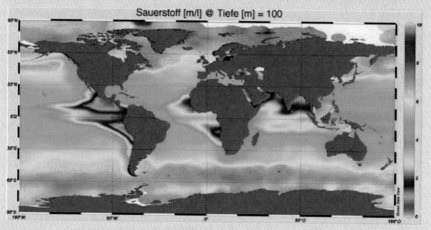

Sauerstoff [m/l] @ Tiefe [m] = 100

Abb. 35.3 Sauerstoffverteilung in 100 m Wassertiefe nach Daten der NODC-Datenbank (National Oceanographic Data Center). In den östlichen tropischen und subtropischen Teilen aller drei Ozeane erreichen die Sauerstoffkonzentrationen die kritischen Werte von <2 ml O_2 l^{-1}

Die Sauerstoffsättigung des Wassers hängt vom Salzgehalt und der Temperatur ab. Sauerstoffarme Gebiete sind in den Meeren weltweit zu finden, und ihre Anzahl und Ausdehnung steigt. In flachen Küstengebieten oder halb geschlossenen Binnenmeeren wie der Ostsee kommen hypoxische Bedingungen häufig vor. Durch den Nährstoffeintrag kommt es vermehrt zu Algenblüten, deren organische Substanz nach der Blüte absinkt und unter Sauerstoffverbrauch von Bakterien zersetzt wird. Dies führt zu hypoxischen bzw. anoxischen Bedingungen in der Tiefe.

Besonders in den östlichen Randgebieten der offenen Ozeane wird der Sauerstoff ebenfalls durch den bakteriellen Abbau abgestorbener Algen aufgezehrt. Dies führt großräumig zu niedrigen O_2-Konzentrationen in mittleren Tiefen, der sogenannten Sauerstoffminimumzone (SMZ) ($\approx$ 100–500 m). Abb. 35.4 zeigt mithilfe einer Modellrechnung das Ausmaß der SMZ vor dem südlichen Afrika. Zooplankton und Fische reagieren sehr unterschiedlich darauf: Viele Arten meiden diesen Tiefenbereich, was zu einer Einschränkung ihres Lebensraums führt. Andere Arten (einige Fische, Tintenfische, Copepoden) suchen diese Wasserschicht auf, um sich auszuruhen oder vor Raubtieren zu verstecken. Wiederum andere wandern während ihres Lebenszyklus durch diese Zone hindurch. Einige Räuber (z. B. Thunfische) jagen in der sauerstoffarmen Zone, benötigen danach aber einige Stunden, um wieder Sauerstoff „aufzutanken".

Abb. 35.4 Szene aus einem Modelllauf der Entwicklung der Sauerstoffminimumzone (SMZ) vor der Westküste des äquatorialen Afrika. Die Berechnungen beruhen auf einer Reihe von Forschungsfahrten im Rahmen des Projekts GENUS (http://genus.zmaw.de/). (© DKRZ/IOW)

Die beobachtete Zunahme von gallertartigem Zooplankton (z. B. Quallen und Salpen) in den letzten Jahren wird als Folge der besseren Anpassung dieser Organismen an eine durch Eutrophierung, Habitatsveränderung oder reduzierten Sauerstoff gestörte Umwelt diskutiert. Manche Quallenarten besitzen eine hohe Toleranz gegenüber Hypoxie und Anoxie durch die Fähigkeit zur metabolischen Depression – die Herunterregulierung der Stoffwechselanforderungen.

In der Ostsee (Kap. 30) haben die starke Schichtung der Wassermassen und der unregelmäßige Zustrom von sauerstoffreichem Nordseewasser zu hypoxischen und sogar anoxischen Bedingungen in den tieferen Becken ab ca. 150 m geführt (Abb. 35.5). Dies hat Auswirkungen auf die kommerziell wichtigen Fischarten der Ostsee, die Sprotte (*Sprattus sprattus*) und den Kabeljau (*Gadus morhua*).

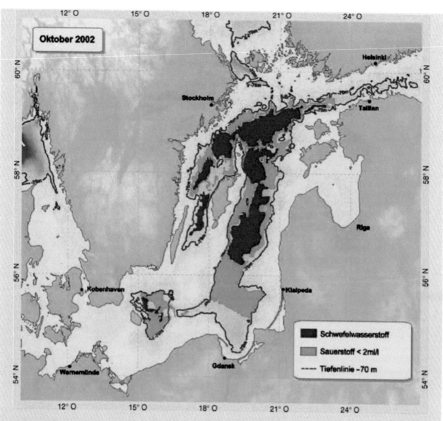

Abb. 35.5 Sauerstoffkonzentration am Boden in der Ostsee. In Tiefen ab 70 m sinkt der Sauerstoffgehalt auf unter 2 ml O_2 l^{-1}, in größeren Tiefen tritt giftiger Schwefelwasserstoff auf. (von http://www.io-warnemuende.de/sauerstoff.html)

Die Sprotte laicht im offenen Wasser, und ihre Eier sind empfindlich gegenüber niedrigen Temperaturen von unter 5 °C. Der Kabeljau ist an kaltes Wasser besser angepasst, und seine im Pelagial abgelaichten Eier sinken tiefer als die der Sprotte. Kritisch für den Reproduktionserfolg des Kabeljaus ist die Interaktion zwischen Eiauftrieb, Salzgehalt und Sauerstoffkonzentration. Hohe Salzgehalte fördern die Eientwicklung. Diese sind aber nur in den tiefen westlichen Ostseebecken zu finden. Diese Becken haben den benötigten Sauerstoffgehalt für die Eientwicklung nur bei ausreichendem Zufluss von sauerstoffreicherem Wasser aus der Nordsee. Aufgrund der unterschiedlichen Anforderungen von Sprotte und Kabeljau lösen die wechselnden Bedingungen in der Ostsee eine natürliche periodische Schwankung der Bestände aus (Abb. 35.6). In einem kabeljaudominierten System wird der Sprottenbestand von kühlen Temperaturen und dem Fraßdruck auf Sprotteneier durch Kabeljau und Zooplankton niedrig gehalten. Das System kann sich erst in einen sprottendominierten Status verschieben, wenn der Kabeljaubestand vom hohen Fischereidruck und reduzierten Zufluss von salzigem und sauerstoffhaltigem Nordseewasser verringert wird. Der Fraßdruck auf die Sprotteneier wird damit reduziert, und zusammen mit milden Wintern verbessert sich ihr Rekrutierungserfolg. In einem sprottendominierten System erhöht sich wiederum der Fraßdruck auf Kabeljaueier.

Solange der Zufluss aus der Nordsee stagniert, hat der Kabeljau kaum Chancen, sich zu erholen. Erst kalte Winter und der Zufluss von sauerstoffreichem Wasser aus der Nordsee verschiebt das System wieder zum Kabeljau hin.

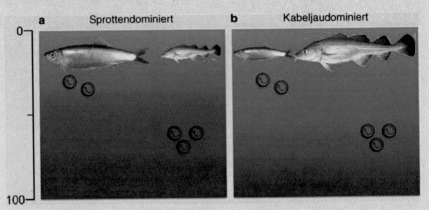

Abb. 35.6 Kabeljaueier sinken wesentlich tiefer als Sprotteneier. Ist in unteren Wasserschichten nicht genügend Sauerstoff, sterben die Eier ab, und Sprotten dominieren (**a**). Nur wenn genügend sauerstoffreiches Wasser aus der Nordsee eingeflossen ist, können sich die Eier gut entwickeln, und der Kabeljau dominiert (**b**)

In den Auftriebsgebieten vor Mauretanien, Namibia, Peru/Chile oder Kalifornien (Kap. 7) wirkt ein anderer Mechanismus. Sie sind so produktiv, dass die Primär- und Sekundärproduktion nicht komplett von höheren Trophiestufen aufgenommen werden kann und stattdessen in tiefere Wasserschichten absinkt, wo das organische Material durch mikrobielle Prozesse unter Sauerstoffverbrauch zersetzt wird und zu einer SMZ führt.

Im nördlichen Benguela-Auftriebssystem gibt es solch eine stark entwickelte SMZ, die von etwa 50 bis 500 m Tiefe reicht. Auf dem Schelf kann es sogar zu Schwefelwasserstoff- und Methanausbrüchen aus dem Sediment kommen und damit bodenlebende Tiere, wie Langusten, beeinflussen und sogar, wie mehrfach beobachtet, an Land treiben. Außerdem hat dieses Phänomen einen Einfluss auf den Lebenszyklus von pelagischen Arten wie der Sardine.

Die Sardinenbestände des nördlichen Benguela-Systems sind seit mehreren Jahren geschrumpft, und die Rekrutierung war meist niedrig. Es wird vermutet, dass der Rückgang der Sardinen durch den verringerten Sauerstoffgehalt in den Laichgebieten auf dem namibischen Schelf verursacht wurde. Die frühen Stadien der kleinen pelagischen Fischarten reagieren empfindlich auf niedrige Sauerstoffkonzentrationen. Die Fischlarven im nördlichen Benguela-System bevorzugen Wassermassen mit $>2{,}5$ ml O_2 l^{-1}. Es wird angenommen, dass im Zuge der globalen Erwärmung die saisonale Hypoxie im nördlichen Benguela-System zunehmen und damit eine Erholung der Sardinenbestände nicht möglich sein wird. Nur wer gut mit sauerstoffarmen Bedingungen klarkommt, hat in Zukunft eine Chance!

Literatur

• Diaz RJ, Rosenberg R (2008) Spreading Dead Zones and Consequences for Marine Ecosystems. Science 321:926–929

- Ekau W, Auel H, Poertner HO, Gilbert D (2010) Impacts of hypoxia on the structure and processes in pelagic communities (zooplankton, macro-invertebrates and fish). Biogeosciences 7:1669–1699
- Levin LA, Ekau W, Gooday AJ, Jorissen F, Middelburg JJ, Naqvi SWA, Neira C, Rabalais NN, Zhang J (2009) Effects of natural and human-induced hypoxia on coastal benthos. Biogeosciences 6:2063–2098
- Stramma L, Johnson GC, Sprintall J, Mohrholz V (2008) Expanding Oxygen-Minimum Zones in the Tropical Oceans. Science 320:655–658

Weiterführende Literatur

Buchholz F, Buchholz C (2010) Growth and moulting in Northern Krill (*Meganyctiphanes norvegica* Sars). Advances in Marine Biology 57:173–197

Buchholz F, Saborowski R (2000) Metabolic and enzymatic adaptations in the Northern and Southern krill, *Meganyctiphanes norvegica* and *Euphausia superba*. Can J Fish Aquat Sci 57:115–129

Schmalenbach I, Mehrtens F, Janke M, Buchholz F (2011) A mark-recapture study of hatchery-reared juvenile European lobsters, *Homarus gammarus*, released at the rocky island of Helgoland (German Bight, North Sea) from 2000 to 2009. Fish Res 108:22–30

Werner T, Buchholz F (2013) Diel vertical migration behaviour in euphausiids of the northern Benguela current: seasonal adaptations to food availability and strong gradients of temperature and oxygen. J Plankton Res 35:792–812

Werner T, Buchholz C, Buchholz F (2015) Life in the sea of plenty: Seasonal and regional comparison of physiological performance of Euphausia hanseni in the northern Benguela upwelling system. J Sea Res. doi:10.1016/j.seares.2015.06.018

36

Klimaflüchtlinge, Migranten und Invasoren

Christian Buschbaum und Karen Helen Wiltshire

Über Jahrhunderte wurden Umweltveränderungen vom Menschen oft nur unbewusst wahrgenommen. Grund ist, dass unser Gehirn nur die eigene Lebensspanne aktiv registriert und maximal noch die der Eltern und Großeltern einzuschätzen vermag. Für lange Zeit waren aber innerhalb von drei menschlichen Generationen biologische Veränderungen an unseren Küsten ziemlich gering, vor allem im Vergleich zur erdgeschichtlichen Entwicklung und der Evolution.

Dies hat sich in den vergangenen 150 Jahren deutlich gewandelt. Vor der Industrialisierung hat sich menschliches Handeln, wie die regionale Fischerei, weitgehend nur lokal auf Ökosysteme ausgewirkt. Heute greifen anthropogene Effekte zunehmend auf globaler Ebene. Ein Beispiel ist die anhaltende Ausbeutung und Verbrennung fossiler Rohstoffe und der damit ansteigende Kohlendioxidgehalt der Atmosphäre, der den Treibhauseffekt verstärkt (Kap. 32). Viele Meeresgebiete erwärmen sich. Stark beeinflusst ist der Arktische Ozean, aber auch in unseren heimischen Gewässern ist die Tendenz deutlich. So hat die mittlere Wassertemperatur der Nordsee in den letzten 50 Jahren um 1,7 °C zugenommen. Das erscheint auf den ersten Blick nicht so gravierend, ist aber für das Vorkommen vieler Organismen eine Verbreitungsschwelle, da die Erwärmung mit milden Wintern und warmen Sommern gekoppelt ist. Für kälteliebende Arten, die in der Nordsee ihre südlichste Ausdehnung finden, ist es zu warm geworden, z. B. für junge Kabeljau im flachen Wattenmeer. Andere Arten, denen es bisher in der Nordsee zu kalt war, wandern aus dem Süden ein. Damit verbunden sind auch

Dr. Christian Buschbaum (✉)
Wattenmeerstation Sylt, Helmholtz-Zentrum für Polar- und Meeresforschung
Hafenstraße 43, 25992 List/Sylt, Deutschland
E-Mail: Christian.Buschbaum@awi.de

© Springer-Verlag GmbH Deutschland 2020
G. Hempel et al. (Hrsg.), *Faszination Meeresforschung*,
https://doi.org/10.1007/978-3-662-49714-2_36

neue Wechselwirkungen zwischen den Organismen. Arten stoßen aufeinander, die vorher räumlich getrennt waren, und so können sich beispielsweise Räuber-Beute-Beziehungen und Konkurrenzverhältnisse verschieben.

Extreme erdgeschichtliche Temperaturveränderungen hat es mehrfach gegeben – jedoch über sehr lange Zeiträume. Heute geschieht die Erwärmung unserer Meere aber sehr schnell, und die Effekte vermischen sich mit weiteren Faktoren weltweiter menschlicher Aktivität. Die Globalisierung der Märkte und der intensive Warenaustausch über transozeanische Schifffahrtswege sowie die Intensivierung der Aquakultur haben dazu geführt, dass natürliche Ausbreitungsschranken für Meeresorganismen immer einfacher überwunden werden können. Dies resultiert in einer ansteigenden Einschleppungsrate von exotischen Arten, die als blinde Passagiere den Transport im Ballastwasser oder angeheftet am Rumpf der Schiffe überstehen. Wie die transportierten Güter stammen diese Organismen meist von wärmeren Küsten und finden nun in Nord- und Ostsee geeignete Lebensbedingungen vor. So führt derzeit gerade die Kombinationswirkung von Klimaerwärmung und Globalisierung des Handels zu bedeutenden Veränderungen in heimischen Meeresgebieten.

Folgen am Meeresboden

Für jeden ist die Artenverschiebung an unseren Küsten leicht zu erkennen. Schon ein Strandspaziergang an der Wattenmeerküste der Nordsee reicht, um im Spülsaum Spuren von Organismen zu finden, die unsere Großeltern noch nicht kannten. Schalen von Austern aus dem Pazifikraum sowie Gehäuse von Muscheln und Schnecken aus Nordamerika sind mindestens genauso zahlreich wie die heimischer Tierarten (Abb. 36.1). Sie zeugen von einem Wandel der Lebensgemeinschaften am Meeresgrund. Dieser wird noch deutlicher auf den Wattflächen in unmittelbarer Nähe zur Niedrigwasserlinie, wo sich das Wasser bei Ebbe kurz zurückzieht und damit einen Blick auf ein völlig neu entstandenes Habitat auf der Sedimentoberfläche freigibt. Hier, wo früher heimische Miesmuschelbänke das Bild geprägt haben, ist es nun die Pazifische Auster (*Crassostrea gigas*), die durch ihre Größe und Häufigkeit zuerst ins Auge fällt. Was ist passiert, und was sind die Folgen für die gesamte Lebensgemeinschaft?

In den 1960er Jahren wurde die Pazifische Auster für den Einsatz in der Aquakultur nach Frankreich und in die Niederlande importiert. Bereits nach zehn Jahren ist ihr die Flucht in den natürlichen Lebensraum gelungen und in der Rheinmündung hat sich die erste wildlebende Population etabliert. Gelernt wurde daraus nicht, und die Pazifische Auster wurde 1986 auch im Wattenmeer bei Sylt in Kultur genommen. Hier haben die Tiere ebenfalls Larven gebildet, die sich nach einigen Wochen im Wasser treibend auf den Schalen der heimi-

Abb. 36.1 Leere, angespülte Schalen im Spülsaum der Nordseeküste spiegeln die Veränderungen der Lebensgemeinschaft draußen am Meeresboden wieder. Amerikanische Pantoffelschnecken (*vorn*) und Pazifische Austern (*dahinter*) kommen in hohen Dichten an der Niedrigwasserlinie vor. Die Amerikanische Schwertmuschel (*rechts*) bildet heute die größte Biomasse im permanent überfluteten Bereich des Wattenmeeres (Original der Autoren)

schen Miesmuscheln (*Mytilus edulis*) fest zementiert haben. So wurde die erste Pazifische Auster schon 1991 auf einer Sylter Miesmuschelbank entdeckt. Ab diesem Zeitpunkt ging es für die eingeschleppte Austernart steil aufwärts, und sie erreicht heute Dichten von 2000 Tieren pro Quadratmeter und mehr (Kap. 25). Die Miesmuschel wurde durch die Auster aber nicht verdrängt. Sie lebt heute vorwiegend in Bodennähe innerhalb des Austernriffs. Feldexperimente haben gezeigt, dass hier die Nahrungsbedingungen für die Tiere zwar schlechter sind und sie deshalb nicht so gut wachsen, aber auf der anderen Seite sind die Miesmuscheln zwischen den Austern besser vor Räubern und für sie schädlichen Seepockenbewuchs geschützt. Der Kompromiss zwischen schlechterem Wachstum und einer höheren Überlebensrate geht so weit, dass die Miesmuscheln aktiv im Austernriff nach unten wandern, um räuberischen Strandkrabben zu entkommen. Dieses Beispiel zeigt, dass heimische Organismen auf sich ändernde Lebensbedingungen reagieren, sogar von ihnen profitieren können und so neue Interaktionen entstehen.

Die Austerninvasion im Wattenmeer hat nicht nur die Bedingungen im Gezeitenbereich verändert. Auch in das flache Sublitoral, also dort, wo auch bei Niedrigwasser der Meeresboden mit Wasser bedeckt bleibt, haben sich die eingeschleppten Austern in den letzten Jahren ausgebreitet. Ihnen sind weitere nicht heimische Arten gefolgt, wodurch völlig neue Strukturen entstanden sind. Ein besonders eindrucksvolles Beispiel ist hier der Japanische Beerentang (*Sargassum muticum*). Diese pazifische Braunalge nutzt die Schalen der Austern als Ansiedlungssubstrat und erreicht eine Länge von 4 m. Sie ist damit heute die größte bei uns vorkommende Algenart. Ihre Bestände sind in einigen Gebieten so dicht, dass ausgeprägte Unterwasserwälder entstanden sind, was für viele heimische, aber auch für eine Reihe exotischer Arten einen willkommenen neuen Lebensraum darstellt. So ist ein Dominoeffekt entstanden, der beispielsweise dazu geführt hat, dass sich Gespensterkrebse aus Asien (*Caprella mutica*) in den Algenwäldern angesiedelt haben. Sie waren nach ihrer Einschleppung lange Zeit nur auf künstliche Substrate wie Hafenpontons beschränkt. Dank der zusätzlichen Struktur des Beerentangs auf dem Wattboden haben sie nun aber den Sprung in dieses neu geschaffene Habitat geschafft und sind somit fest etabliert (Abb. 36.2). Insgesamt ist hier ein artenreicher Lebensraum entstanden, den es so im Wattenmeer vorher nicht gab und in dem vielseitige neue Wechselwirkungen zwischen heimischen und eingeschleppten Organismen auftreten, die wir erst in ihren Anfängen verstehen und deren langfristige Auswirkungen nur schwer abzuschätzen sind.

Ein Großteil der neuen Arten stammt aus dem Pazifischen Ozean, meistens aus südlicheren und damit wärmeren Breiten. Deshalb profitieren vor allem diese Arten von den ansteigenden Wassertemperaturen. Das betrifft nicht nur Neueinschleppungen, sondern auch wärmeliebende Arten, die schon seit Jahrzehnten bei uns zu beobachten sind, aber vorwiegend ein Schattendasein gefristet haben. Ihre Populationen sind durch kalte Winter mit Eisbildung klein geblieben, da sie an diese Verhältnisse nicht angepasst waren und ihre Sterberate im Winter hoch war. Die milderen Winter führen nun zu einem Aufwachen dieser „ökologischen Schläfer" und zu exponentiell ansteigenden Abundanzen. Ein prägnantes Beispiel ist die Australische Seepocke (*Austrominius modestus*). Sie konnte ihre Dichten im nördlichen Wattenmeer von nur wenigen Individuen pro Quadratmeter in der Mitte der 1990er Jahre auf bis zu 100.000 m^{-2} Tiere zu Anfang des neuen Jahrtausends erhöhen, da sie von mehreren aufeinanderfolgenden Jahren mit warmen Sommern und milden Wintern profitiert hat. Auch die Pazifische Auster und die Amerikanische Pantoffelschnecke (*Crepidula fornicata*) haben in dieser Zeit ihr Vorkommen vervielfacht (Abb. 36.1). Somit ist es vor allem die Kombinationswirkung von Menschen verursachter Effekte, die eine deutliche Veränderung der Lebensgemeinschaften und somit auch der Wechselwirkungen zwischen den Organismen am Meeresboden heimischer Küsten verursacht.

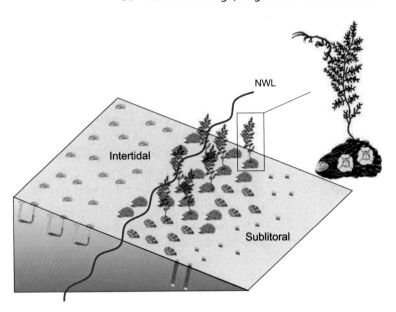

Abb. 36.2 Im Wattenmeer der Nordseeküste ist durch die Ansiedlung eingeschleppter Arten an der Niedrigwasserlinie (NWL) und direkt darunter (Sublitoral) ein neuer Lebensraum entstanden. Hier haben sich auf dem Meeresboden Amerikanische Pantoffelschnecken und Pazifische Austern in hohen Dichten ausgebreitet. Vor allem die Austern bieten ein Anheftungssubstrat für weitere Exoten, wie Australische Seepocken und den Japanischen Beerentang. Dieser wird wiederum durch weitere nicht heimische Organismen, wie den Asiatischen Gespensterkrebs, besiedelt. Im tieferen Sublitoral dominieren Amerikanische Schwertmuscheln, wogegen der vom Wattwurm dominierte Gezeitenbereich (Intertidal) kaum eingeschleppte Arten aufweist. (Modifiziert nach Buschbaum und Reise 2010)

Folgen in der Wassersäule

Schwieriger als am Meeresboden (Benthal) sind neue Arten im Freiwasser (Pelagial) zu entdecken und als eingeschleppte Arten auszumachen, denn Planktonorganismen sind teilweise sehr klein, und die Artbestimmung erfordert oft eine größere taxonomische Expertise. Hinzu kommt, dass sich Verbreitungsgrenzen im Plankton schwieriger definieren lassen, da das Vorkommen der Arten weit dynamischer ist als am Meeresgrund und somit eine Einordnung in „heimisch" und „eingeschleppt" nicht immer zweifelsfrei durchgeführt werden kann. Als Hauptverbreitungsvektor für Planktonarten wurde häufig Ballastwasser nachgewiesen, das großen Handelsschiffen zur Stabilisierung bei interkontinentalen Überfahrten dient. Mit ihm werden die Organismen im Ursprungsland aufgenommen und schließlich im Zielgebiet wieder außenbords gepumpt. Das Artenspektrum der auf diesem Wege eingetragenen Organismen ist vielfältig. Es reicht von kleinsten Geißeltierchen (Dinoflagellaten), wie *Prorocentrum minimum* und

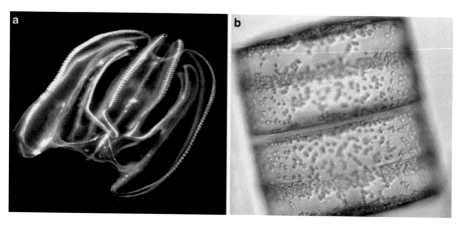

Abb. 36.3 In der Nordsee neu etablierte Planktonarten. **a** Rippenqualle *Mnemiopsis leidyi*. **b** Kieselalge *Coscinodiscus wailesii*. (planktonnet.awi.de; a Nils Gülzow; b Alexandra Kraberg;)

Alexandrium minutum (beide Arten sind kleiner als 50 µm), bis zu planktischen Larven von Muscheln und Krebstieren, wie die der Amerikanischen Schwertmuschel (*Ensis americanus*) und der Chinesischen Wollhandkrabbe (*Eriocheir sinensis*).

In der Wassersäule können einwandernde Arten fundamentale Auswirkungen auf das Nahrungsnetz haben, wenn sie sich beispielsweise aufgrund fehlender Fraßfeinde massenhaft vermehren oder in Nahrungskonkurrenz zu den einheimischen Arten treten. Intensiv wurden die Folgen durch die Einschleppung der Rippenqualle *Mnemiopsis leidyi* (auch „Meerwalnuss") untersucht (Abb. 36.3a). Diese Rippenqualle hat zur weiteren Schädigung bereits stark überfischter Fischbestände im Schwarzen Meer und Kaspischen Meer beigetragen. Sie ist ein Nahrungskonkurrent der dort heimischen Fischarten, wie der Europäischen Sardelle (*Engraulis encrasicolus*) und konsumiert zudem Fischeier und Jungfische. Auch in der Nord- und Ostsee kommt die Art seit 2006 vor, allerdings hat sie hier bisher keine vergleichbaren negativen Konsequenzen für die heimischen Organismen. Die Effekte eingeschleppter Arten können also in verschiedenen Meeressystemen sehr unterschiedlich ausgeprägt sein. Auch auf zeitlicher Skala können die Auswirkungen eingeschleppter Planktonarten Veränderungen unterworfen sein. Die in den 1970er Jahren in der Nordsee neu aufgetretene große Kieselalge *Coscinodiscus wailesii* (Abb. 36.3b) wurde zunächst als „Pest" betrachtet. Sie kam massenhaft vor und hat durch ihre starke Schleimproduktion Fischernetze verstopft. Heute wirken auf die Kieselalge bestandsregulierende Faktoren, denn sie wird von Zooplanktonorganismen als Nahrung genutzt und auch durch Parasiten befallen. Damit ist sie ein fester Bestandteil des Nordseeplanktons geworden, kommt jedoch in geringeren Dichten vor.

Grundsätzlich scheint der invasive Effekte verursachende Anteil an gebietsfremden Planktonarten nicht sehr hoch zu sein. Eine Analyse von zwölf in die Ostsee eingetragenen Phytoplanktonarten ergab, dass nur der Dinoflagellat *Prorocentrum minimum* einen negativen Einfluss auf die heimische marine Umwelt hat. Andere Arten, wie *Alexandrium minutum*, bilden Toxine. Diese werden von Muscheln mit der Nahrung aufgenommen und angereichert. Sie schaden den Muscheln und dem Ökosystem nicht, wirken aber beim Verzehr der Muscheln auf den Menschen giftig.

Zusätzlich zu direkten Wechselwirkungen zwischen neuen und heimischen Arten können auch indirekte Auswirkungen mit ökosystemarer Bedeutung entstehen. Massenhaftes Wachstum auch von neu eingeschleppten Phytoplanktonarten kann zum Absterben und Absinken der Individuen führen. Sauerstoffzehrende biologische Abbauprozesse sind die Folge, sodass der Sauerstoffgehalt im Wasser stark reduziert wird. Gezeigt wurde dies wiederum für den sehr kleinen Dinoflagellaten *Prorocentrum minimum*. Vor allem für Küstengebiete ist der Prozess von Bedeutung, da sie häufig einem erhöhten Eintrag an Nährstoffen durch die Flüsse unterliegen. Die dadurch entstehende Eutrophierung nutzen eingeschleppte, aber auch heimische Planktonalgen, um Biomasse aufzubauen. Begünstigt wird das Phytoplanktonwachstum zusätzlich durch erhöhte Wassertemperaturen. Deshalb gilt es als wahrscheinlich, dass die seit den 1960er Jahren beobachtete Expansion von Gebieten hoher Sauerstoffzehrung (sogenannte *dead zones*) infolge der globalen Erwärmung weiter voranschreiten wird (Box 35.1).

Neben dem Phytoplankton ist auch das Zooplankton durch ansteigende Temperaturen beeinflusst, da diese Arten ebenfalls an bestimmte Temperaturoptima angepasst sind. So hat sich das Hauptvorkommen des Ruderfußkrebses (Copepoda) *Calanus finmarchicus* in der Nordsee deutlich nach Norden verschoben, da diese Art kaltgemäßigte Bedingungen bevorzugt. Dagegen kommt in der zentralen Nordsee die Art *Calanus helgolandicus* deutlich häufiger vor; sie gehört zu den warmgemäßigten Arten. Diese räumliche Verschiebung ist ein weiteres Indiz für eine sich erwärmende Meeresumwelt (Abb. 36.4).

Generell sind allerdings die Faktoren, welche die Planktongemeinschaften und die vorkommenden Arten beeinflussen, sehr vielseitig und nicht allein von der Temperatur abhängig. Per Definition sind Planktonlebewesen Organismen, die in der Wassersäule schweben und damit stark vom Strömungsgeschehen beeinflusst werden, da sie nicht aktiv gegen den Wasserstrom anschwimmen können. Dadurch ist das Vorkommen einzelner Arten nicht nur an ihre Temperaturanpassung gekoppelt. Wenn sich Strömungen ändern, können die Organismen passiv in von ihnen bisher kaum bewohnte Gebiete transportiert werden. Beispielsweise hat sich der Einstrom von Wassermassen aus dem Ärmelkanal in die Deutsche Bucht in den letzten Dekaden phasenweise stark erhöht, bedingt durch ein Windregime mit häufigeren Südwestwindlagen. Eine solche Veränderung des Transports von

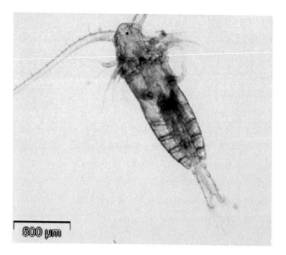

Abb. 36.4 Der warmgemäßigte Ruderfußkrebs *Calanus helgolandicus* kommt in der südlichen Nordsee aufgrund der Erwärmung häufiger vor. (planktonnet.awi.de; Susanna Knotz)

Wassermassen kann regional auch zu anderen Zooplanktongemeinschaften führen. Noch komplexer wird die Situation, wenn verschiedene bestandsbestimmende Komponenten miteinander interagieren. Schichtungen von Wassermassen werden durch die Temperatur (kaltes Wasser ist schwerer als warmes Wasser) und verschiedene Salzgehalte (salziges Wasser ist schwerer als Süßwasser) verursacht, wodurch sich lokal vertikale Ausgleichsströmungen ausbilden. Im Zusammenhang mit großskaligen Windeinflüssen und Meeresströmungen können so in Küstengebieten nur schwer vorhersehbare hydrodynamische Bedingungen entstehen. Sie sind es aber, die Ausbreitung und Vorkommen einzelner Arten sowie deren zeitliche Dominanz innerhalb eines Jahres (Phänologie) stark mitbestimmen. Insgesamt ist es schwer, die Gründe für das Vorkommen und die Ausbreitungsveränderungen spezifischer Arten im Plankton eindeutig zu bestimmen, natürliche Faktoren von anthropogenen Effekten abzugrenzen und Prognosen über die Entwicklungen einzelner Arten, Artengruppen oder gar gesamten Planktongemeinschaften als Reaktion auf klimatische Veränderungen und Einschleppungen zu erstellen.

Schlussfolgerungen

Ökosysteme sind keine konstanten Einheiten und Entwicklungen ihrer Lebensgemeinschaften sind natürliche Prozesse. Diesen überlagert sind aber menschlich verursachte Veränderungen, z. B. der anhaltend hohe Fischereidruck in Nord- und Ostsee. Mit der Kombinationswirkung des weltweiten Schiffsverkehrs und des Klimawandels sind nun weitere Effekte dazugekommen. Die anthropogene Erwärmung der Erde kann nicht mehr gestoppt werden und nur erhebliche Anstrengungen, wie die deutliche Reduzierung der Kohlendioxidemissionen, können die derzeitige Tendenz abmildern. Demgegenüber erscheint der Umgang mit eingeschleppten Arten leichter beherrschbar; deren Bedeutung für heimische Systeme ist international erkannt worden. Die Europäische Union hat im Jahr 2008 die Meeresstrategie-Rahmenrichtlinie (MSRL) mit dem Ziel erlassen, bis zum Jahr 2020 alle europäischen Meere in einen guten ökologischen Zustand zu überführen bzw. diesen zu erhalten. Ein elementarer Bestandteil der Richtlinie ist der Umgang mit fremden Arten, deren Einschleppungsrate nahezu null sein soll. Auch die Ernennung des europäischen Wattenmeeres zum Weltnaturerbe im Jahr 2009 war mit der Auflage verbunden, eine Strategie zum Umgang mit eingeschleppten Arten zu entwickeln. Grund ist, dass eine globale Homogenisierung der Meeresökosysteme befürchtet wird, bei der sehr erfolgreiche und konkurrenzstarke Organismen weltweit vorkommen und heimische Arten verdrängen. Bisher haben aber eingeschleppte Arten die Diversität in Küstenökosystemen ausschließlich erhöht, und es gibt weltweit noch keinen Beleg dafür, dass eingeschleppte Arten für das gänzliche Verschwinden heimischer Organismen verantwortlich sind. Native Arten können sogar profitieren, indem sie zusätzliche Nahrungsressourcen (z. B. Phytoplankton) und Strukturen (z. B. Japanischer Beerentang) nutzen, die ihnen die Einwanderer bieten.

Viele neu ankommende Organismen können sich nicht etablieren. Dennoch ist die aktuelle Einschleppungsrate hoch, denn z. B. in der deutschen Nordsee siedeln sich derzeit durchschnittlich 1,5 benthische Arten pro Jahr erfolgreich an. Für das Plankton ist die Rate unzureichend bekannt. Jede dieser zusätzlichen Organismen kann unvorhergesehene Auswirkungen verursachen, und somit wird bei jeder sich neu ansiedelnden Art ein „ökologisches Roulette" gespielt. Es wird kaum möglich sein, bereits weiträumig etablierte exotische Arten aus Nord- und Ostsee naturverträglich zu entfernen. Prävention bietet wohl die größte Chance, ein Einbringen fremder Organismen zu verhindern. Beispiele sind die Überwachung des Ausbrechens von Aquakulturorganismen sowie die Behandlung von Ballastwasser, die teilweise schon durchgeführt wird und internationaler Standard werden soll. Zusätzlich sind andauernde Überwachungsprogramme erforderlich, die das Auftreten neuer Arten frühzeitig erkennen, um gegebenenfalls mit Gegenmaßnahmen darauf reagieren zu können.

Meereslebensräume sind offene Ökosysteme und halten sich nicht an künstliche Ländergrenzen. So wurden bis zum Jahr 2010 im europäischen Wattenmeer 66 nicht heimische bodenlebende Arten festgestellt, aber nur acht von ihnen sind direkt eingeführt worden. Alle anderen Arten sind nach ihrer Einschleppung und Etablierung in den Meeresgebieten benachbarter Länder erst sekundär durch kleinräumige Verbreitung ins Wattenmeer eingewandert. Ähnliche Ausbreitungsmuster sind auch für Planktonorganismen sehr wahrscheinlich, die eine noch höhere Verbreitungsdynamik aufweisen und bei denen deshalb jeweils die gesamte Nordsee und Ostsee als kleinste ökologische Einheiten betrachtet werden müssen. Somit braucht eine Strategie zum Umgang mit nicht heimischen Arten einen sehr großräumigen Ansatz mit intensiver internationaler Abstimmung.

Box 36.1: Die Einwanderung der Trapezkrabbe in die Nordsee
Hermann Neumann, Ingrid Kröncke

Umweltveränderungen geschehen meist langsam und sind von natürlichen Schwankungen überlagert. Aus diesem Grunde können nur Langzeituntersuchungen Befunde und Prognosen verlässlich machen. Ein gutes Beispiel hierfür ist das Auftreten von neuen Arten im Verlauf von langen Beobachtungszeiträumen. Die Überraschung war groß, als im letzten Jahrzehnt zum ersten Mal die Trapezkrabbe (*Goneplax rhomboides*) in der Nordsee gefangen wurde, eine Krabbenart, die man bislang nur aus dem Mittelmeer und dem östlichen Atlantik kannte. Langzeituntersuchungen belegten sowohl eine zunehmende Individuendichte als auch ein immer größeres Verbreitungsgebiet dieser Art in der Nordsee. Sie wurde im Jahr 2000 zum ersten Mal in der nördlichen Nordsee gefunden und breitet sich seit 2003 auch in der südlichen Nordsee aus (Abb. 36.5). Insgesamt sind bisher über 1500 Exemplare gefangen worden, darunter Männchen, eiertragende Weibchen sowie Jungtiere. Dies spricht für eine erfolgreiche Etablierung der Trapezkrabbe in der Nordsee.

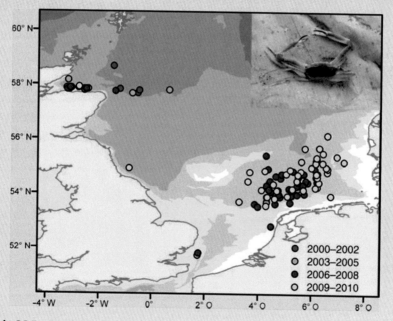

Abb. 36.5 Fundorte der Trapezkrabbe (*Goneplax rhomboides*) in der Nordsee von 2000 bis 2010. Bemerkenswert ist die kontinuierliche, ostwärts gerichtete Ausbreitung in der südlichen Nordsee von 2003 bis 2010. (Foto: Hans Hillewart)

Häufig gelangen Arten im Ballastwasser oder als Aufwuchs am Rumpf großer Schiffe in entlegene Gebiete außerhalb ihres Verbreitungsareals. Die Trapezkrabbe bzw. ihre planktischen Larven kamen aber offensichtlich auf „natürlichem" Einwanderungsweg mit atlantischen Wassermassen in die Nordsee. Die Erstfunde im Jahr 2000 stammen aus dem Einflussbereich des Fair-Isle- und des Dooley-Stroms, deren Ursprung in den Bereichen des nordöstlichen Atlantiks liegt, in denen die Trapezkrabbe beheimatet ist. Auch Vorkommen der Trapezkrabbe vor den westbritischen Inseln und der Biskaya sind bekannt. Wassermassen aus diesen Gebieten fließen über den Ärmelkanal in die Nordsee. Der Einstrom von atlantischen Wassermassen nahm in den letzten Jahrzehnten zu und erreichte ein Maximum im Jahr 2001, zwei Jahre bevor ausgewachsene Exemplare der Trapezkrabbe erstmals in der südlichen Nordsee gefunden wurden. Es spricht daher vieles dafür, dass Larven der Trapezkrabbe über die atlantischen Einströme in die Nordsee gelangt sind, umso mehr, als mittlerweile auch Larven der Trapezkrabbe im Plankton nachgewiesen wurden.

Nischen- oder Habitatmodelle bieten heutzutage die Möglichkeit, die potenzielle, großflächige Verbreitung von Arten auf Basis der Umweltfaktoren der bekannten Fundorte zu berechnen (Abb. 36.6). Im Fall der Trapezkrabbe wiesen die Modellierungsergebnisse darauf hin, dass Wassertemperaturen von mehr als 5,5 °C im Winter die Etablierung der Trapezkrabbe in der Nordsee begünstigten. Tatsächlich gab es seit 1996/97 keinen extrem kalten Winter mehr, und auch die mittlere Wassertemperatur für die kalten Monate Februar und März war von 1997 bis 2010 mit 6 °C überdurchschnittlich hoch. Höhere Wassertemperaturen können u. a. auch die Sterblichkeit von Larven und Juvenilen verringern, was die erfolgreiche Etablierung der Trapezkrabbe begünstigt haben könnte.

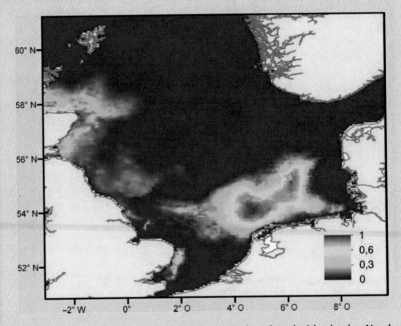

Abb. 36.6 Potenzielle Verbreitung von *Goneplax rhomboides* in der Nordsee, basierend auf der modellierten Nische der Art. *Rot* hohe Wahrscheinlichkeit des Vorkommens. (Aus Neumann et al. 2013)

Im Fall der Trapezkrabbe handelt es sich um eine natürliche Verschiebung der Verbreitungsgrenze einer Art. Abzugrenzen hiervon sind Arten, die durch menschliche Einflüsse wie Schifffahrt (Ballastwasser, Bewuchs an Schiffsrümpfen) oder Aquakultur „eingeschleppt" werden und daher zumeist in Küstennähe zu finden sind. Dank Langzeituntersuchungen konnte mit der Trapezkrabbe erstmals die Arealverschiebung einer großen epibenthischen Art in der offenen Nordsee in „Echtzeit" nachgewiesen werden.

Literatur

- Leterme SC, Pincree RD, Skogen MD, Seuront L, Reid PC, Attrill MJ (2008) Decadal fluctuations in North Atlantic water inflow in the North Sea between 1958–2003: impacts on temperature and phytoplankton populations. Oceanologia 50: 59–72
- Lindley JA, Kirby RR (2010) Climate-induced changes in the North Sea Decapoda over the last 60 years. Climate Research 42: 257–264
- Neumann H, Kröncke I, Ehrich S (2010) Establishment of the angular crab *Goneplax rhomboides* (Linnaeus, 1758) (Crustacea, Decapoda, Brachyura) in the southern North Sea. Aquatic Invasions 5: S27–S30
- Neumann H, de Boois I, Kröncke I, Reiss H (2013) Climate change facilitated the range expansion of the non-native angular crab *Goneplax rhomboides* (Linnaeus, 1758) into the North Sea. Marine Ecology Progress Series 484: 143–153
- Skewes M (2008) *Goneplax rhomboides*. Angular crab Marine Life Information Network: Biology and Sensitivity Key Information Sub-programme [online]. Marine Biological Association of the United Kingdom, Plymouth
- Trenkel VM, Le Loc'h F, Rochet MJ (2007) Small-scale spatial and temporal interactions among benthic crustaceans and one fish species in the Bay of Biscay. Marine Biology 151: 2207–2215

Danksagung

Wir danken Alexandra Kraberg und Mirco Scharfe für Informationen über die Effekte eingeschleppter Arten im Pelagial.

Informationen im Internet

- www.aquatic-aliens.de
- www.nobanis.org
- www.corpi.ku.lt/databases/index.php/aquanis

Weiterführende Literatur

Buschbaum C, Reise K (2010) Globalisierung unter Wasser – Neues Leben im Naturerbe Wattenmeer. Biologie in unserer Zeit 3/2010:202–210

Buschbaum C, Lackschewitz D, Reise K (2012) Nonnative macrobenthos in the Wadden Sea ecosystem. Ocean Coast Manag 68:89–101

Lackschewitz D, Reise K, Buschbaum C, Karez R (2015) Neobiota in deutschen Küstengewässern. Schriftenreihe LLUR SH – Gewässer; D25

Olenina I, Wasmund N, Hajdu S, Jurgensone I, Gromisz S, Kownacka J, Toming K, Vaičiūtė D, Olenin S (2010) Assessing impacts of invasive phytoplankton: The Baltic Sea case. Mar Pollut Bull 60:1691–1700

Wiltshire KH, Kraberg A, Bartsch I, Boersma M, Franke HD, Freund J, Gebühr C, Gerdts G, Stockmann K, Wichels A (2010) Helgoland Roads, North Sea: 45 years of change. Estuaries Coasts 33:295–310

„Ang Mangingiada" („Der Fischer"), gemalt von dem philippinischen Schüler Edwin Leonen (12 Jahre). (ZMT-Archiv)

Teil VI

Das Meer als Nahrungsquelle: Fischerei und Marikultur

Gotthilf Hempel

Der marine Beitrag zur Ernährung der Menschheit ist zwar im Vergleich zur Nahrungsgüterproduktion an Land bescheiden, aber ernährungswirtschaftlich wichtig und für viele Küstenbewohner lebensnotwendig.

Eingangs wird in drei Beiträgen die Fischerei unter verschiedenen Gesichtswinkeln betrachtet. Der erste Beitrag beschreibt das Konzept der optimalen Befischung mit dem Ziel des höchstmöglichen Dauerertrags. Mit Rücksicht auf natürliche Schwankungen in der Nachwuchsproduktion und -sterblichkeit muss aber die Fangmaximierung einer starken vorsorglichen Fangbeschränkung weichen. Die Autoren des zweiten Beitrags sehen vor allem die dramatische Überfischung der Großfische, z. B. Thune, und die Ausbeutung der tropischen Gewässer durch fremde Fischereiflotten. Für sie liegt ein auf Nachhaltigkeit zielendes internationales Fischereimanagement in weiter Ferne. Der dritte Beitrag zeichnet schließlich ein optimistisches Bild für die Befischung der Kabeljau- und Heringsbestände im Nordatlantik, einschließlich Nord- und Ostsee. Hier beginnen die internationalen Fangbeschränkungen Früchte zu tragen. Gleichzeitig führen Klimawandel und Fischerei gemeinsam zu regionalen Faunenveränderungen. Der Internationale Rat für Meeresforschung (ICES, International Council for the Exploration of the Sea) ist seit über 100 Jahren die zentrale Instanz für die wissenschaftliche Fischereiforschung und -beratung im Nordatlantik.

Der antarktische Walfang ist ein trauriges Beispiel für die Unfähigkeit der Staaten, den Empfehlungen der von ihnen berufenen wissenschaftlichen Berater zu folgen. Hätte man alle Bestände gleichzeitig gemäßigt bejagt, statt nacheinander einen Walbestand nach dem anderen dramatisch zu dezimieren, so hätte man per saldo im vergangenen Jahrhundert relativ billig eine ähnliche Menge Wale erlegen können, ohne die Bestände zu ruinieren.

Die schnell expandierende marine Aquakultur (Marikultur) ist trophisch betrachtet günstiger als die Fischerei und die Tierhaltung an Land. Die Zucht von

Algen, Muscheln und Fischen hat in Ost- und Südostasien eine uralte Tradition und breitet sich heute schnell in anderen Küstenregionen der Erde aus. Während der Gesamtertrag der Weltfischerei trotz gestiegenen Fischereiaufwands seit Jahren stagniert, wächst die Bedeutung der Marikultur ständig. Sie liefert hochwertige Nahrung und biotechnische Rohstoffe, ist aber nicht ungefährlich für die Küstengewässer und ihre natürlichen Bewohner.

Fischfang mit Wurfnetzen an der Küste Nordbrasiliens. (Foto: Werner Ekau, ZMT)

37

Die Weltfischerei – mit weniger Aufwand fängt man mehr

Werner Ekau

Fisch für sieben Milliarden Menschen

Der Wissenschaft sind heute mehr als 30.000 Fischarten bekannt. Etwa 1000 davon werden vom Menschen als Nahrung genutzt. Fische, oder allgemeiner aquatische Produkte, sind die wichtigsten Eiweißlieferanten in der Welternährung. Insgesamt holt der Mensch ca. 173 Mio. t Tiere und Pflanzen aus Meeren, Seen und Flüssen (Abb. 37.1), etwa die Hälfte davon sind Meeresfische. Die andere Hälfte setzt sich aus Muscheln, Krebsen, Tintenfischen und Algen zusammen. Etwa drei Viertel dieser Gesamtmenge geht in den menschlichen Konsum, zu fast gleichen Teilen aus der Fangfischerei und Aquakultur stammend. In Industrieländern wie Deutschland ist die Versorgung mit frischem Fisch überall möglich. Exotische Arten aus tropischen Meeren und Teichwirtschaften werden per Flugzeug eingeflogen. Etwa 30.000 t Fisch aus rund 50 Ländern passieren den Flughafen Frankfurt jedes Jahr. Die wesentlich größere Menge an Fisch kommt inzwischen per Lkw und Kühlcontainer nach Deutschland. Lange vorbei sind die großen Fischauktionen in Hamburg-Altona oder Bremerhaven. Ungefähr 1,9 Mio. t werden jedes Jahr eingeführt und verarbeitet, zusätzlich zu den etwa 250.000 t, die die deutsche Fischerei noch fängt. In Deutschland werden davon „nur" 1,1 Mio. t verzehrt, der Rest wird weiterverarbeitet und ins EU-Ausland exportiert (Zahlen für 2013).

Dr. Werner Ekau (✉)
Leibniz-Zentrum für Marine Tropenökologie
Fahrenheitstraße 6, 28359 Bremen, Deutschland
E-Mail: werner.ekau@zmt.uni-bremen.de

© Springer-Verlag GmbH Deutschland 2020
G. Hempel et al. (Hrsg.), *Faszination Meeresforschung*,
https://doi.org/10.1007/978-3-662-49714-2_37

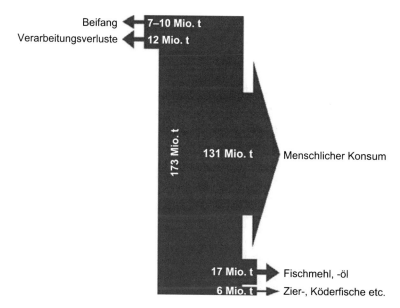

Abb. 37.1 Jährliche Erträge lebender aquatischer Ressourcen . (Nach Daten der FAO; modifiziert nach Bené et al. 2015)

Zwar gehört der Hering immer noch zu unseren beliebtesten Fischarten (16 % der Gesamtmenge), aber der pazifische Seelachs ist der meistverarbeitete Fisch (22 %) und taucht fast ausschließlich als Fischstäbchen oder Fertiggericht in den Supermarktregalen auf. Die hochpreisigen Thunfische und Lachse (13 % bzw. 17 %) zeigen, dass man bereit ist, höhere Preise für Edelfische zu zahlen. Der Sushi-Markt boomt. Die deutschen Verbraucher haben im Jahr 2013 ca. 3,4 Mrd. Euro für Fischereierzeugnisse ausgegeben.

Diese wenigen Zahlen zeigen die enorme ökonomische Bedeutung der Fischerei. In Europa sind etwa 140.000 Menschen in der Fischindustrie beschäftigt und setzen etwa 34 Mrd. Euro um. Der Handelswert der jährlich weltweit angelandeten Fischereiprodukte liegt bei ca. 110 Mrd. US-Dollar und bietet 50–60 Mio. Menschen Arbeit.

Der Konsum von Seefischen wuchs mit steigender Bevölkerungszahl und dem Wohlstand der Menschen. Frischer Seefisch wurde früher in Deutschland (und heute noch in den Tropen) nur an der Küste nahe den Fanggründen verzehrt. Ins Inland gelangte der Fisch nur getrocknet oder gesalzen. Erst mit technischem und logistischem Fortschritt im 19. Jahrhundert, der Entwicklung von Eisenbahn und später Lastkraftwagen und der industriellen Produktion von Eis war es möglich, Seefisch in genießbarem Zustand ins Binnenland zu transportieren. Frischfisch, nicht nur Salzheringe, wurden Bestandteil der Volksküche. Heute übernehmen, wie oben erwähnt, Flugzeuge einen Teil dieses schnellen Transports

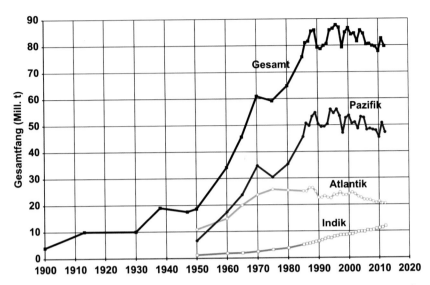

Abb. 37.2 Die Erträge der Meeresfischerei ab 1950 aufgeteilt nach Ozeanen. (Nach Daten der FAO)

und erlauben den Verzehr von frischem Südseefisch in Berlin, London oder New York.

Im Laufe des 20. Jahrhunderts stieg die Menge der Anlandungen von ca. 4 Mio. auf 80 Mio. t und pendelte sich auf diesem hohen Niveau ein (Abb. 37.2). Anfang der 1970er Jahre zeigten Einbrüche in der peruanischen Sardellenfischerei (Kap. 7), in der Nordsee-Heringsfischerei und der kanadisch/nordamerikanischen Kabeljaufischerei jedoch, dass die Belastbarkeitsgrenzen in vielen Gebieten erreicht waren. Erträge bzw. Bestände nahmen kontinuierlich ab. Das gilt heute besonders für die Bodenfische des Nordatlantik und -pazifik. Nur im Indischen Ozean nehmen die Fänge noch kontinuierlich zu.

So wird das Thema „Fisch" von der Öffentlichkeit heute sehr kontrovers wahrgenommen. Einerseits hat der Fischkonsum erfreulicherweise in den letzten Jahren in Deutschland erheblich zugenommen, von 12,6 kg pro Kopf im Jahr 1988 auf 15,7 kg in 2010 (1923 betrug der Fang pro Einwohner in Deutschland 3,5 kg, was damals etwa dem Verbrauch gleichzusetzen war), denn Fisch ist gesund! Sein Fleisch enthält Jod und die wichtigen Omega-3-Fettsäuren. Die amerikanische Gesundheitsbehörde empfiehlt z. B. den Verzehr von 200–350 g Fisch pro Woche, besonders für Schwangere und Kinder. Andererseits lesen wir Schlagzeilen wie „Die Weltmeere sind leergefischt" oder „Der Kabeljau stirbt aus", was uns den Appetit auf Fisch verdirbt und viele zu Vegetariern werden lässt. Heute umfasst die Weltbevölkerung 7,4 Mrd. Menschen, 2050 sollen es 9–10 Mrd. sein. Wie schaffen wir es, den steigenden Bedarf an Eiweiß zu decken und die Meere weiterhin als Proteinquelle zu erhalten? Wie schlecht steht es wirklich um die Fischbestände bzw. wie findet man das heraus?

Die Wirklichkeit ist, wie immer, kompliziert und hat neben biologischen und ökologischen auch soziale, ökonomische und politische Aspekte. Die grundlegenden Prinzipien des Fischereimanagements, die hier aufgezeigt werden, sind zwar schon älter, aber sie werden kontinuierlich angepasst und erweitert. Besonders die sozialen und politischen Aspekte rücken dabei immer mehr in den Vordergrund.

Der höchstmögliche Dauerertrag

„Nachhaltigkeit" war weltweit das Schlagwort des ausgehenden 20. Jahrhunderts. Das Konzept wurde vor mehr als 200 Jahren in der deutschen Forstwirtschaft geboren. Die Grundlage dieses Bewirtschaftungsprinzips war (und ist), dass nicht mehr Holz aus einem Forst geerntet wird, als nachwachsen kann. Die Fischereibiologie hat sich dieses Prinzip schon in der ersten Hälfte des 20. Jahrhunderts zu eigen gemacht, damals von englischen und deutschen Forschern dominiert. 1954 wurde das Prinzip des maximalen nachhaltig zu erwirtschaftenden Ertrags (Maximum Sustainable Yield, MSY) als Bewirtschaftungsprinzip für die Wale ins Internationale Seerecht aufgenommen (Kap. 40). Die EU hat den MSY erst 2013 zur Grundlage ihrer Fischereipolitik erklärt.

Fischereiforschung und -bewirtschaftung gibt es seit 150 Jahren. Seit über 100 Jahren sammelt der Internationale Rat für Meeresforschung (ICES) Daten für das Management der Bestände im Nordostatlantik. Zwei wesentliche Prinzipien beherrschten die fischereibiologische Forschung: die Annahme der von der Bestandsgröße weitgehend unabhängigen, konstanten Nachwuchsbildung, und die Tatsache, dass ein Fisch in seinen mittleren Jahren den größten Gewichtszuwachs erfährt. Die erste Annahme lässt jeden Fischer ruhig schlafen, denn sie bedeutet, dass auch ein stark abgefischter Bestand aufgrund der hohen Eizahl des einzelnen Fischweibchens noch eine hohe Nachkommenschaft, sprich Rekrutierung, aufweisen kann. Erst bei vielleicht 10–20 % der ursprünglichen Bestandsgröße bemerken wir einen Einfluss auf die Nachwuchszahlen. Die zweite Annahme, das sigmoide Gewichtswachstum eines Fischs, lässt sich auf den gesamten Bestand übertragen. Der maximale Ertrag wird erzielt, wenn der Bestand ca. 50 % seiner Ausgangsgröße hat (Abb. 37.3). Diese theoretischen Modelle sind die Grundlage jeden Fischereimanagements.

Graham, Bückmann und Schaefer, gefolgt von Beverton und Holt (1957), haben in den 1930er bis 1950er Jahren mathematische Modelle über den Zusammenhang zwischen Bestandsgröße, Fischereiaufwand und Gesamtfang entwickelt (Abb. 37.4). Es ist leicht zu verstehen, dass ein steigender Fischereiaufwand

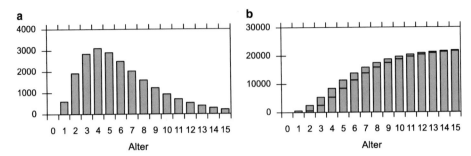

Abb. 37.3 a Das Gewicht jeder Altersklasse lässt sich aus Anzahl und Individualgewicht der Fische in der Altersklasse berechnen. Niedrige Altersklassen haben viele Individuen mit niedrigem Einzelgewicht, hohe Altersklassen wenige Fische mit hohem Einzelgewicht – beides ergibt niedrige Klassengewichte. Irgendwo dazwischen liegt das Maximum, hier in Altersklasse 4. **b** Die Altersklassen sind kumulativ aufgetragen und zeigen den jährlichen Zuwachs vom Beginn bis zur Tragfähigkeitsgrenze im System. Der größte Zuwachs liegt bei ca. 40–50 % des Gesamtbestandsgewichts

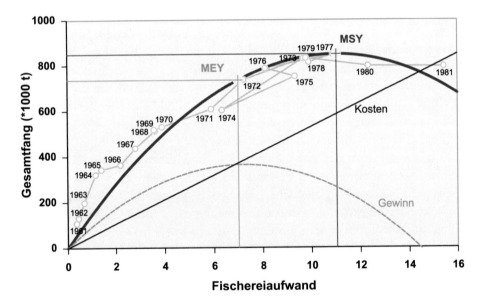

Abb. 37.4 Das Ertragsmodell nach Graham und Schaefer am Beispiel der Fischerei im Golf von Thailand. Die *orangefarbenen Kreise* geben die Fangzahlen in den einzelnen Jahren wieder. *Rot* ist die Ertragskurve mit dem MSY (Maximum Sustainable Yield) als Hochpunkt. *Grün* die Gewinnkurve, die die Differenz zwischen Kosten und Ertragskurve symbolisiert. Die maximale Differenz zwischen Ertrags- und Kostenkurve ergibt den Maximum Economic Yield MEY, der weit vor dem MSY liegt

in einem jungfräulichen Bestand auch einen steigenden Fangertrag bedeutet. Irgendwann ist jedoch der Höhepunkt der Produktivität des Bestands erreicht (maximaler Dauerertrag; s. oben), und der Ertrag lässt sich nicht weiter steigern

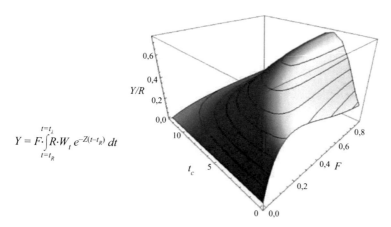

$$Y = F \cdot \int_{t=t_R}^{t=t_\lambda} R \cdot W_t \, e^{-Z(t-t_R)} \, dt$$

Abb. 37.5 Ertragsmodell von Beverton und Holt (1957). In der Formel wird das Produkt aus Individuenzahl und Individualgewicht eines Jahrgangs aufsummiert (Abb. 37.3) und mit der Sterblichkeit und der Fischereiintensität F verknüpft. Zeit des ersten Fangs (*tc*) und Fischereiintensität können variiert werden, um den höchsten zu erwartenden Ertrag pro Fisch (*Y/R*) zu erhalten. Y Ertrag, F Fischereiaufwand, R Rekruten, W_t Individualgewicht, Z Sterblichkeit, t Zeit in Jahren, *tc* Eintrittsgröße bzw. -alter in die Fischerei

– im Gegenteil, der Ertrag sinkt bei weiterer Steigerung des Aufwands! Der maximale ökonomische Ertrag (Maximum Economic Yield, MEY,) liegt auf der Kurve links vom MSY, denn der Aufwand, den Ertrag um die letzten 10 % zu steigern, ist unverhältnismäßig hoch. Bei den meisten Fischbeständen weltweit liegt heute der Fischereiaufwand sogar rechts vom MSY! Der Grund dafür sind meistens hohe Subventionen, die die Kosten für den unrentabel hohen Fischereiaufwand künstlich auffangen.

Ein weiteres grundlegendes Modell ist das von Beverton und Holt (1957), mit dem sich der zu erwartende Ertrag in einem Bestand optimieren lässt, indem man den Fischereiaufwand *F* und die Eintrittsgröße bzw. das Eintrittsalter *tc* der Fische eines Bestands in die Fischerei variiert (Abb. 37.5). Die Eintrittsgröße lässt sich über die Maschenweite regeln, der Fischereiaufwand über die Zahl der Boote. Das Maß in diesem Modell ist der zu erwartende Ertrag pro Rekrut (also Fisch, der für die Fischerei erreichbar ist).

Die gezeigten Modelle werden trotz ihres Alters immer noch angewandt und liefern auch gute Ergebnisse. Voraussetzung für belastbare Ergebnisse dieser Modelle sind allerdings gute, lange Datenreihen, aus denen Entwicklungen sicher abgeleitet werden können. So sind sie durchaus brauchbare Instrumente, einen Bestand wieder aufzubauen und in eine nachhaltige Fischerei zu überführen, wie man an mehreren Beständen in norwegischen Gewässern oder in der Ostsee sehen kann (Kap. 39).

Aber wir dürfen uns auch nicht täuschen lassen. Die Probleme werden immer komplexer, wenn wir ständig am Limit der Tragfähigkeit der Ökosysteme wirtschaften. Wir erhöhen den Fischereidruck durch zu viele Schiffe und zu große Netze. Wir verschwenden zu viel Fisch als ungenutzten Beifang. Und wir berücksichtigen immer noch zu wenig die natürlichen Schwankungen in den Beständen. Wir verändern Ökosysteme durch Verbauung oder durch Einleitung von Schadstoffen. Klimatische Veränderungen haben einen größeren Einfluss als bisher angenommen (Box 35.1), und die Empfehlungen der Wissenschaftler werden oft zu wenig umgesetzt, da ökonomische und politische Interessen in Entscheidungsprozessen überwiegen (Kap. 38). Und wir verändern die Ökosysteme durch die Fischerei selbst!

Fische im Nahrungsnetz

Der Mensch hat beim Verzehr von Fisch bestimmte Vorlieben entwickelt. Leider sind gerade die Arten, die in der Nahrungskette ganz oben stehen, besonders gefragt und werden daher auch bevorzugt weggefischt. Der Skipjack-Thun oder Echte Bonito ist in der weltweiten Fangstatistik auf den dritten Platz vorgerückt. Die Reduktion der großen Räuber bedeutet für die nicht so stark befischten Arten eine größere Chance zum Wachstum und zur Fortpflanzung und verändert daher über einen längeren Zeitraum die gesamte Fischgemeinschaft. In der pelagischen Fischerei, die in der Nordsee über mehrere Dekaden bis zu 1,5 Mio. t erbrachte, waren in den 1960er Jahren Hering und Makrele die wichtigsten Arten im Verhältnis 750.000 zu 400.000 t. Sandaale erbrachten im Schnitt 100.000 t. In den 1990er Jahren war das Verhältnis umgekehrt: Der Sandaal nahm mit 930.000 t Platz 1 ein, Hering und Makrele folgten mit 320.000 bzw. 160.000 t. Wie man sieht, ist der Gesamtertrag dieser drei Arten ziemlich ähnlich geblieben, aber die ökologische Rolle der Fische hat sich geändert. Die Makrele frisst vornehmlich andere Fische, der Sandaal und auch der Hering eher kleines Plankton. Ähnliche Beispiele lassen sich auch für andere Regionen aufstellen, sodass wir global inzwischen vom *fishing down marine food webs* sprechen, d. h., die gefangenen Fische befinden sich auf einem immer tieferen Niveau der Nahrungspyramide (Kap. 38).

Hinzu kommt, dass heute bei veränderten Umweltbedingungen und veränderter Zusammensetzung der Fischfauna die Festlegung der „Referenzpunkte" der Bestände immer schwieriger wird, da sich die Grundlinien (*base lines*) verschoben haben. Kein Mensch weiß heutzutage, zu welcher Größe z. B. ein ungestörter Kabeljaubestand in der Nordsee heranwachsen würde.

Fischereiregulierung – in der Beschränkung zeigt sich der Meister

In gut untersuchten Gebieten wie der Nord- oder Ostsee setzt man sich heute Zielgrößen für die Bestände. Mindestbestandsgrößen dürfen nicht unterschritten werden, optimale Größen für einen nachhaltigen Erhalt Fischerei werden angepeilt. Zentrale Instrumente im Fischereimanagement sind Fangquoten, Mindestgrößen (über Maschenweiten) und die Regulierung des Fischereiaufwands (über Anzahl und Größe der Schiffe). Dies gilt auch für die handwerklichen Fischereien in tropischen Ländern, wo die Zahl der Boote stetig zunimmt. Allerdings hat man dort kaum genaue Vorstellungen über die Bestandsgrößen; man ist somit auf indirekte Hinweise über den Zustand der Bestände angewiesen und reguliert meistens nur über den Aufwand.

In den nördlichen Breitengraden steigt nicht die Zahl der Schiffe, sondern die Effektivität der Fischortung und der Fanggeräte. Früher konnten die unzureichenden Fanggeräte die Bestände gar nicht gefährden. Eine Wende im Kräfteverhältnis Fisch zu Fischer setzte durch die Mechanisierung der Fischerei im 19. Jahrhundert ein. Schon 1885 wurde der Schellfisch in der südlichen Nordsee als überfischt gemeldet. Schiffe wurden immer leistungsfähiger, die Netze immer größer. Die *Atlantic Dawn*, der zurzeit größte Fischtrawler, kann bei einer Länge von 144 m und 24 m Breite 350 t Fisch am Tag verarbeiten und 7000 t gefrosteten Fisch stauen. Sie fängt den Alaska-Pollack im Nordpazifik vor British Columbia mit Netzen, deren Öffnungsfläche mehrere Hundert Quadratmeter misst und die in einem einzigen Hol 50–100 t Fisch einsammeln. Diese Schiffe sind mit modernsten Ortungs- und Navigationssystemen ausgerüstet, die einem Kriegsschiff vor einigen Jahren noch alle Ehre gemacht hätten. Vorbei ist die Zeit, in der es allein auf die „Nase" des Fischers ankam. Heute unterstützen Satellitenbilder, Sonar und Echolote den Fischer bei der Suche. Der Fisch hat nur noch wenige Chancen, unentdeckt zu bleiben und dem Netz zu entkommen. Zumindest bei der US-amerikanischen Alaska-Pollack-Fischerei im Nordpazifik darf man aber sagen, dass sie in vorbildlicher Weise nachhaltig gemanagt wird, auch oder gerade weil die Schiffe so hochtechnisiert sind.

Ein holistischer Ansatz ist gefragt

Fischereimanagement erfordert heute einen umfassenden, holistischen Ansatz. Da wir an vielen Stellen in ein Ökosystem wie die Nordsee eingreifen, müssen wir es auch übergreifend bewirtschaften. Traditionelle Gesetze der Bestandsschonung aufgrund der Unrentabilität der Fischerei sind häufig schon dadurch außer Kraft gesetzt, dass das die Fischerei steuernde Kapital aus fischereifernen

Geschäften stammt und in erster Linie an kurzfristigen Gewinnen interessiert ist. Subventionen für Schiffsneubauten tun ein Übriges. Wetterbedingte saisonale Fangstopps können heute weitgehend überwunden werden. Und der alles beherrschende Markt und die rund ums Jahr andauernde Nachfrage nehmen keine Rücksicht auf notwendige Schonzeiten während der Laichzeit oder auf Bestandsschrumpfungen. Wer einmal nicht liefert, verliert eventuell seinen Kunden! Die Fischaufkäufer operieren global und stehen auch in globaler Konkurrenz. Die EU-Wettbewerbskommissare mögen die durch Globalisierung fallenden Preise für verbraucherfreundlich halten, für die Fischbestände sind sie gefährlich.

Eine ganz andere Problematik ergibt sich in einer Fischereisparte, die in Deutschland fast ausgestorben ist, weltweit aber noch den überwältigenden Anteil der Fischer beschäftigt: die handwerkliche Fischerei an den Küsten und in den Ästuaren der vorwiegend tropischen Entwicklungsländer. Letzte Schätzungen nennen 45–50 Mio. direkt in der Fischerei beschäftigte Menschen, hinzu kommen 200 Mio. indirekt beschäftigte. Laut International Maritime Organisation (IMO) beträgt die Zahl der Fischer auf Hochseeschiffen und in der Fernfischerei dagegen nur ca. 12 Mio. weltweit. Die handwerklichen Fischer sind es, die vor allem entlang der tropischen Küsten die Menschen mit hochwertigem Eiweiß versorgen (Abb. 37.6 und 37.7). Ihre Fänge werden nur bruchstückhaft erfasst, ihre regionale ökonomische Bedeutung ist schwer abzuschätzen; über die Biologie und damit Produktivität der Arten wissen wir wenig. Eine Studie für westafrikanische Länder hat ergeben, dass die tatsächlichen Fänge in ihrer Wirtschaftszone etwa doppelt so hoch sind, wie von der FAO aufgelistet – ein Alarmsignal für diese Länder, ihre Überwachungssysteme besser zu organisieren! Fisch ist, wie oben gezeigt, ein Wirtschaftsfaktor, den allerdings viele Regierungen noch nicht wirklich erkannt haben.

Ein solides Wissen über die Biologie der Arten, denen wir nachjagen, und ihre Einbindung in das Ökosystem sind notwendig für ein gutes Fischereimanagement. Diese Einsicht wurde schon vor mehr als 100 Jahren geboren. Sie führte zur Gründung von nationalen Organisationen wie der Deutschen Wissenschaftlichen Kommission für Meeresforschung (DWK) und von internationalen Organen wie dem Internationalen Rat für Meeresforschung (International Council for the Exploration of the Sea, ICES) (Box 39.2). Spätestens nach den katastrophalen Einbrüchen in der Heringsfischerei in der Nordsee in den 1970er Jahren hat man erkannt, dass wir einen „ökosystemaren Ansatz für das Fischereimanagement" benötigen. Was bedeutet das?

Managementpläne sind nicht auf eine einzelne Art auszurichten. Man muss auch das Zusammenspiel zwischen verschiedenen Arten berücksichtigen und die Wechselwirkungen mit der Umwelt einbeziehen. Dieser ökosystemare Ansatz im Fischereimanagement (Ecosystem Approach to Fisheries, EAF) wurde in den 1980er Jahren erstmals entwickelt und als Grundsatz ins Management

Abb. 37.6   Fischmarkt der Küstenfischerei in Mbour an der Küste Senegals. Das Fangen der Fische ist Sache der Männer, der lokale Handel liegt in den Händen der Frauen. (Foto: Werner Ekau, ZMT)

aufgenommen. Die Rio-Konferenz 1992 schuf die politische Basis dafür, dass die Welternährungsorganisation der Vereinten Nationen (Food and Agriculture Organisation, FAO) 1995 Prinzipien des EAF in den Code of Conduct for Sustainable Fisheries and Aquaculture einbringen konnte, ein Handbuch mit Verhaltensregeln für eine nachhaltige Bewirtschaftung von Fischbeständen und für eine saubere Aquakultur.

Der Ansatz EAF ist sehr aufwendig, denn er umfasst die Beobachtung des gesamten Ökosystems: Artenspektrum, Fischbestände, physikalische Umwelt wie Temperatur und Strömungen, Verschmutzung, Phyto- und Zooplankton als Nahrungsbasis für Fische und ihre Brut. Außerdem muss ein politischer Wille zur Kooperation geschaffen werden, denn Ökosysteme sind grenzüberschreitend.

Abb. 37.7 Garnelenfänge aus der handwerklichen Fischerei vor Mangalore, Indien. (Foto: Werner Ekau)

Das von der Weltbank finanzierte Programm zur Einrichtung von Large Marine Ecosystems (LMEs) konzentriert sich besonders auf die politische und sozioökonomische Ebene (Abb. 37.8) und fordert eine grenzüberschreitende Zusammenarbeit. Die Ostsee und Nordsee sind solche LMEs mit mehreren Anrainern, aber auch z. B. der Golf von Bengalen oder der Benguelastrom mit jeweils mehreren beteiligten Staaten.

Die Macht des Handels und der Verbraucher

Einen anderen Weg für eine Verbesserung der Bewirtschaftung von Fischbeständen sind 1997 der World Wide Fund for Nature (WWF) und die Firma Unilever gegangen. Unilever war zu der Zeit einer der größten Fischverarbeiter in Deutschland; allein die Bremerhavener Fischstäbchenfabrik benötigte ca. 70.000 t Filet pro Jahr. Auch die fischverarbeitende Industrie hatte damals erkannt, dass sie sich um den Rohstoff Fisch kümmern muss und dass man langfristige Konzepte gegen die Überfischung braucht. Der Marine Stewardship Council (MSC) mit Sitz in London setzt auf die freiwillige Zertifizierung von Fischereien und damit auf die

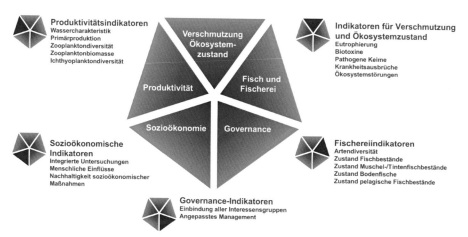

Abb. 37.8 Das Konzept des Large-Marine-Ecosystem-Managements besteht aus fünf Modulen und zwingt zu grenzübergreifender Zusammenarbeit, da die Gebiete mindestens 200.000 km² groß sind und oft die Wirtschaftszonen mehrerer Anrainerstaaten umfassen (NOAA, Washington)

Bereitschaft der Verbraucher, für nachhaltig gefangenen Fisch etwas mehr Geld auszugeben. Das Prinzip ist sehr erfolgreich und wurde inzwischen auch auf die Aquakultur übertragen.

Bürger und Verbraucher sind aber genauso in der Pflicht wie die Fischwirtschaft. Durch etwas mehr Aufmerksamkeit beim Einkauf, Fragen zur Herkunft des Fischs und durch die Bereitschaft, für das hochwertige Produkt Fisch einen entsprechenden Preis zu zahlen, können Initiativen wie der Verhaltenscodex der FAO oder die Zertifizierung von Produkten durch Umweltverbände Erfolg haben. Und nicht zuletzt wird die „Sensibilisierung" unserer Politiker notwendig sein, um Warnungen und Empfehlungen unserer Forscher und Wissenschaftler ernst zu nehmen und vorhandene Gesetze wirklich umzusetzen: regional, national und global. Dann können wir auch weiterhin mit gutem Gewissen Fisch essen, nicht nur freitags.

Box 37.1: Biologische Produktion an Land und im Meer – ein Vergleich

Gotthilf Hempel

Die Fläche des Weltozeans ist mehr als doppelt so groß wie die Landfläche. Trotzdem ist der Beitrag des Meeres zur Ernährung der Menschheit vergleichsweise bescheiden (Ausnahme tierisches Eiweiß). Dieses Missverhältnis erklärt sich aus den gravierenden Unterschieden zwischen marinen und terrestrischen Produktionssystemen.

An Land dominieren große, vielzellige und langlebige Pflanzen. Ihre aus der Photosynthese entstandenen Primärprodukte bleiben großenteils über Monate und Jahre als Biomasse erhalten. Sie werden vom Menschen direkt genutzt. Er kann sie frisch verzehren und verfüttern oder die Körner und Knollen speichern und in produktionsarme Gebiete und Ballungsräume verschicken.

Im Meer sind die wichtigsten Primärproduzenten dagegen einzellige Geißel- und Kieselalgen (Kap. 9). Ausreichend Licht ist für sie nur nahe der Wasseroberfläche verfügbar. In den größten Teilen des Weltmeeres kann der Meeresboden aus Lichtmangel nicht von festsitzenden Pflanzen besiedelt werden. Die abgestorbenen Mikroalgen und die in ihnen gebundenen Nährstoffe sinken aus der euphotischen Zone ab. Nur in den stark durchmischten flachen Schelfmeeren, schmalen Auftriebsgebieten und an Strömungsfronten ist der Nährstoffnachschub ausreichend. Hier beträgt die jährliche Nettoprimärproduktion ca. 100–300 g Kohlenstoff unter 1 m² Wasseroberfläche. Das ist etwa ein Zehntel des Werts für ein tropisches Zuckerrohrfeld. In den tropischen und subtropischen Wirbelsystemen der drei Ozeane dominieren riesige produktionsarme Regionen, deren jährliche Nettoproduktion meist weit weniger als 50 g C m^{-2} beträgt. Sie sind einer Halbwüste an Land vergleichbar.

Marine Sammelwirtschaft auf fünf trophischen Stufen

Eine direkte „landwirtschaftliche" Nutzung der Primärproduktion des Phytoplanktons im offenen Meer ist nicht möglich. Die Biomasse ist gering und über eine bis zu 100 m mächtige Wasserschicht dünn verteilt. Wir müssten unentwegt riesige Wassermassen durch sehr engmaschige Filter pumpen, um kleine Mengen Phytoplankton zu gewinnen.

Die wichtigsten Konsumenten des Phytoplanktons im freien Wasser sind millimetergroße Krebse (vor allem Copepoden) oder zentimetergroße Salpen. Sie sind mit großen Schwankungen des Phytoplanktons und mit dessen fleckenhafter Verteilung konfrontiert. Die Bestandsdichte der Copepoden ist deshalb nicht auf Ausnützung der Spitzenproduktion in Planktonblüten, sondern auf die niedrige Produktion in den längeren Mangelperioden ausgerichtet. Daher bleibt in Zeiten und an Orten hoher Produktion viel Phytoplankton ungefressen und sinkt zum Boden (Box 8.1 und Kap. 6).

Nur in Auftriebsgebieten und am Rande des polaren Packeises sind die Planktonblüten langlebiger. Hier kommen auch größere Phytoplanktonfresser vor: Sardellen bzw. Krill, die einige Zentimeter groß sind und eine Lebensdauer von mehreren Jahren erreichen. Da sie Schwärme bilden, lohnt sich ihr Fang auch kommerziell.

In den Küstengebieten lassen sich einige andere marine Herbivore direkt für den menschlichen Konsum nutzen: filtrierende Muscheln, weidende Schnecken und Seegurken sowie Milchfische und Meeräschen, die Diatomeenrasen im Flachwasser abweiden und sich zum Teil kultivieren lassen. Muschelfarmen in Meeresbuchten entsprechen damit der Weidewirtschaft an Land.

Die wichtigsten marinen Nahrungsquellen für den Menschen gehören zur dritten und vierten Trophiestufe, z. B. der Zooplankton fressende Hering sowie der Bodentiere und Kleinfische fressende Dorsch. Je höher die Tiere in der Nahrungspyramide stehen, umso größer ist in der Regel ihr Marktwert – mit den Thunen an der Spitze. Die Netzfischereien auf Fische, Tintenfische, Krebse und Muscheln sind Sammelwirtschaften. Die Angelfischerei auf große Einzelfische ist hinsichtlich der Trophiestufe am ehesten der Jagd auf Wölfe und Löwen vergleichbar.

Die stark expandierende Aufzucht und Mast von Fischen und Krebsen in Meerwasserteichen und Netzgehegen (Kap. 42) entspricht der Vieh- und Geflügelwirtschaft, mit dem Unterschied, dass Vieh und Geflügel kaum wertvolle essenzielle Fettsäuren liefern. Die Marikultur ist teilweise auf Zusatzfütterung mit Kleinfischen und Fischmehl angewiesen; dabei ist die Futterausnutzung beim Lachs weitaus günstiger als beim Schwein. Nur die Großalgenzucht ist eine Art Ackerbau (Kap. 41). Für Ackerbau und intensive Weidewirtschaft wurden ertragreiche Nutzpflanzen und -tiere gezüchtet. Garnelen der Marikultur sind dagegen genetisch beinahe noch Wildtiere.

Informationen im Internet

- http://www.fischinfo.de
- http://fischbestaende.portal-fischerei.de/
- http://www.seaaroundus.org/

Weiterführende Literatur

Anonymus 2003: Fische und Fischerei in Ost- und Nordsee. Meer und Museum Bd 17, Schriftenreihe des Deutschen Meeresmuseums, Stralsund

Béné C, Barange M, Subasinghe R, Pinstrup-Andersen P, Merino G, Hemre G-I, Williams M (2015) Feeding 9 billion by 2050 – Putting fish back on the menu. Food Security. http://doi.org/10.1007/s12571-015-0427-z

Beverton RJH, Holt SJ (1957) On the dynamics of exploited fish populations. Ser II, Vol 19. Fishery Invest, London

Hempel G, Sherman K (Hrsg) (2003) Large marine ecosystems of the World: Trends in Exploitation, Protection, and Research. Elsevier, Amsterdam

Lozan JL, Rachor E, Reise K, Sündermann J, v Westernhagen H (2003) Warnsignale aus Nordsee & Wattenmeer. Verlag Wissenschaftliche Auswertungen. Hamburg

maribus (Hrsg) (2013) World Ocean Review 2 – Mit den Meeren leben. Die Zukunft der Fische – Fischerei der Zukunft. mare-Verlag, Hamburg

maribus (Hrsg) (2015) World Ocean Review 4 – Mit den Meeren leben. Der nachhaltige Umgang mit unseren Meeren – von der Idee zur Strategie. mare-Verlag, Hamburg

Muus BJ, Nielsen JG (1999) Die Meeresfische Europas. Kosmos Naturführer, Stuttgart

Sahrhage D, Lundbeck J (1992) Die Geschichte der Fischerei. Springer, Berlin

Wolff M (Hrsg) (2009) Tropical Waters and their Living Resources: Ecology, Assessment and Management. Hauschild, Bremen

38

Nachhaltiges Fischereimanagement – kann es das geben?

Daniel Pauly und Rainer Froese

Menschen, als Landbewohner, glaubten lange Zeit, dass man die Weiten und Tiefen des Ozeans in ähnlicher Weise befischen kann wie die vertrauten Küstenregionen. Das ist aber falsch, denn von den 363 Mio. km² Meeresfläche sind nur 7 % weniger als 200 m tief. Die biologische Produktion dieser Schelfmeere liefert über 85 % der Weltfischereierträge. Die wüstenähnlichen Weiten des offenen Ozeans erbringen den Rest: einerseits vor allem Thunfische und andererseits Ansammlungen von langlebigen Bodenfischen der Tiefsee, die jeweils schnell abgefischt werden.

Fast alle Schelfgebiete gehören heute zu den Ausschließlichen Wirtschaftszonen (AWZ; Exclusive Economic Zones, EEZ) der Küstenstaaten, die sie für den Eigenbedarf und den Export meist intensiv befischen. Außerdem sieht das jetzt geltende Seerecht vor, dass jeder Küstenstaat, der „seine" Fischbestände nicht voll nutzt, diesen Überschuss den Fischern anderer Nationen (gegen Devisen) überlassen muss. Das Verlangen nach Devisen, politischer Druck und Wilderei (*illegal fishing*) verursachen eine zusätzliche Belastung der Bestände. Die Folge ist, dass heute alle Schelfgebiete der Erde mit Ausnahme der Packeiszonen stark befischt werden. Nationale und internationale Behörden bauen ihre Nachfragevorhersagen für Fische vorwiegend auf den heutigen Verbrauchergewohnheiten auf, in der Annahme, dass die Ozeane es irgendwie erlauben werden, diese Verbrauchsmuster aufrechtzuerhalten, selbst wenn sich die Kopfzahl der Menschen verdoppelt.

Prof. Dr. Daniel Pauly (✉)
University of British Columbia
2204 Main Mall, V6T IZ4 Vancouver, B.C., Kanada
E-Mail: d.pauly@fisheries.ubc.ca

© Springer-Verlag GmbH Deutschland 2020
G. Hempel et al. (Hrsg.), *Faszination Meeresforschung*,
https://doi.org/10.1007/978-3-662-49714-2_38

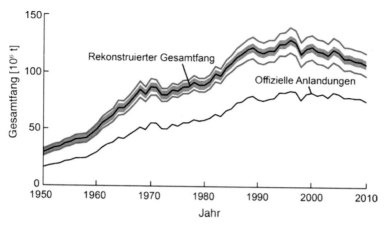

Abb. 38.1 Zwei Versionen des Trends der globalen Fänge von Meerestieren. Die *untere Kurve* zeigt den offiziellen Trend, basierend auf den Fangdaten, die die Mitgliedsländer der FAO übermitteln. Die *obere Kurve* (mit statistischen Fehlerbereichen) repräsentiert neu berechnete, vollständige Fänge, einschließlich illegaler Fischerei, Kleinfischerei und Rückwürfe (www.seaaroundus.org). Die Differenz zwischen der offiziellen und der neu berechneten Kurve ist bemerkenswert

Der Weltfischereiertrag ist bis in die 1980er Jahre gestiegen und begann dann zu fallen (Abb. 38.1). Dieser neue Trend lässt für die kommenden Jahrzehnte den Zusammenbruch von Großfischereien in vielen Teilen des Weltmeeres befürchten. Aquakulturen werden diese Einbußen nicht kompensieren, denn sie benutzen zunehmend Fischmehl als Futter.

Am Ende des 19. Jahrhunderts spaltete sich die europäische Fischerei in zwei Sektoren: die industrieartige Dampferfischerei, die vor allem die küstenfernen Teile der europäischen Schelfmeere nutzte, und die Küstenfischerei mit kleinen Fischerbooten. Dazwischen gab es die Kutter und Logger, die sich z. B. in der Nordsee auf Bodenfische und Heringe spezialisiert hatten. In der Nutzung der Fischbestände gab es Überlappungen zwischen den Fischereisektoren, weil sich wichtige Arten in ihrer Jugend küstennah, als Adulte aber in der offenen See aufhalten.

Die Großfischerei fand schnell Eingang in die Meere anderer Kontinente, sei es durch die Industrialisierung in Nordamerika und Fernost, sei es durch den Export von Maschinen, z. B. nach Indien und Südostasien, wo vor Ort gebaute Schiffe damit ausgerüstet wurden, oder sei es durch weltweit operierende Fangflotten, die vor fremden Küsten mit oder – wie zum Teil vor Westafrika – ohne Einverständnis der Küstenstaaten fischten.

In vielen Teilen der Welt, besonders aber in den Entwicklungsregionen, besteht eine erhebliche Konkurrenz zwischen fischereilicher Großindustrie und handwerklichen Kleinbetrieben (Abb. 38.2), wobei die Grenzen von Region

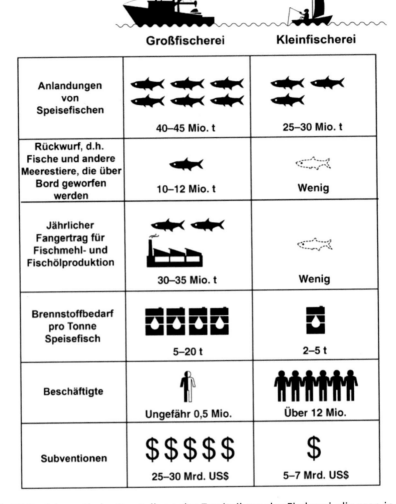

	Großfischerei	Kleinfischerei
Anlandungen von Speisefischen	40–45 Mio. t	25–30 Mio. t
Rückwurf, d.h. Fische und andere Meerestiere, die über Bord geworfen werden	10–12 Mio. t	Wenig
Jährlicher Fangertrag für Fischmehl- und Fischölproduktion	30–35 Mio. t	Wenig
Brennstoffbedarf pro Tonne Speisefisch	5–20 t	2–5 t
Beschäftigte	Ungefähr 0,5 Mio.	Über 12 Mio.
Subventionen	25–30 Mrd. US$	5–7 Mrd. US$

Abb. 38.2 Schematische Darstellung der Zweiteilung der Fischerei, die man in vielen Ländern der Welt findet. Vorhandene Zahlen wurden zu globalen Werten hochgerechnet. Diese Zweiteilung spiegelt vor allem die falschen Prioritäten beim Aufbau der Fischerei wider: Wenn man vorzugsweise die Großfischerei reduzieren würde, könnten sich dank der damit verbundenen Reduktion der fischereilichen Sterblichkeit die abgefischten Bestände erholen, ohne dass es zu großen sozialen Einschnitten käme. (Die Abbildung basiert auf einer Grafik von David Thompson und wurde mit neueren Daten (u. a. den Daten, die Abb. 38.1 zugrunde liegen) auf den heutigen Stand gebracht)

zu Region in Abhängigkeit von den natürlichen Ressourcen und den Wirtschaftssystemen verschieden verlaufen. Die Großfischerei ist in den Weltmarkt fest integriert – als Lieferant von Fischfilet, Fischstäbchen und Fischmehl. Die

Kleinfischerei dagegen beliefert den lokalen Markt und deckt den Familienbedarf (Kap. 37). Vor allem die Großfischereien haben dazu geführt, dass der Gesamtfischereiaufwand heute mindestens zwei- bis dreimal so groß ist, wie für die nachhaltige Nutzung der Fischbestände des Weltmeeres benötigt wird. Abwrackprogramme zum Abbau der Überkapazität führen aber oft zur Vernichtung der relativ harmlosen kleinen Fischereifahrzeuge, während die industriellen Flotten mit Subventionen modernisiert werden.

Die Konkurrenz zwischen und innerhalb der beiden Fischereisektoren verhindert vielerorts, Fragen der Nachhaltigkeit wirksam anzugehen, denn jeder Teilsektor glaubt, dass alles in Ordnung wäre, wenn es den anderen Teilsektor nicht gäbe. „Nachhaltige Befischung" und ihr Gegenstück, die „Überfischung", bedeuten, dass die Fischerei einen starken Einfluss auf die Größe und biologische Produktivität von Fischbeständen hat und dass es daher für jeden Fischerei-Ressourcenkomplex ein bestimmtes Niveau des Fischereiaufwands gibt, bei dem ein optimaler Ertrag zu erzielen ist (Kap. 37 und 39).

Nach dem Zweiten Weltkrieg entwickelte die Fischereiforschung quantitative Populationsmodelle und Bestandsbewertungen (*stock assessments*). Ihre Grundlage bildeten vor allem mathematische Modelle von Beverton, Holt und Gulland in England, Schaefer in den USA und Ricker in Kanada. Ihr augenfälliger Nachweis der Vorteile der Fangbeschränkungen konnte aber die rücksichtslose Expansion der Fischereiindustrie nicht stoppen. Im Gegenteil, diese dehnte sich nach Lateinamerika, zu den Küsten der jungen afrikanischen und asiatischen Staaten und in die subpolaren und polaren Meere aus. Die Anlandungen der Weltfischerei verdreifachten sich zwischen 1950 und dem Anfang der 1970er Jahre.

Keine dieser Fischereien war auch nur annähernd nachhaltig, aber nur wenige Bestandszusammenbrüche waren dramatisch genug, um zum Nachdenken zu zwingen. Einer von ihnen war 1972/73 der Kollaps der peruanischen Sardelle *Engraulis ringens*, der selbst in der Kurve der Weltfischereierträge zu erkennen ist (Abb. 38.1). Weil aber dieser Bestandseinbruch mit einem El Niño zusammenfiel, schlossen Manager und Wissenschaftler fälschlicherweise, dass die Sardellenbestände primär auf Gedeih und Verderb an die Schwankungen in den Umweltbedingungen geknüpft sind (Kap. 7 und 37) – als ob der Fischereidruck keinen Einfluss auf sie gehabt hätte.

Der Zusammenbruch der Bodenfischbestände im Golf von Thailand – ebenfalls in den 1970er Jahren – war viel typischer für die Fischerei im Allgemeinen, denn er zeigte, wie innerhalb eines Jahrzehnts eine moderne Fangflotte einen artenreichen Bestand von tropischen Küstenfischen auf eine kleine Fraktion seiner ursprünglichen Biomasse herunterfischen kann. Damit wiederholte die Schleppnetzfischerei im Golf von Thailand, was mit den Küstenbeständen der Nordsee am Ende des 19. Jahrhunderts passiert war.

Während des letzten Viertels des 20. Jahrhunderts setzte sich die technische und geografische Expansion der Großfischereien fort, führte aber nur noch zu vergleichsweise geringem Zuwachs in den globalen Fischereierträgen. Schließlich folgten Stagnation und Schrumpfen der Erträge. Parallel dazu kam es zu einem massiven Anstieg bei den unerwünschten Beifängen (*by-catches*), die meist schon auf See verworfen wurden (*discards*). Dies sind Entnahmen aus den Beständen, die in den Fangstatistiken nicht auftauchen. Hinzu kommt das verbreitete Fälschen von Fangmeldungen. Weil die Regierungen Personal und Kosten sparen, sind die Fangstatistiken weltweit – auch in den Industriestaaten – unzuverlässiger geworden. Die Fischereiforschung folgte in den letzten Jahrzehnten vielfach den traditionellen Wegen der Bestandsabschätzung: Für einzelne Arten wurde der zulässige Gesamtertrag (Total Allowable Catch, TAC) bestimmt.

Gleichzeitig bekämpften viele Fischereiforscher die immer lautstärkeren Forderungen der Naturschützer, die mit wachsender öffentlicher Rückendeckung behaupteten, dass die Großfischerei systematisch ihre eigene Ressourcenbasis zerstöre. Die Fischereiforschung verließ nur zögernd die traditionellen Wege der Maximierung der Befischung einzelner Bestände. Die wissenschaftlichen Hinweise auf massive Eingriffe der Fischerei in die marinen Ökosysteme sind aber stark, und die Fischereiforschung muss sich darauf einstellen. Das scheint möglich, weil neue Vielartenmodelle, die auf den traditionellen Einartenmodellen aufbauen, vorhersagen können, wie die Befischung einzelner Arten in einem gesunden Ökosystem optimiert werden kann.

Fälle fehlender Nachhaltigkeit

Hypothese: Bei ungeregelter Fischerei werden Ressourcen unweigerlich übernutzt

Wir möchten behaupten, dass Nachhaltigkeit in der globalen Fischerei ein Mythos ist, denn verbesserte Technologie und geografische Expansion führen zur sukzessiven Erschöpfung von weitgehend unregulierten Beständen, wobei dann auch Arten, die zuvor ignoriert wurden und tiefer in der Nahrungskette stehen, zunehmend genutzt werden. Die überwiegend unregulierte Fortsetzung der heutigen Nutzungsformen kann zu einem allgemeinen Kollaps mariner Ressourcen führen.

Die starke natürliche Variabilität der Bestände maskiert die Effekte der Übernutzung. Diese sind meist erst erkennbar, wenn sie große Ausmaße angenommen haben und manchmal irreversibel geworden sind. Drei Beispiele für den Einfluss der Fischerei auf Ökosysteme sollen diese Behauptung illustrieren. Sie alle zeigen fehlende Nachhaltigkeit.

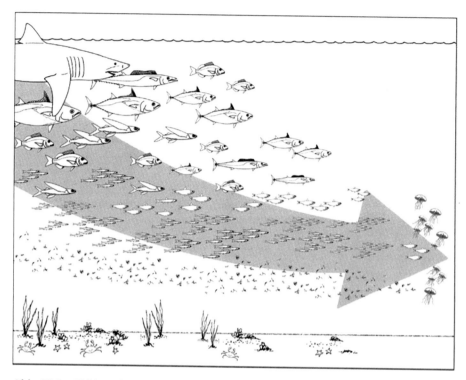

Abb. 38.3 *Fishing down marine food webs* bedeutet Folgendes: Zuerst fängt die Fischerei die großen Fische am oberen Ende der Nahrungskette, dann muss sie ihre Beute tiefer und tiefer abwärts in der Nahrungskette suchen. Dabei fängt sie auch die Nahrungstiere und Jungfische der großwüchsigen Arten, deren Bestände sich dadurch nicht erholen können. Schließlich endet die Fischerei beim Fang von Plankton, einschließlich Quallen für den Export nach Ostasien und Copepoden (*red feed*) für die Zucht von Lachsen. (Pauly et al. 1998)

Fall I: Die marine Nahrungskette abwärts fischen (fishing down marine food webs) (Abb. 38.3)

Die verschiedenen Fischarten besetzen unterschiedliche trophische Stufen (*trophic levels*, TL), die durch ihren Abstand von den Pflanzen als Primärproduzenten definiert sind. Diese bilden die erste trophische Stufe (TL 1). Algenfressende (herbivore) Fische stehen auf TL 2, Konsumenten des herbivoren Zooplanktons gehören zu TL 3, usw. Zu beachten ist, dass Fische in den verschiedenen Ökosystemen ein breit gefächertes Nahrungsspektrum haben und damit zwischen den Stufen stehen. Jede fischereiliche Entnahme von Biomasse verändert das Nahrungsnetz und zwingt die Räuber, sich andere Beute zu suchen, soweit vorhanden.

Solche fischereibedingten Verschiebungen im System waren früher nicht von den natürlichen Fluktuationen zu unterscheiden. Jetzt werden sie aber immer deutlicher, weil sie den durchschnittlichen TL-Wert der Fänge verändern, und zwar – entgegen der Meinung einiger Kollegen – in gerichteter Weise, mit einem klaren Abwärtstrend. Ursache dafür ist die geringe natürliche Sterblichkeit der großen Raubfische auf hoher trophischer Stufe (z. B. Thunfische, Haie, alte Kabeljau und Heilbutt mit TL 4 und mehr). Selbst bei einer relativ schwachen Befischung, die den Eindruck einer wohlgeordneten Fischerei erweckt, kann die Höchstgrenze der vom Bestand tolerierten Gesamtsterblichkeit (natürliche plus fischereiliche) schnell überschritten werden. Der Bestand kollabiert. Dabei genügt es, wenn die betreffende Art nur als Beifang und nicht als Zielart befischt wird. Tatsächlich werden heute die Bestandsschrumpfungen bei großen Spitzenräubern vor allem durch nicht selektive Fanggeräte hervorgerufen, die auf andere hochbezahlte Arten wie Garnelen ausgerichtet sind. Jungfische der gefährdeten Arten werden dabei als Beifang tot über Bord geworfen.

Fall II: Grundschleppnetzfischerei
Ein weiterer schwerer Eingriff der Fischerei in marine Ökosysteme ist die Grundschleppnetzfischerei. Große, mit Ketten und Rollen beschwerte Netze durchwühlen und planieren den Meeresboden. Alles, was ihnen in den Weg kommt, wird erfasst. Global geht der größte Teil des Beifangs auf das Konto der Schleppnetzfischerei. Das Problem liegt nicht allein in dieser ungeheuren Verschwendung von Fischen, sondern auch in der Zerstörung der Bodenstruktur, die Schutz für Jungfische bietet – auch für die Arten, auf die die Fischerei ausgerichtet ist. Offensichtlich wird hier die vom Fischereimanagement angestrebte Nachhaltigkeit nicht einmal in Ansätzen erreicht. Ursprünglich war diese Form der Fischerei auf die Schelfe beschränkt, heute dringen die Trawler in größere Tiefen weit jenseits der 200-m-Tiefenlinie der Schelfkante vor und richten dort weitere Zerstörungen an.

Fall III: Der nördliche Kabeljaubestand vor Kanada
Das dritte Beispiel enthält Elemente der beiden vorangegangenen und bezieht sich auf den Kabeljau (*Gadus morhua*) vor Neufundland/Labrador (Abb. 39.4). Sein Niedergang beleuchtet zugleich die üblen Effekte der oben beschriebenen Zweiteilung der Fischerei auf Forschung und Management.

Jahrhundertelang wurde dieser Kabeljaubestand nachhaltig durch Kleinfischereien genutzt. Für sie waren die Fische im tieferen und küstenfernen Wasser unerreichbar, deren Nachwuchsproduktion die Fischerei nachhaltig gemacht hatte. Auf diese Fische begann Anfang der 1960er Jahre eine Fischerei durch europäische Fischdampferflotten.

Die Fischereierträge schossen steil in die Höhe von der (nachhaltigen) Basislinie von 200.000 t auf 810.000 t im Jahr 1968. Dann fielen sie schnell. Entsprechend rapide sank Ende der 1970er Jahre die Biomasse des Bestands. Mit der Ausdehnung der kanadischen EEZ auf 200 Seemeilen und dem Abzug der fremden Flotten bot sich die Gelegenheit, die Kabeljaufischerei wieder auf eine nachhaltige Basis zu stellen. Stattdessen subventionierte die kanadische Regierung den Bau einer nationalen Hochseetrawlerflotte. Für ein paar Jahre stiegen die Fänge wieder etwas an, während Biomasse und Nachwuchs weiter abnahmen. Der Rückgang der Biomasse führte zu einem Schrumpfen des Verbreitungsgebiets des Kabeljaubestands.

Die Katastrophe spielte sich in einem reichen Land mit einer der weltbesten Traditionen der Fischereiforschung ab. Einige Wissenschaftler gaben dem Einbruch besonders kalten Wassers die Schuld am Bestandszusammenbruch, andere dem Wachstum der Robbenpopulation, die den Kabeljau dezimiert habe. Wir halten das für Pseudoerklärungen, denn über Hunderte von Jahren haben weder Kälteperioden noch hohe Bestandsdichten der Robben die Kabeljaubestände dezimiert. Das tat in ruinöser Weise erst die Großfischerei mit der massiven Befischung des küstennernen Kabeljaubestands.

Inzwischen hat sich interessanterweise eine höchst lukrative Schleppnetzfischerei auf wirbellose Bodentiere, vor allem Krebse und Garnelen, etabliert. Letztere gehören zu den Beutetieren des Kabeljaus, die nun von dessen Raubdruck befreit sind. Dies ist ein typisches Beispiel für *fishing down marine food webs* (Abb. 38.3). Wir müssen erwarten, dass sich mit dieser neuen Fischerei die volle Erholung des Kabeljaubestands verzögern wird – auch weil ein nicht unerheblicher Teil des Beifangs dieser Fischereien jetzt aus kleinen Kabeljau besteht.

Es fehlt die historische Sicht

Die drei Beispiele dokumentieren, warum weltweit die Biomassen genutzter Bestände weit unter ihr vorindustrielles Ausgangsniveau gesunken sind, üblicherweise um den Faktor 10 bis 100. Wir ließen dabei lokale Ausrottungen außer Acht, z. B. von Rochen in verschiedenen Gebieten des Nordatlantiks, des Südchinesischen Meeres und anderer Fanggründe der Trawlerflotten.

Unglücklicherweise sind viele Fischereimanager und Fischereiwissenschaftler von diesen Zahlen nicht beeindruckt. Es gehört weder zu ihrer Weltsicht noch zum Forschungsprogramm ihrer Institutionen, sich mit Bestandszahlen aus dem 19. Jahrhundert zu befassen. Es ist einfacher, diese Zahlen anzuzweifeln oder die Robben, die Umwelt oder das Klima verantwortlich zu machen, als sich mit den Folgen der zu starken Fischerei zu befassen. Aufgrund des Fehlens dieser historischen Dimension sinkt der Ausgangspunkt für die Abschätzung der Bestandsveränderungen mit jeder Generation der Fischereiwissenschaftler (*shifting baselines*). Zum Beispiel werden zur Beurteilung des aktuellen Umweltzustands der Ostsee keine historischen Daten aus der Zeit vor oder zu Beginn der intensiven Befischung, sondern Daten aus den 1990er Jahren als Vergleichsbasis herangezogen. Damit wird die Zielsetzung der Nachhaltigkeit immer weiter unterminiert.

Fazit: Von der Bestandserhaltung zum Wiederaufbau gesunder Ökosysteme

Das Schlüsselproblem hinsichtlich der Nachhaltigkeit als Ziel des Fischereimanagements ist, dass wir sie negativ ausdrücken müssen: Für eine bereits genutzte Population (und fast alle sind schon genutzt) heißt Nachhaltigkeit das Vermeiden weiteren Rückgangs der Bestandsgröße. Wenn diese Population trotzdem weiter unkontrolliert abgefischt wird, rutscht das Ziel der reinen Bestandserhaltung immer tiefer, bis schließlich die Population verloren ist und mit ihr die öffentliche Erinnerung, dass es sie je gegeben hat. Zum Beispiel kann man in Dänemark in lokalen Museen historische Fanggeräte, Fotos, Filme vom Fang und Fangstatistiken des Roten Thun (*Thunnus thynnus*) sehen. In den heutigen Fangstatistiken kommt die Art nicht mehr vor. Wegen dieser Dynamik besteht eine durchaus reelle Gefahr für den Fortbestand vieler Populationen, die entweder gezielt befischt werden oder indirekt von der Fischerei betroffen sind. Gefährdet sind aber auch die Ökosysteme, in die diese Populationen eingebettet sind.

Um mit diesen Problemen fertig zu werden, muss man das Ziel von Fischereiforschung und Fischereimanagement umformulieren: von der Bestandserhaltung zum Wiederaufbau. Dieses Ziel ist bereits 1982 im Seerechtsübereinkommen der Vereinten Nationen festgelegt worden. Die Umsetzung erfordert allerdings die Übernahme in nationale oder regionale Gesetze. Diese Übernahme ist bisher nur in Neuseeland, Australien, USA und 2013 auch in Europa erfolgt. Seitdem sinkt der Fischereidruck in den Wirtschaftszonen dieser Länder, und erste Bestände (z. B. Hering und Scholle in der Nordsee) haben sich erholt. Wiederaufbau von Beständen ist also möglich und erlaubt dann auch dauerhaft höhere Fänge (Kap. 39). Leider gelten die Fischereiregeln des Seerechtsübereinkommens nur für die Wirtschaftszonen der Mitgliedsländer, nicht für die Hohe See.

Darüber hinaus geht es aber nicht nur darum, die dezimierten Populationen wiederherzustellen, sondern auch um die Ökosysteme selbst. Hierfür bedarf es der Zielvorgaben in Form von fest verankerten Ausgangsgrößen, die den früheren Zuständen der betreffenden Populationen und Ökosysteme entsprechen. Damit werden die Rekonstruktion und Beschreibung (oder Modellsimulation) wichtig und mit ihnen neue Forschungsfelder, die multidisziplinär bearbeitet werden müssen. Indem sie sich um die Erhaltung von nutzbaren marinen Ressourcen in gesunden Ökosystemen bemüht, kann die Fischereiforschung zu einem Zweig der Naturschutzforschung werden. Ein Schlüsselelement dieses Prozesses ist, dass sich die Fischereiforscher und -manager für mehr als nur die beiden traditionellen Kunden, d. h. Fischereiverwaltung und Fischereiwirtschaft, insbesondere die Großfischereien, verantwortlich fühlen. Eine Umorientierung zugunsten der handwerklichen Fischerei (Abb. 38.4) würde bereits einen großen Schritt zur Lösung der Probleme in so verschiedenen Ländern wie Südafrika, Indien und

Abb. 38.4 Anlandungen aus der pelagischen handwerklichen Fischerei vor der Süd-
küste Indiens. (Foto: Ekau, ZMT)

Kanada (s. das Kabeljau-Beispiel) bedeuten. Darüber hinaus müssen Fischereiforscher und -manager akzeptieren, dass die breite Öffentlichkeit sich weniger
um die akuten Bedürfnisse der Fischereiwirtschaft und -verwaltung sorgt als um
die langfristige Erhaltung der Ressourcen, Ökosysteme und deren Biodiversität
als Gemeingüter der menschlichen Gesellschaft (Kap. 37).

Die Einrichtung vieler und ausreichend großer Meeresschutzgebiete würde
eine wesentliche Verbesserung bringen. Sie werden benötigt, um Teile des Verbreitungsgebiets verschiedener genutzter Arten für die Fischerei unzugänglich zu
machen. In der Tat muss die Verhütung drastischer Gefährdungen von Beständen
zur wichtigsten Aufgabe künftigen Managements werden. Damit würden die
Fischereiwissenschaftler mit der lebhaften, sehr aktiven Wissenschaftlergemeinde
verbunden werden, die sich mit Fragen der marinen Biodiversität befasst.

Fast alle Fischereinationen haben formell den FAO Code of Conduct of
Responsible Fisheries angenommen. Damit werden günstige Bedingungen für
die gegenseitige Annäherung von Fischerei- und Naturschutzmanagement geschaffen, denn darin fällt die Beweislast demjenigen zu, der behauptet, dass eine
bestimmte Fischerei den Fischbestand und sein Ökosystem nicht schädigt. Die
Zukunft wird zeigen, ob „verantwortliches Fischen" ausreicht, um den Niedergang von marinen Fischereiressourcen aufzuhalten und geschädigte Bestände
und Ökosysteme zu restaurieren.

Informationen im Internet

- www.seaaroundus.org
- www.fishingdown.org

Weiterführende Literatur

Froese R, Branch TA, Proelß A, Quaas A, Sainsbury K, Zimmermann C (2011) Generic harvest control rules for European fisheries. Fish and Fisheries 12:340–351

Pauly D, Christensen V, Dalsgaard J, Froese R, Torres FC (1998) Fishing down marine food webs. Science 279:860–863

Pauly D, Christensen V, Guénette S, Pitcher TJ, Sumaila UR, Walters WJ, Watson R, Zeller D (2002) Towards sustainability in world fisheries. Nature 418:689–695

Walters C, Maguire JJ (1996) Lessons for stock assessment from the northern cod collapse. Rev Fish Biol Fish 6(2):125–137

Hafenidylle in Namib, Angola. Vorbei an den Booten der Kleinfischer wandern Frauen zum Markt, wo Fische und Früchte angeboten werden. (Foto: Werner Ekau, ZMT)

Junge Kabeljaue im Helgoländer Aquarium, fotografiert von Franz Schensky, um 1913. (Förderverein Museum Helgoland)

39

Zum Beispiel Kabeljau und Hering: Fischerei, Überfischung und Fischereimanagement im Nordatlantik

Christopher Zimmermann und Cornelius Hammer

„Alle kommerziell genutzten Fischbestände brechen bis 2048 zusammen" oder sogar „Nordsee-Fischarten vom Aussterben bedroht" – solche oder ähnliche Schlagzeilen waren in den letzten Jahren oft der Tagespresse und sogar wissenschaftlichen Journalen zu entnehmen. Sie zeichnen ein dramatisches und simples Bild des Zustands kommerziell genutzter Fischarten. Im Folgenden wird dieses Bild überprüft und dabei besonders der Kabeljau (*Gadus morhua*) und der Hering (*Clupea harengus*) betrachtet. Auch wenn sich noch immer viel zu viele Fischbestände in schlechtem Zustand befinden, so gibt es doch bemerkenswerte positive Entwicklungen.

Ausmaß der Überfischung im Nordatlantik

Von den rund 500 Nutzfischbeständen, für die wir ausreichende Daten haben, sind nach FAO (2014) 61 % voll genutzt, 29 % überfischt (d. h., die Erträge nehmen trotz erhöhten Fischereiaufwands ab), und nur 10 % zeigen noch Potenzial für steigende Erträge. Damit befinden sich derzeit über zwei Drittel der Bestände aus menschlicher Sicht im grünen oder gelben Bereich. Das Meer ist also keineswegs so leergefischt, wie oft behauptet wird – andererseits lässt sich der Ertrag langfristig nur dann noch steigern, wenn die Überfischung beendet wird, weil nur gesunde Bestände mehr Ertrag liefern können (Box 39.1).

Die aktualisierte Version des Kapitels kann hier abgerufen werden: https://doi.org/10.1007/978-3-662-49714-2_49

Dr. Christopher Zimmermann (✉)
Thünen-Institut für Ostseefischerei
Alter Hafen Süd 2, 18069 Rostock, Deutschland
E-Mail: christopher.zimmermann@ti.bund.de

427

© Springer-Verlag GmbH Deutschland 2020
G. Hempel et al. (Hrsg.), *Faszination Meeresforschung*,
https://doi.org/10.1007/978-3-662-49714-2_39

Box 39.1: Bedrohte Fischarten

Christopher Zimmermann

Immer wieder wird die Überfischung oder der Zusammenbruch eines Fischbestands gleichgesetzt mit der drohenden Ausrottung der Fischart. Dies ist jedoch nicht zulässig: Zunächst besteht gerade im Meer ein erheblicher Unterschied zwischen einem Bestand und einer Art. Verschiedene Bestände (also „Reproduktionseinheiten") einer Art entwickeln sich völlig unterschiedlich, wenn sie unterschiedlichem Fischereidruck und verschiedenen Umweltbedingungen ausgesetzt sind.

Unter den nach der europäischen Flora-Fauna-Habitat-Richtlinie unter Schutz gestellten Tierarten finden sich sieben Fischspezies (z. B. Finte [*Alosa fallax*], Maifisch [*A. alosa*], Meerneunauge [*Petromyzon marinus*]), die in der Nordsee vorkommen, aber nicht gezielt befischt werden. Sie sind ausnahmslos diadrom, d. h., sie verbringen einen wesentlichen Teil ihres Lebens im Süßwasser. Dort sind sie gefährdet durch Verbauung und Verschmutzung der Flüsse, die ihnen als Laich- oder Futterplätze dienen.

Als gefährdet gelten auch einige Thunfisch- und Haiarten des offenen Ozeans, die in geringen Dichten vorkommen und entweder exorbitante Preise erzielen oder denen – wie dem Weißen Hai – aufgrund seines schlechten Images nachgestellt wird. All diesen Fischarten ist ein geringes Reproduktionspotenzial gemeinsam; sie sind daher besonders empfindlich gegen Überfischung.

Hochproduktive Massenfischarten können wir nicht zum Aussterben bringen, weil ihr Fang bereits lange vorher kommerziell uninteressant wird. Die Überfischung einzelner Bestandskomponenten kann aber sehr wohl zum Verschwinden der betroffenen Subpopulation führen und damit die genetische Diversität einzelner Fischarten unwiederbringlich reduzieren. Dies kann für die Gesamtpopulation eine erhebliche Reduzierung der Anpassungsfähigkeit an sich ändernde Umweltbedingungen zur Folge haben.

Das gilt besonders für den Nordostatlantik, aus dem der größte Teil der Speisefische für den europäischen Markt stammt. Der Zustand der Fischbestände in diesem Gebiet, einschließlich der Nord- und Ostsee, wird jedes Jahr von Wissenschaftlern des Internationalen Rats für Meeresforschung (ICES; Box 39.2) begutachtet. Diese Organisation wurde 1902 aus der Erkenntnis gegründet, dass sich Meeresfische nicht an nationalstaatliche Grenzen halten und nur gemeinsam begutachtet und bewirtschaftet werden können.

Box 39.2: Historischer Exkurs 3:
Der Internationale Rat für Meeresforschung (ICES)

Gotthilf Hempel

Seit undenklichen Zeiten bot die Nordsee der Küstenbevölkerung Fisch in ausreichender Menge. Durch die beschränkte Fangkapazität der Segelfahrzeuge wurde die Produktionskraft der Bestände in der Regel nicht beeinträchtigt. Diese Situation änderte sich in der zweiten Hälfte des 19. Jahrhunderts, als die steigende Nachfrage nach Fisch in den Industrieländern die Flotten wachsen ließ. Gleichzeitig erhöhte die Motorisierung von Schiffs- und Windenantrieb die Fangkraft jedes einzelnen Fischereifahrzeugs. Entsprechend schrumpften die Fischbestände, vor allem der Plattfische und Dorschartigen. Die Flotte musste ihre Fangreisen immer mehr in die tiefen, nördlichen Teile der Nordsee und darüber hinaus nordwärts ausdehnen.

Um die Jahrhundertwende gründete daraufhin eine Gruppe von Wissenschaftlern und Administratoren im Auftrag ihrer Regierungen den Internationalen Rat für Meeresforschung (ICES) mit dem klaren Ziel: *„to prepare for a rational exploitation of the sea on a scientific basis"*. Ihr erster Präsident war der deutsche Fischereidirektor Walther Herwig.

Trotz der Ausrichtung auf Fragen der fischereiwirtschaftlichen Nutzung hatte die ozeanografische Grundlagenforschung immer einen festen Platz im ICES. Die gemeinsame Erforschung der Hydrografie der nordeuropäischen Gewässer wurde als eine wesentliche Voraussetzung für die Lösung der Fischereiprobleme betrachtet. Die frühen „Terminfahrten" in Ost- und Nordsee in den verschiedenen Jahreszeiten sowie lange Messreihen waren die Grundlage zum Verständnis der abiotischen Umwelt der Fische und ihrer Veränderlichkeit. Die daraus entstandenen Dauerprogramme liefern noch heute die Basis für die Aufdeckung von Langzeittrends und Fluktuationen in den marinen Ökosystemen unter dem direkten Einfluss des Menschen und unter den klimabedingten Veränderungen in der ozeanischen Zirkulation.

Die zweite Aufgabe des ICES war die Erforschung des Planktons und Benthos in den nordeuropäischen Gewässern, wieder mit spezieller Hinwendung zu ihrer biologischen Bedeutung für die verschiedenen Speisefische und ihre Jugendstadien. Die Trennung der Heringsrassen mit statistischen Methoden (Heincke), die Unterscheidung der Fischeier im Plankton nach Arten (Ehrenbaum, Strodtmann), die Entdeckung der Fluktuationen in der Jahrgangsstärke und im Wachstum der Scholle (Bückmann) sind Beispiele früher deutscher Beiträge zum ICES aus den 1920er und 1930er Jahren.

Überfischung und Umweltveränderungen

Die dritte große Aufgabe des ICES war unmittelbar auf das Überfischungsproblem gerichtet. Die Väter des ICES fragten, ob die Entnahme durch die Fischerei im rechten Verhältnis zur Produktion unter den jeweils herrschenden Bedingungen steht.

Die Erforschung der Populationsdynamik der Fische hat inzwischen eine lange Entwicklung durchgemacht – von den Konzepten der „Wachstumsüberfischung" (d. h., die Fische werden früher/kleiner gefangen, als es dem höchstmöglichen Dauerertrag entspricht) und der „Nachwuchsüberfischung" der einzelnen Bestände hin zu Mehrartenmodellen und zum Konzept der Ökosystemüberfischung, vom Ideal des höchstmöglichen Dauerertrags (Maximum Sustainable Yield, MSY) zum Vorsorgeansatz (Kap. 37 und 38).

Über Jahrzehnte war die Arbeit des ICES von der Kontroverse geprägt, ob die natürlichen Veränderungen in den Umweltbedingungen und damit in der Nachwuchsproduktion und im Wanderverhalten das Schrumpfen der einzelnen Fischbestände bedingen oder ob die fischereilichen Eingriffe ausschlaggebend sind.

Das Wechselspiel zwischen natürlichen und vom Menschen bedingten Bestandsschwankungen zu verstehen, ist eine der zentralen Aufgaben der Fischereibiologen. Die Nordsee und die Georges Bank vor Neuengland, USA, waren die ersten Gebiete, die wir unter diesen Gesichtspunkten als Large Marine Ecosystems (LMEs) betrachteten.

Auf dem Weg zum Ökosystemmanagement

Vor 40 Jahren wurde deutlich, dass der Mensch die Nordsee nicht unbegrenzt als Vorfluter für die wachsenden Abwassermengen und als Deponie für andere Schadstoffe verwenden darf. Gleichzeitig begann der Erdölboom; die Nordsee wurde mit einem dichten Netz von Explorations- und Förderplattformen sowie Pipelines überzogen. Die Kiesgewinnung trat hinzu, und die Windkraftbetreiber begannen, die Nordsee für ihre Zwecke aufzuteilen/zu beanspruchen. Diese neuen Nutzungsformen zusammen mit der ebenfalls expandierenden Fischerei riefen schließlich die Naturschützer auf den Plan, die die Nordsee nach ihren Gesichtspunkten bewirtschaftet sehen wollen.

Die Fischerei muss sich mit den anderen Nutzern arrangieren. Ziel des ICES ist ein auf Nachhaltigkeit abzielendes Gesamtmanagement der Meere. Die dazu erforderlichen systematischen, langfristig angelegten Bestandsaufnahmen aller wesentlichen Elemente des Ökosystems werden erleichtert durch moderne Probenahme-, Beobachtungs- und Analysetechnologien, einschließlich molekularbiologischer Methoden und ergänzt durch leistungsstarke Modellierungen.

Heute gehören alle Anrainerstaaten des nördlichen Nordatlantiks sowie der Nord- und Ostsee dem ICES an. Sein Arbeitsgebiet ist der Nordatlantik und seine Randmeere. Die Fischerei- und Umweltdaten der nationalen Untersuchungs- und Überwachungsprogramme werden von etwa 1500 bis 2000 Wissenschaftlern aus ca. 200 Instituten in unzähligen Arbeitsgruppen zusammengetragen, anschließend bewertet und zu Empfehlungen an die Anrainerstaaten und die EU verarbeitet. Die Jahrestagungen des ICES haben sich in jüngster Zeit zu interessanten Kongressen der Meeres- und Fischereiforschung entwickelt.

Literatur

- Hempel G (2002) ICES contributions to marine science – an overview. ICES Marine Science Symposia 215:590–596.
- Hempel G, Pauly D (2002) Fisheries and Fisheries Science in their Search for Sustainability. In JG Field, G Hempel, CP Summerhayes (eds), Oceans 2002 Island Press, Washington, 365 pp
- McGlade JM (2002) The North Sea Large Marine Ecosystem. In K Sherman, HR Skjøldal (eds), Large Marine Ecosystems of the North Atlantic. Elsevier, Amsterdam, pp 339–412
- Rozwadowski HM (2002) The Sea Knows No Boundaries. A Century of Marine Science under ICES. University of Washington Press, Seattle; 448 pp

Die Methoden der Bestandsberechnung sind immer indirekt und damit unsicher, weil die Fische im Meer nicht direkt gezählt werden können. Zur Bewertung des Zustands werden die Masse aller erwachsenen Fische (Laicherbiomasse, SSB) und die fischereiliche Sterblichkeit (F) mit Referenzpunkten für den jeweiligen Bestand verglichen. Grundlage ist eine statistische Berechnung des Risikos, dass eine reduzierte Elternbiomasse nur noch eine ungenügende Anzahl von Nachkommen produziert. Dies würde nach wenigen Jahren zu einer Schwächung des Elternbestands führen. Die Referenzpunkte sind Eckpfeiler des Vorsorgeansatzes, eines von allen europäischen Nationen ratifizierten UN-Prinzips: Je weniger wir wissen, desto kleiner müssen die Fangmengen sein. Dieser Vorsorgeansatz wird aber seit dem Nachhaltigkeitsgipfel in Johannesburg 2002 durch den noch anspruchsvolleren Ansatz des MSY (Maximum Sustainable Yield) ersetzt (Kap. 37): Nun geht es nicht nur darum, Schaden von der Ressource abzuwenden, sondern sie optimal zu nutzen. Dafür sind in aller Regel ein noch niedrigerer Fischereidruck und eine noch höhere Biomasse erforderlich.

Nach Angaben der EU-Kommission ist der Anteil der europäischen Fischbestände des Nordostatlantiks, die sich nach diesem MSY-Konzept im grünen Bereich befinden, von 9 % im Jahr 2004 auf 62 % im Jahr 2013 gestiegen. Für diese Bestände liegt die fischereiliche Sterblichkeit also unter F_{msy}, und die Biomasse schwankt um B_{msy}. Der Zustand der Fischbestände in unseren Gewässern ist heute somit nicht schlechter als im weltweiten Durchschnitt, und es hat in den letzten zehn Jahren große Fortschritte gegeben. Allerdings liegen nur für den kleineren Teil der 140 Bestände in diesem Gebiet ausreichende Daten vor: Nur für weniger als 50 Bestände können Biomasse und Fischereidruck verlässlich eingeschätzt werden – für die anderen fehlt es entweder an Fangdaten oder an biologischen Daten und Referenzpunkten. Um dennoch Aussagen zum Zustand machen und eine numerische Fangempfehlung geben zu können, werden überall auf der Welt Methoden für die Begutachtung „informations- oder datenarmer Bestände" entwickelt. Der ICES leitet derzeit die Entwicklung dieser Bestände aus den Fängen wissenschaftlicher Forschungsreisen ab. Es gibt übrigens keine Hinweise darauf, dass sich die datenarmen Bestände in signifikant schlechterem Zustand befinden als die, für die wir klassische analytische Bestandsberechnungen vorlegen können. Die positive Entwicklung der nordostatlantischen Bestände zeigt sich auch in der Abnahme der fischereilichen Sterblichkeit (Abb. 39.1). Für die meisten Bestände dürfte das in Johannesburg festgelegte Ziel, die Sterblichkeit auf unter F_{msy} zu senken, in wenigen Jahren erreichbar sein.

Fischereimanagement

Jahrhundertelang hatte die Fischerei uneingeschränkten Zugang zu den Weltmeeren – die Ressource Fisch gehörte demjenigen, der sie fing. Dies änderte sich auch im Nordatlantik grundlegend mit der schrittweisen Ausweitung der Territorialgewässer von drei Seemeilen (bis 1958) auf 200 Seemeilen (1975). Seither zählen sämtliche Schelfgebiete und damit die besonders fischreichen Gewässer des Nordatlantiks zu nationalen Ausschließlichen Wirtschaftszonen (AWZ; Exclusive Economic Zones, EEZ). Hier gelten nationale Fangbeschränkungen, die auf internationalen Fischereiabkommen fußen. Diese haben im Nordatlantik auch jenseits der AWZ Geltung. Das üblichste Mittel der Regulierung ist die

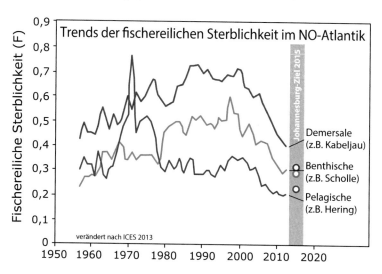

Abb. 39.1 Entwicklung der fischereilichen Sterblichkeit für die kommerziell genutzten Bestände des Nordostatlantiks, aufsummiert für demersale, benthische und pelagische Fische. (Modifiziert nach ICES 2014)

Festlegung von Höchstfangmengen für definierte Fischbestände, möglichst auf der Grundlage wissenschaftlicher Fangempfehlungen. Häufig werden zusätzlich „technische Maßnahmen" wie minimale Maschenweiten der Netze, maximale Motorleistung der Fangschiffe oder die maximal zulässige Anzahl Fangtage (oder Seetage) festgelegt. Während die Festsetzung von Höchstfangmengen Grundlage eines „ergebnisbasierten Managements" ist, zählt man die technischen Maßnahmen zu den „Eingangsbeschränkungen". Ein ergebnisbasiertes Management ist relativ einfach und kann die richtigen Anreize für die Fischerei schaffen, sich regelkonform zu verhalten. Es setzt aber eine gute Kontrolle und Sanktionen für den Fall der Regelverletzung voraus. Aufwandsbeschränkungen und Fanggerätdefinitionen werden dagegen oft durch effektivitätssteigernde technische Fortschritte konterkariert. Die Vielzahl der hierfür erforderlichen Regularien macht das Management intransparent und schafft oft die falschen Anreize, die Fischerei fühlt sich überreguliert und umgeht erfindungsreich die Regeln. Die Entwicklung eines nachhaltigen Managements ist ein iterativer Prozess mit vielen Rückschlägen (Kap. 38). Dies soll mit einigen Beispielen aus dem Nordatlantik im Folgenden illustriert werden.

Beispiel Nordsee-Kabeljau

Noch vor 30 Jahren war der Kabeljau die nach Menge und Wert wichtigste kommerziell genutzte Fischart in der Nordsee. Bis 2006 hat aber die Gesamtbiomasse der geschlechtsreifen Kabeljau (Laicherbiomasse) ständig abgenommen, bis weniger als 50.000 t erwachsene Kabeljau in der Nordsee schwammen (Abb. 39.2). Die Wissenschaft hat den Ernst der Lage lange unterschätzt; sie vertraute den Informationen, die sie von der Fischerei erhielt, mehr als den eigenen Survey-Ergebnissen, obwohl die Anlandungen trotz kontinuierlich steigenden Aufwands jedes Jahr geringer wurden. Als die tatsächliche Situation schließlich deutlich wurde, ging weitere wertvolle Zeit durch die sehr zögerliche Umsetzung von Schutzmaßnahmen verloren. Ende 2002 empfahl die Wissenschaft eine Schließung der Kabeljau-Fischerei in der Nordsee und in benachbarten Gebieten. Die

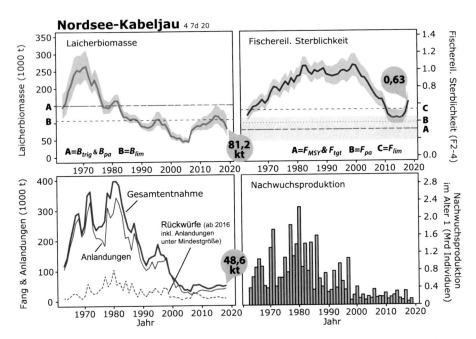

Abb. 39.2 Nordsee-Kabeljau: Laicherbiomasse, fischereiliche Sterblichkeit und Anlandungen 1963–2019. Die Lage der Referenzpunkte für Biomasse und fischereiliche Sterblickeit (F) ist angegeben: B_{lim} Grenzwert nach Vorsorgeansatz, bei kleinerer Biomasse ist die Nachwuchsproduktion eingeschränkt, B_{pa} Grenzwert nach Vorsorgeansatz, unterhalb dessen die Wahrscheinlichkeit für eine eingeschränkte Nachwuchsproduktion steigt (dieser Wert schließt also Unsicherheiten mit ein), B_{mgmt} Grenzwert nach Managementplan, unterhalb dessen die Zielsterblichkeit verringert wird, B_{trig} untere Grenze der Schwankungsbreite um die Biomasse nach MSY. F_{lim}, F_{pa}, F_{msy} und F_{tgt} (bzw. F_{mgmt}) sind die mit diesen Biomassen korrespondierenden Werte für die fischereiliche Sterblichkeit: Eine Fischerei auf diesem Niveau wird langfristig zum Erreichen der jeweiligen Biomasse führen. (ICES 2019)

Fischereiminister der EU haben diese Empfehlung nicht umgesetzt, weil sie die meisten Fischereien in der Nordsee stark beschränkt hätte: Kabeljau wird fast zwangsläufig in fast allen gemischten Fischereien auf Bodenfische mitgefangen. Stattdessen wurden viele kleinere Schutzmaßnahmen wie Laichgebietsschließungen erlassen. Der Schlüssel für die Erholung liegt jedoch bei den hohen Rückwürfen. Diese konnten bis heute nicht reduziert werden, weil die bisherigen EU-Regularien nur die Menge der Anlandungen, nicht aber die Menge der Fänge (Anlandungen plus Rückwürfe) beschränken. Ab spätestens 2019 soll sich das ändern, denn dann müssen auch die bisherigen Rückwürfe auf die Quoten angerechnet werden.

Nachdem die Schutzmaßnahmen für den Kabeljau zunächst nur positive Auswirkungen auf die Beifangarten wie den Schellfisch hatten, scheint sich nun auch die Zielart langsam zu erholen. Nach den aktuellen Berechnungen des ICES (2015) ist die Laicherbiomasse auf über 100.000 t angestiegen und liegt damit wieder im gelben Bereich. Die legalen Anlandemengen dürfen nun langsam steigen – sie betragen seit vielen Jahren zwischen 30.000 und 35.000 t, zusätzlich werden über 10.000 t verworfen. Ein gesunder Bestand könnte mit gleichem Aufwand leicht das Doppelte an marktfähigem Fisch liefern – die andauernde Überfischung ist also eine große Verschwendung, und die Fischerei hat durch das zögerliche Management sehr viel Geld verloren.

Eine Kombination aus Umweltbedingungen, Räuber-Beute-Verhältnissen und Fischereidruck bestimmt die Dynamik von Fischbeständen. Für den Nordsee-Kabeljau wird die Erwärmung seines Lebensraums als eine Ursache für den Rückgang des Bestands diskutiert, insbesondere für sein Verschwinden aus der südlichen Nordsee. Nur selten jedoch übersteigt heute der Einfluss natürlicher Faktoren den der Fischerei, wie es für den Dorsch (Kabeljau) der Ostsee nachgewiesen ist (Box 30.1). Der lebt in einem Meer mit reduziertem Salz- und Sauerstoffgehalt, und das Ausbleiben des Einstroms salzigen Wassers aus der Nordsee verringert Nachwuchsproduktion und Wachstum des Dorsches unmittelbar. Ungünstige Umweltbedingungen erfordern daher eine noch vorsichtigere Bewirtschaftung.

Beispiel Nordost-Arktischer Kabeljau

Veränderungen der Umweltbedingungen können auch positive Auswirkungen auf einzelne Bestände haben. Der Kabeljaubestand der Norwegischen See und des Barentsmeeres hat sich seit 2006 dank ausgezeichneter Rekrutierung deutlich erholt; außerdem konnte die illegale Überfischung durch geeignete Abkommen und Kontrollen weitgehend gestoppt und der Fischereidruck durch einen langfristigen norwegisch-russischen Managementplan gesenkt werden. Die Laicherbiomasse beträgt 2014 knapp 2 Mio. t (bei einem Vorsorgereferenzwert von 460.000 t),

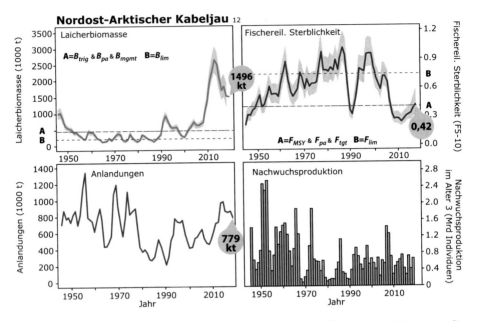

Abb. 39.3 Nordost-Arktischer Kabeljau (Barentsmeer-Kabeljau): Laicherbiomasse, fischereiliche Sterblichkeit und Anlandungen 1946–2019. Abkürzungen s. Abb. 39.2. Die Lage der Referenzpunkte für Biomasse und F ist angegeben. (ICES 2019)

und die jährliche Entnahme wird mit inzwischen knapp 900.000 t als nachhaltig angesehen (Abb. 39.3). Dieser Bestand liefert damit mehr Ertrag als alle anderen Kabeljaubestände der Welt zusammen. Infolge des reichen Angebots ist der Weltmarktpreis für Kabeljau stark gesunken, mit negativen Folgen vor allem für die kleine Küstenfischerei im Süden, z. B. in der Ostsee oder in der Keltischen See.

Ein großer Teil der Laicherbiomasse besteht noch immer aus jungen Erwachsenen, sogenannten Erstlaichern. Das Fehlen älterer Fische wäre an sich nicht besorgniserregend, wenn Fische nicht mit zunehmendem Alter immer mehr und bessere Eier produzieren würden: Der Nachwuchs älterer Tiere hat eine größere Chance, das Erwachsenenalter zu erreichen (Abb. 39.4). Klimatisch gute Jahre und damit reiche Jahrgänge scheinen beim Nordost-Arktischen Kabeljau die Ausnahme zu sein. Eine gesunde Altersstruktur des Bestands mit einer ausreichenden Anzahl alter Fische scheint notwendig, um Perioden mit schlechtem Reproduktionserfolg gut zu überstehen und abzupuffern.

Beispiel Nordsee-Hering

Der Hering soll hier als Beispiel dienen, wie unterschiedlich die Erholungsphasen für verschiedene Bestände einer Art sein können. Nach Einsetzen der industriellen Nutzung des Heringsbestands in der Nordsee wurden die Fangmethoden

Abb. 39.4 Kabeljau: Vergleich zweier laichreifer Weibchen (**a**) und deren Gonaden (**b**), jeweils ein Erstlaicher und ein älteres Tier. (Fotos: M. Bleil, Thünen-Institut für Ostseefischerei, Rostock)

Ende der 1960er Jahre so effektiv, dass der Bestand überfischt wurde. Die Fischerei richtete sich zudem auch auf Jungheringe, die zu Fischmehl und -öl verarbeitet wurden.

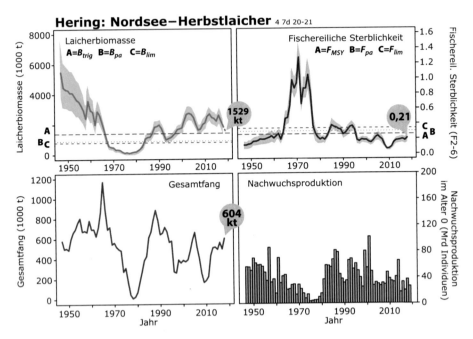

Abb. 39.5 Nordsee-Hering: Laicherbiomasse, fischereiliche Sterblichkeit und Anlandungen 1963–2019. Die Lage der Referenzpunkte für Biomasse und F ist angegeben. Abkürzungen s. Abb. 39.2. Werte für 2015 sind projiziert. (ICES 2019)

Schnell brach der Bestand zusammen, und ab 1977 musste die Fischerei geschlossen werden (Abb. 39.5). Schon eine vierjährige Schließung reichte wegen des Auftretens starker Nachwuchsjahrgänge für eine sichtbare Erholung, und die Fischerei konnte wieder eröffnet werden. Die Laicherbiomasse verzehnfachte sich in den 1980er Jahren, sank dann aber rapide ab, zum einen durch den Beifang großer Mengen an Jungheringen in der Industriefischerei auf Sprotten. Nach Stückzahl wanderten bis zu viermal mehr Jungheringe in die Fischmehlproduktion, als erwachsene Heringe gefangen wurden. Außerdem überschritten die internationalen Fangflotten illegal die Höchstfangmengen für erwachsene Heringe.

Abhilfe sollte ab 1997 ein dem Vorsorgeansatz entsprechender Managementplan der EU schaffen. Er zielte auf bessere Kontrollen in der Industriefischerei und auf die getrennte Behandlung von Adulten und Juvenilen in den Fängen (einschließlich Anrechnung der Beifänge auf die Quote). Der Bestand entwickelte sich zunächst positiv, produzierte aber ab 2001 über viele Jahre nur schwache Nachwuchsjahrgänge. Der Managementplan wurde nun erneut modifiziert und ein Stabilitätselement eingeführt, das die Zu- oder Abnahme der Fangquote auf 15 % von der Vorjahresquote beschränkte. Der Bestand schrumpfte dadurch schneller, als die Fangmengen reduziert werden konnten, und erst nach acht Jahren war der Fischereidruck ausreichend niedrig. Als im Anschluss der Bestand

Abb. 39.6 Hering: Vergleich eines 140-m-Frosters mit einem Stellnetzfischer. (Foto: S. Jansen, Thünen-Institut für Seefischerei, Hamburg)

wieder schnell zunahm, wurde die Stabilitätsregel wieder abgeschafft. In der Folge nahmen die Fangmengen viel schneller zu, als sie zuvor gesenkt werden konnten – eine für die nachhaltige Bewirtschaftung ungünstige Asymmetrie.

Dem Nordseehering geht es heute dennoch wieder ausgezeichnet; die auch in Perioden starker Überfischung unverändert stabile Nachwuchsproduktion hat jedes Mal schnell zum Bestandsaufbau beigetragen. Außerdem sind die Kenntnisse über die Bestands-Nachwuchs-Relation umfangreich, die Referenzpunkte damit belastbar. Und schließlich wird der Hering überwiegend in einer Einartenfischerei gefangen, in der kaum Probleme durch Beifänge und Rückwürfe auftreten und so die Anwendung eines Einartenmodells für die Bestandsberechnung legitim ist.

Im Unterschied zur Heringsfischerei sind die meisten anderen europäischen Fischereien aber gemischt. Dies erfordert Mehrarten- oder Ökosystemmodelle für die Bestandsberechnung, die sich aber noch in der Entwicklung befinden und für die zurzeit keine ausreichenden Eingangsdaten zur Verfügung stehen.

Beim Nordsee-Hering hat die Schließung der Fischerei vor allem eine Änderung der Struktur der Fangflotten bewirkt. Bis zum Fangmoratorium haben überwiegend kleine Küstenfahrzeuge die Ressource genutzt. Heute werden die Schwarmfische überwiegend von Froster-Trawlern (*freezer trawlers*) gefangen. Die bis zu 140 m langen Schiffe (Abb. 39.6) pumpen die Heringe aus riesigen

Abb. 39.7   Hering: Verarbeitung des Fangs auf einem modernen Vollfrost-Fangschiff. (Foto: K. Panten, Thünen-Institut für Seefischerei, Hamburg)

Netzen an Bord, wo sie in gekühlten Seewassertanks zwischengelagert werden. Anschließend werden die Fische vollautomatisch in 20- bis 30-kg-Blöcken schockgefroren, in Kartons verpackt (Abb. 39.7) und an Land nach dem Auftauen weiterverarbeitet. Aus Sicht der Lebensmittelhygiene und Energieeffizienz haben diese Fischereien klare Vorteile; sie lassen sich außerdem leichter kontrollieren und sind profitabler, benötigen aber auch viel weniger Arbeitskräfte.

Zusammenfassende Betrachtung und Ausblick

Die Betrachtung der Kabeljau- und Heringsfischereien zeigt: Es gibt bedrohte und nicht bedrohte Bestände, so wie es gutes und schlechtes Management gibt. Die Situation der kommerziell genutzten Fischbestände ist vielfach besorgniserregend, aber auch hier lohnt sich eine Differenzierung. Den größten Einfluss auf den Zustand dieser Bestände hat zweifellos die Fischerei. Schwankungen oder sogar langfristige Veränderungen der Umweltbedingungen können erhebliche Bedeutung für einzelne Fischbestände haben. In den späten 1960er Jahren zeigten fast alle Bestände der Gadiden (u. a. Kabeljau, Wittling, Schellfisch, Seelachs) in Nordsee und Nordostatlantik eine deutliche Zunahme der Laicherbiomasse. In diesen Zeitraum fällt die beginnende Überfischung der Herings- und Makrelenbestände. Diese Verschiebung der Gesamtbiomasse des Systems von pelagischen zu demersalen Arten könnte ebenso natürliche wie fischereiliche Ursachen haben. Umweltveränderungen werden häufig von der Fischereiwirtschaft als Entschuldigung für den Niedergang von Fischbeständen angeführt. Da der Mensch das Klima nicht regulieren kann, bleibt ihm nur ein noch vorsichtigeres Management für die Erhaltung der Ressource Fisch.

Die europäischen Fangflotten werden im Rahmen der Gemeinsamen Fischereipolitik der EU reguliert. Diese wird etwa alle zehn Jahre überprüft und reformiert. Einige Änderungen der letzten Reform von 2013 sind fundamental: Rückwürfe quotierter Arten sollen nicht mehr möglich sein. Das ist wichtig, doch der ganz große Wurf ist nicht geglückt. Die drastische Entschlackung des komplizierten und teilweise sogar widersprüchlichen Regelwerks sowie die Umkehr der Beweislast hätte die Fischerei wieder ins Boot holen können. Sie müsste im Gegenzug für die meist kostenlose Überlassung der Nutzung der Ressource nachweisen, dass sie sich an die Regeln der Gesellschaft zum Schutz der Fischbestände hält. Ein solches Co-Management ist in einigen Regionen der Welt inzwischen erfolgreich eingerichtet worden.

Bis es dazu kommt, können auch Handel und Verbraucher für eine nachhaltigere Fischerei sorgen. Sie haben es durch die Nachfrage in der Hand, vorbildliche Fischereien zu fördern (etwa solche, die Beifänge weitgehend vermeiden und umweltschonende Fangmethoden verwenden). Nachhaltigkeitslabel bieten dafür Orientierung. So garantiert das Siegel des Marine Stewardship Council (MSC), dass sich die zertifizierten Fischereien vorbildlich verhalten und ständig weiterentwickeln. Der größte Teil des Wildfischs auf dem deutschen Markt ist inzwischen MSC-zertifiziert. Wie immer lohnt sich aber auch hier genaues Hinsehen: Es gibt inzwischen eine Reihe von Mitbewerbern, die aber allesamt einen niedrigeren Nachhaltigkeitsstandard vorsehen. Andererseits können auch nicht zertifizierte Fischprodukte aus nachhaltigen Fischereien kommen.

Insgesamt können und sollen Politik, Fischerei, aber auch Handel und Verbraucher im eigenen Interesse dafür sorgen, dass es den Fischbeständen gut geht, denn nur so können sie alle auch in Zukunft die wertvolle Ressource Fisch nutzen.

Informationen im Internet

*   www.thuenen.de – Thünen-Institut; die staatliche Einrichtung in Deutschland, die sich u. a. mit kommerziell genutzten marinen Beständen befasst

- www.ices.dk – International Council for the Exploration of the Sea; Website mit zahlreichen Hintergrundinformationen und den jeweils aktualisierten Einschätzungen des Zustands genutzter Bestände und Fangempfehlungen für das nächste Jahr
- www.fischbestaende-online.de – Website des Thünen-Instituts mit Informationen zu allen Nachhaltigkeitsaspekten der Nutzung mariner Fischarten, die auf dem deutschen Markt wichtig sind
- www.msc.org – Marine Stewardship Council in London, das den weltweit führenden Standard für die Nachhaltigkeitszertifizierung vorbildlicher Fischereien entwickelt hat

Weiterführende Literatur

Cook RM, Sinclair A, Stefánson G (1997) Potential collapse of North Sea cod stocks. Nature 385/6: 521–522

FAO (2014) The State of World Fisheries and Aquaculture 2014. Food Agric Organisation UN Rome

Gröger J (2003) Grundzüge der Populationsdynamik genutzter Bestände. Meer und Museum. Meeresmuseum, Stralsund, S 60–78

ICES (2014) ICES Advice 2014, Book I (Introduction). International Council for the Exploration of the Sea, Copenhagen

ICES (2015) ICES Advice 2015, Books III (The Barents Sea and the Norwegian Sea), VI (The North Sea) and VIII (The Baltic Sea). International Council for the Exploration of the Sea, Copenhagen

ICES (2019) ICES Stock Assessment Database. Copenhagen, Denmark. ICES. [01.11.2019]. http://standardgraphs.ices.dk

Jennings S, Kaiser MJ, Reynolds JD (2001) Marine Fisheries Ecology. Blackwell Science, Oxford

King M (1995) Fisheries Biology, Assessment and Management. Fishing News Books, Oxford

Kurlansky M (1999) Kabeljau – Der Fisch, der die Welt veränderte. Claasen, Berlin

Pauly D, Maclean J (2003) In a perfect ocean – the state of fisheries and ecosystems in the North Atlantic. Island Press, Washington

Im Fischereihafen von Qingdao, China. Foto Werner Ekau, ZMT

40

Der tote Leviathan – ein Streifzug durch die Geschichte des antarktischen Walfangs

Karl-Hermann Kock und Helena Herr

Walfang war nie so erfolgreich wie in den ersten 80 Jahren des 20. Jahrhunderts

Als der norwegische Walfangkapitän Carl Anton Larsen enthusiastisch von den zahllosen Furchenwalen berichtete, die sein Schiff auf zwei Fangreisen ins Südpolarmeer in den 1890er Jahren umspielten, ahnte er nicht, welche Entwicklung sein Bericht ein Jahrzehnt später auslösen würde, die in den 80 Jahren danach mindestens 2,1 Mio. Wale das Leben kostete.

Der Walfang im Südpolarmeer begann am 27. November 1904 mit der Anlandung des ersten Buckelwals (*Megaptera novaeangliae*) (Abb. 40.1) auf der halbfertigen Walfangstation Grytviken auf der Insel Südgeorgien. Die erste Ladung Walöl und Barten wurde im Februar 1905 nach Buenos Aires verschifft. Der Gesamtfang der ersten Saison war Anreiz genug, den Walfang fortzuführen, betrug der Fang doch 91 Wale; 67 davon waren Buckelwale und fünf die bereits damals seltenen Südkaper (*Eubalaena australis*).

Der Walfang warf hohe Renditen ab. Er lockte bald weitere Walfanggesellschaften nach Südgeorgien. Die große Anzahl von Walen, die man anfangs in unmittelbarer Nähe der Walfangstationen erlegen konnte, verführte dazu, Wale nur unvollständig zu flensen (abzuspecken). So trieben in Südgeorgiens Fjorden und Küstengewässern viele abgespeckte Walkadaver auf dem Meer. Mehr als ein

Dr. Karl-Hermann Kock (✉)
ehemals Thünen-Institut für Aquatische Ressourcen, Hamburg
Kiefernweg 11a, 22949 Ammersbek, Deutschland
E-Mail: karl-hermann.kock@vti.bund.de

© Springer-Verlag GmbH Deutschland 2020
G. Hempel et al. (Hrsg.), *Faszination Meeresforschung*,
https://doi.org/10.1007/978-3-662-49714-2_40

Abb. 40.1   Buckelwal (*Megaptera novaeangliae*) mit Kalb. (Foto: Katharina Kreissig)

Chronist, der Südgeorgien in dieser Zeit besuchte, berichtete, dass man die Insel früher riechen als sehen konnte. Erst 1909 setzte die britische Regierung die vollständige Verarbeitung geschossener Wale durch. Die Fänge stiegen stetig. In der Fangsaison 1909/10 verarbeiteten vier Landstationen mit 17 Fangbooten bereits 6100 Wale, in erster Linie Buckel- und Blauwale (*Balaenoptera musculus intermedia*). Drei Saisons später flensten sechs Landstationen mit 62 Fangbooten schon 10.760 Wale (Abb. 40.2 und 40.3). Das in den 1850er Jahren entdeckte Petroleum hatte dem Waltran längst den Rang als Leuchtquelle Nr. 1 abgelaufen. Dennoch erlebte der Walfang Anfang des 20. Jahrhunderts eine Renaissance dank einer Reihe wichtiger lebensmitteltechnologischer Erfindungen des deutschen Chemikers Wilhelm Normann. Walöl wurde der Grundstock für die Herstellung von Margarine und Seife, und der Bedarf daran wuchs ständig. Walfang war wie eine Lizenz zum Gelddrucken.

Schnell weitete sich die Waljagd auf die einige Tagesreisen südwestlich von Südgeorgien liegenden Südlichen Shetlandinseln aus. Nach anfänglichen Problemen stiegen die Fänge auch dort schnell an. Bis 1931 erbrachte das Gebiet 84.741 Wale, in erster Linie Blau-, Buckel- und Finnwale (*Balaenoptera physalus*).

Während des Ersten Weltkriegs ging der Walfang unvermindert weiter. Walöl war ein strategisches Gut. Glycerin, das als Basis für die Herstellung von Sprengstoff diente, entsteht während der Hydrolyse von Bartenwalöl bei der Margarine- und Seifenherstellung. Pottwalöl wurde für die Herstellung von Militärstiefeln

Abb. 40.2   Verlassene Walfangstation Grytviken 2010. (Foto: Helena Herr)

Abb. 40.3   Fangboot in Grytviken 2010. (Foto: Helena Herr)

verwendet. Es war auch in Torpedoölen und verschiedenen Schmierstoffen enthalten. Die Achsenmächte Deutschland und Österreich bezogen 30 % ihres Walölbedarfs vor dem Krieg aus Norwegen. Großbritannien erklärte Walöl 1915 zur Kontrabande und zwang Norwegen, das von britischem Treibstoff abhing, den Walölexport an Deutschland einzustellen.

Seiner strategischen Bedeutung wegen stieg der Preis für Walöl während des Krieges von 24 Pfund pro Tonne auf 60 Pfund pro Tonne im Jahr 1918 und wuchs nach Beendigung des Kriegs weiter. Die Fettknappheit in den vom Krieg gebeutelten Ländern und der hohe Preis für Fett weckten neues Interesse am Walfang. Die 1920er Jahre standen im Zeichen technologischer Neuerungen und Veränderungen im Design der Walfangmutterschiffe und Fangboote und einer weiteren Expansion des Walfangs. Mit der Einführung der Heckslip ab 1925, die es erlaubte, die Wale auf dem geschützten Deck der Mutterschiffe zu verarbeiten, eroberte der Walfang schnell die hohe See und entzog sich damit der Kontrolle durch die britische Regierung. Waren es 1925/26 knapp 600 Tiere im pelagischen Walfang, so waren es 1930/31 bereits mehr als 32.000. Der Buckelwalbestand, der im Sommer die Gewässer um Südgeorgien und südlich davon aufsuchte, war auf Restbestände zusammengeschmolzen. Auch Blauwale zeigten deutliche Anzeichen von Überfischung.

Diese Entwicklung des Hochseewalfangs rief Organisationen wie den Internationalen Rat für Meeresforschung (ICES) und den Völkerbund auf den Plan. Sie drängten auf den Abschluss eines Abkommens zur Regulierung des Walfangs. Über die Inhalte gab es bei Walfangbefürwortern und -gegnern aber unterschiedliche Ansichten.

Der Rekordfang von mehr als 40.000 Walen und die sich in einer Krise befindende Weltwirtschaft bereiteten den Boden dafür, dass der Weltmarkt für Walöl nach der Saison 1930/31 zusammenbrach. Viele Walfangmutterschiffe und Fangboote wurden in der folgenden Saison aufgelegt, um die Menge des auf dem Weltmarkt vorhandenen Walöls zu verknappen. Als Folge dieses ökonomischen Desasters schlossen die norwegischen und britischen Walfanggesellschaften, die mit mehr als 80 % der Walölproduktion fast das Monopol hatten, zwischen 1932 und 1936 mehrere Abkommen, die die Walölproduktion begrenzten.

Zur gleichen Zeit wurde auf Druck des Völkerbunds 1931 das erste Abkommen zur Regelung des Walfangs (Convention for the Regulation of Whaling, CRW) verabschiedet. Es trug deutlich die Handschrift der Walfangindustrie und erfüllte die Erwartungen nicht. Seine größte Schwäche war, Wale nicht nach Beständen zu bewirtschaften, sondern nach dem System der Blauwaleinheit (Blue Whale Unit, BWU). Eine Blauwaleinheit entsprach 1,5 Finnwalen, drei Buckelwalen und fünf (später sechs) Seiwalen (*Balaenoptera borealis*). Dieses System erlaubte es, stark dezimierte Walbestände weiterhin zu bejagen, auch wenn diese dringend des Schutzes bedurften.

Abb. 40.4   Finnwal mit Kalb. (Foto: Rob Williams)

Ab Mitte der 1930er Jahre stiegen die Fänge wieder deutlich an und erreichten 1938/39 schon wieder mehr als 45.000 Wale. An die Stelle der jetzt deutlich übernutzten Blauwalbestände traten Anfang der 1930er Jahre die kleineren Finnwale (Abb. 40.4). Sie bildeten die nächsten 15 Jahre das Rückgrat des antarktischen Walfangs.

Japan und Deutschland stiegen 1934 bzw. 1936 in den antarktischen Walfang ein. Im Gegensatz zu den anderen Walfangnationen war Japan primär am Walfleisch interessiert. Beide Länder bauten ihre Walfangflotten zügig aus (Abb. 40.5). In der Saison 1938/39 fingen Japan und Deutschland bereits jeweils 12 % aller antarktischen Wale. 1937, 1938 und 1939 wurden unter der Ägide des Völkerbunds Maßnahmen, wie Mindestfanglängen oder die zeitliche Begrenzung der Fangsaison, verabschiedet. Leider wurden viele der beschlossenen Schonmaßnahmen von den Vertragsstaaten nur unzureichend umgesetzt. Deutschland, das nicht Mitglied des Völkerbunds war, hielt sich dagegen an alle von diesen Konferenzen verabschiedeten Schonmaßnahmen, während Japan dies nicht tat. Im Zweiten Weltkrieg kam der Walfang in der Antarktis fast vollständig zum Erliegen, wurde aber bereits in der Saison 1945/46 wieder aufgenommen.

1946 wurde in Washington (USA) das Internationale Abkommen zur Regelung des Walfangs (International Convention on the Regulation of Whaling, ICRW) entworfen, das 1948 in Kraft trat. Ausführendes Organ war die Inter-

Abb. 40.5 Bilder des deutschen Walfangs in der Antarktis. (Archiv des Deutschen Schifffahrtsmuseums)

nationale Walfangkommission (IWC). Die IWC schloss das Management aller Großwale bis auf Zwergwale ein. Diese wurden erst zu Beginn der 1970er Jahre zu Großwalen erklärt, als die Großwalbestände so stark dezimiert waren, dass nur die Jagd auf Zwergwale noch lohnte. Die IWC machte da weiter, wo die Walfangkonferenzen vor dem Krieg aufgehört hatten. Das Management auf der Grundlage von Blauwaleinheiten wurde übernommen. Die IWC blieb für die nächsten 30 Jahre das, was sie schon immer war: ein Club von Walfängern, der seine wirtschaftlichen Interessen bis zum Letzten zu verteidigen trachtete.

1946/47 nahmen die Niederlande und die Sowjetunion den Walfang im Südpolarmeer neu auf. Von 1959 bis 1961 stellte die Sowjetunion drei riesige

Walfangmutterschiffe in Dienst, von denen jedes bis zu 25 Fangboote hatte. Zu der Zeit wussten nur einige Wissenschaftler, dass die Sowjetunion sich an keine Regelungen der IWC hielt und jeden Wal jeder Größe schoss, dessen die Fangboote habhaft werden konnten. Dies wurde erst 1993 offenkundig, als ehemals sowjetische Wissenschaftler mitteilten, dass fast 50 % der von der Sowjetunion zwischen 1947 und 1972 gefangenen Wale illegal getötet worden waren.

Deutschland und Japan bemühten sich um Lizenzen, den Walfang wieder aufzunehmen und so die Rohstoffknappheit und Fettlücke im eigenen Land zu mildern. Japan erhielt diese Erlaubnis, Deutschland nicht. 1950 eröffnete sich für deutsche Walfänger eine Möglichkeit, wieder auf Walfang zu gehen. Der argentinisch-griechische Reeder Aristoteles Onassis ließ bei der Howaldt-Werft in Kiel einen Tanker und kanadische Korvetten zum Walfangmutterschiff *Olympic Challenger* mit zwölf Fangbooten umbauen, das von der Ersten Deutschen Walfang-Gesellschaft bereedert wurde. 90 % der Besatzungen waren Deutsche. Die Flotte fuhr unter den Billigflaggen von Panama, Honduras und Belize. Auch Onassis hielt sich an keine Regelung der IWC. Seine Walfangflotte schoss jeden Wal, der ihr vor die Kanone schwamm. Die Informationen über Onassis' ungesetzliches Treiben wurden ab 1955 von deutschen Besatzungsmitgliedern an die norwegische Regierung geleitet, die im Verbund mit anderen IWC-Mitgliedern Onassis zwang, seine Walfangflotte 1956 nach Japan zu verkaufen.

Das Managementverfahren der Blauwaleinheiten erwies sich bereits nach wenigen Jahren als völlig unzureichend. Dies erkannten viele der in der IWC tätigen Wissenschaftler bald. 1963 setzte die IWC eine Gruppe von drei (später vier) unabhängigen Wissenschaftlern ein, um den Zustand der Großwalbestände einzuschätzen. Sie kam zu einem niederschmetternden Ergebnis, und einschneidende Maßnahmen zum Schutz der Großwale waren dringender denn je geboten. Erst im Anschluss an die Veröffentlichung dieses Berichts 1965 bequemte sich die IWC, Fangbeschränkungen einzuführen, auch wenn diese nicht rigide genug waren, um von großem Nutzen zu sein. Immerhin wurden Buckelwale ab 1963 und Blauwale ab 1965 vollständig geschützt. Ab 1976, 1979 bzw. 1981 wurden Finn-, Sei- und Pottwale auf der Südhalbkugel geschützt.

Von Walfängern zu Walschützern – die Internationale Walfangkommission wandelt sich

Parallel zum Niedergang der Wale war es der chemischen Industrie gelungen, viele Produkte, die auf Walöl oder dessen Derivaten fußten, durch synthetische Stoffe kostengünstig zu ersetzen. Die Konsequenz war, dass alle wichtigen Walfangnationen mit Ausnahme Japans und der Sowjetunion den antarktischen Walfang in den 1960er Jahren aufgaben. Zwergwalen (*B. bonaerensis*) galt ab dem Beginn der 1970er Jahre das Augenmerk japanischer und sowjetischer Walfänger.

Die IWC bekam 1976 ein eigenes Sekretariat in Cambridge (Großbritannien). Gleichzeitig begann die Dominanz der Walfänger, die die IWC über fast drei Jahrzehnte nach Belieben beherrscht hatten, zu bröckeln. Gefördert wurde dies durch die Vergrößerung der IWC um 20 neue Mitglieder zwischen 1975 und 1981, die fast alle dem Lager der Walfanggegner angehörten.

Anfang der 1970er Jahre hatten auch hartgesottene Verteidiger des Walfangs begriffen, welche verheerenden Folgen das Managementverfahren der Blauwaleinheiten auf die Walbestände gehabt hatte. Als Antwort entwickelte die IWC in der ersten Hälfte der 1970er Jahre die New Management Procedure (NMP), die aber letztendlich aufgrund schwacher und von Walbestand zu Walbestand unterschiedlicher Datenbasis zu kompliziert für eine routinemäßige Anwendung war. Sie führte aber immerhin zum Schutz der meisten Finnwal- und einiger Sei- und Pottwalbestände ab 1976.

Der Druck auf die IWC, mehr für den Schutz der Wale zu tun, nahm zu. 1979 wurde beschlossen, den Indischen Ozean bis 55° Süd als Walschutzgebiet auszuweisen. 1982 beschloss die IWC weltweit ein Fangverbot (*zero catch limit*) für alle Großwale (oft fälschlich als Moratorium bezeichnet). Es trat 1986 in Kraft und besteht seitdem. Von 1904 bis 1986 hatte man mehr als 2,1 Mio. Wale in den Gewässern südlich von 40° Süd gefangen. Norwegen und die damalige Sowjetunion stimmten gegen das *zero catch limit* und sind nach Artikel V, Absatz 3 des Übereinkommens somit nicht daran gebunden. Auch Japan hatte das Totalverbot ursprünglich abgelehnt. Die Maßgabe der USA, Japan aus der US-200-Seemeilen-Wirtschaftszone zu verbannen, veranlasste Japan, dem *zero catch limit* zuzustimmen. Japan umging es dennoch, indem es seine Walfänge als wissenschaftlichen Walfang deklarierte.

Deutschland wurde 1982 Mitglied der IWC und reihte sich in die Phalanx der *like-minded countries* ein. Diese sprachen sich gegen eine Wiederaufnahme des kommerziellen Walfangs aus, solange die IWC nicht die nötigen Voraussetzungen geschaffen hatte, die Walbestände sicher zu managen. Dazu gehörte u. a.,

- dass der Wissenschaftsausschuss eine Umfassende Bestandseinschätzung (Comprehensive Assessment) aller vormals genutzten Walbestände vornahm, die vermutlich zehn Jahre dauern würde,
- dass der Wissenschaftsausschuss ein Nutzungsverfahren entwickelte, das die Möglichkeiten, Walbestände über Gebühr zu nutzen, minimierte,
- dass die Kommission die nötigen Überwachungs- und Inspektionsverfahren schaffte, die eine lückenlose Kontrolle jeder legalen Walfangaktivität erlaubte.

Die beiden letzten Punkte sollten als Paket das Revised Management Scheme (RMS) bilden.

Die Umfassende Bestandseinschätzung, deren Vorarbeiten 1987 begannen, dauert wesentlich länger als geplant. Sie gilt für den Buckelwal der Südhemisphäre als abgeschlossen und für den antarktischen Blauwal als fast abgeschlossen. Für andere Bestände, wie den Finnwal und den Seiwal, hat eine Umfassende Bestandseinschätzung noch nicht einmal richtig begonnen.

Der Wissenschaftsausschuss entwickelte von 1987 bis 1993 die Revised Management Procedure (RMP), die weltweit als ein Verfahren gelobt wurde, mit dem Walbestände sicher bewirtschaftet werden können. Ihr Kernstück ist der *catch limit algorithm*, der die Berechnung der Höchstfangmengen aus Bestandsabschätzungen mithilfe von systematischen Sichtungssurveys und Zeitserien historischer Fänge erlaubt. Die RMP wurde 1994 von der Kommission angenommen. Im gleichen Jahr wies die IWC gegen den Widerstand Japans, Norwegens und anderer Walfangbefürworter das ganze Südpolarmeer als Walschutzgebiet aus. Es wurde 2004 und 2014 jeweils um zehn Jahre verlängert. Nach Annahme der RMP war die Kommission gefordert, zügig den übrigen Teil des RMS zu entwickeln. Dies gelang ihr nicht. Kompromissvorschläge fanden keine Mehrheit. Die IWC wuchs bis 2014 auf 87 Mitglieder.

Zur gleichen Zeit erhöhte Japan die Fänge für Zwergwale in der Antarktis Mitte der 1990er Jahre erst auf 400 ± 10 % und 2005 auf 850 Zwergwale. Neben den Zwergwalen sah das japanische „Forschungsprogramm" ab 2005 auch den Abschuss von 50 Buckel- und 50 Finnwalen vor. Massiv behindert durch Aktivitäten der Umweltgruppe Sea Shepherd gelang es Japan nach 2010 nicht mehr, die angestrebte Menge Zwergwale zu schießen. Der Abschuss von Buckel- und Finnwalen blieb immer deutlich hinter den Vorgaben zurück: 19 Finnwale wurden geschossen, auf den Abschuss von Buckelwalen verzichtete man wegen weltweiter Proteste ganz.

Die IWC drohte zwischen 2007 und 2011 mehr als einmal zu zerbrechen. Es bestand die Möglichkeit, dass die Walfangbefürworter ein konkurrierendes Walfangübereinkommen verabschieden könnten. 2011 beschloss die IWC eine fünfjährige Denkpause, um neue Wege aus der Sackgasse heraus zu finden.

Parallel zu den Schwierigkeiten, in denen die IWC steckte, machte Australien zwei Vorstöße gegen den japanischen „Forschungswalfang". Es initiierte 2008 die internationale, nicht-letale Forschungsinitiative Southern Ocean Research Partnership (SORP) und entfachte damit aufs Neue die Diskussion, ob es noch zeitgemäß war, Wale für Forschungszwecke zu töten. SORP fand schnell eine größere Zahl von Unterstützern, zu denen auch Deutschland gehörte. SORP legte eine Vielzahl von nicht-letalen Forschungsprogrammen auf, über deren Ergebnisse auf den Jahrestagungen des Wissenschaftsausschusses regelmäßig berichtet wird und die zweifelsfrei belegen, dass nicht-letale Forschungsmethoden inzwischen so ausgereift sind, dass sie letale Forschungsmethoden ersetzen können.

Zur gleichen Zeit verklagte Australien mit Unterstützung von Neuseeland Japan erfolgreich vor dem Internationalen Gerichtshof (ICJ) in Den Haag mit der Maßgabe, dass seine letalen Walforschungsprogramme illegal seien. Das Urteil erging am 31. März 2014 mit 12 zu 4 Stimmen. Japan stellte daraufhin das verklagte Programm ein, legte aber schon Ende 2014 ein neues Programm (NEW-REP-A) vor, das auf der Jahrestagung 2016 der IWC diskutiert wird. Ein anderes Programm, das nicht Ziel der Beurteilung durch den ICJ war, wird fortgesetzt.

Der Zustand von Bartenwalbeständen weltweit 30 Jahre nach Beginn des Moratoriums

Bei allen Auseinandersetzungen um das Für und Wider des Walfangs, die manchmal eher Glaubenskriegen als Faktendiskussionen ähneln und die eine Annäherung von Walfangbefürwortern und -gegnern fast unmöglich zu machen scheinen, ist es wichtig, einen unverstellten Blick auf die Entwicklung der vom Walfang so dramatisch reduzierten Populationen zu behalten. Der derzeitige Kenntnisstand zur Populationsentwicklung der Großwalarten in den vergangenen 35 Jahren gilt bei küstennah vorkommenden Arten wie Buckelwal, Nord- und Südkaper sowie Grau- und Grönlandwal als gesichert, während die Zahlen zur Populationsentwicklung ozeanischer Arten wie Blau-, Finn- oder Seiwal, wenn es sie überhaupt gibt, mit weiten Vertrauensbereichen behaftet sind:

- *Antarktischer Blauwal:* Ursprünglich (bis 1905) wahrscheinlich 239.000 (202.000 bis 311.000) Tiere; Ende der 1960er Jahre wahrscheinlich auf wenige Hundert Exemplare reduziert. Die letzte Bestandsabschätzung stammt aus 1996 und gibt 1700 (860 bis 2900) Tiere an. Aktuellere Bestandsschätzungen liegen nicht vor. Die Zuwachsraten liegen bei 7,3 % (1,4–11,6 %) pro Jahr.
- *Finnwal:* An einer detaillierten Abschätzung der vier Bestände im Nordatlantik wird gearbeitet. Die beste Schätzung nennt 22.000 (16.000–30.000) für Ostgrönland-Faröer und 4500 für Westgrönland (1900–10.000). Beide Schätzungen stammen aus dem Jahre 2007. Der Bereich ist jeweils der 95 % Vertrauensbereich. Für die anderen Meere liegen keine verlässlichen Zahlen vor.
- *Seiwal:* Eine verlässliche Bestandsschätzung ist nur für den Nordatlantik und Nordpazifik mit je 2500 Tieren verfügbar.
- *Buckelwale:* Sie erholen sich weltweit. Dies betrifft auch die sieben Bestände, die ins Südpolarmeer ziehen. Aktuelle Populationsabschätzungen liegen bei 30–70 % ihrer ursprünglichen Größe. Zurzeit wird mit ca. 60.000 Buckelwalen auf der Südhemisphäre gerechnet. Bei mindestens zwei der sieben Populationen ist wohl zu erwarten, dass sie bei Zuwachsraten von 7–10 % in

den kommenden zehn Jahren ihre Ursprungsgröße wieder erreichen. Nur die Population im Arabischen Golf ist in ihrem Überleben stark gefährdet. Sie besteht aus weniger als 100 Tieren.

- *Südkaper:* Drei Populationen (Brasilien/Argentinien, südliches Afrika, Australien/Neuseeland) sind mit 5–7 %/Jahr zunehmend, aber wahrscheinlich noch unter 50 % ihrer ursprünglichen Größe; die vierte Population (Chile/Peru) ist stark gefährdet, mit kaum mehr als 50 reproduktionsfähigen Weibchen.
- *Zwergwale* sind weltweit verbreitet. Nach Einschätzung der IWC 2013 hat ihre Zahl in der Antarktis seit den 90er Jahren des 20. Jahrhunderts von 720.000 (512.000–1.012.000) auf 515.000 (361.000–733.000) Zwergwale abgenommen. Über die Ursachen kann nur spekuliert werden, wobei die Spekulationen japanischer Wissenschaftler naturgemäß andere sind als die der Wissenschaftler, die mehr dem Walschutz zuneigen.

Weiterführende Literatur

Basberg BL (2004) Whalers, explorers and scientists – historical perspectives on the development of the Antarctic whaling industry. In: Antarctic Challenges. Historical and Current Perspectives on Otto Nordenskjöld's Antarctic Expedition 1901–1903. Gothenburg, p25–38

Bryan R (2011) Ordeal by ice: Ships of the Antarctic. Seaforth Publ, Barnsley, UK

Hart IB (2001) Pesca – The History of Compañia Argentina de Pesca Sociedad Anónima. An account of the pioneer modern whaling and sealing company in the Antarctic. Aidan Ellis Publishing Winfield Devon TQ8 8HN, UK

Kock K-H (1995) Wale und Walfang. In: Hempel I, Hempel G (Hrsg) Biologie der Polarmeere. G. Fischer, Jena, S 332–347

Tønnessen JO, Johnsen AO (1982) The history of modern whaling. Hurst & Co, London

LE PHYSALE CYLINDRIQUE.

Gestrandeter männlicher Pottwal (Stich 19. Jhdt). Strandungen von Pottwalen in der Nordsee sind nicht selten. Im Spätwinter 2016 verirrte sich eine Herde junger Pottwalbullen bei der Jagd auf Kalmare aus der Norwegischen See in die Deutsche Bucht und strandete dort.

41

Sushi und die Algenfarmen

Cornelia Buchholz und Bela Buck

Bei uns sind Großalgen (Kap. 27) als lästiger Strandanwurf unbeliebt, in anderen Teilen der Welt, besonders in Ostasien, aber seit jeher wichtige Nahrung und neuerdings ein geschätzter industrieller Rohstoff. Erste schriftliche Zeugnisse berichten vom Algenkonsum in Japan vor rund 1500 Jahren, und aus Algen direkt hergestellte Lebensmittel kann man bis ins 4. Jahrhundert in Japan und ins 6. Jahrhundert in China zurückverfolgen. Zunächst wurden nur wild wachsende Algen gesammelt, doch schon während der Tokugawa-Ära (17. bis 18. Jahrhundert) begann auch die Ernte von Makroalgen, die sich an Gestellen der Fischzucht angeheftet hatten. Seitdem wurden bei zunehmender Verfeinerung der Techniken Algen im Meer „angebaut" und geerntet. In den letzten 50 Jahren hat der weltweite Bedarf an Makroalgen so stark zugenommen, dass vor allem die Produktion von Rot- und Braunalgen mithilfe der Aquakultur einen gewaltigen Aufschwung nahm. Der japanische Blatttang (*Saccharina japonica*) ist diejenige Art, die von allen weltweit aquatisch gezüchteten Arten mit ca. 6 Mio. t pro Jahr den größten Ertrag liefert. Etwa 15 Mio. t Makroalgen werden pro Jahr kommerziell produziert. Das ist fast die Hälfte der gesamten weltweit durch Marikultur erzeugten Biomasse einschließlich Muscheln, Schnecken und Fische.

94 % der Algenproduktion stammt aus Farmen unterschiedlicher Größe vor allem in China, gefolgt von Indonesien, den Philippinen, Südkorea und Japan. Außerhalb Asiens sind noch Chile und Länder Afrikas (Tansania, Madagaskar,

Dr. Cornelia Buchholz (✉)
Alfred-Wegener-Institut, Helmholtz-Zentrum für Polar- und Meeresforschung
Am Handelshafen 12, 27570 Bremerhaven, Deutschland
E-Mail: cornelia.buchholz@awi.de

Abb. 41.1   Maki-Sushi. (Foto: Cornelia Buchholz)

Südafrika und Namibia) erwähnenswert, während in Europa und in der Südsee nur kleine Mengen produziert werden. Seit japanische Sushi-Happen (Abb. 41.1) bei uns in Supermärkten und Delikatessläden zu finden sind, bieten die zarten Rotalgen rund um einen Klumpen Reis mit pikanter Füllung auch hiesigen Verbrauchern ein angenehmes Geschmackserlebnis.

Verantwortlich für die große Nachfrage ist aber nicht nur der Lebensmittelmarkt, sondern auch der Bedarf an Algeninhaltsstoffen. Dazu gehören Mineralstoffe, Enzyme und andere bioaktive Komponenten für pharmazeutische Zwecke und die Hydrokolloide (Phykokolloide) der Algenzellwände für den industriellen Gebrauch. Je nach Algenart sind dies Agar, Carrageen oder Alginate, die für die große Elastizität der Algen verantwortlich sind. Die Hydrokolloide werden weltweit genutzt als Emulgatoren, gelierende und wasserbindende Zusätze zu Produkten wie Joghurt, Saucen, Desserts, in Kosmetika und pharmazeutischen Artikeln und im Fall von Agar u. a. auch als inertes Substrat als Nährboden für mikrobiologische Untersuchungen. Für hohe Qualität und Reinheit dieser Naturstoffe müssen die Aquakulturbedingungen optimal angepasst werden – eine stetige Herausforderung für die Produzenten.

Als Nori für die Sushi-Produktion erzielen Rotalgen der Gattung *Pyropia* (früher *Porphyra*) den zwei- bis fünffachen Preis im Vergleich zu den essbaren

Braunalgen *Undaria* (Wakame) und *Saccharina* (Kombu, Haidai). Um Nori zu gewinnen, bedarf es einer mehrstufigen und komplizierten Kultivierung. Sie findet hauptsächlich in China, Japan und Korea statt. Die Algenfarmer mussten sich rund 300 Jahre lang auf natürliche Ansaat verlassen. Erst 1949 erkannte die Botanikerin Kathleen M. Drew, dass das, was man für eine eigenständige kleine Alge gehalten hatte, in Wirklichkeit die sogenannte Conchocelis-Phase im Generationswechsel der *Pyropia* war. Daraufhin konnte das heute angewandte Kultursystem entwickelt werden: Ausgesuchte Algen „blätter" (Thalli) bilden und entlassen unter zunehmenden Tageslängen und Temperaturen (oder durch Manipulation induziert) diploide (doppelter Chromosomensatz) „Carposporen". Diesen bietet man als Substrat sterilisierte Austernschalen an, in denen sie über etwa fünf Monate die Conchocelis-Filamente, den Sporophyten (<1 mm), ausbilden.

In der Natur ist dies ein zeitlich dehnbarer Überwinterungsmechanismus. In der Kultur erfolgt dieser Prozess in großen flachen Innentanks, in denen Nährstoffe, Temperatur und Lichtintensität kontrolliert werden. Mit abnehmender Tageslänge und Temperatur werden sogenannte Conchosporen entlassen, bei deren Auskeimen die Meiose (Reifeteilung) stattfindet, sodass die später zu Nori verarbeiteten Gametophyten mit nur einem Chromosomensatz entstehen. Die Conchosporen werden gezielt auf Netze entlassen, die dann zum Auswachsen der Pflanzen ins Meer gebracht werden. Diese Phase dauert etwa 40 bis 50 Tage. Ob die Netze fixiert, halb oder ganz schwimmend angebracht werden, hängt von den lokalen Verhältnissen ab. Es ist unbedingt nötig, dass sie zumindest gelegentlich trockenfallen, um Pilz- und virale Krankheiten zu vermeiden. Inzwischen kann man die Netze mit jungen Thalli sogar für einige Zeit einfrieren und dadurch aus einer Anzucht mehrere Ernten gewinnen. Sind die zarten, je nach Art nur aus ein oder zwei Zellschichten bestehenden Thalli groß genug, erfordert es noch einmal viel Arbeit bei der Ernte, Trocknung und Verarbeitung bis zum Endprodukt, den käuflichen Platten. Der hohe Aufwand dieses Aquakulturverfahrens erklärt, warum Lebensmittel mit Nori so teuer sind.

Die traditionelle Zuchtwahl geeigneter Algenindividuen für die Massenkultur wird inzwischen durch wissenschaftliche Genomanalysen unterstützt. So können gezielter diejenigen Algen selektiert werden, die schneller wachsen, robust gegen Krankheiten sind oder bessere Qualitäten aufweisen.

Bei Weitem der größte Anteil an angebauter Algenbiomasse entfällt auf die Braunalgen und wird in China sowie zu geringeren Anteilen in Korea und Japan produziert, insbesondere *Saccharina japonica* (früher *Laminaria japonica*) (Kombu, Haidai) und *Undaria pinnatifida* (Wakame) (Abb. 41.2). Beide Gattungen weisen auch einen weniger komplizierten Generationswechsel auf als die Rotalgen: Die männlichen und weiblichen Gametophyten sind mikroskopisch klein, und der meterlange diploide Sporophyt ist das Ziel der Kultur.

Abb. 41.2 Braunalgen für die menschliche Ernährung: „Kombu" (*Saccharina japonica, Mitte*) und zwei Kultursorten von „Wakame" (*Undaria pinnatifida, links* und *rechts*). (Foto: Shaojun Pang, IOCAS, Qingdao)

Die Sporophyten bilden unter geeigneten Bedingungen große Sporenlager aus, die bei Reife durch geeignetes Trocknen und Wiederbefeuchten begeißelte Zoosporen entlassen (Abb. 41.3). Diese werden entweder gleich auf dünnen Saatleinen aufgefangen, oder man lässt sie sich an Land zu Gametophyten entwickeln, vermehrt diese vegetativ und bringt eine Mischung von weiblichen und männlichen Gametophyten auf Leinen. Nachdem sich aus befruchteten Eizellen junge Sporophyten gebildet haben, werden Stücke der Saatleinen an größere Seile geknüpft und mit diesen an verschiedenen Trägersystemen im Meer befestigt. Unter häufiger Kontrolle, Säuberung von Fremdalgen, Ausdünnung und eventuell Düngung mit Nitrat bleiben die Algen etwa zehn Monate im Meer. Wieder sind für eine wirtschaftlich ertragreiche Produktion eine gute Beherrschung und Steuerung aller Stadien des Lebenszyklus notwendig. Nährstoffzufuhr, Temperatur, Salzgehalt, Belichtung, Aussaatdichte und Strömungsverhältnisse des Wassers müssen dabei kontinuierlich überwacht werden. Um das Ökosystem nicht zu belasten, wird versucht, mit den Nährstoffen auszukommen, die sich in der Wassersäule befinden und deren Ursprung entweder natürlich (Auftriebsgebiete) oder durch Flusseinträge erhöht

Abb. 41.3 Die Braunalge *Undaria pinnatifida* wird in Meeresbuchten an Kulturleinen angezogen und ist als „Wakame" vor allem in der japanischen Küche geschätzt. Die abgebildeten Sporophylle setzen Millionen von Fortpflanzungszellen („Sporen") frei. (Foto: Jessica Schiller, Universität Bremen)

ist. Weiterhin ist die Wahl des richtigen Kulturstandorts essenziell, denn die Algen sollen aus dem Seewasser keine Schwermetalle anreichern, sonst werden sie als Lebensmittel unbrauchbar. In Deutschland sind die großen Braunalgen nur als Badezusatz zugelassen, da sie Jod in 10^5-facher Konzentration aus dem Meerwasser anreichern.

Die Hydrokolloide der Rotalgen, Carrageen aus *Eucheuma* und *Kappaphycus*, Agar hauptsächlich aus *Gracilaria*, werden aus Farmmaterial meist von Familienbetrieben gewonnen. Das Auswachsen von Algenfragmenten (ähnlich Setzlingen) kann an Leinen oder Bambusflößen im relativ flachen und geschützten Wasser geschehen, und nur gelegentlich ist die aufwendige Auffrischung des Materials durch sexuelle Vermehrung notwendig. Nach etwa drei Monaten werden die Algen von Hand geerntet, sortiert, gesäubert, getrocknet und über Zwischenhändler exportiert. Internationale Unternehmen betreiben Fabriken zur Extraktion der Hydrokolloide und vermarkten diese dann weiter.

Der positive sozioökonomische Effekt dieser Algenkulturen ist bemerkenswert, denn alle Farmmethoden für Algen sind überaus arbeitsintensiv und beschäftigen auch viele Menschen, die eine geringe oder keine Ausbildung haben.

Intensive technologische Forschung ist nötig, um eine Ausdehnung von Algenfarmen ins tiefere Wasser zu ermöglichen. Hier bieten sich die immer häufiger vorhandenen Gründungsstrukturen von Windturbinen im Meer an. Der Betrieb solcher Algenzuchten erscheint möglich, wird aber nicht von artisanalen Farmern mit kleinen Fischerbooten zu bewältigen sein.

Die Zukunft liegt in der integrierten multitrophischen Aquakultur (IMTA) (Kap. 42), in der die Algen als Nährstofffalle der Eutrophierung des Systems entgegenwirken und dabei auch noch wertvollen Rohstoff für die Ernährung, z. B. von essbaren Schnecken oder für die Hydrokolloidindustrie, produzieren. Dieses System wird in der Regel so bilanziert, dass die Algen genauso viele Nährstoffe aus der Wassersäule aufnehmen, wie durch andere Aquakulturkomponenten (z. B. Fisch) eingetragen werden. Die geeigneten Artenkombinationen von Tieren und Algen sind noch Gegenstand der Forschung. Das Ziel ist eine kommerziell sinnvolle und gleichzeitig ökologische, nachhaltige Aquakultur. Wissenschaft und Wirtschaft sind hier also eng verbunden.

Weiterführende Literatur

Buchholz CM , Krause G, Buck BH (2012) Seaweed and Man. In: Wiencke C and Bischof K (Hrsg) Seaweed Biology: Novel insights into Ecophysiology, Ecology and Utilization, Springer, New York, S 471–493
Hurd CL, Harrison PJ, Bischof K, Lobban CS (2014) Seaweed mariculture. In: Seaweed Ecology and Physiology, 2. Aufl Cambridge University Press, Cambridge, UK, S 413–439

42

Kultur von Meerestieren – mehr Eiweißnahrung aus dem Meer

Andreas Kunzmann und Carsten Schulz

Die Nachfrage nach Fisch & Co steigt – und mit ihr wächst die Marikultur

Die Weltbevölkerung wächst kontinuierlich, und die Nachfrage nach Fisch und anderen Meeresfrüchten steigt weltweit rapide. Während der Fischfang seit vielen Jahren stagniert, hat die Aquakultur in den letzten Jahren stark zugenommen und stellt global den am schnellsten wachsenden Sektor der Nahrungsmittelherstellung dar. Sie ergänzt zunehmend den Fischfang als Quelle von Speisefisch und könnte, ähnlich wie die Tierhaltung einst die Jagd überholt hat, zur wichtigsten Proteinquelle aus dem Meer werden. Wichtig ist dabei festzuhalten, dass Fisch und Meeresfrüchte, im Gegensatz zu Vieh, wesentliche Lieferanten von essenziellen, d. h. lebenswichtigen mehrfach ungesättigten Fettsäuren (Omega-3-Fettsäuren) sind.

Die weltweite Aquakulturproduktion lag im Jahr 2012 bei knapp 67 Mio. t. Neben China (ca. 62 %) sind vier weitere Länder mit mehr als 2 Mio. t pro Jahr Spitzenproduzenten: Indien, Vietnam, Indonesien und Bangladesch. Norwegen liegt durch die Lachsproduktion von ca. 1,4 Mio. t in Fjorden immerhin auf Platz 6. Der überwiegende Teil der Fischproduktion findet im Süßwasser (ca. 42 Mio. t) statt, doch auch die Meerwasseraquakultur (Marikultur) zeigt mittlerweile stattliche Zuwachsraten.

Dr. Andreas Kunzmann (✉)
Leibniz-Zentrum für Marine Tropenökologie
Fahrenheitstraße 6, 28359 Bremen, Deutschland
E-Mail: Andreas.Kunzmann@ZMT-Bremen.de

Fische schwimmen im Wasser und geben auch ihre Ausscheidungen kontinuierlich ans Wasser ab. Das bedeutet, ohne ausreichenden Wasseraustausch verschlechtern sie kontinuierlich die Qualität des Mediums, in dem sie leben und aus dem sie Sauerstoff aufnehmen. Im offenen Meer ist das kein Problem, wohl aber in der küstennahen Marikultur.

Wenn das gegenwärtige Niveau der Pro-Kopf-Versorgung mit Fisch von ca. 19 kg pro Jahr aufrechterhalten werden soll, müsste beim gegenwärtigen Bevölkerungswachstum im Jahr 2050 die Produktion von Speisefisch auf ca. 170 Mio. t ausgedehnt werden. Bei der begrenzten Ertragsfähigkeit der Fangfischerei würde dies fast eine Verdoppelung der Aquakulturproduktion erfordern.

Von den zehn Top-Produzenten liegen neun im tropischen und subtropischen Südostasien. Obwohl Deutschland auf Platz 7 der Importeure von Fischprodukten steht, ist hierzulande die Aquakulturproduktion mit 39.000 t (ohne Muschelkulturen) sehr gering und findet fast ausschließlich an Land in Teichwirtschaften und Durchflussanlagen statt. Die deutschen Küstengewässer sind für Marikulturen wenig geeignet, denn es fehlen ausreichend geschützte Meeresbuchten, und durch die begrenzte Raumverfügbarkeit gibt es eine Vielzahl von Nutzungskonflikten. Im Gegensatz dazu stammen in Europa zwei Drittel der Aquakulturprodukte aus dem Meer, dabei sind Spanien, Frankreich und Großbritannien die größten Marikulturproduzenten. Trotzdem importiert Europa so viel Fisch wie Japan und liegt damit noch vor den USA.

Was die weltweiten Mengen angeht, dominieren Fische die Aquakulturproduktion (44 Mio. t) klar vor den Weichtieren (Muscheln und Schnecken 15 Mio. t) und Krebsen (7 Mio. t). Betrachtet man dagegen den Marktwert der produzierten Tiere, liegen weltweit die Krebstiere ganz vorn (5 US-Dollar/kg), gegenüber Fischen (2 US-Dollar/kg) und Weichtieren (1 US-Dollar/kg). Am teuersten sind tropische Shrimps (Abb. 42.1), Lachs und Austern. Eine interessante Rolle spielen in der Marikultur die Algen, von denen über 90 % der Weltproduktion (24 Mio. t) ebenfalls in Asien produziert und zum größten Teil auch dort konsumiert oder für andere Industriezweige weiterverarbeitet werden (Kap. 41).

In den letzten Jahren ist die Marikultur immer wieder kritisiert worden, weil insbesondere die Produktion von hochpreisigen Edelfischen (z. B. tropischen Riffbarschen) und tropischen Garnelen (Shrimps) den Einsatz von Fischmehl und Fischölen erfordert. Die hohe Nachfrage hat die Preise so verteuert, dass es zeitweilig zu einer Konkurrenzsituation der Futtermittelindustrie um den Rohstoff Fisch kam. Allerdings wird etwa ein Drittel der Weltproduktion ohne Zufütterung erzielt. Die Futtermittelausnutzung ist bei den Fischen im Übrigen viel günstiger als bei Vieh und Geflügel.

Abb. 42.1 Ein Korb mit tropischen Shrimps (*Penaeus monodon*) wird in einem Fischereidorf in Indonesien angelandet. (Foto: Andreas Kunzmann)

Ökologische Gefahren

Die Intensivierung der Aquakultur birgt aber auch ökologische Gefahren. Häufig kommt es bei zu intensiver Fütterung zu einer Verschmutzung und Eutrophierung der Gewässer, bei standortfremden Arten besteht die Gefahr der Faunenverfälschung; es kann auch zu genetischer Verschmutzung und einem Transfer von Krankheiten und Parasiten kommen, und schließlich kann intensive Bewirtschaftung auch zu einer Veränderung der Habitate führen. Eingeschleppte Parasiten können sich explosionsartig vermehren, die komplexen Lebenszyklen der meisten Parasiten beeinflussen auch die Nahrungskette und das gesamte Ökosystem. Neue Keime entstehen durch sogenannte Aggregatbildung in belasteten Küstengewässern und bergen durch Ausbreitung die Gefahr von neuen Krankheiten oder die Zunahme von menschlichen Durchfallerkrankungen in Küstenregionen mit hoher Bevölkerungsdichte (Bangladesch, Myanmar). Besonders aus den Tropen gibt es schlechte Beispiele im Zusammenhang mit der Shrimps-Aquakultur (Abb. 42.1). Angetrieben durch hohe Preise und die

Abb. 42.2 Marikultur-Teichanlagen für Shrimp- und Fischzucht, wie hier an der Küste von Süd-Sulawesi, bedecken weite Küstenregionen Südostasiens. (Foto: Hauke Reuter)

weltweit gute Nachfrage sowie den Devisenhunger vieler aufstrebender Schwellenländer, wurden in den 1990er Jahren ganze Küstenstriche umgestaltet (z. B. Nordküste Java). Dafür wurden, teilweise mit kräftiger Unterstützung der Welt- und Asiatischen Entwicklungsbank, viele Quadratkilometer wertvolle Mangroven geopfert, um küstennahe Shrimps-Teiche einzurichten (Abb. 42.2). Dies hat einerseits dazu geführt, dass die Wildfänge der tropischen Shrimps, aber auch der Fische in der lokalen Küstenfischerei deutlich zurückgingen, weil Mangroven die natürliche Kinderstube der frühen Jugendstadien von Shrimps und auch vieler Fischarten sind. Durch den massiven Einsatz von industriellen Futtermitteln und Medikamenten kam es andererseits zu einer erheblichen Belastung der Küstengewässer mit Nährstoffen, was weitere Ökosysteme bedroht hat. Durch die Flut von unkontrolliert verabreichten Antibiotika wurden resistente Keime befördert. Dies hat u. a. dazu geführt, dass regelrechte Epidemien in mehreren Wellen große Teile der asiatischen Shrimps-Produktion vernichtet haben.

Als Antwort auf dieses Desaster wurde einerseits viel Geld in Forschung investiert, um die Krankheiten (White Spot Disease, Black Spot Disease etc.) zu charakterisieren und einzudämmen. Andererseits wurde die bis dahin beliebteste und ertragreichste Art in der Marikultur, die sogenannte Riesengarnele (*Penaeus monodon*, auch bekannt als Schwarze Tigergarnele, *Giant Tiger Prawn*) weitgehend verdrängt durch die Weiße Pazifische Garnele (*Litopenaeus vannamei*, auch bekannt als *Whiteleg Shrimp*). In den USA und anderen Ländern am Ostpazifik ist es gelungen, resistente Züchtungen zu produzieren und in großer Zahl als sogenannte SPF-Larven (SPF = *specific pathogen free*) weltweit zu vertreiben. Die Mehrzahl der Marikulturen in Asien hat sich daran angepasst.

Mögliche direkte Auswirkungen von intensiven Marikulturen auf den Menschen, nicht nur durch den Verzehr, sondern durch mangelnde hygienische Verhältnisse in Küstengewässern, sind Gegenstand aktueller Forschungen in den Tropen. Dies ist vor allem dort relevant, wo eine sehr hohe Bevölkerungsdichte auf intensive Marikulturen trifft und der jährliche Monsun für regelmäßige Überschwemmungen sorgt, wie z. B. in Bangladesch, Indien und Myanmar.

Neue Formen der Marikultur von Fischen, Krebsen und Muscheln

Es ist aber auch über viele Fortschritte und Neuerungen zu berichten. Unter den 600 Arten, die derzeit weltweit kultiviert werden, wurden zahlreiche neue, in den jeweiligen Ländern heimische Arten erschlossen. In Europa sind das vor allem Wolfsbarsch, Dorade und Steinbutt mit steigenden Produktionszahlen. In den Tropen sind es Arten wie Sea bass (*Lates calcarifer*), Zackenbarsch (Serranidae), aber auch Cobia (*Rachycentron canadum*), Königsfisch oder Offiziersbarsch (Stachelmakrelen). Die beiden letztgenannten gelten als ideale neue Arten für warmes Wasser in offenen oder teilweise offenen Systemen. Schnelle Wachstumsraten und sehr gute Fleischqualität lassen auf gute Akzeptanz und hohe Produktionsmengen hoffen.

Kommerzielle Kulturen von Mikroalgen (Phytoplankton) und kleinen Krebsen (Zooplankton) werden immer wichtiger in sogenannten Brutanstalten (*hatcheries*), in denen durch künstliche Vermehrung die frühen Lebensstadien (Eier, Larven, Jungfische) von kommerziell wichtigen Marikulturarten in großer Zahl hergestellt werden. Die in freier Natur sehr hohe Brutsterblichkeit wird damit erheblich verringert. Die Jungfische stehen dann zur Verfügung für das sogenannte Abwachsen, d. h. zur Gewichtszunahme, in offenen oder geschlossenen Marikulturanlagen, sowie für das sogenannte Sea-Ranching, d. h. das Freilassen in bekannten Fischereigebieten, um natürliche Fischbestände zu verstärken.

Mit der Bedeutung und dem Ausmaß der Aquakulturproduktion steigt auch die Bedeutung der Aquakulturforschung und -entwicklung. Die Aquakultur ist wie die Landwirtschaft eine Systemwissenschaft, die sich konkret auf eine bestimmte Problemlösung ausrichtet und deshalb interdisziplinär ist. In diesem interdisziplinären Umfeld werden zukunftsfähige Aquakulturformen erarbeitet. Und obwohl die Marikultur in Deutschland zwar eine lange, aber ökonomisch meist wenig lukrative Tradition hat, konnte auch die einheimische Aquakultur-forschung, oft im Verbund mit dem benachbarten Ausland, einige bemerkens-werte Fortschritte erzielen.

In Kreislaufanlagen (Recirculation Aquaculture Systems, RAS) arbeiten wie in den Zierfischaquarien Reinigungssysteme, die die Stoffwechselendprodukte der Fische umwandeln. Damit ist man in der Lage, 1 kg Fisch mit einem Frischwas-serverbrauch von weniger als 100 l zu produzieren. Dies ist gegenüber konventi-onellen Teich- oder Durchflussverfahren mit Wasserbedarfen von 2–200 m³/kg Fisch ein bemerkenswerter Fortschritt. Aber auch für konventionelle Teichwirt-schafts- und Durchflusssysteme sind Managementverfahren und angepasste Was-seraufbereitungssysteme entwickelt worden, die den Einfluss auf das eingesetzte Gewässer minimieren. Ebenso wurden in der Fischernährung und Futtermittel-herstellung wichtige Neuerungen erzielt. Bestand in der Vergangenheit ein Fut-termittel für Raubfische aufgrund der hervorragenden nutritiven Eigenschaften überwiegend aus Fischmehl/-öl, sind heutzutage eine Vielzahl an Substituten im Einsatz. Die Fischmehlproduktion ist seit Langem konstant bis leicht rückläufig. Durch die zunehmende Verknappung stieg der Weltmarktpreis für Fischmehl/-öl kontinuierlich auf das Vier- bis Fünffache des Niveaus aus dem Jahr 2000 an. Al-ternativen, hergestellt aus Getreide, Öl- oder Hülsenfrüchten werden heutzutage in großen Mengen eingesetzt und lassen den Fischmehlanteil in den Futtermit-teln für Forellen und Lachse auf 10 % und weniger sinken.

Zu den neueren Entwicklungen gehören auch die sogenannten integrierten Systeme, darunter fallen Begriffe wie IMTA, Aquaponics und ökologische Aqua-kultur (s. unten). Im Grunde handelt es sich dabei um eine Neuauflage histori-schen Wissens aus Asien mit modernen Methoden. Integrierte Systeme gibt es seit Hunderten von Jahren, z. B. die Fischmast auf saisonal überfluteten Reisfeldern, wo sowohl Pflanze als auch Tier voneinander profitieren, oder etwas einseitiger die Kombination von verschiedenen Geflügelarten oder Schweinen, die über Fischteichen gehalten werden, sodass ihre Ausscheidungen direkt im Fischteich landen und als Nahrung zur Verfügung stehen. Einmal im Jahr wird der Fischteich dann geleert, und der nährstoffhaltige Bodenschlamm wird auf die Felder verteilt.

Moderne Systeme achten mehr auf die ökonomische, ökologische und soziolo-gische Bilanz. So ist die integrierte multitrophe Aquakultur (IMTA; Abb. 42.3) darauf angelegt, dass die Ausscheidungen der einen Art als Input (Dünger, Fut-ter) von der nächsten Art genutzt werden können, und zwar möglichst effektiv. Dabei werden bewusst Arten aus unterschiedlichen Niveaus des Nahrungsnetzes ausgewählt, Farmer kombinieren also z. B. gefütterte Tiere (Fische, Shrimps) mit autotrophen Arten (Algen) und heterotrophen Arten (Muscheln). Dies schafft balancierte Systeme mit biologischer Klärung (Bioremediation), ökonomischer Stabilität (höhere Effizienz, niedrigere Kosten, Produktdiversifikation sowie Risi-kominimierung) und führt durch deutlich verbesserte Managementstrategien zu

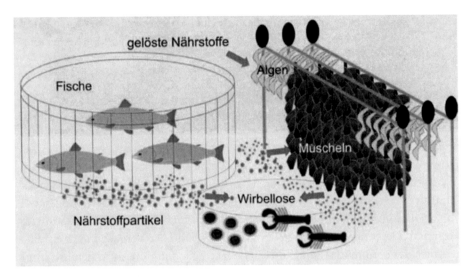

Abb. 42.3 Schema der integrierten multitrophen Aquakultur (IMTA), die z. B. Fische und Krebse mit sogenannten extraktiven Arten (Algen, Muscheln) kombiniert. (Foto: S. Knotz/IBIS-infobild)

höherer sozialer Akzeptanz. Noch wird mit verschiedenen Arten viel experimentiert, aber in den Tropen zeichnet sich ab, dass IMTA ein eleganter Ausweg aus den dringend benötigten Produktionssteigerungen der Marikultur sein könnte. Hier ist Südostasien führend, aber auch in Kanada, Chile, Israel und Südafrika wird intensiv an diesem Thema gearbeitet.

Die Aquaponics sind im Grunde ein Spezialfall der IMTA. Fische werden mit Gemüse (z. B. Tomaten) in Gewächshäusern (z. B. auf dem Dach von Häusern) kombiniert, und es wird ein intelligentes System für einen nahezu geschlossenen Wasserkreislauf etabliert.

Ein relativ neuer Zweig der Marikultur ist die Aufzucht von Zierorganismen (*ornamentals*), also Fischen und Wirbellosen, die in Großaquarien von Zoos, in Luxusaquarien von Arzt- und Rechtsanwaltspraxen oder im kleinen heimischen Wohnzimmeraquarium schwimmen. Durch hohe Nachfrage in den USA, in Japan oder Europa ist hier ein Milliardenmarkt entstanden, der leider hauptsächlich von Wildfang in den Tropen lebt, was spürbar negative Auswirkungen auf Korallenriffe hat. Durch Einsatz von Giften und sehr lange Transportwege sind hohe Sterblichkeiten zu verzeichnen. Erst in den letzten Jahren werden einige wenige Fisch- und Korallenarten aus gezielten Nachzuchten angeboten – ein wertvoller Beitrag zum Artenschutz. Leider sind Abnehmer nur selten bereit, dafür höhere Preise zu bezahlen.

Schließlich seien die Blue-Economy-Initiativen erwähnt. Insbesondere die wirtschaftsstarken Länder Südostasiens haben sich ein ehrgeiziges Wachstumsprogramm für marine Produkte, ähnlich der Grünen Revolution vor 20 Jahren, auf die Fahnen geschrieben. Noch ist nicht zu erkennen, dass diese Steigerung mit nachhaltigen Methoden geschehen soll. Eigentlich ist Blue Economy ein Konzept, das die Ökosysteme der Erde schützen und gleichzeitig Arbeitsplätze schaffen soll. Dies zielt auf eine Weiterentwicklung der Grundgedanken der Green Economy, wobei sich „Blau" auf die Farbe des Himmels, des Ozeans und des Planeten, vom Weltall aus betrachtet, bezieht.

Ziel der langfristigen Strategie „Blaues Wachstum" der EU ist es, das nachhaltige Wachstum in allen marinen und maritimen Wirtschaftszweigen zu unterstützen, Die „blaue" Wirtschaft beschäftigt 5,4 Mio. Menschen und verzeichnet eine Bruttowertschöpfung von knapp 500 Mrd. Euro jährlich. In vielen Bereichen gibt es jedoch weiteres Wachstumspotenzial, so auch in der Marikultur.

Informationen im Internet

- http://www.fao.org/fishery/sofia/en
- http://ec.europa.eu/maritimeaffairs/policy/blue_growth/index_de.htm
- http://ec.europa.eu/fisheries/cfp/aquaculture/index_de.htm
- http://ec.europa.eu/fisheries/cfp/aquaculture/facts/index_de.htm
- https://en.wikipehttps://en.wikipedia.org/wiki/Mariculturedia.org/wiki/Integrated_multi-trophic_aquaculture
- https://en.wikipedia.org/wiki/Mariculture
- http://www.arte.tv/guide/de/057460-006/xenius

Weiterführende Literatur

Bregnballe J (2010) A Guide to Recirculation Aquaculture: An Introduction to the New Environmentally Friendly and Highly Productive Closed Fish Farming Systems, Eurofish International Organisation, Kopenhagen

Cato JC, Brown CL (Hrsg) (2003) Marine Ornamental Species: Collection, Culture and Conservation. Wiley-Blackwell, Oxford, UK

FAO (2014) The state of world fisheries and aquaculture SOFIA. FAO, Rome

Lucas JS, Southgate PC (2012) Aquaculture: Farming Aquatic Animals and Plants. John Wiley & Sons, Hoboken, NJ

Pillay TVR, Kutty MN (2005) Aquaculture: Principles and Practices. Wiley-Blackwell, Oxford, UK

Wabnitz C, Taylor M, Green E, Razak T (2003) From Ocean to Aquarium: The global trade in marine ornamental species. UNEP World Conservation Monitoring Centre, Cambridge

Teil VII

Forschungspraxis der Meeresökologie

Gotthilf Hempel

Die meeresökologische Forschung ruht auf drei methodischen Säulen: Beobachten, Experimentieren und Modellieren:

- Zum Beobachten gehört vor allem das Sammeln von Messdaten und Organismen auf See mithilfe von Forschungsschiffen und – in ständig wachsendem Maße – mit verankerten oder frei beweglichen Mess-, Sammel- und Beobachtungssystemen. Auch systematische Satellitenbeobachtungen der Küstenzonen und der oberflächennahen Wasserschicht gehören in diese Kategorie. Langzeitserien an ausgewählten Messstationen, historische Datensätze und Vergleichsuntersuchungen an Museumsmaterial sind wichtige Werkzeuge für die Biodiversitäts- und Klimafolgenforschung. Die einwandfreie Identifikation von Arten anhand von morphologischen und molekulargenetischen Merkmalen ist eine Voraussetzung für verlässliche Aussagen in der Ökologie und Biodiversitätsforschung.
- Ökologische Experimente sind in der Gezeitenzone und im Flachwasser zu Fuß oder tauchend relativ leicht durchzuführen. Aufwendiger sind Mesokosmos- und Tankexperimente zum Studium der Prozesse in der Wassersäule. Laborexperimente in Aquarien an Bord der Forschungsschiffe und an Land können Einzelprozesse und Toleranzen klären, nicht aber komplexe Zusammenhänge.
- Da reale meeresökologische Experimente aufwendig und aus technischen Gründen in ihrer Aussagekraft meist beschränkt sind, verwendet der Meeresökologe vielfach mathematische Modelle unterschiedlicher Komplexität und Auflösung als „virtuelle Experimente". Auch sie dienen u. a. der Analyse und Prognose der ökologischen Auswirkungen des Klimawandels auf verschiedene Ökosysteme und auf die großen Stoffkreisläufe.

Die Geschichte der deutschen meeresbiologischen Forschung reicht bis in das letzte Drittel des 19. Jahrhunderts zurück. Sie wurde von – auch international herausragenden – Forscherpersönlichkeiten begründet. Knapp ein Jahrhundert später, in den 1960er Jahren, begann eine gewaltige Expansion der meeresökologischen Forschung in Deutschland, besonders in der Bundesrepublik, die geprägt war vom Ausbau der vorhandenen und der Gründung neuer Forschungsinstitute unterschiedlicher Größe und finanzieller Trägerschaft entlang der Küsten von Nord- und Ostsee. Eine beachtliche Flotte großer, mittlerer und kleiner Forschungsschiffe wird heute unter starker internationaler Beteiligung intensiv genutzt. Koordinationsgremien fördern die interdisziplinäre Zusammenarbeit, die Verknüpfung von Grundlagen- und anwendungsorientierter Forschung sowie die Kooperation zwischen den verschiedenen in der meeresökologischen Forschung engagierten Instituten und Universitäten. Im Epilog wird schließlich Rückschau und Vorschau auf die meeresökologische Forschung gehalten.

Forschungsschiff *Victor Hensen*. (Aquarell Petra Hempel)

43

Über Forschungsschiffe

Klaus von Bröckel

Seefahrt tut Not – auch in der Meeresbiologie

Die in diesem Buch vorgestellten Erkenntnisse sind meist auf Forschungsschiffen gewonnen worden. Der Mensch kann zwar ein Stück in das Meer hineinwaten und sogar 30–40 m tief tauchen; größere Tiefen sind aber nur mit teuren Tauchbooten oder Robotern (Box 43.1) zu erreichen. Also versucht der Wissenschaftler „von oben", vom Schiff aus, das Meer und seine Bewohner zu untersuchen. Die meisten Forschungsschiffe sind multidisziplinär einsetzbar für physikalische und biologische Ozeanografen, Fischereibiologen, Geologen, Geophysiker, Meteorologen, Meeres- und Luftchemiker. Daneben gibt es spezielle Fischereiforschungsschiffe, Bohrschiffe, Vermessungsschiffe und Mutterschiffe für Tauchboote und Tauchroboter.

> **Box 43.1: Tauchroboter: Augen und Hände der Meeresökologen**
> Olaf Pfannkuche
>
> Die Tiefen der Ozeane entziehen sich aufgrund von Dunkelheit und hohem Druck weitgehend der direkten Beobachtung und Manipulierbarkeit durch den Menschen.
>   Wissenschaftliches Tauchen erstreckt sich bis in ca. 40 m Tiefe. Der Bereich bis 1000 m Tiefe ist durch bemannte Tauchboote noch mit einem relativ geringen

Dr. Klaus von Bröckel (✉)
ehemals GEOMAR Helmholtz-Zentrum für Ozeanforschung, Kiel
Schönberger Straße 130, 24148 Kiel, Deutschland
E-Mail: kvonbroeckel@online.de

© Springer-Verlag GmbH Deutschland 2020
G. Hempel et al. (Hrsg.), *Faszination Meeresforschung*,
https://doi.org/10.1007/978-3-662-49714-2_43

Aufwand erreichbar. Dagegen erfordern die bemannten Tiefseetauchboote mit Tauchtiefen bis über 6000 m, wie die *Nautile* (Frankreich) oder die *Alvin* (USA), speziell ausgerüstete Mutterschiffe und einen hohen Personalaufwand. Tauchbooteinsätze sind stark wetterabhängig und aufgrund ihrer Batteriekapazität sowie der physischen Leistungsgrenzen der Insassen zeitlich begrenzt. Auch besteht bei jedem Unterwassereinsatz von Menschen immer die Gefahr von tödlichen Unfällen. So ersetzen heutzutage Tauchroboter den Einsatz von Menschen für Beobachtungen und gezielte Probenahmen in der Tiefsee.

Mit der Exploration und Ausbeutung von marinen Bodenschätzen, insbesondere von Öl und Gas, entstand der Bedarf für Erkundungs- und Beprobungstechnologien durch Unterwasserroboter, einerseits ferngesteuerte Systeme (Remotely Operated Vehicles, ROVs) und andererseits autonome Systeme (Autonomous Underwater Vehicles, AUVs). Inzwischen werden auch zunehmend Hybridsysteme entwickelt.

ROVs gibt es mittlerweile in jeder Größe und Ausbaustufe – vom kleinen Inspektions-ROV (nur Kameras) bis zum schweren Arbeits-ROV mit zwei Manipulatoren. Sie sind über ein Spezialkabel mit dem Mutterschiff verbunden. Das Kabel dient der Übertragung von Energie, Steuerbefehlen, Bildern und Daten. Gesteuert werden diese ROVs vom Mutterschiff aus durch speziell ausgebildete „Piloten". Die Systeme sind durch eine Vielzahl von Antriebspropellern zentimetergenau positionierbar. Die meisten Arbeits-ROVs sind für Tauchtiefen bis 3000 m gebaut, da bis in diese Wassertiefen Ölgewinnung stattfindet. Nur wenige in der Wissenschaft eingesetzte ROVs sind für Tiefen bis 6000 m ausgelegt, darunter das GEOMAR-System *Kiel 6000* (Abb. 43.1). Wissenschaftlich betriebene ROVs werden wie Forschungsschiffe multidisziplinär eingesetzt und können mit einer Vielzahl von Modulen für Videobeobachtungen, Fotos, Probenahmen und Experimente ausgestattet werden. Sie fungieren als verlängerte Arme und Augen der Forscher und sind integraler Bestandteil moderner Tiefseeforschung.

Abb. 43.1 Aussetzen des Tiefsee-ROV *Kiel 6000* an Bord des FS *Polarstern* (Tauchtiefe maximal 6000 m, Gewicht 3,5 t, zwei Manipulatoren). (Foto: Olaf Pfannkuche)

Für Forschungsarbeiten in extremen Lebensräumen, wie z. B. unter dem Eis der Polarmeere, werden zunehmend Hybrid-ROVs u. a. am MARUM der Universität Bremen entwickelt. Diese Fahrzeuge besitzen eine eigene Energieversorgung mit Lithiumionenakkus und sind nur über eine dünne, flexible Glasfaserleitung mit dem Schiff verbunden. Diese Verbindung kann unter widrigen Umständen getrennt werden; das Fahrzeug setzt seine Arbeiten dann als autonomes System fort (s. unten).

Die Entwicklung von autonomen Fahrzeugen ermöglicht neue Einsatzmöglichkeiten für die Forschung. AUVs werden u. a. für präzise bodennahe Fächerecholotmessungen der Bodentopografie im Dezimeterbereich und andere geologische Kartierungen sowie für fotografische Aufnahmen und Messungen von Umweltparametern eingesetzt. Die meist torpedoförmigen AUVs (Abb. 43.2) fahren auf vorprogrammierten Kursen oft im „Rasenmäherstil" ihre Untersuchungsprofile ab und können in der gesamten Wassersäule bis in unmittelbare Bodennähe (ca. 10 m) operieren. Hindernisse werden erkannt und umfahren, und der Kurs wird anschließend wieder korrigiert.

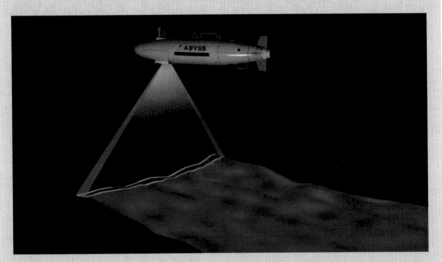

Abb. 43.2 Ein Tiefsee-ROV vermisst mit einem Fächerecholot die Topografie des Meeresbodens (GEOMAR AUV *Abyss*, Tauchtiefe maximal 6000 m, Geschwindigkeit maximal 4 kn). (Bild: Klas Lackschewitz, GEOMAR)

Am Meeresboden fahrende AUVs sind im Kommen. Neue technische Konzepte für bodenfahrende AUVs werden derzeit im ROBEX-Projekt der Helmholtz Gemeinschaft entwickelt. In diesem Projekt arbeiten Wissenschaftler der Tiefseeforschung und Raumfahrt eng zusammen, um neue Technologien für die Erforschung extremer Lebensräume zu konzipieren und zu bauen.

Informationen im Internet

- http://www.geomar.de/zentrum/einrichtungen/tlz/rovkiel6000/uebersicht/
- http://www.geomar.de/zentrum/einrichtungen/tlz/auv-abyss/uebersicht/
- http://www.robex-allianz.de/
- http://www.geomar.de/zentrum/einrichtungen/tlz/unter-wasser/
- http://www.marum.de/Meerestechnik.html

Neben dem kostenintensiven Einsatz von Forschungsschiffen nutzt die Meereswissenschaft auch Frachtschiffe und Fähren, die regelmäßig bestimmte Routen befahren. Diese Schiffe werden mit wartungsarmen Messsonden und Probensammlern ausgerüstet, deren Daten für großräumige Aufnahmen und für die langfristige Erfassung von Veränderungen in der marinen Umwelt wichtig sind. Noch großräumiger ist die Satellitenfernerkundung. Sie liefert dem Meeresbiologen anhand der Farbe der obersten Wasserschicht Informationen über die Chlorophyllverteilung und damit indirekt über das Phytoplankton und seine Produktivität.

Eine Übersicht über die heutige deutsche Forschungsflotte bietet Tab. 43.1. Hinweise auf ältere deutsche Forschungsschiffe und ihre Expeditionen finden

Tab. 43.1 Meeresbiologisch arbeitende deutsche Forschungsschiffe

FS	Eigner	Länge (m)	RT/BRZ	Einsatzgebiet	Wissenschaftler	Besatzung	Reisetage	Baujahr
Polarstern	AWI	118	17.300	Polar	50	44	100	1982
Sonne	UOld	116	8554	Global	35	40	50	2014
Meteor	BMBF	97,5	4280	Global	28	32	50	1986
Maria S. Merian	IOW	94,8	5573	Atlantisch	24	22	35	2004
Walther Herwig	vTi	64,5	5573	Atlantisch	12	21	35	1993
Poseidon	GEO-MAR	60,8	1509	Atlantisch	12	18	28	1976
Elisabeth Mann Borgese	IOW	56,6	899	Regional	12	11	25	1986/2011
Alkor	GEO-MAR	55,2	1322	Regional	12	11	28	1990
Heincke	AWI	55,2	1322	Regional	12	11	28	1990
Solea	vTI	42,7	66,0	Regional	7	14	25	2004
Uthörn	AWI	30,5	254	Regional	2	5	2	1982
Littorina	GEO-MAR	29,8	168	Regional	6 (12)	7	7	1975
Senckenberg	Senckenberg	29,5	165	Regional	3–4	5	14	1976
Clupea	vTI	17,6	46	Regional	3–4	4	7	1949/1987

AWI Stiftung Alfred-Wegener-Institut für Polar- und Meeresforschung, *BMBF* Bundesministerium für Bildung und Forschung, *vTi* Johann Heinrich von Thünen-Institut, *GEOMAR* Helmholtz-Zentrum für Ozeanforschung Kiel, *IOW* Leibniz-Institut für Ostseeforschung, *UOld* Carl von Ossietzky Universität Oldenburg

Abb. 43.3 Küstennah arbeitende Forschungsschiffe. **a** *Littorina*, GEOMAR Helmholtz-Zentrum für Ozeanforschung Kiel. **b** *Diker*, Alfred-Wegener-Institut, Helmholtz-Zentrum für Polar- und Meeresforschung, Helgoland. **c** *Haithabu*, Landesamt für Natur und Umwelt, Flintbek. **d** FS *Polarfuchs*, ehemals Barkasse der *Polarstern*, jetzt im Dienst von GEOMAR in der Kieler Bucht (Foto a: Andreas Villwock, GEOMAR: Foto b: Gerrit Sahling AWI; Foto c: Joachim Voss, d: IPÖ-Archiv, Kiel)

sich in den „Historischen Exkursen" (Box 10.1, Box 19.5, Box 39.2 und Box 44.1). Die deutsche Forschungsflotte umfasst eine Vielzahl von Schiffen unterschiedlicher Größe für den Tageseinsatz in Küstennähe (Abb. 43.3), für wochenlange Fahrten in Nord- und Ostsee (Abb. 43.4) und für monatelange Expeditionen in alle Ozeane von den Tropen bis in die Polarmeere (Abb. 43.5).

Um die zahlreichen Netze, Messsonden und Sammelgeräte im 24-h-Betrieb einsetzen zu können und um die Wissenschaftler zu versorgen, braucht ein Forschungsschiff erheblich mehr Decksleute, Elektriker/Elektroniker, Köche und Stewards als ein Frachtschiff. In den letzten 40 Jahren sind Forschungsschiffe immer größer geworden. Arbeitsschutzgesetze, Sicherheitsbestimmungen und Auflagen zum Schutz der Umwelt fordern mehr Schiffsraum. Auch die bessere Unterbringung für Mannschaften (Ein-Mann-Kammern) und Wissenschaftler vergrößern den Platzbedarf. Die eingesetzten Gerätschaften werden immer komplexer und oft schwerer, und auch der Laborbedarf wächst ständig. Ein größeres und damit längeres und tiefer gehendes Forschungsschiff hat ein besseres Seeverhalten und erlaubt somit wissenschaftliches Arbeiten auch bei stärkerem Seegang. Trotz zunehmender Größe gelingt es, dass Forschungsschiffe immer leiser werden. Damit

Abb. 43.4 Regionale Forschungsschiffe. **a** *Elisabeth Mann-Borgese*, Leibniz-Institut für Ostseeforschung, Rostock-Warnemünde. **b** *Alkor*, Helmholtz-Zentrum für Ozeanforschung Kiel. (Foto a: Johann Ruickholdt, IOW; Foto b: Andreas Villwock, GEOMAR)

werden z. B. Bestandsuntersuchungen an lärmempfindlichen Fischschwärmen möglich. Auch die unumgängliche Schallerzeugung der Echolote ist reduziert worden, damit Meeresbewohner so wenig wie möglich gestört werden.

Abb. 43.5 Globale Forschungsschiffe. **a** *Meteor*, Deutsche Forschungsgemeinschaft, Bonn; im Hintergrund *Polarstern*, Alfred-Wegener-Institut, Helmholtz-Zentrum für Polar- und Meeresforschung, Bremerhaven. **b** *Sonne*, Carl-von-Ossietzky-Universität Oldenburg, Oldenburg. (Fotos: Andreas Villwock, GEOMAR)

Forschungsschiffe als Sammel- und Messplattformen

Auf den modernen Forschungsschiffen ist eine Vielzahl von Sensoren installiert. Sie liefern die wichtigen navigatorischen, meteorologischen und ozeanografischen Daten (z. B. Position, Geschwindigkeit, Lufttemperatur, Windgeschwindigkeit und -richtung, Einstrahlung, Niederschlag, Luftchemie, Seegang, Temperatur, Salzgehalt, Pflanzenpigmente im Oberflächenwasser). Hochkomplexe Lotsysteme ermöglichen Erkenntnisse über Wassertiefe, Struktur und Oberflächenbeschaffenheit des Meeresbodens sowie über Fischschwärme und Strömungen. Sonden, die von Ballonen getragen werden, oder auch spezielle Radarsysteme messen bis in mehrere Kilometer Höhe Temperatur, Partikelverteilung, Luftströmungen, Spurenstoffe und Gase der Atmosphäre.

Die meisten Kenntnisse werden jedoch durch unterschiedliche Probenahme-geräte (vor allem Wasserschöpfer, Netze sowie kleine und große Bodengreifer) und Messsysteme gewonnen, die vom Schiff im Meer eingesetzt werden. Mit Se-rienwasserschöpfern – verbunden mit Sensoren für Salzgehalt, Temperatur und Wassertiefe (*conductivity*, *temperature*, *depth*, CTD) – können z. B. Wasserpro-ben aus allen gewünschten Tiefen genommen werden (z. B. für die Bestimmung von Nährstoffen, gelösten organischen Stoffen, Spurenstoffen, Gasen, Partikeln, Bakterio-, Phyto- und Zooplankton) (Box 43.2).

Box 43.2: Probenahme vom schaukelnden Schiff

Maren Voß

Küstenforschung erfordert eine optimale, abgestimmte Technik für das Arbei-ten im flachen Wasser von 10–100 m Wassertiefe. In diesem Tiefenbereich sind interessante Strukturen oftmals sehr ausgeprägt und erstrecken sich lediglich über Schichten von wenigen Metern Dicke. Genau aus diesen Bereichen möch-ten Wissenschaftler auf Dezimeter genau Proben mit einem CTD-Wasserschöp-fersystem (Kap. 1) entnehmen. Doch wie soll das geschehen auf einem Schiff, dessen Kranrolle und damit auch die Wasserschöpfer sich im Seegang mit den Rollbewegungen des Schiffs um etliche Meter auf und ab bewegen? Seit drei Jahren ist dieses Problem für das Forschungsschiff *Elisabeth Mann Borgese* des Leibniz-Instituts für Ostseeforschung (IOW) von seinen Ingenieuren Sigfried Krüger und Johann Ruickoldt gelöst worden (Abb. 43.6).

Abb. 43.6 CTD-Wasserschöpferserie mit Seegangshubkompensation auf dem FS *Elisabeth Mann Borgese* vor Askö, Schweden. Der Seegangssensor befindet sich direkt unter der Kranrolle. (Foto: Anton Bühler)

Wichtigstes Element der präzisierten Probenahme ist die Seegangshubkompensation, die mittlerweile auch zum Patent angemeldet ist. Sie vermag die Bewegung des Schiffs mit einer Verzögerung von nur 40 Millisekunden durch Abspulen und Aufwickeln des Drahts, an dem die CTD- Sonde mit ihren Wasserschöpfern hängt, zu mehr als 90 % auszugleichen. Diese technische Steuerung erlaubt eine verblüffend konstante Lage der Wasserschöpferrosette in der Wassersäule und damit die exakte Probengewinnung in deutlich weniger als 1 m Auflösung. Dank dieser technischen Neuerung lässt sich endlich auch bei starkem. Seegang (bis etwa Windstärke 7) die Vertikalverteilung des Kleinplanktons im Flachwasser in Verbindung mit Salzgehalt, Temperatur und weiteren Umweltparametern studieren. Möglich ist es auch, Proben in nur wenigen Dezimetern Entfernung vom Boden zu nehmen, denn das System des IOW verfügt außerdem über eine Kamera mit zwei Laserstrahlern, die die Annäherung an den Boden sichtbar machen. Bei Arbeiten in tieferem Wasser wird das Windensteuerungssystem abgeschaltet, denn dort spielen die Schiffsbewegungen keine wesentliche Rolle mehr.

Um einen qualitativen (Was kommt vor?) wie auch quantitativen (Wieviel kommt vor?) Überblick über die Besiedlung des Neustons (der etwa 1 cm dünnen Schicht unter der Meeresoberfläche) und des Pelagials (Freiwasserraums) zu gewinnen, werden seit jeher Netze unterschiedlichster Bauart von feinmaschigen Planktonnetzen bis zu Fischereinetzen eingesetzt. Die Kabelverbindung zwischen Schiff und Gerät erlaubt die Energieversorgung, Daten- und Bildübertragung. So kann der Wissenschaftler „sehen", was er fängt. Fanggeräte mit mehreren Netzen, die in verschiedenen Wassertiefen geöffnet bzw. geschlossen werden, erlauben quantitative Proben aus definierten Tiefenhorizonten, die Aufschluss über die Vertikalverteilung der Organismen geben. Sonden liefern Werte der Temperatur, des Salzgehalts, des Chlorophylls und des Sauerstoffs aus der ganzen Wassersäule. Dredgen, Greifer, Lote und Lander erlauben Probenahmen und Messungen am Meeresboden (z. B. zur Besiedlung und Zusammensetzung der Sedimente, zu Austauschvorgängen zwischen Sediment und Wassersäule). Kamerasysteme und ferngesteuerte ROVs (Remotely Operated Vehicles) an Glasfaserkabeln erlauben die Beobachtung und gezielte Probenahme im Wasser und am Meeresboden (Box 43.1).

Alle diese Messungen ermöglichen eine vertikale Auflösung mit der Wassertiefe (Profil). Da das Meer aber ein dreidimensionaler Körper ist, müssen die Vertikalmessungen entlang einer Linie oder in einem Raster von Stationen angeordnet werden. Auch ondulierende Schleppsonden ergeben eine Art dreidimensionales Bild. Dies sind jedoch alles nur Momentaufnahmen des Meereszustands.

Für Langzeitmessungen über Wochen bis Monate oder sogar Jahre können vom Schiff Verankerungen oder Messbojen ausgebracht werden. Verankerungen bestehen aus einem mehrere Kilometer langen hochfesten Seil, das am Meeresboden durch ein Gewicht verankert und durch Auftriebskörper senkrecht gehalten wird (Kap. 1). In verschiedenen Wassertiefen werden Messgeräte und Sinkstofffallen für die Erfassung von Temperatur, Salzgehalt, Strömungen, Partikeltransport etc. angebracht. Die Verankerungen bleiben Wochen bis Jahre an ihrem Platz, bevor sie wieder eingeholt werden. Lander sind Messplattformen, die für Stunden bis Tage am Meeresboden abgesetzt werden, um dort z. B. hochauflösende mikrobiologische Messungen, Probenahmen und Experimente durchzuführen (Kap. 8, 20 und 22). Andere Messsonden sind u. a. in Treibkörpern (Driftern) und selbstständig operierenden AUVs (Autonomous Underwater Vehicles) installiert, die über längere Zeiträume Messungen in gewünschten Tiefen durchführen. Die Daten werden dann beim Auftauchen der Geräte über Satellit an das Heimatinstitut gesendet. Ein Überbleibsel des Kalten Kriegs sind kilometerlange Kabelnetze auf dem Meeresboden, die früher mit Mikrofonen zur U-Boot-Überwachung bestückt waren und jetzt – mit „zivilen Sensoren" ausgerüstet – in Echtzeit meereskundliche Daten übermitteln. So können erstmalig große dreidimensionale Wasserkörper über einen längeren Zeitraum erforscht werden.

Auch wenn sich die Meeresforschung durch derartige autonome Mess- und Sammelsysteme sowie durch Satellitenfernerkundung ein wenig vom Forschungsschiff emanzipiert hat und sich vieles als Computermodell simulieren lässt, sind Forschungsschiffe heute und in absehbarer Zukunft unentbehrlich. Nur sie ermöglichen eine gezielte Probenahme, die direkte Beobachtung und Untersuchung von Meeresorganismen und ihrer räumlichen Verteilung sowie eine Kalibrierung z. B. der Satellitendaten. Daher wird im Folgenden exemplarisch ein modernes multidisziplinäres deutsches Forschungsschiff etwas genauer vorgestellt.

Das Forschungsschiff Maria S. Merian

FS *Maria S. Merian* (Abb. 43.7), benannt nach der Naturforscherin Maria Sibylla Merian (1646–1717), wurde im Jahr 2006 in Dienst gestellt. Ihr Einsatzgebiet umfasst den Nordatlantik vom Äquator bis zu den nördlichen Eisrandbereichen. Der Schiffsrumpf aus 2 cm dicken Stahlplatten ist auch für den Einsatz im Treibeis gut geeignet. Sie ist ein ökonomisches, vibrationsarmes, geräuscharmes und hydroakustisch leises Schiff, das voraussichtlich die wissenschaftlichen Anforderungen über die nächsten 20 bis 30 Jahre erfüllen wird. Selbstverständlich wird die Kontamination umgebender Wassermassen und Luftbereiche möglichst gering gehalten. Das Schiff kann für 48 h einen Clean-Ship-Betrieb aufrechterhalten, bei dem nichts in das umgebende Wasser abgegeben wird.

Eine Vielzahl meereskundlicher Arbeiten findet „auf Station" statt, d. h., das Schiff liegt für Messungen und Probenahmen auf einer Position. Die „dynamische

Abb. 43.7 FS *Maria S. Merian* (Foto: Institut für Ostseeforschung)

Positionierung" sorgt für das Einhalten dieser exakten Position bis zu einer Windstärke von 8 Beaufort (Bft). Schlingertanks, in denen ca. 240 t Wasser von der einen zur anderen Schiffsseite hin und her schwappen, dämpfen die Schiffsbewegungen auf Station. Während der Fahrt wird die Schlingerdämpfung durch zwei Flossen bewirkt, die seitlich aus dem Schiffsrumpf herausgeklappt und aktiv bewegt werden können.

Mittschiffs, wo die Schiffsbewegungen am kleinsten sind, befinden sich die wissenschaftlichen Arbeitsräume. Dahinter liegt der umfangreiche Maschinentrakt mit zwei autarken Maschinenräumen. Hier stehen die vier Generatoren für den dieselelektrischen Antrieb. Die *Maria S. Merian* hat als einziges Forschungsschiff einen POD-Antrieb (engl. *pod* = Gondel). Die elektrischen Fahrmotoren mit jeweils zwei Propellern hängen achtern unter dem Schiffsrumpf. Sie sind um 360° drehbar und erlauben so ein optimales Manövrieren in alle Richtungen. Dies wird unterstützt durch den als Bugstrahlruder arbeitenden „Pumpjet" weiter vorn.

Im vorderen leisesten Schiffsbereich liegen die Kammern, die Sozial- und Versorgungsräume (Küche mit Provianträumen, Messen, Pantries, Sauna, Fitnessraum). Ein Forschungsschiff, das mehrere Wochen auf See bleibt, soll den Wissenschaftlern und der Besatzung einen möglichst angenehmen Lebensraum bieten.

Das Hauptdeck ist der wichtigste Arbeitsbereich der Wissenschaft mit der Mehrzahl der Laborräume und dem großen Arbeitsdeck. Zu den Laboren und wissenschaftlichen Räumen gehören das Chemielabor, das Trockenlabor, der

Konferenzraum, die Lottechnische Zentrale mit dem Datenmanagementsystem, die Datenzentrale, die Pulserstation, in der die Luftpulser der Geophysiker mit Pressluft versorgt und gesteuert werden, sowie das Deckslabor für nasse Arbeiten. Im Hangar, der sich über zwei Decks nach oben erstreckt, ist der kleine Schiebebalken (maximale Last 7 t) untergebracht, über den die CTD-Sonde mit der Rosette, bestehend aus vielen einzelnen Wasserschöpfern, gefahren werden kann. Hier können die Proben geschützt und ohne Gefahr des Einfrierens abgefüllt werden.

Die große, freie Decksfläche mit vielen Containerstellplätzen für Laborcontainer, die immer wichtiger werden, prägt die Steuerbordseite. Laborcontainer können an Land vorinstalliert werden und bieten den Arbeitsgruppen an Bord die Möglichkeit, ihre hochspezialisierten Analyseinstrumente, Experimentiereinrichtungen oder Versuchsaquarien fast wie im heimischen Labor einzusetzen. Diese Container können mit Strom, Wasser und Daten versorgt werden. Drei Arbeitskräne (Last je 5 t) überstreichen das gesamte Deck. Mit dem großen Schiebebalken (Last 20 t) können große Geräte, z. B. Kolbenlote und Verankerungen, über die Steuerbordseite gefahren werden. Der große Schiebebalken ist gleichzeitig wie ein Kran nach oben und seitlich schwenkbar und kann so z. B. Container und Kabeltrommeln durch die Luke im Hangar in den Laderaum des Schiffs verstauen.

Achtern befinden sich an beiden Seiten die Luftpulser-Ablaufgestelle. Ganz am Heck steht der große A-Rahmen (Höhe 10 m, Breite 5 m, Last 20 t) für die Arbeiten mit schwerem Gerät (z. B. Fischereinetze, ROVs).

Ein Deck tiefer befinden sich Kühl- und einige Speziallabore sowie der wissenschaftliche Stauraum mit fünf Containerstellplätzen (20′). Noch tiefer liegt der Windenraum mit den Tiefsee- und Arbeitswinden für unterschiedliche Drähte und Kabel. Eine Umspulwinde erlaubt bei Verlust oder Beschädigung eines Kabels auf See das Aufspulen eines Ersatzes.

Mehrere Lotsysteme zur Kartierung des Meeresbodens (Flächenlote) und seiner inneren Struktur (Sedimentlote) befinden sich vorn unter dem Schiff, wo eine Störung durch Luftblasen aus der aufgewirbelten Wasseroberfläche ausgeschlossen werden kann.

Im Datenmanagementsystem werden die eingespeisten Daten der Navigation, der Meteorologie, der Wissenschaft (u. a. Winden- und Lotdaten) geprüft, zusammengefasst und im Schiff verteilt. Diese Anordnung der Decks und der Arbeitsbereiche hat sich mittlerweile bewährt und ist auf sehr vielen Forschungsschiffen weltweit sehr ähnlich. Auch das neueste deutsche Forschungsschiff, die FS *Sonne*, ist entsprechend aufgebaut.

Informationen im Internet

- www.ldf.uni-hamburg.de – Leitstelle Deutsche Forschungsschiffe
- www.portal-forschungsschiffe.de – Portal Deutsche Forschungsschiffe
- www.briese.de/forschungsschiffahrt-briese.html – Reederei Briese
- www.laeisz.de/flotte/forschung/polarstern – Reederei Laeisz

Weiterführende Literatur

Fütterer DK, Fahrbach E (Hrsg) (2008) POLARSTERN: 25 Jahre Forschung in Arktis und Antarktis. Delius Klasing, Bielefeld

Jakobi N, Springer B, Neuhoff v. H (Hrsg) (2011) 25 Jahre FS METEOR: ein Forschungsschiff und seine Geschichte. Hauschild, Bremen

Reinke-Kunze C (1986) Den Meeren auf der Spur – Geschichte und Aufgaben der deutschen Forschungsschiffe. Koehler, Herford

FS *Polarstern* (Baujahr 1983) trifft auf der Unterweser das älteste deutsche Polarforschungsschiff, die Nordische Jagt *Grönland* (Baujahr 1867). (AWI-Archiv)

Der Bottom-Lander sinkt durch Ballast zum Meeresboden, wo er autonom Messungen und Probennahmen über Tage oder Monate vornimmt und speichert. Dann wird durch Signale vom Forschungsschiff ausgelöst der Ballast abgeworfen, der Lander treibt auf und wird dann vom Schiff mitsamt seinen Proben und Daten aufgenommen. (Foto: AWI)

44

Der Hausgarten in der Framstraße: Von der Momentaufnahme zur Langzeituntersuchung

Thomas Soltwedel

Die Erkenntnis, dass die Erde und ihre Ozeane sich auf räumlichen und zeitlichen Skalen nicht statisch, sondern dynamisch präsentieren, führte zu neuen Strategien in der Meeresforschung. Um ein umfassendes Prozessverständnis und Vorhersagemöglichkeiten entwickeln zu können, wurden – neben den traditionellen Ansätzen (einmalige, regionale Untersuchungen und Kartierungen vom Forschungsschiff aus) – an ausgewählten Standorten auch Langzeituntersuchungen begonnen. Ihre Daten werden zu den Umweltdaten, ihrer Variabilität und den Trends im Rahmen des Klimawandels in Beziehung gesetzt.

Die in der Meeresbiologie üblichen zeitlich und räumlich punktuellen Messungen oder Probenahmen liefern lediglich Momentaufnahmen. Ökologische Untersuchungen sind dadurch in ihrer Aussagekraft stark eingeschränkt. Die Möglichkeit, Veränderungen über ausreichend lange Zeiträume erfassen zu können, kann bei der Klärung der Frage helfen, welche Umweltbedingungen die marinen Lebensgemeinschaften in ihrer Entwicklung, Struktur und Komplexität prägen. Mit fortschreitender Industrialisierung steht auch der marine Lebensraum zunehmend unter dem Einfluss menschlichen Handelns. Langzeituntersuchungen an ausgewählten Standorten können helfen, die Auswirkungen anthropogener Eingriffe auf die Ökosysteme der Meere zu erkennen und zu beurteilen. Sie liefern die Basisdaten zur Darstellung und Bewertung des Ist-Zustands bzw. zur Beschreibung von Veränderungen in der Folge menschlicher Eingriffe.

Dr. Thomas Soltwedel (✉)
Alfred-Wegener-Institut, Helmholtz-Zentrum für Polar- und Meeresforschung
Am Handelshafen 12, 27570 Bremerhaven, Deutschland
E-Mail: thomas.soltwedel@awi.de

Nur die Analyse sehr langer Zeitreihen vermag Trends offenzulegen, die über die natürlichen kurzzeitigen Fluktuationen und saisonalen und annuellen Schwankungen hinausgehen und aus denen auf tiefgreifende Veränderungen im System geschlossen werden kann.

Somit kommt, neben den wiederholt durchgeführten Schiffsexpeditionen, dem Einsatz kontinuierlich messender und sammelnder, autonomer Instrumente eine immer größere Bedeutung zu.

Die wohl bekanntesten marin-ökologischen Zeitserien stammen aus der Nordsee, dem westlichen und östlichen Atlantik, dem zentralen Pazifik sowie dem Arktischen Ozean: Die Langzeitstation Helgoland Reede in der Deutschen Bucht wurde bereits 1962 begründet. Seither werden werktäglich die Temperatur, der Salzgehalt, Nährstoffkonzentrationen, das Bakterioplankton sowie die qualitative und quantitative Zusammensetzung des Phyto- und Protozooplanktons erfasst. Meso- und Makrozooplanktonproben werden dort seit 1974 genommen. Helgoland Reede hat damit die weltweit längste lückenlose Planktonuntersuchungsreihe. Die Bermuda Atlantic Time-series Study (BATS) und die European Station for Time-series in the Ocean, Canary Islands (ESTOC) sind Beispiele für biologisch-ozeanografische Langzeitserien im westlichen bzw. östlichen Atlantik. Die monatlichen Untersuchungen an der ESTOC-Station wurden 1994 begonnen, während die kontinuierlichen Messungen und Probenahmen in der Sargassosee bereits Ende der 1980er Jahre aufgenommen wurden. Die Hawaii Ocean Time-series Station (HOT) im zentralen Pazifik entstand zeitgleich zur BATS-Station und erfasst ein weitgehend identisches Parameterspektrum, sodass auch eine direkte Vergleichbarkeit der Zeitserien aus völlig unterschiedlichen Regionen der Weltmeere möglich wird.

Im Sommer 1999 wurde in der östlichen Framstraße zwischen Spitzbergen und Grönland die erste und bislang einzige Langzeitstation in einer polaren Region, der *Hausgarten* des Alfred-Wegener-Instituts, Helmholtz-Zentrum für Polar- und Meeresforschung, eingerichtet. Der *Hausgarten* unterscheidet sich bereits aufgrund seiner räumlichen Ausdehnung grundlegend von den zuvor erwähnten punktuellen Langzeitstationen. Darüber hinaus wird hier versucht, das marine Ökosystem in seiner Gesamtheit zu erfassen, d. h. von der Wasseroberfläche bis zum Tiefseeboden. Der *Hausgarten* besteht aus einem Netzwerk von insgesamt 21 Einzelstationen entlang eines Tiefentransekts (von 250–5500 m Wassertiefe) sowie einem latitudinalen Transekt entlang der 2500-m-Tiefenlinie, die wiederholt aufgesucht werden, um in biologischen, geochemischen und sedimentologischen Untersuchungen saisonale und interannuelle Veränderungen identifizieren zu können.

Untersuchungen des Phyto- und Zooplanktons werden mithilfe von Wasserschöpfern und verschiedenen Planktonnetzen durchgeführt. Zur Charakterisierung und zur Quantifizierung des vertikalen Partikelflusses in die Tiefsee werden

Abb. 44.1 Bergung einer Verankerung mit Sinkstofffallen. (Foto: Thomas Soltwedel)

Verankerungen mit Sinkstofffallen eingesetzt (Abb. 44.1). Austauschprozesse an der Sediment-Wasser-Grenzschicht und das bodennahe Strömungsmilieu werden untersucht, um ein Verständnis für die in diesem Übergangsbereich bedeutsamen Prozesse zu gewinnen. Chemische Analysen biogener Sedimentkomponenten zur Abschätzung benthischer Aktivitäten (z. B. mikrobiologischer Umsatzprozesse) und Biomassen kleinster sedimentbewohnender Organismen liefern wertvolle Informationen über Veränderungen der ökologischen Verhältnisse im Benthal des Arktischen Ozeans. Einen wesentlichen Bestandteil der biologischen Untersuchungen im *Hausgarten* stellt die Erfassung der Artenvielfalt mariner Organismen sowie ihrer zeitlichen Veränderung dar.

Die ersten 15 Jahre multidisziplinärer Untersuchungen in der Framstraße lieferten bereits eine Reihe interessanter Ergebnisse. So konnte u. a. aufgezeigt werden, dass schon kurzfristige Änderungen der Wassertemperatur das Leben in der Arktis stark verändern können. Eine Warmwasseranomalie mit 1–2 °C höheren Temperaturen im Oberflächenwasser in den Jahren 2005 bis 2008 sorgte für einen außerordentlich raschen Wechsel von einer zuvor von Kieselalgen (Di-

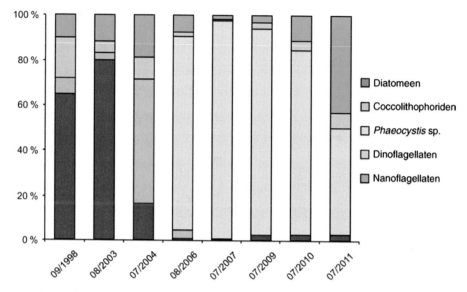

Abb. 44.2 Zusammensetzung des Phytoplanktons (>3 µm) im Oberflächenwasser der östlichen Framstraße zwischen 1998 und 2011. (Aus Soltwedel et al. 2015)

atomeen) dominierten Phytoplanktongemeinschaft hin zu einer Gemeinschaft, die durch die Schaumalge (*Phaeocystis pouchetii*) dominiert wurde (Abb. 44.2). Im Gegensatz zu Kieselalgen verklumpen Schaumalgen leicht zu größeren Aggregaten, die vergleichsweise schnell bis zum Meeresboden hinabsinken, wo sie dann als Nahrung zur Verfügung stehen. Als unmittelbare Reaktion auf die vorübergehend höhere Nahrungsverfügbarkeit nahm die Dichte der Lebewesen am Meeresgrund deutlich zu, während sich gleichzeitig die Zusammensetzung der Lebensgemeinschaft änderte.

Im gleichen Zeitraum konnten auch auffällige Veränderungen im Zooplankton der Framstraße festgestellt werden. Flügelschnecken (Pteropoden) und Flohkrebse (Amphipoden), die gewöhnlich in den gemäßigten und subpolaren Bereichen des Atlantiks vorkommen, traten vermehrt auf (Abb. 44.3) und verdrängten offenbar ihre arktischen Verwandten weiter nach Norden. Binnen kürzester Zeit hatte sich so ein neuer Status quo im marinen Ökosystem der Framstraße eingestellt. Zwar ist die Temperatur des Oberflächenwassers nach 2008 wieder gesunken, doch liegt sie immer noch über der Durchschnittstemperatur von vor 2005. Damit blieb die Schaumalge die dominierende Planktonart im Bereich des *Hausgarten*, und auch die subpolaren Flügelschnecken und Flohkrebse sind offenbar in der Framstraße heimisch geworden. Auch wenn nicht erwiesen ist, dass die episodische Warmwasseranomalie dem Klimawandel geschuldet ist, zeigte dieses Phänomen doch, wie unmittelbar und umfassend ein polares marines Ökosystem auf ein solches Ereignisse reagieren kann.

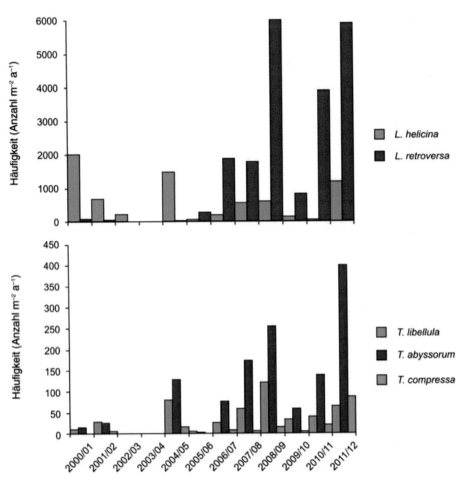

Abb. 44.3   Anzahl der *Limacina*-Flügelschnecken (*L. helicina* – arktisch, *L. retroversa* – boreal) und *Themisto*-Flohkrebse (*T. libellula* – arktisch, *T. abyssorum* – subarktisch, *T. compressa* – boreal) in der Framstraße zwischen 2000 und 2012. (Aus Soltwedel et al. 2015)

Seit 2014 werden die Untersuchungen in der Framstraße im Rahmen der von der Helmholtz-Gemeinschaft Deutscher Forschungszentren finanzierten Infrastrukturmaßnahme FRAM (Frontiers in Arctic marine Monitoring) räumlich und apparativ weiter ausgebaut. Ozeanografische Verankerungsketten, die seit 1997 kontinuierlich Daten über den Wassermassenaustausch und den Wärmetransport in der Framstraße liefern, sowie die Langzeitstation Hausgarten bilden das Rückgrat dieser Infrastrukturmaßnahme. Ziel des Ozeanobservatoriums FRAM ist die permanente Anwesenheit im Arktischen Ozean, der nicht nur eine wichtige Rolle im Klimasystem der Erde darstellt, sondern gleichzeitig auch sehr sensibel auf natürliche und anthropogene Klimaveränderungen reagiert.

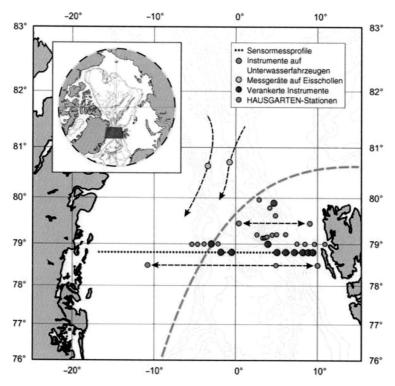

Abb. 44.4 Das arktische Ozean-Observatorium FRAM und seine Hauptkomponenten. Die *blaue gestrichelte Linie* zeigt die mittlere Treibeisgrenze des Ostgrönlandstroms (Alfred-Wegener-Institut)

Das FRAM-Observatorium (Abb. 44.4) wird die Durchführung kontinuierlicher Untersuchungen von der Meeresoberfläche bis in die Tiefsee ermöglichen und Messergebnisse zur Erdsystemdynamik sowie zu Klima- und Ökosystemveränderungen liefern. Daten dieses komplexen Messnetzes werden zu einem besseren Verständnis der Veränderungen der Ozeanzirkulation, der Wassermasseneigenschaften und des Meereisrückgangs sowie deren Auswirkungen auf das arktische, marine Ökosystem beitragen. FRAM führt Sensoren in Observationsplattformen zusammen, die sowohl die Registrierung von Ozeanvariablen als auch physikalischer, chemischer und biologischer Prozesse im Ozean erlauben. Experimentelle und ereignisgesteuerte Systeme ergänzen diese Beobachtungsplattformen. Mit dieser umfassenden Infrastruktur können wir in der Zukunft hochaufgelöste Langzeitdaten sowie Basisdaten für Modelle und die satellitengestützte Fernerkundung liefern.

**Box 44.1: Historischer Exkurs 4: Neapel und Helgoland –
Meeresbiologische Stationen**

Gotthilf Hempel

Anton Dohrn (1840–1909) war der erste große Organisator in der Meeresbiologie. Er hatte in Königsberg und Berlin Medizin und Zoologie studiert, bevor er – von Ernst Haeckel inspiriert – auf einer Studienreise nach England mit Charles Darwin und Thomas Huxley zusammentraf. Seine Untersuchungen über die Entwicklung der Krebse und Wirbeltiere führten ihn dann an die Küste des Mittelmeeres. In den Hotelzimmern der Küstenorte fand er aber nirgends die Möglichkeit zu experimenteller Arbeit. So schuf er sich 1872 die Zoologische Station Neapel, finanziert aus Mitteln der väterlichen Brauerei und später auch aus Spenden und aus der Vermietung von „Arbeitstischen" an Universitäten und Privatgelehrte.

Die Gastforscher wurden jeden Tag mit frisch gefangenen lebenden Meerestieren versorgt. Durch Schriftentausch mit den Veröffentlichungen der Station entstand eine der reichhaltigsten biologischen Bibliotheken der Welt. Dohrns Blick für die Entwicklung der Meeresbiologie, seine organisatorischen Fähigkeiten und die Pflege internationaler wissenschaftlicher Beziehungen machten die Zoologische Station über Jahrzehnte zu einem Mekka der Zoologen und Meeresbiologen. Deutsche und ausländische Firmen erkannten den Wert der Station als Exportmusterschau. Im großen Schauaquarium gewann die gestaltenreiche und oft farbenprächtige Tierwelt des Meeres das Interesse der gebildeten Laien.

Die *Stazione Zoologica* sollte ein Haltepunkt („Station") in einem imaginären Schienennetz für Biologen sein, die auf jeder Station das Bemerkenswerte der jeweiligen Fauna studieren sollten. Tatsächlich entstand innerhalb von drei Jahrzehnten eine Vielzahl von meeresbiologischen Stationen in Europa, Nordamerika und auch in tropischen Kolonialgebieten. Besonders an der französischen Atlantik- und Mittelmeerküste entstanden etliche Stationen, die älteste (in Concareau) bereits vor Dohrns Gründung in Neapel.

Unmittelbar nachdem das Deutsche Reich Helgoland von Großbritannien übernommen hatte, eröffnete Preußen dort 1892 seine „Biologische Anstalt". Sie sollte neben meeresbiologischen Untersuchungen auch der Fischereiforschung dienen. Dazu erhielt sie später Außenstellen auf dem Seefischmarkt in Bremerhaven und in der Austernstation auf dem Sylter Ellenbogen.

Unzählige deutsche Studenten haben in den Stationen Helgoland und List auf Sylt der Biologischen Anstalt Helgoland (BAH) und auf Hiddensee in der Station der Universität Greifswald Meeresorganismen und Meeresbiologie kennengelernt – besonders in Zeiten, als Exkursionen zu fernen Küsten und Inseln nicht möglich waren. Paul Kuckucks (1905, 1953) *Strandwanderer* und Fritz Gessners (1940/1957) *Meer und Strand* entstanden auf Helgoland bzw. Hiddensee als wissenschaftlich fundierte, populäre Einführungen in Fauna, Flora und Ökologie der Küstenzonen.

Der erste Direktor der BAH war Friedrich Heincke (1852–1929), ein Schüler von Victor Hensen, dessen quantitativen Ansatz in der Planktonforschung er für die Fischereiforschung übernahm. Heincke entwickelte die statistischen Methoden zur Trennung von Heringsrassen anhand kleiner Unterschiede in der mittleren Zahl von Wirbeln, Schuppen, Flossenstrahlen sowie in den Körperproportionen, den sogenannten meristischen und morphometrischen Merkmalen.

Im Auftrag des Internationalen Rats für Meeresforschung (ICES; Box 39.2) erstellte Heincke den „Generalbericht über die Scholle". Seine Entdeckung der Fluktuationen in der Stärke der einzelnen Nachwuchsjahrgänge bot Adolf Bückmann (1900–1993), der 1923 als frisch promovierter Zoologe nach Helgoland kam, den Einstieg in das neue Feld der Populationsdynamik. Bückmann war in den 1930er Jahren der bedeutendste Wissenschaftler der BAH. Er pflegte viele Kontakte zu den Gastforschern und im ICES. 1953 wurde er – als Nachfolger des Benthologen Arthur Hagmeier – Direktor der BAH, die sich nach der Zerstörung und Räumung Helgolands nach List auf Sylt zurückgezogen hatte. Binnen sieben Jahren bewältigte Bückmann den Wiederaufbau der Forschungsstation auf Helgoland und schuf eine „Kopfstation" in Hamburg mit engem räumlichen Bezug zur Bundesforschungsanstalt für Fischerei und zur Universität.

Bückmanns Nachfolger an der BAH wurde Otto Kinne (1923–2015), der auf der Insel große internationale Symposien veranstaltete und im Ökolabor hervorragende experimentelle Einrichtungen schuf. Heute ist die BAH Teil der Stiftung Alfred-Wegener-Institut, Helmholtz-Zentrum für Polar- und Meeresforschung (AWI).

Historische Literatur

- Bückmann A (1938). Über den Höchstertrag der Fischerei und die Gesetze organischen Wachstums. Ber. Dt. Wiss. Komm. Meeresforsch. 9, 16–48
- Gessner F (1957). Meer und Strand. 2. Aufl. VEB Deutscher Verlag der Wissenschaften Berlin 426 S. (1. Aufl. 1940 Quelle Meyer & Leipzig)
- Heincke F (1878). Die Varietäten des Herings. Comm. Wiss. Unters. D. deutschen Meere Kiel, 1874–76. IV–VI. Jhg., S. 37–132.
- Heincke F (1922). Die Überfischung der Nordsee und die Wirkung der Kriegsschonzeit auf ihren Schollenbestand I, Fischerbote 14, 365–389.
- Heuss T (1940). Anton Dohrn in Neapel. Berlin und Zürich 319 S.
- Kuckuck P (1953) Der Strandwanderer. 6. Aufl. München 148 S. (1. Auflage 1905 Helgoland)
- Werner P (1993) Die Gründung der Königlichen Biologischen Anstalt auf Helgoland und ihre Geschichte bis1945. Helgoländer Meeres unter s. 47 Suppl.1–182

Weiterführende Literatur

Franke HD, Buchholz F, Wiltshire KH (2004) Ecological long-term research at Helgoland (German Bight, North Sea): retrospect and prospect-an introduction. Helgol Mar Res 58: 223–229

Karl DM, Lukas R (2003) The Hawaii Ocean Time-series (HOT) program: Background, rationale and field implementation. Deep Res Ii 43(2–3):129–156

Michaels AF, Knap AH (2003) Overview of the U.S. JGOFS Bermuda Atlantic Time-series Study and the Hydrostation S program. Deep Res Ii 43(2–3):157–198

Neuer S, Cianca A, Helmke P, Freudenthal T, Davenport R, Meggers H, Knoll M, Santana-Casiano JM, González-Dávila M, Rueda MJ, Llinás O (2007) Biogeochemistry and hydrography in the eastern subtropical North Atlantic gyre. Results from the European time-series station ESTOC. Progr Ocean 72:1–29

Soltwedel T, Bauerfeind E, Bergmann M, Bracher A, Budaeva N, Busch K, Cherkasheva A, Fahl K, Grzelak K, Hasemann C, Jacob M, Kraft A, Lalande C, Metfies K, Nöthig EM, Meyer K, Quéric NV, Schewe I, Wlodarska-Kowalczuk M, Klages M (2015) Natural variability or anthropogenically-induced variation? Insights from 15 years of multidisciplinary observations at the arctic open-ocean LTER site HAUSGARTEN. Ecol Indic. doi:10.1016/j.ecolind.2015.10.001

Soltwedel T, Schauer U, Boebel O, Nöthig EM, Bracher A, Metfies K, Schewe I, Klages M, Boetius A (2013) FRAM – FRontiers in Arctic marine Monitoring: Permanent Observations in a Gateway to the Arctic Ocean. OCEANS Bergen, 2013 MTS/IEEE. doi: 10.1109/OCEANS Bergen.2013.660800.

Auch im Kongsfjord an der Westküste Spitzbergens führt der rasante Rückzug der Gletscher zu einer hohen Eisbergproduktion. (Foto: Karin Springer, Universität Bremen)

Einführung in biochemische Arbeitsmethoden auf FS *Uthörn* (AWI) im internationalen Studiengang ISATEC des ZMT und der Universität Bremen. (Foto: Iris Freytag, ZMT)

45

Neue Methoden der Artbestimmung

Christoph Held und Astrid Cornils

Wer bei einem Strandspaziergang Muscheln aufliest, im Wald Pilze sammelt oder wilde Früchte isst, macht intuitiv von einer uralten Fähigkeit des Menschen Gebrauch, nämlich hinter der verwirrenden Vielfalt von Farben und Formen eine Art inneren Systems zu erkennen. Denn obwohl sich bei genauerem Hinsehen keine zwei Exemplare in allen Einzelheiten genau gleichen, ist es unter Umständen nützlich zu wissen, welche Individuen trotz aller Unterschiede wie Alter und Geschlecht Mitglieder derselben biologischen Art sind. Eine gewisse Artenkenntnis ist selbst beim Baden im Meer hilfreich: Die Begegnung mit Ohrenquallen ist eine harmlose Angelegenheit, ein Zusammentreffen mit nesselnden Feuerquallen kann jedoch eine schmerzhafte Erfahrung bedeuten.

Für die Wissenschaft ist die Frage, was noch zu *einer* biologischen Art gehört und welche Individuen bereits eine andere Art repräsentieren, von grundsätzlichem Interesse. Der Grund, weshalb alle Individuen einer Art sich in wesentlichen Eigenschaften gleichen, ist ja der, dass sie sich miteinander fortpflanzen und so Teil eines gemeinsamen Genpools sind. Wichtige Eigenschaften sind im Erbgut einer Art festgelegt und alle Varianten (Allele) eines solchen Gens können frei innerhalb einer Art ausgetauscht werden, aber nicht ohne Weiteres über Artgrenzen hinweg, da definitionsgemäß zwischen Arten keine Fortpflanzung stattfindet.

Lange standen fast nur morphologische Merkmale für die Identifizierung von Arten zur Verfügung, also Merkmale des Aussehens und der inneren Struktur von

Dr. Christoph Held (✉)
Alfred-Wegener-Institut, Helmholtz-Zentrum für Polar- und Meeresforschung
Am Handelshafen 12, 27570 Bremerhaven, Deutschland
E-Mail: christoph.held@awi.de

Organismen. In den letzten zwei Jahrzehnten jedoch ist die Erbsubstanz DNA selbst als Datenquelle hinzugekommen (Kap. 46). Inzwischen haben DNA-basierte Methoden der Artbestimmung zwar etwas vom Nimbus ihrer Unfehlbarkeit eingebüßt, dennoch bleiben unbestreitbare Vorteile:

- Die Größe der molekularen Unterschiede zwischen zwei Individuen ist objektiv messbar.
- Die Fehlerquellen molekularer Datensätze sind unabhängig von denjenigen, die die morphologische Arterkennung beeinträchtigt haben.
- Molekulare Datensätze sind aufgrund ihrer geringen Komplexität (Gensequenzen sind aus den vier Basen A, C, G und T zusammengesetzt) besonders gut für eine Ablage in Datenbanken geeignet.

Eine weit verbreitete molekulare Methode zur Erkennung von Arten ist das Barcoding. Dabei wird ein Stück des Cytochrom-Oxidase-Gens (COI) (COI = Cytochrom-c-Oxidase I), das bei so gut wie allen Organismen nachgewiesen werden kann, entschlüsselt (sequenziert) und mit der COI-Sequenz in anderen Individuen verglichen. Liegt die genetische Distanz unter einem definierten Schwellenwert, handelt es sich wahrscheinlich um ein Exemplar der in der Datenbank bereits hinterlegten Art. Überschreiten die Sequenzunterschiede jedoch diesen Schwellenwert, muss zumindest geprüft werden, ob es sich um eine andere Art handelt, die in der Datenbank noch nicht hinterlegt wurde oder sogar der Wissenschaft unbekannt ist. In diesem Sinne ist das molekulare Barcoding kein Ersatz für die traditionelle Taxonomie, sondern sinnvollerweise als ein unabhängiges Werkzeug zur Klärung der gleichen Frage anzusehen. Diese Methode bietet den besonderen Vorteil, in kurzer Zeit viele Proben bearbeiten zu können, und setzt dabei keine taxonomischen Kenntnisse voraus. Neue Sequenziertechniken (*next generation sequencing*) erlauben heute bereits die gleichzeitige Analyse vieler Gene und verringern so die Abhängigkeit von einem einzelnen Gen (COI), das nicht für alle Fragestellungen gleichermaßen geeignet ist. Bis eine Einigung auf einen neuen einheitlichen Standard erfolgt ist, bleibt das COI-basierte Barcoding das wichtigste Verfahren zur molekularen Arterkennung.

Bei vielen Organismengruppen hat sich die Anwendung des molekularen Barcoding zum wichtigsten Nachweis wissenschaftlich bisher unbekannter Arten gemausert. Das Interessante dabei ist, dass diese Arten bislang schlicht übersehen wurden (kryptische Arten), weil sie sich untereinander morphologisch stark ähneln (Abb. 45.1). Sie wurden daher nicht als unterschiedliche Arten erkannt, genetisch können sie jedoch klar voneinander unterschieden werden.

Umgekehrt können durch den Nachweis (fast) identischer Barcodes Larven und Adulte einander zugeordnet oder merkmalsarme bzw. extrem abgewandelte parasitäre Formen überhaupt erstmals systematisch eingeordnet werden. Da ein

Abb. 45.1 Auffallende morphologische Unterschiede zwischen Individuen sind nicht immer ein sicheres Indiz dafür, dass sie unterschiedlichen Arten angehören. Umgekehrt hilft eine Vorsortierung anhand der genetischen Barcodes dabei, morphologische Merkmale zu identifizieren, die eine Artbestimmung auch ohne Sequenzierung ermöglichen. Zwei Beispiele mariner Asseln aus der Antarktis zeigen nach einem Abgleich der molekularen Barcodes eine unterschiedliche Bedeutung des Merkmals Färbung. *Obere Reihe:* Alle Individuen gehören zur gleichen Art *Serolella bouvieri* (Richardson 1906). *Untere Reihe: Ceratoserolis trilobitoides* (Eights 1833) wurde lange als eine Art mit variabler Morphologie angesehen, molekulare Daten zeigen jedoch, dass sich darin mehrere Arten mit stabilen Unterschieden in der Färbung verbergen

lebender Organismus immer wieder alte Zellen mitsamt ihrer DNA ins umgebende Wasser abstößt, können sehr heimlich lebende Arten oft bereits durch den Barcode ihrer extrazellulären DNA (eDNA) nachgewiesen werden, bevor sie überhaupt gesichtet oder gefangen wurden.

Wen kümmert's?

Weltweit gibt es nur sehr wenige Spezialisten (Taxonomen), die sich wirklich mit einer bestimmten Tier- oder Pflanzengruppe auskennen, die Öffentlichkeit nimmt diese Expertise aber gar nicht zur Kenntnis. Warum ist es dann überhaupt wichtig, Artstatus bzw. Verwandtschaftsverhältnis von Arten zu bestimmen, von

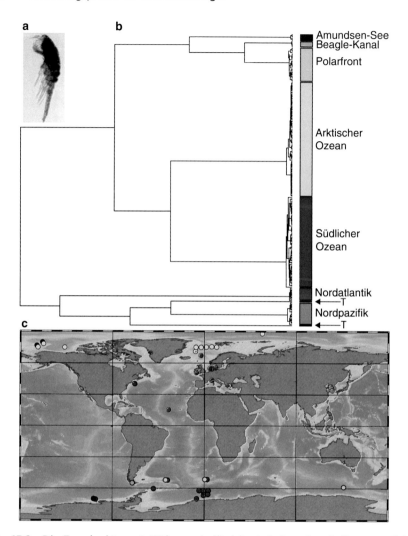

Abb. 45.2 Die Zooplanktonart *Oithona similis* (**a**) wird als weltweit (kosmopolitisch) verbreitet angesehen. Neue Untersuchungen zeigen jedoch, dass diese nominelle Art ein Komplex von kryptischen Arten ist. **b** Molekularer Stammbaum von *Oithona similis*. Die *Farben* zeigen sieben kryptische Arten und zwei einzelne Sequenzen (*T*) aus der Tschuktschensee (Arktis) und deren Fundorte. **c** Geografische Verbreitung der kryptischen Arten innerhalb von *Oithona similis*

deren bloßer Existenz man bislang keinen blassen Schimmer hatte? Die breite Anwendung molekularer Methoden in den letzten Jahrzehnten hat unser Verständnis für die Arten und ihre Verbreitung so grundlegend verändert, dass die Auswirkungen dieser Erkenntnis weit über das Gebiet der Taxonomie hinausreichen und auch fernliegende Fragen berühren:

- Wo treten eingeschleppte Arten auf (Neozoen)?
- Sind die Polarmeere wirklich von wenigen Spezialisten besiedelt, die innerhalb der kalten Gewässer weit verbreitet sind (zirkumpolare Arten)?
- Nimmt der Artenreichtum von tropischen Breiten bis in die Polargebiete generell ab?
- Lassen sich geografisch übereinstimmende Grenzen zwischen mehreren Artenpaaren finden, die auf eine historische Barriere mit einer Funktion für die Artaufspaltung hindeuten?

Diese und diverse andere Fragen berühren viel weitergehende Ziele, ihre Beantwortung setzt jedoch die Klärung der korrekten Grenzziehung zwischen den Arten voraus.

Übersieht man einen Komplex kryptischer Arten und hält diese fälschlicherweise für eine einzige Spezies, so vereint diese notwendigerweise alle Nuancen der Anpassungen der beteiligten kryptischen Arten (Abb. 45.2). Diese Art erscheint uns dann zu Unrecht als weit verbreitet und an eine Vielzahl von Bedingungen angepasst. Diese grobe Sicht auf die Arten wiegt uns in trügerischer Sicherheit in Bezug auf die Toleranz der Tier- und Pflanzenwelt gegenüber Umweltveränderungen wie Erderwärmung und Ozeanversauerung. In Wahrheit sind möglicherweise jedoch bereits einige der viel spezifischer angepassten kryptischen Arten im Rückgang begriffen oder ausgestorben. Auch in Bezug auf diese Frühwarnsignale tragen molekulare Arterkennungsmethoden wesentlich zu einem besseren Verständnis der marinen Biodiversität und möglicher Gefährdungen bei.

Box 45.1: Museumsschätze als Fundament meeresbiologischer Forschung

Julian Gutt

Biologische Forschung benötigt vielfach eine möglichst genaue Bestimmung von Tieren und Pflanzen. Naturkundliche Museen leisten hierzu seit mehr als zwei Jahrhunderten einen wesentlichen Beitrag. Sie beherbergen nämlich riesige Sammlungen, die sie wissenschaftlich bearbeiten. Nur ein kleiner, attraktiver Teil davon wird öffentlich zur Schau gestellt.

Marine Arten nehmen dabei wegen des hohen Beschaffungsaufwands während Schiffsexpeditionen eine besondere Stellung ein. Früher gab es klassische Sammelreisen, die primär der Vermehrung der Museumsschätze und der Beschreibung neuer Tier- und Pflanzenarten dienten. Heute ist die meeresbiologische Beprobung meistens in größere zielgerichtete internationale Forschungsprojekte eingebettet. Naturkundliche Museen sind für die anschließende taxonomische Bearbeitung, d. h. die Artbestimmung, Beschreibung und verwandtschaftliche Einordnung neuer Arten, der beste Platz. Hier gibt es wissenschaftliches Vergleichsmaterial und erfahrene Taxonomen. Nachhaltige

Wissenschaftspolitik vorausgesetzt, ist Kontinuität gewährleistet. In Deutschland verfügen die großen naturkundlichen Museen in Berlin, Frankfurt/Main, Hamburg und München über beachtliche Sammlungen von Meeresorganismen. Spezialsammlungen finden sich in kleineren Museen, einigen Universitäten und Forschungsinstituten.

Wie aber wird dieser Schatz für andere wissenschaftliche Disziplinen, z. B. Ökologie, Evolutionsbiologie, Biodiversitätsforschung, sowie für die Entwicklung von Prognosen und für das Ökosystemmanagement nutzbar gemacht? So sehr sich die traditionellen Kontakte zwischen Spezialisten, das ausführliche Beschreiben neuer Arten und das Verschicken von Museumsmaterial bewährt haben, sind diese Mechanismen in einem modernen Wissenschaftsbetrieb oft zu schwerfällig. Die Computertechnologie löst Kommunikationsprobleme und elektronische Datenbanken, die durch das Internetportal Ocean Biogeographic Information System (OBIS) international vernetzt sind, machen wesentliche Merkmale von Arten und deren geografische Verbreitung öffentlich verfügbar. So sind heute über 40 Mio. Einträge zu fast 146.000 marinen Arten jederzeit und überall auf der Welt blitzschnell abrufbar. Daher ist ein so beeindruckendes Druckwerk wie der gerade vom Wissenschaftskomitee für Antarktisforschung (SCAR) veröffentlichte *Biogeographic Atlas of the Southern Ocean* sicher eines der letzten seiner Art, wobei heute schon die meisten der darin enthaltenen Daten fortlaufend aktualisiert online verfügbar sind (http://atlas.biodiversity.aq/).

Die Bedeutung genetischer Informationen für die Artenbeschreibung und -identifizierung wird weiter stetig wachsen. Wenn standardisierte Erbgutmerkmale aller bekannten Arten in elektronischen Bibliotheken abgelegt sind und Biologen überall Zugang zu vereinheitlichten Analysetechniken haben, wird die genetische Identifikation die klassische, morphologische ergänzen oder ganz ablösen. Zusätzlich geben die genetischen Ergebnisse auch wertvolle Hinweise auf Verwandtschaftsverhältnisse zwischen Organismen, auf Anpassungen an die Umweltbedingungen und auf deren Wohlbefinden bzw. auf Stresssituationen. Trotz der wichtigen Rolle der elektronischen Medien und biochemischen Methoden wäre es jedoch fatal, die Schlüsselstellung von Taxonomen und ihrer qualifizierten Ausbildung zu unterschätzen. Schließlich sind es Menschen, die Ideen entwickeln, die Tiere, Pflanzen und Mikroorganismen bearbeiten, Analysegeräte bedienen sowie Daten interpretieren und Nutzern zur Verfügung stellen. Dieser personalintensive wissenschaftliche Arbeitsansatz ist relativ preiswert und sichert einen effizienten Erkenntnisfortschritt.

Informationen im Internet

* http://www.barcodeoflife.org – Barcoding Datenbank BOLD

Weiterführende Literatur

Bucklin A, Steinke D, Blanco-Bercial L (2011) DNA barcoding of marine metazoa. Ann Rev Mar Sci 3:471–508.

Cornils A, Held C (2014) Evidence of cryptic and pseudocryptic speciation in the *Paracalanus parvus* species complex (Crustacea, Copepoda, Calanoida). Front Zool 11:19

Cornils A, Wend-Heckmann B (2015) First report of the planktonic copepod *Oithona davisae* in the northern Wadden Sea (North Sea): Evidence for recent invasion? Helgol Mar Res. doi:10.1007/s10152-015-0426-7

Leese F, Held C (2011) Analyzing intraspecific genetic variation: A practical guide using mitochondrial DNA and microsatellites. In: Held C, Koenemann S, Schubart CD (Hrsg) Phylogeography and population genetics in Crustacea. CRC Press, Boca Raton, Florida, S 3–30

Bestimmungsübungen während einer Studentenexkursion nach Spitzbergen. (Foto: Kai Bischof, Universität Bremen)

Probe aus einem typischen Grundschleppnetzfang in der arktischen Tschuktschensee, dominiert von Schlangen- und Seesternen. (Foto: Bodil Bluhm, Universität Tromsö)

46

Zeitmaschine DNA – die verschlüsselte Evolutionsgeschichte im Erbgut

Marc Kochzius

Erfassung der Biodiversität: Von der Morphologie zur Genanalyse

Naturforscher versuchen seit vielen Jahrhunderten, die biologische Vielfalt der Erde zu beschreiben und zu klassifizieren. Carl von Linné führte 1758 das noch heute verwendete taxonomische System ein, in dem jeder Organismus einen Gattungs- und einen Artnamen erhält, um somit eine einheitliche Benennung und Kategorisierung der Organismen zu ermöglichen. Allerdings hatte dieses Einsortieren in Schubladen zunächst nicht viel mit verwandtschaftlichen Verhältnissen zu tun, es wurden vielmehr ähnliche Organismen zusammengefasst.

Im 19. Jahrhundert übernahmen Evolutionsbiologen wie Jean-Baptiste Lamarck, Charles Darwin und Ernst Haeckel das Linné'sche System und versuchten, die Organismen aufgrund von evolutiven Verwandtschaftsverhältnissen zu klassifizieren. Allerdings lagen diesen ersten Ansätzen der phylogenetischen Systematik nur wenige objektive Merkmale zugrunde. Morphologische Entwicklungsreihen und der Versuch, aus der Embyonalentwicklung die Phylogenie abzuleiten, bildeten lange Zeit die Grundlage.

Erste quantitative Methoden zur Rekonstruktion evolutiver Verwandtschaftsverhältnisse wurden in den 1930er bis 1960er Jahren entwickelt, und später konnten auf deren Grundlage Computerprogramme zur Auswertung komplexer

Prof. Dr. Marc Kochzius (✉)
Marine Biologie, Vrije Universiteit Brussel
Marine Biologie, Pleinlaan 2, 1050 Brüssel, Belgien
E-Mail: Marc.Kochzius@vub.ac.be

© Springer-Verlag GmbH Deutschland 2020
G. Hempel et al. (Hrsg.), *Faszination Meeresforschung*,
https://doi.org/10.1007/978-3-662-49714-2_46

Datensätze programmiert werden. Zeitgleich machte auch die Molekularbiologie große Fortschritte, z. B. klärten James Watson und Francis Crick die Struktur der DNA auf. Der Durchbruch in der molekulargenetischen Analyse von DNA-Sequenzen gelang Mitte der 1970er Jahre Frederick Sanger mit einem Verfahren zur DNA-Sequenzierung und zehn Jahre später Kary B. Mullis mit der Erfindung der Polymerasekettenreaktion, kurz PCR (Polymerase Chain Reaction) genannt. Durch das biochemische Verfahren der PCR ist es möglich, aus kleinsten Gewebestücken zur Analyse ausreichende Mengen beliebiger DNA-Fragmente zu vervielfältigen (Kap. 45).

Mit dieser methodischen Grundlage war es nun möglich, für eine Fülle von Organismen DNA-Fragmente zu sequenzieren. Diese stehen größtenteils in allgemein zugänglichen Sequenzdatenbanken zur Verfügung und können über das Internet abgefragt werden. Die Sequenzdatenbank des European Molecular Biology Laboratory (EMBL) in Heidelberg erreicht man unter www.embl.org, die des US-amerikanischen National Center for Biotechnology Information (NCBI) unter www.ncbi.nlm.nih.gov. Diese parallele Entwicklung von molekulargenetischen Labormethoden und Bioinformatik ermöglicht es nun, von beliebigen Organismen DNA-Sequenzen zur Rekonstruktion von Stammbäumen zu nutzen.

Der Stoff, aus dem die Gene sind: Die DNA-Doppelhelix

Der gesamte Bauplan eines Organismus ist in der DNA-Doppelhelix codiert. Diese besteht aus zwei gegenläufigen DNA-Strängen, die aus Nukleotiden aufgebaut sind. Es gibt vier verschiedene Nukleotide, die sich in ihren Basen, den Buchstaben des genetischen Kodes, unterscheiden: Adenin (A), Cytosin (C), Guanin (G) und Thymin (T). Die Nukleotide bilden den DNA-Strang, und durch die Basenpaarung von Adenin mit Thymin und Cytosin mit Guanin bildet sich aus zwei DNA-Strängen die Doppelhelix. Durch Mutationen werden Nukleotide ausgetauscht (Substitution), d. h., es kommt zu einer Veränderung in der Abfolge der Basen im DNA-Strang. Im Laufe der Evolution haben bei verschiedenen Organismen unterschiedliche Substitutionen stattgefunden, sodass sich die DNA-Sequenzen voneinander unterscheiden. Vergleicht man nun DNA-Sequenzen verschiedener Organismen, kann man deren Verwandtschaftsbeziehungen analysieren.

Das rechte Gen für die rechte Zeit: Zeitreisen in die evolutive Vergangenheit

Die Zeitmaschine DNA ermöglicht Zeitreisen in die evolutive Vergangenheit, und die Auswahl des zu analysierenden Gens bestimmt die Zeitskala. Gene haben unterschiedliche Evolutionsraten, d. h., die Anzahl an Mutationen pro Zeiteinheit ist verschieden. Mutationen im Genom sind der Motor der Evolution; sie führen dazu, dass Organismen neue Merkmale ausprägen und neue Arten entstehen.

Das mitochondriale 16S-Gen (16S) z. B. codiert für ribosomale RNA (rRNA), die beim Aufbau der Ribosomen eine wichtige strukturelle Funktion hat. Da die Ribosomen eine Schlüsselfunktion bei der Proteinsynthese einnehmen, hat dieses Gen eine langsame Evolutionsrate und eignet sich daher für die Analyse recht weit zurückliegender Evolutionsereignisse. Das mitochondriale Cytochrom-*b*-Gen (cyt *b*) hingegen codiert für ein Protein, das zwar ebenfalls eine wichtige Funktion im Haushalt der Zelle hat, jedoch können hier mehr Substitutionen auftreten, ohne dass sich diese auf die Funktion des Proteins auswirkt. Daher hat das cyt *b* eine höhere Evolutionsrate und eignet sich besser zur Untersuchung von weniger weit zurückliegenden Artentstehungen. Es gibt auch Bereiche im Genom, die nicht für ein Produkt codieren, wie z. B. die mitochondriale Kontrollregion. DNA-Sequenzen aus diesem Bereich weisen die höchste Mutationsrate auf und sind dafür geeignet, Verwandtschaftsbeziehungen innerhalb von Populationen zu untersuchen. Daher muss man für eine Stammbaumanalyse ein Gen mit der jeweils passenden Evolutionsrate auswählen, abhängig davon, ob man übergeordnete systematische Gruppen oder Arten oder gar nur Populationen untersuchen möchte (Abb. 46.1).

Sag mir, wo die Larven sind, wo sind sie geblieben?

Dies ist die Frage, die mich seit Beginn meiner meeresökologischen Forschung umtreibt. Fische der Korallenriffe haben – wie die meisten anderen Fischarten – zwei völlig unterschiedliche Lebensphasen: Die adulten Tiere leben ortstreu im Korallenriff, die Larven hingegen als Plankton im freien Wasser. Die Eier werden von einigen Arten am Boden abgelegt, andere wiederum geben diese ins offene Wasser ab, wo sie von Meeresströmungen verdriftet werden.

Korallenriffe sind – auf größerer Skala betrachtet – ein fleckenhaft verteiltes Habitat, sodass ein Austausch bzw. Genfluss zwischen standorttreuen Populationen benachbarter Riffe nur durch die Eier und Larven gewährleistet werden kann. Die bisher nicht eindeutig zu beantwortende Frage lautet: Sind Gemeinschaften von Fischen der Korallenriffe offene oder geschlossene Popu-

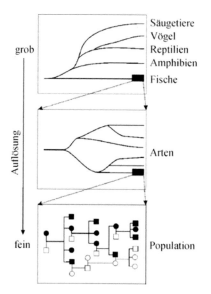

Abb. 46.1 Die Erstellung von Stammbäumen übergeordneter systematischer Gruppen, Arten oder Populationen erfordert die Analyse von Genen mit geeigneter Evolutionsrate. Die Auflösung steigt mit zunehmender Evolutionsrate

lationen? Das heißt: Werden alle Eier bzw. Larven vom elterlichen Riff mit der Strömung fortgetragen, oder gelangen sie zumindest zum Teil dorthin zurück? Die Beantwortung dieser Fragen spielt eine wichtige Rolle für den Schutz der Korallenriffe, denn wenn man den Weg der Larven und Eier von einem Riff zum anderen kennt, kann man dies bei der Einrichtung von Schutzgebieten berücksichtigen. Die DNA-Analysen ermöglichen es, Verwandtschaftsbeziehungen von Individuen innerhalb einer Art zu untersuchen, und erlauben somit Aussagen über einen Austausch zwischen Populationen in verschiedenen Korallenriffen.

Die genetische Populationsstruktur des Rotfeuerfischs im Golf von Aqaba und im nördlichen Roten Meer

Der Golf von Aqaba ist der nordöstliche Ausläufer des Roten Meeres und mit diesem nur durch die schmale und flache Straße von Tiran an der Südspitze des Sinai verbunden (Abb. 46.2). Die ozeanografischen Bedingungen führen zu einem Einstrom von Oberflächenwasser und zur Ausbildung von Wirbeln im Golf von Aqaba. Der Ausstrom erfolgt hauptsächlich durch Tiefenwasser über die etwa 250 m tiefe Schwelle von Tiran. Da sich die Eier und Larven von Fischen

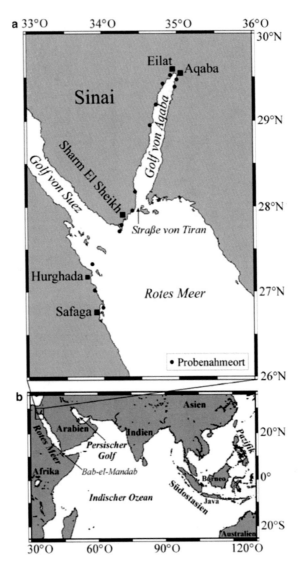

Abb. 46.2 **a** Nördliches Rotes Meer und Golf von Aqaba, **b** Indo-Westpazifik

der Korallenriffe im Oberflächenwasser aufhalten, können diese mit der Oberflächenströmung vom nördlichen Roten Meer in den Golf von Aqaba gelangen. Außerdem ist es naheliegend, dass Eier und Larven durch die Wirbel im Golf zurückgehalten werden können. Beispielhaft soll die Untersuchung der genetischen Populationsstruktur des Rotfeuerfischs (*Pterois miles*) Aufschluss darüber geben, ob es durch die zuvor beschriebenen ozeanografischen Bedingungen zu einer Einschränkung des Genflusses zwischen dem nördlichen Roten Meer und dem Golf von Aqaba kommt (Kochzius und Blohm 2005).

Pterois miles bettet mehrere Tausend Eier in einen Schleimballen ein, der knapp unter der Wasseroberfläche mit der Strömung verdriftet wird. Auch die Larven leben im Plankton, bis sie sich in einem Korallenriff ansiedeln. Eier und Larven haben das Potenzial, über lange Strecken mit Strömungen zu reisen und zu weit entfernten Korallenriffen zu gelangen. Die genetische Populationsstruktur von *Pterois miles* wurde anhand von DNA-Sequenzen der mitochondrialen Kontrollregion analysiert, die eine ausreichend hohe Evolutionsrate aufweist, um die innerartliche Variabilität zu untersuchen. Insgesamt wurde ein Fragment der Kontrollregion von 94 Individuen sequenziert; dabei konnten 38 Genotypen unterschieden werden. Die Analyse der Sequenzdaten mithilfe von populationsgenetischen Modellen des Computerprogramms MIGRATE (http://popgen. sc.fsu.edu/Migrate/Migrate-n.html) zeigte, dass es einen starken, aber unausgeglichenen Genfluss zwischen dem nördlichen Roten Meer und dem Golf von Aqaba gibt. Die Migrationsrate beträgt rund 200 Immigranten pro Generation vom Roten Meer in den Golf von Aqaba bei nur einem Immigranten pro Generation in die entgegengesetzte Richtung. Dieses Migrationsmuster kann durch die vorherrschenden ozeanografischen Bedingungen erklärt werden. Eier und Larven von Rotfeuerfischen gelangen mit der Oberflächenströmung vom Roten Meer in den Golf von Aqaba, nicht aber mit der Bodenströmung wieder heraus, denn sie leben nahe der Wasseroberfläche.

Die Familienbande der Rotfeuerfische: Wer ist mit wem verwandt?

Die Unterfamilie der Rotfeuerfische (Pteroinae) gehört zur Familie der Skorpionfische, die Giftstacheln haben. Ein Stich kann für den Menschen lebensbedrohlich sein. Tagsüber verstecken die Rotfeuerfische sich in Spalten und Höhlen des Korallenriffs, in der Dämmerung werden sie aktiv und jagen kleine Krebse und Fische.

Bei Aquarianern sind die großen Rotfeuerfische der Gattung *Pterois* und die Zwergrotfeuerfische der Gattung *Dendrochirus* besonders beliebt (Abb. 46.3). Obwohl diese Arten sehr gut bekannt sind, ist die taxonomische Gliederung der Rotfeuerfische unklar. Die Art *Pterois volitans* (Abb. 46.3b) wurde bereits 1758 durch Carl von Linné beschrieben. 1835 wurde durch William Swainson (1839) die Gattung *Dendrochirus* (Abb. 46.3 g, h) hinzugefügt. Allerdings wurde dessen Arbeit heftig kritisiert, und viele erkannten die Gattung *Dendrochirus* nicht an. Dennoch ist diese Gattung bis heute offiziell anerkannt, da sich bisher niemand bemüht hat, diesen alten Fehler exakt zu korrigieren.

Diese taxonomische Unklarheit setzt sich auch bei der Abgrenzung von Arten innerhalb der Gattung *Pterois* fort. Bis zur Untersuchung von Eric Schultz (1986)

Abb. 46.3   Rotfeuerfische (Pteroinae). **a** *Pterois miles*, **b** *P. volitans*, **c** *P. antennata*, **d** *P. radiata*, **e** *P. miles* (Jungtier), **f** *P. mombasae*, **g** *Dendrochirus zebra*, **h** *D. brachypterus*

wurde *P. miles* (Abb. 46.3 a) als Synonym für die Art *P. volitans* (Abb. 46.3b) angesehen. Schultz zeigte anhand der Morphologie, dass die beiden Schwesterarten kleine, aber signifikante Unterschiede aufweisen. Diese Untersuchung ergab auch, dass *P. miles* im Roten Meer, Persischen Golf und Indischen Ozean verbreitet ist, aber nicht an der nordwestaustralischen Küste vorkommt. Die Verbreitung der Schwesterart *P. volitans* hingegen erstreckt sich über Nordwestaustralien sowie den Indo-Westpazifik, und beide Arten treffen sich wahrscheinlich irgendwo in Südostasien (Abb. 46.2 b).

Um mehr Licht in diese unklaren Verwandtschaftsverhältnisse zu bringen, wurden die bereits vorgestellten 16S- und Cytochrom-*b*-Gene (cyt *b*) von sieben Rotfeuerfischarten der Gattungen *Pterois* und *Dendrochirus* (Abb. 46.3) sequenziert (Kochzius et al. 2003). Die Analyse von Sequenzfragmenten der beiden Gene mit mehreren Verfahren zur Rekonstruktion von Stammbäumen zeigt deutlich zwei Gruppen, die auch Kladen genannt werden (Abb. 46.4). Allerdings ergibt sich keine Trennung der Gattungen in eine *Dendrochirus*- und eine *Pterois*-Klade, was zu erwarten wäre, wenn es sich wirklich um eigenständige Gattungen handeln würde. Vielmehr werden die beiden untersuchten *Dendrochirus*-Arten mit einigen *Pterois*-Arten in einer Klade zusammengefasst. Daher legt der Stammbaum auf Grundlage von mitochondrialen DNA-Sequenzen nahe, dass *Dendrochirus* keine eigenständige Gattung ist.

In der anderen Klade finden sich alle Genotypen der beiden Schwesterarten *P. miles* und *P. volitans*. Außerdem konnte gezeigt werden, dass alle aus dem Indischen Ozean stammenden Tiere sowohl phänotypisch als auch genotypisch zu *P. miles* gehören. Dieses Ergebnis bestätigt zunächst die Annahme von Schultz (1986), der anhand von morphologischen Untersuchungen zwei Schwesterarten definiert hat.

Der Zeitraum der Trennung von *P. miles* und *P. volitans* lässt sich mithilfe der molekularen Uhr eingrenzen. Das Konzept der molekularen Uhr geht davon aus, dass Substitutionen bei allen in der Analyse berücksichtigten Arten in gleichem Maße stattfinden und gewissermaßen wie ein Uhrwerk ablaufen. Kennt man nun die Evolutionsrate, d. h. die Anzahl der Substitutionen pro Zeiteinheit, kann man den Zeitraum berechnen, in dem sich zwei Arten aus ihrem gemeinsamen Vorfahren entwickelt haben. Die Abschätzung für die Schwesterarten *P. miles* und *P. volitans* zeigt, dass sich diese vor etwa 2,4–8,3 Mio. Jahren voneinander getrennt haben. Dieses evolutive Ereignis fand zeitgleich mit der Entstehung der südostasiatischen Inselwelt statt, wodurch der ungehinderte Austausch zwischen Indischem und Pazifischem Ozean eingeschränkt wurde. Während der Eiszeiten wurde zusätzlich der Meeresspiegel bis zu 130 m abgesenkt, was dazu führte, dass riesige Flachwassergebiete, wie z. B. zwischen Java und Borneo, trockenfielen und so ein Austausch von Organismen zwischen den Ozeanen zusätzlich erschwert wurde. Diese Trennung führte dazu, dass sich aus einem in beiden Ozeanen verbreiteten Vorfahren sehr divergente Populationen oder vielleicht sogar zwei getrennte Arten entwickelten. Dieser angenommene

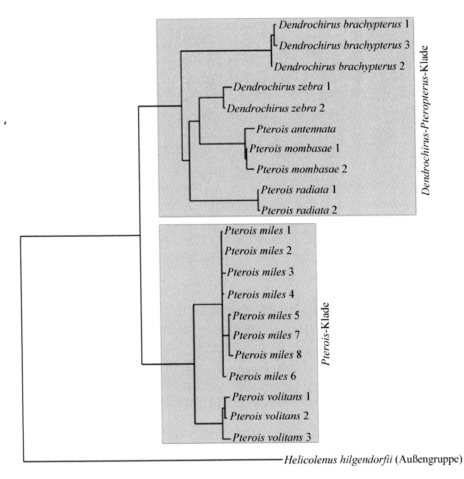

Abb. 46.4 Molekularer Stammbaum von Rotfeuerfischen auf der Grundlage von mitochondrialen 16S- und cyt-*b*-Sequenzen

Prozess der Entstehung von Arten entspricht dem Prinzip der Vikarianz, wonach aus räumlich voneinander getrennten Populationen einer Art zwei Arten entstehen.

Neben den hier vorgestellten DNA-Sequenzen gibt es noch eine Fülle von weiteren genetischen Markern. Durch die schnelle Entwicklung von neuen Sequenziermethoden in den letzten Jahren (*next generation sequencing*) ist es möglich, viel größere Sequenzdatensätze zu generieren. Durch diese neue Technologie kann nun sogar das vollständige Genom von Organismen in vergleichsweise kurzer Zeit und kostengünstig sequenziert werden, was völlig neue Möglichkeiten zur Erforschung der Evolution auf molekularer Ebene ermöglicht.

Box 46.1: Volkszählung im Meer

Rainer Froese

Noch heute ist unser Wissen über die Bewohner der marinen Lebensräume mager, oberflächlich und unvollständig. Bis jetzt waren mehr Menschen im Weltraum als in der Tiefsee. Etwa 250.000 Tier- und Pflanzenarten sind heute in den Weltmeeren bekannt, und jedes Jahr werden allein etwa 250 neue Fischarten entdeckt und beschrieben, darunter viele von den Kontinentalhängen, von Seebergen und aus der Tiefsee. Wissenschaftler schätzen, dass insgesamt bis zu 1 Mio. Arten darauf warten, im Meer entdeckt zu werden.

Im Jahr 2000 hatte sich ein internationales Forschungsprogramm das Ziel gesetzt, innerhalb von zehn Jahren unsere Kenntnisse über die Meeresbewohner wesentlich zu erweitern. Über 2000 Wissenschaftler aus aller Welt haben an der Beantwortung der folgenden drei Fragen gearbeitet: Welche Arten leben im Meer? Wo kommen sie vor? Wie häufig sind sie? Im Rahmen dieses Census of Marine Life (CoML; www.coml.org) untersuchten zahlreiche Feldprojekte alle Lebensräume des Meeres, vom Spülsaum der Küsten bis zur Mitte der Ozeane, von den eisbedeckten Meeren zu den tropischen Korallenriffen, von der Meeresoberfläche bis zu den Tiefseegräben. Erfasst wurden riesige Wale genauso wie die mikroskopisch kleinen Einzeller, die ungefähr 90 % der Biomasse in den Ozeanen ausmachen. Die Herausforderung war riesig: Der Tiefseeboden hat eine Fläche von ungefähr 300 Mio. km^2, doch die von Wissenschaftlern bis dahin untersuchte Fläche war kleiner als 1 km^2. Daher ist es auch nicht überraschend, dass 50–90 % der gefundenen Organismen neue Arten waren (insgesamt 1200) und viele der bekannten Arten eine viel größere Verbreitung hatten als bisher angenommen. So wurde in der Arktis zum ersten Mal ein Oktopus entdeckt. Neue Sensorentechnik erlaubte es, die erstaunlichen Wanderungen von Haien, Lachsen, Seelöwen oder Walen live im Internet zu verfolgen (www.toppcensus.org). Die Volkszählung im Meer war aber nicht primär eine Jagd nach neuen Arten, sondern eine nüchterne Bestandsaufnahme. Einige der Ergebnisse zeigten erschreckende Tendenzen: Große Fische, wie Thune und Schwertfische, waren in den letzten 50 Jahren auf ein Zehntel ihrer ursprünglichen Bestandsgrößen heruntergefischt worden (Kap. 37 und 38).

Erst kürzlich an Kontinentalhängen und Seebergen entdeckte Kaltwasserkorallenriffe wurden durch unregulierte Schleppnetzfischerei zum Teil bereits wieder zerstört. Das Wattenmeer der Nordsee, das heute durch ausgedehnte, artenarme Schlammflächen geprägt ist, war einst bevölkert von Walen, Seehunden, zahlreichen Vogelarten und großen Fischen, die im klaren Wasser über riesigen Austernbänken reichlich Nahrung fanden.

Alle Ergebnisse des Census im Internet zugänglich zu machen, ist die Aufgabe des Internetportals Ocean Biogeographic Information System (OBIS; www.iobis.org), das Verbreitungsdaten für über 100.000 Arten bereitstellt. Ausführliche Informationen zu den Arten findet man in speziellen Internetportalen, wie z. B. der in Kiel beheimateten FishBase (www.fishbase.org). Dort kann man auch nach deutschen Fischnamen wie Heringshai oder Fischprodukten wie Rollmops oder Schillerlocke suchen. Auf Wunsch werden die Seiten auch in deutscher Sprache angezeigt. FishBase gilt als Vorbild für ähnliche Informationssysteme, die sich gegenwärtig im Aufbau befinden, z. B. AlgaeBase (www.algaebase.org) für Meeresalgen, OBIS-Seamap (http://seamap.env.duke.edu) für Meeressäuger, Seevögel und Meeresschildkröten sowie SeaLifeBase (www.sealifebase.org) für Wirbellose wie Seesterne, Krebse und Tintenfische.

Deutsche Meeresbiologen waren an verschiedenen weiteren Projekten des Census of Marine Life beteiligt, an zwei Projekten federführend: Das CoML-Tiefsee-Projekt Census of the Diversity of Abyssal Marine Life (www.cedemar.org) wurde vom Deutschen Zentrum für Marine Biodiversität – Forschungsinstitut Senckenberg in Wilhelmshaven koordiniert, und im Alfred-Wegener-Institut für Polar- und Meeresforschung in Bremerhaven war das Europäische Sekretariat des Projekts Census of Marine Zooplankton (www.cmarz.org) etabliert. Die Pangaea-Datenbank (www.pangaea.de) wird weiterhin vom Alfred-Wegener-Institut in Bremerhaven und vom Marum, Universität Bremen, betrieben. Sie beinhaltet neben biologischen auch physikalische und geologische Parameter.

Diese erste Volkszählung im Meer war notwendigerweise unvollständig, aber sie war ein bedeutender Schritt zum besseren Verständnis des Lebens auf unserem Wasserplaneten. Sie bildet auch eine wichtige Datenbasis für Erkenntnisse zur Gefährdung der Biodiversität im Meer durch den Menschen.

Weiterführende Literatur

Knoop, V.; Muller, K. (2008). Gene und Stammbäume: Ein Handbuch zur molekularen Phylogenetik. Spektrum Akademischer Verlag, Heidelberg.

Kochzius M, Blohm D (2005) Genetic population structure of the lionfish Pterois miles (Scorpaenidae, Pteroinae) in the Gulf of Aqaba and northern Red Sea. Gene 347:295–301

Kochzius M, Söller R, Khalaf MA, Blohm D (2003) Molecular phylogeny of the lionfish genera *Dendrochirus* and *Pterois* (Scorpaenidae, Pteroinae) based on mitochondrial DNA sequences. Mol Phylogenet Evol 28:396–403

Schultz ET (1986) *Pterois volitans* and *Pterois miles*: two valid species. Copeia 1986(3):686–690

Storch V, Welsch U, Wink M (2013) Evolutionsbiologie. Springer Verlag, Berlin

Swainson W (1839) The Natural History of Fishes, Amphibians, and Reptiles, or Monocardian Animals, Bd. 2. Longman, London

Wägele J-W (2001) Grundlagen der phylogenetischen Systematik. Verlag Dr. Friedrich Pfeil, München

Zrzavý J, Burda H, Storch V, Begall S (2013) Evolution: Ein Lese-Lehrbuch. Springer Verlag, Berlin

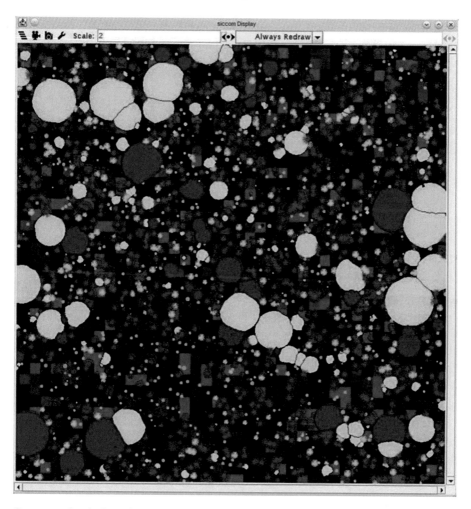

Computersimulation eines Korallenriffs. Dargestellt ist die Aufsicht auf ein Riffdach mit Interaktionen von massiven (blaue und gelbe Polygone) und verzweigten Korallen (rote und türkise Sterne) sowie Algen (grüne Punkte und Rechtecke). Das Modell wurde entwickelt, um die Auswirkungen von Störungen auf Riffe zu untersuchen und Schwellenwerte für grundlegende Verschiebungen in der Artenzusammensetzung zu ermitteln. (Computergrafik: Andreas Kubicek, ZMT)

47

Computermodelle als Werkzeuge der Meeresökologen

Hauke Reuter und Stefan Königstein

Viele meeresökologische Zusammenhänge lassen sich direkt beobachten – durch empirische, z. B. schiffsgestützte Untersuchungen oder durch Experimente unter kontrollierten Bedingungen im Labor. Auch langfristige Entwicklungen sind teilweise durch lokales Monitoring oder großskalige Observation z. B. mithilfe von Satelliten erkennbar. Für viele übergeordnete Fragen, etwa zu Naturschutz und Ressourcenmanagement, ist es aber notwendig, beobachtete Phänomene und vermutete Zusammenhänge zu testen, in einen größeren Kontext zu stellen und für zukünftig erwartete Bedingungen zu extrapolieren.

Dies können eng umgrenzte Fragestellungen sein, etwa nach der potenziellen Entwicklung einer Population unter bestimmten Umweltbedingungen oder nach der Auswirkung von Fangmengen auf einen Fischbestand. Komplexere Fragen beinhalten die Dynamik und mögliche Verschiebungen in marinen Nahrungsnetzen unter den Bedingungen des globalen Klimawandels. Die damit einhergehenden Veränderungen, wie Erwärmung, Versauerung und Sauerstoffmangel, haben vielfach einen direkten Effekt auf einzelne Organismen, z. B. auf physiologische Funktionen, oder bewirken Veränderungen im Lebenszyklus, z. B. in der Larvalentwicklung. Diese Effekte müssen jedoch auf die Ebene der Population „hochskaliert" werden, um ihre Bedeutung für die Zukunft der Bestände beurteilen zu können. Andere Veränderungen, wie in der Verfügbarkeit von Nahrung oder dem Auftreten von Prädatoren, der räumlichen Gliederung der Habitate oder beim

PD Dr. Hauke Reuter (✉)
Leibniz-Zentrum für Marine Tropenökologie
Fahrenheitstraße 6, 28359 Bremen, Deutschland
E-Mail: Hauke.Reuter@zmt-bremen.de

© Springer-Verlag GmbH Deutschland 2020
G. Hempel et al. (Hrsg.), *Faszination Meeresforschung*,
https://doi.org/10.1007/978-3-662-49714-2_47

Transport von planktischen Larven, können bedeutende indirekte Auswirkungen auf eine Population haben. Auch können die Auswirkungen auf Populationen nicht isoliert betrachtet werden, sondern müssen im Nahrungsnetz zusammen mit zahlreichen unterschiedlich reagierenden Arten analysiert werden.

Hier erweist sich die computergestützte Modellierung als ein wichtiges und flexibles Instrument der Meeresforschung, das die Analyse der komplexen Wechselwirkungen im Ökosystem ermöglicht und damit hilft, die möglichen Auswirkungen auf seine Teilkomponenten zu verstehen. In diesem Kapitel wird anhand einiger Beispiele eine kurze Übersicht gegeben, welche Rolle unterschiedlichen Modellierungsansätzen zukommen kann.

Die Modellierung als mathematische oder regelbasierte Beschreibung von ökologischen Prozessen hat eine lange Tradition in der Meeresforschung. Frühe Anwendungen waren Fischereimodelle zur Darstellung und Prognose von einzelnen Fischbeständen, die durch die Arbeiten von Beverton und Holt (1957) Mitte der 1950 Jahre geprägt wurden (Kap. 39). Aufbauend auf vorherigen theoretischen Arbeiten wurde die Populationsentwicklung als logistisches Wachstum (mit einer S-förmigen Funktion) dargestellt, das durch die Umweltkapazität begrenzt wird. Hieraus lässt sich eine Ertragskurve ableiten, deren Maximum den Bereich des größten Populationswachstums beschreibt. Wenn es gelingt, Fischbestände in diesem theoretischen Bereich zu halten, sind die Fangerträge nachhaltig und am größten. Später wurden zahlreiche Erweiterungen dieser Gleichung vor- und zusätzliche Prozesse und Faktoren (Biomasse, Mortalität durch Fischerei, Rekrutierung) in die mathematische Beschreibung aufgenommen. Viele der heutzutage im Fischereimanagement genutzten Modelle sind Varianten dieses Ansatzes. In Mehrartenmodellen wird dies um die Darstellung von Jäger-Beute-Interaktionen erweitert, die die Dynamiken mehrerer Bestände über Prädation und Konsumption koppeln, was deren Mortalitäts- und Wachstumsraten beeinflusst.

Einen wesentlichen Schritt zur Erweiterung der modelbasierten Darstellung auf ganze Ökosysteme bildeten theoretische Arbeiten, die die dynamische Verteilung von Energie als wesentlich für die Eigenschaften von Ökosystemen ansahen. Somit konnte der Energiefluss zwischen den einzelnen Kompartimenten dazu benutzt werden, die Produktivität und die Zusammensetzung von Gemeinschaften zu analysieren und zu modellieren. Ein moderner Vertreter dieses Modellierungsansatzes ist das frei verfügbare Softwarepaket *Ecopath with Ecosim* (www.ecopath.org). Dieses beschreibt die Dynamik von Nahrungsnetzen, wobei einzelne Arten als funktionelle Gruppen aufgefasst und über ihre Biomasse und bilanzierte Energieflüsse dargestellt werden. Die einsteigerfreundliche Benutzung, die geringe Zahl von Parametern und die zahlreichen Analysemöglichkeiten haben zur weiten Verbreitung und zu zahlreichen Anwendungen dieses Modellierungsansatzes beigetragen. Durch das enthaltene *Ecospace*-Modul ist auch eine räumliche Darstellung möglich.

Mehrarten- und Energiebilanzmodelle stellen wichtige Schritte zur Realisierung eines ökosystembasierten Ansatzes im Ressourcenmanagement dar, der darauf abzielt, sämtliche relevante Arten in die Analyse der marinen Ökosysteme und in Entscheidungen über das Ausmaß ihrer Nutzung mit einzubeziehen. Besonders für zukünftig veränderte Umweltbedingungen, die die Anwendung von vergangenen Bestandsdaten und tradiertem Wissen über ökologische Zusammenhänge infrage stellen, sind neue Modellierungsansätze erforderlich. Diese sollten es ermöglichen, das Wissen über Funktionsmechanismen von Organismen und Populationen zu integrieren, um damit das Verständnis der Funktionsweise von marinen Ökosystemen voranzubringen. Im folgenden Abschnitt sollen Modelle vorgestellt werden, die solche neuen Forschungsansätze verfolgen.

Modellbeispiel 1: Schwarmbildung bei Fischen

Fischschwärme sind ein hervorragendes Beispiel, um zu zeigen, wie die Entwicklung von Modellen die empirische Forschung ergänzen kann und neue Erkenntnisse ermöglicht, die sonst nicht oder nur schwer zugänglich wären. Viele Fischarten verbringen zumindest einen Teil ihres Lebens als Schwärme. Dabei gelten Schwärme unter bestimmten Bedingungen als evolutionär vorteilhaft. So dient die Schwarmbildung u. a. der Abwehr von Prädatoren, verbessert die Futtersuche und bietet auch hydrodynamische Vorteile, um Energie zu sparen.

Empirisch ist es sehr gut möglich, die Schwarmbildung zu beobachten und zu untersuchen, welche Sinnesorgane hierzu beitragen bzw. notwendig sind. Jedoch ist es sehr schwierig zu ermitteln, welches individuelle Verhalten letztendlich zu einer Schwarmbildung führt. Hier setzt die Modellierung an: Mit individuenbasierten Modellen ist es möglich, die relevanten Teile des Verhaltens eines einzelnen Fischs darzustellen und dann zu untersuchen, unter welchen Bedingungen es zur Ausbildung von Schwärmen kommen kann. In zahlreichen Modellanwendungen konnte gezeigt werden, dass drei grundsätzliche Verhaltensmuster zur Schwarmbildung ausreichend sind:

- Anziehung, wenn Nachbarfische weit entfernt sind,
- parallele Ausrichtung, wenn sich die Nachbarfische in der bevorzugten Distanz befinden,
- Abstoßung im Falle einer zu großen Annäherung.

Da es sich bei Schwärmen um ein selbstorganisiertes Phänomen handelt (kein einzelner Fisch gibt die Richtung vor), kommt der Berücksichtigung von Nachbarfischen besondere Bedeutung zu. Es zeigt sich, dass die Orientierung an den vier nächsten Nachbarfischen hinreichend ist, um Schwärme aufrechtzuerhalten.

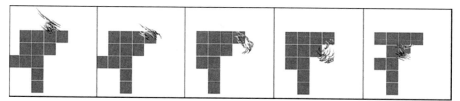

Abb. 47.1 Ein individuenbasiertes Modell simuliert, wie sich Schwarmverhalten als Reaktion auf ungleiche räumliche Futterverteilung herausbilden kann. Der Fischschwarm organisiert sich und dreht von links oben kommend wieder in Richtung der Futterflecken. Dargestellt sind die sich abschwächenden Spuren der einzelnen Fische der letzten 15 Zeitschritte

Mehr Nachbarfische müssen berücksichtigt werden, um eine Neubildung eines Schwarms zu ermöglichen, wobei der Einfluss der nächsten Fische auf einen einzelnen Fisch auch nach der jeweiligen Entfernung gewichtet werden kann.

Neuere Forschungen mit einem Fischschwarmmodell verdeutlichen auch die evolutionären Vorteile der Schwarmbildung in Bezug auf die Futtersuche. Schwärme können sich als Ganzes an Gradienten orientieren, was Einzelfische in der Regel nicht können. Treffen Schwarmfische auf nahrungsreiche Stellen im Wasser, so reduzieren sie die Geschwindigkeit. Zeigen dann alle Fische weiterhin Schwarmverhalten, so führt dies dazu, dass sich der ganze Schwarm in Richtung dieser Futterflecken dreht (Abb. 47.1).

Dieses Verhalten kann mit einem einfachen evolutionären Mechanismus gekoppelt werden. In einer simulierten Umgebung mit Futterflecken, die sich zufällig über das Simulationsareal bewegen, können die Fische auf den Futterflecken ihren Energievorrat erhöhen. Ab einem vorgegebenen Energievorrat können sie sich reproduzieren und vererben ihre Eigenschaften (u. a. die Wahrscheinlichkeit für Schwarmverhalten) mit einer geringen stochastischen Variabilität an die Nachkommen. Simulationen zeigen, dass wenn Schwimmgeschwindigkeit und Größe der Nahrungsflecken im richtigen Größenverhältnis stehen, das Schwarmverhalten sich durch die Vorteile bei der Futtersuche von selbst ausbilden kann. Hier liefert also ein Modell eine mögliche Erklärung für Schwarmverhalten, die durch Beobachtungen nur schwer zu erhalten wäre und die in Zukunft durch weitere Experimente überprüft werden kann.

Modellbeispiel 2: Räumliche Konkurrenz in Korallenriffen

Räumliche Konkurrenz am Meeresboden ist einer der wesentlichen Prozesse, die in Korallenriffen bestimmen, welche Organismen sich durchsetzen können und wie die Gemeinschaft des Riffs langfristig zusammengesetzt ist. Dies ist besonders relevant, wenn durch Umwelteinflüsse Korallen zerstört werden. Algen wachsen deutlich schneller als Korallen und können frei werdenden Platz schnell dicht besiedeln, wodurch die Ansiedlung von Korallenlarven erschwert wird. In den meisten Riffen wird dieser Rückkopplungsprozess dadurch verhindert, dass algenfressende Organismen (u. a. herbivore Fische) dafür sorgen, dass die Algen sich nicht zu sehr ausbreiten. Wenn diese Fische jedoch durch Überfischung stark reduziert werden und die Populationen der benthischen Pflanzenfresser (z. B. Seeigel) ebenfalls stark zurückgehen, können Algen überhandnehmen, und es kommt zu einer Phasenverschiebung in den Riffen. Der Zustand ändert sich von korallendominiert zu algendominiert (Kap. 29).

Die Beziehungen in Riffsystemen sind sehr komplex und enthalten viele selbstverstärkende Rückkopplungen. Zum Beispiel bieten Korallen durch ihre ausgeprägte dreidimensionale Struktur den Fischen Schutz, und die Dichte von herbivoren Fischen ist oft hiervon abhängig. Des Weiteren beeinflussen menschliche Aktivitäten durch Nährstoffeinträge das Algenwachstum, bzw. durch intensive Nutzung (Überfischung) wird die Dichte von Herbivoren reduziert. Als wichtiger Faktor erweist sich auch die Mortalität der Korallen entweder durch natürliche Ereignisse (z. B. schwere Stürme, Prädationswellen etwa durch Dornenkronenseesterne), durch direkte menschliche Störungen (Dynamitfischerei, Ankerketten, Tauchtourismus) oder indirekt durch die Temperaturerhöhung im Meer, die zu einer Korallenbleiche und zum Absterben der Korallen führen kann.

Diese komplexe Situation lässt sich in Modellen nachbilden, wobei Korallen und Algen als einzelne Organismen dargestellt werden, die eine räumliche Ausdehnung haben und aufeinander reagieren. Zusätzlich lassen sich die jeweiligen Wachstumsraten und Empfindlichkeiten gegenüber dargestellten Umwelteinflüssen (u. a. Wassertemperatur) einbeziehen. Ein zusätzlicher Rückkopplungsmechanismus verknüpft den Fraßdruck auf die Algen indirekt mit der Korallendichte. Simulationen von Szenarien mit unterschiedlichem Ausmaß und unterschiedlichen Intensitäten von direkten und indirekten Störungen erlauben es, die Bedingungen für Phasenverschiebungen in Riffen zu untersuchen. Diese Simulationen zeigen auch, dass eine Kombination der Störungen, wie sie sehr häufig auftritt, eine erheblich stärkere Wirkung hat als die addierten Einzelfaktoren. Damit erlangen wir Erkenntnisse über die ökologische Dynamik der Riffsysteme, die nur schwer durch Messungen vor Ort erworben werden können.

Modellbeispiel 3: Auswirkungen des Klimawandels im marinen Nahrungsnetz und die Folgen für menschliche Gesellschaften

Im europäischen Nordmeer (Barentssee und nördliche Norwegische See) sind durch die Klimaerwärmung verursachte Veränderungen in der Artenzusammensetzung bereits sichtbar, und eine deutliche Ozeanversauerung wird schon in naher Zukunft erwartet. Eine Mischung von Mehrarten- und Energieflussmodell wird hier benutzt, um die Reaktion der Meeresökosysteme auf die Treiber des Klimawandels zu untersuchen und die Auswirkungen für menschliche Gesellschaften einzuschätzen.

Das Modell stellt die wichtigsten Tierpopulationen in der Untersuchungsregion in einer Nahrungsnetzstruktur dar. Es enthält u. a. Fischbestände wie Kabeljau und Hering, verschiedene Walarten und Seevögel sowie Gruppen von Zoo- und Phytoplankton. Der partizipative Modellierungsansatz berücksichtigt bei der Erstellung des Modells sowohl wissenschaftliche Erkenntnisse als auch die Anliegen und Sorgen gesellschaftlicher Akteure, die von den Veränderungen potenziell betroffen sind. Auf diese Weise werden die Umwelttreiber und die anthropogenen Treiber im Nahrungsnetz integriert und ihre Interaktionen untersucht. So lässt sich erforschen, wie die Nutzung der Meere an die Bedingungen des Klimawandels angepasst werden kann (Abb. 47.2).

Die Folgen sich ändernder Umwelttreiber für die menschlichen Gesellschaften werden im Modell integriert, indem die Meinungen gesellschaftlicher Akteure in die Entwicklung einfließen.

Dies beinhaltet das Erfahrungswissen und die Besorgnisse von einheimischen Akteuren, die vor Ort Veränderungen in den marinen Ökosystemen erleben, wie etwa in der Fischerei und im Tourismussektor. Auf dieser Basis wird die gesellschaftliche Nutzung von Ökosystemdienstleistungen identifiziert und berücksichtigt; diese sind u. a. die Nahrungsbereitstellung durch Fischerei, der Wert von Walen, Seevögeln und Fischen für den Tourismus, die kulturelle Bedeutung von Arten sowie die Klimapufferung durch Fixierung und Export von CO_2 im Nahrungsnetz.

Die Populationen werden im Modell basierend auf biologischen Prozessen dynamisch nachgebildet, und aus deren Veränderung und Interaktionen ergibt sich wiederum die Dynamik des Ökosystems. So können experimentelle Ergebnisse zum Einfluss von Ozeanerwärmung und -versauerung auf Nahrungsaufnahme sowie Reproduktion oder Larvenwachstum, aus physiologischen Laborversuchen mit Fischlarven und aus Experimenten in Mesokosmen mit Planktongemeinschaften, in das Modell eingebunden und die daraus resultierenden Folgen für das gesamte Nahrungsnetz untersucht werden (Abb. 47.3).

Die Analyse des Modells zeigt, welche Arten im Nahrungsnetz von indirekten Wirkungen des Klimawandels betroffen sein könnten. Während unter Ozeanerwärmung in dieser subarktischen Region zunächst eine Zunahme der großen Fischbestände wie Kabeljau zu erwarten ist, könnten einige Arten, wie Nordischer Krill, Wale und einige Seevogelarten, durch Verschiebungen der Nahrungsverfügbarkeit negativ betroffen sein. Auch zeigt sich, dass schon geringe energetische Zusatzkosten durch verstärkten pH-Stress für den Metabolismus der

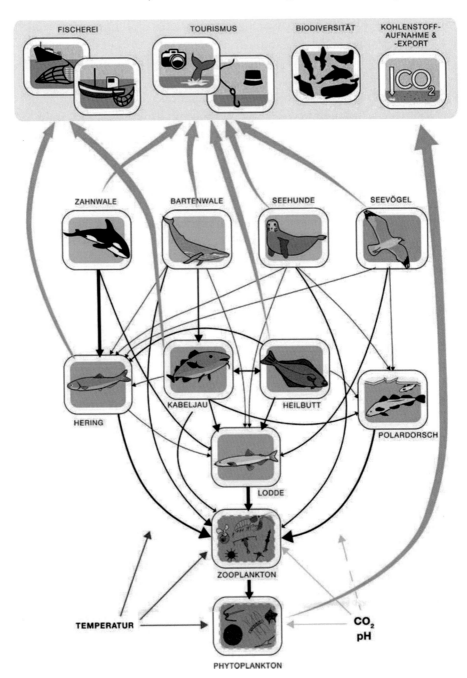

Abb. 47.2 Übersicht über die Modellkomponenten und deren Interaktionen. Im Modell werden sowohl die wesentlichen Teile des Nahrungsnetzes als auch die Nutzung von Elementen des Ökosystems durch menschliche Akteure abgebildet. (Illustrationen: Leonard Rokita)

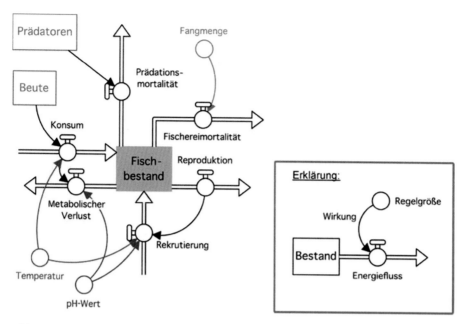

Abb. 47.3 Einzelne Komponenten des Mehrartenmodells zur Untersuchung der Einflüsse von Umweltparametern auf ein marines Ökosystem. Die externen Faktoren beeinflussen die dargestellten Prozesse (Energieflüsse) und bestimmen die Dynamik der Fischbestände

Fische das ökologische Gleichgewicht verschieben und negative Auswirkungen auf die Stabilität des Ökosystems haben können.

Die Diskussion des Modells mit den verschiedenen Interessengruppen ergibt: Sowohl von den Fischern als auch den Tourismusunternehmen müssen neue Strategien zur Anpassung an die Verschiebungen im Ökosystem gefunden werden. Neben einer Anpassung der Fischfangregularien an den Klimawandel werden die Tourismusunternehmer ihre Angebote an sich lokal verändernde Bestände anpassen müssen. Eine nachhaltige Aquakultur wird in Zukunft zur Sicherung der Nahrungsversorgung in der Region eine wichtige Rolle einnehmen, jedoch müssen deren ökologische Auswirkungen zunächst noch genauer untersucht werden.

Dieses Beispiel zeigt, dass die Modellierung zur Einbeziehung empirischer Ergebnisse in den Kontext des von Menschen genutzten Ökosystems dienen kann. Damit ist sie auch ein praktisches Werkzeug zur Kommunikation mit gesellschaftlichen Akteuren und zur Identifikation von Anpassungsmöglichkeiten an den Klimawandel.

Zusammenfassung und Ausblick

Die aufgeführten Beispiele aus sehr unterschiedlichen Bereichen verdeutlichen die faszinierenden Möglichkeiten der Modellierung für die Meeresforschung. Es existiert ein breites Instrumentarium für viele Einsatzmöglichkeiten. In vielen Bereichen, die der empirischen Forschung schwer zugänglich sind, entweder durch eingeschränkte Beobachtungsmöglichkeiten oder durch die Vielzahl an komplexen Interaktionen und Rückkopplungsbeziehungen, können Modelle zur Hypothesenbildung, zum Verständnis und zu neuen Erkenntnissen beitragen.

Modelle sind also „virtuelle Laboratorien", die – ausgehend von bekannten Zusammenhängen und z. B. physiologischen Reaktionen von Individuen – eine Extrapolation leisten können, um Entwicklungen unter veränderten Bedingungen über mehrere Integrationsebenen zu analysieren. Sie sind dabei aber, genau wie reale Experimente, nie allgemeingültig, sondern immer von den Grundannahmen des Modells und ihrem Gültigkeitsbereich abhängig.

Weiterführende Literatur

Beverton RJH, Holt SJ (1957) On the dynamics of exploited fish populations. Ser.II, Bd. 19. Fishery Invest., London, S 533

Hemelrijk CK, Hildenbrandt H (2012) Schools of fish and flocks of birds: their shape and internal structure by self-organization. Interface Focus 2:726–737

Jopp F, Reuter H, Breckling B (Hrsg) (2011) Modelling Complex Ecological Dynamics, An Introduction into Ecological Modelling. Springer, Heidelberg, New York

Koenigstein S, Goessling-Reisemann S (2014) Ocean acidification and warming in the Norwegian and Barents Seas: impacts on marine ecosystems and human uses. Stakeholder consultation report. University of Bremen, artec Sustainability Research Center. https://zenodo.org/record/8317

Koenigstein S, Mark FC, Gößling-Reisemann S, Reuter H, Poertner H-O (2016) Modeling climate change impacts on marine fish populations: Integrating the effects of ocean acidification, warming and other environmental drivers. Fish & Fisheries (im Druck)

Kubicek A, Muhando C, Reuter H (2012) Simulations of Long-Term Community Dynamics in Coral Reefs – How Perturbations Shape Trajectories. plos Comput Biol 8(11):e1002791

Plagányi ÉE (2007) Models for an ecosystem approach to fisheries, FAO, Fisheries Technical Paper 477

Bei einer Exkursion in die Bretagne untersuchen Studierende der Meeresbiologie die Zonierung im Felswatt. (Foto: Wilhelm Hagen, Universität Bremen)

48

Die meeresbiologische Forschungslandschaft in Deutschland

Gotthilf Hempel

Die frühen Jahrzehnte

In der frühen Geschichte der deutschen Meeresforschung spielte der Standort Kiel die herausragende Rolle. Hier lehrten im letzten Drittel des 19. Jahrhunderts die Begründer der quantitativen Benthos- und Planktonforschung, Karl Möbius (Box 19.5) und Victor Hensen (Box 10.1), und hier wurde durch Karl Brandt die Meereschemie in ihrer Verbindung mit der biologischen Meereskunde aufgebaut. Die preußische Commission zur Untersuchung der Deutschen Meere in Kiel wurde um 1900 zu einer Keimzelle des Internationalen Rats für Meeresforschung (ICES) und der Deutschen Wissenschaftlichen Kommission für Meeresforschung (DWK) (Box 39.2).

Seit 1892 entwickelte sich die Biologische Anstalt auf Helgoland zu einer bedeutenden Forschungs-, Lehr- und Serviceeinrichtung (Box 44.1). In Hamburg widmete sich das Zoologische Museum der Meeresbiologie. Das Institut für Meeresforschung Bremerhaven mit dem Nordseemuseum entstand aus einem mikrobiologischen Labor für Fischverarbeitung. Für die ozeanische Forschung wurde das Institut und Museum für Meereskunde in Berlin zum Angelpunkt. Hier wurden die Deutsche Atlantische Expedition 1925–1927 und die daran anschließenden Reisen der *Meteor* konzipiert und koordiniert. Das Institut für Meereskunde in Kiel wurde 1937 gegründet. Aus der Deutschen Seewarte in

emer. Prof. Dr. Dr. h.c. Gotthilf Hempel (✉)
Leibniz-Zentrum für Marine Tropenökologie
Fahrenheitstraße 6, 28359 Bremen, Deutschland
E-Mail: gotthilf.hempel@zmt-bremen.de

© Springer-Verlag GmbH Deutschland 2020
G. Hempel et al. (Hrsg.), *Faszination Meeresforschung*,
https://doi.org/10.1007/978-3-662-49714-2_48

525

Hamburg ging nach dem Zweiten Weltkrieg das Deutsche Hydrographische Institut (DHI) (jetzt Bundesamt für Seeschifffahrt und Hydrographie, BSH) hervor. Es hat zwar selbst keine Meeresbiologie betrieben, aber auf seinen Forschungs- und Vermessungsschiffen war immer wieder Platz für Meeresbiologen.

Die Entwicklung seit 1945

Nach dem Zweiten Weltkrieg verzögerten die allgemeine Notlage und die Restriktionen des Alliierten Kontrollrats den Wiederaufbau der deutschen Meeresforschung. Die Institute in Berlin, Kiel und Helgoland waren durch Bomben zerstört, die Forschungsschiffe beschlagnahmt. Das FS *Gauss* des DHI und ab 1956 das FFS *Anton Dohrn* der Bundesforschungsanstalt für Fischerei waren die Ersten, die wieder in der offenen Nordsee und im nördlichen Nordatlantik arbeiteten. Das DHI in Hamburg und das Kieler Institut für Meereskunde waren in den 1950er Jahren die Keimzellen der Meeresforschung in der Bundesrepublik. In Hamburg entstand das Universitätsinstitut für Hydrobiologie und Fischereiwissenschaft sowie die „Kopfstation" der Biologischen Anstalt Helgoland (BAH), die ab 1959 auch wieder auf Helgoland arbeitete (Box 44.1). Höhepunkte der Forschung waren 1958/59 der Polarfront-Survey vor Grönland und 1964/65 die Teilnahme des neuen FS *Meteor* an der Internationalen Indischen Ozean-Expedition (IIOE).

In der DDR war die Entwicklung ähnlich. Als Nachfolger des Berliner Instituts für Meereskunde wurde in Warnemünde das Institut für Meereskunde der Akademie der Wissenschaften der DDR (Abb. 48.1) gegründet, dessen Forschung in der Ostsee begann und sich schrittweise über die Nordsee in den Atlantik ausdehnte, teilweise im Dienste der Expansion der Hochseefischerei der DDR, für die in Rostock-Marienehe ein eigenes Institut für Hochseefischerei eingerichtet wurde. In den Gemeinschaftsprojekten, die großenteils von den Fischereikombinaten finanziert wurden, spielten Zoologen der Universität Rostock eine wichtige Rolle. Meeresbiologen der Universität Greifswald mit ihrer Meeresstation auf Hiddensee forschten vor allem in den Boddengewässern. So wie die westdeutschen Meeresforscher von Ausbildungs- und Forschungsaufenthalten und Kooperationsprojekten in den USA und Großbritannien profitierten, studierten und arbeiteten die ostdeutschen Wissenschaftler in den Instituten der Sowjetunion und nahmen an deren viele Monate dauernden Expeditionen teil. In beiden Teilen Deutschlands bestanden enge Kooperationen der Meeresforschungsinstitute mit den jeweiligen Einrichtungen der Fischereiforschung. Beispielsweise hat die Bundesforschungsanstalt für Fischerei in Hamburg in den 1970er Jahren die marine Antarktisforschung in der Bundesrepublik etabliert.

Abb. 48.1 Das Leibniz-Institut für Ostseeforschung (IOW) in Warnemünde ist aus dem Institut für Meereskunde der Akademie der Wissenschaften der DDR hervorgegangen. Das Gebäude wurde seit den 1990er Jahren renoviert und erweitert. (Foto: IOW)

Von den 1970er bis frühen 1990er Jahren wuchs die westdeutsche Meeresforschung rapide. Die vorhandenen Institute wurden kräftig ausgebaut. Sie erhielten vielfach größere Gebäude mit vorzüglicher instrumenteller Ausstattung. Der starke Personalzuwachs erfolgte meist im Rahmen zeitlich befristeter Projekte. Es kamen aber auch neue Institute mit festen Planstellen hinzu. In Bremerhaven entstand 1981 das Alfred-Wegener-Institut für Polarforschung, das nach Vereinigung mit dem dortigen Institut für Meeresforschung zum Alfred-Wegener-Institut für Polar- und Meeresforschung (AWI) wurde. Zehn Jahre später verlieh die Eingliederung der Biologischen Anstalt Helgoland (BAH) mitsamt ihren Forschungseinrichtungen auf Helgoland und in List auf Sylt dem AWI zusätzliche Kompetenz in der biologischen Nordsee- und Küstenforschung. Im Gefolge der Gründung des AWI gab das Land Bremen seiner jungen Universität einen marinen Schwerpunkt. So entstand hier mit kräftigen Zuwendungen der Deutschen Forschungsgemeinschaft und des Bundesforschungsministeriums das geowissenschaftlich ausgerichtete MARUM der Universität Bremen. Die GKSS (heute Helmholtz-Zentrum Geesthacht, HZG) war ursprünglich ein Kernforschungszentrum. Als Nuklearantriebe für Handelsschiffe nicht mehr gefragt waren, wandte sich das Institut u. a. dem marinen Umweltschutz in Küstengewässern zu (Zentrum für Material- und Küstenforschung, HZG).

Das Max-Planck-Institut für Meteorologie (MPI-M) in Hamburg wurde schnell berühmt durch seine Klimamodellierungen unter Einbeziehung des Ozeans. Die Universität Oldenburg schuf sich mit dem Institut für Chemie und

Abb. 48.2 GEOMAR Helmholtz-Zentrum für Ozeanforschung Kiel entstand aus dem Institut für Meereskunde (weißes Gebäude, s. *Pfeil*) auf dem Westufer der Kieler Förde und dem – hier *links im Vordergrund* gezeigten – jüngeren GEOMAR auf dem ehemaligen Seefischmarkt an der Mündung der Schwentine. (Foto: GEOMAR)

Biologie des Meeres (ICBM) einen Schwerpunkt in der küstennahen Meeresforschung und gründete das Forschungszentrum Terramare in Wilhelmshaven. Dort befindet sich auch das Forschungsinstitut Senckenberg am Meer mit biologischen und sedimentologischen Arbeitsgruppen sowie dem Deutschen Zentrum für Marine Biodiversitätsforschung (DZMB). An der Kieler Universität entstanden zwei neue Institute: GEOMAR für die marinen Geowissenschaften (Abb. 48.2) und das Institut für Polarökologie (IPÖ), das aber 2014 nach 30 Jahren erfolgreicher Forschung von der Universität geschlossen wurde. Schließlich konnten 1991/92 in Bremen das Zentrum für Marine Tropenökologie (ZMT) und das Max-Planck-Institut für Marine Mikrobiologie (MPI-Bremen) eingerichtet werden.

Die deutsche Wiedervereinigung führte das wissenschaftliche Potenzial in Ost und West ohne wesentliche Brüche zusammen. Das Warnemünder Akademieinstitut konnte zu einem alle Disziplinen der Meereskunde umfassenden Institut für Ostseeforschung (IOW) (Abb. 48.1) umgestaltet werden. Das Institut für Ostseefischerei (ehemals Institut für Hochseefischerei) in Rostock-Marienehe wurde Teil der Bundesforschungsanstalt für Fischerei Hamburg.

In den letzten beiden Jahrzehnten kamen keine neuen Institute hinzu. Wohl aber wurde die Forschungsflotte teilweise modernisiert (Kap. 43), die Räumlichkeiten der Institute wurden erweitert und die instrumentelle Ausstattung den speziellen Anforderungen neuer Arbeitsrichtungen entsprechend ergänzt.

Wanderung durch die heutige Institutslandschaft

Vom Wechselspiel föderaler und gesamtstaatlicher Interessen geprägt, ist die deutsche Meeresforschung ungewöhnlich reich gegliedert. Das gilt für die finanzielle und administrative Trägerschaft ihrer Institute ebenso wie für ihre geografische Verteilung im norddeutschen Küstenraum.

Mit Ausnahme des Bundesamts für Seeschifffahrt und Hydrographie und des Thünen-Instituts für Aquatische Ressourcen, die vollständig von den jeweiligen Bundesministerien getragen werden, haben alle marinen Forschungsinstitute eine Mischfinanzierung aus Bundes- und Landesmitteln. Der Anteil der Bundesmittel am Institutshaushalt ist bei den einzelnen Institutstypen verschieden: Zur Helmholtz-Gemeinschaft der Forschungszentren gehören AWI, GEOMAR und HZG. Sie werden zu 90 % aus dem Etat des Bundesforschungsministeriums finanziert, während ZMT, IOW und Senckenberg am Meer als Institute der Leibniz-Gemeinschaft zu etwa gleichen Teilen von Bund und Ländern gemeinsam gefördert werden. Ähnliches gilt für die Max-Planck-Institute für Marine Mikrobiologie (MPI Bremen) und für Meteorologie (MPI Hamburg). Das Land Bremen wird bei der Finanzierung des MARUM vom Bund unterstützt, vor allem über die Exzellenz-Initiative. An der Kieler Universität entstand kürzlich der Forschungsverbund Kiel Marine Science. Die marinen Forschungsaktivitäten in den Universitäten und Museen wären ohne Mittel der Deutschen Forschungsgemeinschaft und ohne die Projektförderung des Bundesforschungsministeriums nicht denkbar. Hinzu kommen zahlreiche Kooperationsprojekte der EU.

Box 48.1: KDM: Die deutsche Meeresforschung organisiert sich

Rolf Peinert

Das Konsortium Deutsche Meeresforschung e. V. (KDM) ist die Selbstorganisation der Meeresforschung. Mitglieder sind alle deutschen Forschungseinrichtungen und Universitäten, die ihre Schwerpunkte in der Meeres-, Polar- oder Küstenforschung haben. 2004 gegründet, repräsentiert KDM die ganze Breite der Meereswissenschaften in Deutschland mit ihren inhaltlichen und regionalen Schwerpunkten.

Im KDM bringen die Mitgliedseinrichtungen ihre meereswissenschaftliche Expertise gemeinsam in den Dialog mit den Zuwendungsgebern ein und sie tragen ihre Forschungsergebnisse in die Politikberatung und in die Öffentlichkeit. Mit Büros in Berlin und Brüssel ist das KDM anerkannter Ansprechpartner der Bundesregierung und der Küstenländer und arbeitet in enger Verbindung mit den EU-Einrichtungen und ausländischen Partnerorganisationen.

Mit Analysen des aktuellen und zukünftigen Forschungsbedarfs beteiligt sich das KDM an der nationalen und internationalen Forschungsplanung, engagiert sich in der Forschungs- und Meerespolitik und bemüht sich um eine größere Sichtbarkeit der deutschen Meeresforschung. Dabei versteht sich das KDM als ein kompetenter Partner für Gesellschaft, Politik und Wirtschaft, der wissenschaftliche Kenntnisse zum Schutz und für die nachhaltige Nutzung der Meere zur Verfügung stellt.

Die für die Arbeit auf See und an Land notwendigen Hochtechnologien machen die Meeresforschung zu einer treibenden Kraft bei der Entwicklung neuer Methoden und Geräte. Das KDM setzt sich dafür ein, dass moderne Forschungsinfrastruktur zur Verfügung gestellt, gemeinsam effizient genutzt und weiterentwickelt wird. Dies gilt für die Erneuerung der deutschen Forschungsflotte ebenso wie für die Entwicklung innovativer Messsysteme, die Einrichtung komplexer Ozeanobservatorien für Langzeitbeobachtungen in sensiblen Schlüsselregionen der Meere sowie für Großrechneranlagen und die Fernerkundung mit Satelliten. Alle diese Komponenten zusammen sind für Exzellenz in den Meereswissenschaften wichtig. Sie sind die Voraussetzung dafür, dass die Meeresforschung zur Lösung großer gesellschaftlicher Aufgaben national und international beitragen kann.

Zahlreiche gesellschaftliche Herausforderungen betreffen die Ozeane und Meere in prominenter Weise. Zu relevanten Themen, wie Nutzung lebender und mineralischer Ressourcen, Küstenforschung, Biodiversität, Ozean- und Küstenobservatorien sowie Ozeanzirkulation und Klima, haben sich im KDM sechs Strategiegruppen gebildet, die in Abstimmung mit der Deutschen Forschungsgemeinschaft arbeiten. Aus den Wissenschaften heraus formulieren sie Forschungsbedarfe, sind Ansprechpartner für Zuwendungsgeber bei der Entwicklung von Programmlinien in der Meeresforschung. Sie organisieren den Einbezug relevanter Gesellschaftswissenschaften und liefern Politikberatung.

Die Mitgliedsinstitute des KDM

Die 16 Mitgliedseinrichtungen des KDM (Stand 2015) sind eingebunden in die Helmholtz- oder Leibniz-Gemeinschaft, die Max-Planck-Gesellschaft oder sind Teile von Universitäten, Museen und Bundesforschungsanstalten (Abb. 48.3). Auf ein Dutzend Standorte sind die Institute entlang den Küsten von Nord- und Ostsee verteilt (Abb. 48.3)

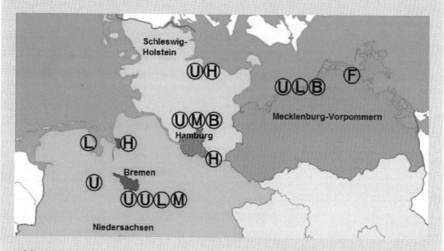

Abb. 48.3 Mitgliedseinrichtungen des KDM in den norddeutschen Küstenländern. Universitäten (*U*), Helmholtz-Zentren (*H*), Max-Planck-Institute (*M*), Leibniz-Institute (*L*), Bundeseinrichtungen (*B*), Forschungsmuseen (*F*)

- Alfred-Wegener-Institut – Helmholtz-Zentrum für Polar- und Meeresforschung (AWI), Bremerhaven (www.awi.de),
- Center für Erdsystemforschung und Nachhaltigkeit (CEN), Universität Hamburg (www.cen.uni-hamburg.de),
- Department Maritime Systeme, Interdisziplinäre Fakultät, Universität Rostock (www.inf.uni-rostock.de),
- Deutsches Meeresmuseum, Stralsund (www.deutsches-meeresmuseum.de),
- Forschungszentrum Senckenberg, Wilhelmshaven (www.senckenberg.de),
- GEOMAR Helmholtz-Zentrum für Ozeanforschung Kiel (www.geomar.de),
- Helmholtz-Zentrum Geesthacht – Zentrum für Material- und Küstenforschung (HZG) (www.hzg.de),
- Institut für Chemie und Biologie des Meeres der Universität Oldenburg (ICBM) (www.icbm.de),
- Jacobs University, Bremen (www.jacobs-university.de),
- Kiel Marine Science – Zentrum für Interdisziplinäre Meereswissenschaften, Christian-Albrechts-Universität Kiel (KMS) (www.kms.uni-kiel.de),
- Leibniz-Institut für Ostseeforschung Warnemünde (IOW) (www.io-warnemuende.de),
- Leibniz-Zentrum für Marine Tropenökologie (ZMT), Bremen (www.zmt-bremen.de),
- MARUM – Zentrum für Marine Umweltwissenschaften der Universität Bremen (www.marum.de),
- Max-Planck-Institut für Marine Mikrobiologie (MPI-MM), Bremen (www.mpi-bremen.de),
- Max-Planck-Institut für Meteorologie (MPI-M), Hamburg (www.mpimet.mpg.de),
- Thünen-Institut, Aquatische Ressourcen, Hamburg und Rostock (www.ti.bund.de).

Oldenburg (ICBM) und Wilhelmshaven (Senckenberg am Meer) bilden zusammen einen wichtigen Standort für die ökologische Erforschung, primär der Küstengewässer, ihrer Geochemie, Sedimentologie, Mikrobiologie und Benthosforschung (Abb. 48.4).

Bremerhaven ist der Hauptstandort des AWI mit seinem breiten Spektrum der vor allem polar ausgerichteten Bio-, Geo- und Klimawissenschaften. Die BAH mit ihren Inselstationen auf Helgoland und Sylt ist heute integraler Teil des AWI. Sie befassen sich vor allem mit der Ökologie der Nordsee.

In Bremen sind vier Einrichtungen angesiedelt: Das MARUM operiert weltweit und hat sich auch in der Meeresforschungstechnik einen Namen gemacht. Obwohl primär geowissenschaftlich orientiert, arbeitet es eng mit Meeresbiologen zusammen. Das Max-Planck-Institut für Marine Mikrobiologie untersucht weltweit Stoffkreisläufe und Symbiosen am Tiefseeboden, an *hot vents* und *cold seeps*, in Auftriebsgebieten und im Wattenmeer. Tropische küstennahe Ökosysteme werden von Biologen, Sedimentologen und Sozialwissenschaftlern des ZMT in Partnerschaft mit einheimischen Wissenschaftlern untersucht (Abb. 48.5).

Abb. 48.4 Das Erbohren von Sedimentkernen im Wattenmeer ist ein wichtiges Element der geobiochemischen und mikrobiologischen Arbeiten des ICBM der Universität Oldenburg. (Foto: ICBM)

Die meeresbiologischen und meereschemischen Arbeitsgruppen der Universität Bremen (BreMarE Bremen Marine Ecology) operieren vorwiegend im Atlantik und beschäftigen sich mit ökophysiologischen und ökologischen Fragestellungen. Meeresforschung wird in Bremen auch an der privaten Jacobs University betrieben.

Die Hamburger Meeresforschung hat eine lange Tradition in der physikalischen Ozeanografie und maritimen Meteorologie, heute getragen vom Max-Planck-Institut für Meteorologie und von der Universität Hamburg, wo sie heute im Center für Erdsystemforschung und Nachhaltigkeit (CEN) zusammengefasst ist. Dort ist auch die Meeresbiologie im Zoologischen Institut und im Institut für Hydrobiologie und Fischereiwissenschaft gut vertreten. Die fischereibiologischen Arbeitsgruppen in den drei Thünen-Instituten für Fischereiökologie und für Seefischerei in Hamburg wie auch im Institut für Ostseefischerei in Rostock-Marienehe befassen sich vor allem mit der Analyse und Überwachung von genutzten Fischbeständen.

Schleswig-Holstein hat fünf meereswissenschaftliche Standorte. Neben den Stationen auf Helgoland und Sylt sind das Forschungs- und Technologiezentrum Westküste in Büsum und das GKSS/HZG in Geesthacht zu nennen. Aber der

Abb. 48.5 Wissenschaftliche Weiterbildung ist ein zentrales Element der Partnerschaftsprojekte des ZMT. (Foto: ZMT)

wichtigste Standort ist seit jeher Kiel. Dort umfasst das Helmholtz-Zentrum für Ozeanforschung GEOMAR die physikalischen, biologischen und chemischen Arbeitsgruppen des ehemaligen Instituts für Meereskunde (Abb. 48.6) und die marinen Geowissenschaften des „alten" GEOMAR. Der offene Ozean ist sein Hauptarbeitsfeld. Die Kieler Universität pflegt in ihrem Zentrum Kiel Marine Science einen breiten interdisziplinären Dialog.

Mit dem Institut für Ostseeforschung in Warnemünde und dem Thünen-Institut für Ostseefischerei sowie mit Forschergruppen der Universität bildet Rostock den wichtigsten meeresbiologischen Forschungsplatz in Mecklenburg-Vorpommern. Hier steht naturgemäß die Ostsee mit ihrer Dynamik und ihren starken menschlichen Eingriffen im Vordergrund der multidisziplinär angelegten Forschung. Das IOW nahm aber auch ozeanische Forschungen, z. B. vor Namibia, wieder auf. Nach Osten beschließen das Deutsche Meeresmuseum in Stralsund und der marine Teil des Bundesamts für Naturschutz auf der Insel Vilm mit kleinen Gruppen von Meereswissenschaftlern die lange Kette der deutschen Meeresforschungsinstitute.

Abb. 48.6 Experimentelle ökologische Forschung mithilfe von Mesokosmen ist eine wichtige Arbeitsrichtung am GEOMAR. (Foto: Maike Nicolai, GEOMAR)

Diese Kurzbeschreibung der deutschen marinen Forschungslandschaft wird nicht der Tatsache gerecht, dass an allen küstennahen, aber auch an einzelnen binnenländischen Universitäten sowie an den großen naturkundlichen Museen in Berlin, Bonn, Frankfurt, München und Stuttgart Gruppen von Meeresbiologen arbeiten und zur Vielfalt der biologischen Meeresforschung in Deutschland beitragen. Umgekehrt wird an den sieben Küstenuniversitäten ein Großteil der meereskundlichen Lehre und Doktorandenbetreuung von Wissenschaftlern der Forschungsinstitute getragen. Tatsächlich sind die Doktoranden ein wichtiger Teil des Forschungspotenzials in der deutschen Meeresforschung. So besteht eine echte Symbiose zwischen den Forschungsinstituten und Universitäten von Oldenburg bis Greifswald.

Die Hinwendung zu aktuellen, gesellschaftlich wichtigen Fragen beeinflusst in steigendem Maße die Arbeitsprogramme der einzelnen Institute. Im Laufe der Jahre haben sie sich immer wieder neuen Themen eröffnet: Meeresverschmutzung, Polarforschung, Paläoklima, UV-Belastung, Versauerung, Biodiversitätsschwund lösten einander als Förderschwerpunkte ab. Jedes Institut hat dabei seine eigene spezielle Kompetenz entwickelt und wichtige Nischen besetzt. Das jüngste Thema lässt sich als die „humane Dimension" umschreiben. Es geht dabei um das Verständnis des Menschen als Teil der marinen Ökosysteme, besonders der Küsten.

Eine Unterscheidung zwischen den Forschungszentren, die vor allem im offenen Ozean und in Polarmeeren operieren bzw. die Ozeane in ihrer Gesamtheit erkunden, und den mittleren und kleinen Instituten, die überwiegend in den Schelfmeeren arbeiten, bedeutet für keines der Institute eine regionale Ausschließlichkeit. Auch erhebt keines der Institute einen Alleinvertretungsanspruch für ein Fachgebiet oder ein Thema, vielmehr ergänzen sich die Einrichtungen mit ihren Arbeiten. Neben der engen Kooperation ist die Konkurrenz zwischen ihnen um gute Wissenschaftler und um Fördermittel ein belebender Aktivposten der deutschen Meeresforschung.

Die meisten Institute widmen heute der Öffentlichkeitsarbeit große Aufmerksamkeit, halten Bildungsangebote vor und betreiben teilweise auch Schülerlabore; große Institute haben eigene PR-Abteilungen. Die Printmedien, Hörfunk und Fernsehen berichten häufig über Forschungsexpeditionen. Dabei wird nicht nur nach unmittelbar „nützlichen" Ergebnissen, sondern mehr noch nach interessanten Befunden der Grundlagenforschung gefragt.

Nationale Koordination und internationale Zusammenarbeit

Die Institute der deutschen Meeresforschung sind nur locker durch zwei Koordinationsgremien miteinander verbunden: Die Senatskommission für Ozeanografie ist eine Einrichtung der Deutschen Forschungsgemeinschaft und für die Koordination der großen Forschungsschiffe wie *Meteor* zuständig. Sie erzeugt in langen zeitlichen Abständen Denkschriften zur deutschen Meeresforschung. Das Konsortium Deutsche Meeresforschung (KDM) der großen Meeresforschungsinstitute (Box 48.1) bemüht sich als Selbstorganisation der deutschen Meeresforschung um eine gemeinsame Repräsentanz auf nationaler, europäischer und globaler Ebene. Wissenschaftliche Erkenntnisse als Grundlage öffentlicher und politischer Meinungsbildung müssen gemeinsam vermittelt werden. Hierfür bedarf es der Kommunikation, Koordination und Kooperation. Große wissenschaftliche Projekte und globale Beobachtungsnetze bedürfen der nationalen und internationalen arbeitsteiligen Kooperation zwischen den verschiedenen Instituten. Dieser Aufgabe diente bis in die 1970er Jahre die Deutsche Wissenschaftliche Kommission für Meeresforschung (DWK). Seitdem haben die Senatskommission für Ozeanografie der DFG und das KDM auch diese Funktion übernommen.

Charakteristisch für die deutsche Meeresforschung ist ihre historisch gewachsene institutionelle Vielfalt, verbunden mit einer guten Zusammenarbeit zwischen den Universitäten, den außeruniversitären Instituten der Grundlagenforschung und den anwendungsorientierten Bundesforschungsanstalten. Diese eng vernetzte Vielfalt gibt der deutschen Meeresforschung viel Stärke und Flexibilität und macht sie zu geschätzten/willkommenen Partnern in internationalen Forschungsprogrammen, in denen heute zahlreiche gesellschaftlich relevante Themenbereiche, wie die Folgen des Klimawandels und die Gefährdung der Biodiversität, im Vordergrund stehen.

Meeresforschung kann nicht national begrenzt sein, schon gar nicht in Deutschland mit seinen winzigen marinen Wirtschaftszonen. Seit der Gründung des Internationalen Rats für Meeresforschung (ICES) im Jahr 1901 beteiligt sich Deutschland aktiv an der Planung und Durchführung von multilateralen Forschungsprojekten. Mit der Gründung der Intergovernmental Oceanographic Commission (IOC) und des Scientific Committee on Ocean Research (SCOR) in den 1960er Jahren begann die Blütezeit der mehr oder weniger strikt koordinierten Viel-Schiffe-Projekte. Hier waren deutsche Forschungsschiffe regelmäßig eingebunden. Heutzutage stehen Aktivitäten einzelner Schiffe, aber nun mit internationaler Besetzung, im Vordergrund der Programme der globalen Organisationen und der EU. Im globalen und im europäischen Rahmen spielt der Aufbau von automatisierten Beobachtungsnetzwerken eine wachsende Rolle, analog zu den Wetterstationen an Land. An den regionalen Schutzkonventionen, z. B. HELCOM für die Ostsee, hatten die BRD und DDR seit jeher einen starken Anteil. Im Sinne eines globalen Meeresschutzes müssen die Bemühungen um den Aufbau von Forschungskapazität und meereswissenschaftlicher Kompetenz in den Entwicklungsländern verstärkt werden. Dies ist mittlerweile ein wichtiger Aspekt zahlreicher Forschungsprogramme. Hierum bemüht sich federführend das ZMT in Bremen (Box 48.2).

Box 48.2: Meeresökologische Forschung international
Werner Ekau und Hildegard Westphal

Meere trennen! 147 Küstenstaaten teilen sich die 356.000 km langen Küsten der Weltmeere und achten mit Argusaugen auf ihre nationalen Rechte entlang der Küsten und in ihren Hoheitsgewässern und Ausschließlichen Wirtschaftszonen (AWZ; Exclusive Economic Zones, EEZ).

Meere verbinden aber auch. Der interkontinentale Handel wird zu mehr als 98 % über See abgewickelt. Fischschwärme ignorieren die vom Menschen gesetzten Grenzen und vollführen häufig weite Wanderungen, um von Laich- über Fress- zu Sommer- oder Winterplätzen zu gelangen. Die Fischereiforschung in Nord- und Ostsee hat daher schon Ende des 19. Jahrhunderts erkannt, dass man bei Fragen über die Produktivität und Verhalten von Fischbeständen international zusammenarbeiten muss, und im Jahre 1902 den Internationalen Rat für Meeresforschung (ICES) gegründet (mit Sitz in Kopenhagen).

Er liefert mit seinen Arbeitsgruppen noch heute die wissenschaftlichen Grundlagen für ein nachhaltiges Management der Fischbestände im Nordostatlantik.

Weitere Meilensteine in der internationalen Zusammenarbeit in der Meeresforschung waren das Internationale Geophysikalische Jahr (1957/58) verbunden mit der Gründung von SCOR (Scientific Committee for Ocean Research), das die Durchführung einer Internationalen Indischen Ozean Expedition (1960–1965) anregte. Zur Organisation wurde 1960 die Intergovernmental Oceanographic Commission (IOC), eine Tochterorganisation der UNESCO, geschaffen. Die damals noch relativ junge UN mit ihrer Unterorganisation für Bildung und Wissenschaft sah in der Expedition ein wertvolles Instrument zur Stärkung der Forschungslandschaft in Ostafrika und Südasien. Das Programm war ein Durchbruch für die Meeresforschung und stimulierte weltweit den Bau großer, speziell für die Forschung konzipierter Schiffe, so auch des deutschen FS *Meteor*. In den 1970er Jahren wurde der marinen Forschergemeinschaft bewusst, dass neben der Biologie und Populationsdynamik einzelner Fischarten das ganze Ökosystem in Betracht gezogen werden muss, um die Fischerei nachhaltig zu gestalten. Der ICES (Box 39.2). stieß diese Überlegungen 1975 auf einem ersten multidisziplinären Nordsee-Symposium an. Seit 1985 entwickelt man für viele Schelfmeere das Konzept der Large Marine Ecosystems (LMEs) mit seiner regionalen Zusammenarbeit aller relevanten meeres-, wirtschafts- und sozialwissenschaftlichen Forschungsdisziplinen, um grenzüberschreitende Probleme des nachhaltigen Ressourcenmanagements angehen zu können (Kap. 37).

Die Unterzeichnung des neuen Seerechts (United Nation Convention on the Law of the Sea) am 10.12.1982 hat mit der Einführung von 200 Seemeilen breiten Wirtschaftszonen wenig später dazu geführt, dass intensiv über transnationale und transdisziplinäre Zusammenarbeit nachgedacht wurde. Elisabeth Mann Borgese (die jüngste Tochter von Thomas Mann; Abb. 48.7), ein führendes Mitglied des Club of Rome, gründete 1972 das International Ocean Institute (IOI), eigens um die Diskussionen im Rahmen der Seerechtsverhandlungen zu unterstützen und auf die Rechte der Entwicklungsländer aufmerksam zu machen.

Abb. 48.7   Elisabeth Mann-Borgese (1918–2002) war ab 1970 Mitglied des Club of Rome und gründete 1972 das International Ocean Institute. (© Ingo Wagner / dpa / picture-alliance)

Die Ausschließlichen Wirtschaftszonen (AWZ) brachten den Küstenstaaten nicht nur große Mengen an lebenden und nicht lebenden Ressourcen (z. B. Fische, Erdöl), sondern auch eine große Verantwortung für die Bewirtschaftung dieser Ressourcen. Hier entstand ein großer Bedarf an Forschung und wissenschaftlicher Kapazitätsbildung, der besonders von vielen tropischen und subtropischen Küstenstaaten mit nur gering entwickelter akademischer Infrastruktur nicht allein geleistet werden konnte. In Deutschland reagierte Bremen 1991 darauf mit der Gründung eines speziell auf die Kooperation mit tropischen Ländern ausgerichteten Instituts, dem heutigen Leibniz-Zentrum für Marine Tropenökologie (ZMT).

Das ZMT hat bereits 1998 basierend auf seinen Erfahrungen mit Kooperationsprojekten wissenschaftsethische Grundsätze, die sogenannten Bremer Kriterien, wissenschaftlicher Partnerschaft entwickelt. Nach diesen Kriterien sollen bilaterale Projekte stets einen Beitrag sowohl zu wissenschaftlich als auch entwicklungspolitisch interessanten Themen leisten, gemeinsam von den Institutionen der beteiligten Länder geplant und durchgeführt werden, in die Wissenschaftsstrukturen des Partnerlandes eingebettet sein und einen Beitrag zur wissenschaftlichen Kapazitätsbildung (Capacity Development) leisten.

Die Kriterien stehen auch im Einklang mit der von der Vollversammlung der Vereinten Nationen für die Jahre 2005 bis 2014 erklärten UN-Dekade „Education for Sustainable Development" (ESD). Diese Initiative entstammte der Überzeugung, dass der Austausch von Wissen und Bildung eine nachhaltige Veränderung zu mehr Selbstständigkeit, Wohlstand, Ressourcen- und Umweltschutz anstoßen kann. Die aktive Einbindung auch der nichtwissenschaftlichen Interessengruppen ist dabei eine wesentliche Voraussetzung für eine nachhaltige Entwicklung.

Weiterführende Literatur

Deutsche Forschungsgemeinschaft (2000) Meeresforschung im nächsten Jahrzehnt. Wiley – VCH, DFG, Bonn, S 203

Hempel G (2002) Bremen/Bremerhaven – ein Zentrum der Meeresforschung. Jahrbuch der Wittheit 2001/2002. Hauschild, Bremen, S 9–20

Wissenschaftliche Kommission Niedersachsen (2013) Structural Analysis of Marine Research in Northern Germany. www.wk.niedersachsen.de

Erratum zu: Zum Beispiel Kabeljau und Hering: Fischerei, Überfischung und Fischereimanagement im Nordatlantik

Christopher Zimmermann und Cornelius Hammer

Erratum zu:

G. Hempel, K. Bischof, W. Hagen (Hrsg.), Faszination Meeresforschung,
https://doi.org/10.1007/978-3-662-49714-2

Aufgrund aktueller Entwicklungen ist es notwendig die Abbildungen 39.2, 39.3, 39.5 und deren Bildunterschriften zu aktualisieren. Außerdem wurde die folgende Literaturstelle im Kapitel ergänzt.

ICES (2019) ICES Stock Assessment Database. Copenhagen, Denmark. ICES. [01.11.2019]. http://standardgraphs.ices.dk

Die korrigierte Version der Titelei ist verfügbar unter:
https://doi.org/10.1007/978-3-662-49714-2
Die aktualisierte Version des Kapitels 39 kann hier abgerufen werden:
https://doi.org/10.1007/978-3-662-49714-2_39

Dr. Christopher Zimmermann (✉)
Thünen-Institut für Ostseefischerei
Alter Hafen Süd 2, 18069 Rostock, Deutschland
E-Mail: christopher.zimmermann@ti.bund.de

E1

Epilog

Meeresbiologische Forschung wird angetrieben von wissenschaftlicher Neugier und technischem Fortschritt, aber auch von Fragen der Gesellschaft nach dem rechten Umgang mit dem Meer und seinen Ressourcen. Die Meeresbiologie liefert wichtige Erkenntnisse zur Struktur und Funktion mariner Lebensgemeinschaften, zur Anpassung an wechselnde Umweltbedingungen bei Meeresorganismen unterschiedlicher Organisationsstufen, von den Bakterien bis zu den Walen. Das damit gewonnene Verständnis des Lebens auf unserem Planeten ist Allgemeingut, es dient auch der Einsicht in die Bedeutung der Ozeane für den Menschen und trägt zur nachhaltigen Nutzung und zum Schutz mariner Ökosysteme bei. Viele Meeresbiologen sind bestrebt, dieses Wissen und ihre Begeisterung für die Meeresforschung über den engen Kollegenkreis hinaus weiterzugeben – so auch in diesem Lesebuch.

Ökologen beschreiben die Veränderungen in den marinen Ökosystemen, sie decken Zusammenhänge auf und erstellen Prognosen im Rahmen des Klimawandels. Ein großes Arsenal der modernen Ozeanografie steht ihnen dabei zur Verfügung: Forschungsschiffe, verankerte und mobile Messsysteme, Beobachtungssatelliten sowie jahrzehntelange Zeitserien aus Monitoring-Programmen. In Sedimentkernen werden die langfristigen Veränderungen über Jahrmillionen abgebildet. Ökologische Experimente im Meer und in Versuchsaquarien sind unentbehrlich, stellen aber immer eine Vereinfachung der natürlichen Bedingungen dar und sind daher mitunter nur von begrenzter Aussagekraft für das Gesamtsystem. Die immer stärkeren Vernetzungen zwischen organismischer und molekularer Biologie ermöglichen wichtige neue Erkenntnisse und Synergien. Mathematische Modelle unterschiedlicher Komplexität und Auflösung dienen als virtuelle Experimente. Neue Technologien werden aus anderen Bereichen, etwa der Raumfahrt, Informatik und Medizin, übernommen und erschließen

© Springer-Verlag GmbH Deutschland 2020
G. Hempel et al. (Hrsg.), *Faszination Meeresforschung*,
https://doi.org/10.1007/978-3-662-49714-2

neue Forschungsfelder, z. B. durch autonome In-situ-Beobachtungen, automatisierte Laboranalysen, schnelle Übertragung und Verarbeitung großer Datenmengen sowie hohe Kapazitäten für Modellrechnungen.

Viele Beiträge in diesem Lesebuch beschäftigen sich mit den folgenden Schwerpunktthemen

- Meeresorganismen sind wichtig für die Ernährung der wachsenden Weltbevölkerung.
- Das Weltmeer ist der größte Hort der Biodiversität.
- Meeresorganismen sind Bestandteil der marinen Stoffkreisläufe und des Klimamotors Meer.

Das Meer als Nahrungsquelle

Zwar nährt sich der Mensch global gesehen primär von den „Früchten" des Landes, für die Deckung des Eiweißbedarfs großer Teile der Küstenbevölkerungen, besonders in Entwicklungsländern, sind aber Fische die wichtigste Quelle. Zudem haben die Wohlhabenden in aller Welt großen Appetit auf Fische, Krebse, Muscheln und Tintenfische (inklusive ihrer gesundheitsfördernden Omega-3-Fettsäuren). „Massenfische" wie z. B. die peruanischen Sardellen (Anchoveta) werden darüber hinaus zur Fischmehlproduktion für die Massentierhaltung benötigt.

Die großen Fischressourcen in den Schelfmeeren werden meist voll genutzt, in vielen Fällen sogar überfischt. Nur durch ein sorgfältiges, breit angelegtes Management ließe sich der Weltfischereiertrag auf seinem jetzigen Niveau halten oder geringfügig steigern. Das setzt aber eine gute Kenntnis der marinen Ökosysteme voraus, in die die Fischbestände mit ihren verschiedenen Lebensstadien als Beute, Räuber und Nahrungskonkurrenten eingebettet sind. Der Schutz der lokalen, handwerklichen Kleinfischereien gegenüber den weiträumig operierenden, industriellen Großfischereien ist für die meist armen Küstenbevölkerungen lebenswichtig. Am Beispiel des Krill wird deutlich, wie viel kostspielige Forschung nötig ist für eine einigermaßen realistische Abschätzung des Fangpotenzials und der ökologischen Implikationen der Krillfischerei für die antarktischen Lebensgemeinschaften.

Die marine Aquakultur hat in den letzten drei Jahrzehnten einen enormen Aufschwung erfahren. Sie kann die Meeresfischerei maßgeblich ergänzen durch die Erzeugung mitunter hochbezahlter Meerestiere und Algen. Die Marikultur ist ein dankbares Feld für ernährungs- und verhaltensphysiologische, parasitologische und genetische Forschung. Die ökologischen Wechselwirkungen zwischen den Meeresfarmen und der „wilden" Umgebung müssen im Interesse einer langfristigen Nutzung intensiv untersucht werden.

Marine Biodiversität

Das Meer beherbergt die vielfältigsten Lebensformen (abgesehen von den Insekten). Viele Arten sind im Verlauf der langen Erdgeschichte ausgestorben, neue haben sich entwickelt. Die üppige marine Biodiversität ist an sich schon ein hohes Gut und trägt zur Stabilität von Ökosystemen und deren Attraktivität für den Menschen bei. Sie liefert zudem Rohstoffe sowie chemische und biophysikalische Entwürfe für die biotechnologische und pharmazeutische Industrie. Diesen Schatz der Evolution gilt es, taxonomisch zu inventarisieren und molekulargenetisch und biochemisch zu erfassen. Stellenweise ist es ein Wettlauf mit der Zeit, wie die rasante Zerstörung der Lebensgemeinschaften vieler Korallenriffe, Mangroven und Seeberge zeigt. Die komplexe Rolle der Biodiversität bei der Erhaltung mariner Ökosysteme beschäftigt aktuell viele Meeresbiologen.

Im Zusammenhang mit dem Schutz der marinen Biodiversität werden aber auch andere Fragen interessant: Wie wirkt sich die Schleppnetzfischerei auf die Fauna des Meeresbodens aus? Wie sind die großen Offshore-Windkraftanlagen ökologisch zu bewerten? Welche Effekte hat die durch anthropogene Eutrophierung und Klimaerwärmung gesteigerte Phytoplanktonproduktion auf die pelagischen und benthischen Lebensgemeinschaften? Welche ökologische Bedeutung hat der Rückgang des arktischen Meereises? Ein extremes Beispiel liefert die Rolle der großen Wal- und Thunkadaver als Fressplatz für eine spezielle Gemeinschaft von Aasfressern am Tiefseeboden. Die starke Dezimierung der Großfische und Wale beraubte diese bisher wenig erforschten benthischen Tiere und Mikroorganismen ihrer Lebensgrundlage. Mittlerweile ist es unstrittig, wie entscheidend die Biodiversität für die sogenannten Ökosystemdienstleistungen (*ecosystem services*) mariner Systeme sind, d. h. welche ihrer ökologischen Funktionen am Ende auch für den Menschen nutzbringend sind. Hier wird deutlich, wie eng ökologische und sozioökonomische Fragestellungen miteinander verzahnt sein können.

Das Meer als Klimamotor

Erst die schrittweise Entfaltung der Lebensprozesse im Meer hat die Erdatmosphäre in ihrer heutigen Zusammensetzung geschaffen. Diese Prozesse sind auch für den atmosphärischen Schutzschirm mit seiner Ozonschicht und seinem Treibhauseffekt verantwortlich. So ist unser Klima stark vom früheren und heutigen Leben im Meer geprägt. Die in vergangenen Erdperioden u. a. von Meeresalgen gebildete organische Substanz wird heute als fossiler Brennstoff verfeuert und als atmosphärisches CO_2 klimawirksam. Das Meer nimmt einen großen Teil dieses CO_2 wieder auf. Das Ausmaß der Aufnahmekapazität hängt stark von der Wirksamkeit der „Biologischen Pumpe" ab, die CO_2 aus der Oberflächenschicht zum Meeresboden transportiert. Alle Vorhaben, mittels einer Verstärkung der biologischen Pumpe CO_2 im Meer zu versenken, müssen in ihren Auswirkungen auf die Meeresorganismen und marinen Lebensgemeinschaften kritisch geprüft werden. Die Versauerung der Meere hat einen starken selektiven Einfluss auf die marinen Lebensgemeinschaften und auf deren biochemische, mitunter klimarelevante Leistungen. Der Gashaushalt des Meeres und die Kreisläufe von Kohlenstoff, Schwefel, Stickstoff, Phosphat und Eisen im Meer werden regional wie auch global durch biologische Prozesse angetrieben oder zumindest stark beeinflusst.

Das Meer ist dank mikrobiologischer Abbauprozesse auch eine Quelle von klimarelevanten Gasen, vor allem Methan und CO_2. Damit ist die Biogeochemie des Meeres in seinen verschiedenen Wasserschichten und am Meeresboden zu einem zentralen Thema der Meeresforschung geworden. Neben pauschalierenden Modellierungen spielen dabei detaillierte In-situ-Messungen und experimentelle Ansätze eine wachsende Rolle.

Meeresbiologie als Schlüsselwissenschaft

Das Meer war über Jahrmilliarden der wichtigste Schauplatz der Evolution und hat eine Vielzahl von Bauplänen hervorgebracht. Das Land wurde erst langsam im letzten Viertel der Evolutionsgeschichte vom Wasser aus besiedelt, und nur wenige Gruppen des Tierreichs haben an Land eine starke Radiation erfahren, insbesondere Insekten, Spinnen und Wirbeltiere. Bei den Vögeln und Säugetieren gab es immer wieder ein „Zurück ins Meer". Pinguine und Alken „fliegen" mit ihren Stummelflügeln unter Wasser, Wale und Seekühe sind reine Wassertiere geworden.

Im Laufe der Evolution hat sich eine Fülle von biochemischen und molekulargenetischen Prozessen und Strukturen entwickelt, die sich zuerst in vielfältigen Archaea, Bakterien und Protisten manifestiert haben. Die marine Mikrobiologie hat uns in den letzten vier Jahrzehnten durch das Studium der Besiedlung des Meeresbodens im Wattenmeer, in den Auftriebsgebieten und in den heißen und kalten untermeerischen Quellen wesentliche Einblicke in diese Lebensprozesse und ihre Träger vermittelt.

Die Anpassungen der höheren Organismen an die marinen Lebensbedingungen lassen sich auf allen Ebenen, von den Zellen und einzelnen Organen über die Individuen und ihre Populationen bis hin zu Lebensgemeinschaften im Meer studieren. Wie dieses Buch zeigt, rücken dabei die möglichen direkten und indirekten Auswirkungen plötzlicher Klimaveränderungen (UV-Einstrahlung, Erwärmung, Versauerung) auf Lebensprozesse und Lebensgemeinschaften immer mehr in den Fokus der Forschung.

In der jüngsten Vergangenheit haben sich mehrere Arbeitsgebiete in der deutschen biologischen Meeresforschung als besonders fruchtbar herausgestellt: das Verfolgen von Langzeitentwicklungen durch feste Messprogramme (z. B. Helgoland Reede oder „Hausgarten" in der Framstraße), die mikrobiologische Grundlage der marinen Stoffkreisläufe und der Prozesse auf natürlichen und künstlichen Substraten im Meer sowie die Analyse der komplexen trophischen Netzwerke. Dafür ist die enge Kombination von in situ beobachtender, experimenteller und modellierender Ökologie gefragt. Die Meeresstationen, die einstmals primär für individuelle Gastforscher eingerichtet wurden, haben im Rahmen dieser Entwicklung eine neue Bedeutung gewonnen.

Ausblick

Im Epilog der ersten Auflage beschrieben einige Autoren, wie sie sich die künftige Entwicklung der meeresökologischen Forschung vorstellen. Dabei wurden konkrete Wünsche für einzelne Fachgebiete genannt, mehr noch wurde aber der Bedarf an fächerübergreifender Zusammenarbeit bei der Erfassung komplexer Systeme betont. Drei Antworten mögen als Beispiele dienen:

Holger Auel

Die Erforschung der Tiefsee ist die größte Herausforderung für Meeresbiologen in der kommenden Dekade sowohl in wissenschaftlicher als auch in technologischer Hinsicht. Insbesondere die faszinierenden Anpassungsstrategien und die Biodiversität der Tiefseebewohner sowie ihre Bedeutung für biogeochemische Prozesse sind vielversprechende Forschungsgebiete. Dabei wird sich die zukünftige Tiefseeforschung grundlegend von der traditionellen Meereskunde unterscheiden und eher an Methoden und Geräte der Raumfahrttechnik erinnern.

Rolf Gradinger

Meeresbiologen sollten verstärkt erfolgversprechende Ansätze aus angrenzenden biologischen Disziplinen aufgreifen und weiterentwickeln. Experimentelle Studien, um Struktur und Funktion mariner Ökosysteme besser zu verstehen, sowie die Übernahme des Metagemeinschaftskonzepts und funktionelle Genomanalysen erscheinen mir besonders vielversprechend.

Arne Körtzinger

Es war einmal ein Lattenzaun, Zwischenraum, hindurchzuschaun.
Ein Architekt, der dieses sah, stand eines Abends plötzlich da –
und nahm den Zwischenraum heraus und baute draus ein großes Haus.
Der Zaun indessen stand ganz dumm, mit Latten ohne was herum,
Ein Anblick gräßlich und gemein. Drum zog ihn der Senat auch ein.
Der Architekt jedoch entfloh nach Afri- od- Ameriko.
(*Der Lattenzaun*, Christian Morgenstern)
Ich glaube, in der Meeresforschung verhält es sich wie bei dem Lattenzaun: Die großen meereskundlichen Disziplinen (die Latten) haben inzwischen ein ansehnliches und beeindruckendes Werk (den Lattenzaun) zustande gebracht. Die großen offenen Fragen liegen jedoch im Zwischenraum zwischen den Disziplinen.

Aufgrund unserer noch immer stark disziplinären Denkweise sehen wir zuerst die Latten und nicht die Zwischenräume. Ich hoffe, dass die zukünftigen Generationen von Meeresforschern es schaffen werden, den Zwischenraum zu einem großen Haus, einem ganzheitlichen Gedankengebäude des Systems Erde, zusammenzufügen (und dass sich die Perspektiven junger Forscher in Deutschland verbessern, damit sie nicht nach Ameriko fliehen müssen ...).
Ich wünsche mir, dass wir den Weg zu einer wissenschaftsfreundlicheren Gesellschaft finden. Ein Irrweg ist die Reduktion der Forschung auf angewandte Aspekte, auf eine vermeintliche Planbarkeit von Erkenntnis und auf die Hoffnung, der gesellschaftliche Nutzen von Forschung sei durch frühzeitigen lenkenden Eingriff des Staates zu erhöhen. Grundlagenforschung ist vielleicht die wichtigste Wertschöpfungsquelle unserer Gesellschaft und braucht Rahmenbedingungen, die ihrem Wesen entsprechen und kreative Entfaltungsmöglichkeiten schaffen.

Einige dieser vor einem Jahrzent formulierten Zukunftsvisionen sind mittlerweile tatsächlich in der modernen Meeresforschung realisiert worden, andere harren nach wie vor ihrer Umsetzung. Die rapide voranschreitende technologische Entwicklung hat die Erforschung der Tiefsee mit Tauchrobotern und Lander-Systemen enorm beflügelt und liefert heute wesentliche Beiträge zum Verständnis der globalen Stoffkreisläufe. Neueste, aus der medizinischen Forschung adaptierte molekularbiologische Verfahren in Kombination mit innovativen Methoden der Statistik und Bioinformatik sowie der zunehmenden Leistungsfähigkeit neuer Computergenerationen erlauben die Verarbeitung riesiger Datenmengen zur Analyse von Metagenomen, d. h. zur genetischen Analyse ganzer Lebensgemeinschaften.
Die biologische Forschung der letzten Jahre ist durch die sogenannten „omics"-Ansätze geprägt, also Analyseverfahren, mit denen bestimmte Stoffwechselleistungen eines Organismus (oder einer Population) in ihrer Gesamtheit untersucht werden: Proteomics, Metabolomics, Genomics und Transcriptomics stehen demnach für Untersuchungen, in denen sämtliche synthetisierten Proteine, Metabolite oder exprimierte Gene, erfasst werden. Diese Verfahren werden zügig weiterentwickelt und auf die Metaebene (also auf ganze Ökosysteme) angewandt werden. Dabei wird sich auch das Fachgebiet der Bioinformatik zu einer Schüsseldisziplin der Meeresforschung entwickeln.
Die Meeresforschung wird sich somit in zwei scheinbar gegenläufige Hauptrichtungen weiter bewegen: Zum einen ermöglicht der biotechnologische Fortschritt, immer tiefer zu den molekularen Details der Mechanismen sämtlicher Lebensäußerungen der Organismen vorzudringen (mit der Tendenz, diese gegebenenfalls auch zu beeinflussen). Im anderen Forschungsstrang werden die Meereswissenschaftler die Verbesserung hochauflösender (gekoppelter) Ökosystemmodellierungen intensiv vorantreiben, gestützt auf immer leistungsfähigere Rechner. Der ökophysiologischen Forschung wird dabei in immer stärkerem Maße die Rolle zukommen, als Bindeglied zwischen den molekularen und ökosystemaren Disziplinen zu fungieren und Synergieeffekte zu befördern. Diese Entwicklungen sollten auch bei der

zukünftigen Gestaltung meeresbiologischer Ausbildungsprogramme berücksichtigt werden. Dabei kann nicht auf die Vermittlung eines gewissen traditionellen Grundwissens über das „Tier- und Pflanzenreich" verzichtet werden.

Geografisch werden dank immer neuer Beobachtungs-, Mess- und Probenahmegeräte die Tiefsee und der Tiefseeboden zunehmend intensiver erforscht werden. Die vom Klimawandel besonders stark betroffenen Polarmeere haben einen großen Einfluss auf die globale ozeanische Zirkulation und den Wärmehaushalt der Atmosphäre. Marine Polarforschung wird daher wie in den letzten drei Jahrzehnten in Deutschland eine wichtige Rolle spielen. Besonders bedeutsam scheint aber die Untersuchung der küstennahen Meeresgebiete weltweit, denn hier ist die Interaktion zwischen den natürlichen, vom Klimawandel überprägten Prozessen und dem immer besitzergreifenderen Menschen am intensivsten. Die ganzheitliche Betrachtung der natürlichen, ökonomischen und sozialen Dimensionen der Küstenmeere ist nicht nur gesellschaftlich, sondern auch wissenschaftlich ein faszinierendes Forschungsfeld.

Die Väter der deutschen Meeresforschung am Ende des 19. Jahrhunderts waren Universitätsprofessoren und noch immer sind bei uns Forschung und Lehre eng verknüpft. Während heute die Meeresforschung überwiegend von den „außeruniversitären" Helmholtz-, Leibniz- und Max-Planck-Instituten geleistet wird, sind die Universitäten vor allem die Träger der akademischen Ausbildung mit Vorlesungen, Seminaren, Praktika und Exkursionen. Nur sie haben das Promotionsrecht. Die führenden Wissenschaftler der Forschungsinstitute werden als Kooperationsprofessoren in gemeinsamen Verfahren mit benachbarten Universitäten berufen. Sie beteiligen sich am Lehrbetrieb und betreuen Examens- und Doktorarbeiten. Umgekehrt kooperieren die hauptamtlichen Professoren und ihre Doktoranden mit den Forschungsinstituten und nutzen deren Forschungsschiffe, Laboratorien und Versuchsanlagen. So entsteht jedes Jahr eine große Zahl hochaktueller, oftmals methodisch sehr aufwändiger Doktorarbeiten deutscher und ausländischer Nachwuchswissenschaftler. Tatsächlich fußen die Erfolge der deutschen Meeresforschung in erheblichem Maße auf der engen personellen Verknüpfung zwischen Forschungsinstituten und Universitäten. Dies System bedarf einer ständigen Pflege durch die Leitungen der Universitäten und der Forschungsinstitute: Den Universitätsprofessoren müssen Freiräume für Forschung und den „Außeruniversitären" Anreize für Lehrtätigkeiten geboten werden. Bund und Länder haben dafür Förderinitiativen entwickelt, z. B. im Rahmen der Exzellenz-Initiative.

Heute studieren auch in Deutschland deutlich mehr Frauen als Männer Meeresbiologie. Während noch in den 1970er Jahren Meeresforschung weitgehend Männersache war, ist jetzt der Frauenanteil in der Meeresforschung besonders beim akademischen Nachwuchs Forschungsinstituten, aber auch in Leitungspositionen.

Seit dem 2. Weltkrieg hatte es ständig einen erheblichen „Export" junger deutscher Meeresforscher ins Ausland gegeben. Im Gegenverkehr nimmt seit einiger Zeit die Zahl der Berufungen ausländischer Meereswissenschaftler und der Zugang ausländischer Studierender zu unseren meereswissenschaftlichen Studiengängen stark zu. Damit wurde Englisch auch bei uns zur gängigen Lehrsprache der Meereswissenschaftler. Diese verstehen sich heute als Teilhaber eines gemeinsamen europäischen und globalen Wissenschaftsmarktes.

Eine der großen Herausforderungen für die marinen Ökologen wird dabei sein, die vielfältigen Forschungsergebnisse wissenschaftlich und gegebenenfalls auch gesellschaftlich nutzbar zu machen. Wie kann die Flut von Daten, die weltweit publiziert werden, verknüpft und strukturiert werden, und wie können daraus die wesentlichen Erkenntnisse destilliert werden? Hier bietet wiederum die Metaanalyse (d. h. die Auswertung der durch eine Vielzahl von unterschiedlichen Arbeitsgruppen erhobenen Datensätze hinsichtlich einer bestimmten Fragestellung) einen vielversprechenden Ansatzpunkt. Die wissenschaftlich-technologischen Perspektiven der Meeresforschung sind also enorm. Wie steht es jedoch mit dem Transfer dieses Wissens in die Gesellschaft, und wie kann diese – über die direkte Nutzung des Lebensraums Meer als Nahrungs- und Rohstoffquelle hinaus – von meeresbiologischer Forschung profitieren? Unser „Anthropozän" liefert hier viele Aufgaben, insbesondere im Bereich Klimawandel, Biodiversitätsschwund, nachhaltiges Management und wirksame Schutzprogramme, die uns mit Sicherheit in den kommenden Jahrzehnten intensiv beschäftigen werden. Hierzu bedarf es einer großen Zahl kreativer und fleißiger Meeresökologen. Schüler*innen und Studierende hierfür zu begeistern, ist eine wichtige Aufgabe, heute und für die kommenden Jahre. Ihr dient auch dieses Lesebuch.

Gotthilf Hempel, Wilhelm Hagen und Kai Bischof bei der Umbruchkorrektur ihres Epilogs am 27.10.2016. (Foto: Jessica Schiller, Universität Bremen)

Autorenverzeichnis

PD Dr. Nicole Aberle-Malzahn Biologische Anstalt Helgoland, Helmholtz-Zentrum für Polar- und Meeresforschung, Helgoland, Deutschland

Dr. Harald Asmus Wattenmeerstation Sylt, Helmholtz-Zentrum für Polar- und Meeresforschung, Hafenstr. 43, 25992 List/Sylt, Deutschland

Dr. Ragnhild Asmus Wattenmeerstation Sylt, Helmholtz-Zentrum für Polar- und Meeresforschung, Hafenstr. 43, 25992 List/Sylt, Deutschland

PD Dr. Holger Auel BreMarE Bremen Marine Ecology, Universität Bremen, 28334 Bremen, Deutschland

Dr. Lennart Bach GEOMAR, Helmholtz-Zentrum für Ozeanforschung, Düsternbrooker Weg 20, 24148 Kiel, Deutschland

Prof. Dr. Ulrich Bathmann Leibniz-Institut für Ostseeforschung, Seestr. 15, 18119 Rostock-Warnemünde, Deutschland

Dr. Harald Benke Deutsches Meeresmuseum, Katharinenberg 14 – 20, 18439 Stralsund, Deutschland

Dr. Christina Bienhold Max-Planck-Institut für marine Mikrobiologie, Celsiusstr.1, 28359 Bremen, Deutschland

Prof. Dr. Kai Bischof BreMarE Bremen Marine Ecology, Universität Bremen, 28359 Bremen, Deutschland

Prof. Dr. Bodil Bluhm Faculty for Biosciences, Fisheries and Economics, Department of Arctic and Marine Biology, University of Tromsø, P. O. Box 6050 Langn, N-9037 Tromsø, Norwegen

Prof. Dr. Antje Boëtius Alfred-Wegener-Institut, Helmholtz-Zentrum für Polar- und Meeresforschung, Am Handelshafen 12, 27570 Bremerhaven, Deutschland

© Springer-Verlag GmbH Deutschland 2020
G. Hempel et al. (Hrsg.), *Faszination Meeresforschung*,
https://doi.org/10.1007/978-3-662-49714-2

Prof. Dr. Angelika Brandt Zoologisches Institut und Museum, Universität Hamburg, Martin-Luther-King-Platz 3, 20146 Hamburg, Deutschland

Prof. Dr. Thomas Brey Alfred-Wegener-Institut, Helmholtz-Zentrum für Polar- und Meeresforschung, Am Handelshafen 12, 27570 Bremerhaven, Deutschland

Dr. Klaus von Bröckel Schönberger Str. 130, 24148 Kiel, Deutschland

Dr. Cornelia Buchholz Alfred-Wegener-Institut, Helmholtz-Zentrum für Polar- und Meeresforschung, Am Handelshafen 12, 27570 Bremerhaven, Deutschland

Prof. Dr. Friedrich Buchholz Alfred-Wegener-Institut, Helmholtz-Zentrum für Polar- und Meeresforschung, Am Handelshafen 12, 27570 Bremerhaven, Deutschland

Prof. Dr. Bela Buck Alfred-Wegener-Institut, Helmholtz-Zentrum für Polar- und Meeresforschung, Am Handelshafen 12, 27570 Bremerhaven, Deutschland

Dr. Christian Buschbaum Wattenmeerstation Sylt, Helmholtz-Zentrum für Polar- und Meeresforschung, Hafenstr. 43, 25992 List/Sylt, Deutschland

Dr. Astrid Cornils Alfred-Wegener-Institut, Helmholtz-Zentrum für Polar- und Meeresforschung, Am Handelshafen 12, 27570 Bremerhaven, Deutschland

PD Dr. Joachim Dippner Leibniz-Institut für Ostseeforschung, Seestr. 15, 18119 Rostock-Warnemünde, Deutschland

Prof. Dr. Nicole Dubilier Max-Planck-Institut für marine Mikrobiologie, Celsius-str.1, 28359 Bremen, Deutschland

Dr. Werner Ekau Leibniz-Zentrum für Marine Tropenökologie, Fahrenheitstr. 6, 28359 Bremen, Deutschland

Dr. Eberhard Fahrbach[†]

Dr. Hauke Flores Alfred-Wegener-Institut, Helmholtz-Zentrum für Polar- und Meeresforschung, Am Handelshafen 12, 27570 Bremerhaven, Deutschland

Dr. Rainer Froese GEOMAR, Helmholtz-Zentrum für Ozeanforschung, Düsternbrooker Weg 20, 24148 Kiel, Deutschland

Nikolaus Gelpke mareverlag, Sandthorquaihof, Pickhuben 2, 20457 Hamburg, Deutschland

Dr. Gunnar Gerdts Alfred-Wegener-Institut, Helmholtz-Zentrum für Polar- und Meeresforschung, Am Handelshafen 12, 27570 Bremerhaven, Deutschland

Prof. Dr. Rolf Gradinger Faculty for Biosciences, Fisheries and Economics, Department of Arctic and Marine Biology, University of Tromsø, P. O. Box 6050 Langn, N-9037 Tromsø, Norwegen

Dr. Britta Grote Alfred-Wegener-Institut, Helmholtz-Zentrum für Polar- und Meeresforschung, Am Handelshafen 12, 27570 Bremerhaven, Deutschland

Dr. Lars Gutow Alfred-Wegener-Institut, Helmholtz-Zentrum für Polar- und Meeresforschung, Am Handelshafen 12, 27570 Bremerhaven, Deutschland

Prof. Dr. Julian Gutt Alfred-Wegener-Institut, Helmholtz-Zentrum für Polar- und Meeresforschung, Am Handelshafen 12, 27570 Bremerhaven, Deutschland

Prof. Dr. Wilhelm Hagen BreMarE Bremen Marine Ecology, Universität Bremen, 8359 Bremen, Deutschland

Prof. Dr. Cornelius Hammer Thünen-Institut für Ostseefischerei, Alter Hafen Süd 2, 18069 Rostock, Deutschland

Dr. Christoph Held Alfred-Wegener-Institut, Helmholtz-Zentrum für Polar- und Meeresforschung, Am Handelshafen 12, 27570 Bremerhaven, Deutschland

emer. Prof. Dr. Dr. hc. Gotthilf Hempel Leibniz-Zentrum für Marine Tropenökologie, Fahrenheitstr. 6, 28359 Bremen, Deutschland

Dr. Helena Herr Institut für Terrestrische und Aquatische Wildtierforschung, Tierärztliche Hochschule Hannover, Werftstr. 6, 25761 Büsum, Deutschland

Dr. Karen von Juterzenka Leibniz-Zentrum für Marine Tropenökologie, Fahrenheitstr. 6, 28359 Bremen, Deutschland

Prof. Dr. Marc Kochzius Marine Biologie, Vrije Universiteit Brussel, Pleinlaan 2, 1050 Brüssel, Belgien

Dr. Karl-Hermann Kock ehemals Thünen-Institut für Aquatische Ressourcen, Hamburg, Kiefernweg 11a, 22949 Ammersbek, Deutschland

Dipl. Biol. Stefan Königstein Alfred-Wegener-Institut, Helmholtz-Zentrum für Polar- und Meeresforschung, Am Handelshafen 12, 27570 Bremerhaven, Deutschland

Prof. Dr. Arne Körtzinger GEOMAR, Helmholtz-Zentrum für Ozeanforschung, Düsternbrooker Weg 20, 24148 Kiel, Deutschland

Dr. Jochen Krause Bundesamt für Naturschutz, Insel Vilm, 18581 Putbus, Deutschland

Dr. Anne-Christin Kreutzmann Max-Planck-Institut für marine Mikrobiologie, Celsiusstr. 1, 28359 Bremen, Deutschland

Prof. Dr. Ingrid Kröncke Senckenberg am Meer, Südstrand 40, 26382 Wilhelmshaven, Deutschland

Dr. Andreas Kunzmann Leibniz-Zentrum für Marine Tropenökologie, Fahrenheitstr. 6, 28359 Bremen, Deutschland

Dr. Rebecca Lahl Alfred-Wegener-Institut, Helmholtz-Zentrum für Polar- und Meeresforschung, Am Handelshafen 12, 27570 Bremerhaven, Deutschland

Dr. Gisela Lannig Alfred-Wegener-Institut, Helmholtz-Zentrum für Polar- und Meeresforschung, Am Handelshafen 12, 27570 Bremerhaven, Deutschland

Dr. Heike Link Institut für Ökosystemforschung, c/o GEOMAR, Universität Kiel, Düsternbrooker Weg 20, 24105 Kiel, Deutschland

Alexandra Lischka GEOMAR, Helmholtz-Zentrum für Ozeanforschung, Düsternbrooker Weg 20, 24148 Kiel, Deutschland

Prof. Dr. Karin Lochte Alfred-Wegener-Institut, Helmholtz-Zentrum für Polar- und Meeresforschung, Am Handelshafen 12, 27570 Bremerhaven, Deutschland

Dr. Thomas Mann Leibniz-Zentrum für Marine Tropenökologie, Fahrenheitstraße 6, 28359 Bremen, Deutschland

Prof. Dr. Pedro Martinez Arbizu Deutsches Zentrum für marine Biodiversität, Senckenberg am Meer, Südstrand 44, 26382 Wilhelmshaven, Deutschland

Dr. Katja Metfies Alfred-Wegener-Institut, Helmholtz-Zentrum für Polar- und Meeresforschung, Am Handelshafen 12, 27570 Bremerhaven, Deutschland

Dr. Markus Molis Alfred-Wegener-Institut, Helmholtz-Zentrum für Polar- und Meeresforschung, Am Handelshafen 12, 27570 Bremerhaven, Deutschland

emer. Prof. Dr. Walter Nellen Dorfstr. 11, 24211 Rosenfeld/Rastorf, Deutschland

Dr. Hermann Neumann Senckenberg am Meer, Südstrand 40, 26382 Wilhelmshaven

PD Dr. Barbara Niehoff Alfred-Wegener-Institut, Helmholtz-Zentrum für Polar- und Meeresforschung, Am Handelshafen 12, 27570 Bremerhaven, Deutschland

Prof. Dr. Henning von Nordheim Außenstelle Insel Vilm, Bundesamt für Naturschutz, 18581 Putbus, Deutschland

Dr. Eva-Maria Nöthig Alfred-Wegener-Institut, Helmholtz-Zentrum für Polar- und Meeresforschung, Am Handelshafen 12, 27570 Bremerhaven, Deutschland

emer. Prof. Dr. Gustav-Adolf Paffenhöfer Skidaway Institute of Oceanography, 10 Ocean Science Circle, 31411 Savannah, Georgia, USA

Prof. Dr. Daniel Pauly University of British Columbia, 2204 Main Mall, V6T IZ4 Vancouver, B.C., Kanada

Dr. Rolf Peinert Konsortium Deutsche Meeresforschung, Markgrafenstraße 37, 10117 Berlin, Deutschland

Dr. Olaf Pfannkuche GEOMAR, Helmholtz-Zentrum für Ozeanforschung Kiel, Wischhofstraße 1-3, 24148 Kiel, Deutschland

Dr. Uwe Piatkowski GEOMAR, Helmholtz-Zentrum für Ozeanforschung, Düsternbrooker Weg 20, 24105 Kiel, Deutschland

Prof. Dr. Dieter Piepenburg Alfred-Wegener-Institut, Helmholtz-Zentrum für Polar- und Meeresforschung, Am Handelshafen 12, 27570 Bremerhaven, Deutschland

Prof. Dr. Hans-Otto Pörtner Alfred-Wegener-Institut, Helmholtz-Zentrum für Polar- und Meeresforschung, Am Handelshafen 12, 27570 Bremerhaven, Deutschland

emer. Prof. Dr. Karsten Reise Wattenmeerstation Sylt, Helmholtz-Zentrum für Polar- und Meeresforschung, Hafenstr. 43, 25992 List/Sylt, Deutschland

PD Dr. Hauke Reuter Leibniz-Zentrum für Marine Tropenökologie, Fahrenheitstr. 6, 28359 Bremen, Deutschland

Prof. Dr. Claudio Richter Alfred-Wegener-Institut, Helmholtz-Zentrum für Polar- und Meeresforschung, Am Handelshafen 12, 27570 Bremerhaven, Deutschland

Prof. Dr. Ulf Riebesell GEOMAR, Helmholtz-Zentrum für Ozeanforschung, Düsternbrooker Weg 20, 24105 Kiel, Deutschland

Gerd Rohardt Alfred-Wegener-Institut, Helmholtz-Zentrum für Polar- und Meeresforschung, Am Handelshafen 12, 27570 Bremerhaven, Deutschland

Dr. Reinhardt Saborowski Alfred-Wegener-Institut, Helmholtz-Zentrum für Polar- und Meeresforschung, Am Handelshafen 12, 27570 Bremerhaven, Deutschland

emer. Prof. Dr. Ulrich Saint-Paul Leibniz-Zentrum für Marine Tropenökologie, Fahrenheitstr. 6, 28359 Bremen, Deutschland

Prof. Dr. Ursula Schauer Alfred-Wegener-Institut, Helmholtz-Zentrum für Polar- und Meeresforschung, Am Handelshafen 12, 27570 Bremerhaven, Deutschland

emer. Prof. Dr. Sigrid Schiel[†]

Dr. Michael Schmid Leibniz-Zentrum für Marine Tropenökologie, Fahrenheitstr. 6, 28359 Bremen, Deutschland

Prof. Dr. Carsten Schulz GMA GmbH Gesellschaft für marine Aquakultur, Hafentörn 3, 25761 Büsum, Deutschland

Dr. Volker Siegel Thünen-Institut für Aquatische Ressourcen, Palmaille 9, 22767 Hamburg-Altona, Deutschland

Prof. Dr. Meinhard Simon Institut für Chemie und Biologie des Meeres ICBM, Universität Oldenburg, 26111 Oldenburg, Deutschland

Dr. Thomas Soltwedel Alfred-Wegener-Institut, Helmholtz-Zentrum für Polar- und Meeresforschung, Am Handelshafen 12, 27570 Bremerhaven, Deutschland

Dr. Daniela Storch Alfred-Wegener-Institut, Helmholtz-Zentrum für Polar- und Meeresforschung, Am Handelshafen 12, 27570 Bremerhaven, Deutschland

Dr. Katharina Teschke Alfred-Wegener-Institut, Helmholtz-Zentrum für Polar- und Meeresforschung, Am Handelshafen 12, 27570 Bremerhaven, Deutschland

Prof. Dr. Laurenz Thomsen Jacobs-University, Campus Ring 1, 28759 Bremen, Deutschland

Dr. Gritta Veit-Köhler Senckenberg am Meer, Südstrand 44, 26382 Wilhelmshaven, Deutschland

Dr. Maren Voß Leibniz-Institut für Ostseeforschung, Seestr. 15, 18119 Rostock-Warnemünde, Deutschland

Prof. Dr. Martin Wahl GEOMAR, Helmholtz Zentrum für Ozeanforschung, Düsternbrooker Weg 20, 24105 Kiel, Deutschland

Prof. Dr. Hildegard Westphal Leibniz-Zentrum für Marine Tropenökologie, Fahrenheitstraße 6, 28359 Bremen, Deutschland

Prof. Dr. Karen Helen Wiltshire Wattenmeerstation Sylt, Helmholtz-Zentrum für Polar- und Meeresforschung, Hafenstr. 43, 25992 List/Sylt, Deutschland

Prof. Dr. Matthias Wolff Leibniz-Zentrum für Marine Tropenökologie, Fahrenheitstr. 6, 28359 Bremen, Deutschland

Dr. Mark Wunsch greencoastmedia inc., VOP1NO Quathiaski Cove, Quadra Island, Kanada

Prof. Dr. Martin Zimmer Leibniz-Zentrum für Marine Tropenökologie, Fahrenheitstr. 6, 28359 Bremen, Deutschland

Dr. Christopher Zimmermann Thünen-Institut für Ostseefischerei, Alter Hafen Süd 2, 18069 Rostock, Deutschland

Fantastische Unterwasserwelt. Gemalt von Meike Hagen, im Alter von acht Jahren

Stichwortverzeichnis

© Springer-Verlag GmbH Deutschland 2020
G. Hempel et al. (Hrsg.), *Faszination Meeresforschung*,
https://doi.org/10.1007/978-3-662-49714-2

A   Walfisch so groß alß Berg
    werden etwan bey Eißlandt gesehen
    die kehren umb grosse Schiff
    wo man sie nicht abschreckt mit Drometen geschrey
    oder mit außgeworffnen ronden und laren Fässern
    mit denen sie gaucklen. Es geschihet auch etwan
    daß die Schiffleut kommen auf ein Walfisch
    und vermeynen es sey ein Insel
    und so sie jre Aencker auß werffen
    kommen sie in noht.

B   Diß ist ein grewlich Geschlecht der grossen Meerwunder
    Pistres oder Phisseder genannt. Er richt sich auff und blaßt auß
    dem Haupt Wasser in die Schiff
    ertrenckt sie und wirfft sie under weiten umb.

C   Es werden Schlangen gefunden im Meer
    200. oder 300. Schuhlang
    die verwicklen sich in ein groß Schiff
    schedigen die Schiffleut
    und understehen das Schiff zu fellen ...

D   Diß seind zwey grosse grawsame Thier und Meerwunder:
    das ein hat so grawsame Zeen
    das ander grawsame Hörner
    und ein erschreckliche fewrig Gesicht ...

H   Diß Thier heißt Ziphus und ist ein erschrecklich Meerwunder.
    Es frisst die Schwartzen Seehund.

K   Diß Meerwunder sicht zum theil gleich einem Schwein
    und ist Anno 1537 gesehen worden.

L   Diß ist auch ein Walfisch und wird von ettlichen
    genennt Orka: aber die Norwegier heissen es Springual
    seiner grossen behendigkeit halben ...

M   Diß ist der grossen Krebs einer die man Humer nennt und sind
    so starck dz sie ein schwimmenden Mann fahen und erwürgen.

N   Diß ist ein grawsam Thier
    sicht zum theil gleich einem Rhinoceroten
    ist gantz spitzig in der Nasen und im Rucken ...

S   Diese Fisch so die Teutschen Rochen
    und die Italiander Raya nennen
    haben ein sonderliche liebe zum Menschen.
    Dann so ein Mensch in das Meer fallt und ertrincket
    beschützen sie jn nach jhrem vermögen
    daß er nicht von den andern Fischen gefressen werde.

T   Diß Meerwunder hat ein Kopff wie ein Kuh
    darumb es auch Meerkuh genannt wird:
    wie groß es aber wer hab ich nicht gefunden.

...d seltzame Thier / wie die in den Mitnächtigen Ländern / im Meer
und auff dem Landt gefunden werden.

1367

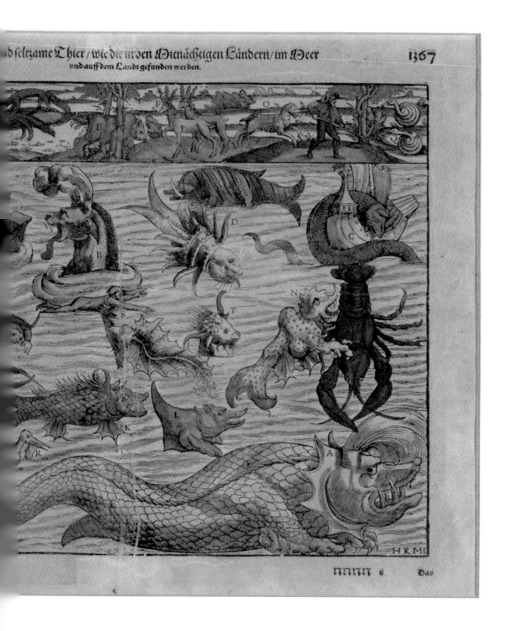

Rudolf Manuel Deutsch: Monstra marina et terrestria Kolor. Holzschnitt in Sebastian Münster: Cosmographia universalis, um 1620. Manuel Deutsch lebte 1525–1571 in Bern, Sebastian Münster lebte 1488–1552. Seine Cosmographia erschien zuerst und wurde ein Jahrhundert lang nachgedruckt, dabei wurden die Monstra unterschiedlich koloriert. Erläuterungen zitiert nach Reicher: Fabelwesen des Meeres. VEB Hinstorff, Rostock 1985.